マッカーリ 一般化学（上）

D. A. McQuarrie・P. A. Rock
E. B. Gallogly 著

村田 滋 訳

東京化学同人

GENERAL CHEMISTRY
Fourth Edition

Donald A. McQuarrie
University of California, Davis

Peter A. Rock
University of California, Davis

Ethan B. Gallogly
Santa Monica College

Copyright © 2011 University Science Books

原 子 量 表

元素名		元素記号	原子番号	原子量†	元素名		元素記号	原子番号	原子量†
アインスタイニウム	einsteinium	Es	99	(252)	鉄	iron	Fe	26	55.85
亜鉛	zinc	Zn	30	65.38	テルビウム	terbium	Tb	65	158.9
アクチニウム	actinium	Ac	89	(227)	テルル	tellurium	Te	52	127.6
アスタチン	astatine	At	85	(210)	銅	copper	Cu	29	63.55
アメリシウム	americium	Am	95	(243)	ドブニウム	dubnium	Db	105	(268)
アルゴン	argon	Ar	18	39.95	トリウム	thorium	Th	90	232.0
アルミニウム	aluminium (aluminum)	Al	13	26.98	ナトリウム	sodium	Na	11	22.99
					鉛	lead	Pb	82	207.2
アンチモン	antimony	Sb	51	121.8	ニオブ	niobium	Nb	41	92.91
硫黄	sulfur	S	16	32.07	ニッケル	nickel	Ni	28	58.69
イッテルビウム	ytterbium	Yb	70	173.1	ネオジム	neodymium	Nd	60	144.2
イットリウム	yttrium	Y	39	88.91	ネオン	neon	Ne	10	20.18
イリジウム	iridium	Ir	77	192.2	ネプツニウム	neptunium	Np	93	(237)
インジウム	indium	In	49	114.8	ノーベリウム	nobelium	No	102	(259)
ウラン	uranium	U	92	238.0	バークリウム	berkelium	Bk	97	(247)
エルビウム	erbium	Er	68	167.3	白金	platinum	Pt	78	195.1
塩素	chlorine	Cl	17	35.45	ハッシウム	hassium	Hs	108	(277)
オスミウム	osmium	Os	76	190.2	バナジウム	vanadium	V	23	50.94
カドミウム	cadmium	Cd	48	112.4	ハフニウム	hafnium	Hf	72	178.5
ガドリニウム	gadolinium	Gd	64	157.3	パラジウム	palladium	Pd	46	106.4
カリウム	potassium	K	19	39.10	バリウム	barium	Ba	56	137.3
ガリウム	gallium	Ga	31	69.72	ビスマス	bismuth	Bi	83	209.0
カリホルニウム	californium	Cf	98	(252)	ヒ素	arsenic	As	33	74.92
カルシウム	calcium	Ca	20	40.08	フェルミウム	fermium	Fm	100	(257)
キセノン	xenon	Xe	54	131.3	フッ素	fluorine	F	9	19.00
キュリウム	curium	Cm	96	(247)	プラセオジム	praseodymium	Pr	59	140.9
金	gold	Au	79	197.0	フランシウム	francium	Fr	87	(223)
銀	silver	Ag	47	107.9	プルトニウム	plutonium	Pu	94	(239)
クリプトン	krypton	Kr	36	83.80	フレロビウム	flerovium	Fl	114	(289)
クロム	chromium	Cr	24	52.00	プロトアクチニウム	protactinium	Pa	91	231.0
ケイ素	silicon	Si	14	28.09	プロメチウム	promethium	Pm	61	(145)
ゲルマニウム	germanium	Ge	32	72.63	ヘリウム	helium	He	2	4.003
コバルト	cobalt	Co	27	58.93	ベリリウム	beryllium	Be	4	9.012
コペルニシウム	copernicium	Cn	112	(285)	ホウ素	boron	B	5	10.81
サマリウム	samarium	Sm	62	150.4	ボーリウム	bohrium	Bh	107	(272)
酸素	oxygen	O	8	16.00	ホルミウム	holmium	Ho	67	164.9
シーボーギウム	seaborgium	Sg	106	(271)	ポロニウム	polonium	Po	84	(210)
ジスプロシウム	dysprosium	Dy	66	162.5	マイトネリウム	meitnerium	Mt	109	(276)
臭素	bromine	Br	35	79.90	マグネシウム	magnesium	Mg	12	24.31
ジルコニウム	zirconium	Zr	40	91.22	マンガン	manganese	Mn	25	54.94
水銀	mercury	Hg	80	200.6	メンデレビウム	mendelevium	Md	101	(258)
水素	hydrogen	H	1	1.008	モリブデン	molybdenum	Mo	42	95.96
スカンジウム	scandium	Sc	21	44.96	ユウロピウム	europium	Eu	63	152.0
スズ	tin	Sn	50	118.7	ヨウ素	iodine	I	53	126.9
ストロンチウム	strontium	Sr	38	87.62	ラザホージウム	rutherfordium	Rf	104	(267)
セシウム	cesium (caesium)	Cs	55	132.9	ラジウム	radium	Ra	88	(226)
					ラドン	radon	Rn	86	(222)
セリウム	cerium	Ce	58	140.1	ランタン	lanthanum	La	57	138.9
セレン	selenium	Se	34	78.96	リチウム	lithium	Li	3	6.941
ダームスタチウム	darmstadtium	Ds	110	(281)	リバモリウム	livermorium	Lv	116	(293)
タリウム	thallium	Tl	81	204.4	リン	phosphorus	P	15	30.97
タングステン	tungsten	W	74	183.8	ルテチウム	lutetium	Lu	71	175.0
炭素	carbon	C	6	12.01	ルテニウム	ruthenium	Ru	44	101.1
タンタル	tantalum	Ta	73	180.9	ルビジウム	rubidium	Rb	37	85.47
チタン	titanium	Ti	22	47.87	レニウム	rhenium	Re	75	186.2
窒素	nitrogen	N	7	14.01	レントゲニウム	roentgenium	Rg	111	(280)
ツリウム	thulium	Tm	69	168.9	ロジウム	rhodium	Rh	45	102.9
テクネチウム	technetium	Tc	43	(99)	ローレンシウム	lawrencium	Lr	103	(262)

* 原子量はすべて4桁の有効数字で表した．これらは，国際純正・応用化学連合（IUPAC）で承認された最新の原子量をもとに，日本化学会原子量専門委員会が作成した4桁の原子量表（2014）から作成した．
† 放射性元素については，その元素の放射性同位体の質量数の一例を（ ）内に示した．

本書を，亡き Peter A. Rock (1939〜2006) と
Donald A. McQuarrie (1937〜2009) にささげる．

McQuarrie によるまえがき

　McQuarrie と Rock が前版を出版したのは 1991 年であった．何年もの間，多くの人々から，第 4 版を心待ちにしていると言われることを喜ばしく思っていた．ここに，ほぼ 20 年ぶりに，新しい視点に立った新版を出版できる機会を得たことを大変うれしく思う．

　多くの教科書の続版とは異なり，本書ではいくつかの重大な変更を加えた．最も大きな変更は，本書が，第 3 版以降，一般化学の教育課程にみられるようになった"原子から学ぶ方式"を採用したことであろう．序章である"化学と科学的方法"に続いて，第 2 章では，原子と分子，および原子の原子核模型の簡単な紹介とともに，元素と化合物について述べ，さらに化合物命名法にふれた．第 3 章では，さまざまな元素のグループについて重要な化学反応を示すことにより，元素が周期的性質を示すことを強調した．次いで，一般化学においておそらく最も重要な内容である周期表について述べたのち，本書では，元素の周期律を説明する量子論に関連した六つの章をおいた．その最初となる第 4 章では，原子スペクトルとエネルギー準位の量子化の概念を述べた．第 5 章では多電子原子を取上げ，その電子配置と化学的性質の周期性との関連を説明した．さらに第 6 章では，最も単純な結合様式であるイオン結合について述べた．第 7 章でルイス構造についてかなり詳しい解説をしたのち，第 8 章では VSEPR 理論を紹介し，ルイス構造に基づいて分子構造が予測できることを説明した．これにより，学生諸君はさまざまな分子や化合物にふれることができるので，ルイス構造を書く良い練習になるだろう．量子論と原子・分子の構造に関する六つの章の最後となる第 9 章では，共有結合についてかなり詳細な説明を行った．ここでは，二原子分子に対しては簡単な分子軌道理論を適用し，また多原子分子における結合の表記には混成オービタルを用いた．

　そして第 10 章以降に，化学反応，化学計算，気体の性質，熱化学，液体と固体，化学反応速度論，化学平衡，酸と塩基，熱力学，酸化還元反応，電気化学，そして遷移金属の化学と，ほぼ類型的な順序で各章を配列した．

　多くの一般化学の教科書は，実験室で起こっている実際の物理的過程である化学反応と，それを表すために用いる化学反応式とを明確に区別していないように思う．化学反応を表すために反応式をどのように書くかについては，釣り合いをとるための係数（化学量論係数）が一つに決まらないという意味で，いくぶんの任意性がある．すなわち，一組の化学量論係数をもつ反応式を書くことができれば，それらを何倍かした係数をもつ反応式を書くこともできる．たとえば，水素と酸素との反応はつぎの反応式で表すことができるが，

$$2H_2(g) + O_2(g) \rightarrow 2H_2O(l)$$

1 mol の水素の燃焼を強調したければ，つぎのように書いてもかまわない．

$$H_2(g) + \frac{1}{2}O_2(g) \rightarrow H_2O(l)$$

したがって，たとえばこの燃焼反応の反応エンタルピーは，最初の場合では -237.1 kJ mol^{-1} であるが，あとの場合には -118.5 kJ mol^{-1} となる．ここで mol^{-1} は，書かれた反

応式によって表される反応 1 mol 当たりの値であることを意味している．このことはまた，化学量論係数は相対的な量であり，したがって単位をもたないことを強く示している．これらのことはいずれも，ほとんどの物理化学の書物に記されており，また強調すべき重要な内容である．

　もう一つの重要な点は，入門的な章で扱う平衡において，定義される平衡定数は単位をもつことである．これは前版でも用いたことであるが，必ずしも重要なこととは認識しなかった．ここで定義される平衡定数が，単位をもつことは避けられない．平衡定数を濃度で(K_c)，あるいは圧力で(K_p)で定義すれば，それらは当然単位をもつ．単位濃度，あるいは単位圧力をもつある種の標準状態を用いて，不可解な方法で単位を消去することはできるが，このような独断的なやり方は，入門的な段階ではまったく正当性がない．さらに，平衡の計算を行う際には，平衡における値は濃度，あるいは圧力の単位をもって得られなければならないが，K_c，あるいは K_p が単位をもたなければ，そうはならない．平衡定数の単位を消去する理由は，のちに次式で表される熱力学の式を用いるためである．

$$\Delta_r G^\circ = -RT \ln K$$

対数をとるために，K は単位をもつことができないことは明らかである．この場合，理解すべき重要なことは，K は K_c，あるいは K_p と同じものではないということである．K は熱力学的平衡定数といい，次式によって定義される．

$$K = K_c/Q_c^\circ \quad \text{あるいは} \quad K = K_p/Q_p^\circ$$

ここで Q_c° を標準反応商といい，モル濃度を用いた単位をもつ数値が 1 の量を表す．Q_p° は圧力における Q_c° と同様の量である．ここにおいて初めて，K の単位が消去されるのである．熱力学的平衡定数を形式的に導入したことは，それ以前の章で述べたことを別の方法で言い換えたわけではない．熱力学的平衡定数はまったく新しい平衡定数である．このやり方はすべて，国際純正・応用化学連合(IUPAC)の 1982 年の勧告と一致している．

　本書では基本的に IUPAC の勧告に従うようにしたが，圧力の単位については，そうすることができなかった．IUPAC は SI 単位の bar および Pa の使用を推奨しているが，化学の教育課程には atm(気圧)が浸透しているので，これを用いないことは難しい．したがって，本書では bar と atm の両方を用いることとし，この点については学生諸君に，両者を併用できることを要求した．同様に，本書ではきわめて曖昧な語である STP(standard temperature and pressure, 標準温度圧力)の使用を避けた．IUPAC による STP の定義は 0℃, 1 bar の条件である．しかし，より古く，完全に浸透している STP の定義は 0℃, 1 atm であり，これはまだ多くの化学の教科書で採用されている．高等学校の化学の教師に対する非公式な調査によると，1 mol の理想気体が 0℃, 1 atm で 22.414 L を占めるという古くからある事項は，まだ広く用いられている．一方，IUPAC の推奨に従うと，1 mol の理想気体は 0℃, 1 bar で 22.711 L を占めることになる．

　最後のもう一つの変更は，Interchapters*と名付けたウェブサイトを用いて，元素の化学

　　＊ Interchapters は原出版社により運営されており，日本語訳はありません．また日本語版読者の利用は保証されていません．

を解説したことである．これらの Interchapters は www.mcquarriegeneralchemistry.com から見ることができる．何年にもわたり *Journal of Chemical Education* 誌上の多くの論文が立証したように，一般化学の著者は誰でも，元素の化学の扱い方がやっかいな問題であることをよく認識している．たとえば，第3版では"主要族元素の化学"について二つの章を設けて解説した．しかし不幸なことに，これらの章は教科書の末尾にあるため，多くの教師はこれらの章を扱う時間がないか，あるいはおそらく扱おうとする気にさえならなかったと思われる．本書では，元素の化学を，扱いやすいように，また読み物としてもよいように，ウェブサイトで解説する方法を選んだ．Interchapters のいくつかの例をあげると，"水素と酸素"，"アルカリ金属"，"窒素"，"飽和炭化水素"，"不飽和炭化水素"，"芳香族炭化水素"，"主要族金属"などである．学生諸君に初期の段階で有機化学の基礎的な内容を示しておくことは，有機分子を例として用いることができるため，特に価値があるように思う．ウェブサイトはしばしば変更されるので多くのウェブサイトを参照することは避けたが，www.mcquarriegeneralchemistry.com にもリンクしている *Journal of Chemical Education* の"Periodic Table Live!"というウェブサイトは強く推奨したい．このウェブサイトに示されている周期表のある元素をクリックすると，その元素の化学的および物理的性質や，多くの反応の写真やビデオさえも入手することができる．学生諸君は，このウェブサイトをしばしば参照するとよい．

Donald A. McQuarrie

Gallogly によるまえがき

　Don McQuarrie と Peter Rock によるこの著名な化学の教科書の第 4 版を，彼らと私が共同で執筆することに合意したとき，私たちはまず，新しい教科書では何を提示すべきかについて，共通の認識をもった．

　私たちはまず原子論から始め，化学反応の分類や化合物の性質を述べる前に，化学結合や分子の形成を説明することにした．化学反応の分類や化合物の性質は，化学結合や分子構造から自然に導かれることであるから，この順序で学ぶことにより，学生諸君はこれらの複雑な内容に対するより深い理解が得られるものと考えた．たとえば，酢酸と水酸化ナトリウムとメタノールはいずれもヒドロキシ基（OH）とみなされる部分をもっているにもかかわらず，なぜ酢酸は酸性であり，水酸化ナトリウムは塩基性であり，メタノールは中性であるのかを，本書ではルイス構造を用いて説明する．構造の前に反応を学ぶならば，このような説明はほとんど不可能であるが，"原子から学ぶ方式"をとると，自然な流れとしてこのような説明ができるのである．

　前版からのもう一つの重要な変更は，Don の他の著作にもある章頭に掲げた著名な科学者の人物紹介を改めたことにある．私たちは，科学における偉大な先駆者たちの短い伝記が，学生諸君がその分野を生涯の仕事として選ぶための模範として役立つことを，またこれが教師と学生諸君の双方にとって興味深く，有意義なものであることを願っている．

　また私たちは，有機化学，高分子化学，生化学および元素の化学に含まれる多くの概念を統合し，本書に記載された主要な章に対する補足とすることを考えた．第 2 版ではこれらの事項を短い "Interchapters" として本文に挿入し，ところどころに配置した．本版でも Interchapters を復活させ，より詳しいものとしたが，それらをインターネットを通じて入手する方式とした．この方式をとることにより，教師は Interchapters を取捨選択して利用することができ，また私たちは必要に応じて Interchapters を付け加えることが可能となった．私たちは，他の人々も一般化学に関する短い Interchapters を投稿してくれることを願っている．それらは私たちのウェブサイトに収録されて，公開されるだろう．また，Interchapters を書物に掲載するのではなく，インターネットを通じて入手できるようにしたことは，書物の物理的な大きさと，学生諸君の経済的負担を軽減することにもなるだろう．

　本版をより発展させるために，私たちは Sapling Learning 社と緊密に連携して，本書の付録となる電子家庭学習システムを作成した．これは，学生諸君が各章で学ぶ化学的な原理の理解を深めるために，課題に対して即座に返答を与えるものである．このシステムによって授業時間を有効に使うことができる．またこのシステムには化学的な概念の習熟に役立つ短い練習問題も含まれている（日本語版読者は使用できません）．

　これらに加えて本版では，いくつかの点で改革を行った．たとえば，全体を通じて IUPAC の勧告に従ったこと，すべての問題や例題において有効数字に十分に注意したこと，ほとんどのデータの出典として CRC Handbook of Chemistry and Physics を採用したことなどである（日本語版では，ほとんどを IUPAC のデータにさしかえました）．

　初期の版をよく知る読者に対して言うと，本版では，量子論に関する章と化学反応速度論

に関する章を，それぞれ二つの章に分け，より多くの例と応用を述べるようにした．たとえば本版では，酵素反応の速度論について一節を設けて詳しく解説している．また，核化学に関する扱い方を変更した．すなわち，ほとんど原子核物理の内容を扱っていた章を廃止し，その代わりに，放射性同位体の化学的な応用に関する新しい Interchapters を加えた．また，1次反応である放射壊変と放射性年代決定法については，化学反応速度論の章に統合した．最後に，"世界のエネルギー供給"のような興味深い現代的なトピックスについて，いくつかの新しい Interchapters を加えた．

私がこの教科書に関わる仕事に着手したときには，原著者の2人がいずれも，この計画の途中で亡くなるなどとは想像することさえできなかった．本版の作成が始まった直後に Peter を失った．本書の原稿が完成するまで，Don が生きていてくれたことは幸運であった．Don の妻であり，彼女自身も化学者である Carole McQuarrie には心から感謝している．彼女の援助は Don に劣らず貴重なものであり，Don が亡くなった後には，献身的にこの仕事に協力してくれた．

Don とともに本版を作成したことは，私にとって，これまでに行ったあらゆる努力よりもはるかに，教育者として成長し，知識を広げる機会となった．Don との共同作業の過程で，彼が私に気前よく分け与えてくれた知識と経験に対して，私はもはや報いることはできない．私はただ，私たちの努力の結実である本版が，この作成に関わった私にとって有益だったように，これを使う学生諸君にとっても役立つものであることを願ってやまない．

本書は，きわめて多くの人々や機関の助力がなければ，完成には至らなかった．なによりもまず，Don McQuarrie と Peter Rock に感謝したい．彼らの科学者としての，また化学教育者としてのすぐれた才気は，本書の中に生き続けている．

また，本書の編集を担当した University Science Books 社の Bruce Armbruster に感謝する．この第4版の出版が可能となったのは，彼のおかげである．さらに，私に有益な教育学的助言と，この仕事を行う時間を与えてくれたサンタモニカカレッジの私の所属学科と同僚たちに感謝したい．また，すべての問題の解答を再確認してくれた驚異的な援助と本文に対する有益な助言に対して，Mervin Hanson に感謝する．Interchapters を手伝ってくれた Nate Lewis に，また本書の作成に関してさまざまな援助をしてくれた Miriam Bennet, Lisa Dysleski, Harry B. Gray, Hal Harris, Mark L. Kearley, Joseph Kushick, Robert Lamoreaux, Jacob Morris, Alan Van Orden に感謝する．さらに本書のすばらしい図版を作成してくれた George Kelvin と Laurel Muller に，また表紙を作成した Wang Zhaozheng に感謝したい．写真や権利の保護についての助力と購入の努力に対して Jane Ellis に，また本書の優れたレイアウトに対して Jennifer Uhlich と Wilsted & Taylor Publishing Services 社のスタッフに感謝する．また，私に最初に文章を書く技法を教えてくれた Kate Liba に，さらに研究の技法を教えてくれた私の Ph. D. の指導教員であるカリフォルニア大学デービス校の William M. Jackson に感謝したい．そして，本書の作成に苦労していたときに，忍耐と寛容をもって私に接してくれた家族に感謝する．

本版を，亡き Don McQuarrie と Peter Rock にささげる．

Ethan B. Gallogly

教師への注意

本書のトピックスは，"原子から学ぶ方式"へと円滑に移行できるように配列されている．私たちは，いくつかの教育機関では，公表されている教育課程の記載を変更する際に困難が生じることを十分に認識していた．このため，本書において章を配列する際に，本の前半と後半において提示される主要なトピックスが前版と変わらないようにした．

物質量の概念と化学計算が第 11 章になって初めて導入されることから，当然，講義と実験の連携に関していくつかの懸念が生じる．実際には，第 1 学期で実施されるほとんどの化学実験を調べてみると，これらのほぼ半数が，化学量論計算を必要としないことがわかる．ほとんどの場合，現在の実験の配列を少し変えるだけで，"原子から学ぶ方式"の講義と連携させることができるのである．

本書による講義と実験の仮の組合わせを示した講義のシラバスと実験のスケジュールの例を，ウェブサイト www.mcquarriegeneralchemistry.com/sample_syllabus.pdf に示した．ここでは，化学量論計算を必要とする実験の前に，測定，分離，元素の周期律，スペクトル解析，化学構造に関する実験を行うことを提案している．この方法では，実験も教科書の流れを反映するように，基礎的な原理から化学計算へと展開する．物質量やモル濃度の使用が避けられないと思われる実験は，スペクトルによる濃度決定だけである．しかしこれさえも，濃度を，モル濃度ではなく $mg\,mL^{-1}$ を単位として表すことにより，問題なく実施することができる．

実験の授業計画のため，物質量やモル濃度を早いうちに導入することが必要な教師は，第 1 章の終わりに化学的測定の説明の続きとして，物質量に関する 11・1 節と 11・2 節の内容と，溶液とモル濃度に関する 12・1 節と 12・2 節の内容を扱えばよいだろう．実験においてこれらの単位を使用するための，このようなわずかな入れ替えは，本書の内容の連続性を失うことなく行うことができる．

このように，"原子から学ぶ方式"の講義を行う際には，講義のシラバスと実験のスケジュールにいくつかのわずかな調整が必要になるかもしれない．しかし一般には，現在の実験スケジュールを少し並べ替えるだけで，化学を教えるためにより論理的であると私たちが信じる方式の教育学的な利点を，十分に享受できることがわかるだろう．

さらに深く学びたい人のために，本書はまた，インターネットを通じて入手できる無償の Interchapters を備えている．Interchapters が提供する補足的なトピックスには，エネルギーの起源，高分子化合物，核化学，元素の化学，生化学，有機化学などがある．これらはインターネットを通じて簡単に入手できるので，必要に応じて利用できる．一方で，これによって，印刷した本を適切な厚さと価格に保つことができる．さらに，Interchapters には，教科書にある最も美しいカラー図のいくつかが含まれている．ぜひ，www.mcquarriegeneralchemistry.com から Interchapters にアクセスして欲しい．

この *General Chemistry* の新版に関する批評や質問，あるいは意見を歓迎する．

Ethan B. Gallogly
gallogly@uscibooks.com

訳者まえがき

本書は米国カリフォルニア大学デービス校のDonald McQuarrieとPeter Rock，および米国サンタモニカカレッジのEthan Galloglyによる"General Chemistry"第4版の邦訳である．後に詳しく述べるように，本書は米国の一般的なGeneral Chemistryの教科書と比較して，かなり際立った特徴をもっている．おもな特徴として，まず，物質量の概念や化学量論計算に先立って，量子論に基づく原子の構造や結合の形成を学ぶ"atoms first"（原子から学ぶ方式）をとっていること，また物質の詳細な性質に関する各論を最小限にとどめ，化学の基礎理論の解説に重点をおいていること，さらに全章を通じて，重要事項の説明-例題-練習問題といった構成をとり，問題を解きながら学ぶ方式をとっていることをあげることができる．これらの特徴により本書は，高等学校で学んだ化学を学び直すための手引き書というよりも，高等学校でしっかりと化学を学んだ学生がその知識をより深め，体系化させるために適切な教科書といえる．

日本の高等学校における化学の履修内容には学ぶべき基礎的事項が十分に盛込まれているが，各論の内容がやや多いためか，化学は暗記科目であるとの誤解が根強く残っている．化学は，決して個々の事象を記述するだけの学問ではなく，体系化された，すなわち筋の通った理論に基づいた学問である．このことは，化学を専攻する者だけではなく，科学・技術に携わるすべての人々に理解してもらわなければならない．そのためには，大学教養課程における体系化された一般化学の講義が重要な意味をもつ．言うまでもなく化学は，身のまわりの物質の成り立ちや変化を原子・分子の視点から解き明かす学問であるが，その背景となる学問は量子論，および反応速度論と熱力学である．

本書の上巻ではおもに，量子論に基づいて原子の構造や結合の形成が説明され，これによって元素の周期律や分子構造の多様性が体系的に理解される．一方，下巻では，反応速度論と熱力学に基づいた物質の巨視的な変化が扱われており，これによって酸塩基平衡や沈殿生成，さらに電池など身近な現象のしくみが統一的に理解される．こうして，本書を通して学ぶことにより，高等学校で学んだ断片的な知識が体系化され，化学的なものの見方・考え方をしっかりと身につけることができる．本書で得られる知識は，化学を専攻としない理系学生には必要，かつ十分なものであり，また化学に進む学生には，より専門性の高い物理化学を学ぶための概論としても役立つだろう．

従来，米国の一般化学の教科書ではふつう，物質量と化学量論，さらに気体の性質や熱化学を扱ってから，量子論に基づく原子の構造や化学結合の説明がなされていた．しかし，2000年代後半からこれを逆転させたatoms firstの教科書が現れ，本書のほか，J. McMurry（邦訳"マクマリー 一般化学"，東京化学同人）やS. Zumdahl（邦訳"ズンダール 基礎化学"，東京化学同人）がこの方式による一般化学の教科書を著している．一方で，R. Chang（邦訳"化学 —— 基本の考え方を学ぶ"，東京化学同人）やJ. Bradyなどの古くから版を重ねている教科書では，最新版でも従来の方式が採用されている．著者によるまえがきにもあるように，本書では著者らがatoms firstの教育的効果を認め，従来型であった前版から構成が変更されている．著者らが主張するように，この方式の利点は，化学結合の形成を先に学ぶことに

よって，化学反応や物質の性質をより深く学べることにある．たとえば，本書の第10章における化学反応の分類では，カルボン酸が酸性を示すことを陰イオンの共鳴安定化によって解説したり，またナトリウムと硫黄との反応の駆動力を，貴ガスの電子配置の安定性に基づいて説明している．確かにこのような理論的背景を知らなければ，反応を単に紹介するにとどまり，学生はそれを記憶するだけとなる．一方で，化学の学習を身近な事象からではなく，量子論から始めることについては，学生の化学に対する興味を維持させる点で難しさがあるだろう．しかし幸いというべきか，日本の高等学校における化学では，物質量の概念と化学量論計算をしっかりと学習させるので，それを十分に理解している学生にとっては，むしろ atoms first のほうが効率のよい学習ができるものと思われる．いずれにせよ，二通りの方式による一般化学の教科書があることは，学生の理解度によっていずれかを選択できる点で，よいことであると思う．

本書には，他のほとんどの一般化学の教科書に見られる有機化合物や主要族元素の化学，あるいは核化学に関する章が見当たらない．これらを可能な限り割愛することによって，化学の理論体系を解説するための章を充実させ，重要な事項がきわめて丁寧に説明されているのである．たとえば，分子構造と化学結合には4章，化学反応速度論には2章があてられており，ここでなされている解説は，おそらく数ある一般化学の教科書のうちで，これらに関する最も詳しい記述であると思われる．なお，各論は割愛されたといっても，メタンやベンゼンの構造や，有機化合物における異性体など基本的な事項はきちんと取上げられており，核化学に関しても放射壊変や放射性年代決定法については反応速度論の章で詳しく扱われている．さらに，詳細な無機物質や有機化合物あるいは高分子化合物の性質については，原著のウェブサイトに Interchapters online としてまとめられており，http://www.mcquarriegeneralchemistry.com から自由にアクセスすることができる．美しい写真も掲載され，問題もついているので，必要に応じて利用するとよいだろう．

原著を翻訳するにあたり，できるだけわかりやすい文章になるように心がけた．まだ至らぬ点も多いと思われるので，お気づきのことがあれば是非，ご指摘をいただきたい．本書の企画から完成に至るまで，東京化学同人の仁科由香利さんと竹田 恵さんには大変お世話になった．ここに心より感謝の意を表したい．

2014年8月

村 田　　滋

要 約 目 次

上 巻

1 化学と科学的方法
2 原子と分子
3 周期表と元素の周期性
4 前期量子論
5 量子論と原子の構造
6 イオン結合とイオン化合物
7 ルイス構造
8 分子構造の予測
9 共有結合
10 化学反応
11 化学計算
12 溶液の化学計算
13 気体の性質

下 巻

14 熱化学
15 液体と固体
16 溶液の束一的性質
17 化学反応速度論：反応速度式
18 化学反応速度論：反応機構
19 化学平衡
20 酸と塩基の性質
21 緩衝液と酸塩基滴定
22 溶解度と沈殿反応
23 化学熱力学
24 酸化還元反応
25 電気化学
26 遷移金属の化学

目　　次

1　化学と科学的方法······1
1・1　化学を学ばなければならないのはなぜか？······1
1・2　化学は実験に基づく学問である······2
1・3　現代の化学は定量的測定に基づいている······3
1・4　自然科学ではメートル法の単位と基準が用いられる······4
1・5　エネルギーのSI単位はジュールである······8
1・6　正確さはパーセント誤差によって評価される······11
1・7　測定された量の精密さは有効数字によって示される······13
1・8　計算結果を表す数値には有効数字の正しい桁数を示さねばならない······14
1・9　次元解析法を用いるといろいろな化学計算が簡単になる······16
1・10　表の見出しやグラフの軸を表示するにはグッゲンハイム表記法を用いる······18

2　原子と分子······21
2・1　単体は最も簡単な物質である······21
2・2　物質は固体，液体，気体の状態をとる······24
2・3　混合物はその成分の物理的性質の違いを利用して分離できる······25
2・4　定比例の法則によると化合物を構成する元素の質量比は常に一定である······27
2・5　ドルトンの原子説によって定比例の法則が説明される······29
2・6　分子はつながりあった原子の集団である······30
2・7　化合物は体系的な命名法によって命名される······31
2・8　分子を構成する原子の原子量の総和を分子量という······34
2・9　原子の質量のほとんどはその原子核に集中している······34
2・10　原子は陽子，中性子，および電子からなる······37
2・11　自然界ではほとんどの元素は同位体の混合物として存在する······37
2・12　電荷をもつ粒子をイオンという······40

3　周期表と元素の周期性······43
3・1　化学反応によって新しい物質が生成する······43
3・2　化学反応式は釣り合いがとれていなければならない······45
3・3　元素は化学的性質によって分類することができる······48
3・4　元素を原子番号の順に並べるとその性質に周期性が現れる······50
3・5　周期表の同じ列に位置する元素は類似の化学的性質をもつ······51
3・6　元素は主要族元素，遷移金属，内部遷移金属に分類される······55
3・7　元素の周期性にはいくらかの不規則性がある······57

代数を用いて化学反応式の釣り合いをとる方法······47

4 前期量子論 ·· 59
- 4・1 第一イオン化エネルギーは元素の周期的性質のひとつである ················ 60
- 4・2 連続的なイオン化エネルギーの値から原子の電子殻構造がわかる ············ 61
- 4・3 電磁スペクトルを構成する電磁波は波長によって特徴づけられる ············ 64
- 4・4 原子の発光スペクトルは一連の輝線からなる ······························ 66
- 4・5 電磁波は光子の流れとみることができる ·································· 67
- 4・6 ド・ブロイは物体が波動性をもつことを最初に提唱した ···················· 71
- 4・7 電子は粒子性と波動性の両方を示す ······································ 72
- 4・8 水素原子の電子のエネルギーは量子化されている ·························· 73
- 4・9 原子における定常状態間の遷移に伴って電磁波の吸収・放出が起こる ········ 74

5 量子論と原子の構造 ·· 80
- 5・1 シュレーディンガー方程式は量子論の中核となる方程式である ·············· 80
- 5・2 原子オービタルの形状は方位量子数に依存する ···························· 83
- 5・3 原子オービタルの空間的な配向は磁気量子数に依存する ···················· 85
- 5・4 電子は固有スピンをもつ ·· 86
- 5・5 複数の電子をもつ原子のエネルギー状態は n と l の値に依存する ········ 88
- 5・6 パウリの排他原理によると同じ原子において どの2個の電子も同じ4種類の量子数の組合わせをもつことができない ······ 89
- 5・7 電子配置は原子オービタルを電子がどのように占有しているかを表す ········ 91
- 5・8 基底状態の電子配置を予測するためにフントの規則を適用する ·············· 92
- 5・9 原子が電磁波を吸収すると電子がエネルギーの高いオービタルへ遷移する ···· 94
- 5・10 周期表の同族の元素は類似した価電子の配置をもつ ························ 94
- 5・11 遷移金属元素の性質はdオービタルの電子によって決まる ·················· 96
- 5・12 原子半径とイオン化エネルギーは元素の周期的性質である ·················· 99

シュテルン-ゲラッハの実験 ·· 91

6 イオン結合とイオン化合物 ·· 101
- 6・1 イオン結合は反対の電荷をもつイオンの間の静電気力によって形成される ···· 101
- 6・2 イオン化合物の化学式はイオン電荷に基づいて決定される ·················· 105
- 6・3 遷移金属イオンの一般的なイオン電荷は電子配置から理解できる ············ 105
- 6・4 遷移金属イオンが複数のイオン電荷をとる場合にはその価数をローマ数字で表記する ········ 107
- 6・5 遷移金属イオンのオービタルには規則的な順序で電子が満たされる ·········· 107
- 6・6 陽イオンはそのイオンを与える中性原子よりも小さく、陰イオンは大きい ···· 108
- 6・7 クーロンの法則を用いてイオン対のエネルギーを計算することができる ······ 110

7 ルイス構造 ·· 115
- 7・1 共有結合は2個の原子に共有された電子対として表される ·················· 115
- 7・2 ルイス構造を書くときにはオクテット則を満たすようにする ················ 117
- 7・3 水素原子はほとんどの場合ルイス構造の末端原子となる ···················· 119
- 7・4 ルイス構造では原子が形式電荷をもつことがある ·························· 121

7・5　単結合だけではオクテット則を満たすルイス構造を書くことができない場合がある ……… 123
7・6　ルイス構造の重ね合わせを共鳴混成体という ……………………………………… 125
7・7　1個あるいは複数個の不対電子をもつ化学種をラジカルという …………………… 128
7・8　周期表の第2周期より下に位置する元素の原子は原子価殻を拡張できる ………… 129
7・9　電気陰性度は元素の周期的性質である ……………………………………………… 132
7・10　電気陰性度の差を用いて化学結合の極性を予想することができる ………………… 133
7・11　極性結合をもつ多原子分子は必ずしも極性分子とは限らない ……………………… 135

　　　―酸化窒素 NO ── 驚異的な分子 ― ……………………………………………… 128

8　分子構造の予測　137
8・1　ルイス構造から分子の形状はわからない …………………………………………… 137
8・2　正四面体の4個の頂点はすべて等価である ………………………………………… 138
8・3　原子価殻電子対反発理論を用いて分子の形状を予想することができる ………… 139
8・4　原子価殻の電子対の数によって分子の形状が決定される ………………………… 140
8・5　原子価殻の非共有電子対は分子の形状に影響を与える …………………………… 142
8・6　VSEPR 理論は多重結合をもつ分子にも適用できる ……………………………… 146
8・7　非共有電子対は三方両錐形のエクアトリアル位置を占める ……………………… 147
8・8　2個の非共有電子対は正八面体の反対の頂点を占める …………………………… 150
8・9　分子の形状から正味の双極子モーメントをもつかどうかが決まる ……………… 151
8・10　異性体は異なるにおい，味，薬理活性をもつ ……………………………………… 152

9　共有結合　156
9・1　異なる原子の原子オービタルの重ね合わせによって分子オービタルが形成される ……… 157
9・2　水素分子イオン H_2^+ は最も簡単な二原子化学種である ………………………… 159
9・3　結合次数によって共有結合の強さが予測できる …………………………………… 162
9・4　分子軌道理論によって二原子分子の電子配置が予測できる ……………………… 163
9・5　多原子分子の結合は局在化結合を用いて記述することができる ………………… 166
9・6　sp^2 混成オービタルは平面三角形の対称性をもつ ……………………………… 169
9・7　sp^3 混成オービタルは正四面体の頂点方向を向いている ……………………… 170
9・8　sp^3 オービタルによって中心原子に4個の電子対をもつ分子を表記できる ……… 173
9・9　混成オービタルは d オービタルを含むことができる ……………………………… 175
9・10　二重結合は σ 結合と π 結合によって記述される ………………………………… 176
9・11　二重結合のまわりの回転は束縛されている ………………………………………… 178
9・12　三重結合は一つの σ 結合と二つの π 結合によって記述される ………………… 179
9・13　ベンゼンの π 電子は非局在化している …………………………………………… 180

10　化学反応　183
10・1　2種類の物質から単一の生成物が得られる反応を結合反応という ……………… 183
10・2　多原子イオンは水溶液中で分解しない …………………………………………… 185
10・3　水との反応によりある金属酸化物は塩基となり，ある水素を含む化合物は酸となる ……… 189
10・4　分解反応では物質は複数のより簡単な物質に分解される ………………………… 193

10・5　水と無水塩の結合反応によって水和物が生成する　194
10・6　単一交換反応では化合物のある元素が別の元素によって置換される　195
10・7　単一交換反応における相対的な反応性によって金属を順序づけることができる　196
10・8　ハロゲンの相対的な反応性は $F_2 > Cl_2 > Br_2 > I_2$ の順に減少する　198
10・9　二重交換反応では2種類のイオン化合物の陽イオンと陰イオンが交換して新たな化合物が生成する　199
10・10　酸塩基反応は二重交換反応の例である　202
10・11　酸化還元反応では化学種の間で電子移動が起こる　203

11　化学計算　207

11・1　物質1 molの質量はg単位をつけた式量に等しい　207
11・2　物質1 molにはアボガドロ数の化学式単位が含まれる　209
11・3　化学分析によって組成式が決定できる　212
11・4　実験式を用いて未知の原子量を決定することができる　214
11・5　実験式と分子量から分子式が決定される　215
11・6　多くの化合物の元素組成は燃焼分析によって決定される　216
11・7　化学反応式の係数は物質量とみることができる　217
11・8　化学反応に関する計算は物質量を用いて行う　220
11・9　化学量論計算を行うには必ずしも化学反応式を知る必要はない　222
11・10　二つ以上の物質が反応するとき生成物の質量は制限試剤によって決まる　224
11・11　多くの化学反応では目的とする生成物の収量は理論的な収量よりも少ない　226

制限試剤をすばやく見つける方法　226

12　溶液の化学計算　228

12・1　2種類以上の物質の均一な混合物を溶液という　228
12・2　最もよく用いられる濃度の単位はモル濃度である　229
12・3　イオンを含む溶液には電流が流れる　232
12・4　溶液中で起こる化学反応の化学量論計算にはモル濃度を用いる　234
12・5　沈殿反応で生成する沈殿の量を計算するにはモル濃度を用いる　236
12・6　酸や塩基の濃度は滴定によって決定することができる　238
12・7　滴定実験のデータから未知の酸の式量を決定することができる　239

メスフラスコの正確さ　230

13　気体の性質　242

13・1　気体の体積のほとんどは何もない空間である　242
13・2　気体の圧力を測定するには圧力計を用いる　243
13・3　圧力のSI単位はパスカルである　244
13・4　気体の体積は圧力に反比例しケルビン温度に比例する　246
13・5　同温・同圧において同体積の気体には同数の分子が含まれる　249
13・6　ボイル，シャルル，およびアボガドロの法則を組合わせた式を理想気体の式という　250
13・7　理想気体の式を用いて気体の分子量を計算することができる　254

13・8　混合気体の全圧はすべての成分気体の分圧の和に等しい……………………………256
13・9　気体分子には速さの分布がある…………………………………………………………260
13・10　気体分子運動論により分子の根平均二乗速さを計算することができる………………262
13・11　噴散を用いて気体の式量を求めることができる………………………………………263
13・12　衝突からつぎの衝突の間に分子が移動する平均距離を平均自由行程という…………264
13・13　ファンデルワールスの式は気体の理想性からのずれを説明する………………………266

　音　　速………………………………………………………………………………………263

付録 A　数学の要約………………………………………………………………………………A1
付録 B　SI 単位と単位変換因子…………………………………………………………………A9
付録 C　IUPAC 命名法規則の概要………………………………………………………………A12
索　　引……………………………………………………………………………………………A15
掲載図出典…………………………………………………………………………………………A20

化学と科学的方法

1

君たちはいま，世界中の約百万人の仲間とともに，大学において最初の化学の学習を始めようとしている．まだ，将来どんな専門分野に進むか決めかねている人も多いだろう．しかし，君たちがどのような専門分野を選んだとしても，化学の基礎知識を必要とする機会はきっとあるに違いない．

化学では，砂粒のような単純な物質から人体の組織のような複雑な物質に至るまで，世界中にあるきわめて多様な物質を対象にし，科学的方法を用いてそれらの特徴を記述する．これができるのは，すぐにわかるように，化学という学問が，実験による測定や科学的な計算に基づく定量性をもった学問だからである．したがって，君たちはまず，科学者が物理量の測定や計算を行うために用いる方法を，しっかりと理解するところから始めなければならない．本章では，その方法について基礎的な事項を述べる．

1・1	化学とは
1・2	科学的方法
1・3	定量的測定
1・4	メートル法単位系
1・5	エネルギーの単位
1・6	正確さとパーセント誤差
1・7	精密さと有効数字
1・8	計算での有効数字
1・9	次元解析法
1・10	グッゲンハイム表記法

1・1 化学を学ばなければならないのはなぜか？

化学は，物質がどのような性質をもち，それらが互いにどのように反応するかを研究する学問である．私たちのまわりの世界は，さまざまな物質やそれらの反応に満ちている．反応によって生成する新たな物質は，もとの物質とは異なった性質をもっている．しかし，化学者はその性質を予測することができ，またそれを人々の生活に利用することができるのである．私たちが日々の生活で用いている物質には，直接的，あるいは間接的に，化学の研究によって生み出されたものがたくさんある．

化学反応によってつくり出された有用な物質の例は，限りなくあげることができる．肥料は化学工業の重要な中核の一つであり，肥料の発展は農業生産に大きな影響を与えた．同じくらい重要なものに，薬品工業がある．私たちはみな，伝染病の治療のために抗生物質を服用し，歯科治療や事故，あるいは手術に伴う痛みを和らげるために鎮痛剤を用いる．現代の医薬品は確かに化学によってつくり出されたものであり，そのおかげで米国では，平均寿命が1920年代以降，約18年も伸びた．信じ難いことであるが，1世紀少し前には，現代なら簡単に治る感染症によって多くの人々の命が失われたのである．

おそらく，私たちにとって最も身近な化学製品はプラスチックであろう．産業に従事する化学者の約半分はプラスチックの開発と製造に関わっている．米国だけでも，年間5千万トン以上のプラスチックが製造されている．そのうちの50億kgほどが合成繊維であり，ベッドシーツ，衣類，リュックサック，靴，およびその他の織物に用いられている．これは米国に住む人が，一人当たり年間約160 kgのプラスチックを，また16 kgの合成繊維を消費していることに相当する．ナイロン，ポリエチレン，メラミン，サラン®，テフロン®，ダクロン®，ポリウレタン，ポリエステル，PET，PVC，シリコンといった名前は，私たちの家庭用品や衣類に，また私たちの日常の活動でしばしば目にする．化学はまた，私たちの日常生活を支える多くの製品の基礎になっている．ほんの数例として，コン

ピューターの集積回路, 紙, 燃料, セメント, 液晶ディスプレイ, 洗剤, 磁気メモリ, 冷却剤, 実用電池, 芳香剤, 香料, 防腐剤, 塗料, セラミックス, 太陽電池, 化粧品などをあげることができる. さらに, 鋼鉄などの金属, チタンやアルミニウムを含む軽合金, あるいは炭素繊維からなる材料により, 現代の船舶, 自動車, 航空機, および人工衛星の製造が可能となった.

また, 化学は私たちのまわりの環境について研究し, 理解するためにも必要な学問である. 不幸なことに, 今日でも, 非常に多くの人々が化学物質に恐れをもっている. それは, 一つには過去に使用されたDDTなどのさまざまな殺虫剤の害毒や, 水質の化学的な汚濁, あるいは大気汚染のためである. しかし, これらの問題を認識し, それを解決することもまた, 化学の研究によるものであることを忘れてはならない. 生分解性包装材, 水素燃料電池, 再利用できる敷物, オゾンを破壊しない冷却剤といった, まさに環境にやさしい"グリーン"な新しい物質が化学者によって開発され, 今日用いられている.

驚くべきことに, あらゆる化学物質は, 原子とよばれるわずか約100種類の異なる基本単位からできている. 原子説では, 物質を原子, あるいは分子やイオンとよばれる単位につなぎ合わされた原子の集合体として眺める. まず, 原子説を深く探究することから化学の学習を始めよう. そして, 化学結合と化学反応について学び, 化学反応を理解するために必要な計算の方法を身につけよう. 化学を学ぶことによって, どのような反応が, どのような条件で, どのような速さで起こるかを予測することができる. さらに, その反応でどのような物質が生成し, その物質がどのような構造や性質をもつのかを予想することができる. 君たちが学ぶ化学は, これまで述べてきたような数多くの物質や現象の基礎になっている学問である. そのことがわかればきっと, 化学を学ぶことがおもしろく, また楽しくなるに違いない.

1・2 化学は実験に基づく学問である

化学は, 科学的方法を用いた実験に基づく学問である. **科学的方法**[1]で最も大切なことは, 科学的な疑問に答えるために, 注意深く計画された実験を行うことである.

科学的方法を用いるためには, まず, 目的を設定しなければならない. すなわち, 答えるべき疑問をはっきりと提示しなければならない. 目的を設定した後, つぎにすべきことは, 考えている問題について情報やデータを集めることである. 集めたデータは, 定性的データと定量的データの2種類に分けられる. **定性的データ**[2]は観察した結果を言葉で表したものであり, **定量的データ**[3]は測定によって得られた数字からなるものである. 考えている問題について十分なデータが集まれば, 仮説を立てることができる. **仮説**[4]とは, 観察された結果や現象に対する可能な説明, あるいは予測として出された提案である. もし仮説が, さまざまな条件下で行われた十分な数の実験結果によって裏付けられるならば, その仮説は科学的な理論に発展する.

仮説を検証するために実験が行われる. 仮説を裏付ける実験結果が得られた場合, さらに実験を行って, その結果がさまざまな実験条件下で再現できるかどうかを調べる. 多くの実験を行うと, 同じ条件下で観測される現象の間に, ある一定の関係が現れることがある. この関係を簡潔に記述したものを, **自然法則**[5], あるいは**科学法則**[6]という. 法則は, 実験によって得られた関係を要約したものであり, それを説明したものではない.

法則がはっきりと提示されると, 科学者たちによって**理論**[7], すなわち実験結果に基づく法則を説明する統一的な原理がつくり出される. その後, 理論もまた検証され, さらなる実験の結果によって理論は修正を受け, 場合によっては捨て去られることもある. 理論は, 新たな実験が行われるとともに, 常に発展しているのである. このような科学的方法は, 化学という学問の基礎になっている. 第2章

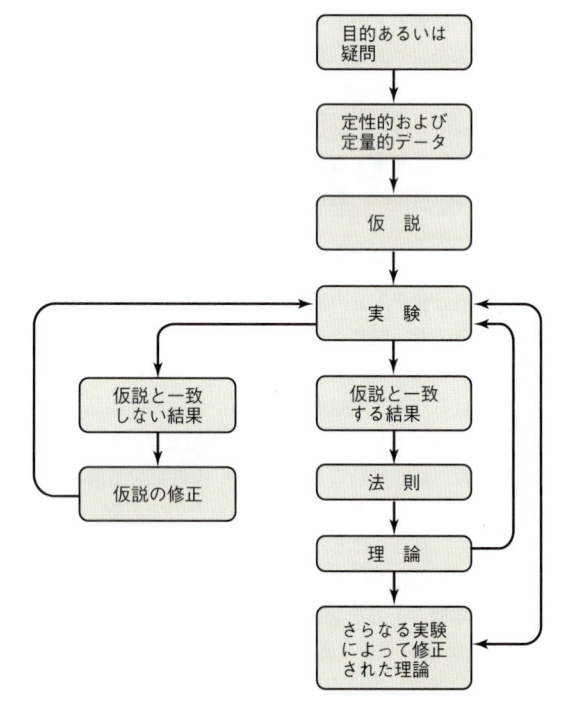

図1・1 科学的方法における実験, 仮説, 法則, および理論の相互に関連する役割.

---

1) scientific method 2) qualitative data 3) quantitative data 4) hypothesis 5) law of nature 6) scientific law 7) theory

で原子説を学ぶと，きわめて多数の実験の結果からいくつかの重要な法則が発見され，そして，それらの法則が原子説によって統一的に説明された過程がわかるだろう．

理解しておくべき重要なことは，"どんな理論も実験によって正しいと証明することはできない"ということである．実験によって，理論を支持するデータを得ることはできる．しかし，いくら多くの実験が理論と矛盾しない結果を与えても，追加された実験が理論の不備を示す可能性は常に残っている．このため，実験を計画する際には，理論を支持する結果をさらに得るための実験ではなく，むしろ仮説や理論の反証が得られるような実験を計画しなければならない．図1・1に，科学的方法における実験，仮説，法則，および理論の役割の概要を示した．

図1・1が示すように，科学的な理論は常に修正を受けるものである．たとえば，太陽は地球の周囲を回っているという理論は，地球が太陽のまわりを軌道を描いて回っているという理論により置き換えられ，さらに後になって，太陽と地球のそれぞれが，それらの重心のまわりを回っているという理論によって置き換えられた．その後，この理論も，アインシュタインによって提唱された空間と時間を含む理論によって置き換えられた．現在用いられているほとんどの理論には，それぞれ限界があることが知られている．

しかし，私たちが理論による予測に対して完全な信頼をもつことができなくても，そのような不完全な理論もしばしば役に立つ．たとえば，10回のうち9回，結果を正しく予想できる理論は，きわめて有用といえる．科学的な理論によってさまざまな考えが統一されるので，一般に，その理論が不完全であっても，もっと良い理論が発展するまでは捨て去られることはない．

1・3　現代の化学は定量的測定に基づいている

古代から世界中において，未熟ではあったがさまざまな化学的な操作†が行われ，多くの重要な技術的発見がなされた（図1・2）．しかし，化学が近代科学として発展したのは，18世紀になってからであった．近代の自然科学はその基礎を**定量的測定**[1]，すなわち結果が数字によって表記される測定においている．たとえば，"$1.00\,\mathrm{cm}^3$の金の質量は$19.3\,\mathrm{g}$である"，あるいは"$1.25\,\mathrm{g}$のカルシウムは$1.00\,\mathrm{g}$の硫黄と反応する"という表記は，定量的測定の結果を表している．これらを**定性的観察**[2]による表記と比べてみよう．定性的観察とは，色，におい，味，あるいは他の物質と化学変化を起こしやすいといった物質の一般的性質を記述することをいう．たとえば，"鉛はアルミニウム

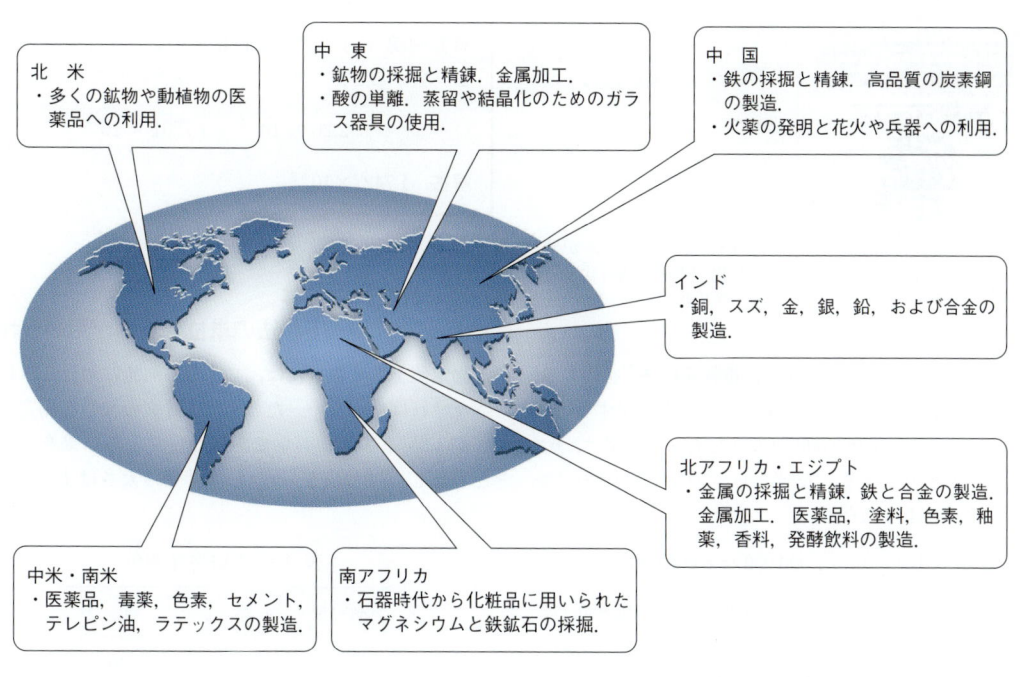

北米
・多くの鉱物や動植物の医薬品への利用．

中東
・鉱物の採掘と精錬．金属加工．
・酸の単離．蒸留や結晶化のためのガラス器具の使用．

中国
・鉄の採掘と精錬．高品質の炭素鋼の製造．
・火薬の発明と花火や兵器への利用．

インド
・銅，スズ，金，銀，鉛，および合金の製造．

北アフリカ・エジプト
・金属の採掘と精錬．鉄と合金の製造．金属加工．医薬品，塗料，色素，釉薬，香料，発酵飲料の製造．

中米・南米
・医薬品，毒薬，色素，セメント，テレピン油，ラテックスの製造．

南アフリカ
・石器時代から化粧品に用いられたマグネシウムと鉄鉱石の採掘．

図1・2　古代から世界中で行われた化学に関わるさまざまな技術．

---

† "化学"の英語であるchemistryやアラビア語のalchemyは，錬金術を意味するギリシャ語のchemeiaに由来している．錬金術は，近代化学が発展する以前に，ふつうの金属を金に変えることができると信じて行われたさまざまな化学的操作である．chemeiaはおそらく，金属加工技術や物質変換に関する理論が発展していた古代エジプトを意味するKhemに由来するのではないかといわれている．しかし，chemeiaは，中国語に起源をもち，"金の秘密"を意味する南方の方言のkim miに由来すると信じている学者もいる．
1) quantitative measurement　2) qualitative observation

よりも非常に密度が大きい"という表記は，定性的な記述である．後に本章で述べるように，これを定量的に記述すると，"体積 1.00 cm^3 の鉛の質量は 11.3 g であるが，同じ体積のアルミニウムの質量は 2.70 g である"となる．

フランスの科学者ラボアジェ[1]は，化学において，近代的な意味の定量的測定が重要であることを認識した最初の化学者であった．ラボアジェはそれまでにない正確な特製の天秤を設計し，その天秤を用いて，"化学反応において反応した物質の全質量は，生成した物質の全質量に等しい"ことを発見した．言い換えれば，ラボアジェは注意深い定量的測定によって，化学反応において質量は保存されることを示したのである．この法則を**質量保存の法則**[2]という．近代科学としての化学の発展におけるラボアジェの影響は，どんなに述べてもいい過ぎることはない．1789年，ラボアジェは『化学原論』を出版し，その時代における化学の知識を統一的に記述した．『化学原論』(図 1·3)は多くの言語に翻訳され，定量的測定に基づく化学の最初の教科書となった．

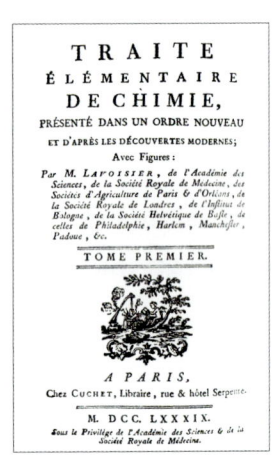

図 1·3 ラボアジェが著した化学の教科書『化学原論』の表紙．

本書では，大きな数字を表す際に**指数表記法**[3]を用いる．指数表記法は，10 のべき乗を掛けて数字を表記する方法である．たとえば，6 000 000 のような大きな数字は，6×10^6 と表すことができる．なぜなら，$10^6 = 1\,000\,000$ であるから，次式のようになる．

$$6 \times 10^6 = 6 \times 1\,000\,000 = 6\,000\,000$$

同様に，1.626×10^{-9} で表される数は，つぎの数と同じになる．

$$1.626 \times 10^{-9} = 1.626 \times 0.000\,000\,001$$
$$= 0.000\,000\,001\,626$$

これらの例から，10 のべき乗を掛けて数字を表記する方法は，小数で表記するよりも便利であることがわかる．

化学の学習をうまく進めるためには，指数表記法で書かれた数字の使用や，数学的な操作に習熟していなければならない．指数表記法による数字の取扱いについては，「付録A」に詳しくまとめられている．

例題 1·1 つぎの数を指数表記法によって表せ．
(a) 24 000　　(b) 0.000 000 572

解答 (a) 24 000 には，最初の数字 2 の後に 10 の 4 乗が続いている．

$$24\,000$$

したがって，この数は指数表記法を用いてつぎのように書くことができる．

$$2.4 \times 10\,000 = 2.4 \times 10^4$$

(b) 0.000 000 572 の 5 からさかのぼって数えると，5 と小数点の間には 10 の 7 乗分あることがわかる．

$$0.000\,000\,572$$

5 は小数点の左側に置かれるので，この数は指数表記法を用いて 5.72×10^{-7} と書くことができる．

練習問題 1·1 次の足し算をせよ．答は指数表記法により表すこと．

$$2.26 \times 10^{-5} + 1.7201 \times 10^{-3}$$

解答 1.7427×10^{-3}

1·4 自然科学ではメートル法の単位と基準が用いられる

測定値を表す数字には，必ずその測定における単位を示さなければならない．たとえば，針金の太さを測定し，それが 1.35 ミリメートルであったら，その結果を 1.35 mm と表記しなければならない．"針金の太さは 1.35 である"

表 1·1 SI 基本単位

測定量	単位	記号
長さ	メートル	m
質量	キログラム	kg
温度	ケルビン	K
時間	秒	s
物質量	モル	mol

---

1) Antoine-Laurent Lavoisier　2) law of conservation of mass　3) scientific notation

といっても，何の意味もない．

自然科学においてよく用いられる単位系は，**メートル法単位系**[1]である．メートル法単位系にはいくつかの単位の組があるが，今日では，すべての測定値は，**SI 単位**[2]（フランス語の Systéme International の略号）という一組のメートル法単位系を用いて表記される．いくつかの SI 基本単位を表 1・1 に示した．

長さ[3]の SI 基本単位は**メートル**[4]（m）である．SI 単位が制定される以前は，メートルは，フランスの国際度量衡局に保管されている特製の白金棒の長さによって定義された．しかし，この定義は，"メートル棒"の長さが温度によって変化するので，高い正確性が要求される現代の科学的測定に対して，十分なものとはいえない．SI 単位におけるメートルは，現在では，真空中の光速を用いて定義されている（「付録 B」を参照せよ）．真空中の光速は自然界の基本的定数であり，白金棒とは異なって，温度により変化せず，また傷つけられたり，失われてしまうこともない．

SI 単位系では，ある単位の 10 の何乗倍，あるいは 10 の何乗分の 1 を示す一連の接頭語が用いられる．たとえば，1000 m を 1 キロメートル（km）という．km は世界中のほとんどの国の地図や道路標識において，町や都市の間の距離を表示するために使われている．また，1 センチメートル（cm）は 1 m の 100 分の 1 である．化学でよく用いられる SI 単位の接頭語を，表 1・2 に示した（接頭語の完全な一覧表は「付録 B」を参照せよ）．これらの接頭語のうちには，日常的に使われているものがいくつかある．たとえば，kg や km のキロ，cm のセンチ，mL や mm のミリ，MB（メガバイト）や Mt（メガトン）のメガ，GB（ギガバイト）のギガなどである．後述するように，分子の大きさやそのエネルギーを表す際には，接頭語ピコとアトがよく用いられる．

例題 1・2 表 1・2 を参照して，つぎの語の意味を説明せよ．
(a) マイクロ秒　(b) ミリグラム　(c) 100 ピコメートル

解答　(a) 表 1・2 によると，接頭語マイクロは 10^{-6} を意味する．したがって，マイクロ秒（μs）は 10^{-6} 秒，すなわち 1 秒の 100 万分の 1（1/1 000 000）である．科学的な実験において，マイクロ秒の単位で起こるできごとはいくつも知られている．
(b) 接頭語ミリは 10^{-3} を意味する．したがって，ミリグラム（mg）は 10^{-3} g，すなわち 1 g の 1000 分の 1 である．
(c) 接頭語ピコは 10^{-12} を意味する．したがって，ピコメートル（pm）は 10^{-12} m，すなわち 1 m の 100 万分の 1 の，さらにその 100 万分の 1 である（10^{-12} は $10^{-6} \times 10^{-6}$ に等しく，10^{-6} は 100 万分の 1 である）．したがって，100 ピコメートル（100 pm）は，100×10^{-12} m，あるいは 1.00×10^{-10} m に等しい．pm は，原子や分子の大きさを論ずる際に便利な長さの単位である．

練習問題 1・2　つぎの語の意味を説明せよ．
(a) 400 nm　(b) 20 ps

解答　(a) 4.00×10^{-7} m　(b) 2.0×10^{-11} s（秒）

体積[5]は記号 V で表記され，その単位は，長さの SI 基本単位であるメートルから導かれる．1 立方メートル（1 m^3）は，それぞれの辺が 1 m の立方体の体積である．しかし，実験室において便利な体積の単位は，**リットル**[6]（L）である．1 L は，それぞれの辺が 10 cm（1 m の 10 分の 1）の立方体の体積に等しい（図 1・4）[†]．立方体の体積は，立

表 1・2　SI 単位系でよく用いられる接頭語

接頭語	記号	倍数	例[a]
ギガ	G	10^9 または 1 000 000 000	1 ギガジュール，1 GJ=1×10^9 J
メガ	M	10^6 または 1 000 000	1 メガジュール，1 MJ=1×10^6 J
キロ	k	10^3 または 1 000	1 キロメートル，1 km=1×10^3 m
センチ	c	10^{-2} または 1/100	1 センチメートル，1 cm=1×10^{-2} m
ミリ	m	10^{-3} または 1/1 000	1 ミリリットル，1 mL=1×10^{-3} L
マイクロ	μ	10^{-6} または 1/1 000 000	1 マイクロ秒，1 μs=1×10^{-6} s
ナノ	n	10^{-9} または 1/1 000 000 000	1 ナノメートル，1 nm=1×10^{-9} m
ピコ	p	10^{-12} または 1/1 000 000 000 000	1 ピコメートル，1 pm=1×10^{-12} m
フェムト	f	10^{-15} または 1/1 000 000 000 000 000	1 フェムト秒，1 fs=1×10^{-15} s
アト	a	10^{-18} または 1/1 000 000 000 000 000 000	1 アトジュール，1 aJ=1×10^{-18} J

a) リットルとジュールは本章で後に定義する．

[†] 訳注: SI 単位では dm^3（立方デシメートル）を用いる．1 dm^3 は 1 L に等しい．
1) metric system　2) SI unit　3) length　4) meter　5) volume　6) liter

方体の1辺の長さの3乗に等しい．したがって，次式が成り立つ．

$$1\,\text{L} = (10\,\text{cm})^3 = 1000\,\text{cm}^3$$

1ミリリットル(1 mL)は，1 Lの1000分の1である．言い換えれば，1 Lは1000 mLとなる．1000 mLと1000 cm^{3}はともに1 Lに等しいので，1 mL＝1 cm^{3}であることがわかる．すなわち，1ミリリットル(1 mL)と1立方センチメートル(1 cm^3, しばしば"cc"と略記される)は互いに等しい．

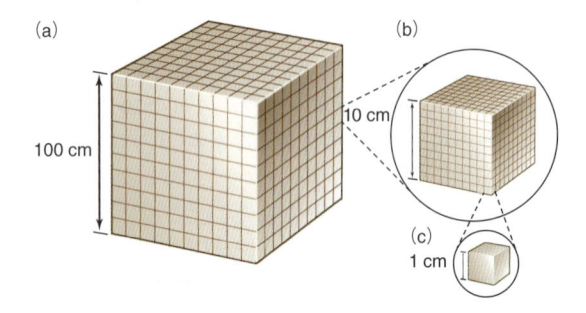

図1・4 (a) 体積1立方メートル(1 m^3)の立方体の一辺の長さは100 cmである．1 m^{3}は1000リットルに等しい(1 m^3＝1000 L)．(b) 体積1 Lの立方体の一辺の長さは10 cmである．1 Lは1000ミリリットルに等しい(1 L＝1000 mL)．(c) 体積1 mLの立方体の一辺の長さは1 cmである．したがって，1ミリリットルは1立方センチメートルと等価である(1 mL＝1 cm^3)．

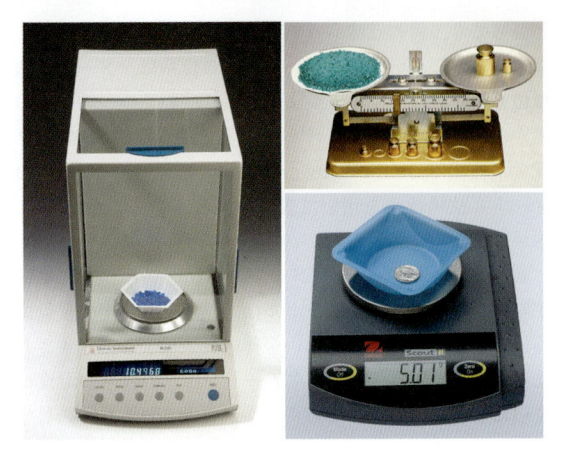

図1・5 (左) 分析天秤(直示天秤), (右上) 上皿天秤, (右下) 電子天秤．これらはいずれも，質量の測定に使用される．上皿天秤では，一方の天秤皿に質量の基準となるおもり(分銅)を置いて，重さを釣り合わせる必要がある．

質量のSI基本単位は**キログラム**[1](kg)である．フランスのパリ郊外セーブルにある国際度量衡局に保管されている円柱形の白金とイリジウムの合金塊(キログラム原器)の質量が，1 kgの基準となっている．kgは，現在においてもなお，人工物によって定義されている唯一のSI基本単位である．1 kgは1000 gに等しい(1 kg＝1000 g)．

実験室において物体の質量は，質量の基準となる一組のおもり(分銅)に対して，その物体の重さを釣り合わせることによって測定される(図1・5)．分銅の質量は，キログラム原器と比較することによって定められている．

質量は，分銅に対してその重さを釣り合わせることによって測定されるので，**質量**[2]と**重さ**[3]という言葉はしばしば，互いに置き換えられる言葉として用いられる．たとえば，"その試料の重さは28 gである"などという．しかし，厳密にいえば，質量と重さは異なった意味をもつ言葉である．物体の質量は，その物体の慣性，すなわち動かしにくさの程度を表す量であり，その物体に本来備わっている性質である．一方，物体の重さは，地球や月のような大きな物体に対して，その物体がひきつけられる力の大きさを意味する．月面における物体の重さは，地球上での重さの約6分の1となるが，物体の質量はどちらの場所でも同じである．このような曖昧さを避けるために，本書では，一般に，重さよりも質量という言葉を用いることにする．質量1 kgの物体は，月面上では重さ約0.17 kgとなる．

現在用いられている分析天秤(直示天秤)(図1・5, 左)では，質量の基準となる分銅は天秤に内蔵されており，可動式のレバーによって制御される．基本的な原理は上皿天秤(図1・5, 右上)と同じであるが，上皿天秤では試料と分銅の重さが釣り合った点を眼で見て判断するのに対して，分析天秤では光を用いて光学的に検出する．また，電子天秤(図1・5, 右下)は，圧力に敏感な結晶を用いて質量を測定する天秤である．電子天秤は操作が簡便で，±1 mg程度の精密さで質量の測定ができるため，多くの化学の研究室で使用されている．しかし，より精密な測定を行う際には分析天秤を用いる方がよい．

温度[4]は，物体がもつ熱の相対的な失われやすさの定量的尺度となる性質である．物体の温度が高いほど，その物体は熱を失いやすい．さわると水が"熱い"ということは，熱がすぐに水から，水より温度が低い私たちの指に流れることを意味している．水が"冷たい"ときには，熱は私たちの指から，私たちの指より温度が低い水へと流れる．数字による温度目盛は，二つの基準点に対して温度を割り当てることによって設定される．たとえば，ひとつの温度目盛は，1気圧，すなわち晴天の日の海面での大気圧における水の凝固点に対して正確に温度0度を，また水の沸点に対して正確に100度を割り当てることによって設定することができる．なお，圧力については，第13章で詳しく学ぶ．

温度計[5]は温度を測定する機器である．温度計には，温度の変化に伴って，その性質が再現性よく変化する物質が

---

1) kilogram 2) mass 3) weight 4) temperature 5) thermometer

含まれている．たとえば，その性質として，水銀のような液体の体積を用いることができる．容器に封じた水銀の体積は，温度の上昇とともに増大するので，それを用いて温度を測定することが可能となる．たとえば，先に提案した温度目盛を用いると，まず，温度計を水と氷の混合物に入れ，水銀柱の位置をガラス棒に印をつけて，この位置を0.0とする．次いで，温度計を1気圧で沸騰している水に入れ，このときの水銀柱の位置を100.0とする．そして，二つの測定点の間を，温度計に等間隔に目盛をつけることによって，温度目盛を設定することができる．

温度については，第13章で詳しく説明する．本章では，一般によく用いられる温度目盛として，摂氏温度目盛，華氏温度目盛，およびケルビン温度目盛があることを知っていれば十分である（図1・6）．

最も基本的な温度目盛は**ケルビン温度目盛**[1]（熱力学温度目盛）であり，それによって温度のSI基本単位である**ケルビン**[2]（K）が定義される．ケルビン目盛がとることのできる最低の温度は0Kであり，後述するように，その温度はすべての物質がとりうる最低の温度である．温度を示す記号°はつけないこと，およびケルビン目盛による温度は必ず正の値になることに注意しよう．**摂氏温度目盛**[3]（℃）はセルシウス度目盛ともよばれ，摂氏温度目盛による温度tとケルビン温度目盛による温度Tとは，次式によって関係づけられる．

$$T(\text{K 単位}) = t(\text{℃ 単位}) + 273.15 \quad (1\cdot1)$$

したがって，ケルビン温度373.15 Kは373.15−273.15＝100.00より，摂氏温度100.00℃に対応する（図1・6を参照せよ）．摂氏温度目盛の1度の温度幅は，ケルビン温度目盛の1度と同じである．二つの温度目盛はただ，ゼロ点の位置だけが異なっている．

米国は，**華氏温度目盛**[4]（°F）を用いる世界でも数少ない国の一つである．華氏温度目盛では，水と氷の混合物の温度が32°Fに設定され，1気圧で水が沸騰する温度が212°Fに設定される．摂氏温度目盛による温度と華氏温度目盛による温度とは，つぎの式によって関係づけられる．

$$t(\text{℃ 単位}) = (5/9)[t(\text{°F 単位}) - 32.0] \quad (1\cdot2)$$

華氏温度目盛で32°Fのとき摂氏温度目盛0℃であり，212°Fのとき100℃となる．(1・2)式を用いると，私たちの"正常な"体温である摂氏温度37.0℃は，華氏温度では98.6°Fとなり，また，ケルビン温度では，

$$T = (273.15 + 37.0) \text{ K} = 310.2 \text{ K}$$

となることがわかる．

練習問題 1・3 (a) −90°Fを摂氏温度，およびケルビン温度に変換せよ．(b) 摂氏温度目盛と華氏温度目盛によって表した温度の数値が一致する温度は何度か．

解答 (a) −68℃, 205 K　(b) −40℃＝−40°F

密度は**組立単位**[5]で表される性質の一例であり，その単位には，質量の単位と体積の単位の両方が含まれる．**密度**[6]は，物質の単位体積当たりの質量として定義される．すなわち，（密度）＝（質量）/（体積）であり，記号を用いると次式のように表される．

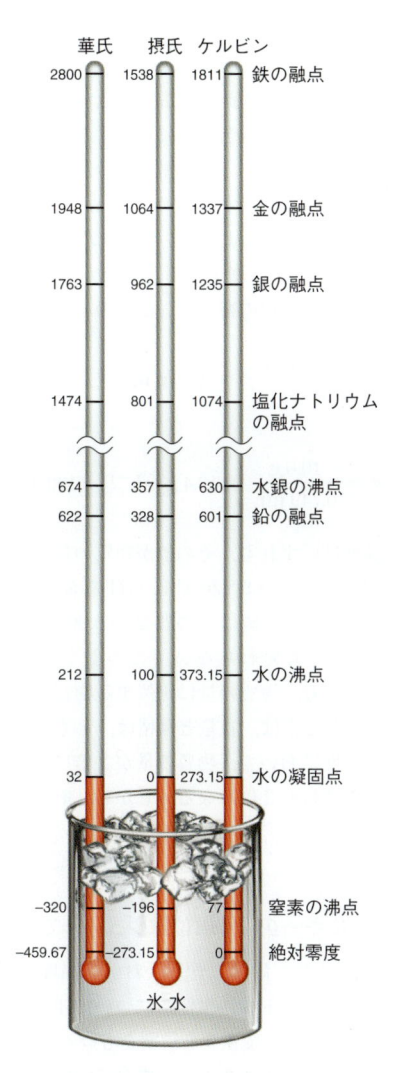

図 1・6　華氏温度目盛，摂氏温度目盛，ケルビン温度目盛の比較．

---

1) Kelvin temperature scale　2) kelvin　3) Celsius temperature scale　4) Fahrenheit temperature scale
5) compound unit　6) density

$$d = \frac{m}{V} \qquad (1\cdot3)$$

物質の密度 d を求めるには，質量 m がわかっている物質の体積 V を測定し，(1·3)式を用いればよい．

密度の概念によって，同じ体積をもつ物質の質量を比較することができる．"鉛 1 kg と羽毛 1 kg，どっちが重い？"と問う古い冗談があるが，これは，重さと聞くと，私たちが直感的に密度を思い浮かべることを利用したものである．私たちが，物質が重い，あるいは軽いというときには，実際には，その物質の密度が大きい，あるいは小さいということを意味している場合が多い．

(1·3)式が示すように，密度の**次元**[1]は，(質量)/(体積)である．したがって，密度はさまざまな単位で表すことができる．もし，質量をグラム g で，また体積を立方センチメートル cm^3 で表すと，密度の単位はグラム毎立方センチメートル g/cm^3 となる．ここでスラッシュ(/)は，"毎"を意味する記号である．たとえば，氷の密度は 0.92 g/cm^3 である．これは，質量 0.92 g の氷は，体積 1 cm^3 を占めると言い換えることができる．この場合には，1 cm^3 が"単位体積"となる．

数学で学ぶように，$1/a^n = a^{-n}$ であり n を指数という．すなわち，$1/cm^3 = cm^{-3}$ である．したがって，密度は g/cm^3 の代わりに，$g\,cm^{-3}$ で表すこともできる．なお，SI 単位系において組立単位を表記する際には，曖昧さを避けるために，一般にそれを組立てる単位の間を少しあけて書く[†]．たとえば，m s はメートル-秒を表すが，間をあけない ms はミリ秒の意味になる．

また，ある特定の時刻や，特定の条件での変数を表記する際には，しばしば下付き文字が用いられる．たとえば，15 秒後の速度を v_{15} と表し，物質 a の温度は T_a と表される．一般に，系の初期状態，すなわち出発となる状態を表すためには，下付き文字としてゼロ，あるいは i が用いられる．たとえば，t_0 は出発となる時間を表す．同様に，系の最終状態を表すためには，下付き文字 f がしばしば用いられる．なお，i は"初期の"を表す英字 initial の頭文字，f は"最終の"を表す final の頭文字である．本書で用いる新しい記号は，それらが現れたときに定義することにしよう．

例題 1·3 20 °C において，体積 5.00 cm^3 の金の質量は 96.5 g である．金の密度を求めよ．

解答 (1·3)式を用いると，密度 d を次式のように求めることができる．

$$d = \frac{m}{V} = \frac{96.5\,g}{5.00\,cm^3} = 19.3\,g\,cm^{-3}$$

例によって，解答は単位をつけて表記しなければならない．この場合には $g\,cm^{-3}$ となる．"密度は 19.3 である"という解答は，その結果が 19.3 $g\,cm^{-3}$ なのか，19.3 $g\,L^{-1}$ なのか，19.3 $lb\,ft^{-3}$ (lb はポンド，ft はフィート) なのか，あるいは密度を表す他の組立単位で表されているのかがわからないため，意味がない解答である．

練習問題 1·4 水銀は 25 °C において液体で存在する唯一の金属である．25 °C において体積 1.667 mL の水銀の質量は 22.55 g である．水銀の密度を $g\,mL^{-1}$，および $g\,cm^{-3}$ 単位で求めよ．

解答 13.53 $g\,mL^{-1}$，13.53 $g\,cm^{-3}$

物質の密度は温度に依存する．ほとんどの物質では，物質の密度は温度の上昇とともに減少する．これは，ほとんどの物質において，一定の質量をもつ物質の体積が，温度の上昇とともに増大するためである．たとえば，質量 10.0 g の水銀の体積は，0 °C では 0.735 mL であるが，100 °C では 0.749 mL に増大する．したがって，これら二つの温度における水銀の密度は，次式のようになる．

$$d = \frac{10.0\,g}{0.735\,mL} = 13.6\,g\,mL^{-1} \quad (0\,°C)$$

および

$$d = \frac{10.0\,g}{0.749\,mL} = 13.4\,g\,mL^{-1} \quad (100\,°C)$$

密度と温度はいずれも，その値が物質の量に依存しない性質である．たとえば，20 °C における金の密度は 19.3 $g\,cm^{-3}$ であり，この値は金の質量が 5.00 g であっても，5.00 kg であっても変わらない．このような性質を**示強性**[2]という．一方，物質の量に比例する物質の性質を**示量性**[3]という．たとえば，質量と体積は，ともに示量性である．一定の温度において，物質の量が 2 倍になれば，その質量も，また体積も 2 倍になる．しかし，その物質の密度は変化しない．

1·5 エネルギーの SI 単位はジュールである

これまで，長さ，体積，質量，および温度に関する SI 単位，あるいはメートル法単位系について述べてきた．エネルギーは化学において重要な役割をもつので，本節では，その単位とともに，エネルギーの概念についてあらましを述べることにしよう．

[†] 訳注：単位の間を点で区切って表す書き方もある．この書き方では g·cm^{-3}，m·s などとなる．
1) dimension 2) intensive property 3) extensive property

1・5 エネルギーの単位

エネルギーは，たとえばシリンダーの圧縮，物質の温度の上昇，質量の移動のような，物理系における変化をひき起こすことができる能力と定義できる．エネルギーにはさまざまな形態があるが，ここでは，二つの形態のエネルギーについて述べることにしよう．ひとつは動いている物体がもつエネルギーであり，**運動エネルギー**[1]という．もうひとつは，特定の基準点に対して，物体が占める位置によってその物体がもつエネルギーであり，**ポテンシャルエネルギー**[2]という．

物体の運動エネルギーは，次式で定義される．

$$E_k = \frac{1}{2} mv^2 \quad (1\cdot4)$$

ここで，E_k は運動エネルギー，m は物体の質量，v はその速度である．SI 単位では，質量は kg，速度はメートル毎秒($\mathrm{m\,s^{-1}}$)で与えられるので，エネルギーの単位は $\mathrm{kg\,m^2\,s^{-2}}$ となる．エネルギーの SI 単位を**ジュール**[3](J)といい，$1\,\mathrm{J} = 1\,\mathrm{kg\,m^2\,s^{-2}}$ である(「付録 B」を参照せよ)．単位ジュールは，イギリスの物理学者ジュール[4]にちなんで名づけられた．彼の研究によってエネルギー保存の法則が導かれたが，それについては本節で後述する．1 J はだいたい，質量 100 g の物体(およそオレンジ 1 個)を高さ 1 m まで持ち上げるのに必要なエネルギーである．表 1・3 には，ジュールの大きさについて，代表的ないくつかの例を示した．表 1・3 について注目すべきことのひとつは，原子や分子がもつエネルギーは，だいたい $10^{-18}\,\mathrm{J}$ 程度になることである．$10^{-18}\,\mathrm{J}$ は接頭語を使うとアトジュール(aJ)といい，原子や分子のエネルギーを表す単位としてよく用いられる．

例題 1・4 速さ $515\,\mathrm{m\,s^{-1}}$ で運動している質量 5.0 g の弾丸の運動エネルギーを求めよ．

解答 (1・4)式を用いて，

$$E_k = \left(\frac{1}{2}\right)(0.0050\,\mathrm{kg})(515\,\mathrm{m\,s^{-1}})^2$$
$$= 6.6 \times 10^2\,\mathrm{kg\,m^2\,s^{-2}}$$
$$= 6.6 \times 10^2\,\mathrm{J} = 0.66\,\mathrm{kJ}$$

練習問題 1・5 速さ 950 kph(キロメートル毎時)で飛行している満員のボーイング 747 型機(質量 322 000 kg)の運動エネルギーを求めよ．

解答 $1.12 \times 10^{10}\,\mathrm{J}$

一方，ポテンシャルエネルギーは，ある基準点に対して物体が占める位置によって，その物体に蓄えられたエネルギーである．たとえば，地表から高さ 30 m にある 142 g の野球ボールは，そのボールを落とすと速さを増していくことから，エネルギーをもっていることがわかる．地表から高さ h にある物体がもつポテンシャルエネルギー E_p は，その物体の質量 m に比例し，また高さ h にも比例する．したがって，E_p は次式で表される．

$$E_p = mgh \quad (1\cdot5)$$

ここで g は比例定数であり，**重力加速度**[5]という．地球上

表 1・3 代表的なエネルギーの大きさの比較

事 例	おおよそのエネルギー
地球が 1 日に太陽から受けるエネルギー	$1.5 \times 10^{23}\,\mathrm{J}$
2005 年における世界のエネルギー消費量の概算値	$4.8 \times 10^{20}\,\mathrm{J}$
これまでに実験された最大の核爆弾	$2.5 \times 10^{17}\,\mathrm{J}$
広島に投下された原子爆弾のエネルギーの概算値	$8.4 \times 10^{13}\,\mathrm{J}$
1 キロトン(10^6 kg)の TNT 爆薬	$4.2 \times 10^{12}\,\mathrm{J}$
成人 1 人当たり 1 日に必要な栄養	$7 \times 10^6\,\mathrm{J}$
1 栄養学的カロリー(1 Cal)	$4184\,\mathrm{J}$
1 英国熱量単位(1 BTU)	$1055\,\mathrm{J}$
質量 100 g の物体を高さ 1 m まで持ち上げるエネルギー	$1\,\mathrm{J}$
X 線光子のエネルギー	$10^{-14}\,\mathrm{J}$
水素原子中の電子のエネルギー	$2 \times 10^{-18}\,\mathrm{J}$
典型的な化学結合のエネルギー	$2 \times 10^{-19}\,\mathrm{J}$
可視領域の光子のエネルギー	$10^{-19}\,\mathrm{J}$
室温における分子の平均運動エネルギー	$4 \times 10^{-21}\,\mathrm{J}$

---

1) kinetic energy 2) potential energy 3) joule 4) James Prescott Joule 5) gravitational acceleration constant

における重力加速度の値は，実験的に $9.81\,\mathrm{m\,s^{-2}}$ と求められている†．たとえば，質量 $0.142\,\mathrm{kg}$ の野球ボールが地表から高さ $15\,\mathrm{m}$ にあるとき，そのボールがもつポテンシャルエネルギーは，(1・5)式を用いてつぎのように計算することができる．

$$\begin{aligned} E_\mathrm{p} = mgh &= (0.142\,\mathrm{kg})(9.81\,\mathrm{m\,s^{-2}})(15\,\mathrm{m}) \\ &= 21\,\mathrm{kg\,m^2\,s^{-2}} \\ &= 21\,\mathrm{J} \end{aligned}$$

科学の最も基本的な法則のひとつは，**エネルギー保存の法則**[1]である．すなわち，あらゆる過程において，その間にエネルギーは生み出されることもなく，また消滅することもない．エネルギーは，ある形態から別の形態へと変換することができ，またある系から別の系へと移動することができる．しかし，エネルギーの総量は決して変化しない．

エネルギー保存の法則によると，飛行している物体がもつ運動エネルギーとポテンシャルエネルギーの総和は，常に一定である．すなわち，

$$E_\mathrm{total} = E_\mathrm{k} + E_\mathrm{p} = 一定$$

したがって，物体を上空に投げ上げると，運動エネルギーがポテンシャルエネルギーへと変化するため，その物体の速さはしだいに遅くなる．その物体が描く軌道の頂点では，物体はポテンシャルエネルギーだけをもち，運動エネルギーをもたない．物体が落下して地上に戻るとき，物体がもつポテンシャルエネルギーは運動エネルギーに変換され，地上に到達する直前に，物体の運動エネルギーは最大となる（図1・7）．

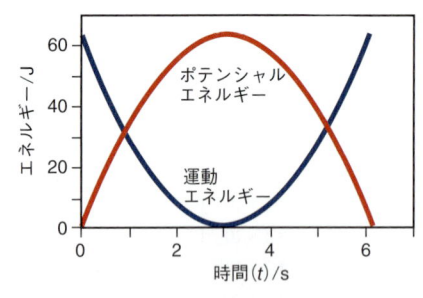

図 1・7 上空に投げ上げた物体の運動エネルギーとポテンシャルエネルギー

例題 1・5 質量 $25\,\mathrm{g}$ の弾丸が，初期の速さ $(v_0)\,450\,\mathrm{m\,s^{-1}}$ で地表に対して垂直に打ち上げられたとする．弾丸が到達する最高の高さを求めよ．空気抵抗の影響は無視してよい．

解答 銃から放出された瞬間の弾丸がもつ全エネルギーは，運動エネルギーである．この運動エネルギーは，(1・4)式を用いてつぎのように計算される．

$$\begin{aligned} E_\mathrm{k}(初期) = \frac{1}{2}mv_0^2 &= \left(\frac{1}{2}\right)(0.025\,\mathrm{kg})(450\,\mathrm{m\,s^{-1}})^2 \\ &= 2.5\times 10^3\,\mathrm{kg\,m^2\,s^{-2}} \\ &= 2.5\times 10^3\,\mathrm{J} \\ &= 2.5\,\mathrm{kJ} \end{aligned}$$

そして弾丸がもつ全エネルギーは，

$$\begin{aligned} E_\mathrm{total}(初期) &= E_\mathrm{k}(初期) + E_\mathrm{p}(初期) \\ &= 2.5\,\mathrm{kJ} + 0\,\mathrm{kJ} \\ &= 2.5\,\mathrm{kJ} \end{aligned}$$

弾丸が上昇して頂点に到達すると，速さはゼロとなるから運動エネルギーもゼロとなる．したがって，弾丸がもつすべてのエネルギーはポテンシャルエネルギーとなる．そこで，

$$\begin{aligned} E_\mathrm{total}(頂点) &= E_\mathrm{k}(頂点) + E_\mathrm{p}(頂点) \\ &= 0\,\mathrm{kJ} + 2.5\,\mathrm{kJ} \\ &= 2.5\,\mathrm{kJ} \end{aligned}$$

ついで，弾丸が到達する最高の高さ $h(頂点)$ を求めるために，(1・5)式を用いる．

$$E_\mathrm{p}(頂点) = 2.5\,\mathrm{kJ} = 2.5\times 10^3\,\mathrm{J} = mgh(頂点)$$

これより，次式のように $h(頂点)$ を求めることができる．

$$\begin{aligned} h(頂点) = \frac{E_\mathrm{p}(頂点)}{gm} &= \frac{2.5\times 10^3\,\mathrm{J}}{(9.81\,\mathrm{m\,s^{-2}})(0.025\,\mathrm{kg})} \\ &= \frac{2.5\times 10^3\,\mathrm{kg\,m^2\,s^{-2}}}{(9.81\,\mathrm{m\,s^{-2}})(0.025\,\mathrm{kg})} \\ &= 1.0\times 10^4\,\mathrm{m} \end{aligned}$$

練習問題 1・6 水力発電所では，湖に貯蔵した水を巨大な水管の中を落下させることにより，水のポテンシャルエネルギーを運動エネルギーへと変換することによって電気を発生させる（図1・8）．落下する水の運動エネルギーは，水管に連結されたタービンとよばれる装置で電気に変換される．水が落下する距離を $200\,\mathrm{m}$ とすると，タービンに投入される水の運動エネルギーは，水 $1\,\mathrm{kg}$ 当たり何Jになるか．

解答 $2\times 10^3\,\mathrm{J}\,(2\,\mathrm{kJ})$

---

† 訳注：重力加速度の値は場所によって異なるが，正確に $9.806\,65\,\mathrm{m\,s^{-2}}$ と定義された"標準重力加速度"が国際的に用いられている．
1) law of conservation of energy

図 1・8 フーバーダムとミード湖．ミード湖の水面付近からダムの底へと湖水が落下することにより，湖水のポテンシャルエネルギーが電気エネルギーに変換される．落下する水がダムの中にあるタービンを駆動し，電気が発生する．

単位時間当たりに生成される，あるいは消費される仕事を**仕事率**[1)]という．仕事率のSI単位は**ワット**[2)] (W) である．1 W は，1 秒当たり正確に 1 J の仕事をするときの仕事率と定義される．すなわち，$1\,W = 1\,J\,s^{-1}$ である．たとえば，40 W の白熱電球は 1 秒当たり 40 J のエネルギーを放出している．なお，白熱電球から放出されるエネルギーは光と熱の形態をとり，その比率はそれぞれ 20%，80% 程度である．家庭におけるエネルギーの消費量は，**キロワット時**[3)] (kW h) を単位として表されることが多い．1 kW h は，仕事率 1 kW の装置が 1 時間作動することによって消費されるエネルギーである．すなわち，

$$1\,kW\,h = \left(\frac{1\,kJ}{s}\right)(1\,h)$$
$$= \left(\frac{1\,kJ}{s}\right)(1\,h)\left(\frac{3600\,s}{h}\right)$$
$$= 3600\,kJ$$

例題 1・6 米国の平均的な家庭では，1 日当たり約 30 kW h の電気エネルギーを必要とする．米国の平均的な家庭が，1 日当たり消費する電気エネルギーは何 J か．また，電気エネルギーを製造するのに 1 kW h 当たり 10 円かかるとすると，1 軒の米国の平均的な家庭に対して，1 ヶ月間，電気エネルギーを供給するための費用は何円になるか．ただし，1 ヶ月は 30 日とする．

解答
$$30\,kW\,h = \left(\frac{30\,kJ}{s}\right)(1\,h)$$
$$= \left(\frac{30 \times 10^3\,J}{s}\right)(1\,h)\left(\frac{3600\,s}{h}\right)$$
$$= 1 \times 10^8\,J$$

米国の平均的な家庭は，1 日当たり約 1×10^8 J の電気エネルギーを消費する．1 kW h 当たりの費用が 10 円であるから，1 カ月，すなわち 30 日間にかかる費用は，次式で求めることができる．

$$費用 = (30\,日)\left(\frac{30\,kW\,h}{日}\right)\left(\frac{10\,円}{kW\,h}\right) = 9000\,円$$

練習問題 1・7 最近の電気洗濯乾燥機は，加熱状態において約 7.5 kW を消費する．多量の洗濯物を乾燥するために 55 分かかるとして，この洗濯物の乾燥によって消費される電気エネルギーにかかる費用は何円か．ただし，例題 1・6 と同様に，電気エネルギー 1 kW h 当たりの費用は 10 円とする．

解答 69 円

1・6 正確さはパーセント誤差によって評価される

物体の数を数えることは，完全な正確さをもって行うことができる唯一の操作である．その操作による誤差はまったくない．びんの中に入っているコインの数を決定する問題を考えよう．私たちは，単にコインの数を数えることによって，その正確な値を決定することができる．いま，びんの中に 1542 個のコインがあるとしよう．1542 という数は正確な値であり，それに伴う不正確さはない．しかし，天秤を用いて 1542 個のコインの質量を決定しようとするときには，状況は同じではない (図 1・5)．たとえば，私たちの天秤は物体の質量を 1 g の 10 分の 1 単位まで測定することができ，それを用いて，1542 個のコインの質量が 4776.2±0.1 g と決定できたとしよう．天秤は 0.1 g の単位までしか測定できないので，4776.2 のうちの 0.2 は正確な数ではないことがわかる．実際に，0.1 と 0.3 の間のあらゆる数の可能性がある．コインの質量は，たとえば，4776.13 g かもしれないし，4776.262 g かもしれない．すなわち，4776.1 と 4776.3 の間のあらゆる数をとりうるのである．ここで，±0.1 は，4776.2 g という測定結果の最後の数字に含まれる不確かさを表している．

さてつぎに，私たちはコインの質量を決定するために，1 g の 100 分の 1 単位まで測定できるより敏感な天秤をもっているとしよう．測定結果が 4776.23±0.01 g であっ

---
1) power 2) watt 3) kilowatt-hour

たとすると，その結果は，コインの質量は 4776.22 g から 4776.24 g までの範囲のあらゆる数をとりうることを意味している．コインの質量をミリグラム mg 単位(±0.001 g)まで決定しようとすると，さらにもっと敏感な天秤が必要となる．このように，コインの数を数えることとは異なり，1542 個のコインの質量を絶対的な正確さをもって決定することは，決してできないのである．

科学的な測定では，結果の正確さと，結果の精密さを区別しなければならない．**正確さ**[1]とは，測定された結果が，真の値に対してどれだけ近いかを意味する．正確さと精密さの違いをはっきりさせるために，1542 個のコインの質量を測定する話に戻ろう．測定された質量 4776.2±0.1 g は，正確な値から著しくかけ離れた値であるかもしれない．たとえば，使用した天秤の基準が著しくずれていたかもしれないし，天秤に表示された値を読み間違えた可能性もある．あるいは，びんの質量を差し引くことを忘れたかもしれないし，びんの質量を測るとき，すべてのコインを取出さなかったかもしれない．

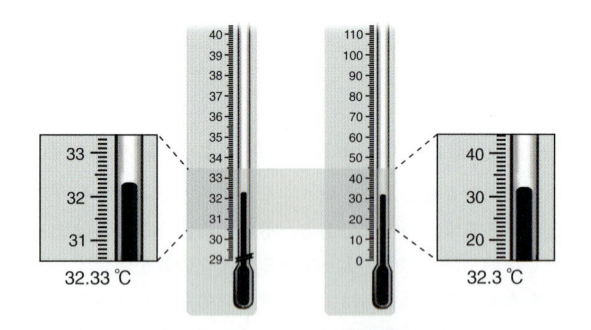

図 1・9 再現性のある実験結果を得るためには，精密な測定を行う必要がある．温度の測定値 32.33 ℃ は，測定値 32.3 ℃ よりも精密な値である．

一方，結果の**精密さ**[2]とは，ある量を繰返し測定したとき，得られた結果がどの程度互いに一致しているか，および測定装置の感度がどの程度であるかを表すことばである（図 1・9）．結果の精密さが高いからといって，その結果の正確さも高いということはできない．なぜなら，誤差をひき起こす同じ要因が，すべての測定に含まれているかもしれないからである．実験における結果の正確さと精密さの違いを，図 1・10 に示した．

実験の正確さを表すひとつの尺度は，**パーセント誤差**[3]である．パーセント誤差は，実験結果の平均値と，一般に認められている値，あるいは真の値との差をとり，それを真の値で割って 100 をかけた値と定義される．式の形で書

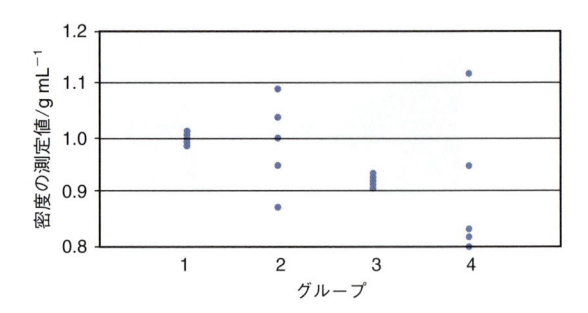

図 1・10 四つのグループの学生による，温度 25 ℃，圧力 1 atm における水の密度の測定実験．各グループの 5 回の測定結果が示されている．この条件における真の値は 1.00 g mL^{-1} である．グループ 1 のデータは正確であり，精密である．グループ 2 のデータは 5 回の測定値の平均が真の値に近いので，正確なデータである．しかし，データが真の値のまわりに広く分散していることから，グループ 1 のデータよりも精密ではない．グループ 3 のデータは精密ではあるが，グループ 1 や 2 のデータと比べて正確ではない．グループ 4 のデータは，他のグループのデータと比較して正確でもなければ，精密でもない．

くと，次式のようになる．

$$\text{パーセント誤差} = \frac{\text{平均値} - \text{真の値}}{\text{真の値}} \times 100 \quad (1 \cdot 6)$$

(1・6)式の真の値とは，測定している量について，実験者の知る限り，現在最も正確であるとされている値である．たとえば，大学初年度で行う化学実験では，一般に，教科書や *CRC Handbook of Chemistry and Physics* のようなハンドブック[†]に記載されている値を真の値とする．しかし，科学者によってより正確な，またより精密な実験が行われると，ハンドブックに記載された値も改訂される．したがって，ある測定に対して真の値とするものは，時とともに変わっていくこともある．

例題 1・7 ある学生が 20 ℃ で，金属銅の塊の質量と体積を測定し，つぎのデータを得た．

測定	質量	体積
1	5.051 g	0.571 cm^3
2	5.052 g	0.577 cm^3
3	5.055 g	0.575 cm^3

(a) これらのデータを用いて，塊の平均密度を求めよ．
(b) "理科年表" などのハンドブックやウェブサイトを

[†] *CRC Handbook of Chemistry and Physics* はほぼ 1 世紀にわたり，化学と物理学の標準的なデータ集として使用されている．
〔訳注: 日本では，"理科年表"（国立天文台編・丸善）や "化学便覧 基礎編"（日本化学会編・丸善）がよく用いられる．〕
1) accuracy 2) precision 3) percentage error

参照して，20℃における銅の密度を調べ，実験によって得られた平均密度のパーセント誤差を求めよ．

解答 (a) 密度は(1・3)式から，塊の質量を体積で割ることにより得られる．すなわち，3回の測定のそれぞれに対する密度 d は，つぎのようになる．

測定 1 $d = \dfrac{5.051 \text{ g}}{0.571 \text{ cm}^3} = 8.85 \text{ g cm}^{-3}$

測定 2 $d = \dfrac{5.052 \text{ g}}{0.577 \text{ cm}^3} = 8.76 \text{ g cm}^{-3}$

測定 3 $d = \dfrac{5.055 \text{ g}}{0.575 \text{ cm}^3} = 8.79 \text{ g cm}^{-3}$

これらの結果の平均値は，単にそれぞれの測定で得られた値の和を測定回数3で割ることによって得られる．すなわち，

$$\text{平均密度} = \dfrac{(8.85 + 8.76 + 8.79) \text{ g cm}^{-3}}{3}$$
$$= 8.80 \text{ g cm}^{-3}$$

(b) "理科年表"によると，20℃における金属銅の密度の真の値は，8.96 g cm^{-3} である．(1・6)式を用いてパーセント誤差を求めると，次式を得る．

$$\text{パーセント誤差} = \dfrac{\text{平均値} - \text{真の値}}{\text{真の値}} \times 100$$
$$= \dfrac{8.80 \text{ g cm}^{-3} - 8.96 \text{ g cm}^{-3}}{8.96 \text{ g cm}^{-3}} \times 100$$
$$= -1.8\%$$

パーセント誤差 −1.8% における負の符号は，得られた値が真の値よりも 1.8% 小さいことを意味している．なお，慣例によっては，パーセント誤差は絶対値のみを示す場合もある．すなわち，この実験のパーセント誤差は，そのときの慣例によって，−1.8%，あるいは単に 1.8% と表記される．本書では，パーセント誤差は符号をつけて表記することにしよう．

練習問題 1・8 ある化学者が，極細の針金の直径を測定するために開発した新しい顕微鏡の検査を行っている．ある検査において，直径が 2.00×10^{-7} m とわかっている針金を測定し，次の結果を得た．

測定	直径
1	0.203 μm
2	0.209 μm
3	0.199 μm

これらの測定の平均値に対するパーセント誤差を求めよ．

解答 +2%

1・7 測定された量の精密さは 有効数字によって示される

科学的なデータを報告する際には，数値とともに，その数値の不確かさ，すなわち精密さを示すことが重要である．実験結果は一般に，実験を何回も繰返すことによって，結果の不確かさを明確にしなければ，価値があるものとみなすことはできない．

科学的な結果を記述する際には，測定値の不確かさを，± を用いて表すことが望ましい．しかし，この表記法は，しばしば複雑で面倒である．そこで本書では，測定値の精密さを，結果を表記する**有効数字**[1]の桁数によって表すことにする．

数値で表された測定結果は，そのすべての数字が有効，すなわち意味をもっているが，ただ最後の数字だけがいくらかの不確かさをもっている．たとえば，4776.2 g と表記された測定結果は，最後の数字に少なくとも 1 単位の不確かさがあり，有効数字は 5 桁であることを意味している．ゼロも有効数字とみなすが，それが単に，小数点の位置を示すために用いられている場合には有効数字としない．たとえば，1001.2 のゼロは両方とも有効数字である．しかし，0.00125 のゼロは小数点の位置を示しているだけなので，有効数字とはみなされず，その有効数字は 3 桁となる．ある場合には，有効数字が何桁であるかはっきりしないこともある．100 という数字を考えてみよう．数字 100 が与えられたとき，それは正確に 100 の値を意味するのかもしれないし，二つのゼロは有効ではなく，その値はおおよそ 100，たとえば 100±10 であることを意味するのかもしれない．このような場合には，有効数字の桁数は確定しない．一般に，有効数字の桁数はその前後の記述から推測することができる．科学的な記述をする際には，小数点とゼロを適切に用いることよって，有効数字の桁数をはっきりと示さなければならない．たとえば，100.0 と書けば有効数字は 4 桁であり，35×10^3 と書けば有効数字は 2 桁であることが明確となる．

一般的な慣例では，単に 100 と書くと有効数字は 1 桁であり，二つのゼロは位どりのためのゼロとみなされる．一方，最後のゼロの後に小数点をつけて 100. と書くと，3 桁の有効数字をもつとみなされる．しかし，この慣例は決してすべての人々が守っている基準というわけではなく，また 100±10 であることを示すためには，指数表記法を用い

---

[1] significant figure

て 1.0×10² と書く以外に方法がない．これらのことから，100 のような数字について，その数字がもつ有効数字の桁数を明確に示すためには，指数表記法を用いることが望ましい．

測定値の有効数字を決めるための規則は，つぎのように要約することができる．

1. すべてのゼロでない数字と，ゼロでない数字にはさまれたゼロは，有効数字である．たとえば，4023 mL の有効数字は 4 桁である．
2. 小数点の位置を示すためだけに用いられているゼロは，有効数字ではない．たとえば，0.000 206 L の有効数字は 3 桁である（下線を引いた）．2 の左側にあるゼロは，有効数字ではない．
3. 数字で示された測定結果の小数点の右側が，1 個，あるいは複数のゼロで終わっている場合，それらのゼロは有効数字である．たとえば，2.200 g の有効数字は 4 桁である．
4. 数字で示された測定結果がゼロで終わっているが，それが小数点の右側ではない場合，それらのゼロは有効数字であるかもしれないし，そうでないかもしれない．このような場合には，前後の記述から有効数字の桁数を推測しなければならない．たとえば，"パレードを見物するために 350 000 人の観客が道路に並んだ" という記述を考えよう．この記述にある数値は，実際に観客の数を数えて得た数値でないことは明らかであるから，その有効数字はせいぜい 2 桁であろうと推測できる．
5. 数値に含まれるゼロが有効数字であるか，そうでないかを判定するための有用な経験則は，"その数値を指数表記法で表したとき，消失するゼロは有効数字ではない" という規則である．たとえば，0.0197 は指数表記法で表すと 1.97×10⁻² となるから，最初の 2 個のゼロは有効数字ではない．また，0.01090 は 1.090×10⁻² となるから，最初の 2 個のゼロは有効数字ではないが，その後にある 2 個のゼロは有効数字である．
6. 5 回の実験，あるいは分子式 C_{60} における 60 個の炭素原子といった正確に数えられる数値，および 1 m = 100 cm のような定義された単位変換因子は，**厳密な数値**[1)]とみなされる．たとえば，君が 3 人の友人と一緒に車で通学したとすると，その数値に不確かさはない．"実際に車の中にいたのは 3.17 人であった" などということはありえない．厳密な数値は，際限のない精密さをもち，有効数字の桁数を決めるための規則には従わない（あるいは，厳密な数値は，無限の桁数の有効数字をもつとして取扱ってもよい）．

例題 1・8 つぎに示すそれぞれの数値の有効数字は何桁か．
(a) 0.0312　　(b) 0.031 20　　(c) 312 ページ
(d) 3.1200×10⁵ g

解答　(a) 0.0312 の有効数字は 3 桁である（下線を引いた）．
(b) 0.031 20 の有効数字は 4 桁である（下線を引いた）．
(c) 312 ページは正確に数えられるので，厳密な数値である．
(d) 3.1200×10⁵ g の有効数字は 5 桁である（下線を引いた）．g は測定された（数えることができない）数値につけられる単位である．

練習問題 1・9 つぎに示すそれぞれの数値の有効数字は何桁か．
(a) 米国の人口は約 301 000 000 人である　(b) 30 006
(c) 0.002 9060　　(d) 12 個のヘリウム原子

解答　(a) せいぜい 3 桁　　(b) 5 桁　　(c) 5 桁
(d) 厳密な数値

1・8　計算結果を表す数値には有効数字の正しい桁数を示さねばならない

科学的な計算において最終的な結果を示す際には，有効数字の正しい桁数をもつ数値を表記しなければならない．そうしないと，その結果の精密さについて誤った印象を与えることになる．

掛け算と割り算では，計算結果の有効数字の桁数は，計算に用いた数値の有効数字のうち最も小さい桁数を超えることはない．たとえば，計算機を用いて，掛け算 8.3145×298.2 を行うと，計算機は 2479.3839 と表示する．しかし，この結果のすべての数字が有効というわけではない．正しい結果は，2479 である．なぜなら，計算に用いた 298.2 は 4 桁の有効数字しかもたないので，計算の結果は 4 桁より大きい有効数字をもつことができないからである．2479 より後の数字は有効ではないので，捨て去らねばならない．

例題 1・9 つぎの計算の結果を，有効数字の正しい桁数まで示せ．
$$y = \frac{2.90 \times 0.082\,05 \times 298}{0.93}$$

---

1) exact number

解答 計算機を用いて計算を行うと，つぎの結果が得られる．
$$y = 76.244\,742$$

計算に用いた数値のうち，最も小さい有効数字の桁数をもっているものは 0.93 であり，わずか 2 桁である．したがって，計算の結果は，わずか 2 桁の数字に対してのみ意味をもっているので，正しい結果は $y=76$ となる．

練習問題 1・10 つぎの計算の結果を，有効数字の正しい桁数まで示せ．
$$y = \frac{8.314 \times 298.15}{96\,485.3}$$

解答 0.02569

足し算，あるいは引き算では，計算結果の小数点以下の桁数は，計算に用いた数値の小数点以下の桁数のうち，最も小さい桁数を超えることはない．つぎの足し算を考えよう．

```
    6.939|
  +1.007|07
  ──────────
   7.946|07 = 7.946
```

結果として得られた 7.946 07 のうち，最後の二つの数字は有効ではない．なぜなら，足し算に用いた最初の数値 6.939 は，小数点以下 3 桁までしかわからないからである．このため，計算結果は，小数点以下 3 桁までしか正確でありえない．したがって，この足し算について，有効数字の正しい桁数をもつ結果は 7.946 となる．上記の式に示された縦の赤線は，足し算に用いた数値のうちで，小数点以下の桁数が最も小さい数値に合わせて引かれたものであり，最終的な計算結果の有効数字を打ち切る位置を強調している．

さて，つぎの引き算を考えよう．
$$y = 1.750 \times 10^6 - 2.50 \times 10^4$$

まず，それぞれの数値を，同じ 10 のべき乗を用いて表記する必要がある．そして引き算を行い，計算結果の有効数字の桁数を決定しなければならない．すなわち，はじめに 2.50×10^4 を 0.0250×10^6 と書き換え，それから引き算を実行する．

```
    1.750|×10^6
  −0.025|0×10^6
  ──────────────
    1.725|×10^6
```

したがって，正しい答は $y = 1.725 \times 10^6$ であり，4 桁の有効数字をもつ．なお，この引き算は，まず 1.750×10^6 を 10^4 のべき乗の形に書き換えても，まったく同様に行うことができる．

有効でない数字を捨て去る際には，四捨五入することが慣例となっている．

また，掛け算に続いて引き算を行うような，複数の段階が組合わされた数学的操作において有効数字の桁数を求める場合には，その操作と同じ順序で，それぞれの段階について別々に桁数を求めなければならない．

例題 1・10 つぎの計算の結果を，有効数字の正しい桁数まで示せ．
$$y = 2796.8 - 2795$$

解答 引き算をすると 1.8 が得られるが，それを四捨五入して 2 としなければならない．なぜなら，2 番目の数値 2795 が小数点以下に数字をもたないため，計算結果も小数点以下に数字をもつことができないからである．したがって，正しい結果は，わずか 1 桁の有効数字をもつだけとなる．

練習問題 1・11 つぎの計算の結果を，有効数字の正しい桁数まで示せ．
$$y = \frac{7.2960}{8.9000} - 132.0$$

解答 −131.2

例題 1・11 ある学生がアルミニウム製の物体の密度を測定し，つぎの結果を得た．

測定	密度
1	3.1 g cm^{-3}
2	3.0 g cm^{-3}
3	2.7 g cm^{-3}
4	3.3 g cm^{-3}

物体の平均密度を計算し，有効数字の正しい桁数まで示せ．

解答 平均密度は，つぎの式によって与えられる．
$$\text{平均密度} = \frac{(3.1 + 3.0 + 2.7 + 3.3)\ \text{g cm}^{-3}}{4}$$
$$= \frac{12.1\ \text{g cm}^{-3}}{4} = 3.03\ \text{g cm}^{-3}$$

この計算は，足し算と割り算の二つの段階からなって

いる†．足し算と引き算における有効数字の桁数の規則に従って，足し算の段階の正しい計算結果として，12.1 g cm^{-3} が得られる．測定の回数 4 は厳密な数値であるから，4 で割る際には，有効数字の桁数に関する規則を適用しない．したがって，最終的な計算結果は，3 桁の有効数字をもつことになる．この場合，測定によって得られた平均値は，それぞれの測定値のどれよりも大きい有効数字の桁数をもつことに注意してほしい．これは異常なことではない．なぜなら，一般に，平均値はその値を求めるために用いた個々の測定値のどれよりも，より精密さが高いからである．このように，測定に比較的大きな誤差が生じてしまう実験であっても，測定を何度か繰返し，結果を平均することが，精密さの高い結果を得る一つの方法になることがわかる．

練習問題 1・12 文献によると，アルミニウムの密度は 2.70 g cm^{-3} である．例題 1・11 で求めたアルミニウム製の物体の平均密度について，そのパーセント誤差を計算し，有効数字の正しい桁数まで示せ．

解答 12%．有効数字は 2 桁である．

一般に，四捨五入による誤差が積み重なることを避けるための最もよい方法は，まずすべての計算を有効数字の桁数を超えたところまで行い，そして最終的な結果を，それぞれの段階で行った計算に基づいて，有効数字の正しい桁数までで打ち切ることである．たとえば，つぎの計算を考えてみよう．

$$y = (1.0 + 0.46)^3$$

最初の段階である足し算の結果は 1.0 + 0.46 = 1.46 となり，有効数字の正しい桁数まで示すと 1.5 となる．この数値を 3 乗すると，

$$y = (1.5)^3 = 3.375 = 3.4$$

数を 3 乗することはそれ自身を 3 回掛けることと同じなので，3 乗の計算に，掛け算における有効数字の桁数の規則を適用する．すると，最終的な結果の有効数字は 2 桁となる．しかし，同じ計算を電卓で行い，最終的な結果を有効数字 2 桁までで打ち切った場合には，

$$y = (1.0 + 0.46)^3 = (1.46)^3 = 3.112\,136 = 3.1$$

このように，それぞれの段階で四捨五入を行うと，最終的な結果の有効数字の最後の桁に，仮定した精密さよりも大きな誤差が生じることがわかる．すなわち，

$$3.4 \pm 0.1 \neq 3.1 \pm 0.1$$

一般に，計算の段階が多くなるほど，このような四捨五入による誤差の積み重なりは大きくなる．以上のように，四捨五入による誤差を避けるためには，まずすべての計算を有効数字の桁数を超えたところまで行い，そして最終的な結果を，行った計算に基づいて，有効数字の正しい桁数までで打ち切ることが最良の方法である．

> **注意**: 数個の段階を含む計算では，途中の段階の計算を何桁まで行うかについて，ある程度の任意性があり，その桁数によって最終的な答えが変わってくる．正しい有効数字の桁数をもった答えを求めることは重要であるが，有効数字の最後の数字が少し異なる答えが得られても，最後の数字には不確かさが含まれるため，それらの答えの違いは意味のあるものではない．たとえば，有効数字 4 桁で求められた 0.3456 と 0.3457 の結果には，意味のある違いはない．

1・9 次元解析法を用いるといろいろな化学計算が簡単になる

単位をもつ数値を含む計算を行う際に，実際に役立つ方法として次元解析法がある．**次元解析法**[1] の基本的な考え方は，計算に含まれるさまざまな数値の単位を，代数の規則に従う数値のように扱うことである．正しい方法で計算が行われた場合には，計算に用いたさまざまな数値の単位のうち，最終的な結果に必要のない単位は消去され，期待された単位をもつ数値が得られる．しかし，もし計算によって得られた数値が期待した単位をもたなかった場合には，結果を得るために用いた方法が間違いであったことがわかる．

計算に次元解析法を用いた具体的な例をいくつか見てみよう．単位をもつ数値の足し算や引き算では，数値は必ず同じ単位をもっていなければならない．2.12 cm と 4.73 cm を足すと，6.85 cm となる．しかし，76.4 cm と 1.9 m を足す場合には，まず 76.4 cm を m 単位に，あるいは 1.19 m を cm 単位に変換しなければならない．ある単位から別の単位への変換には，**単位変換因子**[2] が用いられる．たとえば，m 単位で表された数値を，cm 単位に変換したいとしよう．「付録B」を見ると，つぎの関係があることがわかる．

$$1\,\mathrm{m} = 100\,\mathrm{cm} \qquad (1\cdot 7)$$

(1・7) 式は定義であり，したがって式に含まれる数値は厳密な数値である．すなわち，式の両辺にある数値の有効数字の桁数にはいずれも制限がない．さて，(1・7) 式の両

---

† 足し算と引き算における有効数字の規則は，掛け算と割り算における規則とは異なる．平均やパーセント誤差を求める際には，このことに十分に注意せよ．
1) dimensional analysis 2) unit conversion factor

辺を 1 m で割ると，次式を得る．

$$1 = \frac{100 \text{ cm}}{1 \text{ m}} \quad (1 \cdot 8)$$

(1・8)式は一つの単位変換因子である．なぜなら，m 単位で表された数値に(1・8)式を掛けることによって，m 単位の数値を cm 単位の数値へと変換できるからである．(1・8)式に示されたように，単位変換因子は 1 に等しい．このため，どのような数値に単位変換因子を掛けても，本質的な値が変化することはない．たとえば，1.19 m に(1・8)式の単位変換因子を掛けると，次式のようになる．

$$(1.19 \text{ m})\left(\frac{100 \text{ cm}}{1 \text{ m}}\right) = 119 \text{ cm}$$

単位の m は消去され，最終結果が cm 単位で与えられることに注意してほしい．

76.4 cm を m 単位に変換するためには，(1・8)式の逆数を用いればよい．

$$(76.4 \text{ cm})\left(\frac{1 \text{ m}}{100 \text{ cm}}\right) = 0.764 \text{ m}$$

この場合には，単位の cm は消去され，最終結果が m 単位で与えられる．これらの結果から，76.4 cm と 1.19 m の和を次式のように求めることができる．

$$76.4 \text{ cm} + (1.19 \text{ m})\left(\frac{100 \text{ cm}}{1 \text{ m}}\right) = 195 \text{ cm}$$

あるいは，

$$(76.4 \text{ cm})\left(\frac{1 \text{ m}}{100 \text{ cm}}\right) + (1.19 \text{ m}) = 1.95 \text{ m}$$

それぞれの結果はいずれも，有効数字 3 桁で与えられることに注意してほしい．

例題 1・12 ほとんどの国の市場では，肉は kg 単位で売られている．ある牛肉の一切れの値段が，1 kg 当たり 1400 ペソ(中南米諸国の貨幣単位)であった．この牛肉は，米国では 1 ポンド(lb と表す)当たり何ドルか．ただし，1 kg は 2.20 lb とし，為替レートは 1 ドルに対して 124 ペソとする．

解答 ペソ kg^{-1} を，ドル lb^{-1} に変換する問題である．適切な単位変換因子と次元解析法によって，つぎのように解答を得ることができる．

$$\left(\frac{1400 \text{ ペソ}}{1 \text{ kg}}\right)\left(\frac{1 \text{ ドル}}{124 \text{ ペソ}}\right)\left(\frac{1 \text{ kg}}{2.20 \text{ lb}}\right) = 5.13 \text{ ドル lb}^{-1}$$

練習問題 1・13 あるハードディスクの広告には，その平均書き込み速度が 45 MBps(メガバイト毎秒)であると記されている．このハードディスクに，それぞれが 1.2 GB(ギガバイト)の大きさをもつ 25 個のデジタル画像を保存するには何分かかるか．ただし，データを転送する速度は，ハードディスクの書き込み速度によって決まるものとする．必要な単位変換因子は「付録 B」を参照せよ．

解答 11 分

つぎに，組立単位をもつ量が関わる単位変換について考えてみよう．これまでに採掘されたすべての金を集めると，一辺が 19 m の立方体になるものと推定されている．金の密度を 19.3 g cm^{-3} として，この金の全質量を計算してみよう．一辺が 19 m の立方体の体積は，

$$\text{体積} = (19 \text{ m})^3 = 6859 \text{ m}^3 \quad (1 \cdot 9)$$

19 m が 2 桁の有効数字をもつだけであるから，(1・9)式で得られた体積の有効数字も 2 桁である．しかし，ここでは有効数字を超えた桁数で計算を行い，最終的に得られた結果を四捨五入して，2 桁の有効数字をもつ値とする．(以前に説明したように，この方法は，計算における四捨五入による誤差の蓄積を最小にする方法である．)さて，金の質量は，この体積に金の密度を掛けることによって得られる．しかしその前に，密度が単位 g cm^{-3} で与えられているので，体積の単位を m^3 から cm^3 へ変換しなければならない．「付録 B」を見ると，

$$1 \text{ m} = 100 \text{ cm}$$

この式の両辺を 3 乗することによって，次式が得られる．

$$(1 \text{ m})^3 = (100 \text{ cm})^3 = 1 \times 10^6 \text{ cm}^3$$

これにより，つぎのような単位変換因子を得ることができる．

$$1 = \left(\frac{10^6 \text{ cm}^3}{1 \text{ m}^3}\right)$$

この単位変換因子を用いることにより，(1・9)式に示した体積はつぎのように cm^3 単位に変換される．

$$\text{体積} = (6859 \text{ m}^3)\left(\frac{10^6 \text{ cm}^3}{1 \text{ m}^3}\right) = 6.859 \times 10^9 \text{ cm}^3$$

そして，金の体積に密度を掛けることによって，求める質量を得ることができる．

$$\text{質量} = \text{体積} \times \text{密度}$$
$$= (6.859 \times 10^9 \text{ cm}^3)(19.3 \text{ g cm}^{-3}) = 1.3 \times 10^{11} \text{ g}$$

前述のように，与えられた立方体の一辺 19 m は 2 桁の有

効数字をもつだけであるから，最終的な結果も，四捨五入により有効数字2桁にしなければならない．なお，上記の計算において，$(cm^3)(cm^{-3}) = 1$ という関係が用いられている．

つぎに，この質量の金がどのくらいの価値があるのかを調べてみよう．一般に金は，トロイオンス（troy oz と表す）を単位として取引される．2009年2月における金の価格は，1 troy oz 当たり 850 ドルである．1 troy oz は約 31.1 g であるから，単位変換因子はつぎのようになる．

$$1 = \frac{1 \text{ troy oz}}{31.1 \text{ g}}$$

したがって，金の質量を troy oz 単位に変換すると，

$$質量 = (1.3 \times 10^{11} \text{ g})\left(\frac{1 \text{ troy oz}}{31.1 \text{ g}}\right)$$
$$= 4.2 \times 10^9 \text{ troy oz}$$

金の価格は 1 troy oz 当たり 850 ドルであるから，これまでに採掘されたすべての金の米国ドル単位による価格はつぎのようになる．

$$価格 = (4.2 \times 10^9 \text{ troy oz})\left(\frac{850 \text{ ドル}}{1 \text{ troy oz}}\right)$$
$$= 3.6 \times 10^{12} \text{ ドル}$$

このように科学的な計算では，数値だけでなく，単位の取扱いも必要となる．次元解析法にはこれまでなじみがなかったかもしれない．しかし，この方法を用いることにより，計算に必要な単位変換因子を注意深く選び出し，最終的な結果に必要のない単位が消去されることを確認しながら計算を行えば，単位変換操作は確実に行うことができる．

1・10 表の見出しやグラフの軸を表示するには グッゲンハイム表記法を用いる

単位をもつ数値からなる表をつくる際には，記載されたそれぞれの数字の隣に単位を書くよりも，その欄の数値の単位を指定した見出しを用いると便利である．最も明快な見出しのつけ方は，まず表に示されている数値の名称，あるいは記号を書き，それに続けてスラッシュ（/）と単位の記号を書く方法である．たとえば，表の見出しに "距離/m" とあれば，その欄に記載された数値は，m 単位で表記された距離を表している．この表記法を，これを提案した英国の化学者グッゲンハイム[1]の名前をつけて**グッゲンハイム表記法**[2]という．

グッゲンハイム表記法がいかに有用であるかを見るために，たとえば 1.604 g, 2.763 g, 3.006 g といったいくつかの質量を表で表すことを考えよう．グッゲンハイム表記法を用いれば，表 1・4(a) のように，見出しに "質量/g" と表記し，以下に質量を単位のない数字として記載すればよい．また，表に示された数字を，単位をもった数値に戻したいときには，つぎのように考える．すなわち，見出しは，その欄の数字が単位 g で割った質量の値であることを示しているから，たとえば，質量/g＝1.604 と書くことができる．したがって，その両辺に g を掛けることにより，質量＝1.604 g を得ることができる．このように，グッゲンハイム表記法による見出しは，代数の規則に従う数値のように扱うことができ，代数的な操作によって，表の数字を単位をもった数値に戻すことができるのである．

表 1・4 グッゲンハイム表記法を用いてまとめられたデータ

(a) 質量/g	(b) 質量/10^{-4} g
1.604	1.29
2.763	3.58
3.006	7.16

グッゲンハイム表記法は，指数表記法で書かれた数値を表に表すときに，特に便利である．たとえば，質量 1.29×10^{-4} g, 3.58×10^{-4} g, 7.16×10^{-4} g を表で表すことを考えよう．この場合，表 1・4(b) に示すように，見出しを "質量/10^{-4} g" とすれば，これらの数値を簡単に表すことができる．表に示された数字を単位をもった数値に戻したいときには，たとえば，質量/10^{-4} g＝1.29 と書くことができるから，これより質量＝1.29×10^{-4} g を得ることができる．グッゲンハイム表記法を用いることによって，数値を，単位のない数字として表に記載できることに注意してほしい．

例題 1・13 つぎの表に示されたデータについて，以下の問に答えよ．

時間/10^{-5} s	速さ/10^5 m s^{-1}
1.00	3.061
1.50	4.153
2.00	6.302
2.50	8.999

表に示された四組のデータについて，それぞれの実際のデータ，すなわち時間と速さの数値と単位を示せ．

解答 実際の時間については，たとえば時間/10^{-5} s＝1.00 から，時間＝1.00×10^{-5} s を得ることができる．こ

---

1) E. A. Guggenheim　2) Guggenheim notation

のときの速さは，速さ/10^5 m s^{-1} =3.061 で与えられるから，速さ =3.061×10^5 m s^{-1} が得られる．同様にして，他のデータの組は，1.50×10^{-5} s のとき 4.153×10^5 m s^{-1}，2.00×10^{-5} s のとき 6.302×10^5 m s^{-1}，2.50×10^{-5} s のとき 8.999×10^5 m s^{-1} となる．

練習問題 1・14 電気量の SI 単位はクーロン（C）である．つぎのデータを，グッゲンハイム表記法を用いて表で表せ．7.05×10^{-15} C，3.24×10^{-15} C，9.86×10^{-16} C．

解答

電気量/10^{-15} C
7.05
3.24
0.986

本書の図に描かれたグラフを見ると，軸の表記が表の見出しのように書かれ，軸につけられた目盛の数字には単位が記載されていないことに気づくだろう．グッゲンハイム表記法は特に，データをグラフによって表すときに有用である．この表記法を用いて軸を書いておけば，ただ単位のない数値をグラフに表せばよく，またグラフから，適切な単位をもった数値を確実に読み取ることができる．

例題 1・14 つぎの表に示したデータをグラフにプロットせよ．軸の表記には，グッゲンハイム表記法を用いること．

v/m s^{-1}	t/s
0	0
16	1.0
64	2.0
144	3.0
256	4.0

解答 図 1・11 参照．

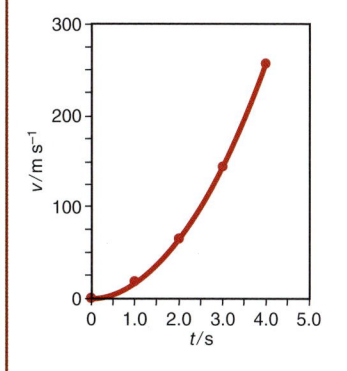

図 1・11 グッゲンハイム表記法で表した軸をもつ例題 1・14 のデータのプロット．

練習問題 1・15 例題 1・14 に与えられたデータを，t^2 に対する v の形式でグラフにプロットせよ．軸の表記には，グッゲンハイム表記法を用いること．得られた結果から，t に対する v の依存性についてわかることを述べよ．

解答 プロットは直線となる．したがって，v は t^2 に比例する．

グッゲンハイム表記法は，国際純正・応用化学連合（IUPAC）によって公式に認められた表記法であり，表の見出しやグラフの軸を書くための表記法として推奨されている．他の慣用的な表記法もまだ用いられているが，それらはグッゲンハイム表記法よりも不便であり，曖昧な場合もあるため，科学的な文献では使用されなくなっている．

注意: 国際純正・応用化学連合（その英字 International Union of Pure and Applied Chemistry から IUPAC と略称される）は，世界中の科学者が共通して使用するための単位，記号，慣例，および命名法を提案する国際的な組織である．IUPAC の提案については，後の章でも何回か触れる．

本章では，単位について考察し，また次元解析法や有効数字など科学的な計算を行うために必要な事項について述べた．次章ではドルトンの原子説に基づいて，単体や化合物の性質に関する理解を深めていくことにしよう．

まとめ

化学は，科学的方法に基づいた実験的な学問である．科学的な疑問に対しては，適切な実験を行うことによって解答が得られる．科学的な法則は，多数の実験や観察の結果を簡潔に要約したものである．科学的な理論は，法則や観察結果に対する説明を与えるために考え出されたものであり，新しい観察や実験結果に基づいて，常に改良が続けられる．

科学的な測定の結果を記述するために，国際的に認められた単位は SI 単位である．長さ，質量，温度の SI 基本単位は，それぞれメートル，キログラム，ケルビンである．SI 基本単位を組合わせることによってつくられる単位を，組立単位という．

エネルギーの SI 単位はジュールである．本章では二つのエネルギーの形態，すなわち運動エネルギーとポテン

シャルエネルギーについて説明した．運動エネルギーは物体の運動に基づくエネルギーであり，ポテンシャルエネルギーはその物体の位置によるエネルギーである．運動エネルギー，ポテンシャルエネルギーおよび他の形態のエネルギーは交換することができるが，全エネルギーは常に一定である．

科学的な測定では，正確さと精密さを区別することが重要である．正確さはパーセント誤差によって評価され，一方，精密さは有効数字を用いて評価することができる．また，科学的な計算を行うためには，有効数字，測定の単位，および単位変換因子について理解しなければならない．計算で得られた結果の有効数字の桁数を正しく決めるための規則がある．測定結果を表記する際には，数字とともに必ず単位を明記しなければならない．さもなければ，その数字は意味をもたない．同じ種類の量について計算を行う際には，計算に用いる数値は，同じ単位に変換しておかねばならない．単位変換に際しては単位変換因子が用いられる．科学的な計算を行う際には次元解析法を用いるとよい．これは，最終的な結果に必要のない単位はすべて消去され，期待された単位をもつ数値が得られるように計算を組立てる一般的な手法である．

グッゲンハイム表記法を表の見出しやグラフの軸の表記に用いると，その表やグラフから，適切な単位をもった数値を確実に読み取ることができる．

2 原子と分子

今日,知られている何千万という化学物質はすべて,元素とよばれる100種類あまりの構成要素からできている.1800年代初期に,英国の学校教師であったドルトンは,元素とその化学的な結合について考察し,原子説を提唱した.ドルトンははじめて,元素の実体として構造のない均一な球体を想定し,それを原子とよんだのである.ドルトンの原子説によると,すべての物質は原子,あるいは原子がつながり合って形成された分子とよばれる原子の集合体からできている.ドルトンの原子説によって,化学反応が明快に解釈され,数えきれないほどの化学的な実験結果が説明された.ドルトンの業績を足がかりにして,19世紀後半から20世紀初頭にかけてさまざまな実験が行われ,原子のまったく新しい姿である原子核模型が誕生するに至った.

2・1 元素と元素記号
2・2 物質の状態
2・3 混合物の分離
2・4 定比例の法則
2・5 ドルトンの原子説
2・6 分 子
2・7 化合物命名法
2・8 原子量と分子量
2・9 原 子 核
2・10 陽子,中性子および電子
2・11 同 位 体
2・12 イオン

2・1 単体は最も簡単な物質である

今日では,何千万もの異なる種類の化学物質が知られているが,そのほとんどすべては,より簡単な物質に分解することができる.それ以上簡単な物質に分解できない物質を**単体**[1]という.一方,二つ,あるいはそれ以上の単体に分解できる物質を**化合物**[2]という.1800年代より以前には,物質を分解する方法がまだ十分には発達していなかったため,多くの物質が誤って単体に分類されていた.しかし,そのような誤りも,時代とともにしだいに修正された.このような単体の定義は,現時点では十分に役立つものではあるが,単体の現代的な定義は,単一の**元素**[3]からなる物質である.言い換えれば,単体は,同一の原子核電荷をもつ原子だけから構成される物質ということができる.

現在では,120種類あまりの元素が知られている.すべての物質の99.99%は,わずか約40種類の元素からできていることがわかっており,他の80種類はかなり希少な元素である.表2・1に,私たちが住む地球の表面,すなわち地殻,海洋,および大気に多く含まれる元素を示した(地球の核はほとんど鉄であると考えら

表 2・1 地表の元素組成

元 素	質量パーセント	元 素	質量パーセント
酸 素	49.1	マグネシウム	1.9
ケイ素	26.1	水 素	0.88
アルミニウム	7.5	チタン	0.58
鉄	4.7	塩 素	0.19
カルシウム	3.4	炭 素	0.09
ナトリウム	2.6	その他	0.56
カリウム	2.4		

---

1) simple substance 2) compound 3) element

れている).地表の全質量の99%以上が,わずか10種類の元素からできていることに注意してほしい.酸素とケイ素は,地球上で最もよく見られる元素である.それらは,砂や土,あるいは岩石のおもな構成成分である.酸素はまた,大気中に単体として,また水の中に水素との化合物として存在している.表2·2には,人体に多く含まれる元素を示した.ここでも,わずか10種類の元素が,人体の全質量の99%以上を構成していることがわかる.人体の質量の約70%は水であるから,酸素と水素が大きな割合を占めている.地球の外に目を向けると,恒星や星雲が放射するスペクトルの研究から,ただひとつの元素,水素が,宇宙の全原子の90%以上,あるいは観測できる質量の約75%を占めているという証拠が得られている.他の元素は,恒星の中で起こっている原子核反応の副生成物と考えられている.

表 2·2 人体の元素組成

元 素	質量パーセント	元 素	質量パーセント
酸 素	61	硫 黄	0.20
炭 素	23	カリウム	0.20
水 素	10	ナトリウム	0.14
窒 素	2.6	塩 素	0.12
カルシウム	1.4	他の微量元素	0.24
リ ン	1.1		

元素は,おおまかに**金属**[1]と**非金属**[2]の2種類に分類することができる.固体の金属の性質はよく知っていることと思う.金属は特徴的な光沢をもち,さまざまな形に成形することができ,一般に,電気や熱を伝えやすい.さらに,金属はローラーや金づちでたたいて薄く広げることができる性質(**展性**[3])や,また引っ張って線状に伸ばすことができる性質(**延性**[4])をもつ.

元素の約4分の3は金属である.水銀を除いて,すべての金属は室温(約20℃)で固体である.水銀は室温で,光沢のある銀色の液体である(図2·1).その小滴は傾いた面上を速やかに転がりやすい.

表2·3に,代表的ないくつかの金属の名称とその元素記

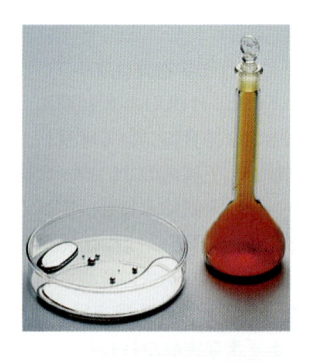

図 2·1 室温(20℃)で液体の元素は,水銀と臭素だけである.フラスコ中の液体臭素の上部にある赤茶色の部分は,気体となった臭素である.

図 2·2 代表的な金属.中央上部の円筒状の金属から時計まわりに,チタン,ニッケル,銅,アルミニウム,鉄,亜鉛.

表 2·3 代表的な金属の名称とその元素記号

元素名	元素記号	元素名	元素記号
亜鉛(zinc)	Zn	タングステン(tungsten)	W
アルミニウム(aluminium)	Al	チタン(titanium)	Ti
ウラン(uranium)	U	鉄(iron)	Fe
カドミウム(cadmium)	Cd	銅(copper)	Cu
カリウム(potassium)	K	ナトリウム(sodium)	Na
カルシウム(calcium)	Ca	鉛(lead)	Pb
金(gold)	Au	ニッケル(nickel)	Ni
銀(silver)	Ag	白金(platinum)	Pt
クロム(chromium)	Cr	バリウム(barium)	Ba
コバルト(cobalt)	Co	マグネシウム(magnesium)	Mg
水銀(mercury)	Hg	マンガン(manganese)	Mn
スズ(tin)	Sn	リチウム(lithium)	Li
ストロンチウム(strontium)	Sr		

---

1) metal 2) nonmetal 3) malleability 4) ductility

号を掲げた．また，そのうちのいくつかの写真を図 2·2 に示した．**元素記号**[1]は元素を明示するために用いられる略号である．元素記号はふつう，元素の英語名の最初の一文字，あるいは二文字からなるが，いくつかの元素記号は，元素のラテン語名に由来している（表 2·4）．一般的な元素の元素記号は，本書でもしばしば用いることになるので，覚えておくとよい．

表 2·4 元素記号がラテン語名に由来する元素

元素名	元素記号	ラテン語名
アンチモン(antimony)	Sb	stibnum
カリウム(potassium)	K	kalium
金(gold)	Au	aurum
銀(silver)	Ag	argentum
水銀(mercury)	Hg	hydrargyrum
スズ(tin)	Sn	stannum
鉄(iron)	Fe	ferrum
銅(copper)	Cu	cuprum
ナトリウム(sodium)	Na	natrium
鉛(lead)	Pb	plumbum

図 2·3 代表的な非金属．上段（左から右へ）: ヒ素，ヨウ素，セレン．下段（左から右へ）: 硫黄，炭素，ホウ素，リン．

窒素 N_2，酸素 O_2，フッ素 F_2，塩素 Cl_2，臭素 Br_2，ヨウ素 I_2 は，自然界では，つながりあった 2 個の**原子**[2]から形成される集団として存在することを意味している．このように，つながりあった 2 個，あるいはそれ以上の原子からなる集団を**分子**[3]という．2 個の原子だけからなる分子を**二原子分子**[4]という．図 2·4 に二原子分子の縮尺模型（相

非金属は，金属と比べてその外観もかなり違っている．非金属の半分以上は室温で気体であり，臭素を除いて，その他は固体である．臭素は室温で，腐食性をもつ赤茶色の液体である（図 2·1）．金属とは対照的に，非金属は電気や熱を伝えにくく，薄く広げたり，線状に伸ばすこともできず，また特徴的な光沢もない．表 2·5 には，代表的ないくつかの非金属の名称と元素記号（天然に存在する単体の化学式を示してある），およびそれらの外観を掲げた．また，そのうちのいくつかの写真を図 2·3 に示した．表 2·5 に取上げたいくつかの非金属の化学式には，下付き文字 2 がついている．この数字は，これらの元素，すなわち水素 H_2，

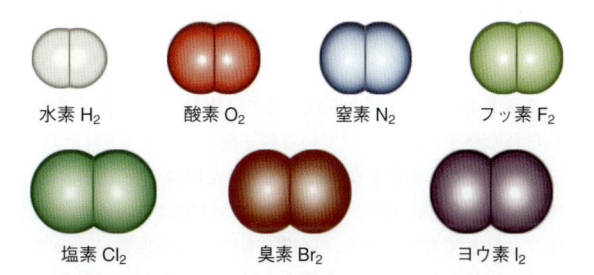

図 2·4 水素，酸素，窒素，フッ素，塩素，臭素，およびヨウ素の縮尺模型．これらの物質は自然界で二原子分子として存在するが，同一の原子から形成されているので単体に分類される．

表 2·5 代表的な非金属の名称と室温におけるそれらの外観

元素名	元素記号[a]	外観	元素名	元素記号[a]	外観
気体			**液体**		
水素(hydrogen)	H_2	無色	臭素(bromine)	Br_2	赤茶色
ヘリウム(helium)	He	無色	**固体**		
窒素(nitrogen)	N_2	無色	炭素(carbon)	C	黒色(黒鉛)
酸素(oxygen)	O_2	無色	リン(phosphorus)	P	淡黄色または赤色
フッ素(fluorine)	F_2	淡黄色	硫黄(sulfur)	S	黄色
ネオン(neon)	Ne	無色	ヨウ素(iodine)	I_2	黒紫色
塩素(chlorine)	Cl_2	黄緑色			
アルゴン(argon)	Ar	無色			
クリプトン(krypton)	Kr	無色			
キセノン(xenon)	Xe	無色			

a) 天然に存在する単体の化学式を示す．下付き文字 2 は，その元素が室温において二原子分子として存在することを意味する．

---

1) chemical symbol 2) atom 3) molecule 4) diatomic molecule

対的な大きさを反映させた分子模型)を示した.

自然界で二原子分子として存在する元素を名称でよぶときには,特に断らなければ,ここで示したような構造の二原子分子を意味する.たとえば,"酸素"ということばは二原子分子 O₂ を意味し,酸素原子 O のことではない.

金属,非金属とも,それらの物理的,および化学的性質に基づいて,さらにさまざまな小グループに分類される.これらについては第3章で詳しく述べる.

2・2 物質は固体,液体,気体の状態をとる

自然界では,純粋な単体や化合物は,いろいろな物理的状態で存在する.これらの**物質の状態**[1]には,固体,液体,および気体がある.このような物質の状態については,すでによく知っているかもしれないが,ここではそれぞれの状態を簡潔に定義することにしよう.

前節では,水銀を除くすべての金属元素は,室温で固体であることを述べた.身のまわりにある多くの化合物,たとえば食卓塩,石灰岩,水晶なども室温で固体として存在する.**固体**[2]は,きまった体積ときまった形状をもつという特徴がある.この特徴は,固体を構成する粒子が,堅固な,また明確に定められた格子に結びつけられていることによるものである(図 2・5a).後に,固体の構成粒子を定められた格子に結びつけている粒子間にはたらく力について学び,またさまざまな種類の異なった固体の特徴を学ぶ.すべての固体が,硬く,頑丈であるわけではない.たとえば,金はとても柔らかく,展性をもつ.この性質によって金は,宝飾として,また金箔とよばれる薄膜として利用される.

物質が固体であることは,固体の単体や化合物の元素記号,あるいは化学式の後に,( )内に文字 s を置くことによって示される.たとえば,室温において鉄や食塩は固体なので,これらの物質の状態を示す際には,化学式を Fe(s),および NaCl(s) と書く.本書では,扱っている物質が室温でどのような状態であるかがわかるように,この書き方を用いることにする.

液体[3]は,きまった体積をもつが,特定の形状をもたない物質である.液体を容器に注ぐと,液体はそれ自身の体積まで容器を満たし,形状は容器と同じになる.このとき,容器の中に液体の表面が形成される.固体と同様に,液体の粒子は,それらの間にはたらく力によって結びつけられている.しかし,固体とは異なり,液体の粒子はきまった位置に固定されておらず,液体の体積内を自由に動きまわることができる(図 2・5b).液体がきまった体積をもっているにもかかわらず,特定の形状をもたないのは,液体の構成粒子がきまった位置に固定されていないからである.

単体が室温で液体である元素は,水銀と臭素の二つだけである.水やエタノール(アルコール飲料に含まれるアルコール)などの多くの身近な化合物が,室温で液体として存在している.物質が液体であることは,液体の物質の元素記号,あるいは化学式の後に,( )内に文字 l を置くことによって示される.たとえば,液体の水銀,液体の臭素,液体の水の化学式は,それぞれ Hg(l),Br₂(l),H₂O(l) と表記される.

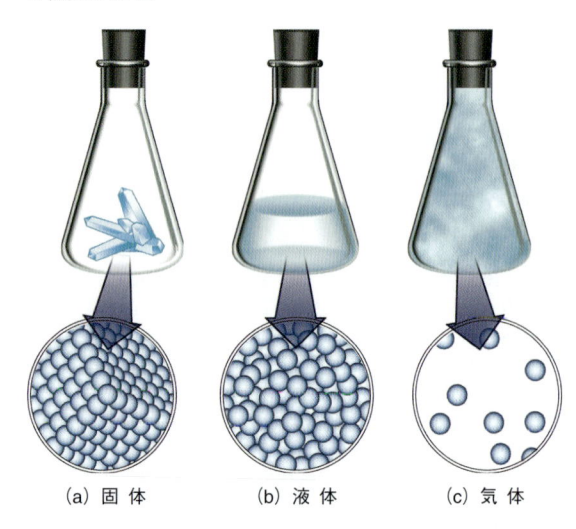

(a) 固体　(b) 液体　(c) 気体

図 2・5 (a) 固体は図に示すように,きまった形状をもち,容器の形には従わない.微視的には固体は,秩序正しく並んだ原子や分子の格子,あるいはネットワークとみることができる.(b) 液体はそれ自身の体積まで容器を満たし,図に示すように表面を形成する.微視的にみると,液体の粒子はそれらの間にはたらく力によって互いに結びつけられているが,液体の体積内を自由に動きまわることができる.(c) 気体はそれを入れた容器全体を満たす.微視的にみると気体は,速やかに運動している粒子からなり,それらは容器の全体積を自由に動きまわっている.しかし,気体の体積のほとんどの部分は,何もない空間である.

気体[4]は,それを入れた容器の全体積を満たし,きまった形状をもたない物質である.気体を構成する粒子は,互いに広くひき離されており,気体の体積内を速やかに動きまわることができる(図 2・5c).固体や液体とは対照的に,気体の体積は,それを入れる容器の大きさを変化させることによって,比較的容易に変えることができる.たとえば,気体は,自転車用の空気入れのように,ピストンの内部で圧縮させることができる.気体については,第13章でさらに詳しく学ぶ.物質が気体であることは,気体の単体や化合物の元素記号,あるいは化学式の後に,( )内に文字 g を置くことによって示される.たとえば,窒素,酸素,二酸化炭素は,室温,および通常の大気圧においていずれも気体であるので,この条件におけるこれらの物質の化学式は,それぞれ N₂(g),O₂(g),CO₂(g) と表記される.

---

1) state of matter　2) solid　3) liquid　4) gas

2・3 混合物はその成分の物理的性質の違いを利用して分離できる

自然界ではほとんどの物質は，**混合物**[1]として存在している．混合物とは，その成分となる物質が，化学的に結合することなく互いに混ざり合っている物質をいう．混合物の身近な例は空気である．空気は，78%の窒素と21%の酸素，および少量のアルゴン，水蒸気，二酸化炭素から形成されている．食卓にある胡椒入り食卓塩も混合物である．自然界にあるほとんどの物質だけでなく，実験室で用いる多くの試料もまた混合物からなっている．

単体や化合物について，その密度や融点などの物理的性質や化学的性質を調べるときには，その物質がある程度，純粋であることを確かめねばならない．そうでなければ，得られた結果は，不純物を含むその特定の試料に限られたものとなるので，きわめて適用性が乏しいものとなる．このため，しばしば，混合物から純粋な成分を分離することが必要となる．

たとえば，砂糖，砂，鉄粉，および砂金からなる混合物を，それぞれの成分に分離するという問題を考えてみよう（図2・6）．その混合物についてまず認識すべきことは，それが**不均一**[2]であるということである．すなわち，その混合物は，どの部分をとってみても一様ではない．顕微鏡を用いると，その混合物の不均一性をはっきりと見ることができる（図2・6c）．私たちは，顕微鏡とピンセットを用いて，そして多くの時間と忍耐力を費やすことによって，その混合物を四つの成分に分離することができるだろう．しかし，別の方法を用いれば，もっと速やかに分離することができるのである．まず，磁石を用いることによって，混合物から鉄粉を分離することができる（図2・6d）．磁石は磁性をもつ鉄の粒子を引きつけるが，他の三つの成分に対しては何の効果ももたない．これと同じ手法は，廃棄物の再生利用技術においてきわめて大規模に用いられており，磁石に対して強く引きつけられる物質（たとえば，鉄，鋼，ニッケル）とそうでない物質（たとえば，アルミニウム，ガラス，紙，プラスチック）が，この手法によって分離されている．

混合物から鉄を除いた後，水を加えることにより，残った成分から砂糖を分離することができる．液体に固体が溶ける現象を**溶解**[3]という．残った成分のうち，砂糖だけが水に溶け，水中に砂糖が溶けた溶液となる．

溶液[4]は二つ以上の成分からなる**均一**[5]な，すなわちどの部分をとっても一様な混合物である．溶液を構成する成分は固体と液体に限らないので，溶液には多くの種類がある．たとえば，反応性が低いさまざまな気体の混合物も溶液である．しかし，最も一般的な溶液の種類は，固体を液

図2・6 (a) 砂糖，砂，鉄粉，および砂金からなる混合物．いい加減な調査では，混合物の成分を決定することはできない．(b) 分離された混合物の成分．(c) 混合物の顕微鏡像．混合物は不均一であり（すなわち，どの部分をとってみても一様ではなく），4種類の成分がそれぞれ識別できることに注意せよ．(d) 磁石を用いると，混合物から鉄粉を分離することができる．鉄は磁石に引きつけられるが，他の3成分はそのような性質をもたない．

---

1) mixture 2) heterogeneous 3) dissolution 4) solution 5) homogeneous

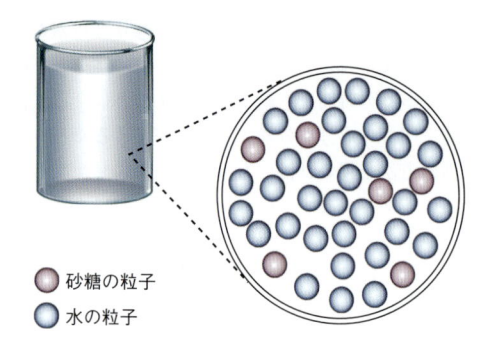

図 2・7 微視的にみると，溶液は溶媒と溶質の均一な混合物である．この場合には，溶媒と溶質は，それぞれ水と砂糖である．

体に溶かしたものである．溶かした固体を**溶質**[1]といい，それを溶かす液体を**溶媒**[2]という．ただし，溶液のどの部分をとっても，溶液のすべての成分は一様に分散しているので，溶媒と溶質という言葉は，単に便宜的なものにすぎない（図2・7）．化学で用いられる最も一般的な溶媒は，水 $H_2O(l)$ である．物質を水に溶かしたとき，形成される溶液を**水溶液**[3]といい，その状態を記号(aq)を用いて表記する．ここで取上げた砂糖を水に溶かした溶液も，水溶液の例である．砂糖が水に溶けていることを表すには，砂糖の化学式の後に(aq)をつけて $C_{12}H_{22}O_{11}(aq)$ と書く．

さて，混合物を分離する問題に戻ろう．砂糖の水溶液ができると，容器の底に砂と金の粒子が残る．砂と金と砂糖の水溶液からなる不均一な混合物は，**濾過**[4]によって分離することができる（図2・8）．砂糖の水溶液は濾紙の小さな孔を容易に通過するが，固体の金と砂の粒子は大きすぎて通り抜けることができないため，濾紙上に捕捉される．砂糖の水溶液の入った容器から水を**蒸発**[5]させると，再び結晶となった砂糖を容器の底に得ることができる．こうして，砂糖は水溶液から回収される．食塩は海水から水を蒸発させることによって，工業的な規模で分離されている．

砂と砂金は，パンニング法とよばれる皿を用いた方法や，スルースボックスという樋を使う方法によって分離することができる．これらの方法によって砂と金が分離できるのは，二つの固体の密度が異なるためである．たとえば，単純なパンニング法では，砂と砂金の混合物に水を加えて懸濁させ，それを浅い金属製の受け皿に入れてぐるぐるかき混ぜる．金の密度は 19.3 g cm^{-3} であり，砂（$2 \sim 3 \text{ g cm}^{-3}$）よりもかなり大きいので，砂金は皿の中心付近に集まるが，砂の粒子は皿から振り落とされる．また，スルースボックスを用いる方法では，波形の底をもつ樋の上方に砂と金の混合物を置き，流水を通す．流水に対して，密度の小さい砂の粒子は金よりも水中で高く浮き上がるので，砂の粒子は洗い流されてしまう．

細かい金の粒子が砂の粒子にしっかりと付着している場合には，混合物を水銀と振り混ぜることによって金を分離することができる．これは，金が水銀に溶ける性質を利用したものであり，水銀に溶けない砂は水銀の表面に浮くので，それを除去することができる．

得られた金の水銀溶液は，水銀と金の物理的性質の違いを利用して，それぞれの成分に分離することができる．水銀の沸点は 357 ℃ と比較的低いが，金の沸点は 2856 ℃ と非常に高い．このため，水銀に溶けた金は，**蒸留**[6]によって分離することができる．すなわち，溶液を沸騰させると，水銀は蒸発して除かれ，固体の金だけが残る．蒸気になった水銀は冷却管によって冷やされ，再び液体に戻る．気体が液体になる過程を**凝縮**[7]という．簡単であるが，よく用いられる蒸留装置を図2・9に示した．水銀の蒸留には，普通，鉄製のフラスコが使用され，回収された水銀は，さらに金を抽出するために再利用される．ほかの蒸留の例は，海水から純粋な水を取出す操作である．蒸留フラスコに海水を入れて沸騰させると，水が蒸発して除かれ，海水に溶けていた塩がフラスコの中に固体として残る．

図2・9に示した簡単な蒸留装置は，固体が溶けた溶液から，液体を分離するために適した装置である．溶液を構成する成分のうち，液体は気体となる唯一の成分である．言い換えれば，液体は唯一の**揮発性**[8]，すなわち気化しやすい成分である．このため，液体を蒸発させて除き，固体だけをフラスコに残すことができるのである．溶液が，たと

図 2・8 濾過によって液体と固体を分離することができる．液体は濾紙の小さな孔を通過することができるが，固体の粒子は大きすぎて通り抜けることができない．さまざまな大きさの孔をもつ濾紙を入手することができる．小さいものでは 2.5×10^{-8} m の細孔をもつ濾紙もあり，これにより微生物（最小の微生物の大きさは直径 1×10^{-7} m 程度である）も取除くことができる．このような濾過法は，低温滅菌法のかわりに，缶生ビールや瓶詰め飲料などの製造過程において，液体から微生物を除去するために利用されている．

---

1) solute 2) solvent 3) aqueous solution 4) filtration 5) evaporation 6) distillation 7) condensation 8) volatile

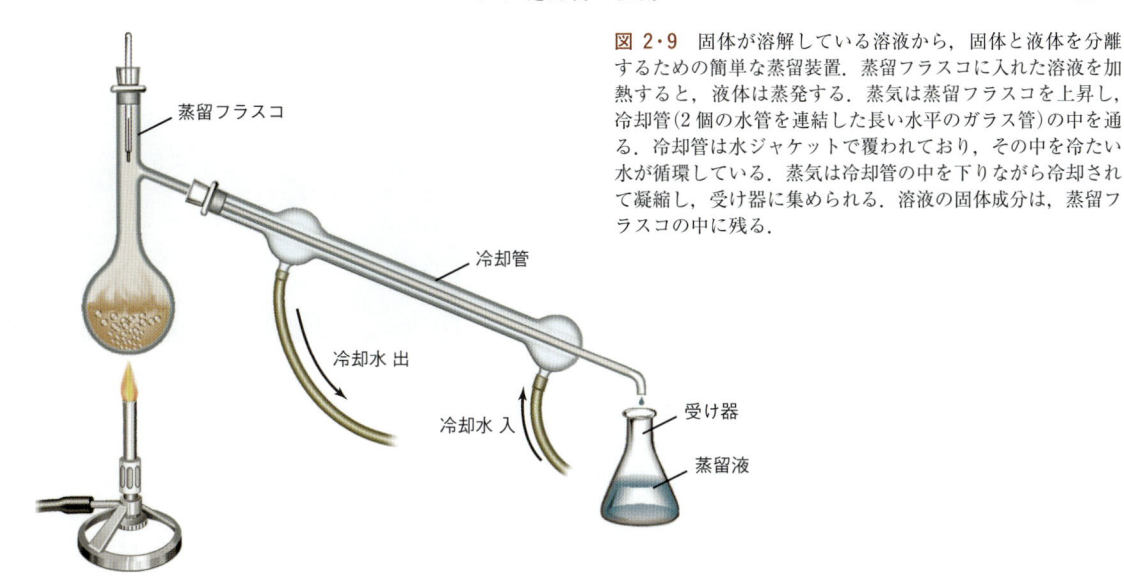

えばエタノールと水のように複数の揮発性成分を含む場合には，それらは，沸点の違いを利用して分離することができる．複数の揮発性成分を含む溶液をそれぞれの成分に分離する操作を，**分別蒸留**[1]，あるいは分留という（第16章を参照せよ）．

2・4 定比例の法則によると化合物を構成する元素の質量比は常に一定である

ラボアジェによって創始された定量的手法は，化合物の化学的な分析に用いられた．きわめて多数の化合物の定量的な分析が行われた結果，**定比例の法則**[2]が導かれた．定比例の法則によると，特定の化合物に含まれるそれぞれの元素の相対的な質量は，その化合物の起源や調製法にかかわらず，常に一定である．

たとえば，金属カルシウムを水と酸素の不在下で硫黄とともに加熱すると，硫化カルシウム CaS(s) という化合物が得られる（図 2・10）．硫化カルシウムは，蛍光性塗料として有用な化合物である．さて，硫化カルシウムを分析すると，この化合物に含まれるカルシウムと硫黄の相対的な質量を求めることができる．この相対的な質量を，それぞれの元素の**質量パーセント**[3]という．硫化カルシウムに含まれるカルシウムと硫黄の質量パーセントは，次式によって求めることができる．

$$\text{CaS 中の Ca の質量パーセント} = \frac{\text{Ca の質量}}{\text{CaS の質量}} \times 100$$

ここで，100 を掛けるのは，質量の比をパーセントに変換するための操作である．同様にして，

$$\text{CaS 中の S の質量パーセント} = \frac{\text{S の質量}}{\text{CaS の質量}} \times 100$$

たとえば，質量 1.630 g の硫化カルシウムを分析した結果，その試料はカルシウム 0.906 g，硫黄 0.724 g からなっていることがわかったとしよう．すると，次式によって，硫化カルシウムに含まれるカルシウムと硫黄の質量パーセントを求めることができる．

$$\begin{aligned}\text{CaS 中の Ca の質量パーセント} &= \frac{\text{Ca の質量}}{\text{CaS の質量}} \times 100 \\ &= \frac{0.906 \text{ g}}{1.630 \text{ g}} \times 100 = 55.6\%\end{aligned}$$

図 2・9 固体が溶解している溶液から，固体と液体を分離するための簡単な蒸留装置．蒸留フラスコに入れた溶液を加熱すると，液体は蒸発する．蒸気は蒸留フラスコを上昇し，冷却管（2個の水管を連結した長い水平のガラス管）の中を通る．冷却管は水ジャケットで覆われており，その中を冷たい水が循環している．蒸気は冷却管の中を下りながら冷却されて凝縮し，受け器に集められる．溶液の固体成分は，蒸留フラスコの中に残る．

図 2・10 単体のカルシウムと硫黄の反応により，硫化カルシウム CaS(s) が得られる．硫化カルシウムは高温で生成し，その過程で光が放出される．

---

1) fractional distillation 2) law of constant composition 3) mass percentage

$$\text{CaS 中の S の質量パーセント} = \frac{\text{S の質量}}{\text{CaS の質量}} \times 100$$

$$= \frac{0.724 \text{ g}}{1.630 \text{ g}} \times 100 = 44.4\%$$

硫化カルシウムにはカルシウムと硫黄の2種類の元素しか含まれていないから，カルシウムと硫黄の質量パーセントを足し合わせると100%になるはずである．実際に，55.6% + 44.4% = 100.0% となっている．

定比例の法則は，"純粋な硫化カルシウムに含まれるカルシウムの質量パーセントは，常に55.6%である"ということを意味している．硫化カルシウムが，少量の硫黄と多量のカルシウムを加熱することによって得られたか，それとも多量の硫黄と少量のカルシウムを加熱することによって得られたかは問題ではない．同様に，硫化カルシウムに含まれる硫黄の質量パーセントは，常に44.4%である．カルシウム，あるいは硫黄がどんなに多量にあっても，過剰分は反応しない．もし，カルシウムが過剰であれば，反応生成物である硫化カルシウムに加えて，未反応の金属カルシウムが得られる．一方，硫黄が過剰であれば，反応生成物のほかに未反応の硫黄が残る．

例題 2・1 質量2.83 gの鉛と硫黄からなる化合物を分析した結果，その試料は2.45 gの鉛と，0.380 gの硫黄を含むことが判明した．この化合物に含まれる鉛と硫黄のそれぞれの質量パーセントを求めよ．なお，この化合物を硫化鉛 PbS(s) という．

解答 硫化鉛に含まれる鉛の質量パーセントは，次式で求められる．

$$\text{PbS 中の Pb の質量パーセント} = \frac{\text{Pb の質量}}{\text{PbS の質量}} \times 100$$

$$= \frac{2.45 \text{ g}}{2.83 \text{ g}} \times 100 = 86.6\%$$

一方，硫化鉛に含まれる硫黄の質量パーセントは，次式で求められる．

$$\text{PbS 中の S の質量パーセント} = \frac{\text{S の質量}}{\text{PbS の質量}} \times 100$$

$$= \frac{0.380 \text{ g}}{2.83 \text{ g}} \times 100 = 13.4\%$$

定比例の法則によって，硫化鉛に含まれる鉛の質量パーセントは，その硫化鉛がどこで生産されたかによらず一定であることが保証される．なお，硫化鉛を得るためのおもな天然資源は，方鉛鉱(図2・11)とよばれる鉱石である．

図 2・11 天然に産する金属硫化物は，金属の有用な鉱石となる．図に示した方鉛鉱 PbS(s) は，鉛を得るための主要な鉱石である．

練習問題 2・1 カリウム K，窒素 N，および酸素 O を構成元素とする化合物の試料5.650 gを分析した結果，その試料は38.67%のKと13.86%のNを含むことが判明した．その試料に含まれる元素の質量は，それぞれ何gか．(ヒント：ある化合物に含まれるすべての元素の質量パーセントの合計は，必ず100%になることを思い出そう．)

解答 Kが2.185 g，Nが0.7831 g，およびOが2.682 g

さらに，定量的な化学分析によって**倍数比例の法則**[1]が発見された．この法則によると，ある元素Xが他の元素Yと結合して2種類の異なった化合物を形成するとき，一定の質量のXと結合しているYの質量の比を2種類の化合物で比較すると，簡単な整数比になる．この法則は，例を用いると理解しやすい．たとえば，炭素は酸素と結合して，2種類の異なった化合物をつくる．実験から，第一の化合物では，1.00 gの炭素に対していつも1.33 gの酸素が結合し，また第二の化合物では，1.00 gの炭素に対していつも2.66 gの酸素が結合することが明らかになった．

炭素と酸素の化合物	炭素の質量/g	酸素の質量/g
第一の化合物	1.00	1.33
第二の化合物	1.00	2.66

第一の化合物の酸素の質量に対する，第二の化合物の酸素の質量の比は，2.66/1.33 = 2/1 であり，簡単な整数比となっている．これらのデータは，第一と第二の化合物がそれぞれ，化学式 CO と CO_2 をもつと仮定すると容易に理解することができる．なぜなら，一定の質量の炭素に対して，CO_2 は CO の2倍の質量の酸素を含むからである．

---

[1] law of multiple proportion

もう一つの例をあげよう．硫黄と酸素が結合すると，2種類の化合物が生成することが知られている．それらの化合物について，1.00 g の硫黄と結合している酸素の質量を調べると次のデータが得られる．

硫黄と酸素の 化合物	硫黄の 質量/g	酸素の 質量/g
第一の化合物	1.00	1.00
第二の化合物	1.00	1.50

第一の化合物の酸素の質量に対する第二の化合物の酸素の質量の比は，1.50/1.00＝3/2 となり，やはり簡単な整数比になることがわかる．これらのデータは，2種類の化合物がそれぞれ，化学式 SO_2，および SO_3 をもっているとすれば理解することができる．

このような定比例の法則や倍数比例の法則などいくつかの実験に基づいて，元素の原子説が導かれたのである．

2・5　ドルトンの原子説によって定比例の法則が説明される

18世紀の終わりまでに，化学者は多数の化合物を分析し，それによって非常に多くの実験データが蓄積された．しかし，これらすべてのデータを統一的に理解するための理論を欠いていた．1803年，英国の小学校教師であったドルトン[1]（図2・12）は，**原子説**[2]を提案した．彼の理論により，定比例の法則ばかりでなく，質量保存の法則も簡潔に，またみごとに説明されたのである．現代の用語を用いると，ドルトンの原子説はつぎのように表現することができる．

1. 物質は小さな，分割できない粒子からなっている．この粒子を原子という．
2. ある元素の原子はすべて同じ質量をもち，化学的な性質を含めてすべての点で同一である．
3. 異なる元素の原子は異なった質量をもち，化学的な性質も異なる．
4. 化合物は結合した二つ，あるいはそれ以上の異なる元素の原子からなっている．二つ，あるいはそれ以上の原子が結合して生成する粒子を，分子という．
5. 化学反応では，反応に関与するいくつかの原子の再配列，あるいは結合の解離と再結合が起こり，新たな物質が生成する．原子は発生することもなければ，消滅することもない．また，原子自身が変化することもない．

これから学ぶように，これらの仮説のいくつかは，後になって部分的に修正された．しかし，ドルトンの原子説の基本的な考え方は，現在でもなお受け入れられている．

化学反応における質量保存の法則は，"化学反応では，原子は発生もせず，消滅もしない．原子が単に再配列することによって，新しい物質が生成する"というドルトンの仮説から必然的に導かれる．また，定比例の法則も，"原子は分割することができず，化合物は，異なった種類の原子が結合することによって形成される"というドルトンの仮説から必然的に導かれる．すなわち，化合物は，きまった比率で結合した異なる種類の原子からなるので，常に一定の組成をもつのである．たとえば，カルシウムと硫黄が1対1の比率で結合して，硫化カルシウムが生成することがわかったとしよう．この場合，試料がどのように調製されたかにかかわらず，硫黄原子に対するカルシウム原子の比は1対1となる．さらに，倍数比例の法則も，COと CO_2 の場合のように，いくつかの元素が結合すると，複数の種類の化合物を形成することができるという事実から導くことができる．

ドルトンの原子説によると，相対的な原子質量の尺度を設定することができる．硫化カルシウムを例として考えてみよう．硫化カルシウムを構成するカルシウム Ca と硫黄 S の質量パーセントは，それぞれ 55.6%，44.4% であることがわかっている．硫化カルシウムでは，1個の硫黄原子に対して1個のカルシウム原子が結合しているとしよう．すると，硫黄原子の質量に対するカルシウム原子の質量は，硫化カルシウムにおける質量パーセントの比と同じはずなので，次式によって，硫黄原子の質量に対するカルシウム原子の質量の比を求めることができる．

図2・12　ジョン　ドルトン　John Dalton (1766～1844)．英国の科学者．貧しい家に生まれたが，数学と自然哲学の勉強を続けた．彼のおもな科学的な興味は気象学にあり，亡くなる日まで毎日，気象観測に関する日記をつけていた．ドルトンは原子説を講演と論文で発表したが，その際に，木製の球を用いてさまざまな元素を表した．これは，彼の原子説が学会に広く認められるためにおおいに役立った．

---

[1] John Dalton　[2] atomic theory

$$\frac{\text{Ca 原子の質量}}{\text{S 原子の質量}} = \frac{55.6}{44.4} = 1.25$$

あるいは,

$$\text{Ca 原子の質量} = 1.25 \times (\text{S 原子の質量})$$

それぞれの原子の質量を決めることは簡単ではないが,このように,定量的な化学分析の結果を用いることにより,原子の相対的な質量を決定することができるのである.もちろん,上記の結果は,硫化カルシウムでは,1個の硫黄原子に対して1個のカルシウム原子が結合しているという仮定に基づいていることを忘れてはならない.

もう一つの化合物の例として,塩化水素を考えよう.定量的な化学分析の結果,塩化水素を構成する水素 H と塩素 Cl の質量パーセントは,それぞれ 2.76% と 97.24% であることがわかっている.ここでも,塩化水素では,水素原子1個と塩素原子1個が結合していると仮定すると(これは正しいことが知られている),次式が得られる.

$$\frac{\text{Cl 原子の質量}}{\text{H 原子の質量}} = \frac{97.24}{2.76} = 35.2$$

あるいは,

$$\text{Cl 原子の質量} = 35.2 \times (\text{H 原子の質量})$$

他の化合物についてもこの方法を適用することによって,相対的な原子質量の表をつくり上げることができる.基準となる特定の原子を設定すると,その原子の質量に対するある原子の質量の比として,**原子質量比**[1](ふつう,単に**原子量**[2]とよばれる)を定義することができる.ある時代には,最も軽い原子である水素の質量が,特に根拠なく正確に1と定められ,他のすべての原子量を求めるための基準に用いられた.しかし,第11章で述べるように,現在では原子量の基準として炭素が用いられている.こうして,今日では水素の原子量は正確な1ではなく,1.008である.現在認められている元素の原子量は,本書の前見返しに掲載されている.

"原子量"は,実際には質量の比であるから,単位をもたない.しかし,原子量に単位をつけたほうが便利なこともあるので,しばしば**原子質量単位**[3]とよばれる単位が与えられる.原子質量単位は,かつて **amu** と表記されていたが,現在では国際純正・応用化学連合(IUPAC)によって記号 **u**(統一原子質量単位)を用いることが推奨されている[†].また,生化学ではしばしば,原子量は単位ダルトン(記号 Da)をつけて表記される.このように,たとえば炭素の原子量は,12.01,あるいは 12.01 u,あるいは 12.01 Da であるということができる.これらの三つの表記はいずれ

も正しい.しかし,私たちは一般に,元素の原子質量比を単に原子量とよんでいるのであって,原子量は実際には,相対的な,無次元の量であることを忘れてはならない.原子量として与えられた特定の数値は,どの原子を原子量の尺度をつくるための基準として選ぶかに依存するのである(しかし,原子量の比は依存しない).

例題 2・2 水素の原子量が正確に 1(H=1)と定められたとしよう.前見返しの原子量表を参照して,H=1 を基準とした場合の炭素の原子量を求めよ.

解答 2種類の原子の質量比は,基準として選ばれた元素の質量の値に無関係である.したがって,現在用いられている基準において,前見返しの原子量表から次式を得ることができる.

$$\frac{\text{C 原子の質量}}{\text{H 原子の質量}} = \frac{12.01}{1.008} = 11.91$$

これより,H=1 を基準とした場合には,次式が成り立つことになる.

$$\frac{\text{C 原子の質量}}{\text{H 原子の質量}} = \frac{\text{C 原子の質量}}{1} = 11.91$$

したがって,H=1 を基準とした原子量の尺度では,炭素の原子量は 12.01 ではなく,11.91 となるはずである.

練習問題 2・2 現在の炭素を基準とする原子量の尺度が受け入れられる前には,原子量の基準として酸素が用いられ,酸素の原子量が正確に 16(O=16)と定められていた.前見返しの原子量表を参照して,O=16 を基準とした場合の炭素の原子量を有効数字4桁まで求めよ.

解答 12.01.有効数字4桁では,この値と現在用いられている値との間に差はない.

2・6 分子はつながりあった原子の集団である

ドルトンは最初に提唱した原子説において,単体は同一の原子からなる物質であり,化合物は異なる種類の原子を含む分子からなる物質であると仮定した.その当時ドルトンは気づいていなかったが,いくつかの単体は複数の同一の原子からなる分子として自然界に存在する.すでに表 2・5 に示したように,水素,窒素,酸素,フッ素,塩素,臭素,ヨウ素は,同一の原子からなる二原子分子として存在する(図 2・4).したがって,これらの物質は,分子からな

[†] 訳注:1 u は炭素-12(2・11節を参照せよ)の質量の12分の1と定義される.1 u=1.660 538 782×10^{-27} kg である.
1) atomic mass ratio   2) atomic mass   3) atomic mass unit

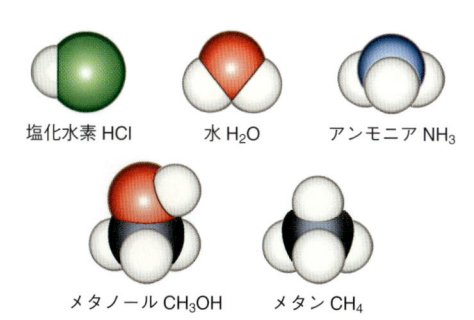

図 2・13 塩化水素，水，アンモニア，メタノール，およびメタンの縮尺模型．

るが単体に分類される．一方，化合物は，異なる種類の原子を含む分子からなっている†．化合物を構成する分子の化学式の例を以下に示す．

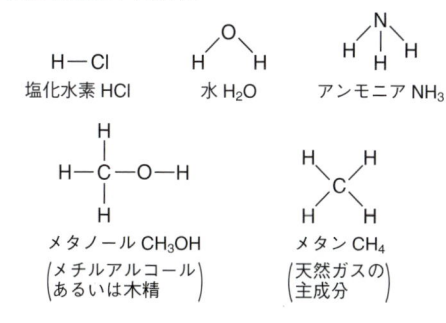

これらの構造式は，分子内で原子がどのように結合しているかを示している．原子をつないでいる線は，それらの原子が結合していることを表している．構造式の書き方は第7章で学ぶ．また，これらの分子の縮尺模型を図2・13に示した．

ドルトンの原子説により，化学反応を微視的に見ることが可能になった．ドルトンは，"化学反応では，反応物分子の原子をつなぐ結合が解離し，原子が再配列することにより生成物分子になる"と提案したことを思い出そう．この見方に従うと，たとえば，水素と酸素から水が生成する化学反応は，つぎのような原子の再配列によって表すことができるだろう．

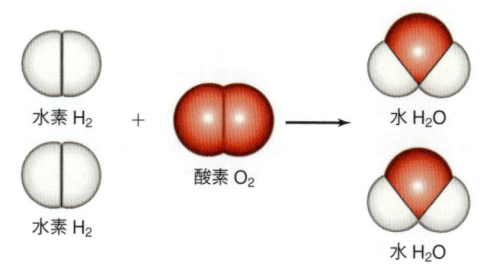

化学反応によって，まったく異なる分子が生成し，そしてそれによってまったく異なる物質が生成することに注意してほしい．室温，通常の大気圧では，反応物の水素と酸素は気体であるが，生成物の水は液体である．

もう一つの例として，酸素中で炭素が燃焼し，二酸化炭素が生成する反応を考えてみよう．この反応は，つぎのように表すことができるだろう．

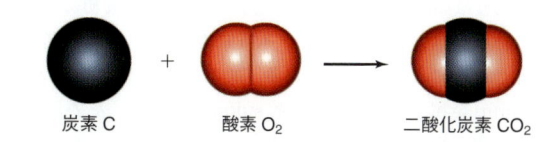

この反応でも，まったく新しい物質が生成している．反応物の炭素は黒い固体であるが，生成物の二酸化炭素は，通常の条件では無色の気体である．

最後に，水蒸気（熱い気体状の水）と赤熱した炭素から，水素と一酸化炭素が生成する反応をあげよう．この反応は，つぎのように表すことができるだろう．

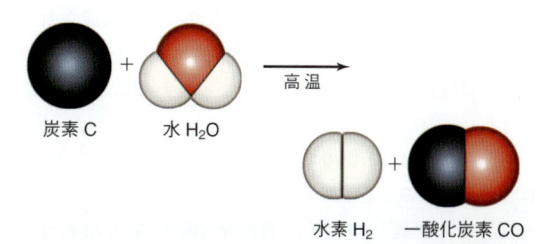

上記の三つの反応ではいずれも，どの種類の原子についても，その数は反応の前後で変化していない．反応において，原子は発生することもなければ，消滅することもない．ただ原子が再配列することによって，新しい分子が生成するのである．この考え方は，反応の前後で質量が保存されるという実験事実と矛盾しない．

2・7 化合物は体系的な命名法によって命名される

化合物に名称を与えるための体系を，**化合物命名法**[1]という．本書では，新たな種類の化合物が現れた際に，それらを命名するための IUPAC（国際純正・応用化学連合）の規則を（そして時には，より古い古典的な名称もあわせて）学ぶ．IUPAC の規則は，世界的に統一された化合物命名法の基準をつくり，また化合物に関する情報を得る際に，文献やデータベースを速やかに，また簡単に検索できるようにするために開発された．これらの規則を学ぶことは，君たちの化学の学習や研究にとってとても役に立つだろう．

---

† 単体は，Fe，C，H_2 のように1種類の原子だけから形成される物質である．分子は，Cl_2，HCl，CO_2 のように二つ，あるいはそれ以上の原子からなる原子の集団である．化合物は，H_2O，NaCl，$CaCO_3$ のように異なる元素の原子を含む分子から形成される物質である．

1) chemical nomenclature

参考のため，本書で現れるいくつかの種類の化合物に対する命名法の規則を，「付録C」にまとめた．

本章では，**二元化合物**[1]，すなわち二つの元素からなる化合物の命名法についてのみ説明する．二元化合物を構成する2種類の元素が金属と非金属であり，それらが結合する比率がただ一つに決まっている場合，その化合物は，日本語名では，非金属成分を先に，金属成分を後に書く．非金属成分は語尾を "——化" とする．英語名では最初に金属の名称を書き，つぎに語尾を -ide に変えた非金属の名称を書くことによって命名される．たとえば，カルシウム，calcium（金属，表2·3）と硫黄，sulfur（非金属，表2·5）からなる化合物の名称が，硫化カルシウム，calcium sulfide であることはすでに述べた．硫化カルシウムは1個の硫黄原子に対して1個のカルシウム原子から構成されるので，硫化カルシウムの**化学式**[2]は $CaS(s)$ と表記される．言い換えれば，2種類の元素の元素記号を単につなぎあわせればよい．しかし，塩化カルシウム，calcium chloride の場合は異なっている．塩化カルシウムは，1個のカルシウム原子と2個の塩素，chlorine（非金属）原子から構成される．したがって，塩化カルシウムの化学式は $CaCl_2(s)$ となる．原子の個数は，下付き文字によって示されることに注意してほしい．すなわち，$CaCl_2(s)$ の下付き文字2は，塩化カルシウムでは，1個のカルシウム原子に対して2個の塩素原子があることを意味している．表2·6 にはいくつかの一般的な非金属について，語尾を -ide に変えた名称を，日本語の "——化" の名称とともに示した．

表 2·6 語尾を -ide に変えた非金属の名称

元　素	語尾を変えた名称[a]
硫黄(sulfur)	sulfide(硫化)
塩素(chlorine)	chloride(塩化)
酸素(oxygen)	oxide(酸化)
臭素(bromine)	bromide(臭化)
水素(hydrogen)	hydride(水素化)
セレン(selenium)	selenide(セレン化)
炭素(carbon)	carbide(炭化)
窒素(nitrogen)	nitride(窒化)
ヒ素(arsenic)	arsenide(ヒ化)
フッ素(fluorine)	fluoride(フッ化)
ヨウ素(iodine)	iodide(ヨウ化)
リン(phosphorus)	phosphide(リン化)

a) (　)内は語尾を "——化" とした日本語の名称を示す．

表 2·7 分子に含まれる特定の原子の数を示すために用いるギリシャ語の接頭語

数	ギリシャ語の接頭語	例
1	mono-	一酸化炭素，CO (carbon monoxide)
2	di-	二酸化炭素，CO_2 (carbon dioxide)
3	tri-	三酸化硫黄，SO_3 (sulfur trioxide)
4	tetra-	四塩化炭素，CCl_4 (carbon tetrachloride)
5	penta-	五塩化リン，PCl_5 (phosphorus pentachloride)
6	hexa-	六フッ化硫黄，SF_6 (sulfur hexafluoride)
7	hepta-	
8	octa-	(6より大きい接頭語を用いた化合物の例は後に本文で示す)
9	nona-	
10	deca-	

例題 2·3 つぎの二元化合物を命名せよ．
(a) $K_2O(s)$ (b) $AlBr_3(s)$
(c) $CdSe(s)$ (d) $MgH_2(s)$

解答 表2·6を参照して，非金属には正しい "——化 (-ide)" を語尾とする名称を用いる．
(a) 酸化カリウム，potassium oxide
(b) 臭化アルミニウム，aluminium bromide
(c) セレン化カドミウム，cadmium selenide
(d) 水素化マグネシウム，magnesium hydride

練習問題 2·3 つぎの二元化合物を命名せよ．
(a) $BaI_2(s)$ (b) $Li_3N(s)$
(c) $AlP(s)$ (d) $Na_2S(s)$

解答 (a) ヨウ化バリウム，barium iodide
(b) 窒化リチウム，lithium nitride
(c) リン化アルミニウム，aluminium phosphide
(d) 硫化ナトリウム，sodium sulfide

2種類の非金属（表2·5）の組合わせからなる二元化合物も多い．同じ2種類の非金属元素から複数の二元化合物が生成する場合には，日本語名では，原子数の比を示す漢数字をつけてそれらを区別する．"一" は省略するが，CO のように別の組成の化合物（CO_2 など）が存在する場合には省略しない．英語名ではギリシャ語の数字を表す接頭語[†]

[†] 母音からはじまる名称に接頭語がつく場合，接頭語の最後のaあるいはoは省略される．たとえば，penta+chloride は pentachloride と書かれるが，penta+iodide は，接頭語 penta の a が省略されて pentiodide となる．同様に，mono+hydride は monohydride と書かれるが，mono+oxide は monoxide となる．なお，di- や tri- の場合には，i は省略しない．すなわち，carbon dioxide や boron triiodide はいずれも正しい表記である．

1) binary compound　2) chemical formula

によって表す(表2・7).たとえば,

CO(g)　　一酸化炭素, carbon monoxide
CO$_2$(g)　二酸化炭素, carbon dioxide

そのほかの例を以下に示す.

SO$_2$(g)　　二酸化硫黄, sulfur dioxide
SO$_3$(g)　　三酸化硫黄, sulfur trioxide
SF$_4$(g)　　四フッ化硫黄, sulfur tetrafluoride
SF$_6$(g)　　六フッ化硫黄, sulfur hexafluoride
PCl$_3$(l)　　三塩化リン, phosphorus trichloride
PCl$_5$(s)　　五塩化リン, phosphorus pentachloride

図2・14には，これらの化合物の球棒模型を示した．

二元化合物を命名する際に，化学式で最初に表記される元素の名称には"一"や接頭語 mono- をつけない．また一般に，二番目に表記される元素の名称では"一"や mono- は省略される．英語名では，注意すべき例外として carbon monoxide があり，しばしば NO も nitrogen monoxide とよばれる．すなわち，

NO(g)　　一酸化窒素, nitrogen oxide または
　　　　　　　　　　　　 nitrogen monoxide
CO(g)　　一酸化炭素, carbon monoxide

もうひとつの重要な例外として，水素がある．水素は，金属としても，また非金属としてもふるまうことができる．水素が二元化合物の化学式の最初に現れた場合，水素は一般に金属として扱われ，それに従って命名される．たとえば，H$_2$S(g)は硫化水素, hydrogen sulfide となる．一方，水素が二元化合物の化学式の末尾に現れた場合，水素は一般に非金属として扱われる．たとえば，NaH(s)は水素化ナトリウム, sodium hydride，および AsH$_3$(s)は三水素化ヒ素, arsenic trihydride となる．

名称を知っていなければならない水素を含む化合物として，水 H$_2$O(l)，アンモニア NH$_3$(g)，およびメタン CH$_4$(g)がある．

例題 2・4 つぎの二元化合物を命名せよ．
(a) BrF$_5$(l)　　(b) XeF$_4$(s)　　(c) NH$_3$(g)
(d) N$_2$O$_4$(g)　(e) HBr(g)

解答 これらの化合物は2種類の非金属元素を含むので，それらの相対的な数を名称に示さなければならない．
(a) 化学式の最初に臭素 Br が書かれている．したがって，この化合物は五フッ化臭素, bromine pentafluoride と命名される(最初に表記される元素の名称には，"一"や接頭語 mono- は常に省略される)．
(b) 四フッ化キセノン, xenon tetrafluoride
(c) アンモニア, ammonia
(d) 四酸化二窒素, dinitrogen tetroxide
(e) 臭化水素, hydrogen bromide

練習問題 2・4 つぎの化合物を命名せよ．
(a) N$_2$O(g)　　(b) NO(g)　　(c) N$_2$O$_3$(l)
(d) N$_2$O$_5$(g)　(e) NO$_2$(g)

解答 (a) 一酸化二窒素, dinitrogen oxide
(b) 一酸化窒素, nitrogen oxide
　　（あるいは nitrogen monoxide）
(c) 三酸化二窒素, dinitrogen trioxide
(d) 五酸化二窒素, dinitrogen pentoxide
(e) 二酸化窒素, nitrogen dioxide

一酸化二窒素 N$_2$O(g)は亜酸化窒素, nitrous oxide ともよばれ，最初に知られた一般的な麻酔剤である．吸引すると顔が笑ったように引きつるので，笑気ガスとよばれることもあり，現在でもしばしば歯科治療で用いられている．一酸化二窒素はまた，スプレー缶に入ったホイップクリームやひげそりクリームを噴霧するための圧縮ガスとして使用されている．N$_2$O$_3$(l)を除いて，すべての酸化窒素類は室温，常圧で気体である．

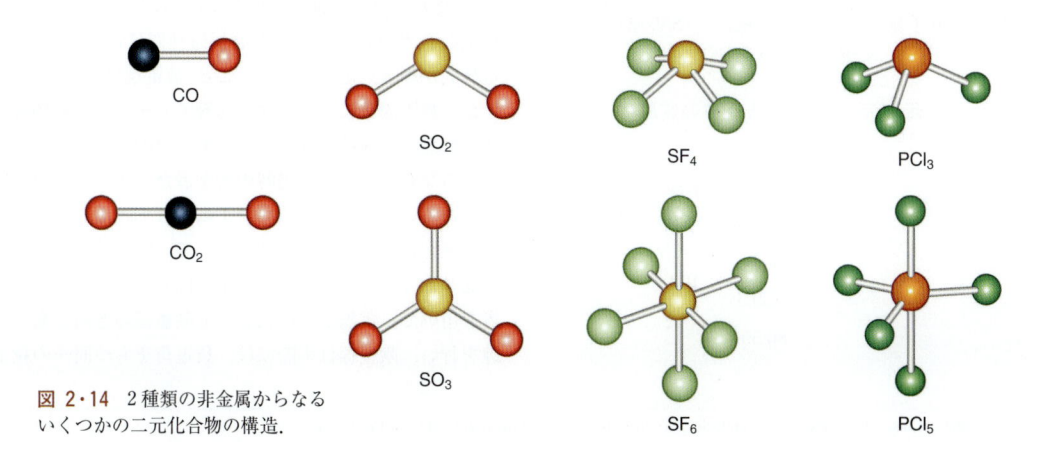

図2・14　2種類の非金属からなるいくつかの二元化合物の構造．

これまでの説明で，化学式が与えられた二元化合物に対して，それを命名する方法が理解できたと思う．第 6 章では，化合物の名称から，正しい化学式を書く方法を学ぶ．

2・8 分子を構成する原子の原子量の総和を分子量という

化学式を用いると異なる化合物を区別することができるので，定比例の法則をより明確に説明することができる．また，分子量の概念を導入することによって，その法則をさらに有用なものとすることができる．物質を構成する分子に含まれる原子の原子量の総和を，その物質の**分子量**[1]という．たとえば，水分子 H_2O は，2 個の水素原子と，1 個の酸素原子からなっている．前見返しの原子量表を用いると，次式のように，水の分子量を有効数字 4 桁で求めることができる．

$$H_2O \text{ の分子量} = 2(\text{H の原子量}) + (\text{O の原子量})$$
$$= 2(1.008) + (16.00) = 18.02$$

同様に，前見返しの原子量表を用いると，五酸化二窒素 N_2O_5 の分子量はつぎのように得ることができる．

$$N_2O_5 \text{ の分子量} = 2(\text{N の原子量}) + 5(\text{O の原子量})$$
$$= 2(14.01) + 5(16.00) = 108.02$$

つぎの例題に示すように，原子量と分子量を用いて，化合物に含まれる元素の質量パーセントを計算することができる．

例題 2・5 硫化鉛 $PbS(s)$ における鉛と硫黄の質量パーセントを計算せよ．ただし，鉛と硫黄の原子量はそれぞれ，207.2，32.07 とする．

解答 化学式 $PbS(s)$ からわかるように，硫化鉛は，1 個の硫黄原子に対して 1 個の鉛原子からなっている．硫化鉛の分子量は，つぎのように求めることができる．

$$PbS \text{ の分子量} = (\text{Pb の原子量}) + (\text{S の原子量})$$
$$= 207.2 + 32.07 = 239.3$$

したがって，硫化鉛における鉛と硫黄の質量パーセントは，

$$Pb \text{ の質量パーセント} = \frac{\text{Pb の原子量}}{\text{PbS の分子量}} \times 100$$
$$= \frac{207.2}{239.3} \times 100$$
$$= 86.59\%$$

$$S \text{ の質量パーセント} = \frac{\text{S の原子量}}{\text{PbS の分子量}} \times 100$$
$$= \frac{32.07}{239.3} \times 100 = 13.40\%$$

この結果は，例題 2・1 で計算された結果と同じであることに注意してほしい．原子量表に示されている原子量の値は，実験から得られる質量パーセントの値と矛盾しないはずである．なお，この例題において，二つの質量パーセントの値を足し合わせてもちょうど 100% にならないのは，四捨五入の際に生じるわずかな誤差のためである．

練習問題 2・5 $BrF_5(l)$ における臭素とフッ素の質量パーセントを計算せよ．

解答 Br 45.68% および F 54.32%

ドルトンの原子説の大きな利点の一つは，原子説に基づいて，例題 2・5 で行ったような化学計算で用いることができる原子量表が考案されたことにあった．しかし，ドルトンはまだ，ある元素のすべての原子が同一の原子量をもっているわけではないことを知らなかった．このことが発見されたのは 20 世紀になってからであり，これによって原子の近代的なモデルが確立するのである．

2・9 原子の質量のほとんどはその原子核に集中している

19 世紀のほとんどの間は，ドルトンが提案したように，原子は分割できない安定な粒子と考えられていた．しかし，19 世紀の終わりごろ，新しい実験によって，原子はさらに小さい**原子構成粒子**[2]からなることが明らかにされた．

原子構成粒子に関する最初の実験の一つは，英国の物理学者 J.J. トムソン[3]によって 1897 年に行われた（図 2・15）．それより数年前に，図 2・16 に示すように，部分的に排気したガラス管に封じた金属電極間に電圧をかけると，電極間が輝き，電流が流れること（放電現象）が発見されていた．放電現象によって生じる輝くビームは，**陰極線**[4]とよばれた．陰極線が放出されても二つの金属電極の質量は変わらなかったので，当時の科学者たちは，陰極線は原子や，あるいはそれより重い粒子によって起こる現象ではないと考えた．陰極線の正体について，物理学者の間で多くの論争がなされた．トムソンは図 2・16 に示された型の装置を用いて，電場と磁場によって陰極線の方向を変える実験を行い，陰極線は実際には，負電荷をもつ同一の粒子の

---

1) molecular mass 2) subatomic particle 3) Joseph John Thomson 4) cathode ray

2・9 原子核

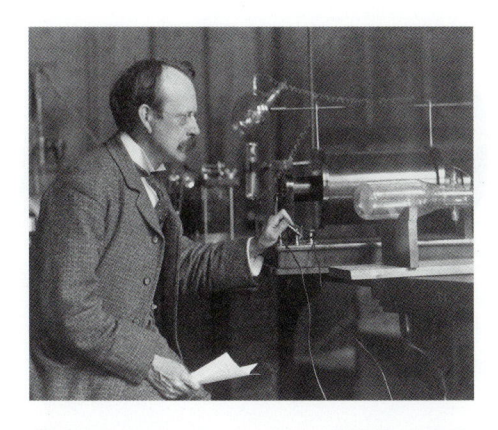

図 2・15 ジョセフ ジョン トムソン卿 Sir Joseph John Thomson(1856〜1940). 英国の科学者. 電子の発見, 質量によって原子や分子を分離する方法の開発, ネオンの同位体の発見などの業績をあげた. 1906 年にノーベル物理学賞を受賞.

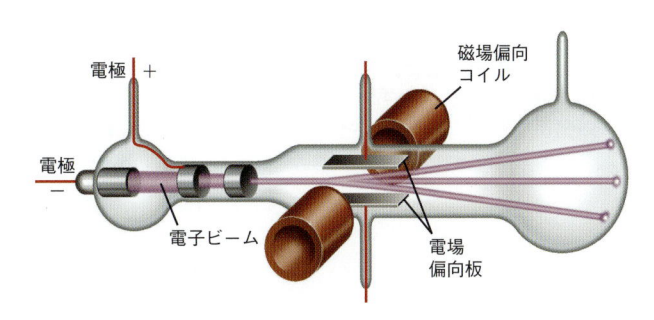

図 2・16 放電管の模式図. 部分的に排気したガラス管に封じた電極間に電圧をかけると, 放電現象が起こって電極間が輝く.

流れであることを示した. さらにトムソンは, 現在では**電子**[1]といっているその粒子が, 原子の構成成分であることを合理的に説明した. こうして, 電子は最初に発見された原子構成粒子となった.

トムソンの放電管による実験と, その後に行われた実験により, 電子は 9.109×10^{-31} kg の質量をもち, その電荷(電気量)は -1.602×10^{-19} C であることが明らかにされた. ここで単位 C は, 電荷の SI 単位である**クーロン**[2]を表す記号である. なお, 電荷はしばしば 1.602×10^{-19} C を単位として, その倍数で表すと便利なことが多い. これに従うと, 電子 1 個がもつ電荷は -1 となる. また, 電子の質量は水素原子の質量のわずか 1800 分の 1 である. このことは, 電子は原子構成粒子であるというトムソンの仮説を裏づけるものであった.

トムソンが用いた放電管は, 液晶ディスプレイや LCD 画面が登場する以前に, テレビやビデオのモニターに広く用いられていた**陰極線管**[3](ブラウン管)の先駆となるものであった (15・12 節).

さて, 原子は電気的に中性であるから, もし負電荷をもつ電子が原子に含まれるのならば, 原子には正電荷をもつ粒子も存在するはずである. 電気的に中性の原子では, 負電荷は, その全量と等しい量の正電荷によって相殺されなければならない. 問題は, 正電荷をもった粒子と電子が, 原子の中でどのように配置されているかということである.

トムソンが電子を発見したのと同じ頃に, フランスの科学者ベクレル[4]は, ある種の原子は, 高いエネルギーをもつビーム (放射線という) を放出しながら自発的に崩壊することを発見した. そのような性質を**放射能**[5]という. ベクレルはウラン U が放射能をもつ, すなわち**放射性**[6]の元素であることを示した. 彼の発見の直後に, パリで研究をしていたキュリー夫妻[7]は, ラジウム Ra やポロニウム Po といった新しい放射性元素を発見した. なお, ラジウムはラテン語の放射線に由来する名称であり, ポロニウムはマリー キュリーの母国であるポーランドにちなんでつけられた名称である. その後 1900 年代初期になって, ニュージーランド生まれの物理学者ラザフォード[8](図 2・17)が放射能の研究を開始した. 彼は, 放射性物質から放出される放射線には 3 種類あることを発見した. それらは現在では, **α粒子**[9](アルファ粒子), **β粒子**[10](ベータ粒子), お

図 2・17 アーネスト ラザフォード卿 Sir Ernest Rutherford(1871〜1937). ニュージーランド生まれの科学者. 3 種類の放射線の発見, 原子核壊変の速さを表す "半減期" の概念の提案, 原子核や陽子の発見, 原子核模型の作成など, 放射能に関する研究でさまざまな業績をあげた. 1908 年ノーベル化学賞受賞.

---

1) electron 2) coulomb 3) cathode ray tube 4) Antoine-Henri Becquerel 5) radioactivity 6) radioactive
7) Marie Curie, Pierre Curie 8) Ernest Rutherford 9) α-particle 10) β-particle

図 2・18 1911 年にラザフォードは、ガイガーとマースデンとともに、金の薄膜に α 粒子を衝突させる実験を行った。ほとんどの α 粒子は薄膜をまっすぐに通り抜けた（経路 a）。しかし、いくらかの α 粒子は、薄膜を構成する金の原子核の近くを通過したことによって進む方向が少し曲がり（経路 b）、そしてわずかな α 粒子が、原子核と衝突して後方へと跳ね返された（経路 c）。

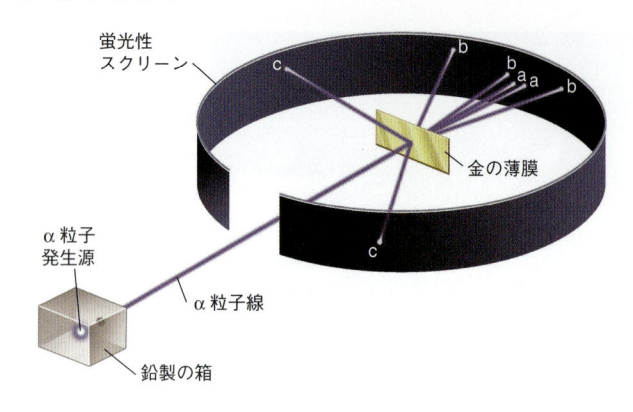

およびγ線[1]（ガンマ線）という。ラザフォードと他の人々による実験から、これらの放射線についてつぎのことが明らかにされた。α粒子は2個の電子と大きさが等しく逆の符号、すなわち正の電荷をもち、ヘリウム原子と同じ質量 (4.00 u) をもつ粒子である。β粒子は放射性原子の崩壊によって生じた単なる電子である。そしてγ線はX線に類似した電磁波である（第4章を参照せよ）。表2・8には、放射性物質から放出されるこれら3種類の放射線の性質をまとめて示した。

表 2・8 ラザフォードが発見した3種類の放射線の性質

最初の名称	現在の名称	質量[a]	電荷[b]
α 線	α 粒子	4.00	+2
β 線	β 粒子（電子）	5.49×10^{-4}	−1
γ 線	γ 線	0	0

a) 原子質量単位。
b) 陽子の電荷を +1 としたときの陽子の電荷に対する相対値。陽子の実際の電荷は 1.602×10^{-19} C である。

ラザフォードは、新たに発見されたα粒子を、原子より小さい砲弾として用いて、それを物質に照射するという実験を着想した。当時ラザフォードは、後にガイガー計数管を開発するドイツの物理学者ガイガー[2]と共同で研究していた。ラザフォードは、ガイガーの指導を受けていた20歳の学部学生マースデン[3]とともに、いまや有名となったつぎのような実験を行った。彼らは、まず一片の金をとり、それをきわめて薄い膜に成形した（金は非常に展性に富む金属である）。そして、α粒子のビームを金の薄膜へ導き、薄膜を取囲む蛍光性スクリーンにα粒子が衝突する際に生じる閃光を検出することによって、α粒子が進んだ方向を観測した（図2・18）。当時のほとんどの科学者は、原子の中の正電荷は原子全体に均一に広がっていると信じ

ていたので、ラザフォードとマースデンも、きわめて小さく、高速で運動しているα粒子は薄膜を透過するだろうと考えた。彼らの予想では、α粒子の軌道はほんのわずか、大きくとも2度ほど変化する程度のはずであった。

結果は、ほとんどのα粒子は薄膜をまっすぐに通り抜けたが、予想に反して、いくつかのα粒子の軌道は大きく変化し、まさに"跳ね返って"くるものもあった（図2・18の経路 c）。この結果はラザフォードをがく然とさせた。彼は後の講演で、つぎのように語っている。"この実験結果は、私の生涯に起こったさまざまなできごとのうちで、最も信じ難いものでした。それはまるで、一片の薄紙に向けて15インチの砲弾を撃ったら、砲弾が戻ってきて自分に当たったかのような、とても信じられないできごとでした。"

ラザフォードはこの驚くべき結果を、原子のすべての正電荷と質量の大部分は、原子の中心にある非常に小さな体積に集中していると解釈することにより説明した。彼はそれを**原子核**[4]とよび、**原子核模型**[5]と名づけた原子のモデルを提案した（図2・19）。

さまざまな方向へ反射したα粒子の数を数えることによって、ラザフォードは金の原子核の半径は、原子の半径

図 2・19 ラザフォードによる原子の原子核模型。原子核は非常に小さく、原子の中心に位置している。電子は原子核のまわりの空間に広がって存在している。第4章で学ぶように、実際には電子は、この図のように定められた軌道を描いて原子核のまわりを回っているわけではない。

---

1) γ-ray 2) Hans Geiger 3) Ernest Marsden 4) nucleus 5) nuclear model of the atom

の約 1/100 000 であることを示した．もし原子核をゴルフボールの大きさとすると，原子の半径は約 3000 m くらいになるだろう．このように，また図 2・19 が示すように，原子核は，原子の体積のきわめて小さい部分を占めるにすぎない．

原子核に存在する正電荷をもった粒子を**陽子**[1]という．この原子構成粒子は，電子の電荷と大きさが同じで，符号が逆の正電荷をもっている．陽子の質量はほとんど水素原子の質量と同じであり，電子の質量の約 1800 倍である．

原子の中の電子は，原子核のまわりの空間に広がって存在している（図 2・19）．原子の中で電子がどのように配置しているかについては，第 4 章と 5 章で詳しく解説する．

2・10 原子は陽子，中性子，および電子からなる

陽子と電子だけでは，原子の構成に関する理解はまだ完全ではない．原子核が発見された後，原子核の質量は陽子だけでは説明できないことが実験により明らかにされた．1920 年代には科学者たちは，原子核には陽子とは異なる種類の粒子が存在すると考えていたが，1932 年にそれが実験的に立証された．この粒子は陽子よりわずかに大きい質量をもち，電気的に中性であることから**中性子**[2]とよばれる．

こうして，原子の近代的な姿が完成した．原子は 3 種類の粒子，すなわち電子，陽子，および中性子から構成される．これら 3 種類の原子構成粒子の特徴を，以下に示す．

粒子の名称	電荷[a]	質量/u	位置
陽子	+1	1.007 276 47	原子核内部
中性子	0	1.008 664 92	原子核内部
電子	−1	$5.485\,7991 \times 10^{-4}$	原子核外側

a) 陽子の電荷に対する相対的な値．陽子の実際の電荷は 1.602×10^{-19} C である．

原子に含まれる陽子の数をその原子の**原子番号**[3]といい，Z で表す．**中性原子**[4]，すなわち電気的に中性な原子では，電子の数は陽子の数に等しい．元素の違いは原子番号の違いによるものであり，それぞれの元素は，その元素に特有の原子番号によって特徴づけられる．言い換えれば，どの 2 種類の元素も同一の原子番号をもつことはない．たとえば，水素の原子番号は 1（原子核に 1 個の陽子をもつ），ヘリウムの原子番号は 2（原子核に 2 個の陽子をもつ），またウランの原子番号は 92（原子核に 92 個の陽子をもつ）である．本書の前見返しにある表には，現在知られているすべての元素について，その原子番号が記載されている．また，

原子に含まれる陽子と中性子の総数をその原子の**質量数**[5]といい，A で表す．

例題 2・6　上記の表に与えられた原子構成粒子の質量のデータを用いて，水素原子における原子核の質量パーセントを求めよ．ただし，水素原子核は陽子 1 個のみからなるとする．

解答　水素原子における原子核の質量パーセントは，陽子と電子の質量の和に対する陽子の質量の比を求め，パーセントに変換するためにその値に 100 を掛けることによって得られる．

$$\frac{1.00727647}{1.00727647 + 0.00054857991} \times 100 = 99.9455679\%$$

水素原子における原子核の質量パーセントの値は，他のどの原子の値よりも小さい．

練習問題 2・6　原子核の直径が原子の直径の約 1×10^{-5} 倍であるとすると，原子核が占める体積は，原子の体積の何 % になるか．なお，球の体積 V はその半径 r から $V = (4/3)\pi r^3$ により求めることができる．

解答　原子核が占める体積の原子の体積に対する比率は，約 1×10^{-13} % となる．電子が占める体積の比率は，それよりもずっと小さい．残りの部分は何もない空間である．

2・11 自然界ではほとんどの元素は同位体の混合物として存在する

原子核は陽子と中性子からできており，それらの質量はいずれも約 1 u である．したがって，あらゆる元素において，原子量の値はほぼ整数になるはずである．実際に，酸素 (16.00) やフッ素 (19.00) など，ほぼ整数である原子量はいくつもある．しかし，他の多数の原子量は整数ではない．たとえば，塩素 ($Z=17$) の原子量は 35.45，マグネシウム ($Z=12$) の原子量は 24.31，また銅 ($Z=29$) の原子量は 63.55 である．このような違いは，多くの元素は二つ，あるいはそれ以上の同位体からなるという事実によって説明することができる．**同位体**[6]とは，陽子の数が同じであるが，中性子の数が異なる原子をいう．ある元素を特徴づけるのは陽子の数，すなわち原子番号であることを思い出してほしい．同じ元素の原子核であっても，異なる数の中性子をもつことができるのである．たとえば，最も簡単な元素である水素では，最もふつうに見られる同位体は，1 個

---

1) proton　2) neutron　3) atomic number　4) neutral atom　5) mass number　6) isotope

の陽子と1個の電子をもち，中性子をもたない．これより存在比は少ないが，水素にはほかにも同位体があり，それは陽子1個と電子1個，および1個の中性子をもつ．これら2種類の水素の同位体は，ともに同じ化学反応をする．より質量数の大きな水素の同位体は，**重水素**[1]，あるいはジュウテリウムとよばれ，しばしば特別の記号Dによって表記される．重水素からできている水を**重水**[2]といい，ふつう $D_2O(l)$ と表される．

同位体は，原子番号 Z とその質量数 A によって特定される．同位体を明示するためには，下記のように，元素記号の左側に下付き文字として原子番号を，また上付き文字として質量数を表記する

$$^A_Z X$$

質量数 ── A，原子番号 ── Z，元素記号 ── X

たとえば，ふつうの水素原子は ^1_1H と示され，重水素原子は ^2_1H，あるいはしばしば ^2_1D と表記される．中性子の数を N とすると，原子番号 Z と質量数 A との間に次式が成り立つ．

$$N = A - Z \quad (2\cdot 1)$$

ある元素の同位体はすべて，同じ数の陽子をもつので，原子番号 Z と元素記号Xは同じ情報を与えている．このため，上記の表記法において，原子番号 Z はしばしば省略される．

たとえば，放射性炭素年代測定に用いられる炭素同位体（陽子6個と中性子8個をもつ）は $^{14}_6C$，あるいは ^{14}C と表記される．または，炭素-14 と書かれることもある．

例題 2・7 次の表の空欄を埋めよ．

	元素記号	原子番号	中性子数	質量数
(a)		22		48
(b)			110	184
(c)	$^?_?Co$			60

解答 (a) 中性子数 N は質量数から原子番号を引いた数に等しい〔(2・1)式〕．すなわち，$N=48-22=26$ である．前見返しの表を参照すると，原子番号22の元素はチタンTiであることがわかる．したがって，この同位体は $^{48}_{22}Ti$ と表記される．これはチタン-48 という．
(b) 原子番号 Z は陽子数に等しい．陽子数は質量数から中性子数を引いた数に等しいから，$Z=184-110=74$ となる．原子番号74の元素はタングステンであるので，この同位体は $^{184}_{74}W$ と表記される．これはタングステン-184 という．
(c) 元素記号からこの元素はコバルトであり，原子番号27であることがわかる．問題の同位体の質量数は60で

表 2・9　天然に存在するいくつかの一般的な元素の同位体[a]

元素	同位体	同位体の質量/u	天然存在比(%)	陽子	中性子	質量数
水素	^1_1H	1.007 825 032 07	99.9885	1	0	1
（重水素）	^2_1H	2.014 101 777 8	0.0115	1	1	2
（三重水素）	^3_1H	3.016 049 277 7	痕跡量	1	2	3
ヘリウム	^3_2He	3.016 029 319 1	0.000134	2	1	3
	^4_2He	4.002 603 254 15	99.999866	2	2	4
炭素	$^{12}_6C$	12（正確に）	98.93	6	6	12
	$^{13}_6C$	13.003 354 837 8	1.07	6	7	13
	$^{14}_6C$	14.003 241 989	痕跡量	6	8	14
酸素	$^{16}_8O$	15.994 914 619 56	99.757	8	8	16
	$^{17}_8O$	16.999 131 70	0.038	8	9	17
	$^{18}_8O$	17.999 161 0	0.205	8	10	18
フッ素	$^{19}_9F$	18.998 403 22	100	9	10	19
マグネシウム	$^{24}_{12}Mg$	23.985 041 700	78.99	12	12	24
	$^{25}_{12}Mg$	24.985 836 92	10.00	12	13	25
	$^{26}_{12}Mg$	25.982 592 929	11.01	12	14	26
塩素	$^{35}_{17}Cl$	34.968 852 68	75.76	17	18	35
	$^{37}_{17}Cl$	36.965 902 59	24.24	17	20	37

a) 米国国立標準技術研究所 National Institute of Standard and Technology のウェブサイトデータより（2014年10月現在）．

1) deuterium　2) heavy water

あるから，この同位体は${}^{60}_{27}\text{Co}$と表記される．中性子数Nは$N=60-27=33$より求められる．コバルト-60は，放射線治療法においてがんの処置をするためのγ線発生源として用いられている．

練習問題 2・7 放射性同位体のリン-32は，生体内の化学反応を追跡するために，生化学や医学において広く利用されている．中性のリン-32原子における陽子，中性子，電子の数はそれぞれいくらか．

解答 それぞれ15, 17, 15である．

ドルトンの原子説における仮説の一つは，ある元素の原子はすべて同じ質量をもっていることであったが，いまや，これが一般には正しくないことが示された．同じ元素の同位体は異なる質量をもつが，ある同位体の原子はすべて同じ質量をもっている．天然に存在するいくつかの一般的な同位体とその質量を表2・9に示した．炭素-12の同位体の質量は，正確に12であることに注意してほしい．現在の原子量の尺度は，炭素-12を基準に用いている．すなわち，すべての原子量は，炭素-12の質量に対する比として与えられ，国際的な申し合わせによって，炭素-12の質量が正確に12と定義されている．

表2・9はまた，ヘリウムには2種類の同位体，ヘリウム-3とヘリウム-4があることを示している．ヘリウムの原子番号は2である．言い換えれば，ヘリウム原子核は陽子2個をもち，原子核の電荷は+2である．したがって，ヘリウム-4の原子核は+2の電荷をもち，その原子量は4.00となる．これらは表2・8に示したα粒子の値と一致しており，実際に，α粒子は単にヘリウム-4の原子核であることがわかっている．

表2・9に示されているように，多くの元素は自然界において同位体の混合物として存在する．ある元素の自然界における同位体の存在割合をパーセントで表したものを，その元素の**天然存在比**[1]という．たとえば，自然界に存在する塩素は2種類の同位体，塩素-35と塩素-37からなっており，それぞれの天然存在比は75.78％と24.22％である．これらの値は，自然界から得られる塩素の起源にほとんど依存しない．言い換えれば，岩塩から得られる塩素の同位体組成は，その岩塩がたとえばアフリカ産であっても，あるいはオーストラリア産であっても，あるいは北米産であっても，いずれも表2・9に示されたものとほとんど同じ値となる．

ある元素を構成するそれぞれの同位体の質量と存在割合は，**質量分析計**[2]という装置を用いて求めることができる．気体にした中性原子に外部から供給される電子を衝突させると，その衝撃により中性原子から電子が放出される．中性原子では，正電荷をもつ陽子の数Zと負電荷をもつ電子の数は等しい．しかし，原子や分子が，一つ，あるいは複数の電子を獲得するか，あるいは失うと電荷をもつようになる．そのような電荷をもった粒子を**イオン**[3]という．電子の衝撃によって生じたイオンは電場によって加速され，スリットを通過すると，細く，十分に絞り込まれたビームを形成する(図2・20)．さらにそのイオンビームが電場，あるいは磁場を通過すると，イオンは，それぞれの質量に比例した量に従ってその進路を変える．この結果，もとのイオンビームはいくつかのビームに分裂し，それぞ

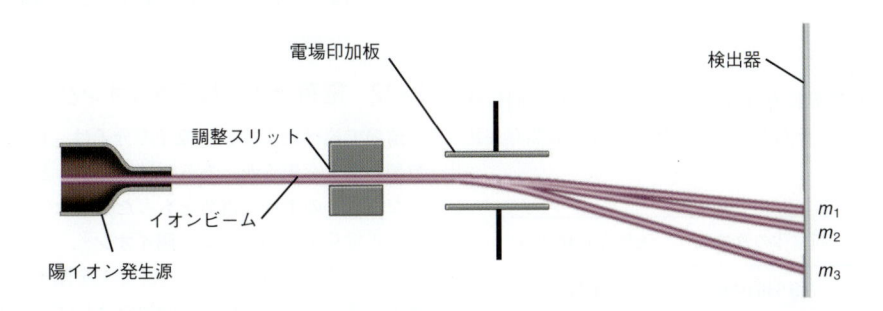

図2・20 質量分析装置の模式図．気体状の原子や分子に電子を衝突させると，その原子や分子から電子が放出され，陽イオンが生じる．これらのイオンは電場によって加速され，スリットを通過すると細いビームを形成する．ビームは電場，あるいは磁場を通過する．このときビームを形成するイオンの進路が変化するが，イオンの質量mによって変化の大きさが異なるため，ビームはいくつかのビームに分裂する．質量が異なるイオンは，写真乾板のような検出器の異なる位置に到達し，さまざまな位置における写真乾板の感光量は，それぞれ特定の質量をもつイオンの数に比例する．この図では$m_1>m_2>m_3$の関係がある．(現在用いられている質量分析計では写真乾板のかわりに電子的な検出器が用いられている．検出器はきまった角度に置かれており，電場の強さを変化させることによって，質量が異なるイオンのビームが連続的に検出器に到達するようになっている．)

---

1) natural abundance 2) mass spectrometer 3) ion

れが気体状の同位体に対応する．分裂したイオンビームの強度は実験的に決定することができ，それはそれぞれのビームに含まれるイオンの数を直接測定したものとなる．こうして，この方法を用いるとあらゆる元素について，ビームの進路の変化量からそれぞれの同位体の質量がわかり，またビームの強度からそれぞれの同位体の存在割合を決定することができる．さらに，質量分析計は同位体の混合物を，それぞれの同位体として純粋な成分に分離していることに注意してほしい．したがって，この装置は，元素をそれぞれの同位体に分離した試料を調製するためにも使用することができるのである．

　元素の原子量は，それぞれの同位体の質量にその天然存在比を掛けたものの和となる．このような操作によって得られる平均値を，**加重平均**[1]という．たとえば塩素の原子量は，表2・9に与えられた同位体の質量と天然存在比から，次式によって求めることができる．

$$^{35}_{17}\text{Cl} \quad (34.968\,852\,68)\left(\frac{75.76}{100}\right) = 26.49$$

$$^{37}_{17}\text{Cl} \quad (36.965\,902\,59)\left(\frac{24.24}{100}\right) = 8.960$$

$$\text{平均原子量} = 35.45$$

この値が本書の前見返しに与えられている塩素の原子量である．この計算には，べつべつの過程として掛け算と足し算が含まれているが，それぞれの過程における有効数字の桁数に注意してほしい．また，(75.76/100) と (24.24/100) は，それぞれの同位体の相対的な天然存在比を考慮するために必要な因子である．元素の原子量表には，このようにして求めた原子の相対的な平均質量が記載されているのである．

例題 2・8 自然界に存在するクロムは4種類の同位体の混合物である．それぞれの同位体の質量と天然存在比を下表に示す．

質量数	同位体の質量/u	天然存在比(%)
50	49.946 0442	4.345
52	51.940 5075	83.789
53	52.940 6494	9.501
54	53.938 8804	2.365

クロムの平均原子量を求めよ．

解答 平均原子量は，4種類の同位体について，質量に天然存在比を掛け，それらの総和をとったものになる．

クロム-50　$(49.946\,0442)\left(\dfrac{4.345}{100}\right) = 2.170$

クロム-52　$(51.940\,5075)\left(\dfrac{83.789}{100}\right) = 43.520$

クロム-53　$(52.940\,6494)\left(\dfrac{9.501}{100}\right) = 5.030$

クロム-54　$(53.938\,8804)\left(\dfrac{2.365}{100}\right) = 1.276$

$$\text{平均原子量} = 51.996$$

練習問題 2・8 自然界に存在するリチウムは二つの同位体，リチウム-6（質量 6.015 122 795 u）とリチウム-7（質量 7.016 004 55 u）からなっている．リチウムの原子量が 6.941 とすると，リチウム-6 とリチウム-7 の天然存在比はそれぞれ何%か．〔ヒント：自然界に存在するリチウムにおけるリチウム-6の割合を x % とすると，リチウム-7の割合は $(100-x)$ % となる．これらを用いて，例題2・8と同様に計算すればよい．例題2・8との違いは，本問ではリチウムの原子量がわかっており，2種類の同位体の天然存在比を求めることである．〕

解答 リチウム-6 が 7.5%，リチウム-7 が 92.5%．それぞれの解答における有効数字の桁数に注意すること．

　原子量の数値を高い精密さで特定することができないのは，元素の同位体の天然存在比がわずかに変動するためである．それぞれの同位体の質量は，原子量表に与えられている数値よりも，はるかに高い精密さで測定されている．

2・12 電荷をもつ粒子をイオンという

　前節で述べたように，原子や分子は，1個，あるいは複数個の電子を失うか，あるいは獲得すると電荷をもつようになる．このような電荷をもった原子や分子を**イオン**という．正電荷をもつイオンを**陽イオン**[2]，あるいは**カチオン**という．また，負電荷をもつイオンを**陰イオン**[3]，あるいは**アニオン**という．化学の学習ではしばしばイオンを扱うことになるので，ここでイオンの表記法を紹介しておこう．原子が電子を1個失うと，その原子には +1 の正味の電荷が生じる．電子を2個失った原子は，+2 の電荷をもつ．一方，原子が電子を1個獲得すると，その原子には −1 の電荷が生じる．以下同様に，失った，あるいは獲得した電子数に応じて，原子に電荷が生じる．イオンがもつ電荷を**価数**といい，価数が 1, 2, … の場合を1価，2価などという．

---

1) weighted average　2) cation　3) anion

イオンを表記する際には，イオンを構成する原子を元素記号で表し，電荷を右上付き文字として表示する．

K^+	1価のカリウムイオン
Mg^{2+}	2価のマグネシウムイオン
Cl^-	1価の塩化物イオン
S^{2-}	2価の硫化物イオン

電気的に中性のカリウム原子は19個の陽子と19個の電子をもち，中性の塩素原子は17個の陽子と17個の電子をもつ．したがって，K^+ は18個の電子 (19−1=18) をもち，Cl^- もまた18個の電子 (17+1=18) をもっている．同じ数の電子をもつ化学種は，互いに**等電子的**[1]であるという．

陽イオンを命名する際には単に，元素の名称に"イオン ion"，あるいは"陽イオン cation"という語をつければよい．一方，陰イオンは，日本語名では，語尾を"——化物イオン"とする．英語名では二元化合物を命名する際に用いた語尾を -ide に変えた名称に，"ion"，あるいは"anion"をつけて命名する．たとえば，

Ca^{2+}	カルシウムイオン, calcium ion
H^-	水素化物イオン, hydride ion

なお，イオンの名称を書く際には，そのイオンの価数が状況から明らかな場合には，"1価"，あるいは"2価"などとその価数を明示する必要はない．

例題 2・9 Mg^{2+}，および S^{2-} について，それぞれのイオンがもつ電子数を記せ．

解答 前見返しの表を参照すると，マグネシウムの原子番号は12であることがわかる．Mg^{2+} はマグネシウム原子が2個の電子を失って生じたイオンであるから，Mg^{2+} は10個の電子をもつ．硫黄の原子番号は16である．S^{2-} は中性の硫黄原子よりも2個多い電子をもつので，S^{2-} は18個の電子をもつ．

練習問題 2・9 酸化物イオン O^{2-} と等電子的な陽イオンの例をあげよ．

解答 Na^+，Mg^{2+}，Al^{3+}

例題 2・10 8個の陽子と10個の中性子，および10個の電子をもつ元素の記号を書け．

解答 $^{18}_{8}O^{2-}$．酸素-18 はしばしば気象学者によって，氷で覆われた地域の過去の気温を推定するために利用される．雪が生成する気温がより高いほど，酸素-18 の含有量は多くなり，低いとその含有量は低下する．このため，気象学者は極地に堆積した氷の層に穴を掘り，採取した氷を分析することによって，その氷ができた年の降雪量と平均気温を推定することができる．これらのデータは，地球の気候変動のような長期的な動向を解析するために用いられる．

練習問題 2・10 つぎのそれぞれの化学種について，陽子数，中性子数，および電子数を記せ．
(a) $^{28}_{14}Si^{4-}$ (b) $^{186}W^{5+}$ (c) ^{235}U (d) $^{58}_{26}Fe^{3+}$

解答 (a) ケイ素は14個の陽子 ($Z=14$) をもつ．質量数が28であることから，中性子数 N は $N=28-14=14$ 個である．また −4 の電荷をもつので，中性原子よりも4個余分に電子をもっていることがわかる．したがって，電子数は 14+4=18 個となる．
(b) 原子番号は与えられていないが，すべてのタングステン原子は74個の陽子をもっているので，陽子数は74個となる．$^{186}W^{5+}$ の中性子数は112個，電子数は69個である．
(c) 電荷が示されていないので，これは中性原子と考えてよい．陽子数は92個，中性子数は143個，電子数は92個である．
(d) 陽子数は26個，中性子数は32個，電子数は23個である．

まとめ

ラボアジェの業績が基礎となって，定比例の法則が発見され，さらにドルトンの原子説が提唱された．ドルトンの原子説を用いることにより，原子や分子の相対的な質量を決定することができ，またその値は，化学分析の結果を解釈する際に利用された．原子説によると，化学反応では，反応物分子を構成する原子の結合の解離や再配列が起こり，生成物分子となる．化学反応の過程で，原子は発生することもなければ消滅することもないので，化学反応は質量保存の法則に従う．

単一の元素から構成される物質を単体という．現在で

---

[1] isoelectronic

は約120種類の元素が知られており，そのうちの約4分の3は金属である．元素は互いに結合して，化合物を形成する．化合物を構成する粒子は互いに結合した原子の集団であり，これを分子という．元素を表す際には元素記号が用いられ，化合物は化学式によって表記される．化合物を命名するための体系的な方法を化合物命名法という．

物質は固体，液体，あるいは気体として存在する．これらの物質の状態は，物質の化学式にそれぞれ，記号(s)，(l)，あるいは(g)をつけることによって表記される．自然界においてほとんどの物質は混合物として存在する．混合物から純粋な物質を得るためには，化学では，沪過，蒸発，蒸留のような分離操作が用いられる．

原子のすべての正電荷とほとんどすべての質量は，中心にある原子核という小さな体積に集中している．原子核には陽子と中性子が存在している．陽子の数をその原子の原子番号といい，Zで表す．また，陽子と中性子の総数をその原子の質量数といい，Aで表される．

それぞれの元素は，その原子番号によって特徴づけられる．陽子数が同じであるが，中性子数が異なる原子を同位体という．自然界において，ほとんどの元素は同位体の混合物として存在し，このため原子量は，同位体の質量の加重平均となる．元素の同位体は同じ原子番号をもつので，それらは化学的に等価であり，同じように反応する．

原子や分子が電子を獲得するか，あるいは失うと，それらは電荷をもつことになる．そのような粒子をイオンという．正電荷をもつイオンを陽イオン，負電荷をもつイオンを陰イオンという．陽イオンは失った電子の数と同じ大きさの正電荷をもち，陰イオンは獲得した電子の数と同じ大きさの負電荷をもつ．2種類の化学種が同数の電子をもつとき，それらは互いに等電子的であるという．

本章では，原子と分子に関する基本的な考え方を述べた．これらの考え方は，これからの化学の学習の基盤となるものである．

周期表と元素の周期性

3

ラボアジェとドルトンによって，純粋な物質とその性質を系統的に研究する道が開かれた．原子量や原子番号，さらに定量的な測定法を新たな手段として，科学者はきわめて多様な化学物質のふるまいを詳しく調べることができた．多くの元素が共通の性質をもっていることが発見され，化学の研究は，また私たちの学習も容易なものとなった．それぞれの元素とその化合物について個々に検討するのではなく，元素をいくつかのグループに分類し，それぞれのグループの性質を調べるのである．さらに，元素を原子番号の順に並べると，元素の性質が周期的に繰返されることが見いだされた．このように元素を配列した表を周期表といい，この表は，本書を通して，また今後の学習において，元素の性質を理解するための基盤となるだろう．本章ではまず，いくつかの簡単な化学反応を例として，それを記述するための表記法である化学反応式の書き方を学ぶ．後の章で，原子や分子の性質について詳しく学ぶことにより，なぜある物質は反応して新たな化合物を与えるのに，他の物質は反応しないのかを理解することができるだろう．

3・1 化学反応
3・2 化学反応式
3・3 化学的性質による分類
3・4 周期性
3・5 族
3・6 元素の分類
3・7 周期表における不規則性

3・1 化学反応によって新しい物質が生成する

まず，金属が直接，非金属と反応するという最も簡単な反応から始めることにしよう．たとえば，ナトリウムと塩素の反応を考える．ナトリウムは非常に反応性の高い金属である．空気中の酸素や水蒸気とも自然に反応するので，ナトリウムは通常，ケロセンの中に保存される(ケロセンは安定な油状の液体であり，火花や炎がなければ反応しない)．一方，非金属の塩素は緑黄色をもつ，反応性の高い，毒性の気体であり，多くの金属と反応する．気体塩素が入った容器の中に金属ナトリウムを入れると，自発的に激しい反応が起こる．反応生成物は，白色の結晶性固体の塩化ナトリウムであり，それは通常，食卓塩とよばれている物質である．ナトリウムと塩素の反応は，つぎのように書き表すことができる．

ドミトリ イバノビッチ メンデレーエフ Dmitri Ivanovich Mendeleev (1834～1907)はシベリアのトボリスクで，初期のシベリア開拓者の家に生まれた．彼はペテルブルグの師範学校で勉学を始め，ヨーロッパのさまざまな研究室で数年間学んだのち，ペテルブルグに戻り博士号を取得した．1863年，33歳のときに，ペテルブルグ大学の化学の教授に任命された．1869年，彼は教科書"化学の原理"を出版し，その中で最初の周期表を提案した．元素の周期律の発見という偉大な業績に加えて，彼は油田の開発に加わり，ロシアにおける最初の石油精製技術の確立に尽力した．さらに，ロシア化学会の設立に携わり，またロシアのウォッカの配合基準を制定してその特許を取得した．ロシアにおけるメートル法の導入にも功績があった．

メンデレーエフはその生涯を通して，社会的な不平等を撤廃するために闘い，ロシア政府に対する痛烈な批判者であった．1890年に彼は，学生の抗議行動に加担したことから，大学を辞職させられた．彼の最終講義は，暴動を恐れる警察によって中止させられたという．

金属ナトリウム ＋ 気体塩素 ⟶ 塩化ナトリウム　　(3・1)
非常に活性な　　非常に活性な　　不活性な化合物
金属　　　　　　非金属　　　　　（ふつうの食卓塩）

(3・1)式から，化学反応によって生成する物質の化学的性質は，反応に用いた物質の化学的性質と類似性をもたないことがわかる（図3・1）．化学反応によって，まったく新しい物質が生成するのである．

図 3・1　金属ナトリウム（非常に活性な金属）と気体塩素（非常に活性な非金属）が反応すると，生成物として塩化ナトリウム（普通の食卓塩）が得られる．生成物はまったく新しい物質であり，いずれの反応物とも化学的にも，また物理的にも異なっていることに注意しよう．

反応に用いる物質と生成する物質の性質が異なるもう一つの例として，水素と酸素から水が生成する反応をあげよう．水素と酸素はいずれも無色，無臭の気体である．それらを混ぜると，火花や炎によって容易に爆発する混合物を与える．水素と酸素との反応は，次式で表すことができる．

気体水素 ＋ 気体酸素 ⟶ 水　　(3・2)
無色の気体　無色の気体　　無色の液体

水の性質は，水素，あるいは酸素の性質とは根本的に異なっている．水素の密度は空気の約15分の1であり，気体のうちで最も小さい．このため水素は，風船や気球を満たすための気体として用いられていた．しかし，1937年以降，水素はこの用途には用いられなくなった．この年，水素を満たしたドイツの飛行船ヒンデンブルグ号が，米国ニュージャージー州レイクハーストで大爆発を起こしたためである（図3・2）．現在では，飛行船や気象観測気球にはヘリウムガスが用いられている．ヘリウムは反応性に乏しい気体であり，その密度は空気の7分の1程度である．

さて，上の二つの例で示したように，化学反応に関わる物質の完全な名称を正しく書き出すことは，いかにも面倒

である．このため化学者は，化学反応で起こる化学的な変化を記述するための略記法を開発した．化学反応は反応物と生成物を，それらの化学式を用いて表した化学反応式によって記述される．ここで，**反応物**[1]とは互いに反応する物質をいい，**生成物**[2]とは反応によって生成する物質をいう．そして，反応物が生成物へと変換されることを，左から右への矢印を用いて表す．たとえば，金属ナトリウムと気体塩素との反応で塩化ナトリウムが生成する反応は，つぎのように表される．

$$Na(s) + Cl_2(g) \longrightarrow NaCl(s) \quad (3・3)$$
釣り合いがとれていない

この式の左辺にあるプラスの記号は，"～と反応する"ことを意味する．矢印は反応物と生成物を区別し，"～が生成する"ことを意味する．また矢印は，反応が進行する方向を示している．前章で述べたように，化学式の後につけられた記号(s)，あるいは(g)は，それぞれその物質が固体，あるいは気体であることを意味している．化学反応式では，単体の物質はすべて，Naのように単に元素記号だけで表される．ただし，(3・3)式に示したように，単体である塩素 Cl_2 には下付き文字2がついており，塩素の分子が2個の塩素原子からできていることを示している．第2章で述べたように，塩素は，自然界において二原子分子として存在する単体の一つであることを思い出そう．また，化学反応式を書くにあたり，ここでは，すべての反応物と生成物の化学式が与えられている．しかし，後の章では，化学的な原理を用いて生成物を予想することを学ぶ．

上の例で示したように，反応物と生成物を化学式で表し，それらを矢印でつないだ化学反応の表記法を**化学反応式**[3]（あるいは，単に反応式）という．しかし，(3・3)式ではま

図 3・2　気体水素を満たした飛行船ヒンデンブルグ号の着陸時の大爆発．

1) reactant　2) product　3) chemical equation

だ，化学反応の本質的に重要な点が表されていない．すなわち，化学反応式の左辺（反応物）と右辺（生成物）で，塩素原子の数が異なっている．同じ原子について，化学反応式の左辺と右辺に現れる原子数の数を等しくすることを，"化学反応式の釣り合いをとる"という．次節では，簡単な化学反応式の釣り合いをとるための系統的な方法を学ぶ．この方法を発展させて，後の章ではもっと複雑な化学反応式に適用することにしよう．

3・2 化学反応式は釣り合いが とれていなければならない

ドルトンの原子説により，ラボアジェが発見した質量保存の法則は，化学反応に関わるそれぞれの原子が化学反応において保存されることの直接的な結果であることが示された．化学反応では，原子が新たに配列することによって新しい物質が生成するのであり，あらゆる種類の個々の原子は，化学反応において，発生することもなければ，消滅することもない．このため，あらゆる元素の原子の数は，化学反応において変化しない．この結果，完成された化学反応式は，常に釣り合いがとれていなければならない．すなわち，化学反応式では，すべての種類の原子について，その数が両辺において同じでなくてはならない．(3・3)式では，左辺には 2 個の塩素原子があるが，右辺には塩素原子はただ 1 個しかないことに注意してほしい．そこで，(3・3)式の右辺にある NaCl(s) の前に 2 をおくことによって，塩素原子について釣り合いをとることができる．

$$\text{Na}(s) + \text{Cl}_2(g) \rightarrow 2\text{NaCl}(s)$$
釣り合いがとれていない

この式では，右辺には 2 個のナトリウム原子があるが，左辺にはナトリウム原子はただ 1 個しかない．そこで，Na(s) の前に 2 をおくと次式が得られる．

$$2\text{Na}(s) + \text{Cl}_2(g) \rightarrow 2\text{NaCl}(s) \qquad (3\cdot 4)$$
釣り合いがとれている

(3・4)式はナトリウムと塩素との反応に対する**釣り合いのとれた化学反応式**[1]である．どちらの種類の原子についても，両辺において原子数は同じになっている．

化学反応式は，反応物と生成物の化学式の前に適切な数値をおくことによって，釣り合いをとることができる．この数値を，**釣り合いをとるための係数**[2]という．反応物と生成物の化学式は決められており，これを変えることはできない．化学式の下付き文字を変えてしまうと，誤った化学式になる．たとえば，(3・3)式の釣り合いをとるために，NaCl を NaCl_2 に変えるのは誤りである．実際に，NaCl_2

のような化合物は存在しない．

化学式と化学反応式を書く際には，慣習的に下付き文字や係数の 1 は省略する．したがって，(3・4)式をつぎのように書くことは一般的ではない．

$$2\text{Na}_1(s) + 1\text{Cl}_2(g) \rightarrow 2\text{Na}_1\text{Cl}_1(s)$$
一般的ではない

もう一つの例として，(3・2)式に示した水素と酸素との反応を考えよう．水素と酸素はいずれも，二原子分子として存在することを思い出そう．まず，(3・2)式の反応物と生成物を化学式を用いて表記する．すると，

$$\text{H}_2(g) + \text{O}_2(g) \rightarrow \text{H}_2\text{O}(l)$$
釣り合いがとれていない

ここで，水の化学式の後につけた(l)は，それが液体であることを意味している．この化学反応式では，左辺には $\text{O}_2(g)$ として 2 個の酸素原子があるが，右辺では酸素原子は $\text{H}_2\text{O}(l)$ の 1 個しかない．そこで，$\text{H}_2\text{O}(l)$ の前に 2 をおくと，酸素原子について化学反応式の釣り合いをとることができる．

$$\text{H}_2(g) + \text{O}_2(g) \rightarrow 2\text{H}_2\text{O}(l)$$
釣り合いがとれていない

しかし，この化学反応式では，右辺には $2\times 2 = 4$ 個の水素原子があるが，左辺の水素原子は 2 個だけである．そこで，$\text{H}_2(g)$ の前に 2 をおくことによって，水素原子について化学反応式の釣り合いをとることができる．

$$2\text{H}_2(g) + \text{O}_2(g) \rightarrow 2\text{H}_2\text{O}(l)$$
釣り合いがとれている

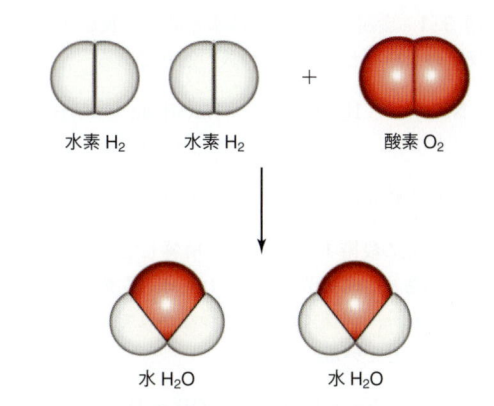

図 3・3 水素と酸素から水が生成する反応の分子模型を用いた表記．化学反応では，反応物分子の原子の再配列が起こり，生成物分子が生じる．どの種類の原子についても，その数は反応の前後で変わらない．

---

1) balanced chemical equation 2) balancing coefficient

これが水素と酸素との反応に対する釣り合いのとれた化学反応式となる(図3・3)．この釣り合いのとれた化学反応式が意味することを，ことばで表現するとつぎのようになる．"2個の水素分子が1個の酸素分子と反応して，2個の水分子が生成する"．ここでも，反応物と生成物の化学式の前に係数をおくことによって，化学反応式の釣り合いがとられている．化学式それ自身を変えてはならない．

上の二つの例で化学反応式の釣り合いをとるために用いた方法は，"原子数の検討により釣り合いをとる方法"である．この方法の要点は，化学反応式に含まれるすべての元素の原子について，その数が左辺と右辺で同じになるように化学式の係数を調整することである．具体的な方法は，つぎのように要約することができる．

1．反応物と生成物を化学式で書き，反応物を矢印の左側に，また生成物を矢印の右側におく．反応物や生成物が複数ある場合は，それぞれをプラス(+)の記号でつなぐ．
2．下付き文字を含めて，化学反応式の両辺にそれぞれ1回だけ現れる元素を探し，その元素について，両辺における原子数が同じになるように係数を定める．
3．つぎに，そのほかの元素について両辺の原子数を調べ，必要があればそれらの釣り合いをとる．
4．得られた化学反応式について，すべての元素について釣り合いがとれているかどうか，両辺の原子数を最終的に確認する．
5．反応物と生成物の状態がわかっている場合には，それぞれの化学式の後に，固体には記号(s)，液体には(l)，また気体には(g)をつける．水溶液，すなわち水を溶媒とする溶液の場合には，(aq)をつける．

例題 3・1 金属ナトリウムは水と激しく反応する．この反応の反応物と生成物はつぎの通りである．

$$Na(s) + H_2O(l) \rightarrow NaOH(aq) + H_2(g)$$
金属ナトリウム　　水　　　水酸化ナトリウム　気体水素

この反応を釣り合いのとれた化学反応式で表せ．

解答　上述の段階1〜5に従って解答してみよう．すべての反応物と生成物が，それぞれ矢印の左側と右側に化学式で書かれ，プラスの記号でつながれているので，段階1は完了している．

$$Na + H_2O \rightarrow NaOH + H_2 \quad (3・5)$$
釣り合いがとれていない

つぎに，段階2に従って，化学反応式の両辺にただ1回だけ現れる元素を探し，その元素の釣り合いをとる．(3・5)式を調べると，ナトリウム原子は，左辺にNaとして，また右辺にNaOHとして，それぞれ1回だけ現れていることがわかる．両辺ともただ1個のナトリウム原子を含むので，NaとNaOHの係数を調整する必要はない．しかし，もし後になって，これらの係数のどちらかを変える必要が生じたならば，ナトリウム原子の釣り合いを保つために，もう一方の係数も変えなければならない．同様に，酸素原子もH_2O, NaOHとして両辺にそれぞれ1回だけ現れているが，両辺とも1個の酸素原子があるだけなので，これも係数の調整をする必要がない．

つぎに段階3に従って，残りの元素，この場合には水素について係数を調整する．(3・5)式を見ると，左辺には水素原子が2個あるが，右辺には3個の水素原子があるので，係数を調整しなければならない．左辺の水素原子の数を増やす必要があるため，H_2Oの前に2をおいてみよう．すると，酸素原子の釣り合いを保つためにNaOHの前にも2をおかねばならない．

$$Na + 2H_2O \rightarrow 2NaOH + H_2$$
釣り合いがとれていない

NaOHの前に2がおかれたため，Naの釣り合いを保つためにNaの前にも2をおかねばならない．これによって次式を得る．

$$2Na + 2H_2O \rightarrow 2NaOH + H_2$$
釣り合いがとれている

段階4に従って，すべての元素について釣り合いがとれているかどうか，化学反応式の両辺にある原子数を最終的に確認する．その結果は，つぎのような表で表すことができる．

原子	左辺の数	右辺の数	確認
水素	4	4	✓ 一致
酸素	2	2	✓ 一致
ナトリウム	2	2	✓ 一致

この表から，この化学反応式ではすべての元素について，左辺と右辺に現れる原子の数が一致していることがわかる．

段階5では，反応物と生成物の状態がわかっていれば，それらを化学式につけて表す．本問では化合物の状態が最初に与えられているので，この反応に対する釣り合いのとれた化学反応式は，最終的につぎのように書くことができる．

$$2Na(s) + 2H_2O(l) \rightarrow 2NaOH(aq) + H_2(g)$$
状態の記載を含む釣り合いのとれた化学反応式

ナトリウムと水との反応によって生成する水酸化ナト

リウム NaOH は，乾燥させると白色の透き通った固体となり，紙やせっけんの製造に，また石油精製において用いられる．また，水酸化ナトリウムは，皮膚やその他の人体組織に対して強い腐食作用をもつため，しばしば苛性ソーダとよばれる．水酸化ナトリウムと水をペースト状に練ったものは，市販のオーブンレンジ洗浄剤に用いられている．

練習問題 3・1 黒リン P(s) が過剰の気体酸素 $O_2(g)$ と反応すると，酸化物 $P_4O_{10}(s)$ が生成する．この反応に対する釣り合いのとれた反応式を書け．

解答 $4P(s) + 5O_2(g) \rightarrow P_4O_{10}(s)$

少し練習すれば，原子数の検討によって化学反応式の釣り合いをとることが得意になるに違いない．

さて，ここで化学反応式は，化学反応を記述したものであることを強調しなければならない．化学反応式の書き方には，いくらかの任意性がある．たとえば，(3・4)式で示したつぎの化学反応式は，

$$2Na(s) + Cl_2(g) \rightarrow 2NaCl(s)$$

次式のように書かれることもある．

$$Na(s) + \frac{1}{2}Cl_2(g) \rightarrow NaCl(s) \quad (3・6)$$

もちろん，(3・6)式は，ナトリウム1原子と塩素分子の半分が反応して，塩化ナトリウム1単位が生成することを意味しているのではない．釣り合いをとるための係数は，さまざまな解釈をすることができる．たとえば，釣り合いをとるための係数をダース単位と解釈することもできる．この場合には，(3・6)式は，"1ダースのナトリウム原子と半ダースの塩素分子が反応して，1ダース単位の塩化ナトリウムが生成する"と読むことができる．また，第11章では，mol(モル)という便利な単位について学ぶことになる(mol については高等学校の化学で学ぶので，覚えている人もいるかもしれない)．この単位を用いると，(3・6)式は，"ナトリウム1 mol と塩素2分の1 mol が反応して，塩化ナトリウム1 mol が生成する"と解釈することができる．これらの解釈は，どちらも同等に正しい．その状況に応じて，最も都合のよい解釈をすればよいのである．釣り合いをとるための係数は，このように任意性のあるものなので単位をもたない．厳密にいえば，釣り合いをとるための係数は，化学反応式に含まれる原子や分子，あるいは他の何であっても，それらの量の<u>相対的</u>な値を示したものにすぎない．

これらの考察はいずれも，化学反応式は，化学反応を単に記述したものであることを強く示している．しばしば化学者は，(3・4)式や(3・6)式のような化学反応式それ自身を化学反応と考えることがあるが，これはいささか軽率である．化学反応はあくまでも自然界で起こる化学的な現象で

代数を用いて化学反応式の釣り合いをとる方法

化学反応式の釣り合いをとる，もうひとつの方法を紹介しよう．代数が好きな人は，この方法を気に入るかもしれない．例題3・1の反応について，釣り合いのとれていない化学反応式を考える．それはつぎのように書くことができる．

$$aNa + bH_2O \rightarrow cNaOH + dH_2$$

ここで，a から d が決定しなければならない係数である．まず，ナトリウム原子の釣り合いをとるためには，次式が成り立たなければならない．

$$a = c \quad (ナトリウム原子の釣り合いのため)$$

また，水素原子と酸素原子の釣り合いをとるために，次式が成り立つ．

$$2b = c + 2d \quad (水素原子の釣り合いのため)$$
$$b = c \quad (酸素原子の釣り合いのため)$$

ここで4個の未知数に対して，方程式は3個しかない．しかし，釣り合いをとるための係数は相対的な量なので，それらのうちのどれか一つを，好きなように決めることができる．いま，$a = 1$ としよう．すると，最初の式から $c = 1$ が，また3番目の式から $b = 1$ が得られ，さらに2番目の式からは $2 = 1 + 2d$，すなわち $d = 1/2$ が得られる．したがって，釣り合いのとれた化学反応式は次式のようになる．

$$Na(s) + H_2O(l) \rightarrow NaOH(aq) + \frac{1}{2}H_2(g)$$

両辺に2を掛けると，次式が得られる．

$$2Na(s) + 2H_2O(l) \rightarrow 2NaOH(aq) + H_2(g)$$

釣り合いをとるための係数が多い場合には方程式も多くなるが，この方法を用いれば，必ず釣り合いをとるための係数を決定することができる．本書ではこの方法を，本文で述べた方法に対する別法として紹介するにとどめておく．代数が好きな人は試みてみるとよい．

3・3 元素は化学的性質によって分類することができる

1860年代までに60以上の元素が発見された．いくつかの元素の性質を比較することにより，多くの化学者は元素の化学的性質の中に繰返しがあることに気づいた．たとえば，3種類の金属，リチウム Li(s)，ナトリウム Na(s)，およびカリウム K(s) を考えてみよう．これらの3種類の金属は，いずれも水より密度が小さく（図3・4），ナイフで切ることができるほど柔らかく（図3・5），かなり低い融点をもち（200℃以下），非常に反応性に富んでいる．実際に，これらの金属はすべて，酸素や水と自発的に反応する．さらに，ナトリウムが塩素と激しく反応するように，リチウムも，またカリウムも同様の反応をする．これらの反応はつぎの化学反応式によって表される．

$$2Li(s) + Cl_2(g) \rightarrow 2LiCl(s)$$
$$2Na(s) + Cl_2(g) \rightarrow 2NaCl(s)$$
$$2K(s) + Cl_2(g) \rightarrow 2KCl(s)$$

これらの反応による3種類の生成物は，いずれも白色の，不活性な，結晶性のイオン性固体（イオンから形成される固体）であり，水に溶けやすく，高い融点をもっている．

図3・4 アルカリ金属のリチウム，ナトリウム，カリウムは，いずれも水より密度が小さい．水の上に浮かせた油の上にリチウムが浮いている．

例題3・1では，ナトリウムと水との反応によって，水酸化ナトリウム NaOH(s) と水素が生成する反応の化学反応式を示した．リチウムとカリウムも同様の反応をする（図3・6左）．これらの反応はつぎの化学反応式によって表される．

図3・5 アルカリ金属は柔らかい．金属ナトリウムはナイフで切ることができる．

$$2Li(s) + 2H_2O(l) \rightarrow 2LiOH(aq) + H_2(g)$$
$$2K(s) + 2H_2O(l) \rightarrow 2KOH(aq) + H_2(g)$$

水酸化ナトリウムと同様に，水酸化リチウム LiOH(s) も，また水酸化カリウム KOH(s) も白色の透き通った固体であり，水によく溶け，皮膚に対して腐食作用をもつ．

リチウム，ナトリウム，およびカリウムは類似の性質をもっており，元素の一つのグループとみることができる．これらの水酸化物はアルカリ性を示すので，これらの金属は**アルカリ金属**[1]とよばれる．**アルカリ性**[2]とは，その水溶液が皮膚に対して腐食作用をもち，セッケン水のようにぬるぬるした感じを与え，酸と反応する性質をもつことをいう（10・3節を参照せよ）．アルカリという言葉は，"灰"を意味するアラビア語に由来しており，それはナトリウムとカリウムが，植物を燃やして残った灰の中から発見された事実による．

他のグループを構成する元素もまた，それぞれ類似の化

図3・6 アルカリ金属のカリウムとアルカリ土類金属のカルシウムの水との反応．(左) カリウムは水と激しく反応し，水酸化カリウムと気体水素が生成する．発生した気体水素と空気中の酸素との爆発的な反応により，炎が生じる．黄色の火花は，溶融したカリウムの一部と空気中の酸素との反応によるものである．爆発的な反応により，溶融したカリウムが反応容器から外へ吹き飛ばされている．(右) カルシウムは水とゆっくり反応し，気体水素（泡になっている）と水酸化カルシウムが生成する．

---

1) alkali metal 2) alkaline

学的性質をもっている．たとえば，マグネシウム Mg(s)，カルシウム Ca(s)，ストロンチウム Sr(s)，およびバリウム Ba(s) は，それぞれの元素の化学的性質に共通点が多い．これらの元素の化合物はしばしば，アルカリ性の土壌堆積物の中に存在することから，これらの元素はグループとして **アルカリ土類金属**[1] とよばれる．これらの金属はいずれも，酸素中で加熱すると明るい光を放出して燃え，白色の結晶性の酸化物を与える．図 3·7 にマグネシウムと酸素との反応の様子を示した．アルカリ土類金属と酸素との反応は，つぎの化学反応式で表される．

$$2Mg(s) + O_2(g) \rightarrow 2MgO(s)$$

$$2Ca(s) + O_2(g) \rightarrow 2CaO(s)$$

$$2Sr(s) + O_2(g) \rightarrow 2SrO(s)$$

$$2Ba(s) + O_2(g) \rightarrow 2BaO(s)$$

図 3·6 右のカルシウムの例のように，カルシウム，ストロンチウム，およびバリウムは冷たい水とゆっくりと反応し，金属水酸化物と水素を与える．これらの反応は，つぎの化学反応式で表される．

$$Ca(s) + 2H_2O(l) \rightarrow Ca(OH)_2(s) + H_2(g)$$

$$Sr(s) + 2H_2O(l) \rightarrow Sr(OH)_2(s) + H_2(g)$$

$$Ba(s) + 2H_2O(l) \rightarrow Ba(OH)_2(s) + H_2(g)$$

マグネシウムも高温で水と反応し，水酸化物と水素を与える．このように，これら 4 種類の金属はきわめて類似した化学的性質をもっており，リチウム，ナトリウム，およびカリウムが一つのグループを形成したのと同様に，これらの金属も元素の一つのグループとみることができる．

図 3·7 マグネシウムリボンは酸素中で速やかに燃え，白色固体の酸化マグネシウムが生成する．マグネシウムはカメラのフラッシュや照明弾，発光弾などに利用されている．

例題 3·2 マグネシウムが硫黄と反応すると，硫化マグネシウム MgS(s) が生成する．この反応をもとに，カルシウムと硫黄との反応について，釣り合いのとれた化学反応式を書け．

解答 マグネシウム Mg(s) と硫黄 S(s) との反応は，つぎの化学反応式で表される．

$$Mg(s) + S(s) \rightarrow MgS(s)$$
硫化マグネシウム

したがって，この式からの類推により，カルシウム Ca(s) と硫黄 S(s) との化学反応式はつぎのように予想される．

$$Ca(s) + S(s) \rightarrow CaS(s)$$
硫化カルシウム

これは正しい化学反応式である．

練習問題 3·2 カルシウムが塩素と反応すると，塩化カルシウム $CaCl_2(s)$ が生成する．この反応をもとに，ストロンチウムと塩素との反応の生成物を予想し，その反応を釣り合いのとれた化学反応式で表せ．

解答 $Sr(s) + Cl_2(g) \rightarrow SrCl_2(s)$

類似の化学的性質をもつ元素の他のグループとして，非金属のフッ素 $F_2(g)$，塩素 $Cl_2(g)$，臭素 $Br_2(l)$，およびヨウ素 $I_2(s)$ がある（図 3·8）．第 2 章で述べたように，これらの元素の単体は，二原子分子として存在する．これら 4 種類の単体はいずれも，非常に反応性に富んでおり，ほとんどの金属，および非金属と反応する．これらの元素はグループとして **ハロゲン**[2] とよばれる．ハロゲンという名称は，"塩をつくるもの" という意味のギリシャ語に由来している．ハロゲンはアルカリ金属と反応して **ハロゲン化物**[3] とよばれる白色の，結晶性のイオン性固体を与える．それぞれの元素に由来するハロゲン化物を，特にフッ化物，塩化物，臭化物，およびヨウ化物という．たとえば，ハロゲンとナトリウムとの反応は，つぎのような化学反応式で表される．

$$2Na(s) + F_2(g) \rightarrow 2NaF(s)$$
フッ化ナトリウム

$$2Na(s) + Cl_2(g) \rightarrow 2NaCl(s)$$
塩化ナトリウム

$$2Na(s) + Br_2(l) \rightarrow 2NaBr(s)$$
臭化ナトリウム

$$2Na(s) + I_2(s) \rightarrow 2NaI(s)$$
ヨウ化ナトリウム

---

1) alkaline-earth metal 2) halogen 3) halide

またハロゲンはアルカリ土類金属と反応して塩を生成する．生成するハロゲン化物の化学式は，M を任意のアルカリ土類金属として，一般に MF$_2$(s), MCl$_2$(s), MBr$_2$(s), MI$_2$(s) で表される．

図 3・8 左から右へ：塩素 Cl$_2$(g)，臭素 Br$_2$(l)，ヨウ素 I$_2$(s)．これらはいずれもハロゲンに属する単体である．なお，フッ素 F$_2$(g) は反応性が高すぎて，フラスコに入れておくことができない．

例題 3・3 臭素がアルミニウムと反応すると，臭化アルミニウム AlBr$_3$(s) が生成する（図 3・9）．この反応をもとに，フッ素とアルミニウムとの反応の生成物を予想し，その反応を釣り合いのとれた化学反応式で表せ．

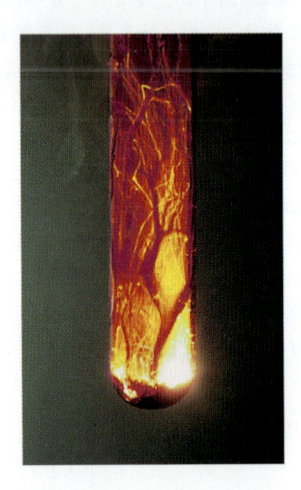

図 3・9 金属アルミニウムと臭素との反応．臭化アルミニウム AlBr$_3$(s) が生成する．

解答 フッ素はハロゲンであるから，同じハロゲンである臭素と同じようにアルミニウムと反応すると予想することができる．したがって，

$$Al(s) + F_2(g) \rightarrow AlF_3(s)$$
釣り合いがとれていない

この化学反応式の釣り合いをとることにより，次式を得ることができる．

$$2Al(s) + 3F_2(g) \rightarrow 2AlF_3(s)$$

練習問題 3・3 塩素は塩化物 CCl$_4$(l)，および NCl$_3$(l) を生成する．ヨウ素から生成する類似の化合物の化学式を予想せよ．
解答 CI$_4$(s)，および NI$_3$(s)

さて，この段階における疑問はつぎのようなものだろう．元素が，類似した化学的性質によって特徴づけられるいくつかのグループに分類される理由を，どのように説明したらよいだろうか．この疑問に答えるための研究により，元素の化学的性質の間にみられるさらに重要な関係が明らかにされたのである．

3・4 元素を原子番号の順に並べるとその性質に周期性が現れる

化学の歴史を通じて，元素の化学的性質に規則的なパターンを発見し，それによって元素を分類するために多くの努力がなされた．ドルトンが原子説を提唱した後，元素の原子量の概念とその実験的決定は，ますます重要な意味をもつようになった．19 世紀の中期には，多くの化学者が元素の原子量にみられるさまざまなパターンを発見し，それに基づいて元素の分類を試みたが，これらの分類のほとんどには重大な欠点があった．しかし，1869 年にロシアの化学者メンデレーエフ[1] が提案した元素の分類表は多くの人々に認められ，現在用いられている周期表へと発展していった．

メンデレーエフは，元素を原子量が増大する順に並べると，元素の化学的性質に周期的なパターンが現れることを示した．メンデレーエフが発見した考え方を示すために，リチウムから始めて，後続の元素を原子量が増大する順に並べてみよう．その結果を表 3・1 に示した．この表を注意深く検討すると，元素の化学的性質が，明らかに繰返しの，すなわち周期的な変化をしていることがわかる．リチウムからネオンに至る原子量の増大に伴う元素の化学的性質の変化は，ナトリウムからアルゴンに至る元素の化学的性質の変化に繰返されている．繰返しのパターン，すなわち周期性は，元素を二つの行（これを**周期**[2] という）に並べて配列すると，よりはっきりする．

---

1) Dmitri Ivanovich Mendeleev 2) period

第一の行（第一の周期）の元素：

Li	Be	B	C	N	O	F	Ne
リチウム	ベリリウム	ホウ素	炭素	窒素	酸素	フッ素	ネオン

第二の行（第二の周期）の元素：

Na	Mg	Al	Si	P	S	Cl	Ar
ナトリウム	マグネシウム	アルミニウム	ケイ素	リン	硫黄	塩素	アルゴン

ナトリウムの化学的性質はリチウムに似ているので，ナトリウムはリチウムの下に置かれ，ナトリウムから新しい行（周期）が始まる．こうして，さらに原子量の順に元素を並べていくと，Be の下に Mg が，そして F の下に Cl が位置することになる．すでに述べたように，F_2 と Cl_2 は似た化学的性質をもつので，元素の化学的性質に周期性があることは明らかである．メンデレーエフの時代には，貴ガスは知られていなかった（3・5節を参照せよ）．そこでメンデレーエフは，カリウムがナトリウムと化学的に類似の挙動を示すことから，カリウムをナトリウムやリチウムと同じグループ（列）におき，カリウムから第三の周期を始めた．そして，ひき続き原子量が増大する順に元素を並べ，すべての場合において同じグループ（列）に属する元素が類似の化学的性質をもつことを確かめたのである．

メンデレーエフの優れていた点は，原子量が増大する順に元素を並べたことにあるのではない．彼の偉大さは，原子量の順に並べることにより元素の化学的性質が周期的に変わること，すなわち元素の**周期律**[1]を発見したことにあり，さらに周期律から考えて明らかに隔たりがある部分には，まだ知られていない元素が該当するものと考えた点にあった．彼は元素の周期律に基づいて，当時は知られていなかったいくつかの元素について，その化学的性質や物理的性質の多くを予想したのである．

次ページの図 3・10 に現在用いられている元素の**周期表**[2]を示した．この周期表には，非常に多くの種類の元素が記載されており，表 3・1 に掲げたわずか 16 種類の元素からなる表よりもずっと複雑になっている．また，メンデレーエフの時代には知られていなかった元素も多く含まれている．図 3・10 に示した現代の周期表では，元素は，原子量が増大する順ではなく，原子番号が大きくなる順に並んでいる．いくつかの例外を除き，両方の順番は同じものとなる．原子番号の順に元素を並べる考え方が発展したのは，メンデレーエフが最初の周期表を提案してから約 40 年後の，1900 年代初期のことであった．

3・5 周期表の同じ列に位置する元素は類似の化学的性質をもつ

図 3・10 において，リチウム，ナトリウム，およびカリウムは周期表の最も左の列に位置していることに注目しよ

表 3・1 原子量が増大する順に並べた 16 種類の元素の化学的性質

原子量	元素名	元素記号	性　質	単体の化学式	ハロゲン化物の化学式[a]
6.9	リチウム	Li	非常に活性な金属	Li	LiX
9.0	ベリリウム	Be	活性な金属	Be	BeX_2
10.8	ホウ素	B	半金属[b]	B	BX_3
12.0	炭　素	C	固体の非金属	C	CX_4
14.0	窒　素	N	二原子気体の非金属	N_2	NX_3
16.0	酸　素	O	やや活性な二原子気体の非金属	O_2	OX_2
19.0	フッ素	F	非常に活性な二原子気体	F_2	FX
20.2	ネオン	Ne	非常に不活性な単原子気体	Ne	なし
23.0	ナトリウム	Na	非常に活性な金属	Na	NaX
24.3	マグネシウム	Mg	活性な金属	Mg	MgX_2
27.0	アルミニウム	Al	金　属	Al	AlX_3
28.1	ケイ素	Si	半金属[b]	Si	SiX_4
31.0	リ　ン	P	固体の非金属	P	PX_3
32.1	硫　黄	S	固体の非金属	S	SX_2
35.5	塩　素	Cl	非常に活性な二原子気体	Cl_2	ClX
40.0	アルゴン	Ar	非常に不活性な単原子気体	Ar	なし

a) X は F, Cl, Br, I を示す．
b) ホウ素とケイ素は金属と非金属の中間的な性質をもつことから，半金属とよばれている．

1) periodic law　2) periodic table

3. 周期表と元素の周期性

周期番号↓	1	2											13	14	15	16	17	18
1	1 H																	2 He
2	3 Li	4 Be											5 B	6 C	7 N	8 O	9 F	10 Ne
3	11 Na	12 Mg	3	4	5	6	7	8	9	10	11	12	13 Al	14 Si	15 P	16 S	17 Cl	18 Ar
4	19 K	20 Ca	21 Sc	22 Ti	23 V	24 Cr	25 Mn	26 Fe	27 Co	28 Ni	29 Cu	30 Zn	31 Ga	32 Ge	33 As	34 Se	35 Br	36 Kr
5	37 Rb	38 Sr	39 Y	40 Zr	41 Nb	42 Mo	43 Tc	44 Ru	45 Rh	46 Pd	47 Ag	48 Cd	49 In	50 Sn	51 Sb	52 Te	53 I	54 Xe
6	55 Cs	56 Ba	57 La	72 Hf	73 Ta	74 W	75 Re	76 Os	77 Ir	78 Pt	79 Au	80 Hg	81 Tl	82 Pb	83 Bi	84 Po	85 At	86 Rn
7	87 Fr	88 Ra	89 Ac	104 Rf	105 Db	106 Sg	107 Bh	108 Hs	109 Mt	110 Ds	111 Rg	112 Cn	113 Uut	114 Fl	115 Uup	116 Lv	117 Uus	118 Uuo

挿入部(ランタノイド・アクチノイド): 58 Ce, 59 Pr, 60 Nd, 61 Pm, 62 Sm, 63 Eu, 64 Gd, 65 Tb, 66 Dy, 67 Ho, 68 Er, 69 Tm, 70 Yb, 71 Lu / 90 Th, 91 Pa, 92 U, 93 Np, 94 Pu, 95 Am, 96 Cm, 97 Bk, 98 Cf, 99 Es, 100 Fm, 101 Md, 102 No, 103 Lr

図 3・10 現在用いられている元素の周期表．この周期表では，元素は，原子量ではなく原子番号の順に並んでいる．元素の化学的性質は周期性を示す．すなわち，一つの列に並んだ元素は，類似した性質をもっている．横の行(周期という)は，表の左に書かれているように1から7まで番号がつけられる．また，縦の列(族という)は，それぞれの上部に書かれているように1から18まで番号がつけられる．後述するように，表の中で黄色をつけた元素はふつう，挿入部分として別に表記される．

う．その列にあるすべての元素は，類似の化学的性質をもっている．ここではまだ，ルビジウム Rb(s) やセシウム Cs(s)，あるいはフランシウム Fr(s) について述べていないが，これらの元素がリチウム，ナトリウム，およびカリウムと同じ列にあるということから，それらは類似の化学的性質をもつことが推測できるのである．フランシウムは天然には存在しない放射性元素であるが，ルビジウムとセシウムは，密度が小さく，軟らかい非常に反応性に富む金属である(図3・11)．ルビジウムとセシウムは，ハロゲン，水，水素，酸素，さらに他の多くの物質と激しく反応する．前述したナトリウムの反応の化学反応式から類推することにより，ルビジウムとセシウムについても，それらの物質との反応の化学反応式を書くことができる．たとえば，

$$2Rb(s) + Cl_2(g) \rightarrow 2RbCl(s)$$

$$2Cs(s) + 2H_2O(l) \rightarrow 2CsOH(aq) + H_2(g)$$

ルビジウムやセシウムの他の反応もまた，リチウム，ナトリウム，およびカリウムの反応と類似している．

例題 3・4 ベリリウムと酸素との反応生成物を予想せよ．

解答 ベリリウム Be はカルシウム Ca と同様，アルカリ土類金属なので，Ca が酸素と反応して CaO(s) を与えることから，Be と酸素との反応生成物は BeO(s) であると予想することができる．その反応の釣り合いのとれた化学反応式は，つぎのように書くことができる．

$$2Be(s) + O_2(g) \rightarrow 2BeO(s)$$

練習問題 3・4 ルビジウムと水との反応に対する釣り合いのとれた化学反応式を書け．

解答 $2Rb(s) + 2H_2O(l) \rightarrow 2RbOH(aq) + H_2(g)$

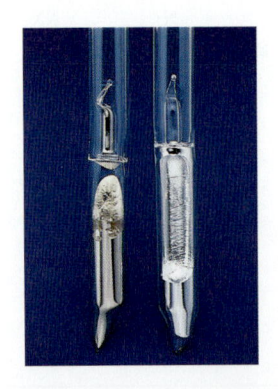

図 3・11 セシウム(金色)とルビジウム(銀色)は空気との反応を防ぐため，真空に密閉したアンプル中に保存される．

周期表の同じ列に位置する元素は，"同じ**族**[1]に属する"といわれる．周期表の最も左の列に1の番号がつけられる

---

1) group (family)

ので，その列にある元素は1族元素という．前述したように，1族元素はアルカリ金属ともいう．左から2番目の列にある元素は2族元素といい，これはアルカリ土類金属である．1族，および2族に属する元素は，いずれも反応性の高い金属であり，それぞれの族に属する他の元素と類似の化学的性質をもつ．この段階では，周期表の族番号は，元素のグループを識別するための番号にすぎない．しかし後に，族番号は，原子の電子配置に関連する重要な意味をもっていることを学ぶ．

周期表の1族，2族以外の列についても，同じ列に位置する元素は類似の化学的性質をもっている．この類似性は，1族と2族，および13族から18族の元素において特に強い．これらの族に属する元素を，**主要族元素**[1]という（図3・10では，主要族元素を赤色で示した[†]）．すでに類似の反応性をもつことを述べたハロゲンは，17族に属する元素である．周期表の最も右の列は18族であり，これに属する元素を**貴ガス**[2]という．貴ガスの最も特徴的な性質は，化学的な反応性に比較的乏しいということである（図3・12）．

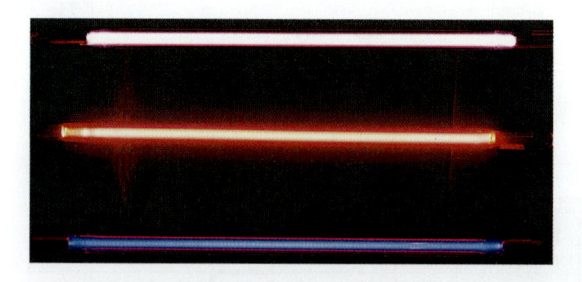

図 3・12 ガラス管に封じた貴ガスに放電を行うと，特徴的な色をもつ光が放出される．写真のガラス管にはヘリウム（上），ネオン（中央），アルゴン（下）が封じてある．

1962年より前には，貴ガスの化合物はまったく知られていなかったので，それらは**不活性ガス**[3]ともよばれていた．しかし1962年に，キセノンが，最も反応性の高い非金属であるフッ素，および酸素と化合物を形成することが発見された．その後，クリプトンがフッ化物を形成することも報告されたが，ヘリウム，ネオン，およびアルゴンの安定な化合物は，依然として知られていない．貴ガスは，周期表の中で最も反応性に乏しい元素のグループである．

ある族に属する元素は互いに類似した化学的性質をもっているので，その族の元素が形成する単純な化合物の化学式は，互いに類似している場合が多い．この関係を示す例として，表3・2に，主要族元素と水素から形成される二元化合物の化学式を示した．

> **例題 3・5** リンは非金属であり，白リン，赤リン，および黒リンの形態で存在する．白リンは$P_4(s)$の化学式をもち，酸素の存在下では自発的に炎を上げて燃え，酸化物$P_4O_6(s)$を与える．周期表を参照して，黄色ヒ素$As_4(s)$と酸素との反応生成物を予想せよ．
>
> **解答** 周期表を見ると，ヒ素はリンと同じく，15族元素であることがわかる．そこで，リンの反応との類推により，ヒ素$As_4(s)$が酸素と反応すると$As_4O_6(s)$が生成することが予想できる．その反応の釣り合いのとれた化学反応式は，次式で表すことができる．
>
> $$As_4(s) + 3O_2(g) \longrightarrow As_4O_6(s)$$
>
> ヒ素化合物は毒性をもつことがよく知られている．たとえば，平均的な成人に対する$As_4O_6(s)$の致死量は，約0.1 gである．しかし，非常に少量のヒ素化合物は人体にとって効用があり，必須であるとさえいわれている．私たちの体内には通常，約10から20 mgのヒ素が存在しているが，ほとんどは食物とともに取込まれ，排出されている．
>
> **練習問題 3・5** 第3周期の1族，2族，および13族から16族に属する元素の塩化物の化学式を予想せよ．
>
> **解答** $NaCl$, $MgCl_2$, $AlCl_3$, $SiCl_4$, PCl_3, SCl_2

すでに述べたように，メンデレーエフは，周期性から考えて明らかに隔たりがある部分には，まだ発見されていな

表 3・2 主要族元素と水素から形成される二元化合物の化学式

LiH	BeH$_2$	BH$_3$	CH$_4$	NH$_3$	H$_2$O	HF
NaH	MgH$_2$	AlH$_3$	SiH$_4$	PH$_3$	H$_2$S	HCl
KH	CaH$_2$	GaH$_3$	GeH$_4$	AsH$_3$	H$_2$Se	HBr
RbH	SrH$_2$	InH$_3$	SnH$_4$	SbH$_3$	H$_2$Te	HI
CsH	BaH$_2$	TlH$_3$	PbH$_4$	BiH$_3$		

[†] 訳注: 後述するように，水素はイオン化の点では1族元素，17族元素と類似しているが，その化学的性質は著しく異なっている．このため，水素は主要族元素には含めない．

1) main-group element 2) noble gas 3) inert gas

い元素が該当するものと予想した．たとえば，1869年の時点で知られていた元素のうち，亜鉛のつぎに原子量が大きい元素はヒ素であった．ヒ素の化学的性質はリンと類似していたため，メンデレーエフは周期性の考え方に基づいて，ヒ素を13族，あるいは14族ではなく，リンと同じ15族元素とした．そして彼は大胆にも，亜鉛とヒ素との間の隔たりを埋めるために，まだ発見されていない2種類の元素が存在することを提案したのである．さらにメンデレーエフは，これらの元素の多くの性質を，それらが発見される以前に正しく予言することができた．表3・3には，メンデレーエフが1869年に予言した31番元素の性質と，1875年になって発見されたガリウムの実際の性質を比較して示した．なお，ガリウムの融点は金属の中でも異常に低く(30℃)，ガリウムを手のひらにのせると融解する(図3・13)．

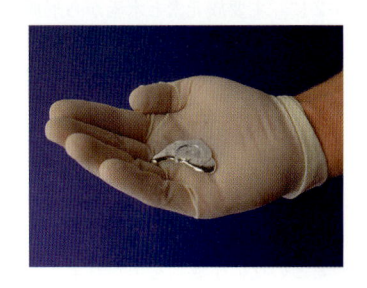

図 3・13　金属ガリウムの融点は 30 ℃ なので，ガリウムを手のひらにのせると融解する(人間の体温は約 37 ℃ である)．

周期表は化学において，最も有用なものである．世界中のほとんどの化学の講義室や研究室の壁には，周期表が貼られていることだろう．しかし，君たちの教室や研究室にある周期表は，図 3・10 に示したものとは少し違うかもしれない．図 3・14 には，より一般的に用いられている周期表を示した．図 3・10 と図 3・14 のおもな違いは，ひとまと

1																	18
1 H 1.008	2											13	14	15	16	17	2 He 4.003
3 Li 6.941	4 Be 9.012											5 B 10.81	6 C 12.01	7 N 14.01	8 O 16.00	9 F 19.00	10 Ne 20.18
11 Na 22.99	12 Mg 24.31	3	4	5	6	7	8	9	10	11	12	13 Al 26.98	14 Si 28.09	15 P 30.97	16 S 32.07	17 Cl 35.45	18 Ar 39.95
19 K 39.10	20 Ca 40.08	21 Sc 44.96	22 Ti 47.87	23 V 50.94	24 Cr 52.00	25 Mn 54.94	26 Fe 55.85	27 Co 58.93	28 Ni 58.69	29 Cu 63.55	30 Zn 65.38	31 Ga 69.72	32 Ge 72.63	33 As 74.92	34 Se 78.96	35 Br 79.90	36 Kr 83.80
37 Rb 85.47	38 Sr 87.62	39 Y 88.91	40 Zr 91.22	41 Nb 92.91	42 Mo 95.96	43 Tc (99)	44 Ru 101.1	45 Rh 102.9	46 Pd 106.4	47 Ag 107.9	48 Cd 112.4	49 In 114.8	50 Sn 118.7	51 Sb 121.8	52 Te 127.6	53 I 126.9	54 Xe 131.3
55 Cs 132.9	56 Ba 137.3	57〜71	72 Hf 178.5	73 Ta 180.9	74 W 183.8	75 Re 186.2	76 Os 190.2	77 Ir 192.2	78 Pt 195.1	79 Au 197.0	80 Hg 200.6	81 Tl 204.4	82 Pb 207.2	83 Bi 209.0	84 Po (210)	85 At (210)	86 Rn (222)
87 Fr (223)	88 Ra (226)	89〜103	104 Rf (267)	105 Db (268)	106 Sg (271)	107 Bh (272)	108 Hs (277)	109 Mt (276)	110 Ds (281)	111 Rg (280)	112 Cn (285)	113 Uut (289)	114 Fl (289)	115 Uup	116 Lv (293)	117 Uus	118 Uuo

ランタノイド

57 La 138.9	58 Ce 140.1	59 Pr 140.9	60 Nd 144.2	61 Pm (145)	62 Sm 150.4	63 Eu 152.0	64 Gd 157.3	65 Tb 158.9	66 Dy 162.5	67 Ho 164.9	68 Er 167.3	69 Tm 168.9	70 Yb 173.1	71 Lu 175.0

アクチノイド

89 Ac (227)	90 Th 232.0	91 Pa 231.0	92 U 238.0	93 Np (237)	94 Pu (239)	95 Am (243)	96 Cm (247)	97 Bk (247)	98 Cf (252)	99 Es (252)	100 Fm (257)	101 Md (258)	102 No (259)	103 Lr (262)

図 3・14　短縮された周期表．この形式の周期表は，現在国際純正・応用化学連合(IUPAC)によって推奨されており，以下の二つの理由によって，ランタノイド(原子番号 57 から 71 の元素)とアクチノイド(原子番号 89 から 103 の元素)が表の下に置かれている．第一に，これによってより簡潔にまとまった表となる．さらに重要なもう一つの理由は，これら二つの系列に属する元素の性質が，それぞれの系列で互いにきわめて似ていることである．それぞれの元素記号の下にかかれた数字は，その元素の原子量を表している．( )をつけた原子量は，その元素のすべての同位体が放射性であることを示している．書かれている原子量は，最も寿命の長い同位体に対する値である．これらは，IUPAC で承認された原子量をもとに日本化学会原子量専門委員会が作成した表(2014)による．なお，Ce(58 番元素)から Lu(71 番元素)，および Th(90 番元素)から Lr(103 番元素)が表の下に置かれた形式の周期表もある．ジェンセンによる論文〔W. B. Jensen, *Journal of Chemical Education* **59**, 634 (1982).〕を参照せよ．

表 3・3 31番元素ガリウムの性質に対するメンデレーエフの予想と実験値との比較

性 質	予 想	実験値
原子量	69	69.7
密度/g cm^{-3}	6.0	5.9
融点	低い	30 ℃
沸点	高い	2400 ℃
酸化物の化学式	M$_2$O$_3$	Ga$_2$O$_3$

めにして**ランタノイド**[1]とよばれる原子番号57から71の元素，および**アクチノイド**[2]とよばれる原子番号89から103の元素の取扱いである．図3・14ではこれらの元素は，原子番号の順序による配列から除かれて，表の下に置かれている．これによって周期表は，より簡潔にまとまった表となる．なお，ランタン La とアクチニウム Ac は表の中に書かれ，原子番号58から71の元素(セリウムからルテチウム)と，原子番号90から103の元素(トリウムからローレンシウム)が表の下に置かれる場合もある．

周期表には現在知られている元素がすべて記載されており，それらの間にある周期的な関係が示されている．すでに述べたように，元素が周期表の同じ列に位置することを"同じ族に属する"といい，周期表の水平の並び(行)を周期という．周期表を理解し応用することは，基礎的な化学の学習の進展におおいに役立つことだろう．

3・6 元素は主要族元素，遷移金属，内部遷移金属に分類される

図3・15が示すように，周期表において，金属と非金属はべつべつの領域に位置している．非金属の領域は周期表の右側にあり，金属の領域とは階段状の線によって隔てられている．予想されるように，金属と非金属の境界領域にある元素(図3・15では緑色で示してある)は，金属と非金属の中間的な性質をもっている．このような元素を**半金属**[3]，あるいは**メタロイド**[4]といい，もろく，いくぶん光沢をもつ固体である(図3・16)．半金属は，金属ほど良好な電気伝導性や熱伝導性を示さないが，非金属よりは電気や熱を伝えやすい．一般に，金属のような電気伝導体と絶縁体の中間の電気伝導性を示す物質を，**半導体**[5]という．半金属であるケイ素やゲルマニウムは，半導体としての性質を示し，半導体素子やトランジスター，および集積回路の製造に広く用いられている．

図3・16 半金属(メタロイド)は，もろい固体である．2種類の半金属，ホウ素(上)とケイ素(下)を示した．

次ページの表3・4には，金属，半金属，および非金属の性質を比較して示した．元素の金属的性質は，たとえば非金属との反応性にみられるが，周期表の同じ族では上から下にいくにつれて，また周期表の同じ周期では右から左へいくにつれて増大する(図3・17)．このため，フランシウムは最も金属的な元素であり，フッ素は最も非金属的な元素となる．周期表の同じ周期にある元素を左から右へとみていくと，元素は金属から，半金属，そして非金属へと変化する．しかし，その変化は鋭いものではない．むしろ主要族元素の性質は，1族元素の明確な金属的性質から，17族元素の明確な非金属的性質へと，ゆるやかに変化する．

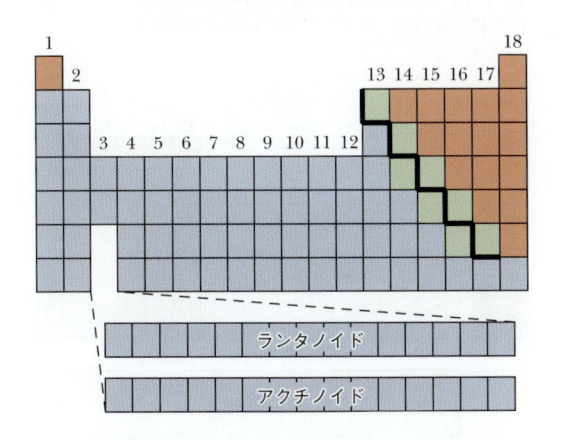

図3・15 周期表における金属(淡青色)と非金属(赤色)の位置．非金属は周期表の右端付近に存在し，金属は左側の領域に現れる．階段状になっている金属と非金属の境界領域(緑色)にある元素を半金属，あるいはメタロイドという．

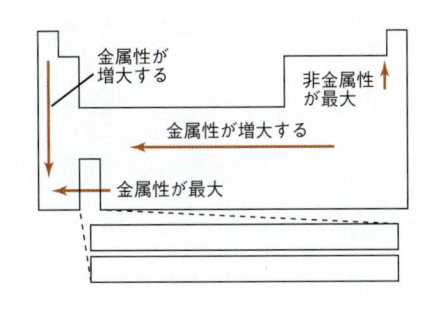

図3・17 周期表における元素の金属的性質の傾向．

---

1) lanthanoid　2) actinoid　3) semimetal　4) metalloid　5) semiconductor

図 3・18　第一遷移系列の金属．上段(左から右へ)：Sc, Ti, V, Cr, Mn．下段：Fe, Co, Ni, Cu, Zn．

それぞれの周期における3族から12族までの10種類の元素を**遷移金属**[1]という[†]．"遷移"という名称は，それらの元素が，周期表において主要族元素の性質が金属的から非金属的へと"移行する"領域をつないでいることに由来している．主要族元素とは異なり，同じ周期の遷移金属は類似の化学的性質をもっている．遷移金属には，私たちにとって身近なものが多い(図3・18)．鉄，ニッケル，クロム，銅，タングステン，チタンなどは，おもに合金として建築材料などに広く用いられており，また世界中のさまざまな技術に中心的な役割を果たしている．金や白金，あるいは銀などの高価な金属は，貨幣や宝飾に，また高性能の電気回路に使用されている．遷移金属の存在量は，それぞれの金属で非常に違っている．鉄やチタンはかなり豊富に存在するが，レニウム Re やハフニウム Hf は希少な金属である．

遷移金属の性質は族ごとに異なってはいるが，それらはすべて，密度が大きく，高い融点をもつという特徴がある．最も密度の大きな金属は，遷移金属のイリジウム Ir(s) ($22.65\,g\,cm^{-3}$)，およびオスミウム Os(s) ($22.61\,g\,cm^{-3}$) である．また，最も融点が高い金属も，遷移金属のタングステン W (3410 ℃) である．さらに，1族や2族の金属の化合物とは異なり，遷移金属の化合物の多くは着色している．

図 3・14 に示すように，ランタン ($Z=57$) から始まるランタノイド，およびアクチニウム ($Z=89$) から始まるアクチノイドに属する元素を，ともに**内部遷移金属**[2]という．これら二つの系列のそれぞれに属する元素は，互いにきわ

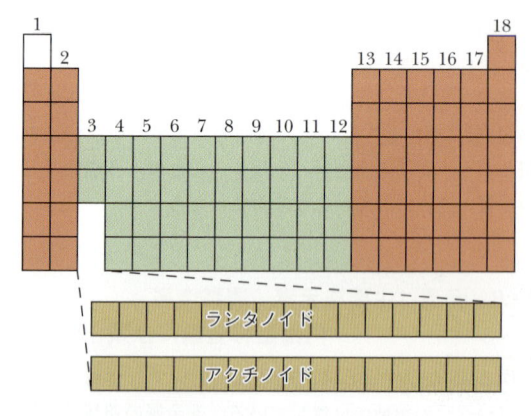

図 3・19　主要族元素(赤色)，遷移金属(緑色)，および内部遷移金属(黄色)を示した通常の形式の周期表．

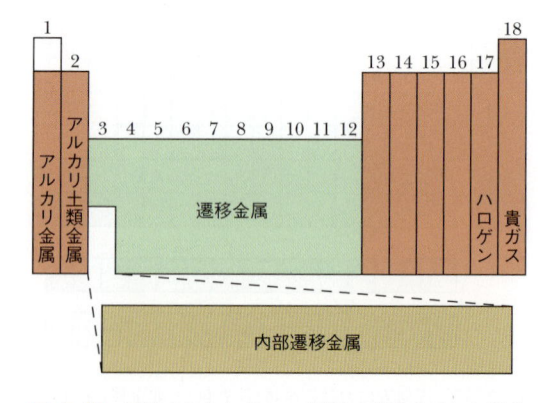

図 3・20　元素のおもなグループ(族)の名称を示した模式的な周期表．

表 3・4　金属，半金属，非金属の物理的性質の比較

金　属	半金属	非金属
電気伝導性や熱伝導性が高い	中間的な電気伝導性や熱伝導性をもつ	絶縁体である[a]
電気抵抗は温度とともに増大する	電気抵抗は温度とともに低下する	電気抵抗は温度にほとんど依存しない
展性と延性をもつ	もろい	展性と延性をもたない
酸化物，ハロゲン化物，水素化物は揮発性がなく，融点が高い	ハロゲン化物，水素化物は揮発性であり，融点が低い	酸化物，ハロゲン化物，水素化物は揮発性であり，融点が低い

a) 訳注：黒鉛(グラファイト，炭素)は高い電気伝導性を示す．

[†] 訳注：12族元素は遷移金属に特徴的な性質を示さないので，主要族元素に分類する場合もある．
1) transition metal　2) inner transition metal

めて類似した化学的性質をもっている．ランタノイドは，かつては非常に少量しか存在しないと考えられていたため**希土類元素**[1]ともよばれる†．アクチノイドはすべて放射性元素であり，それらのほとんどは天然には存在せず，原子核反応によって合成されたものである．図3・19には，主要族元素，遷移金属，および内部遷移金属のそれぞれについて，周期表における位置を示した．また，図3・20には，おもな族の名称を記した模式的な周期表を示した．

例題 3・6 周期表を参照して，つぎの元素のそれぞれを，主要族元素，遷移金属，あるいは内部遷移金属のいずれかに分類せよ．

Sb　Sg　Sc　Se　Th

また，その元素が主要族元素であれば，その元素の族番号と，それが金属，非金属，半金属のいずれに属するかを述べよ．

解答

元素記号	名 称	分 類
Sb	アンチモン	15族，主要族元素（半金属）
Sg	シーボーギウム	6族，遷移金属
Sc	スカンジウム	3族，遷移金属
Se	セレン	16族，主要族元素（非金属）
Th	トリウム	アクチノイド，内部遷移金属

練習問題 3・6 つぎの元素のそれぞれを，主要族元素，遷移金属，あるいは内部遷移金属のいずれかに分類せよ．また，その元素が主要族元素であれば，その元素の族番号と，それが金属，非金属，半金属のいずれに属するかを述べよ．

Fr　Am　Ge　Kr　Pb

解答 フランシウム Fr は1族で主要族元素（金属），アメリシウム Am はアクチノイドで内部遷移金属，ゲルマニウム Ge は14族で主要族元素（半金属），クリプトン Kr は18族で主要族元素（非金属，貴ガス），鉛 Pb は14族で主要族元素（金属）．

3・7 元素の周期性にはいくらかの不規則性がある

周期表は化学の学習や研究において，最も重要な指針となるものである．しかし，多数の元素がもつきわめて多様な化学的性質が，すべてその一枚の表に要約され，また凝縮されていると考えるのは，あまりに楽観的であろう．まず，水素は，どの族にもうまく適合しないという点で，異常な元素である．水素はふつう，アルカリ金属とともに1族におかれるが，ハロゲンとともに17族に含められる場合もある．水素が1族と17族の両方におかれている周期表もあり，また水素だけ他の元素から離れて書かれているものもある．水素は，1族元素とは違って金属ではないが，1族元素がつくる化合物と似た化学式をもつ多くの化合物を形成する．たとえば，

HCl(g) 塩化水素　と　NaCl(s) 塩化ナトリウム
H_2S(g) 硫化水素　と　Na_2S(s) 硫化ナトリウム

しかし，塩化ナトリウムと硫化ナトリウムは白色の結晶性固体であるが，塩化水素と硫化水素は，刺激性の強い有毒な気体である．

一方で，水素はハロゲンのような二原子分子として存在し，ハロゲン化合物と似た化学式をもつ多くの化合物を形成する．

NaH(s) 水素化ナトリウム　と　NaCl(s) 塩化ナトリウム
NH_3(g) アンモニア　と　NCl_3(l) 三塩化窒素

しかし，この類似性は表面的なものである．化学式は似ているかもしれないが，それぞれの化合物の化学的，および物理的性質は非常に異なっている．たとえば，NaH(s) は水と激しく反応し，気体水素と水酸化ナトリウムを生成するが，NaCl(s) に水を加えても，単に溶解するだけである．

さらに，最も重要と思われることは，それぞれの族の最初に位置する元素の性質が，その族の他の元素の性質とはかなり異なることである．このことは，他の族と比べて類似性の高い1族元素においても見ることができ，リチウム

図 3・21　アンチモン Sb(s) の粉末を気体塩素に入れると，激しい反応が起こり，$SbCl_3$(s) が生成する．

---

† 訳注: 希土類元素にはスカンジウム Sc とイットリウム Y も含まれる．
[1] rare-earth element

の性質は，他の1族元素とは多くの点で異なっている．たとえば，ナトリウム，カリウム，ルビジウム，およびセシウムのほとんどの塩は水によく溶けるが，多くのリチウム塩の水に対する溶解性は乏しい．また，リチウムは窒素と室温で直接反応するが，他の1族金属は，窒素とは500℃以上の温度でないと反応しない．他の族においても，ベリリウムの化学的性質は，マグネシウムとはかなり異なっている．また，ホウ素は半金属であり，金属のアルミニウムとはまったく性質が違う．15族元素のリン，ヒ素，アンチモン，およびビスマスは，つぎの化学反応式に示すように，塩素と直接反応するが（図3·21），窒素は反応しない．

$$2P(s) + 3Cl_2(g) \rightarrow 2PCl_3(l)$$
$$2As(s) + 3Cl_2(g) \rightarrow 2AsCl_3(l)$$
$$2Sb(s) + 3Cl_2(g) \rightarrow 2SbCl_3(s)$$
$$2Bi(s) + 3Cl_2(g) \rightarrow 2BiCl_3(s)$$

しかし，それぞれの族の最初に位置する元素の特異性が最も顕著に見られるのは，14族元素であろう．炭素の化学的性質は他の14族元素とはまったく異なっており，炭素の化学は"有機化学"とよばれる化学の一つの大きな分野を形成するほど，多様性に富んでいる．互いに結合した炭素原子が骨格となり，何千という原子を含むおびただしい数の，またきわめて複雑な構造をもつ分子が形成される．化学では，炭素原子を含む化合物を**有機化合物**[1)]という．他の14族元素の化学は，炭素ほど多様ではない．

驚くべきこととして，ある族に属する第2周期の元素と，そのつぎの族に属する第3周期の元素との間に，化学的性質における類似性がみられる．たとえば，リチウムとマグネシウム，ベリリウムとアルミニウム，およびホウ素とケイ素は，それぞれ多くの類似性をもっている．これらの元素の周期表における相対的な位置関係から，これらの元素の間にみられる類似性を**対角線関係**[2)]という（図3·22）．第5章で学ぶように，対角線関係がみられる理由のひとつは，対角線関係にある元素のイオンの大きさが類似していることにある．たとえば，Li^+ と Mg^{2+}，および Be^{2+} と Al^{3+} は，それぞれ類似した大きさをもっている．

1 H							2 He
3 Li	4 Be	5 B	6 C	7 N	8 O	9 F	10 Ne
11 Na	12 Mg	13 Al	14 Si	15 P	16 S	17 Cl	18 Ar

図 3·22 周期表における元素の対角線関係．この図には遷移金属が書かれていないことに注意せよ．矢印は，異なる族に属するが，類似した化学的性質をもつ元素の対を示す．

メンデレーエフによる周期表の作成は，純粋に元素の化学的なふるまいに基づくものであったが，彼が発見した元素の周期律は，実は，原子の電子構造における基本的な繰返しに由来するものであった．つぎの二つの章で，それについて学ぶことにしよう．

まとめ

化学反応は，化学式を用いた釣り合いのとれた化学反応式により表記される．化学反応では，原子の再配列によって新しい物質が生成するが，どの種類の原子についても，釣り合いのとれた化学反応式の両辺における原子数は同じになる．これは質量保存の法則と矛盾しない．

元素を原子番号が増大する順に並べると，元素の化学的性質に繰返しの，すなわち周期的な傾向が観測される．

周期表はこのような元素の化学的性質の周期性を要約したものであり，現在までに知られているすべての元素が記載されている．元素は，主要族元素，遷移金属，および内部遷移金属に分類される．ほとんどの元素は金属であり，それらは周期表の左側に並んでいる．一方，周期表の右側には非金属が並び，金属と非金属の境界領域には半金属が位置している．

---

1) organic compound 2) diagonal relationship

前期量子論

4

ある原子は結合して分子を形成するが，別の原子はそうしないのはなぜだろうか．元素の化学的，あるいは物理的性質がさまざまに異なるのはなぜだろうか．また，前章でみたように，これらの性質に周期性が現れることをどのように説明したらよいだろうか．化学に関するこれらの，また他の基本的な疑問に答えるためには，原子において原子核のまわりに電子がどのように配置されているかを学ばなければならない．第2章で学んだように，原子では，原子のすべての正電荷とほとんどすべての質量を担う，小さいが頑丈な原子核が中心に位置し，そのまわりに負電荷をもつ電子が広がって分布していることを思い出してほしい．電子の分布は，量子論という学問体系によって記述される．

本書で述べるように，量子論は，およそ1900年から1930年にかけて，二つの段階を経てゆっくりと発展した．1900年から1925年までに起こった最初の発展は，当時の理論体系では説明できなかった数多くの実験がきっかけになったものであった．これらの実験結果を説明する過程で，それ以前に存在したものとはまったく異なる，物質と光のふるまいに関する理論が誕生したのである．本章では，これらの実験のうちのいくつかを述べ，それらを説明する．ここでは，粒子は波のようにふるまうことができ，また波は粒子のようにふるまうことができること，そして原子に含まれる電子のエネルギーは，その原子に特有の，ある不連続な値しかとることができないことを述べる．さらに，この考え方を用いて，原子が関わるスペクトルの解釈を試みる．1925年以降の量子論の発展については，次章で説明しよう．量子論は現在においても，原子や分子の構造を理解するために広く用いられている．

4·1 第一イオン化エネルギー
4·2 イオン化エネルギーと周期性
4·3 電磁スペクトル
4·4 原子の輝線スペクトル
4·5 光子
4·6 ドブローイ波長
4·7 波動-粒子の二元性
4·8 量子化
4·9 電子遷移

ニールス ボーア Niels Bohr (1885~1962, 左) はデンマークの物理学者．J. J. トムソンやラザフォードのもとで研究を行い，水素原子とその原子スペクトルに関する理論を考案した．1920年，彼はコペンハーゲン大学の理論物理学研究所の所長に任命された．この研究所は，量子論が発展した1920年代から30年代にかけて理論物理学の国際的な中心地となった．1943年，ボーアは米国に渡り，ロスアラモスにおけるマンハッタン計画(連合国の原子爆弾開発計画)に加わった．第二次大戦後，彼は原子力の平和利用のために精力的に活動し，1955年には，第1回の原子力平和利用国際会議を組織した．ボーアは"原子構造とその放射に関する研究"の業績により，1922年にノーベル物理学賞を受賞している．

"量子論の父"マックス プランク Max Planck (1858~1948, 右) は，ドイツ(当時はプロシア)の物理学者．彼は1879年に，熱力学の第二法則に関する論文で理論物理学の博士号を取得した．1888年には，彼のために設立されたベルリン大学の理論物理学研究所の所長に任命された．プランクは1930年にカイザー・ウィルヘルム科学振興協会の総裁に就任したが，1937年，ナチス政権によって辞職させられた．後に，カイザー・ウィルヘルム科学振興協会はプランクを記念してマックスプランク研究所と改名され，現在に至っている．プランクは"エネルギー量子の発見による物理学の進展への貢献"により，1918年にノーベル物理学賞を受賞している．

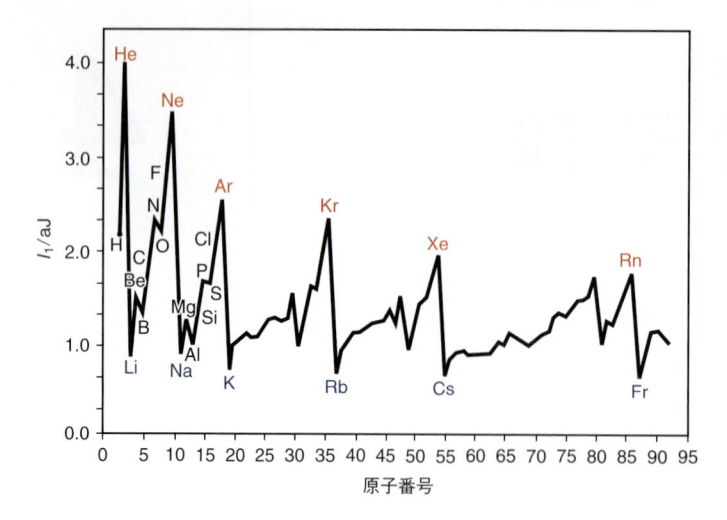

図 4・1 第一イオン化エネルギー I_1 の原子番号に対するプロット．I_1 は元素の周期的性質であることがわかる．貴ガスの元素記号は赤色で，またアルカリ金属の元素記号は青色で示してある．

4・1 第一イオン化エネルギーは元素の周期的性質のひとつである

周期表から，原子の**電子構造**[1]，あるいは**電子配置**[2]について多くの知見を得ることができる．たとえば，第3章で学んだように，一般に周期表の同じ族に属する元素は，類似の化学的性質をもっている．このことは，これらの元素の原子では，原子核から最も遠い，そしてそのために最も化学的に重要な電子が，類似の配置をもっていることを示唆しているのである．

原子核のまわりにある電子の配置に関する情報は，原子やイオンのイオン化エネルギーから直接的に得ることができる．ここで原子やイオンの**イオン化エネルギー**[3]とは，気体状の原子やイオンから，電子1個を完全に除去するために必要な最小のエネルギーと定義される．このエネルギーは実験的に決定することができる．特に，電気的に中性の気体状原子から電子1個を除去するために必要な最小のエネルギーを**第一イオン化エネルギー**[4]といい，I_1 で表す．中性原子をAで表すと，次式のように，この過程によって正電荷をもつ気体状イオン A^+ と電子 e^- が生じる．

第一イオン化エネルギー I_1
$$A(g) \longrightarrow A^+(g) + e^-(g)$$

さらに，**第二イオン化エネルギー**[5]は I_2 で表され，気体状イオン A^+ から電子1個を除去して，気体状イオン A^{2+} を生成するために必要な最小のエネルギーである．

第二イオン化エネルギー I_2
$$A^+(g) \longrightarrow A^{2+}(g) + e^-(g)$$

原子に含まれる電子の数に依存して，第三(I_3)，第四(I_4)，さらに後続のイオン化エネルギーを定義し，それらを測定することができる．一般に，後続のイオン化エネルギーは，それに先行するイオン化エネルギーよりも大きくなる．なぜなら，イオンから電子が除去されるごとに，正電荷をもつ原子核と電子との電気的な引力は増大するので，さらに電子を除去するためには，それに打ち勝つだけのより大きなエネルギーが必要になるからである．このため，どの気体状原子に対しても，イオン化エネルギーは，$I_1 < I_2 < I_3 < I_4 < \cdots$ の順に増大する．

元素の第一イオン化エネルギーを原子番号に対してプロットすると，これらのデータが周期的なパターンを示すことがわかる（図4・1）．貴ガスは，比較的大きな第一イオン化エネルギーをもっていることに注意してほしい．言い換えれば，貴ガスの原子から電子を除去することは，比較的難しい．この事実は，貴ガスの電子構造が，周期表においてその前にある元素よりも，またその後にある元素よりも安定であることを示唆している．また図4・1から，アルカリ金属が，比較的小さなイオン化エネルギーをもってい

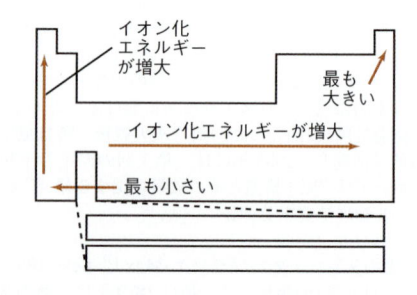

図 4・2 周期表における第一イオン化エネルギーの変化の傾向．イオン化エネルギーは，周期表のそれぞれの周期を左から右へ，またそれぞれの族を下から上へと移動するにつれて増大する．

---

1) electronic structure 2) electron arrangement 3) ionization energy 4) first ionization energy
5) second ionization energy

ることがわかる．この事実は，アルカリ金属がきわめて高い反応性をもっていることに対応している．このように，元素のイオン化エネルギーは，前章で述べた化学的性質と同様に周期性を示す．これは，それらがいずれも元素の電子構造に依存しているためである．図4・2に，周期表において元素の第一イオン化エネルギーがどのように変化するかを示した．

4・2 連続的なイオン化エネルギーの値から原子の電子殻構造がわかる

第一イオン化エネルギーだけではなく，後続のイオン化エネルギーを調べることによって，原子の電子構造に関するさらなる情報を得ることができる．表4・1には，水素からナトリウムまでの元素について，I_1からI_{11}までの値を示した．表4・1のエネルギーの単位は，aJ(アトジュール)，すなわち10^{-18} Jであることに注意してほしい．1・5節で述べたように，aJは原子や分子がもつエネルギーを表す際に，よく用いられる単位である．

例題 4・1 表4・1に示されたイオン化エネルギーを参照して，気体状態において電気的に中性のベリリウム原子Be(g)から，1個の2価イオンBe^{2+}(g)を生成させるために必要なエネルギーを求めよ．

解答 Be(g)をBe^{2+}(g)へ変換するためには，2個の電子を除去しなければならない．関連する化学反応式はつぎの通りである．

段階1: $Be(g) \rightarrow Be^+(g) + e^-(g)$ $I_1 = 1.49$ aJ
段階2: $Be^+(g) \rightarrow Be^{2+}(g) + e^-(g)$ $I_2 = 2.92$ aJ

したがって，必要なエネルギーの総量は，$I_1+I_2=4.41$ aJ となる．

練習問題 4・1 表4・1のデータを用いて，気体状態にある電気的に中性のホウ素原子を，3価イオンB^{3+}(g)に変換するために必要なエネルギーを求めよ．

解答 11.45 aJ

さて，表4・1のデータを用いることにより，原子の中で電子がどのように配置しているのかについて，多くの情報を得ることができる．まず，ヘリウム原子を見てみよう．ヘリウム原子の第一イオン化エネルギーは3.94 aJであり，水素原子(2.18 aJ)やリチウム原子(0.86 aJ)の値と比較して非常に大きい．この事実は，ヘリウム原子が特別に安定であることを示している．ヘリウム原子の第二イオン化エネルギー，すなわち2個目の電子を除去するために必要なエネルギーは8.72 aJとさらに大きく，第一イオン化エネルギーの2倍以上である．この増大は，正電荷をもつイオンHe^+から，電子を除去することによるものと理解することができる．なぜなら，正電荷をもつイオンと除去される負電荷をもつ電子との間の電気的な引力のために，一般に，第二イオン化エネルギーは第一イオン化エネルギーよりも大きくなるからである．

次ページの図4・3に，リチウム原子について，第n番目の電子を除去するために必要なエネルギーI_nの，nに対するプロットを示す．なお，実際には，縦軸の範囲を縮小してグラフをより見やすくするために，nに対してエネルギーの対数$\ln(I_n/\text{aJ})$をプロットしてある(エネルギーI_nの値を1 aJで割ってI_n/aJとしたのは，対数をとるためには，単位のない量にしなければならないためである)．図4・3を見て注意してほしいことは，リチウム原子の最初の電子は2番目の電子よりも，きわめて除去されやすいことで

表 4・1 水素からナトリウムまでの元素の連続的なイオン化エネルギー[a]

		イオン化エネルギー/aJ									
Z	元素	I_1	I_2	I_3	I_4	I_5	I_6	I_7	I_8	I_9	I_{10}	I_{11}
1	H	2.18										
2	He	3.94	8.72									
3	Li	0.86	12.1	19.6								
4	Be	1.49	2.92	24.7	34.9							
5	B	1.33	4.04	6.08	41.5	54.5						
6	C	1.81	3.90	7.67	10.3	62.8	78.5					
7	N	2.32	4.75	7.60	12.4	15.7	88.4	107				
8	O	2.17	5.63	8.80	12.4	18.2	22.7	118	140			
9	F	2.78	5.60	10.0	14.0	18.3	25.2	29.7	153	177		
10	Ne	3.45	6.56	10.2	15.6	20.3	25.3	33.2	38.3	192	218	
11	Na	0.83	7.57	11.5	15.8	22.2	27.6	33.4	42.3	48.0	238	264

a) 茶色の線は，イオン化エネルギーが比較的小さい領域と比較的大きい領域を区切っている．

ある.表4・1から,リチウム原子における第一イオン化エネルギーと第二イオン化エネルギーとの差(I_2-I_1)は,11.2 aJ であることがわかる.この値は,正電荷をもつイオン $Li^+(g)$ からさらに電子を除去することに基づいて予想される値よりも,かなり大きい.たとえば,ヘリウム原子における第一イオン化エネルギーと第二イオン化エネルギーとの差は,わずか 4.78 aJ である.

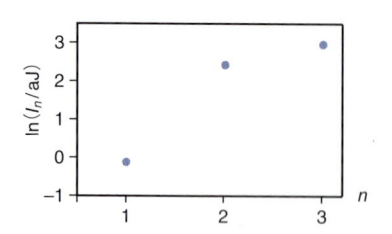

図 4・3 リチウム原子の連続した 3 個のイオン化エネルギー I_n(aJ 単位)の対数の,除去される電子の数 n に対するプロット.このグラフは,リチウム原子の電子は 2 種類の電子殻,すなわち 2 個の電子からなる内部の電子殻と,1 個の電子からなる外部の電子殻に配置されていることを示している.

つぎに,2 族元素のベリリウムに対して,同様のグラフを作成してみよう(図 4・4).図からベリリウムの場合は,はじめの 2 個の電子は比較的容易に除去され,その後には,原子核により強く束縛された 2 個の電子からなる核が残されるように見える.すなわち,二組の電子の間の大きなエネルギー差は,ベリリウム原子に含まれる 4 個の電子は,それぞれ 2 個の電子からなる二つの電子の組に分かれて配置されていることを示唆している.一方の組の 2 電子は,比較的容易に除去することができ,そのためにより化学的に活性である.もう一方の組の 2 電子は,比較的安定で,ヘリウム原子に似た核を形成している.このような電子の組を,**電子殻**[1] とよぶ.すなわち,図 4・4 は,ベリリウム原子に含まれる 4 個の電子は,2 種類の異なる電子殻に配置されていることを示しているのである.

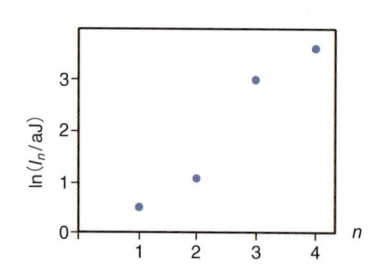

図 4・4 ベリリウム原子の連続した 4 個のイオン化エネルギー I_n(aJ 単位)の対数の,除去される電子の数 n に対するプロット.このグラフは,ベリリウム原子の電子は 2 種類の電子殻,すなわち 2 個の電子からなる内部の電子殻と,2 個の電子からなる外部の電子殻に配置されていることを示している.

例題 4・2 表 4・1 のデータを用いて,炭素原子について,図 4・3 と図 4・4 と同様に,$\ln(I_n/\text{aJ})$ を除去される電子数 n に対してプロットせよ.

解答 表 4・1 をもとに,プロットを作成するために,つぎのような表を作成する.

n	I_n/aJ	$\ln(I_n/\text{aJ})$
1	1.81	0.593
2	3.90	1.36
3	7.67	2.04
4	10.3	2.33
5	62.8	4.14
6	78.5	4.36

この表から,炭素原子における n に対する $\ln(I_n/\text{aJ})$ のプロットはつぎのようになる.

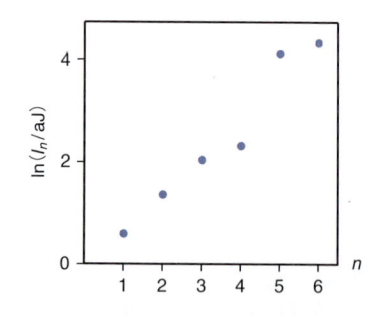

はじめの 4 個の電子は,5 番目と 6 番目の電子に比べて,原子から非常に除去されやすいことに注意してほしい.この事実は,炭素原子は,2 個の電子を含む内部の電子殻と,4 個の電子を含む外部の電子殻の,2 種類の電子殻をもっていることを示唆している.

練習問題 4・2 表 4・1 のデータを用いて,フッ素原子における n に対する $\ln(I_n/\text{aJ})$ のプロットを作成せよ.さらに,そのプロットに基づいて,フッ素原子における電子殻の数について説明せよ.

解答 フッ素原子の電子は 2 種類の電子殻に配置されている.一つは 2 個の電子からなるヘリウム原子に似た内部の電子殻であり,もう一つは 7 個の電子からなる外部の電子殻である.フッ素原子は周期表において,第 2 周期の左から 7 番目の位置にあることに注意せよ.

周期表の第 2 周期にあるそれぞれの元素について,同様のプロットの作成をネオンまで続けると(図 4・5),これらの元素に含まれる電子は,二組に分かれることがわかる.

---

[1] electron shell

一つは，原子核に比較的強く束縛された2個の電子からなるヘリウム原子に似た内部の電子殻であり，もう一つは，リチウムからネオンに対して1個から8個の電子から形成される外部の電子殻である．それぞれの元素について，外部の電子殻にある電子数は，周期表における元素の位置に対応している．

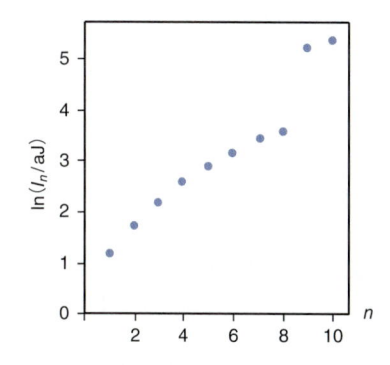

図 4・5 ネオン原子の連続した10個のイオン化エネルギー I_n (aJ単位) の対数の，除去される電子の数 n に対するプロット．このグラフは，ネオン原子の電子は2種類の電子殻，すなわち2個の電子からなる内部の電子殻と，8個の電子からなる外部の電子殻に配置されていることを示している．

周期表の第3周期にあるナトリウムからアルゴンの原子についても，n に対する $\ln(I_n/\text{aJ})$ のプロットは，第2周期の元素と類似したパターンを示す．しかし，ナトリウムからアルゴンについて，内部の電子殻は，ヘリウム原子の電子構造ではなく，ネオン原子の電子構造に類似している．たとえば，図4・6に示したナトリウム原子に対する $\ln(I_n/\text{aJ})$ と n のプロットは，ナトリウム原子の電子構造は，ネオン原子に似た電子殻と，原子核の束縛が比較的ゆるい1個の外部の電子からなることを示している．第3章で学んだように，ナトリウムは周期表のアルカリ金属に属する比較的反応性の高い元素であり，一方，ネオンは貴ガスに属する不活性な元素であることを思い出してほしい．外部の電子殻が完全に満たされているネオンのような元素は，特に安定で，不活性であることがわかる．後述するように，周期表の貴ガスに属する元素はいずれも，完全に満たされた外部の電子殻をもっており，これによって，貴ガスが他の元素と比べて比較的反応性に乏しいことが説明される．図4・1に示すように，貴ガスは比較的大きな第一イオン化エネルギーをもっていることに，改めて注意してほしい．周期表の第3周期にあるそれぞれの元素の原子について，n に対する $\ln(I_n/\text{aJ})$ のプロットを作成すれば，それぞれの原子の電子構造は，ネオン原子に似た電子殻，すなわち2個の電子からなる内部の電子殻と8個の電子からなる第二の電子殻に加えて，周期表の元素の位置に対応した電子数をもつ外部の電子殻から構成されていることがわ

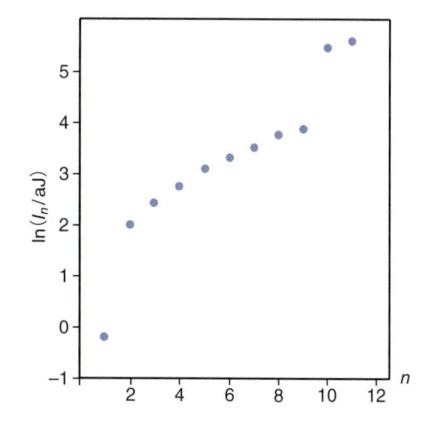

図 4・6 ナトリウム原子の連続した11個のイオン化エネルギー I_n (aJ単位) の対数の，除去される電子の数 n に対するプロット．

かるだろう．

さらに，ちょうどカリウムの化学的性質がリチウムやナトリウムの性質と類似しているように，カリウム原子に対する $\ln(I_n/\text{aJ})$ と n のプロットは，リチウム原子やナトリウム原子に対するプロットと類似したものとなる（図4・7）．カリウム原子の場合，その電子構造は，貴ガスであるアルゴンの電子殻に加えて，原子核の束縛が比較的ゆるい1個の外部の電子から構成される．すなわち，カリウム原子の電子構造は，4種類の原子殻から構成されており，一つは2個の電子からなる内部の電子殻，さらに8個の電子を含む2番目の電子殻，次いで8個の電子を含む3番目の電子殻，そしてただ1個の電子を含む4番目の外部の電子殻である．このように，カリウム原子の電子構造は，アルゴン原子に似た電子殻と1個の外部の電子とみることができるのである．

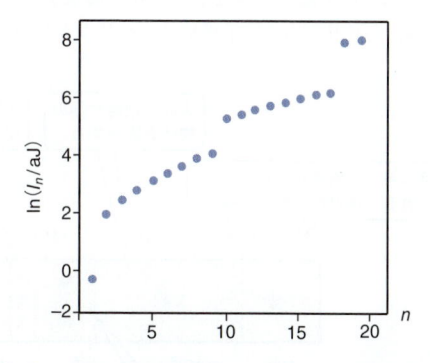

図 4・7 カリウム原子の連続した19個のイオン化エネルギー I_n (aJ単位) の対数の，除去される電子の数 n に対するプロット．

さて，これまで述べてきたことは，表4・2に示すように原子を表記することによって要約することができる．表の中央の列は，それぞれの原子の電子構造を，貴ガスと同じ電子構造をもつ内部の電子殻（内殻）と，その外側の電子殻

4. 前期量子論

表 4・2 水素からカルシウムまでの原子の電子構造の表記

元素記号	内殻を用いた表記	ルイス記号
H	H	H·
He	[He]	He:
Li	[He]·	Li·
Be	[He]:	Be:
B	[He]̇	Ḃ:
C	·[He]:	·Ċ:
N	·[He]̇:	·N̈:
O	·[He]̈:	·Ö:
F	:[He]̇:	:F̈:
Ne	[Ne]	:N̈e:
Na	[Ne]·	Na·
Mg	[Ne]:	Mg:
Al	[Ne]̇	Al:
Si	·[Ne]:	·Si:
P	·[Ne]̇:	·P̈:
S	·[Ne]̈:	·S̈:
Cl	:[Ne]̇:	:C̈l:
Ar	[Ar]	:Ar:
K	[Ar]·	K·
Ca	[Ar]:	Ca:

にある電子に分けて表記したものである．前者は対応する貴ガスの元素記号を[ ]に入れて表し，後者は点で表される．点で表された電子は，その原子において，原子核から最も離れた電子殻にある電子であり，**価電子**[1]という．たとえば，ベリリウムの電子構造は，ヘリウムと同じ電子構造の内殻 [He] と，この外側に置かれた 2 個の価電子を示す点によって表記される．価電子を示す点を置く位置には，特にきまりはない．後述するように，価電子は化学結合に主要な役割を果たす．

表 4・2 の右の列は，中央の列に示した表記法を簡略化したものである．それぞれの元素に対応する貴ガスの電子殻は省略され，元素記号のまわりに価電子だけが示されている．周期表のある周期について，主要族元素をアルカリ金属から貴ガスまで移動するに従って，価電子の数は 1 から 8 まで増加する．どの周期においても，このパターンが繰返される．元素の化学的性質の決定に中心的な役割を果たすのは，この価電子なのである．たとえば，フッ素と塩素の化学的性質が似ているのは，どちらも 7 個の価電子をもっているためである．表 4・2 の右の列に書かれているような，元素記号のまわりに価電子を点で表した表記法を，**ルイス記号**[2]という．この表記法は，1916 年に，米国の最も偉大な化学者の一人であるルイス[3]によって導入された．ルイス記号には，価電子，すなわち化学的に重要な電子のみが表記される．

原子の電子構造をよりはっきりと理解するために，まず，電磁波について基本的な知識を得なければならない．電子と電磁波との相互作用を学ぶことにより，原子，さらに物質の本質に関する理解が飛躍的に進むことだろう．

4・3 電磁スペクトルを構成する電磁波は波長によって特徴づけられる

ラジオ波，マイクロ波，赤外線，可視光，紫外線，X 線，および γ 線は，すべて電磁波の種類である（図 4・8）．かつて科学者の間には，電磁波が粒子の流れなのか，それとも連続的な波なのかについて，長い論争があった．多くの実験は一方を支持していたが，別の実験はもう一方を支持し

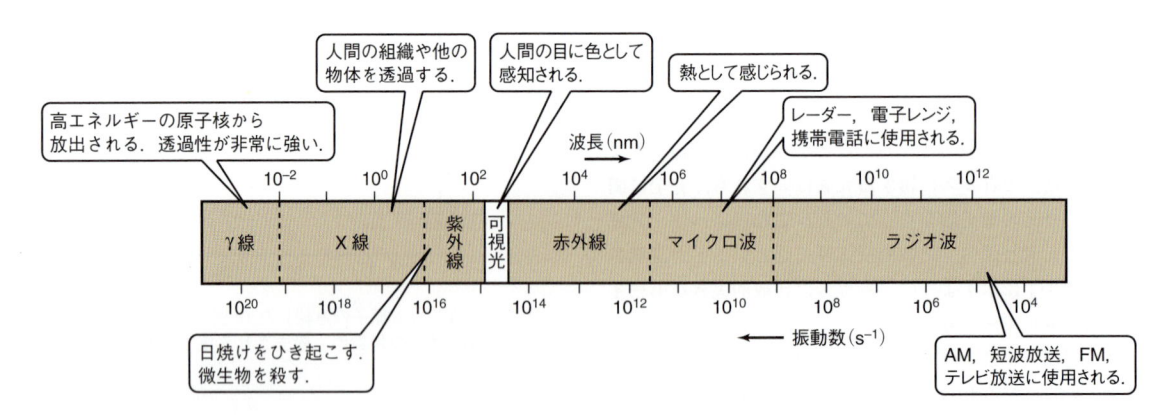

図 4・8 電磁スペクトルの領域．波長は nm 単位（1 nm＝10^{-9} m），振動数は毎秒単位（s^{-1}，ヘルツ Hz に等しい）で与えられている．

---

1) valence electron 2) Lewis electron-dot symbol 3) Gilbert Newton Lewis

ていた．しかし，19世紀の終わり頃には，電磁波は波であることを示す多くの証拠が出され，波動説が優勢となった．

1860年代に，スコットランドの物理学者マクスウェル[1]は，**電磁放射理論**[2]を発展させた．この理論によると，すべての種類の電磁波は，電場と磁場を振動させながら空間を伝わっていく（図4・9）．電磁波では，電場と磁場が同時に振動しているが，それらの振動方向は互いに直角になっている．電磁波は，無線送信機における水晶の結晶や，白熱電球における高温のタングステンフィラメントのような物質中の電荷の振動によって放出される．

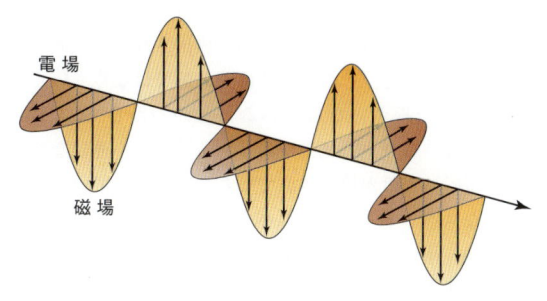

図 4・9 電磁波における電場と磁場の振動．電場と磁場は，振動方向が互いに直角をなす正弦曲線のように振動しながら空間を伝わる．

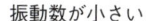

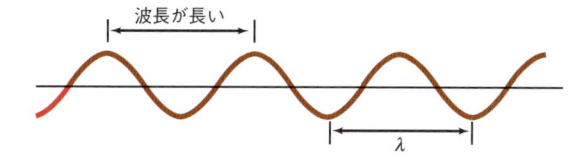

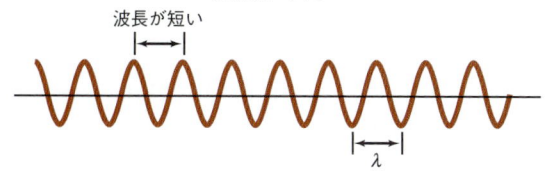

図 4・10 2種類の波．上図の波の波長は，下図の波長の3倍になっている．二つの波が同じ速さで横方向に移動すると，ある決められた点を上図の波の頂点が1回通過する間に，下図の波の頂点は3回通過する．したがって，下図の波の振動数は，上図の波の振動数の3倍となる．

図4・10に，単純化した電磁波の図を示した．連続した波の頂点の間，あるいは谷底の間の距離を**波長**[3]といい，ギリシャ文字のラムダ λ によって表す．また，それぞれの波が横方向に動くとしたとき，1秒間に，ある決められた点を通過する頂点の数を**振動数**[4]といい，ギリシャ文字のニュー ν によって表す．波長は振動1回当たりに波が進む距離であり，振動数は1秒当たりの振動の回数であるが，一般に"回"は補って考えるものとし，λ や ν に単位をつける際には省略する．したがって，たとえば，波長のSI単位はメートル(m)であり，振動数の単位は毎秒(1/s あるいは s^{-1})となる．波長と振動数の積 $\lambda\nu$ は，波が移動する速さを表す．光の速さは，1秒間におよそ 3×10^8 m であることを知っている人がいるかもしれない．すべての種類の電磁波は 2.9979×10^8 m s^{-1} の速さで移動する[†]．この値を**光速**[5]といい，c で表す．すなわち，次式が成り立つ．

$$\lambda\nu = c \quad (4\cdot1)$$

電磁波の種類の違いは，単にそれらの振動数，あるいは波長が異なることによるものである．たとえば，100 MHz(メガヘルツ)はFMラジオで用いるラジオ波の振動数領域にある．単位**ヘルツ**[6]は毎秒と同じ意味であり（1 Hz = 1 s^{-1}），したがって，100 MHz は 100×10^6 s^{-1} に等しい．振動数100 MHz のラジオ波の波長は，次式によって求めることができる．

$$\lambda = \frac{c}{\nu} = \frac{2.9979\times10^8\text{ m s}^{-1}}{100\times10^6\text{ s}^{-1}} = 3.00\text{ m}$$

例題 4・3 レーザーはしばしば化学反応の研究に利用される（図4・11）．CO_2(g)レーザーにより，波長 10.6 μm をもつ電磁波の強力なビームを得ることができる．この

図 4・11 レーザーは化学反応の研究に広く利用されている．その範囲は水素交換反応（$D + H_2 \rightarrow HD + H$）のような簡単な反応から，燃焼反応のような複雑な反応に及ぶ．レーザーにより，化学反応に含まれるエネルギー移動に関する信じられないほどの詳細な情報が得られる．また，レーザーはスーパーマーケットのバーコードリーダー，CDやDVDプレーヤー，外科手術，精密機械部品の製造など，きわめて多様に用いられている．レーザーの発明も，近代の量子論の発展によるものであった．

[†] 訳注: 光速は正確に 2.99792458×10^8 m s^{-1} と定義されている．
1) James Clerk Maxwell 2) electromagnetic theory of radiation 3) wavelength 4) frequency 5) speed of light
6) hertz

電磁波の振動数を求めよ.

解答 波長 $\lambda = 10.6 \times 10^{-6}$ m であるから，(4・1)式を用いて，振動数を求めることができる．

$$\nu = \frac{c}{\lambda} = \frac{2.9979 \times 10^8 \text{ m s}^{-1}}{10.6 \times 10^{-6} \text{ m}} = 2.83 \times 10^{13} \text{ s}^{-1}$$
$$= 2.83 \times 10^{13} \text{ Hz}$$

練習問題 4・3 振動数 1.50×10^{18} Hz の電磁波の波長を求めよ．また，この電磁波はどのような種類の電磁波に分類されるか(図4・8).

解答 2.00×10^{-10} m = 0.200 nm　　X線

これらの計算から，電磁波の波長と振動数の範囲(**電磁スペクトル**[1]という)がきわめて広いことがわかる(図4・8).

4・4　原子の発光スペクトルは一連の輝線からなる

白色光をプリズムに通すと，白色光は多くの色に分かれる．私たちが見る虹も同じ効果によるものであり，虹では，太陽からの白色光が大気中の水滴によって，それを構成する成分の色に分離される．白色光の電磁波の波長は，約 400 nm から 750 nm までの領域に広がっている．私たち人間の目は，電磁スペクトルのこの領域を感知できるため，この波長領域を**可視領域**[2]という(図4・12).可視領域の短波長側の端 (400 nm) は紫色に見え，長波長側の端 (750 nm) は赤色に見える．

プリズムで分けた白色光のスペクトルには，途中に切れ目がない．このようなスペクトルを**連続スペクトル**[3]といい，その領域において，すべての波長の電磁波が放射されていることを意味している．しかし，炎の中に置いた化学物質，あるいは街灯に用いるナトリウムランプや水素ガスランプのように放電させた気体から放出される電磁波をプリズムで調べると，その電磁波は連続的ではなく，いくつかの分かれた線からなっていることがわかる(図4・13).この観測は，これらの光源から，ある特定の不連続な波長をもつ電磁波だけが放出されていることを示している．このようなスペクトルを**輝線スペクトル**[4]という．輝線スペクトルは，用いた試料に特徴的なものとなる．試料として特定の原子を用いた場合には，そのスペクトルは**原子発光スペクトル**[5]とよばれる．最も簡単な原子発光スペクトルは，水素原子のスペクトルである．水素の原子発光スペクトルのうち，可視領域のスペクトルを図4・14(a)に示した．他の領域のスペクトルは図4・14(b)に示してある．

長年にわたり，科学者は，水素の原子発光スペクトルに観測されるいくつかの輝線の波長あるいは振動数の間に，何か関係を見いだそうと試みた．1885 年，ついに，スイスのアマチュアの科学者であったバルマー[6]は，図4・14(a)に示された輝線に対応する波長の逆数 $1/\lambda$ の $1/n^2$ に対

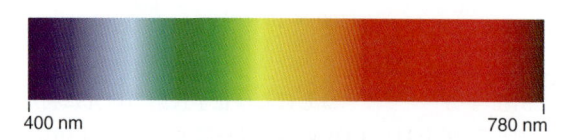

図 4・12 可視光のスペクトルは紫色から赤色に及ぶ．可視光のスペクトルにおける色の系列は，右から赤，橙，黄，緑，青，藍，紫と表現される．

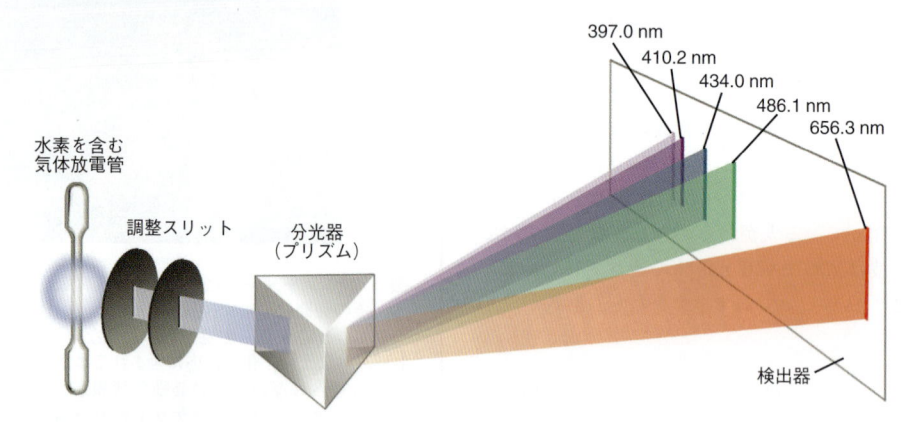

図 4・13 発光スペクトルは，放電管や炎などで励起された試料から放出される光を，プリズムや回折格子を通して波長ごとに分けることによって測定される．スペクトルはフィルム上に，あるいは電子的な検出器により画像として記録される．発光スペクトルは，暗い背景に対して一連の明るい輝線として現れる．

---

1) electromagnetic spectrum　2) visible region　3) continuous spectrum　4) line spectrum　5) atomic emission spectrum
6) Johann Balmer

4・5 光子

(a) 水素の可視領域の輝線スペクトル
397.0 nm, 410.2 nm, 434.0 nm, 486.1 nm, 656.3 nm

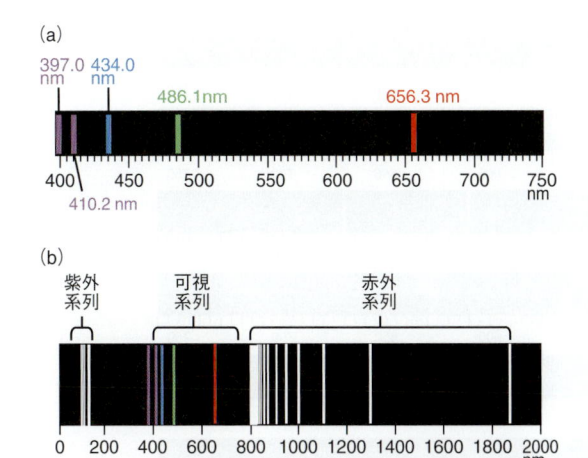

(b) 紫外系列, 可視系列, 赤外系列

図 4・14 水素の原子発光スペクトル．(a) 水素の可視領域の輝線スペクトル．(b) 赤外線，可視光，紫外線領域を含む水素の広領域の輝線スペクトル．

するプロットが直線になることを発見した（図4・15）．ここで，n は整数であり，$n=3$ は赤色の輝線，$n=4$ は緑色の輝線などと，それぞれの輝線に対応する値をとる．バルマーの発見は，スウェーデンの物理学者リュードベリ[1]によって拡張され，彼は，水素の原子発光スペクトルにおいて可視領域に観測される輝線の波長 λ は，つぎの実験式を満たすことを示した．

$$\frac{1}{\lambda} = (1.097 \times 10^7 \, \text{m}^{-1}) \left(\frac{1}{4} - \frac{1}{n^2} \right) \quad (4 \cdot 2)$$

$$n = 3, 4, 5, \cdots$$

(4・2)式は**リュードベリ–バルマーの式**[2]として知られており，また(4・2)式に現れる定数 $1.097 \times 10^7 \, \text{m}^{-1}$ を**リュードベリ定数**[3]という．リュードベリ–バルマーの式を用いると，水素の原子発光スペクトルにおいて可視領域に現れる輝線の波長を正確に予測することができる（表4・

3）．また，リュードベリ–バルマーの式は，図4・15に描かれた直線に対応する式になっている．

表 4・3 水素の原子発光スペクトルの可視領域に現れる輝線の波長

輝線の色	n	測定値 λ/nm	計算値[a] λ/nm
赤 色	3	656.3	656.3
緑 色	4	486.1	486.2
青 色	5	434.0	434.1
藍 色	6	410.2	410.2
紫 色	7	397.0	397.0

a) (4・2)式を用いて計算した値．

すべての元素の原子発光スペクトルは，水素におけるバルマー系列と類似した一連の輝線からなっている（図4・16）．しかし，輝線の数と輝線が観測される波長はそれぞれの元素で異なっている．したがって，輝線スペクトルを元素と関連づけることによって，輝線スペクトルは元素の"指紋"として利用できるのである．

スペクトルに現れる輝線の研究，あるいはもっと一般的に，電磁波と原子の相互作用を研究する分野を，**原子分光学**[4]という．観測された輝線スペクトルを，原子発光スペクトルのハンドブックやデータベースと比較することにより，試料に含まれる原子の種類を同定することができる．化学的な分析を扱う化学の研究分野を分析化学といい，原子分光学は分析化学の標準的な手法となっている．また，原子分光学は，考古学，美術品の保存，天文学，犯罪捜査，環境科学，医学をはじめ，多くの分野に利用されている．

4・5 電磁波は光子の流れとみることができる

白色光が連続スペクトルを示すのに対して，原子発光スペクトルが不連続の輝線からなる理由を，どのように説明

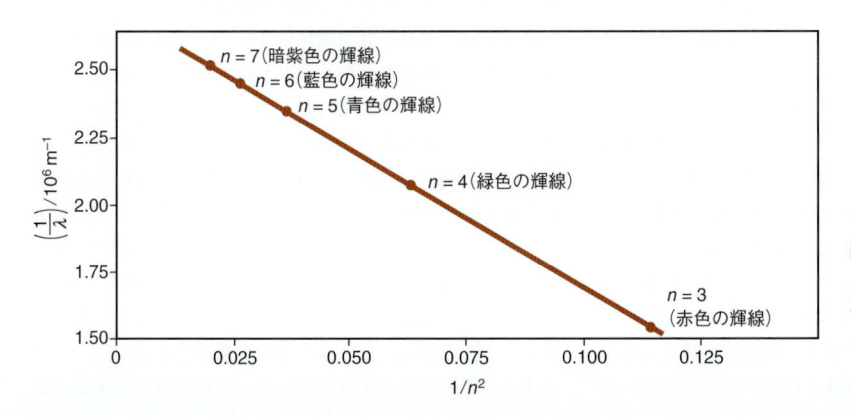

図 4・15 水素の原子発光スペクトルの可視領域に現れる輝線に対応する $1/\lambda$ の $1/n^2$ に対するプロット．

プロット上の点：
- $n=7$（暗紫色の輝線）
- $n=6$（藍色の輝線）
- $n=5$（青色の輝線）
- $n=4$（緑色の輝線）
- $n=3$（赤色の輝線）

縦軸: $(1/\lambda)/10^6 \, \text{m}^{-1}$，横軸: $1/n^2$

---

1) Johannes Rydberg 2) Rydberg–Balmer equation 3) Rydberg constant 4) atomic spectroscopy

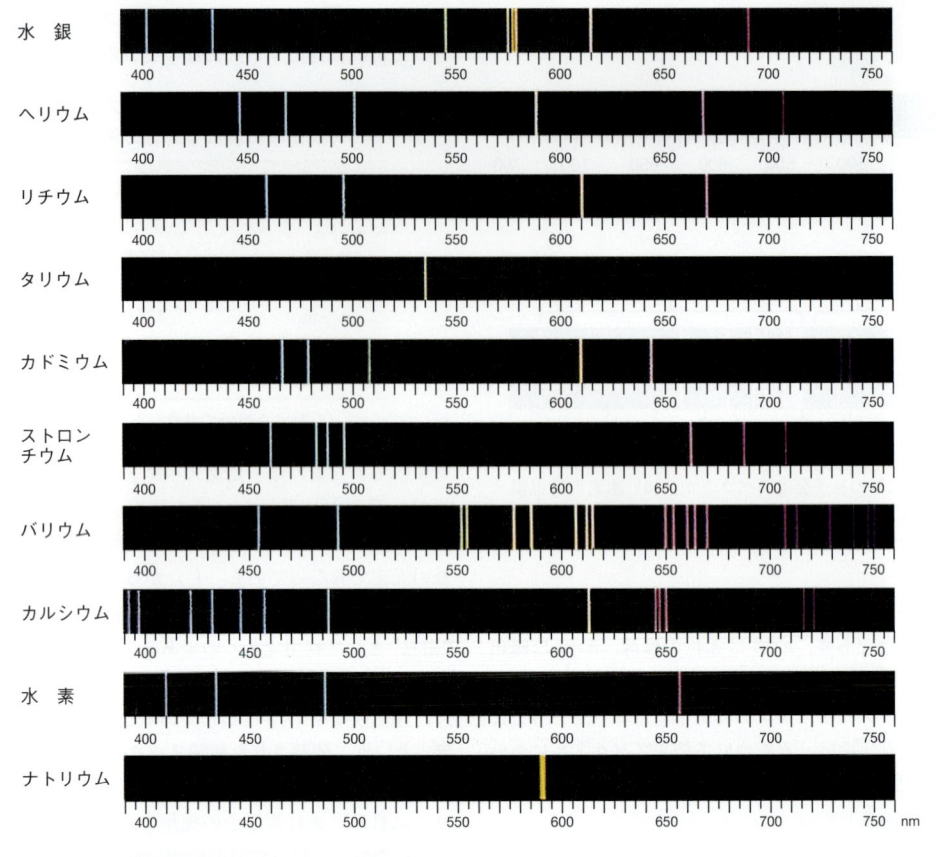

図 4・16 原子発光スペクトル．水銀，ヘリウム，リチウム，タリウム，カドミウム，ストロンチウム，バリウム，カルシウム，水素，およびナトリウムの可視領域の原子発光スペクトルを示している．

したらよいだろうか．原子発光スペクトルは，19世紀末期頃の物理学の枠組みでは説明できない多くの実験結果の一つであった．当時の物理学の理論的な枠組みは，現在では**古典物理学**[1]とよばれている．これらの実験結果を理論的に解析することにより，物質やエネルギーの本質に関わるいくつかのまったく新しい概念が創始され，それらは科学全体にきわめて大きな影響を与えたのである．これらの概念から，原子構造に関する新しい一般的な理論が生まれた．それは，これまで学んできた原子の電子構造や元素の周期律をみごとに説明するものであった．

古典物理学の概念と決別した最初の人物は，**黒体放射**[2]，すなわち高温の物体から放出される電磁波の研究をしていたドイツの物理学者プランク[3]であった．0 K（ケルビン，第1章を参照せよ）よりも高い温度にあるすべての物体は，電磁波を放出している（熱放射という）．物体から放出される電磁波の波長分布は，物体の温度のみに依存し，物体の組成には依存しない．黒体とは理論的に扱うための仮想的な物体であり，現実の物体と区別するために用いられることばである．電磁波を放出しやすい物体は，同時に電磁波を吸収しやすい物体となる．黒体はすべての波長領域の電磁波を放出し，吸収できる仮想的な物体であり，黒くみえるはずであることから名付けられた．さて，金属を徐々に高温まで加熱していくと，金属は輝き出し，その色は赤から白へと連続的に変化する．この現象は，"赤熱"，あるいは"白熱"ということばの起源となっている．古典物理学では，加熱された物体はすべての振動数領域の電磁波を放出し，振動数の増大とともに，放出される電磁波の強度も増大すると予想された．すると，白熱電球のフィラメントのような高温の物体からは，可視領域の光だけではなく，紫外線やX線などの振動数の大きな電磁波も多量に放出されていることになる．しかし，こんなことは現実には起こっていない．黒体放射もまた，古典物理学では説明できない現象の一つであった．このような状況のもと，プランクは，電磁波は"不連続なかたまり"として放出されていると提案し，そのかたまりを**量子**[4]とよんだ．それはまさに革命的な考え方であった．さらにプランクは，電

1) classical physics　2) blackbody radiation　3) Max Planck　4) quantum

磁波の量子のエネルギーは，その電磁波の振動数に比例すると考え，次式を提案した．

$$E = h\nu \tag{4・3}$$

ここでEは電磁波の量子のエネルギー，νは電磁波の振動数である．hは比例定数であり，現在では**プランク定数**[1]といっている．プランクはこのような考え方に基づいて黒体放射の実験データを解析し，比例定数hを6.626×10^{-34} J s とすることによって，すべてのデータを再現することに成功したのである．

プランクの仮説により，金属が加熱されて輝き始めると，まず赤色光を放出し，さらに金属が高温になるにつれて，白色に輝く理由を説明することができる．赤色光は可視領域の電磁波のうちで，最も小さい振動数をもつ．(4・3)式によると，電磁波の量子のエネルギーは電磁波の振動数に比例するので，赤色光は可視領域のうちで最も小さいエネルギーをもつ光である．したがって，物体が加熱されて輝き始めたとき，それが放出する光の多くは，可視領域の最もエネルギーの小さい電磁波，すなわち赤色光となる．物体の温度がより高くなるにつれて，物体はより大きな振動数の光を強く放出するようになるが，依然として振動数の小さな光も放出している．この状態では，可視領域のすべての光が放出されていることになり，その物体は白く輝いて見えるのである．さらに，振動数の増大とともに放出される電磁波の強度も増大するが，古典物理学に基づく理論とは異なり，プランクの仮説では，放射される電磁波の強度はある振動数を境に減少に転じることが予想された．そしてそれは，まさに実験事実と一致していた．

黒体放射に関するプランクの理論は，"加熱された物体は，小さい不連続なかたまりとして電磁波を放出する"というこれまでにない仮説に基づいたものであったが，実験事実をみごとに説明できたにもかかわらず，好奇の目で見られただけであった．当時のほとんどの科学者は，これまでの物理学に基づいた，もっと満足できる黒体放射の理論がいずれ現れるだろうと信じて疑わなかった．しかし，そうはならなかったのである．

古典物理学では説明できなかったもうひとつの現象は，**光電効果**[2]であった．1880年代に，ある金属に紫外線を照射すると，金属の表面から電子が放出されることが発見された．図 4・17 と図 4・18 にはそれぞれ，光電効果を測定するための装置と，それによって得られる典型的な実験データを示した．振動数の小さい紫外線では，どんなに強い紫外線を照射しても，金属表面からはまったく電子が放出しない．しかし，照射する振動数を増大させると，ある振動数を境に電子が放出するようになる．この電子を放出させるために必要な最小の振動数を**しきい振動数**[3]といい，金属の種類に依存した値をとる．しきい振動数より大きな振動数をもつ紫外線を照射すると，金属の表面から電子が放出される．このとき，放出される電子の運動エネルギーは，照射する紫外線の振動数の増大とともに，直線的に増大する．また，照射する紫外線の強度を増大させると，放出される電子の数が増大するが，電子の運動エネルギーは変化しない．

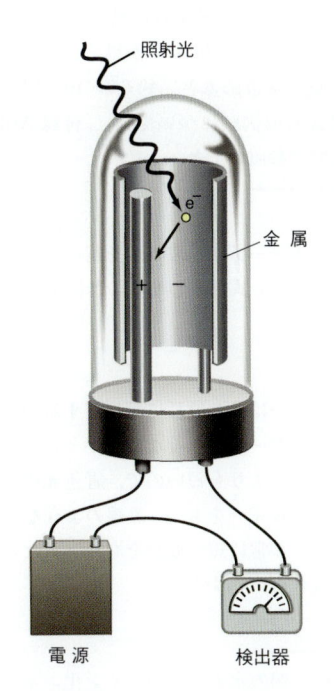

図 4・17 光電効果を研究するための装置．ある振動数をもつ光を清浄な金属表面に照射すると，電子が放出される．放出された電子は陽極に引き寄せられ，その数が検出器によって記録される．

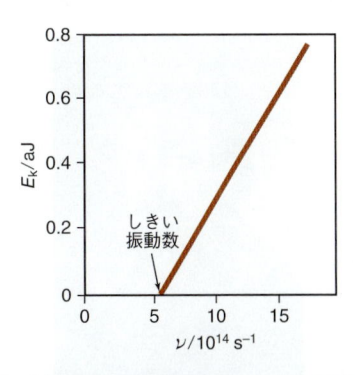

図 4・18 金属表面に紫外線を照射すると，金属表面から電子が放出される．この電子の運動エネルギー E_k は，図のように，照射した光の振動数 ν に対して直線的に増大する．この図は金属ナトリウムに対する実験結果を示している．電子を放出させるために必要な最小の振動数をしきい振動数という．金属ナトリウムのしきい振動数は 5.51×10^{14} Hz である．

1) Planck constant 2) photoelectric effect 3) threshold frequency

黒体放射の実験結果と同様，光電効果の実験結果も，当時の物理学ではどうしても理論的に説明することができなかった．しかし，アインシュタイン[1]（図4・19）は，(4・3)式に基づいた考えを用いて，はじめてこの現象に説明を与えたのである．アインシュタインの考えは，まさに簡潔なものであった．彼は，電磁波を粒子の流れとみなし，その粒子を光子[2]とよんだ．流れを形成するそれぞれの光子は，(4・3)式で表される値 $E=h\nu$ をもつ微小なエネルギーのかたまりとみることができる．電磁波の強度は，流れを形成する光子の数に比例する．光電効果におけるしきい振動数（それ以下では金属表面からまったく電子が放出されない電磁波の振動数）を ν_0 で表すと，電子を放出させるために必要な最小のエネルギーは $h\nu_0$ となる．すると，電磁波が電子を放出させた後の余剰のエネルギー E は，$E=h\nu-h\nu_0$ によって与えられる．この余剰のエネルギーが，放出された電子の運動エネルギー E_k になるのである．これらの結果は，次式にまとめることができる．

$$E_k = 0 \quad (\nu < \nu_0 \text{のとき})$$
$$E_k = h\nu - h\nu_0 \quad (\nu > \nu_0 \text{のとき}) \quad (4\cdot4)$$

(4・4)式に従って，ν に対して E_k をプロットすると，図4・18に示したものとまったく同じ直線が得られる．直線の傾きはプランク定数 h に等しい．実際，アインシュタインが光電効果の実験結果を(4・4)式によって解析するために用いた定数 h は，プランクが黒体放射の実験データを理論と一致させるために用いた定数 h とまったく同じ値になったのである．さらに，電磁波の強度は，流れを形成する光子の数に比例するので，金属表面から放出される電子の数も，電磁波の強度に比例することになる．これも実験結果と矛盾しない．

図 4・19 アルバート アインシュタイン Albert Einstein (1879~1955)．彼は 1921 年にノーベル物理学賞を受賞した．多くの人々は，その受賞を有名な相対性理論に関する業績によるものと考えるだろうが，興味深いことに，受賞理由は"光電効果の法則の発見"であった．

例題 4・4 銅の表面に波長 210.0 nm の紫外線を照射したとき，放出される電子の運動エネルギーを求めよ．ただし，銅のしきい振動数 ν_0 を 1.076×10^{15} Hz とする．

解答 まず，(4・1)式に従って照射された紫外線の振動数 ν を計算する．

$$\nu = \frac{c}{\lambda} = \frac{2.9979\times10^8\,\text{m s}^{-1}}{210.0\times10^{-9}\,\text{m}} = 1.428\times10^{15}\,\text{s}^{-1}$$

さらに，(4・4)式を用いて，放出される電子の運動エネルギー E_k を求める．

$$\begin{aligned}E_k &= h\nu - h\nu_0 = h(\nu-\nu_0)\\&= (6.626\times10^{-34}\,\text{J s})\\&\quad\times(1.428\times10^{15}\,\text{s}^{-1} - 1.076\times10^{15}\,\text{s}^{-1})\\&= 2.33\times10^{-19}\,\text{J} = 0.233\,\text{aJ}\end{aligned}$$

練習問題 4・4 図 4・18 は光電効果の実験から得られた，照射する紫外線の振動数 ν に対する，放出された電子の運動エネルギー E_k のプロットである．この直線上の任意の 2 点をとり，直線の傾きからプランク定数 h を算出せよ．

解答 たとえば，縦軸の点 0.6 aJ と 0.2 aJ を選び，直線から，それぞれに対応する横軸の点を求めると，$14\times10^{14}\,\text{s}^{-1}$，および $8\times10^{14}\,\text{s}^{-1}$ が得られる．これらの値から直線の傾きを求めると，約 $6.7\times10^{-34}\,\text{J s}$ となる．直線を表す式の取扱いについては，「付録 A・6」に要約されているので参照のこと．

光子のエネルギー E は，波長 λ を用いて表すこともできる．(4・1)式と(4・3)式をあわせることにより，次式を得る．

$$E = \frac{hc}{\lambda} \quad (4\cdot5)$$

光子のエネルギーはその波長に反比例するので，波長が短くなればエネルギーは大きくなる．たとえば，青色光の光子の波長は赤色光よりも短いので，青色光の方が赤色光よりも大きなエネルギーをもつ．X 線のようなエネルギーの大きい光子は，非常に短い波長をもち，したがって非常に大きな振動数をもつ〔(4・1)式〕．

例題 4・5 1 個の水素原子のイオン化エネルギーに等しいエネルギーをもつ光子の波長を求めよ．

解答 表 4・1 から，水素原子のイオン化エネルギーは

---

1) Albert Einstein 2) photon

2.18 aJ，すなわち $2.18\times10^{-18}\,\mathrm{J}$ であることがわかる．したがって，(4・5)式を用いてこの値のエネルギー E をもつ光子の波長 λ を求めることができる．(4・5)式を λ について解くことにより，次式を得る．

$$\lambda = \frac{hc}{E} = \frac{(6.626\times 10^{-34}\,\mathrm{J\,s})(2.9979\times 10^{8}\,\mathrm{m\,s^{-1}})}{2.18\times 10^{-18}\,\mathrm{J}}$$

$$= 9.11\times 10^{-8}\,\mathrm{m} = 91.1\,\mathrm{nm}$$

練習問題 4・5 水素原子の発光スペクトルの可視領域には，波長 656.3 nm に赤色の輝線が観測される．この電磁波の光子のエネルギーと振動数 ν を求めよ．

解答 0.3027 aJ，$\nu = 4.568\times 10^{14}\,\mathrm{s^{-1}}$

光電効果に対するアインシュタインの理論は，実験結果をみごとに説明した．それにもかかわらず，エネルギーが不連続な，微小なかたまりであるという考え方，すなわち**エネルギーの量子化**[1]の概念が，当時の物理学と相いれないものであったため，アインシュタインの理論もまた，プランクの理論と同様，ほとんどの科学者には受け入れられなかった．しかし，それまでにどうしても解決できなかった黒体放射と光電効果という二つの非常に異なる実験の解析から，まったく同じ定数 h が導き出されたのである．確かに，これは偶然の一致ではなかった．プランクやアインシュタインの理論は，エネルギーの量子化，言い換えればエネルギーが不連続な，微小なかたまりで存在するという概念に基づいた**量子論**[2]という学問体系が発展する最初の段階であった．1900 年にこの概念を最初に提案したプランクは，"量子論の父"とよばれている．つぎに，原子スペクトルの解釈を含めた，原子や分子のレベルで起こるすべての現象が，量子論に基づいて説明できることを述べよう．

4・6 ド・ブローイは物体が波動性をもつことを最初に提唱した

科学者にとって，光とは何かという質問に答えることは容易ではない．多くの実験では，光は明らかに波としての性質を示すが，他の実験では，光は微小な粒子（光子）の流れとしてふるまうようにみえる．光があるときは波のようにみえ，あるときには粒子のようにみえることを，"光は波動‐粒子の二元性をもつ"という．1924 年，フランスの物理学者ド・ブローイ[3]（図4・20）は，彼の博士論文の中で，つぎのような新しい考えを提案した．"波の性質をもつ光が，ある条件下では粒子のような性質を示すのならば，粒子の性質をもつ物体も，ある条件下では波のような性質を示すはずである．"この提案は，一見するととても奇妙に見えるが，自然界における対称性をうまく言い表している．確かに，光が粒子のようにふるまうことがあるのならば，物体が波のようにふるまうことがあってもいいのではないだろうか．

図 4・20 ルイ ビクトル ド ブローイ Duke Louis Victor de Broglie（1892～1987）．フランスの物理学者．最初，大学で歴史学を専攻したが，物理学者の兄の影響によって彼の興味も科学に転じた．1924 年にド・ブローイは，パリ大学で物理学の博士号を取得した．物質の波動性に関する彼の博士論文を読んだアインシュタインは，その仕事を賞賛し，"彼は厚いベールの一隅をはがした！"と言ったという．ド・ブローイは 1929 年に，"電子の波動性の発見"により，ノーベル物理学賞を受賞した．

光と物質を対応づけることによって，ド・ブローイは(4・6)式を提案し，彼の考えを定式化した．ド・ブローイによれば，光と物質はどちらもつぎの式に従う．

$$\lambda = \frac{h}{p} \tag{4・6}$$

λ を**ド・ブローイ波長**[4]という．h はプランク定数，p は粒子の運動量である．粒子の速さが光ほど速くない場合には，**運動量**[5] p は，静止している粒子の質量 m と粒子の速さ v の積 mv で与えられる．運動量は物体の質量と速さの両方に比例する．たとえば，走行している速さが同じならば重いトラックの方が軽い乗用車よりも運動量は大きい．$p = mv$ の関係を用いると，(4・6)式はつぎのように書くこともできる．

$$\lambda = \frac{h}{mv} \tag{4・7}$$

例題 4・6 光速の 1.00 % の速さで運動している電子のド・ブローイ波長を求めよ．

解答 後見返しを参照すると，電子の質量は $9.1094\times$

---

1) quantization of energy 2) quantum theory 3) Louis de Broglie 4) de Broglie wavelength 5) momentum

10^{-31} kg である．その速さ v は，

$$v = (0.0100)(2.9979 \times 10^8 \text{ m s}^{-1})$$
$$= 3.00 \times 10^6 \text{ m s}^{-1}$$

したがって，その運動量は次式で与えられる．

$$mv = (9.1094 \times 10^{-31} \text{ kg})(3.00 \times 10^6 \text{ m s}^{-1})$$
$$= 2.73 \times 10^{-24} \text{ kg m s}^{-1}$$

この電子のドブロイ波長は，つぎのように求めることができる．

$$\lambda = \frac{h}{mv} = \frac{6.626 \times 10^{-34} \text{ J s}}{2.73 \times 10^{-24} \text{ kg m s}^{-1}}$$
$$= 2.43 \times 10^{-10} \text{ m}$$
$$= 0.243 \text{ nm}$$

ここで，$1 \text{ J} = 1 \text{ kg m}^2 \text{ s}^{-2}$ の関係を用いた．図 4・8 を参照すると，この例題の電子の波長は，X 線の波長に相当することがわかる．

練習問題 4・6 193 km h^{-1} の速さで飛んでいる質量 45.9 g のゴルフボールのドブロイ波長は何 m か．

解答 2.69×10^{-34} m．波としてのゴルフボールの波長は，その大きさと比較してまったく無視できる．

練習問題 4・6 から，(4・7)式は，ゴルフボールのような巨視的な物体に対しては，意味のない結果を与えることがわかる．しかし，例題 4・6 は，電子は X 線のようにふるまうことを予測している．実際に，電子がもつこの性質は，**電子顕微鏡**[1] の原理となっている．電子顕微鏡では，光学顕微鏡において光が用いられているのと同じように，電子の波動性が，物体の大きさと形状を観測するために用いられている（図 4・21）．

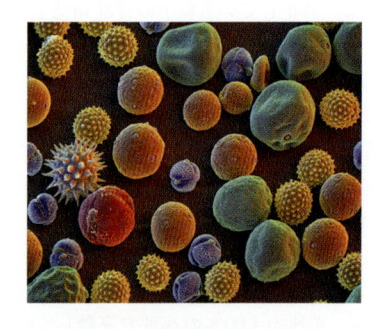

図 4・21 花粉を含む大気試料を沪過することによって集めた花粉粒子の電子顕微鏡像．粒子の大きさは約 15 μm から 40 μm の範囲にある．

4・7 電子は粒子性と波動性の両方を示す

ド・ブロイの仮説は，英国の科学者 G. P. トムソン[2] と米国の科学者デイビソン[3] の研究によって実証された．彼らは独立に，ド・ブロイの論文が出版されたすぐ後の 1926 年，および 1927 年に，**電子回折**[4] とよばれる現象を発見したのである．後に二人は，1937 年のノーベル物理学賞を共同で受賞した．

回折は波がもつ固有の性質である．たとえば，X 線のビームを結晶性物質の薄膜に照射すると，ビームは，その結晶における原子の配列を反映した特徴的な様式で散乱される．この現象を **X 線回折**[5] といい，結晶を構成する原子間の距離が，X 線の波長と同程度であるために起こる現象である．図 4・22 左には，一片のアルミニウム薄膜に，X 線を照射することによって得られる X 線回折像を示した．物理学では，図 4・22 左のような回折像は，X 線が波としてふるまった場合にのみ得られることが知られている．しかし，図 4・22 右に示すように，電子ビームもまた，類似の像（電子回折像という）を与えるのである．この二つの像の類似性は，明らかに電子が波としてふるまうことを示している．

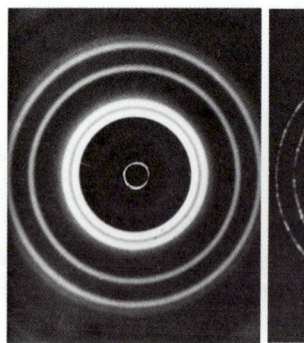

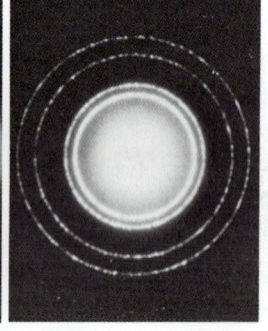

図 4・22 アルミニウム薄膜に X 線と電子を照射すると，特徴的な回折像が得られる．（左）X 線回折像．（右）電子回折像．二つの回折像が類似していることから，電子は X 線のようにふるまい，波としての性質を示すことがわかる．

現代の自然観では，電磁波と物質はいずれも，実験に依存して波のような性質も，粒子のような性質も示すことができると考えられている．たとえば，電磁波は回折実験を行うときには波としての性質を示すが，光電効果の実験を行うときには粒子のようにふるまう．一方，電子は J. J. トムソンが電子を発見したときのような放電管を用いた実験では粒子としてふるまうが（図 2・16），結晶に照射する実験では波としての性質を示し，回折像を与えるのである

---

1) electron microscope 2) George Paget Thomson 3) Clinton Joseph Davisson 4) electron diffraction
5) X-ray diffraction

（図4・22右）．この波動－粒子の二元性は，物質に本来備わっている性質であり，電子や原子のようなきわめて小さい質量をもつ粒子の場合には，いつもその二元性が現れる（$\lambda = h/mv$）．

図4・23に示した奇妙な絵は，波動－粒子の二元性の概念を視覚的に表すたとえに用いることができる．この絵で見えるものは，ある程度，私たちがこれをどのように見るかによって変わる．見えるのは令嬢か，老婆かのどちらかであって，私たちはそれらを同時に見ることはない．その性質は，波動－粒子の二元性の概念と共通している．実際に，電子は二つの顔，すなわち波動としての顔と粒子としての顔をもっている．電子のもつ二つの顔は相互排他的であり，決して一つの実験において両方が現れることはない．私たちは電子の波動としての顔か，あるいは粒子としての顔のどちらかを見るのであって，決して両方を見ることはない．一般に，どちらの顔が現れるかは，私たちが行う実験様式に依存するのである．

図 4・23 波動－粒子の二元性の概念のたとえとなる奇妙な絵．この絵をじっと見ると，令嬢か，老婆かのどちらかが見える．決して両方を同時に見ることはできない．

波動－粒子の二元性という矛盾したようにみえる問題のもう一つの解釈は，これを分類のしかたの問題とみることである．波動－粒子の二元性は，巨視的な実験に基づいて，物理現象を波動的，あるいは粒子的のどちらかに分類しようとする結果から生じたものである．どちらにも適合しないものの存在を認めてしまえば，このような問題は生じない．

おもしろいことに，1895年に，電子が原子構成粒子であることを最初に示したのはJ. J. トムソンであり，また1926年に他の研究者とともに，電子が波としてふるまうことを最初に実験的に示したのはG. P. トムソンであった．この二人のトムソンは父と息子である．父は1906年に，電子が粒子であることを示した業績によりノーベル賞を受賞し，その息子は1937年に，電子が波動であることを示した業績によりノーベル賞を受賞したのである．

4・8 水素原子の電子のエネルギーは量子化されている

1913年に，デンマークの若い物理学者ボーア[1]は，観測された水素の原子スペクトルをうまく説明できる水素原子のモデルを提案した．ボーア理論の重要な仮説は，水素原子の電子は，原子核のまわりのある制限された円軌道だけを運動しているというものであった．10年後，ド・ブロイが提案した電子の波動性によって，原子核に束縛された電子のドブロイ波が，ある適切な波長をもつときだけ電子の安定な円軌道が生じる理由が明らかになった．図4・24は，もし電子のドブロイ波が，ちょうど1周した後にもとの位置と一致しなければ，波は打ち消しあい，しだいに消滅してしまうことを示している．すなわち，電子のドブロイ波の形状が電子のすべての周回で一致する場合にのみ，安定な軌道が形成されるのである．さらにこれは，電子のドブロイ波長 λ にある整数 n を掛けたものが，軌道の外周と一致したときにのみ実現する．軌道の半径を r とすると軌道の外周は $2\pi r$ となるので，この条件は次式で表される．この式を量子条件という．

$$2\pi r = n\lambda \qquad n = 1, 2, 3, \dots \qquad (4・8)$$

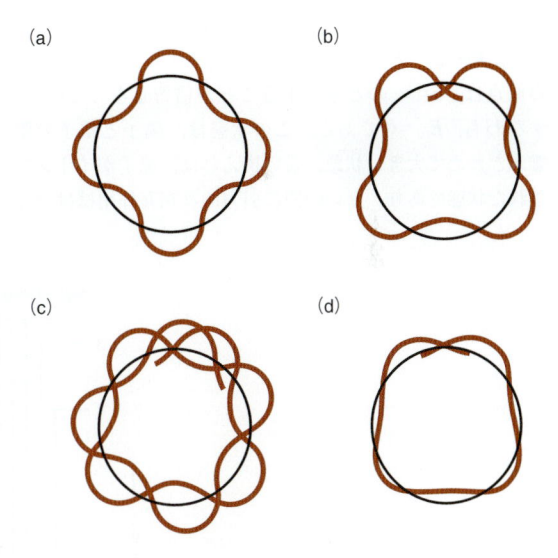

図 4・24 円軌道に束縛された電子のドブロイ波の一致と不一致を示す図．(a)のように，ドブロイ波の波長 λ の整数倍が軌道の外周 $2\pi r$ と一致すれば，ドブロイ波はちょうど1周した後にもとの位置と一致する．(a)では $4\lambda = 2\pi r$ が成立している．ドブロイ波が1周した後にもとの位置と一致しなければ，波は打ち消しあい，(b)から(d)に示すように，しだいに消滅してしまうだろう．一致したドブロイ波に対応する電子のエネルギーだけが許容されるため，電子のエネルギーは特定の不連続な値しかとることができない．

---

1) Niels Bohr

ボーアは，本質的にこの条件を意味する関係式と，原子核のまわりを回っている電子と陽子との間にはたらく力の釣り合いの条件を用いて，これらの制限された軌道を運動する電子のエネルギーは，次式で与えられることを示した．

$$E_n = \frac{-2.1799 \times 10^{-18} \text{ J}}{n^2}$$
$$= \frac{-2.1799 \text{ aJ}}{n^2} \quad n = 1, 2, 3, \cdots \quad (4 \cdot 9)$$

ここで，n は整数しかとれないことに注意してほしい．電子のエネルギーを有効数字3桁で表すと，$n=1$ のとき $E_1 = -2.18$ aJ，$n=2$ のとき $E_2 = -0.545$ aJ などとなる．このように，電子のエネルギーは，ある特定の不連続な値しかとることができないので，"電子のエネルギーは量子化されている" という．また，(4・9)式で与えられるそれぞれの E_n は，水素原子の電子の許容された**エネルギー状態**[1]に対応している．図4・25はさまざまな n に対するエネルギー状態を，そのエネルギー E_n の位置を示す水平な線として描いたものである．それぞれの線を**エネルギー準位**[2]という．(4・9)式における n の値が増大するとともに，エネルギー準位の間隔が狭くなることに注意してほしい．

(4・9)式からわかるように，負の符号により，すべてのエネルギーは負の値となる．最も低いエネルギーは E_1 であり，$E_1 < E_2 < E_3 \cdots$ といった順に増大する．エネルギーの原点は，$n = \infty$ のときとすることが慣習となっている．すなわち，$E_\infty = 0$ である．この状態は，陽子と電子の距離がきわめて大きい状態，言い換えれば，原子がイオン化された状態であり，互いの間に引力的な相互作用ははたらかない．そこで，この状態における陽子と電子の間の相互作用をゼロととるのである．陽子と電子が接近すると，それらは反対の電荷をもっているので，それらの間に引力的な相互作用がはたらく．負のエネルギー値をもつ状態は，エネルギーがゼロの状態よりも安定である．

量子論では，許容されたエネルギー状態を**定常状態**[3]という．また，最も低いエネルギーをもつ定常状態を**基底状態**[4]といい，それよりエネルギーの高い定常状態を**励起状態**[5]という．水素原子では $n=1$ の状態が基底状態であり，$n=2$ の状態を第一励起状態，$n=3$ の状態を第二励起状態などといい，$n=\infty$ まで続く．$n=\infty$ の状態は原子がイオン化された状態であり，電子はもはや原子核の束縛を受けていない．

4・9 原子における定常状態間の遷移に伴って電磁波の吸収・放出が起こる

ボーアは，原子が定常状態にあるときには，その原子は電磁波を吸収することもなく，放出することもないと考えた．しかし，原子がある定常状態から別の定常状態へと遷移するとき，原子は電磁波を吸収，あるいは放出する．ボーア理論によると，(4・9)式が示すように，定常状態の数は限られているので，放出，あるいは吸収される光子がもつエネルギーも制限されたものとなる．したがって，放出，あるいは吸収される電磁波の振動数も限られることになり，これが輝線スペクトルとなる．

水素原子が $n=4$ の定常状態から $n=2$ の定常状態へと遷移する場合を考えてみよう（図4・25）．この場合には，電子は高いエネルギー状態から低いエネルギー状態へ遷移す

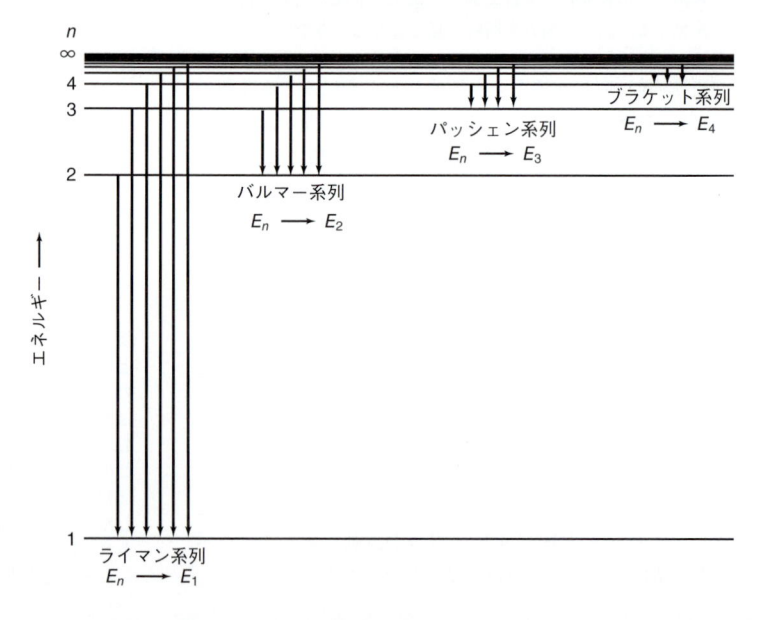

図 4・25 水素原子における高いエネルギー状態から低いエネルギー状態への遷移．それぞれの遷移には光子の放出が伴う．さまざまな輝線の系列は，ライマン系列（$n>1$ から $n=1$），バルマー系列（$n>2$ から $n=2$），パッシェン系列（$n>3$ から $n=3$），およびブラケット系列（$n>4$ から $n=4$）とよばれる．これらの系列の名称は，それぞれの発見者に由来している．

---

1) energy state 2) energy level 3) stationary state 4) ground state 5) excited state

るので，光子が放出される．この場合の初期状態は $n=4$ の定常状態にある水素原子であり，最終状態は $n=2$ の定常状態にある水素原子と1個の光子である．したがって，エネルギー保存の法則から，つぎのように書くことができる．

$$E_4 = E_2 + E_\text{photon}$$

この方程式を光子のエネルギー E_photon について解き，E_4 と E_2 に対して (4·9) 式を適用すると，

$$E_\text{photon} = E_4 - E_2 = \left(\frac{-2.1799\,\text{aJ}}{4^2}\right) - \left(\frac{-2.1799\,\text{aJ}}{2^2}\right)$$

$$= (2.1799\,\text{aJ})\left(\frac{1}{2^2} - \frac{1}{4^2}\right)$$

$$= 0.40873\,\text{aJ} = 4.0873 \times 10^{-19}\,\text{J}$$

$E = h\nu$ の関係を用いると，この遷移によって放出される光子の振動数は，次式によって与えられることがわかる．

$$\nu = \frac{E_\text{photon}}{h} = \frac{4.0873 \times 10^{-19}\,\text{J}}{6.626 \times 10^{-34}\,\text{J s}} = 6.169 \times 10^{14}\,\text{s}^{-1}$$

この振動数に相当する波長は，(4·1) 式を用いて求めることができる．

$$\lambda = \frac{c}{\nu} = \frac{2.9979 \times 10^8\,\text{m s}^{-1}}{6.169 \times 10^{14}\,\text{s}^{-1}} = 4.860 \times 10^{-7}\,\text{m} = 486.0\,\text{nm}$$

得られた結果は，表 4·3 に示された実験値とよく一致している．

こうして，ある任意の初期状態 n_i から，ある任意の最終状態 n_f への遷移に伴って放出される電磁波の波長に対する一般式を誘導することができる．ここで，初期状態のエネルギーは最終状態のエネルギーよりも大きい．すなわち $E_i > E_f$ である．この遷移にエネルギー保存の法則を適用すると，

$$E_i = E_f + E_\text{photon}$$

この方程式を E_photon について解き，(4·9) 式を代入すると次式が得られる．

$$E_\text{photon} = E_i - E_f = \left(\frac{-2.1799\,\text{aJ}}{n_i^2}\right) - \left(\frac{-2.1799\,\text{aJ}}{n_f^2}\right)$$

すなわち，

$$E_\text{photon} = (2.1799\,\text{aJ})\left(\frac{1}{n_f^2} - \frac{1}{n_i^2}\right) \quad n_i > n_f \quad (4 \cdot 10)$$

さらに，(4·10) 式に (4·5) 式 $E = hc/\lambda$ を代入し，$1/\lambda$ について解くと，次式を得ることができる．

$$\frac{1}{\lambda} = \frac{E}{hc}$$

$$= \left[\frac{2.1799 \times 10^{-18}\,\text{J}}{(6.626 \times 10^{-34}\,\text{J s})(2.9979 \times 10^8\,\text{m s}^{-1})}\right]\left(\frac{1}{n_f^2} - \frac{1}{n_i^2}\right)$$

$$= (1.097 \times 10^7\,\text{m}^{-1})\left(\frac{1}{n_f^2} - \frac{1}{n_i^2}\right) \quad (4 \cdot 11)$$

(4·11) 式から，水素原子の発光スペクトルには，状態 n_i から n_f ($n_i > n_f$ とする) への遷移に対応する一連の輝線が現れることが推測される．図 4·25 には，これらの遷移のいくつかを矢印で示した．

(4·11) 式において $n_f = 2$ とおくと，(4·2) 式に示したリュードベリ-バルマーの式と一致する．すなわち，リュードベリ-バルマーの式は，水素原子の発光スペクトルにおいて状態 n_i ($n_i = 3, 4, 5, \cdots$) から状態 $n_f = 2$ への遷移に対応する一連の輝線の波長を予測する式であることがわかる．この一連の輝線を**バルマー系列**[1]という (図 4·26)．このように，ボーア理論からリュードベリ-バルマーの式が理論的に誘導できる．これは，ボーア理論の偉大な成功の一つであった．

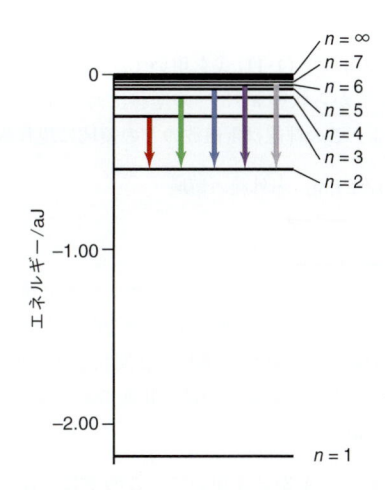

図 4·26 バルマー系列．矢印は，水素原子の発光スペクトルの可視領域に現れる輝線を与える遷移を示し，それぞれの輝線の波長に対応した色をつけてある．

例題 4·7 水素原子において，状態 $n=3$ から状態 $n=1$ への遷移に対応する電磁波の振動数と波長を求めよ．

解答 この遷移に伴って放出される光子のエネルギー E_photon は，(4·10) 式を用いてつぎのように求めること

---
1) Balmer series

ができる.

$$E_{\text{photon}} = (2.1799 \text{ aJ}) \left(\frac{1}{1^2} - \frac{1}{3^2} \right)$$
$$= 1.9377 \text{ aJ} = 1.9377 \times 10^{-18} \text{ J}$$

つぎに,$E=h\nu$〔(4・3)式〕の関係を用いると,この光子の振動数は,

$$\nu = \frac{E}{h} = \frac{1.9377 \times 10^{-18} \text{ J}}{6.626 \times 10^{-34} \text{ J s}} = 2.924 \times 10^{15} \text{ s}^{-1}$$

同様に,$E=hc/\lambda$〔(4・5)式〕の関係を用いて,放出される光子の波長を,次式のように求めることができる.

$$\lambda = \frac{hc}{E} = \frac{(6.626 \times 10^{-34} \text{ J s})(2.9979 \times 10^8 \text{ m s}^{-1})}{1.9377 \times 10^{-18} \text{ J}}$$
$$= 1.025 \times 10^{-7} \text{ m} = 102.5 \text{ nm}$$

水素原子における状態 $n_i>1$ と基底状態($n_f=1$)の間の遷移に対応する一連の輝線は,水素原子の発光スペクトルの紫外線領域に現れ,**ライマン系列**[1]とよばれる(図 4・25).(4・10)式と(4・3)式を用いて計算されたこれらの輝線の振動数の値は,実験から得られた値ときわめてよく一致している.

練習問題 4・7 (4・11)式を用いて,水素原子における状態 $n=5$ から状態 $n=3$ への遷移に対応する波長の値を求めよ.この輝線は電磁波のどの領域に現れるか.

解答 1282 nm,赤外線の領域

例題 4・8 水素原子の発光スペクトルの可視領域において,青色の輝線が振動数 $7.308 \times 10^{14} \text{ s}^{-1}$ に観測される.この輝線に対応する遷移の初期状態が状態 $n=6$ であるとすると,この遷移の最終状態のエネルギー準位 n はいくつか.

解答 まず,(4・3)式を用いて,この遷移に伴って放出されるエネルギーを求める.

$$E_{\text{photon}} = h\nu = (6.626 \times 10^{-34} \text{ J s})(7.308 \times 10^{14} \text{ s}^{-1})$$
$$= 4.842 \times 10^{-19} \text{ J} = 0.4842 \text{ aJ}$$

この結果を(4・10)式に代入すると,

$$0.4842 \text{ aJ} = (2.1799 \text{ aJ}) \left(\frac{1}{n_f^2} - \frac{1}{6^2} \right)$$

この式を n_f について解くことにより,解答が得られる.

$$\frac{1}{n_f^2} = \frac{0.4842 \text{ aJ}}{2.1799 \text{ aJ}} + \frac{1}{6^2}$$
$$\frac{1}{n_f^2} = 0.2221 + 0.0278$$
$$n_f = \sqrt{4.000} = 2$$

これはバルマー系列における輝線の一つである(図 4・26).バルマー系列における $n=3,4,5,6,7$ から $n=2$ への遷移によって,水素原子の発光スペクトルの可視領域に 5 本の輝線が現れる.

練習問題 4・8 バルマー系列における赤色の輝線の波長は,656.3 nm である.この輝線に対応する遷移の初期状態のエネルギー準位 n を求めよ.また,この励起状態は何というか.

解答 $n=3$.表 4・3 に示された値と一致している.状態 $n=3$ は基底状態 $n=1$ よりも二つ上のエネルギー準位であるから,この状態は第二励起状態という.

これまで述べてきた発光スペクトルは,ガラス管に封じた気体に放電させたときに得られる.放電によって気体分子に一瞬の強いエネルギーが与えられ,分子は原子に解離し,さらに原子は励起状態へ押し上げられる.励起状態の原子が基底状態へ戻るとき,電子はエネルギーを失い,より低い許容されたエネルギー準位へ遷移する.その際に放出された光子が,観測された原子発光スペクトルを与えるのである(図 4・25).すでに述べたように,原子発光スペクトルは,元素を同定するために用いることができる.この原理は**炎色反応**[2]として,化学的な試料に含まれるアルカリ金属の同定に利用されている.それぞれのアルカリ金属は,特徴的な炎色を示す(図 4・27).

吸収スペクトル[3]は,試料に電磁波を照射することによって,実験的に測定することができる(図 4・28).水素原子の吸収スペクトルは,ボーア理論により,低いエネルギー状態にある電子が,より高いエネルギー準位へ遷移することに対応する現象として説明される.このような遷移の測定に用いる機器は,波長を選択するための装置を備えており,測定に必要な波長領域の電磁波を,波長を連続的に変えながら試料に照射できるようになっている.試料に依存して,ある特定の振動数をもつ電磁波だけが吸収され,電子の励起状態への遷移が起こる.

吸収スペクトルがどのように生じるかをみるために,ある任意の初期状態 n_i から,ある任意の最終状態 n_f への遷移を考えよう.ここでは,初期状態のエネルギーよりも最終状態のエネルギーの方が高い.すなわち,$E_f>E_i$ である

---

1) Lyman series 2) flame test 3) absorption spectrum

図 4・27 1族元素の炎色反応．左から，リチウム(紅色)，ナトリウム(黄色)，カリウム(紫色)，ルビジウム(赤色)，セシウム(青色)．これらの金属に特有の色は，電子的な励起状態にある金属原子の電子遷移に由来するものであり，試料中に存在するアルカリ金属を検出するための定性分析に利用される．試料に含まれるアルカリ金属のイオンは，炎の下方の中心部で還元されて気体状の金属になる．

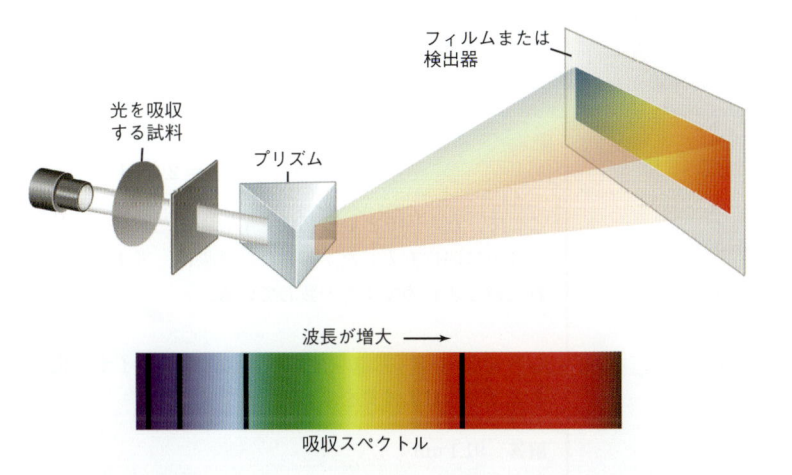

図 4・28 吸収スペクトルは，白色光(可視領域のすべての波長を含む光)を試料に照射し，透過した光をプリズムや回折格子を通して波長ごとに分けることによって測定される．吸収スペクトルは，明るい背景に対して黒色の吸収線として現れる．プリズムや回折格子を試料の前において，特定の波長における吸収を測定する場合もある．

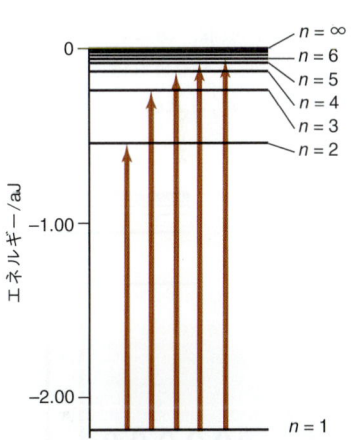

図 4・29 電子的な基底状態にある水素原子($n=1$)は電磁波を吸収することができる．吸収が起こると，電子は励起状態($n>1$)へと遷移する．

(図 4・29)．エネルギー保存の法則を適用することにより，次式を得る．

$$E_f = E_i + E_{photon}$$

この式を E_{photon} について解き，(4・9)式を代入すると，(4・10)式を誘導したときのように，次式を得ることができる．

$$E_{photon} = (2.1799 \text{ aJ})\left(\frac{1}{n_i^2} - \frac{1}{n_f^2}\right) \qquad n_f > n_i \qquad (4 \cdot 12)$$

発光に対する(4・10)式と吸収に対する(4・12)式は同じ形をしているが，$1/n^2$ の項の順序が逆になっていることに注意してほしい．これは，発光と吸収において，電子の初期状態と最終状態が逆になっているためである．いずれの場合も，エネルギーは，光子の形態の電磁波として放出，あるいは吸収される．

発光スペクトルは，暗い背景に対する一連の着色した輝線として与えられる．一方，吸収スペクトルは，明るい背景に対して，その振動数において吸収が起こったことを示す一連の黒色の線として与えられる．図 4・30 にナトリウム原子の発光，および吸収スペクトルを示す．ナトリウムランプからは明るい黄色の発光が見られ，これはしばしば街路灯に用いられている．

(4・12)式を用いて，水素原子の吸収スペクトルを予測す

図 4・30 ナトリウムの発光，および吸収スペクトルにおける最も強い遷移は，可視領域の黄色の領域である 589.0 nm と 589.6 nm に現れる．

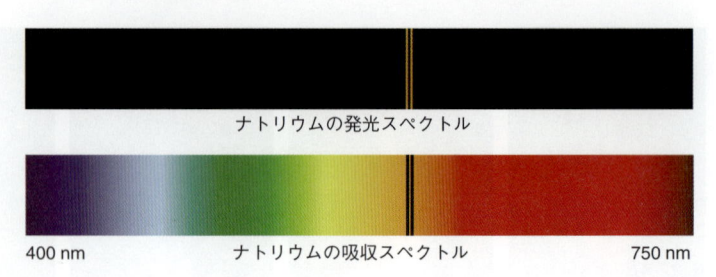

ることができる．計算の方法は，以前に発光スペクトルで行った方法と類似している．図 4・29 に水素原子の吸収スペクトルにおける，基底状態 $n=1$ から励起状態 $n>1$ への系列に対応する遷移を矢印で示した．発光スペクトル，および吸収スペクトルは，化学分析において広範囲に利用されている．

理解しておくべき重要なことは，原子におけるある二つの状態間のエネルギー差に相当するエネルギーをもつ電磁波だけが，吸収，あるいは放出されることである（図 4・31）．もしそうでなければ，スペクトルは一連の輝線からなるのではなく，連続したスペクトルとなるはずである．

例題 4・9 水素原子のイオン化エネルギーを計算せよ．

解答 4・1 節で述べたように，イオン化エネルギー E_{ion} とは，基底状態にある原子から，最も原子核から離れた位置にある電子を完全に除去するために必要となるエネルギーである．したがって，基底状態にある水素原子のイオン化は，$n=1$ の状態から $n=\infty$ の状態への遷移に相当する．原子はエネルギーを吸収するので，遷移に必要なエネルギーは (4・12) 式によって与えられる．

$$E_{ion} = (2.1799 \text{ aJ})\left(\frac{1}{1^2} - \frac{1}{\infty^2}\right)$$
$$= (2.1799 \text{ aJ})(1-0) = 2.18 \text{ aJ}$$

ここで，$1/\infty^2 = 0$ という関係を用い，また結果を有効数字 3 桁に四捨五入した．得られた結果は，表 4・1 に示された値ときわめてよく一致している．

練習問題 4・9 基底状態にある水素原子をイオン化できる光子の最大波長を求めよ．

解答 91.1 nm

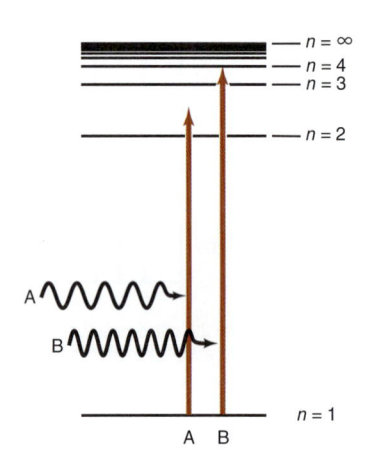

図 4・31 水素原子に照射された 2 種類の光子 A, B（波矢印）とそれに対応するエネルギー（矢印）．光子 B のエネルギーは状態 $n=1$ と状態 $n=4$ のエネルギー差と一致しているので，光子 B は吸収される．一方，光子 A のエネルギーはどの状態間のエネルギー差とも一致しないので，光子 A は吸収されない．光子 A は電子を状態 $n=1$ から状態 $n=2$ に遷移させるだけの十分なエネルギーをもっているが，過剰なエネルギーを散逸させることができない．

水素原子のボーア理論はすばらしい成功を収めた．しかし，多くの人々の努力にもかかわらず，その理論は，複数の電子をもつ原子（多電子原子）へ拡張することができなかったのである．このことは，原子の電子構造を理解するためにまったく新しい方法論が必要であることを示していたが，1925 年に，ハイゼンベルクとシュレーディンガーが独立にこの問題を解決した．彼らの方法については次章で説明するが，本書では特に，シュレーディンガーが提案した方程式を扱う．この方法によれば，多電子原子のみならず，分子の電子構造もうまく記述することができる．

まとめ

第一イオン化エネルギーは，元素の周期的性質の一つである（図 4・1）．連続したイオン化エネルギーの値から，原子の電子は電子殻に配置されていることが示された（図 4・3 から図 4・7）．これらは，表 4・2 に示したルイス記号によって表記される．

1900 年にプランクは，高温の物体から放出される電磁波は，量子，すなわち $E=h\nu$ で与えられるエネルギーをもつ微小なかたまりとしてふるまうと仮定した．これに

よって，量子論が創始されたのである．それから5年後，アインシュタインは同じ考え方を用いて，光電効果の実験結果をみごとに説明した．彼の理論によれば，光，あるいは一般的に電磁波は，光子という粒子の流れとみることができ，そのエネルギーはプランクが提案した式 $E=h\nu$ で与えられる．その後，ド・ブローイは，"もし光が，光子という粒子としての性質を示すのならば，粒子も波としての性質を示すはずである"と主張した．運動している粒子がもつ波長 λ は，$\lambda=h/mv$ で与えられる．ド・ブローイの仮説は，電子回折の発見によって実験的に立証された．電子を結晶に照射すると，X線を照射したときと同じ形の回折像が得られたのである．

1911年にボーアは，水素原子の電子構造に関する最初の理論を定式化した．彼は，水素原子の電子は，中心にある原子核のまわりの，ある制限された円軌道だけを運動していると提案した．許容された軌道にある電子は，それぞれ異なったエネルギーをもつので，電子のエネルギーは不連続な値をとる，すなわち量子化されることになる．励起された試料から放出される電磁波は，輝線とよばれる多数の不連続な線からなっている．励起された原子から生成する発光スペクトルを，原子発光スペクトルという．水素原子の発光スペクトルも，いくつかの輝線の系列からなっている．特に，スペクトルの可視領域に現れる一連の輝線はバルマー系列とよばれ，その輝線の波長は，リュードベリ-バルマーの式によって与えられる．1911年にボーアが提案した水素原子のモデルを用いることにより，水素原子の発光スペクトルに現れるすべての輝線の位置がみごとに説明された．

5 量子論と原子の構造

5・1　量 子 論
5・2　方位量子数
5・3　磁気量子数
5・4　電子スピン
5・5　原子のエネルギー状態
5・6　パウリの排他原理
5・7　電子配置
5・8　フントの規則
5・9　励起状態
5・10　電子配置と周期性
5・11　d オービタルと f オービタル
5・12　原子半径, イオン化エネルギーと周期性

　前章では量子論の初期の発展について概観した．ボーア理論は水素原子のスペクトルについてはみごとな説明を与えたが，残念ながら，複数の電子をもつ原子には適用できなかった．本章では，ボーア理論から完全に決別し，ハイゼンベルクとシュレーディンガーによって提案された新しい理論について述べる．彼らの理論は，多電子原子や分子にも適用することができた．中核となるのはシュレーディンガー方程式という方程式である．これによって原子や分子における電子配置が記述され，原子構造と周期表の関係が完全に説明されたのである．この理論によって分子の構造や形状を説明できるだけでなく，究極的には，元素のほとんどの化学的性質を説明することができる．量子論は，これ以降に学ぶ内容を理解するために，どうしても必要な知識であるので，**本章はきわめて重要な章である**．

5・1　シュレーディンガー方程式は量子論の中核となる方程式である

　ボーア理論は水素原子のスペクトルの解釈において成功を収めたが，その一方で，複数の電子をもつ原子のスペクトルをまったく説明することができなかった．さらに，ボーアが水素原子に含まれる電子の軌道と運動量を明確に定義したことは，**ハイゼンベルクの不確定性原理**[1] という自然界の基本原理と矛盾することが示された．1920 年代の中ごろ，ドイツの若い物理学者ハイゼンベルク[2]（図 5・1）は，粒子の位置と運動量（mv，質量と速さの積）の両方を同時に正確に決定することは不可能であることを示した．この不確かさは測定による誤差や実験技術の未熟さによるものではなく，測定という行為それ自身がもつ根源的な性質である．
　電子の位置を測定することを考えよう．もし x 軸に沿って，電子の位置を距離

　エルビン シュレーディンガー　Erwin Schrödinger (1887～1961) はオーストリアの物理学者．彼は 1910 年にウィーン大学で理論物理学の博士号を取得した．その後，ドイツでさまざまな教職についた後，1927 年にベルリン大学でプランクの後任の教授となった．1933 年，シュレーディンガーは，ヒトラーとナチスの政策に反対してベルリン大学を辞職し，1936 年に，ようやくオーストリアのグラーツ大学の教授となった．しかし，ドイツによるオーストリア侵攻によって，彼は教授の職を解かれた．その後，アイルランドに移り，ダブリン大学が彼のために設立したダブリン高等研究所で研究を続けた．彼はアイルランドに 17 年間とどまった後，退職して故国のオーストリアにもどった．シュレーディンガーは 1933 年に，"新形式の原子理論の発見"の業績により，英国の物理学者ディラックとともにノーベル物理学賞を受賞した．奇妙なことにシュレーディンガーは，波動関数の確率解釈を決して受け入れようとせず，アインシュタインとともに，その生涯を通じて量子論の確率解釈に懐疑的であった．シュレーディンガーは一人で研究することを好んだため，他の何人かの量子論の開拓者とは異なり，彼の学派が形成されることはなかった．彼の先駆的な著書"生命とは何か"は大きな影響を与え，多くの物理学者が生物学的な問題に取り組むきっかけとなった．

---

1) Heisenberg uncertainty principle　2) Werner Heisenberg

5・1 量子論

運動している粒子のドブロイ波長の場合と同様に、ハイゼンベルクの不確定性原理も、飛行機やゴルフボールのような日常の物体に対しては、実質的な意味をもたない。これは、物体の観測に伴う力は非常に小さいので、巨視的な世界では、その物体の位置や運動量に実質的な影響を与えないためである。一方、原子や原子構成粒子の世界では、観測される物体とそれに衝突する光子の運動量は同じ程度の大きさなので、まさにその測定という行為が、物体の位置や運動量を変えてしまう。したがって、原子や原子構成粒子において、ハイゼンベルクの不確定性原理は重要な意味をもつことになる。つぎの例題と練習問題から、観測される物体に与える観測の影響の大きさを知ることができる。

図 5・1 ベルナー ハイゼンベルク Werner Heisenberg (1901〜1976) は 1920 年代の量子論の発展における先導者であり、彼の名をつけた不確定性原理の提案者として知られる。彼は 1932 年に、31 歳の若さでノーベル物理学賞を受賞した。ハイゼンベルクはナチス・ドイツにおける原子爆弾の開発に関わったが、実際に開発に協力したのか、それとも実現を阻止したのか、現在もなお定かではない。

Δx (Δx は位置 x における不確かさを表す) 以内の正しさで決定しようとすると、少なくとも Δx と同程度の波長の電磁波を電子に照射しなければならない。言い換えれば、電子を"見る"ためには、何らかの方法で、光子を電子と相互作用させる、すなわち光子を電子に衝突させる必要がある。そうでなければ、光子は電子のそばを通り過ぎるだけであり、なにも見ることはできない。ド・ブロイが提案した (4・6) 式によると、光子は運動量 $p=h/\lambda$ をもつので、電子と衝突が起これば、この運動量の一部は電子に移動するだろう。したがって、電子の位置を測定するという行為は、電子の運動量を変化させることになる。

ハイゼンベルクにより、光子が電子に衝突して跳ね返ったとき、衝突した光子の運動量のどの程度が電子に移動したかを正確に決定することは不可能であることが示された。単に電子の位置を距離 Δx 以内の不確かさで決定しようとすることが、電子の運動量の不確かさ Δp を生じさせるのである。電子の位置における最小の不確かさ Δx が光子の波長 λ 程度の大きさで、その運動量の不確かさ Δp が h/λ 程度の大きさであるとすると、$(\Delta x)(\Delta p)$ はおおよそ h よりも大きいか、同程度の値となる。より詳しい解析により、次式が導かれる。

$$(\Delta x)(\Delta p) \geq \frac{h}{4\pi} \qquad (5・1)$$

ここで h はプランク定数である。(5・1) 式はハイゼンベルクの不確定性原理を数式によって表したものである。この式が示すように、電子のような粒子の位置と運動量を同時に決定する際には、測定という行為それ自身のために、その正確さは根源的な制約を受けるのである。

例題 5・1 電子の位置を、不確かさが 5×10^{-11} m 以内で求めたいとしよう。この大きさは原子の数%程度の大きさである。ハイゼンベルクの不確定性原理に基づいて、このとき測定される電子の速さの不確かさを求めよ。また、電子の速さを 5.0×10^6 m s^{-1} とすると、この不確かさは電子の速さの何%程度になるか。

解答 (5・1) 式を用いると、運動量の不確かさ Δp をつぎのように求めることができる。

$$(\Delta p) \geq \frac{h}{4\pi(\Delta x)}$$

$$= \frac{6.626 \times 10^{-34} \text{ J s}}{4\pi(5 \times 10^{-11} \text{ m})}$$

$$= 1 \times 10^{-24} \text{ kg m s}^{-1}$$

ここで 1 J = 1 kg m^2 s^{-2} の関係を用いた。後見返しの表を参照すると、電子の質量は 9.11×10^{-31} kg であるから、速さの不確かさは次式で与えられる。

$$\Delta v \geq \frac{\Delta p}{m}$$

$$= \frac{1 \times 10^{-24} \text{ kg m s}^{-1}}{9.11 \times 10^{-31} \text{ kg}}$$

$$= 1 \times 10^6 \text{ m s}^{-1}$$

この結果から、この条件で電子の位置を決定しようとすると、速さにきわめて大きな不確かさが生じることがわかる。この大きさは光速の約 0.4%、問題に示された電子の速さの 20% にも達する。さらにこれは、最小の値であることに注意しなければならない。実際の不確かさはこれよりもずっと大きいかもしれない。上記の数字は、与えられた条件において最良の測定が行われた場合の値を示している。

練習問題 5・1 200 km h^{-1} の速さで飛んでいる質量

45.9 g のゴルフボールを考えよう．ある瞬間において，ゴルフボールの位置を不確かさが 1 mm 以内で測定する実験を行ったとすると，このとき測定されるゴルフボールの速さの不確かさを求めよ．また，この不確かさはゴルフボールの速さの何％程度になるか．

解答　1×10^{-30} m s^{-1}，2×10^{-30} ％．この結果から，巨視的な物体に対しては，ハイゼンベルクの不確定性原理はほとんど意味をもたないことがわかる．

ボーア理論では，水素原子に含まれる電子の運動が，ある不連続の，正確に定義された軌道に制限されていると仮定した．しかしこれは，電子の運動をあまりに詳しく記述している点で，ハイゼンベルクの不確定性原理に反している．1926 年，オーストリアの物理学者シュレーディンガー[1]は，後に科学において最も有名な方程式の一つとなる**シュレーディンガー方程式**[2]を提案した．この方程式は量子論の中核となるものであり，粒子の波動性とも，またハイゼンベルクの不確定性原理とも矛盾しない方程式である．さらに，ボーア理論とは異なり，この方程式によって多電子原子や分子の性質を予測することもできる．シュレーディンガー方程式はここで扱うにはあまりに複雑で難しいが，いくつかの重要な結論については示しておかねばならない．

水素原子に関するシュレーディンガー方程式を解くと，水素原子の電子のエネルギーが，ボーア理論によって予測されるものと同一の，一組の不連続な値に制限されることが導かれる．すなわち，電子のエネルギーは量子化されており，(4・9)式で与えられる値に制限される．このように，シュレーディンガーの理論，すなわち量子論は，水素原子のスペクトルの解釈において，ボーア理論と同様に正しい結果を与える．

しかし，ボーア理論と量子論は，原子核のまわりにある電子の位置を記述する方法がまったく異なっている．ボーア理論では電子のふるまいを，正確に定義された軌道に制限した．一方，量子論では電子のふるまいを，シュレーディンガー方程式を解くことによってエネルギーとともに得られる一つ，あるいは複数の関数によって記述する．この関数を**波動関数**[3]という．波動関数は電子の位置を変数とする関数であり，慣用的にギリシャ文字のプサイ ψ によって表される．波動関数が電子の位置に依存することを強調するために，波動関数は $\psi = \psi(x, y, z)$ と書かれることもある．ここで，x, y, z は原子核のまわりにある電子の位置を示す座標である．また，波動関数の 2 乗 $\psi^2(x, y, z)$

は**確率密度**[4]を意味し，ある点 (x, y, z) のまわりの微小な体積要素を ΔV とすると，その領域に電子を見いだす確率は $\psi^2 \Delta V$ によって表される．この文は注目すべき内容を言い表している．すなわち，これは "私たちは，電子の位置を正確に決定することはできず，ある空間領域に電子が存在する確率を割り当てることしかできない" と言っているのである．

水素原子の電子のふるまいを記述する波動関数は，水素の**原子オービタル**[5]とよばれる．波動関数は三次元の量なので，シュレーディンガー方程式を解いて波動関数を求める際に 3 個の整数が現れる．それらを量子数といい，一般に n, l, m_l で表記される．水素の原子オービタルは，3 個の量子数 n, l, m_l に依存する．なお，"原子オービタル" ということばは，シュレーディンガー方程式の解である波動関数のうち特別なものをさすが，ここではこれら二つのことばを区別せずに用いる．

量子数 n を**主量子数**[6]という．水素原子の電子のエネルギーは，主量子数 n だけで決まる (5・5 節で述べるように，これは多電子原子の場合には正しくない)．ボーア理論において述べたように，n は $n = 1, 2, 3, \cdots$ などの値をとることができる．主量子数 n は 4・2 節で述べた電子殻に対応する値である．たとえば，主量子数 $n = 1$ をもつ原子オービタルは原子核に最も近い第一の電子殻にあり，$n = 2$ の原子オービタルはその外側の第二の電子殻にある，などということができる．

主量子数 $n = 1$ の原子オービタルは，許容されたうちで最も低いエネルギーをもち，水素原子の基底状態を表す波動関数である．この関数は電子と陽子との距離だけに依存し，$\psi(r)$ と書くことができる．ここで r は電子と陽子の距離を表す．次節で述べるように，水素原子の基底状態を表

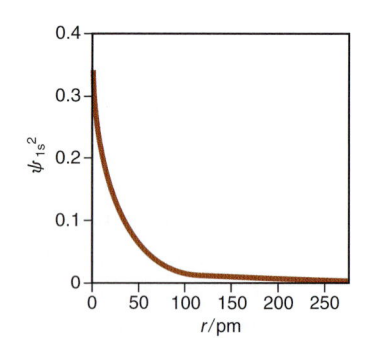

図 5・2　水素 1s オービタルの確率密度 ψ_{1s}^2 の，電子と陽子間の距離 r に対するプロット．電子を見いだす確率は陽子の近傍が最も大きいが，r が増大しても，曲線の値は決してゼロにはならない．すなわち，原子核からどんなに離れた位置であっても，電子を見いだす確率は，小さいが，決してゼロではない．

---

1) Erwin Schrödinger　2) Schrödinger equation　3) wave function　4) probability density　5) atomic orbital
6) principal quantum number

す波動関数は，単にψ_1ではなくψ_{1s}と表記され，この原子オービタルは水素1sオービタルとよばれる．図5・2に，水素1sオービタルの確率密度ψ_{1s}^2を電子と陽子の距離rに対してプロットした図を示す．陽子からの距離が増大するにつれて，確率密度は急速に減少することに注意してほしい．ψ_{1s}^2の値はただ距離rの大きさだけに依存し，空間におけるrの方向には依存しない．このような場合，ψ_{1s}^2は球対称であるという．

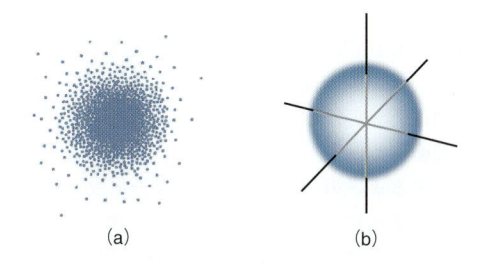

図 5・3 1sオービタルの2種類の表記法．(a) ある領域に描かれた点の密度は，その領域に電子を見いだす確率に比例している．(b) 描かれた球は，99%の確率で電子を見いだすことのできる領域を囲んでいる．1sオービタルは球対称であることを思い出そう．図(a)は球の断面を示していることに注意せよ．

原子オービタルをさまざまな書き方で描いてみると，単にrに対するψ_{1s}^2の依存性を示した図5・2のプロットよりも，原子オービタルについてもっと多くの情報を得ることができる．たとえば，図5・3(a)に示すように，1sオービタルを点表示によって表すことができる．この図では，ある体積要素ΔVにある点の数が，その領域に電子を見いだす確率に比例するように描かれている．図5・4に，rに対するψ_{1s}^2のプロットと，図5・3(a)に示した点表示図との関係を示した．原子核から遠ざかるにつれて，電子を見いだす可能性が急速に減少することを思い出そう．

また，1sオービタルのもう一つの表記法として，ある確率で電子が見いだされる領域を表示する方法がある．たとえば，図5・3(b)に描かれた球は，99%の確率で電子を見いだすことのできる領域を示している．この表記法は，原子オービタルの三次元的な形状をはっきりと描くことができるという利点をもつ．ただし，図5・2に示すように，原子核からの距離rがどんなに大きくなっても，ψ_{1s}^2は決してゼロにはならないことに注意しなければならない．

5・2 原子オービタルの形状は方位量子数に依存する

主量子数nは，原子オービタルの実質的な大きさ，あるいは広がりを決める．これに対して，量子数lは原子オービタルの形状を決定する．lが異なる原子オービタルは，異なった形状をもっている．この第二の量子数を**方位量子数**[1]という．lは原子オービタルの形状を決めることから，形状量子数とよばれることもある．シュレーディンガー方程式を解くことにより，lは$0, 1, \cdots, n-1$の値に限られることが示される．したがって，ある決まった主量子数nに対して許されるlの値は，つぎの表のようにまとめられる．

n	l
1	0
2	0, 1
3	0, 1, 2
4	0, 1, 2, 3
·	·
·	·
·	·
n	$0, 1, 2, 3, \cdots, n-1$

それぞれのnの値に対して，lは0から$n-1$の範囲の整数をとることに注意しよう．歴史的な理由により，lの値は以下の表のように，それぞれの値に対応する文字で表される．

l	0	1	2	3	4	⋯
表記	s	p	d	f	g	⋯

s, p, d, fという名称は，それぞれアルカリ金属の原子発光スペクトルにおける輝線の系列を表すことば sharp, principal, diffuse, fundamental に由来している．$l=4$以上の値に対しては，f以降のアルファベット順の文字を用いる．

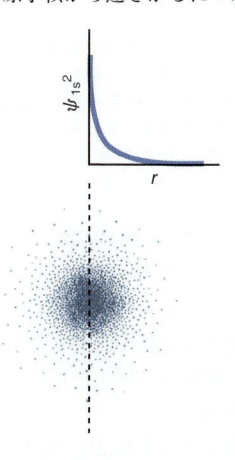

図 5・4 1sオービタルの確率密度ψ_{1s}^2のrに対するプロットと，点表示図との関係．どちらの図も，ある点のまわりに電子を見いだす確率は，原子核からの距離の増大とともに急速に減少することを示している．

---

[1] azimuthal quantum number

それぞれの原子オービタルは，最初に主量子数 n（1, 2, 3, …）を書き，つぎに方位量子数 l の値に対応する文字（s, p, d, f, …）を書くことによって表す．たとえば，$n=1$，$l=0$ に対する原子オービタルは，すでに述べたように 1s オービタルとよばれる．$n=3$，$l=2$ に対する原子オービタルは，3d オービタルとなる．表 5·1 に，主量子数が $n=1$ から $n=4$ における原子オービタルの一覧表を示した．

表 5·1　原子オービタルの表記

n	l	表記	n	l	表記
1	0	1s	4	0	4s
2	0	2s		1	4p
	1	2p		2	4d
3	0	3s		3	4f
	1	3p			
	2	3d			

例題 5·2　表 5·1 に 2d オービタルが記載されていない理由を説明せよ．

解答　$n=2$ のときは $n-1=1$ であるから，l は，0，あるいは 1 の値をとることができるだけである．すなわち，$n=2$ のとき l がとりうる最大値は 1 となる．d オービタルは $l=2$ をもつ原子オービタルなので，2d オービタルのようなオービタルは存在しない．

練習問題 5·2　表 5·1 に 3f オービタルが記載されていない理由を説明せよ．

解答　3f オービタルは量子数 $n=3$，$l=3$ に対応するオービタルである．$n=3$ のとき l がとりうる最大値は 2 となるので，3f オービタルは存在しない．

水素原子において，1s オービタルを占有する電子は，(4·9)式に $n=1$ を代入することによって得られるエネルギー E_1 をもつ．$n=2$ のときには，l は 0 と 1 の値をとりうるので，2 個の原子オービタル，すなわち 2s オービタル（$n=2$，$l=0$），および 2p オービタル（$n=2$，$l=1$）が可能である．これらの原子オービタルはいずれも主量子数 n が 2 なので，これらの原子オービタルのどちらかを占有する水素原子の電子は，ともに(4·9)式によって与えられるエネルギー E_2 をもつ．量子論では，2 個，あるいはそれ以上のオービタルが同じエネルギーをもつ場合，"それらのオービタルは**縮重している**[1]，あるいは縮退している" という．2s オービタルと 2p オービタルは縮重しているが，異なる方位量子数 l の値をもつので，原子オービタルの形

状は異なる．

すべての s オービタルは球対称である．図 5·5 に原子核と電子の距離 r に対する ψ_{2s}^2 のプロットを示した．2s オービタルにおいて，99% の確率で電子を見いだすことができる球の半径は約 600 pm であり，1s オービタルの相当する値 200 pm（図 5·2 を参照せよ）と比較してかなり大きい．すなわち，2s オービタルは 1s オービタルよりも原子核から離れた空間領域に大きな電子密度をもっている．また，図 5·5 は，2s オービタルでは，原子核から半径約 100 pm の球面上の電子密度がゼロであることを示している．一般に，1s オービタルを除くすべての原子オービタルは，その面上の電子密度がゼロとなる面をもっている．このような面を**節面**[2] という．また図 5·5 には，原子核と電子の距離 r に対する ψ_{2s}^2 のプロットと，2s オービタルの確率密度を表す点表示図との関係を示した．2s オービタルについて 99% の確率で電子を見いだす領域を描いた図は，図 5·3(b) に示された 1s オービタルに対する図と同じ球形となるが，その大きさは 1s オービタルよりも大きくなる．

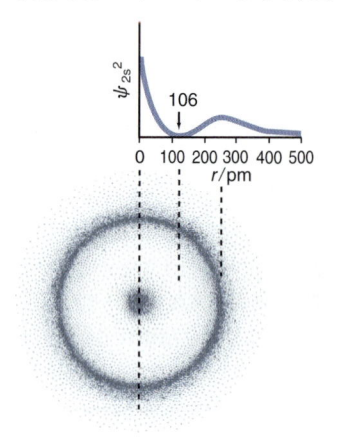

図 5·5　2s オービタルの確率密度 ψ_{2s}^2 の r に対するプロットと点表示図との関係．この図から，2s オービタルは 1 個の球状の節面，すなわちその面上の電子密度がゼロになる面をもつことがわかる．s オービタルは球対称であり，この図は三次元的な図の断面を示していることに注意せよ．

3s オービタルに関する同様の図も 2s オービタルと同じ球形となるが，半径が約 1300 pm とさらに大きくなる．図 5·6 に，原子核と電子の距離 r に対する ψ_{3s}^2 のプロットと，3s オービタルの確率密度を表す点表示図との関係を示した．この図から，3s オービタルは 2 個の球状の節面をもつことがわかる．

$n=2$ では，2s オービタルだけではなく 2p オービタルも存在する．2p オービタルの最も明確な特徴は，それが球対称ではないことである．図 5·7(a) に，2p オービタルの三次元的な形状を示した．2p オービタルは長い軸をもち，

---

1) degenerate　2) nodal surface

それに沿って環状に分布している。このため，2pオービタルは，長軸（図5・7aではz軸）について円筒対称であるという。図5・7(a)が示すように，2pオービタルはxy平面によって二等分されており，xy平面は節面になっていることに注意しよう。すなわち，2pオービタルの電子密度は，この平面上のあらゆる位置でゼロとなっている。すべてのsオービタルが球対称であると同様に，すべてのpオービタルはその長軸について円筒対称である。本節において最も重要なpオービタルの性質は，図5・7(a)に示すように，pオービタルがある軸に沿った方向性をもっていることである。図5・7(b)には，2pオービタルの断面における点表示図を示した。点表示図によって，2pオービタルにおける確率密度の分布がわかる。

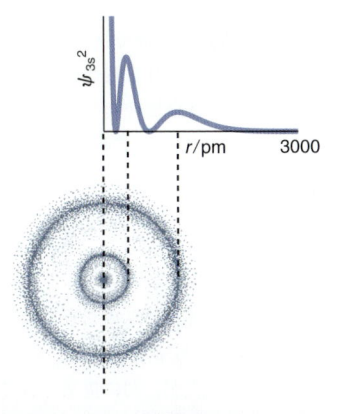

図 5・6 3sオービタルの確率密度 ψ_{3s}^2 のrに対するプロットと，点表示図との関係。この図から3sオービタルは2個の球状の節面，すなわちその面上の電子密度がゼロになる面をもつことがわかる。これも三次元的な図の断面を示していることに注意せよ。

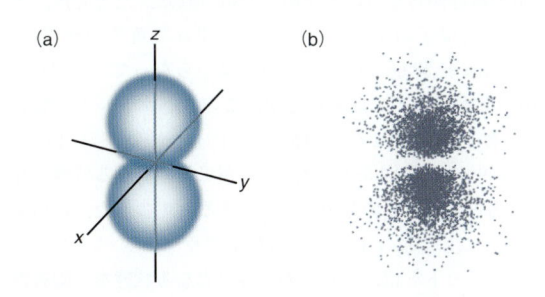

図 5・7 (a) 2pオービタルの電子を99%の確率で見いだすことのできる領域を囲んだ曲面。この図は実際の形状をやや単純化して描いたものであるが，重要な点は，オービタルが一つの軸に沿って分布していることである。この場合，オービタルはその軸について円筒対称であるという。
(b) (a)に描かれた2pオービタルの断面の点表示図。この図には2pオービタルの電子の確率密度が示されているので，(a)と(b)の形状はやや異なっている。しかし，どちらの図も，2pオービタルが方向性をもつという特徴を明確に示している。

5・3 原子オービタルの空間的な配向は磁気量子数に依存する

第三の量子数 m_l は**磁気量子数**[1]といい，原子オービタルの空間的な配向を決定する。磁気量子数 m_l は l と $-l$ の間の整数，すなわち，

$$l, (l-1), (l-2), \cdots, 0, -1, -2, \cdots, -l$$

をとることができる。あるいは，$m_l = 0, \pm 1, \pm 2, \cdots, \pm l$ と書くこともできる。したがって，許容される m_l の値は，l の値に対してつぎの表のように依存する。

l	m_l
0	0
1	+1, 0, −1
2	+2, +1, 0, −1, −2
3	+3, +2, +1, 0, −1, −2, −3

sオービタルは $l=0$ であるから，sオービタルでは m_l の値は0しかとることができない。pオービタルは $l=1$ であるから，m_l として +1, 0, −1 の値をとることができる。表5・2に，主量子数 $n=1$ から $n=4$ の原子オービタルについて，許容される l，および m_l の値をまとめた。

ある与えられた n と l の値に対して，許容される m_l の値は，それぞれ異なる原子オービタルに対応する。表5・2から，n のあらゆる値に対してただ1個のsオービタルがあり，$n \geq 2$ に対してそれぞれ3個のpオービタル，$n \geq 3$ に対してそれぞれ5個のdオービタル，$n \geq 4$ に対してそれぞれ7個のfオービタルがあることがわかる。ある電子殻（すなわち，ある n の値）に対して，たとえば，3個のpオービタルは，それぞれ異なった磁気量子数 m_l の値 +1, 0, −1 をもっている。3個のpオービタルは，いずれも

表 5・2 主量子数 $n=1 \sim 4$ に対して許容されるオービタル

n	l	m_l	表記	オービタルの数
1	0	0	1s	1
2	0	0	2s	1
	1	1, 0, −1	2p	3
3	0	0	3s	1
	1	1, 0, −1	3p	3
	2	2, 1, 0, −1, −2	3d	5
4	0	0	4s	1
	1	1, 0, −1	4p	3
	2	2, 1, 0, −1, −2	4d	5
	3	3, 2, 1, 0, −1, −2, −3	4f	7

---

[1] magnetic quantum number

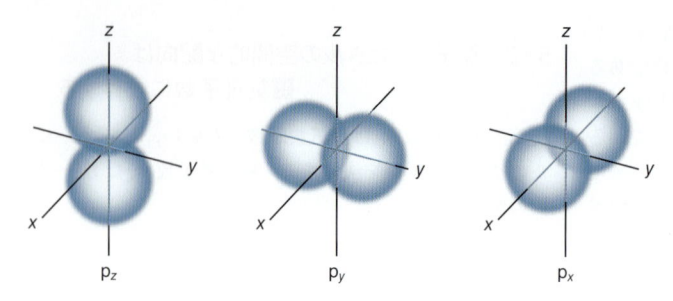

図 5·8 3個の 2p オービタル．これらは同じ形状をもつが，空間的な配向が異なっている．これは，これらのオービタルはいずれも同じ方位量子数 ($l=1$) をもっているが，それぞれの磁気量子数 m_l が異なるためである．オービタルの形状は l の値に依存し，その配向は m_l に依存することを思い出そう．3個の p オービタルはそれぞれ異なる m_l をもっている．x 軸，y 軸，z 軸に沿った方向性をもつオービタルは，それぞれ p_x オービタル，p_y オービタル，p_z オービタルと表記される．

$l=1$ なのですべて同じ形状をしているが，それぞれ m_l の値が異なるので，空間に対する配向が異なる．図 5·8 に 3個の 2p オービタルを示した．一つの 2p オービタルは，図 5·7(a) にも示したように z 軸に沿った方向性をもっている．他の二つは，これと同じ形状をもっているが，それぞれ x 軸，y 軸に沿った方向性をもっている．それぞれの p オービタルは，そのオービタルが配向している軸を示す下付き文字をつけて，p_z オービタル，p_x オービタル，p_y オービタルと表記される．原子は空間においてあらゆる配向をとることができ，またこれら3個のオービタルのエネルギーは同じなので，オービタルや軸に割り振られた x, y, z は特定された方向を示すものではないことに注意してほしい．

表 5·2 が示すように，$l=2$ の場合には 5 個の d オービタルがあり，それぞれは $+2, +1, 0, -1, -2$ の m_l の値をもつ．5 個の d オービタルは $d_{xy}, d_{yz}, d_{xz}, d_{x^2-y^2}, d_{z^2}$ と表記される．図 5·9 に 5 個の 3d オービタルを示した．それぞれのオービタルは 2 個の節面をもっており，d_{z^2} オービタルを除いてすべての節面は平面である．d_{z^2} オービタルは 2 個の円錐状の節面で定められる特徴的な形状をもっている．d オービタルは，遷移金属元素の化学において，またいくつかの非金属の結合において重要な役割を果たす．d オービタルの化学については第 26 章で述べる．

5·4 電子は固有スピンをもつ

シュレーディンガー方程式から得られる原子オービタルは，それぞれ 3 個の量子数 n, l, m_l によって特定される．シュレーディンガー方程式が最初に提案されてから，この式によってきわめて多くの実験データが説明された．しかし，この式に合致しない観測結果もいくつか見られた．たとえば，いくつかの原子の発光スペクトルに現れる輝線を詳細に検討することにより，実際には，それらが接近した 2 本の輝線からなることが明らかにされた．たとえば，ナトリウム原子の発光スペクトルに現れる黄色の輝線は，589.0 nm と 589.6 nm の 2 本の輝線からなっている（図 4·30）．細かいことではあったが，このスペクトルの分裂は科学者を困惑させた．1926 年，ドイツの物理学者パウリ[1] (89 ページ 図 5·12) は，電子が二つの異なる状態で存在するならば，この分裂は説明できると主張した．このあとすぐに，二人のオランダの科学者ウーレンベック[2] とゴーズミット[3] は，これらの二つの異なる状態を，**固有電子スピン**[4] という性質の違いに帰属した．彼らは，電子が，あたかも"こま"のように，軸のまわりにとりうる二つの方向のいずれかに，文字通り回転（スピン）していると考えたのである．さらに，回転している電荷は磁場を生じるので，次図に示すように，ある意味で，電子は微小な磁石としてふるまうことになる．ただし，ここでスピンという概念は，古典物理学からの類推であることを強調しておかねばならない．量子論によって記述されるように，電子は物

例題 5·3
表 5·2 を参照せずに，主量子数 $n=3$ に許容されるすべての l と m_l の値を示せ．

解答 $n=3$ のとき，l は $0, 1, 2$ の値をとることができる．$l=0$ については，1 個の 3s オービタルがある（3s オービタルは $l=0$ なので，$m_l=0$ しかとれない）．$l=1$ については，3 個の 3p オービタルがある（3p オービタルは $l=1$ なので，$m_l=+1, 0, -1$ をとることができる）．$l=2$ については，5 個の 3d オービタルがある（3d オービタルは $l=2$ なので，$m_l=+2, +1, 0, -1, -2$ をとることができる）．

練習問題 5·3
表 5·2 を $n=5$ の場合に拡張せよ．

解答

n	l	m_l	表記	オービタルの数
5	0	0	5s	1
	1	1, 0, −1	5p	3
	2	2, 1, 0, −1, −2	5d	5
	3	3, 2, 1, 0, −1, −2, −3	5f	7
	4	4, 3, 2, 1, 0, −1, −2, −3, −4	5g	9

---

1) Wolfgang Pauli 2) George Uhlenbeck 3) Samuel Goudsmit 4) intrinsic electron spin

5・4 電子スピン

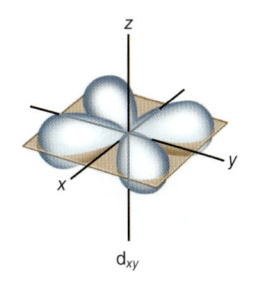

(a) 4個のローブはxy面上にあり、x軸とy軸から形成される4個の象限に位置している．

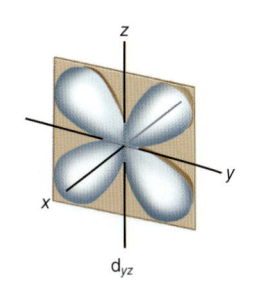

(b) 4個のローブはyz面上にあり、y軸とz軸から形成される4個の象限に位置している．

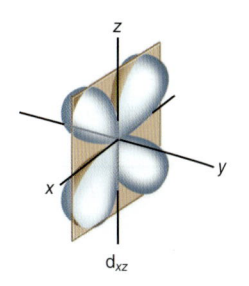

(c) 4個のローブはxz面上にあり、x軸とz軸から形成される4個の象限に位置している．

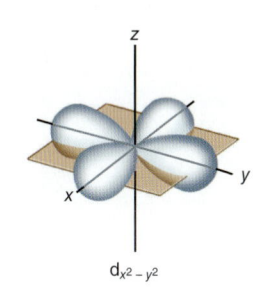

(d) 4個のローブはx軸とy軸上に位置している．

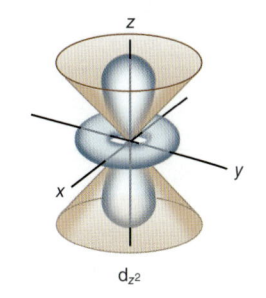

(e) 2個のローブはz軸上にあり、ドーナツ形のローブがxy面上に対称的におかれている．

図 5・9 5個の3dオービタル．最初の3個のdオービタル，(a)d_{xy}，(b)d_{yz}，(c)d_{xz} はいずれも，電子を見いだす確率が高い領域（ローブという）が下付き文字で示された二つの軸の間にあり，これらの軸に垂直な2個の節面をもっている．(d)$d_{x^2-y^2}$ オービタルは4個のローブが x 軸と y 軸上にあり，これらの軸を二分する面に沿った2個の節面をもっている．(e)d_{z^2} 軌道は特徴的な形状をもっており，z 軸に沿った2個の円錐状の節面で定められる2個のローブと1個の環から構成される．

理的に回転しているわけではない．スピンということばで表現される電子の二つの状態は，シュレーディンガーが提案した最初の方程式には考慮されていなかった，電子がもつ固有の性質から生じるものである．

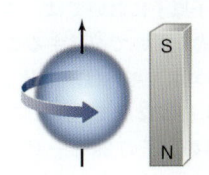

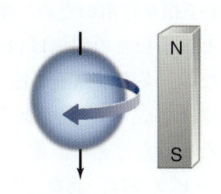

固有電子スピンの存在により，第四の量子数が導入された．これは**スピン量子数**[1]といい，m_s によって表記される．m_s は電子のスピン状態を表しており，二つのとりうる値は $+\frac{1}{2}$ あるいは $-\frac{1}{2}$ のどちらかである．

スピン量子数の導入により，水素原子における電子の状態を特定するための量子数が，全部で4種類そろったことになる．これらの量子数は，次のようにまとめられる．

$$n = 1, 2, 3, \cdots$$
$$l = 0, 1, 2, \cdots, n-1$$
$$m_l = l, l-1, \cdots, 0, -1, \cdots, -l$$
$$m_s = +\frac{1}{2} \text{ あるいは } -\frac{1}{2}$$

表5・3には，$n=1$ から $n=3$ について，許容される4種類の量子数の組合わせをまとめた．原子の中の電子は，それぞれの電子がもつ4種類の量子数 (n, l, m_l, m_s) の値によって特徴づけられる．

例題 5・4 表5・2と表5・3を参照せずに，$n=2$ のときに，原子の中の電子がもつ4種類の量子数 (n, l, m_l, m_s) の可能な組合わせをすべて示せ．

解答 $n=2$ のときには，l は0，あるいは1をとることができる．まず，$l=0$ の場合を考えよう．$l=0$ であれば，

[1] spin quantum number

$m_l = 0$ である．また，他の3種類の量子数の値によらず，スピン量子数は $+\frac{1}{2}$ あるいは $-\frac{1}{2}$ をとることができる．したがって，つぎの二つの組合わせが可能である．

n	l	m_l	m_s
2	0	0	$+\frac{1}{2}$
2	0	0	$-\frac{1}{2}$

つぎに，$n=2$，$l=1$ の場合を考えよう．$l=1$ であるから，m_l は $+1, 0, -1$ をとることができる．それぞれの m_l の値に対して，m_s は $+\frac{1}{2}$ あるいは $-\frac{1}{2}$ をとることができる．したがって，つぎの6通りの組合わせが可能である．

n	l	m_l	m_s
2	1	+1	$+\frac{1}{2}$
2	1	+1	$-\frac{1}{2}$
2	1	0	$+\frac{1}{2}$
2	1	0	$-\frac{1}{2}$
2	1	-1	$+\frac{1}{2}$
2	1	-1	$-\frac{1}{2}$

このように，$n=2$ のときには，4種類の量子数について8通りの組合わせが可能となる．これらのうち二つは $l=0$ をもち，2s オービタルにある互いに逆のスピンをもつ2個の電子に相当する．また，六つの組合わせは $l=1$ をもち，3個の 2p オービタル($2p_x, 2p_y, 2p_z$)のそれぞれにある互いに逆のスピンをもつ2個の電子に相当する．

練習問題 5・4 つぎに示した4種類の量子数 (n, l, m_l, m_s) の組合わせのうち，原子の中の電子がもつ量子数として許容されないものはどれか．

$\left(4, 2, 2, +\frac{1}{2}\right)$ $\left(4, 1, 0, -\frac{1}{2}\right)$ $\left(4, 2, 3, +\frac{1}{2}\right)$

解答 $\left(4, 2, 3, +\frac{1}{2}\right)$ は許容されない．なぜなら，$l=2$ のときに，とりうる m_l の最大値は2である．

5・5 複数の電子をもつ原子のエネルギー状態は n と l の値に依存する

水素原子の波動関数は，他のすべての原子における波動関数の手本として用いることができる．(4・9)式は，水素

表 5・3 主量子数 $n=1 \sim 3$ に対して許容される4種類の量子数の組合わせ

n	l	m_l	m_s
1	0	0	$+\frac{1}{2}, -\frac{1}{2}$
2	0	0	$+\frac{1}{2}, -\frac{1}{2}$
	1	+1	$+\frac{1}{2}, -\frac{1}{2}$
		0	$+\frac{1}{2}, -\frac{1}{2}$
		-1	$+\frac{1}{2}, -\frac{1}{2}$
3	0	0	$+\frac{1}{2}, -\frac{1}{2}$
	1	+1	$+\frac{1}{2}, -\frac{1}{2}$
		0	$+\frac{1}{2}, -\frac{1}{2}$
		-1	$+\frac{1}{2}, -\frac{1}{2}$
	2	+2	$+\frac{1}{2}, -\frac{1}{2}$
		+1	$+\frac{1}{2}, -\frac{1}{2}$
		0	$+\frac{1}{2}, -\frac{1}{2}$
		-1	$+\frac{1}{2}, -\frac{1}{2}$
		-2	$+\frac{1}{2}, -\frac{1}{2}$

原子の電子のエネルギーは，主量子数 n のみに依存し，他の量子数 l, m_l および m_s には依存しないことを示している．したがって，水素原子では，たとえば 3s, 3p, 3d オービタルのように，同じ n の値をもつ原子オービタルは，すべて縮重している，すなわち同じエネルギーをもっている（図5・10 a）．しかし，これは複数の電子をもつ原子では正しくない．多電子原子では，電子と原子核との相互作用だけではなく，電子と電子との相互作用が存在する．この電子-電子相互作用のため，多電子原子においては，エネルギーと量子数との関係は(4・9)式を用いて記述することができない．多電子原子の電子のエネルギーは，主量子数 n だけではなく，方位量子数 l にも複雑な形で依存している．このため，たとえば，水素以外の原子の 2s オービタルと 2p オービタルは，異なったエネルギーをもつことになる．図5・10(b)に示したように，原子オービタルのエネルギーは 1s<2s<2p<3s<3p<4s<3d<… の順に増大する．n が大きくなるにつれて，l に対するエネルギーの依存性も顕著となるので，4s オービタルのエネルギーが，3d オービタルのエネルギーよりも低くなるということが起こる．さらに，水素原子の場合と同様に，n の増加に伴って原子オービタルのエネルギーの間隔は狭くなるので，このようなエネルギー準位の逆転は，エネルギーが高いほど顕著に起こるようになる．幸いなことに，ほとんどの原子におけ

5・6 パウリの排他原理

るオービタルのエネルギーの順序を覚えるのに役立つ簡単な記憶法がある（図5・11）.

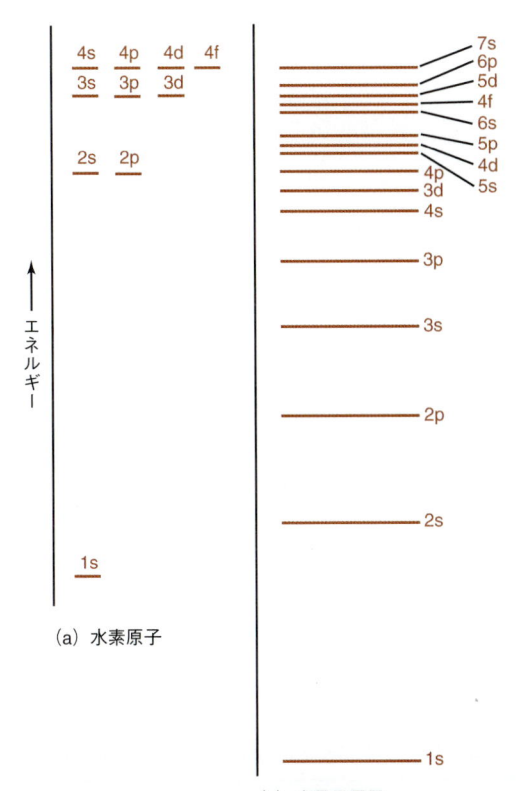

(a) 水素原子

(b) 多電子原子

図 5・10 原子オービタルの相対的なエネルギー準位.
(a) 水素原子の場合は，エネルギーは主量子数 n のみに依存する．すなわち，n の値が同じオービタルは同じエネルギーをもつ．(b) 複数の電子をもつ原子の場合は，オービタルのエネルギーは主量子数 n と方位量子数 l の両方に依存する．すなわち，n の値が同じオービタルでも l の値が異なれば，異なるエネルギーをもつ．例外はあるが，ここに示した相対的なエネルギー準位は，本書で扱うほとんどの多電子原子に適用できる．

5・6 パウリの排他原理によると同じ原子においてどの2個の電子も同じ4種類の量子数の組合わせをもつことができない

電子構造と周期表との関連を学ぶ前に，さまざまな原子オービタルに電子を配置する方法を理解しなければならない．1926年に最初にこの方法を導いたのは，パウリであった（図5・12）．彼は，同じ原子において，どの2個の電子も同じ4種類の量子数の組合わせをもつことができないと提案した．この考えを**パウリの排他原理**[1] という．

表5・4には，$n=1$ から $n=4$ までの原子の電子に対する，4種類の量子数（n, l, m_l, m_s）の可能な組合わせを示した．

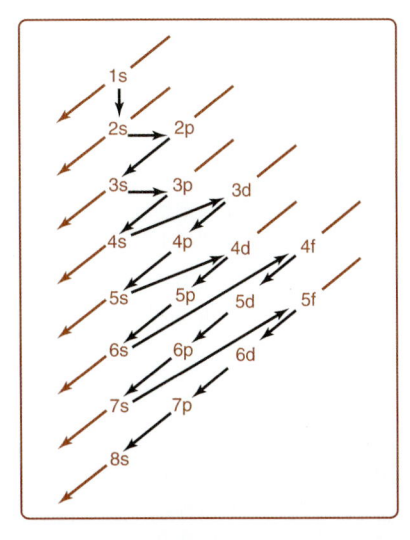

図 5・11 電気的に中性の多電子原子におけるオービタルエネルギーの順序を覚えるための記憶法．水素を除くほとんどの原子におけるオービタルエネルギーの正しい順序は，図に示すように，上方から斜めの線に沿ってその左端まで下り，ついでつぎの斜めの線の右端まで飛び上がり，再びその線に沿って下ることによって得ることができる．

図 5・12 ボルフガング パウリ Wolfgang Pauli（1900～1958）．オーストリアの物理学者．パウリは高校生の間に相対性理論に関するアインシュタインの論文を習得し，わずか20歳で相対性理論のモノグラフを執筆して高く評価された．彼は21歳のときに，ミュンヘン大学で博士号を取得した．1945年，パウリは，現在では彼の名をつけてよばれている"排他原理の発見"によりノーベル物理学賞を受賞した．

$n=1$ に対しては，ただ二つの組合わせ，$\left(1, 0, 0, +\frac{1}{2}\right)$ および $\left(1, 0, 0, -\frac{1}{2}\right)$ だけが許される．両方の組合わせは，いずれも $n=1$ と $l=0$ をもつので，それらは1sオービタルにある2個の電子に相当する．これらの2個の電子は，ただスピン量子数だけが異なっている．この状態を，つぎのように，2個の縦の矢印をつけた1本の線で図示しよう．

$$\frac{\uparrow\downarrow}{1s}$$

---

1) Pauli exclusion principle

表 5・4 パウリの排他原理に基づく原子オービタルへの電子の配置

n	l	m_l	m_s
1（第一電子殻）(2電子)	0（s副殻）(2電子)	0	$+\frac{1}{2}, -\frac{1}{2}$
2（第二電子殻）(8電子)	0（s副殻）(2電子)	0	$+\frac{1}{2}, -\frac{1}{2}$
	1（p副殻）(6電子)	+1	$+\frac{1}{2}, -\frac{1}{2}$
		0	$+\frac{1}{2}, -\frac{1}{2}$
		-1	$+\frac{1}{2}, -\frac{1}{2}$
3（第三電子殻）(18電子)	0（s副殻）(2電子)	0	$+\frac{1}{2}, -\frac{1}{2}$
	1（p副殻）(6電子)	+1	$+\frac{1}{2}, -\frac{1}{2}$
		0	$+\frac{1}{2}, -\frac{1}{2}$
		-1	$+\frac{1}{2}, -\frac{1}{2}$
	2（d副殻）(10電子)	+2	$+\frac{1}{2}, -\frac{1}{2}$
		+1	$+\frac{1}{2}, -\frac{1}{2}$
		0	$+\frac{1}{2}, -\frac{1}{2}$
		-1	$+\frac{1}{2}, -\frac{1}{2}$
		-2	$+\frac{1}{2}, -\frac{1}{2}$
4（第四電子殻）(32電子)	0（s副殻）(2電子)	0	$+\frac{1}{2}, -\frac{1}{2}$
	1（p副殻）(6電子)	+1	$+\frac{1}{2}, -\frac{1}{2}$
		0	$+\frac{1}{2}, -\frac{1}{2}$
		-1	$+\frac{1}{2}, -\frac{1}{2}$
	2（d副殻）(10電子)	+2	$+\frac{1}{2}, -\frac{1}{2}$
		+1	$+\frac{1}{2}, -\frac{1}{2}$
		0	$+\frac{1}{2}, -\frac{1}{2}$
		-1	$+\frac{1}{2}, -\frac{1}{2}$
		-2	$+\frac{1}{2}, -\frac{1}{2}$
	3（f副殻）(14電子)	+3	$+\frac{1}{2}, -\frac{1}{2}$
		+2	$+\frac{1}{2}, -\frac{1}{2}$
		+1	$+\frac{1}{2}, -\frac{1}{2}$
		0	$+\frac{1}{2}, -\frac{1}{2}$
		-1	$+\frac{1}{2}, -\frac{1}{2}$
		-2	$+\frac{1}{2}, -\frac{1}{2}$
		-3	$+\frac{1}{2}, -\frac{1}{2}$

横に引いた線は原子オービタルを表し、二つの矢印は異なったスピン量子数をもつ2個の電子を表している。上方を向いた矢印は $m_s = +\frac{1}{2}$ をもつ電子を示し、下方を向いた矢印は $m_s = -\frac{1}{2}$ をもつ電子を表す。このような図による表記はよく使われるので、$m_s = +\frac{1}{2}$、$m_s = -\frac{1}{2}$ をもつ電子を示すためにそれぞれ、上向きスピン、下向きスピンということばが、しばしば用いられる。また、2個の電子が一つのオービタルを占有しているとき、"それらの電子スピンは対になっている"という。一つのオービタルに電子が1個しかない場合には、"その電子は対になっていない"といい、そのような電子を**不対電子**[1]という。パウリの排他原理によると、あるオービタルを占有している2個の電子のスピン量子数は同一ではありえない。もしそうであれば、それらは4種類の量子数の同じ組合わせをもつことになり、パウリの排他原理に反することになる。したがって、↑↑ や ↓↓ によって表記される配置をとることは許されない。それらは禁制の配置である。

$n=1$ をもつ4種類の量子数の可能な組合わせは2通りしかないので、$n=1$ のエネルギー準位は2個の電子で完成されたことになる。つぎに、$n=2$ を考えよう。このときには、l は2種類の値、0と1をとることができる。$l=0$ は2sオービタルに対応し、逆向きのスピンをもった2個の電子をもつことができる。一方、$l=1$ は3個の2pオービタル（$m_l = +1, 0, -1$）に対応する。そのそれぞれのオービタルは、逆向きのスピンをもった2個の電子をもつことができ、その結果、3個の2pオービタルには全部で6個の電子が入ることができる。こうして、$n=2$ のエネルギー準位は、全部で8個（2sオービタルに2個、および3個の2pオービタルに6個）の電子を収容することができる。どのオービタルも2個を超える電子をもつことはできない。

$$\underset{2s}{\uparrow\downarrow} \quad \underset{2p}{\underline{\uparrow\downarrow \ \uparrow\downarrow \ \uparrow\downarrow}}$$

すでに述べたように、主量子数 n によって示されるエネルギー準位を、電子殻という。電子殻の中で、異なる方位量子数 l によって示される一群のオービタルを、**副殻**[2]という。たとえば、$n=2$ の電子殻には2個の副殻がある。すなわち、1個のオービタルからなり、最大で2個の電子

---

[1] unpaired electron [2] subshell

をもつことができるs副殻と，3個のオービタルからなり，最大で6個の電子をもつことができるp副殻である（表5・4）．

$n=3$ の電子殻については，3s，3p，3d副殻がある．$n=2$ の電子殻との違いは，d副殻をもつことだけである．d副殻は5個のdオービタルからなり，それぞれのオービタルは逆向きのスピンをもった2個の電子だけをもつことができるので，d副殻は最大で10個の電子をもつことができる．したがって，表5・4が示すように，$n=3$ のエネルギー準位，すなわち第3の電子殻は，最大で18個（=2+6+10）の電子を収容することができる．さらに，$n=4$ の電子殻について考えると，$n=3$ の電子殻とはf副殻をもつことだけが異なっている．f副殻は7個のfオービタルからなり，それぞれのオービタルは逆向きのスピンをもった2個の電子だけをもつことができるので，f副殻は最大で14個の電子をもつことができる．したがって，$n=4$ のエネルギー準位は，全部で32個（=2+6+10+14）の電子を収容することができる†．

5・7 電子配置は原子オービタルを電子がどのように占有しているかを表す

これまでに学んだことによって，表5・4を用いて，周期表のいくつかの重要な特徴を原子の電子構造に基づいて説明する準備が整った．まず，2個の電子をもつヘリウム原子を考えよう．ヘリウム原子の最もエネルギーが低い状態は，2個の電子をいずれも，最も低いエネルギーをもつ1sオービタルにおくことによって達成される．こうして，ヘリウム原子における**電子基底状態**[1]，すなわち最も低いエネルギーをもつ許容された電子状態は，↑↓あるいは1s² によって表記される．後者の方法が標準的な表記法としてよく用いられる．この表記法の1sは，1sオービタルについて考えていることを表し，上付き文字の2は，そのオービタルに2個の電子があることを意味する．2個の電子が異なるスピン量子数をもつ，すなわち逆向きのスピンをもつことは，暗黙に了解されている．たとえば，3pオービタルに電子が5個あることを表記するには，3p⁵ と書く．

シュテルン–ゲラッハの実験

シュレーディンガーが彼の方程式を提案する4年前の1922年，二人のドイツの科学者シュテルン（Otto Stern）とゲラッハ（Walther Gerlach）は，つぎのような興味深い実験を行った（図1）．彼らは気体状の銀原子のビームをつくり，それを不均一の磁場を通過させたところ，ビームが等しい強度をもつ二つのビームに分裂したのである．5・11節で学ぶように，銀原子は，磁性的には1個の電子と同様にふるまう．ビームが分裂したのは，この1個の電子のスピンが，二つの異なる状態をとる結果である．すなわち，電子は微小な磁石のようにふるまい，そのスピン磁気モーメントが外部の大きな磁場と同じであれば電子は磁場に引き寄せられ（$m_s=+\frac{1}{2}$），一方，スピン磁気モーメントが外部磁場と逆であれば電子は磁場と反発するのである（$m_s=-\frac{1}{2}$）．

銀原子の半数は $m_s=+\frac{1}{2}$ の電子をもち，もう半数は $m_s=-\frac{1}{2}$ の電子をもつので，ビームは等しい強度に分裂する．以下に示すはがきは，1922年にゲラッハからボーアに宛てたものであり，彼とシュテルンが行った実験の結果が記されている（図2）．左側の図が磁場のないときの銀原子のビームが描くパターンであり，右側の図が不均一な磁場をかけたときのパターンである．

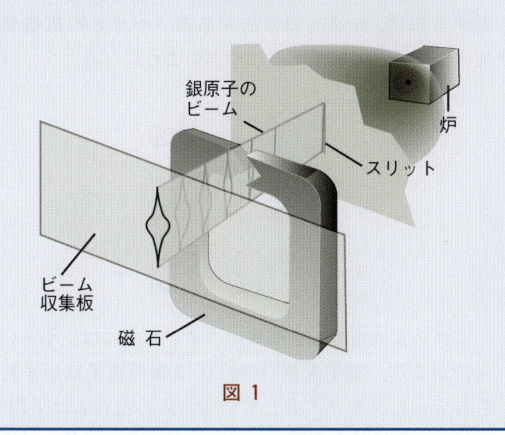

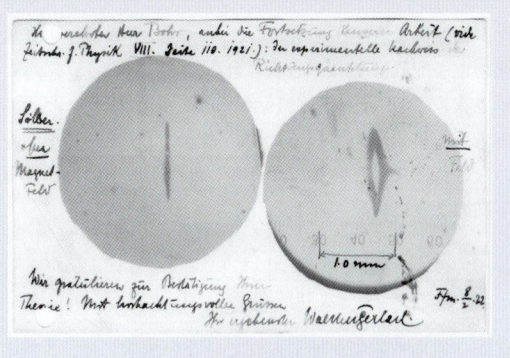

図1

図2

---

† 訳注: 一般に，主量子数 n の電子殻には $2n^2$ 個の電子を収容することができる．
1) ground electronic state

さまざまな原子オービタルに電子がどのように配置されているかを，その原子の**電子配置**[1]という．こうして，"ヘリウム原子の基底状態の電子配置は 1s² である"と記述される．

つぎに，3個の電子をもつリチウム原子の場合を考えよう．パウリの排他原理を破ることなく，1sオービタルに3個の電子をおくことはできない．なぜなら，そうすれば3個の電子のうち2個はどうしても，同じ4種類の量子数の組合わせをもつことになってしまうからである．1sオービタルは2個の電子によって完全に満たされているので，3個目の電子は，つぎにエネルギーが低いオービタルである2sオービタルに入らねばならない．2sオービタルに入った電子は，スピン量子数 m_s として $+\frac{1}{2}$，あるいは $-\frac{1}{2}$ をとることができるので，リチウム原子の電子配置はつぎのように書くことができる．

$$\underset{\text{1s}}{\uparrow\downarrow}\ \underset{\text{2s}}{\uparrow}\quad\text{あるいは}\quad\underset{\text{1s}}{\uparrow\downarrow}\ \underset{\text{2s}}{\downarrow}$$

二つの電子配置はまったく等価であり，ここでは2sオービタルの矢印の方向は重要ではない．一般には，左図のように上向きスピンを用いることが慣例となっている．標準的な表記法では 1s²2s¹ となる．4・2節では，表4・1に与えられたリチウム原子のイオン化エネルギーの実験値を用いて，リチウム原子の電子構造が，ヘリウムの電子殻と1個の外部の電子からなることを示した．また，表4・2では，リチウム原子を，1個の価電子をもつことを明示した表記法 [He]・，あるいは Li・ で表した．量子論からも，これらと同じ結論が自然に導かれることがわかる．

ベリリウム原子($Z=4$)の基底状態は，4個目の電子を，そのオービタルに収容される2個の電子が逆向きのスピンをもつように2sオービタルに置くことによって得られる．図によって示すと，つぎのようになる．

$$\text{ベリリウム}\quad\underset{\text{1s}}{\uparrow\downarrow}\ \underset{\text{2s}}{\uparrow\downarrow}$$

また，標準的な表記法を用いると，ベリリウム原子の基底状態の電子配置は 1s²2s² と表される．

ホウ素原子($Z=5$)では，1sオービタルと2sオービタルが両方とも満たされているので，つぎの2pオービタルを用いなければならない．こうして，ホウ素原子の電子配置は下図のように表記される．

$$\text{ホウ素}\quad\underset{\text{1s}}{\uparrow\downarrow}\ \underset{\text{2s}}{\uparrow\downarrow}\ \underset{\text{2p}}{\uparrow\ \ \ \ }$$

外部から電場や磁場が加えられていない場合には，3個の2pオービタルは縮重しているので，3個の2pオービタルのうち，どのオービタルに電子を配置してもかまわない．

しかし，図のように，最初に書かれたオービタルに電子を配置するのが慣例となっている．標準的な表記法を用いると，ホウ素原子の基底状態の電子配置は 1s²2s²2p¹ となる．

> **例題 5・5** イオンの基底状態の電子配置も，原子と同じ表記法を用いて記述することができる．B⁺イオンの基底状態の電子配置を示せ．
>
> **解答** 電気的に中性のホウ素原子は5個の電子をもち($Z=5$)，B⁺イオンの電子はそれよりも一つ少ない．したがって，B⁺イオンは4個の電子をもつ．基底状態の電子配置は，これら4個の電子のうち2個を1sオービタルに，また残りの2個を2sオービタルにおくことによって得られる．これより，B⁺イオンの基底状態の電子配置は，
>
> $$\text{B}^+\quad\underset{\text{1s}}{\uparrow\downarrow}\ \underset{\text{2s}}{\uparrow\downarrow}$$
>
> あるいは 1s²2s² と表記される．
>
> **練習問題 5・5** F⁻イオンの基底状態の電子配置を示せ．また，中性原子が F⁻ イオンと**等電子的**[2]な，すなわち同じ電子配置をもつ元素の名称を記せ．
>
> **解答** F⁻ イオンは10個の電子をもち，その基底状態の電子配置は 1s²2s²2p⁶ と表記される．また，それはネオンの中性原子と等電子的である．

5・8 基底状態の電子配置を予測するためにフントの規則を適用する

基底状態の炭素原子($Z=6$)は2pオービタルに2個の電子をもっている．3個の2pオービタルに2個の電子を配置するには，3通りの方法がある．パウリの排他原理に従った3通りの電子配置はつぎのようになる．

(1) $\underset{\text{1s}}{\uparrow\downarrow}\ \underset{\text{2s}}{\uparrow\downarrow}\ \underset{\text{2p}}{\uparrow\downarrow\ \ \ \ \ \ }$

(2) $\underset{\text{1s}}{\uparrow\downarrow}\ \underset{\text{2s}}{\uparrow\downarrow}\ \underset{\text{2p}}{\uparrow\ \uparrow\ \ \ }$

(3) $\underset{\text{1s}}{\uparrow\downarrow}\ \underset{\text{2s}}{\uparrow\downarrow}\ \underset{\text{2p}}{\uparrow\ \downarrow\ \ \ }$

これら3種類の電子配置のエネルギーには，小さいながら差がある．電子配置(1)では，2個の電子はいずれも同じpオービタルを占有しているため，それらは平均して，同じ空間領域に存在している．これに対して他の二つの場

---

1) electron configuration 2) isoelectronic

5・8 フントの規則

合には，2個の電子は異なるpオービタルを占有しているため，それらは平均して，異なる空間領域に存在している．2個の電子は同じ電荷をもっており互いに反発し合うため，2個の電子を異なるpオービタルにおいたほうが，すなわち異なる空間領域においたほうが電子間の反発は小さくなる．これによって，電子配置(2)および(3)は，電子配置(1)よりも低いエネルギーをもち，より有利に存在するものと予想できる．また，異なるpオービタルの2個の電子は，それらのスピンが平行になる，すなわち同じ向きのスピンをもつようにおいた場合が最もエネルギーが低いことが実験でわかっている．以上のことから，炭素原子の基底状態の電子配置はつぎのようになる．

炭　素　　$\underset{1s}{\uparrow\downarrow}$ $\underset{2s}{\uparrow\downarrow}$ $\underset{2p}{\uparrow\ \uparrow\ \_}$

標準的な表記法を用いると $1s^2 2s^2 2p_x^1 2p_y^1$ となる．これはしばしば簡略化されて，$1s^2 2s^2 2p^2$ と表記される．この場合，2個の2p電子は基底状態において対を形成せず，それらのスピンは平行になっていることが暗黙のうちに了解されている．原子は空間においてあらゆる配向をとることができ，また3個の2pオービタルは縮重しているので，電子をもつ2個のpオービタルの配向をx軸とy軸にとることが決められているわけではない．すなわち，電子配置は $1s^2 2s^2 2p_x^1 2p_z^1$ とも $1s^2 2s^2 2p_y^1 2p_z^1$ とも書くことができる．

上述した炭素原子の電子配置を決定した際の考え方は一般化することができ，最初の提唱者であるドイツの科学者フント[1] の名をつけて，**フントの規則**[2] という．フントの規則によると，同じエネルギーをもつ一組のオービタル，すなわち副殻に対して電子を配置するとき，基底状態の電子配置は，これらの組の異なったオービタルに，スピンができるだけ平行になるように電子を配置することによって得られる．すなわち，副殻のオービタルは，すべてのオービタルが1個の電子を占有するまで，どのオービタルも2個の電子を占有することはない．フントの規則を用いることによって，窒素原子($Z=7$)の基底状態の電子配置はつぎのように書くことができる．

窒　素　　$\underset{1s}{\uparrow\downarrow}$ $\underset{2s}{\uparrow\downarrow}$ $\underset{2p}{\uparrow\ \uparrow\ \uparrow}$

標準的な表記法では $1s^2 2s^2 2p_x^1 2p_y^1 2p_z^1$ と表され，これを簡略化すると $1s^2 2s^2 2p^3$ となる．ここでも3個の2p電子は，基底状態において，すべてのスピンが平行になっていることが暗黙に了解されている．

酸素原子($Z=8$)では，2pオービタルの電子が4個になるので，p電子の対が形成される．酸素原子の基底状態の電子配置はつぎのように表される．

酸　素　　$\underset{1s}{\uparrow\downarrow}$ $\underset{2s}{\uparrow\downarrow}$ $\underset{2p}{\uparrow\downarrow\ \uparrow\ \uparrow}$

標準的な表記法では $1s^2 2s^2 2p_x^2 2p_y^1 2p_z^1$ と表され，これを簡略化すると $1s^2 2s^2 2p^4$ となる．ここでも，対になった電子を，どの2pオービタルに配置してもかまわない．電子配置 $1s^2 2s^2 2p_x^1 2p_y^2 2p_z^1$ や $1s^2 2s^2 2p_x^1 2p_y^1 2p_z^2$ は互いに，また $1s^2 2s^2 2p_x^2 2p_y^1 2p_z^1$ と等価である．

例題 5・6　O^+ イオンの基底状態の電子配置を記せ．

解答　電気的に中性の酸素原子は8個の電子をもつので，O^+ イオンの電子は7個である（酸素原子に対して $Z=8$ であるから，O^+ イオンの電子数は $8-1=7$ 個となる）．そのうち4個の電子は1sオービタルと2sオービタルを占有し，残りの3個は2pオービタルに入る．フントの規則に従って，3個の2p電子は，3個の異なる2pオービタルにすべての電子のスピンが同じ方向を向くように配置される．したがって，基底状態の電子配置は $1s^2 2s^2 2p_x^1 2p_y^1 2p_z^1$，あるいは簡略化して $1s^2 2s^2 2p^3$ と表記される．

練習問題 5・6　O^{2-} イオンの基底状態の電子配置を記せ．

解答　酸化物イオン O^{2-} は10個の電子をもつので，その基底状態の電子配置は $1s^2 2s^2 2p^6$ と表記される．

表5・5に水素からネオンまでの10個の元素の電子配置を示した．ヘリウム原子は満たされた $n=1$ の電子殻をもち，またネオン原子は満たされた $n=2$ の電子殻をもつことに注意してほしい．原子の基底状態の電子配置は，最も低いエネルギーをもつ原子オービタルから順に，パウリの排他原理とフントの規則に従って電子を満たしていくことによって得ることができる．

表 5・5　水素からネオンまでの元素の基底状態の電子配置

元　素	基底状態の電子配置	元　素	基底状態の電子配置
水　素	$1s^1$	炭　素	$1s^2 2s^2 2p^2$
ヘリウム	$1s^2$	窒　素	$1s^2 2s^2 2p^3$
リチウム	$1s^2 2s^1$	酸　素	$1s^2 2s^2 2p^4$
ベリリウム	$1s^2 2s^2$	フッ素	$1s^2 2s^2 2p^5$
ホウ素	$1s^2 2s^2 2p^1$	ネオン	$1s^2 2s^2 2p^6$

---

1) Friedrich Hund　2) Hund's rule

5・9 原子が電磁波を吸収すると電子が エネルギーの高いオービタルへ遷移する

4・9 節では原子が電磁波を吸収することを述べた．この過程において，電子はより大きなエネルギーをもつオービタルへと遷移し，原子は励起状態になる．たとえば，リチウム原子が波長 671 nm の電磁波を吸収すると，つぎのような電子遷移が起こる．

$$\text{Li}(1s^22s^1) + h\nu \longrightarrow \text{Li}^*(1s^22p^1)$$
　　基底状態　　光子　　　　励起状態

ここで $h\nu$ は吸収された光子のエネルギーを表す．この過程によって，2s オービタルにある電子が，2p オービタルへと昇位する（図 5・13）．生成したリチウム原子は励起状態にあり（励起状態にあることを星印 * をつけて表す），その電子配置は $1s^22p^1$ によって表される．一般に，原子の第一励起状態は，基底状態において最もエネルギーの高いオービタルにある電子を，そのつぎにエネルギーの高いオービタルへと昇位させることによって得られる．本章ではおもに電子基底状態を扱っているが，基底状態は単に，その原子に許容された一組の電子状態のうちで，最もエネルギーの低い状態を意味していることを理解していなければならない．

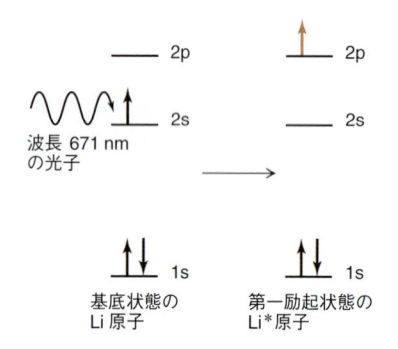

図 5・13　基底状態にあるリチウム原子が波長 671 nm の光子を吸収すると，第一励起状態への遷移が起こる．リチウム原子の 2s オービタルと 2p オービタルのエネルギー差は，吸収された光子がもつエネルギー 0.296 aJ に等しいはずである．光子のエネルギーはその波長 λ から，式 $E = hc/\lambda$ によって求められる．

例題 5・7　ネオン原子の第一励起状態の電子配置を記せ．

解答　ネオン原子の基底状態の電子配置は $1s^22s^22p^6$ である．最も大きなエネルギーをもつ電子は，2p オービタルにある電子のどれかである．また，2p オービタルのつぎにエネルギーが高い原子オービタルは，3s オービタルである．これより，ネオン原子の第一励起状態の電子配置はつぎのように表すことができる．

　　Ne*（第一励起状態）　$1s^22s^22p^53s^1$

練習問題 5・7　O^{2-} イオンの第一励起状態の電子配置を記せ．

解答　第一励起状態の電子配置は $1s^22s^22p^53s^1$ である．

原子のさまざまな状態の間のエネルギー差によって，第 4 章で説明した原子の吸収，および発光スペクトルが与えられる．ボーア理論による式〔(4・10) 式および (4・12) 式〕は，ただ 1 個の電子をもつ原子についてのみ適用できるが，シュレーディンガー方程式は，コンピューターを用いてそれを解くことによって多電子原子の基底状態，および励起状態のエネルギーを与える．そして，これらの状態間のエネルギー差から，その元素の原子スペクトルを予測することができる．

5・10 周期表の同族の元素は 類似した価電子の配置をもつ

ネオンに続く周期表の第 3 周期の元素についても，図 5・10(b) あるいは図 5・11 に従い，3s オービタルと 3p オービタルを用いることによって，それらの原子の電子配置を得ることができる．この周期の元素では，内部にあるネオンの電子殻を中心構造として，その外側の 3s オービタルと 3p オービタルに電子を満たしていくことになる．これらの原子の電子配置を表す際には，表 5・6 の右列に示されたような略記法を用いるのが普通である．原子の基底状態の電子配置が，ルイス記号による表記（表 4・2 および表 5・7）とみごとに対応していることに注意してほしい．それぞれの原子において，ルイス記号に示された点の数は，電子配置に示された外側の電子殻にある電子の総数と一致している．

表 5・6　第 3 周期元素の基底状態の電子配置

元　素	略記した基底状態の電子配置[a]
ナトリウム	[Ne]$3s^1$
マグネシウム	[Ne]$3s^2$
アルミニウム	[Ne]$3s^23p^1$
ケイ素	[Ne]$3s^23p^2$
リン	[Ne]$3s^23p^3$
硫　黄	[Ne]$3s^23p^4$
塩　素	[Ne]$3s^23p^5$
アルゴン	[Ne]$3s^23p^6$ または [Ar]

a) [Ne] は $1s^22s^22p^6$ を表す．

4・2節で学んだように，主要族元素の中性原子，および単原子からなるイオンにおいて，原子核から最も離れた位置にある電子殻(電子に占有されているうちで最大のnの値をもつ電子殻)の電子を，**価電子**[1]という．原子核から最も離れた位置にある電子殻が完全に満たされている主要族元素の陽イオン(たとえば，Ne と同じ電子配置をもつ Na^+)は，価電子をもたない．また，原子核から最も離れた位置にある電子殻のns，およびnp 副殻が完全に満たされている主要族元素の陰イオン(たとえば，Ne と同じ電子配置をもつ F^-)は，8個(ns^2np^6，すなわち 2+6=8)の価電子をもつ．

表 5・7 ルイス記号と基底状態の電子配置

元　素	ルイス記号	基底状態の電子配置
炭　素	·C̈·	$[He]2s^22p^2$
フッ素	:F̈:	$[He]2s^22p^5$
ネオン	:N̈e:	$[He]2s^22p^6$ または $[Ne]$
ナトリウム	Na·	$[Ne]3s^1$
塩　素	:C̈l:	$[Ne]3s^23p^5$

例題 5・8 つぎのそれぞれの化学種について，価電子の数を記せ．
(a) O^{2-}イオン　　(b) Ne^+イオン

解答　(a) O^{2-}イオンの基底状態の電子配置は $1s^22s^22p^6$ である．したがって，O^{2-}イオンは 8 個の価電子をもつ．O^{2-}イオンのルイス構造は $[:Ö:]^{2-}$ と表される．
(b) Ne^+イオンの基底状態の電子配置は $1s^22s^22p^5$ である．したがって，Ne^+イオンは 7 個の価電子をもつ．Ne^+イオンのルイス構造は $[:N̈e·]^+$ と表される．

練習問題 5・8　つぎのそれぞれの化学種について，価電子の数を記せ．
(a) Ne 原子　　(b) Al^{3+}イオン　　(c) Mg^{2+}イオン
(d) P 原子　　(e) Cl^-イオン

解答　(a) 8 個　(b) 0 個　(c) 0 個
(d) 5 個　(e) 8 個

ナトリウム原子からアルゴン原子までの電子配置(表 5・6)と，リチウム原子からネオン原子までの電子配置(表 5・5)を比較すると，これら二つの元素の系列に，第 3 章で述べたような化学的性質の周期性が現れる理由がわかる．そ

れらの価電子の配置は，二つの系列で同じように ns^1 から ns^2np^6($n=2$ あるいは $n=3$)へと変わっている．すなわち，周期表の同じ族に属する元素，たとえばフッ素と塩素では，価電子の電子配置の形式が同じになる．

フッ素　$[He]2s^22p^5$　　塩素　$[Ne]3s^23p^5$

後に化学結合について説明する際に述べるように，最も外側にある電子殻の電子，すなわち価電子が，化学反応における原子のふるまいを決定するのである．

図 5・10(b) によると，3p オービタルのつぎにエネルギーの低いオービタルは 4s オービタルである．したがって，アルゴンに続く 2 種類の原子の電子配置はつぎのようになる．

カリウム　$[Ar]4s^1$　　カルシウム　$[Ar]4s^2$

ここで $[Ar]$ はアルゴン原子の基底状態の電子配置を示している．リチウム，ナトリウム，およびカリウムの基底状態の電子配置を比較すれば，これらの元素が予想通り，周期表の同じ列に配列する理由がわかるだろう．これらはいずれも，貴ガスの電子配置の外側に ns^1 の電子配置をもっている．すなわち，

リチウム　$[He]2s^1$　　ナトリウム　$[Ne]3s^1$
カリウム　$[Ar]4s^1$

また，外側の s オービタルの主量子数はそれぞれ，周期表の周期の番号と一致している(図 5・14)．それぞれの周期はアルカリ金属から始まり，その電子配置は [貴ガス]ns^1 と表される．たとえば，キセノンに続く元素であるセシウムは，周期表の第 6 周期の最初の元素となり，その電子配置はつぎのように表される．

セシウム　$[Xe]6s^1$

アルカリ土類金属における化学的性質の類似性も，このような電子配置の共通性によって説明することができる．アルカリ土類金属はいずれも，[貴ガス]ns^2 と表される電

表 5・8 アルカリ土類金属の基底状態の電子配置

元　素	基底状態の電子配置
ベリリウム	$[He]2s^2$
マグネシウム	$[Ne]3s^2$
カルシウム	$[Ar]4s^2$
ストロンチウム	$[Kr]5s^2$
バリウム	$[Xe]6s^2$
ラジウム	$[Rn]7s^2$

---

[1] valence electron

子配置をもっている(表 5·8).

このように，シュレーディンガーにより電子のふるまいが数学的に記述されたことは，原子のエネルギー準位間の遷移によって原子スペクトルを予測できただけではなく，元素の周期律を説明し，周期表全体に対する理論的基盤を与えたのである．このことは，量子論の最も驚くべき成果の一つであった．

5·11 遷移金属元素の性質は d オービタルの電子によって決まる

カルシウム(Z=20)では，4s オービタルは完全に満たされている．図 5·10(b) が示すように，そのつぎにエネルギーの低い原子オービタルは 5 個の 3d オービタルである．これらのオービタルのそれぞれには，逆向きのスピンをもつ 2 個の電子が入るから，3d オービタルは最大で 10 個の電子を収容できる．この数は，周期表におけるカルシウムからガリウムの間にある 10 個の遷移金属と，完全に対応していることに注意してほしい．すなわち，この系列の遷移金属の電子配置は，5 個の 3d オービタルにつぎつぎと電子を満たしていくことによって説明される．このため，遷移金属の最初の系列は，**3d 遷移金属系列**[1] とよばれる．

さて，君たちは，これら 10 個の元素について，基底状態の電子配置が $[Ar]4s^23d^1$ から $[Ar]4s^23d^{10}$ へとスムーズに変わっていくと思うかもしれないが，事実はそうではない．表 5·9 に 3d 遷移金属の基底状態の電子配置を示す．表からクロムと銅は，1 個の 4s 電子しかもっていないことがわかる．これらの場合，1 個の電子を 4s オービタルから 3d オービタルへ移すことによって，3d オービタルが，クロムの場合には半分満たされた状態になり，また銅の場

1	2	3	4	5	6	7	8	9	10	11	12	13	14	15	16	17	18
ns^1	ns^2											ns^2np^1	ns^2np^2	ns^2np^3	ns^2np^4	ns^2np^5	ns^2np^6
1 **H** $1s^1$																	2 **He** $1s^2$
3 **Li** $2s^1$	4 **Be** $2s^2$											5 **B** $2s^22p^1$	6 **C** $2s^22p^2$	7 **N** $2s^22p^3$	8 **O** $2s^22p^4$	9 **F** $2s^22p^5$	10 **Ne** $2s^22p^6$
11 **Na** $3s^1$	12 **Mg** $3s^2$											13 **Al** $3s^23p^1$	14 **Si** $3s^23p^2$	15 **P** $3s^23p^3$	16 **S** $3s^23p^4$	17 **Cl** $3s^23p^5$	18 **Ar** $3s^23p^6$
19 **K** $4s^1$	20 **Ca** $4s^2$	21 **Sc** $4s^23d^1$	22 **Ti** $4s^23d^2$	23 **V** $4s^23d^3$	24 **Cr** $4s^13d^5$	25 **Mn** $4s^23d^5$	26 **Fe** $4s^23d^6$	27 **Co** $4s^23d^7$	28 **Ni** $4s^23d^8$	29 **Cu** $4s^13d^{10}$	30 **Zn** $4s^23d^{10}$	31 **Ga** $4s^24p^1$	32 **Ge** $4s^24p^2$	33 **As** $4s^24p^3$	34 **Se** $4s^24p^4$	35 **Br** $4s^24p^5$	36 **Kr** $4s^24p^6$
37 **Rb** $5s^1$	38 **Sr** $5s^2$	39 **Y** $5s^24d^1$	40 **Zr** $5s^24d^2$	41 **Nb** $5s^14d^4$	42 **Mo** $5s^14d^5$	43 **Tc** $5s^24d^5$	44 **Ru** $5s^14d^7$	45 **Rh** $5s^14d^8$	46 **Pd** $4d^{10}$	47 **Ag** $5s^14d^{10}$	48 **Cd** $5s^24d^{10}$	49 **In** $5s^25p^1$	50 **Sn** $5s^25p^2$	51 **Sb** $5s^25p^3$	52 **Te** $5s^25p^4$	53 **I** $5s^25p^5$	54 **Xe** $5s^25p^6$
55 **Cs** $6s^1$	56 **Ba** $6s^2$	57–71	72 **Hf** $6s^25d^2$	73 **Ta** $6s^25d^3$	74 **W** $6s^25d^4$	75 **Re** $6s^25d^5$	76 **Os** $6s^25d^6$	77 **Ir** $6s^25d^7$	78 **Pt** $6s^15d^9$	79 **Au** $6s^15d^{10}$	80 **Hg** $6s^25d^{10}$	81 **Tl** $6s^26p^1$	82 **Pb** $6s^26p^2$	83 **Bi** $6s^26p^3$	84 **Po** $6s^26p^4$	85 **At** $6s^26p^5$	86 **Rn** $6s^26p^6$
87 **Fr** $7s^1$	88 **Ra** $7s^2$	89–103	104 **Rf** $7s^26d^2$	105 **Db** $7s^26d^3$	106 **Sg** $7s^26d^4$	107 **Bh** $7s^26d^5$	108 **Hs** $7s^26d^6$	109 **Mt** $7s^26d^7$	110 **Ds** $7s^16d^9$	111 **Rg** $7s^16d^{10}$	112 **Cn** $7s^2 6d^{10}$	113 **Uut**	114 **Fl**	115 **Uup**	116 **Lv**	117 **Uus**	118 **Uuo**

ランタノイド

57 **La** $6s^25d^1$	58 **Ce** $6s^25d^14f^1$	59 **Pr** $6s^24f^3$	60 **Nd** $6s^24f^4$	61 **Pm** $6s^24f^5$	62 **Sm** $6s^24f^6$	63 **Eu** $6s^24f^7$	64 **Gd** $6s^25d^14f^7$	65 **Tb** $6s^24f^9$	66 **Dy** $6s^24f^{10}$	67 **Ho** $6s^24f^{11}$	68 **Er** $6s^24f^{12}$	69 **Tm** $6s^24f^{13}$	70 **Yb** $6s^24f^{14}$	71 **Lu** $6s^25d^14f^{14}$

アクチノイド

89 **Ac** $7s^26d^1$	90 **Th** $7s^26d^2$	91 **Pa** $7s^26d^15f^2$	92 **U** $7s^26d^15f^3$	93 **Np** $7s^26d^15f^4$	94 **Pu** $7s^25f^6$	95 **Am** $7s^25f^7$	96 **Cm** $7s^26d^15f^7$	97 **Bk** $7s^25f^9$	98 **Cf** $7s^25f^{10}$	99 **Es** $7s^25f^{11}$	100 **Fm** $7s^25f^{12}$	101 **Md** $7s^25f^{13}$	102 **No** $7s^25f^{14}$	103 **Lr** $7s^26d^15f^{14}$

図 5·14 元素の基底状態における外側の電子殻の電子配置を示した周期表．主要族元素における価電子の電子配置の一般的な表記を，それぞれの族の上部に示した．たとえば，アルカリ金属の価電子の電子配置は ns^1，アルカリ土類金属では ns^2，などとなる．

1) 3d transition metal series

表 5・9 3d 遷移金属の基底状態の電子配置

元 素	基底状態の電子配置[a]	元 素	基底状態の電子配置[a]
スカンジウム	[Ar]$4s^23d^1$	鉄	[Ar]$4s^23d^6$
チタン	[Ar]$4s^23d^2$	コバルト	[Ar]$4s^23d^7$
バナジウム	[Ar]$4s^23d^3$	ニッケル	[Ar]$4s^23d^8$
クロム	[Ar]$4s^13d^5$	銅	[Ar]$4s^13d^{10}$
マンガン	[Ar]$4s^23d^5$	亜鉛	[Ar]$4s^23d^{10}$

[a] 赤字は,オービタルに電子を満たす順序の一般則に対する例外を示す.

合には完全に満たされた状態となっている.

クロム $\underset{4s}{\uparrow}$ $\underset{3d}{\uparrow\ \uparrow\ \uparrow\ \uparrow\ \uparrow}$

銅 $\underset{4s}{\uparrow}$ $\underset{3d}{\uparrow\downarrow\ \uparrow\downarrow\ \uparrow\downarrow\ \uparrow\downarrow\ \uparrow\downarrow}$

これは上記のようなdオービタルの電子配置には特別な安定性が生じるため,これらの元素の中性原子の基底状態に対する一般則に従った電子配置 $4s^23d^4$ あるいは $4s^23d^9$ よりも安定になることによるものである.この現象は,4s オービタルと 3d オービタルのエネルギーが,非常に接近しているために起こる(図 5・10b).このような,エネルギーの低いオービタルから順に電子が満たされるという一般則からのずれは,その配置によって d 副殻が半分,あるいはすべて満たされる場合にみられ,4s オービタルと 3d オービタルだけでなく,5s オービタルと 4d オービタル,および 6s オービタルと 5d オービタルについても起こる.図 5・14 を注意深く見ると,4d 遷移金属系列では電子の配置のしかたに,3d 遷移金属系列よりもさらに多くの不規則性があることに気づくだろう.すなわち,ニオブ($5s^14d^4$),モリブデン($5s^14d^5$),ルテニウム($5s^14d^7$),ロジウム($5s^14d^8$),パラジウム($4d^{10}$),および銀($5s^14d^{10}$)はいずれも 5s オービタルに 2 個の電子をもっていない.91 ページのコラムで述べたように,シュテルンとゲラッハに

表 5・10 第 4 周期の p ブロック元素における基底状態の電子配置

元 素	基底状態の電子配置
ガリウム	[Ar]$4s^23d^{10}4p^1$
ゲルマニウム	[Ar]$4s^23d^{10}4p^2$
ヒ 素	[Ar]$4s^23d^{10}4p^3$
セレン	[Ar]$4s^23d^{10}4p^4$
臭 素	[Ar]$4s^23d^{10}4p^5$
クリプトン	[Ar]$4s^23d^{10}4p^6$ または [Kr]

よってはじめて観測された銀原子の磁気的性質は,対をつくっていない 5s 電子によるものである.なお,5d 遷移金属系列では,このような不規則性は 2 箇所でみられるだけである.

図 5・10(b) に従うと,3d オービタルが満たされた後,つぎに電子が入るオービタルは 4p オービタルである.表 5・10 に,4p オービタルに電子が満たされていく様子を示した.なお,電子配置を表記する際には,オービタルはエネルギーが増大する順,すなわち一般に電子が満たされる順に並べる.たとえば,銀原子の電子配置は,4d オービタルの前に 5s オービタルを書いて [Kr]$5s^14d^{10}$ と表記される.

クリプトン原子では,他のすべての貴ガス原子と同様に,その主量子数が周期表の周期の番号と一致した一組の p オービタル (4p オービタル) が,完全に満たされている.図 5・10(b) によると,4p オービタルのつぎに電子が入るのは,5s オービタルである.そこで,再び周期表の左端の列にもどり,アルカリ金属のルビジウム,ついでアルカリ土類金属のストロンチウムと続く.これら 2 種類の金属の原子における基底状態の電子配置はそれぞれ,[Kr]$5s^1$, [Kr]$5s^2$ と表記される.つぎに電子が入るオービタルは 4d オービタルであり,イットリウムからカドミウムまで続く 4d 遷移金属系列を与える.カドミウム [Kr]$5s^24d^{10}$ の後は,5p オービタルに順次電子が満たされていき,インジウムから貴ガスのキセノンまで 6 個の元素を与える.キセノンの基底状態の電子配置は [Kr]$5s^24d^{10}5p^6$ あるいは単純に [Xe] と表記され,p オービタルが完全に満たされる.キセノンに続いて,6s オービタルに電子が入ることによって,2 種類の反応性の高い金属,セシウムとバリウムが生じる.基底状態の電子配置は,それぞれ [Xe]$6s^1$, [Xe]$6s^2$ と表記される.

6s オービタルが電子で満たされた後,つぎに 7 個の 4f オービタルに電子が入る.これら 7 個のオービタルにはそれぞれ,逆向きのスピンをもつ 2 個の電子が収容されるので,4f オービタルに電子が完全に満たされるまでに,14 種類の元素が現れる.ランタン($Z=57$) からルテチウム($Z=71$) までの元素は,この系列がランタンから始まることから**ランタノイド**[1]とよばれている.図 5・14 を見ると,ランタノイドの原子では,d 遷移金属系列において見られたような多少の不規則性はあるものの,7 個の 4f オービタルに 1 個ずつ電子が満たされていることがわかる.これらの元素の化学的性質は非常に似ているので,長い間,天然に得られる混合物からそれぞれの元素を分離することはきわめて困難であった.しかし現在では,クロマトグラフィーや他の方法を用いることにより,それらを分離することが可能になっている.

---

1) lanthanoid

ランタノイドでは，6s 副殻と 5p 副殻がすでに電子で満たされており，4f 副殻に収容されている電子の数だけが異なることを考えると，それらの化学的性質が似ている理由は明らかである．量子論によると，原子核と電子との平均距離は，主量子数 n と方位量子数 l の両方に依存する．原子核と電子との平均距離は，n が大きくなるとともに増大するが，l の増大に対しては，n の場合ほど大きく依存しない．このため，4f オービタル($n=4, l=3$)にある電子の原子核からの平均距離は，6s オービタル($n=6, l=0$)や 5p オービタル($n=5, l=1$)にある電子の原子核からの平均距離に比べて小さい．これによって，4f オービタルの電子密度は原子の内側に集中することになるため，4f オービタルの電子は，元素の化学的性質にほとんど影響しなくなる．元素の化学的性質は，原子の外側に位置する s オービタルや p オービタルの電子によって支配されるのである．これらの理由により，ランタノイドは**内部遷移金属**[1]，あるいは内遷移金属ともよばれる．元素の化学的性質の決定に主要な役割を果たすのは，原子の外側の電子配置であるが，すべてのランタノイドについてそれは同じであり（$5p^6 6s^2$)，これによってランタノイドにおける化学的性質の類似性が説明される．

ランタノイドに続いて，ハフニウム($Z=72$)から水銀($Z=80$)までの 5d 遷移金属系列がある．さらに，5d オービタルが電子で満たされると，続いて 6p オービタルに電子が入ることによって，タリウム($Z=81$)からラドン($Z=86$)までの 6 個の元素が生じる．ラドンは放射性の貴ガスであり，その基底状態の電子配置は $[Xe]6s^2 4f^{14} 5d^{10} 6p^6$，あるいは $[Rn]$ で表記される．ラドンで周期表の第 6 周期が完結する．

第 7 周期は，いずれも放射性金属のフランシウム $[Rn]7s^1$ とラジウム $[Rn]7s^2$ から始まり，もう一つの内部遷移金属の系列が続く．この系列では，5f オービタルが 1 個ずつ電子で満たされる．この系列はアクチニウム($Z=89$)から始まるため**アクチノイド**[2]とよばれ，ローレンシウム($Z=103$)まで続く．これらは，すべて放射性元素である．実際，微小量のプルトニウム($Z=94$)を例外として，ウラン($Z=92$)を超える元素は天然には存在せず，**超ウラン元素**[3]とよばれ原子炉内の原子核反応によって合成される．

図 5・15 は拡張された周期表であり，周期表全体を通してみたとき，どのオービタルに電子が満たされているかに注目した元素の分類を示している．それぞれの領域にある元素は，**s ブロック元素**[4]（1 族と 2 族元素），**p ブロック元素**[5]（13 族から 18 族元素），**d ブロック元素**[6]（遷移金属，3 族から 12 族元素），および**f ブロック元素**[7]（内部遷移金属）ということもある．

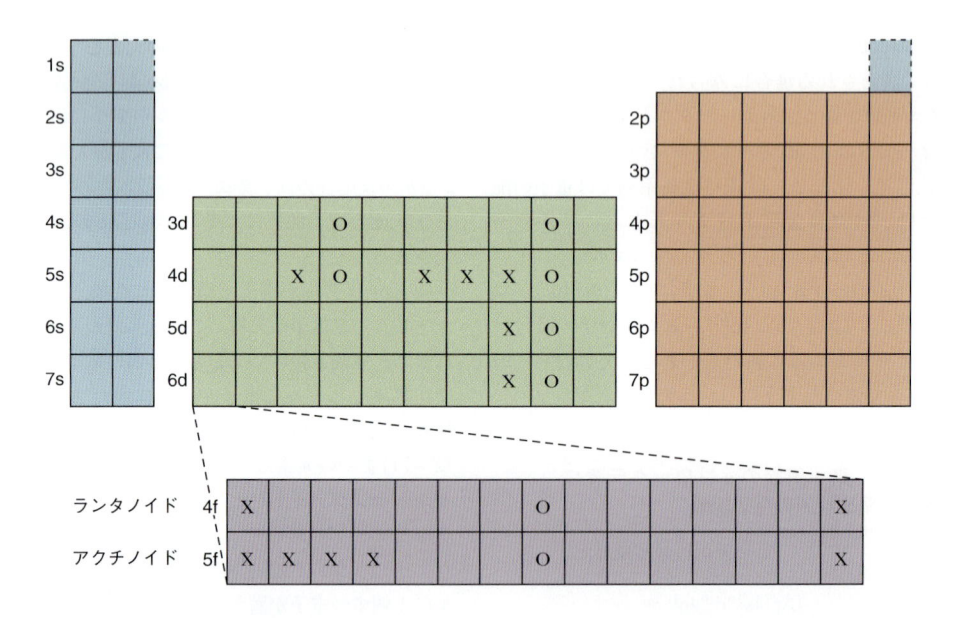

図 5・15 拡張された周期表．周期表全体を通してみたとき，どのオービタルに電子が満たされているかに注目して元素が分類されている．青色は s ブロック元素，橙色は p ブロック元素，緑色は d ブロック元素，紫色は f ブロック元素を表す．X 印はオービタルに電子を満たす順序の一般則に従わない元素を示し，そのうちで副殻が半分，あるいは完全に満たされた電子配置をもつ元素は O 印で示してある．[J. A. Strong, *The Journal of Chemical Education* **1986**, *63*, 834.]

---

1) inner transition metal 2) actinoid 3) transuranium element 4) s-block element 5) p-block element
6) d-block element 7) f-block element

5・12 原子半径とイオン化エネルギーは元素の周期的性質である

図5・4, 図5・5, および図5・6からわかるように, 原子核からの距離 r に電子を見いだす確率は, r の増大とともに減少する. 確率は r の増大に伴って急速に減少するが, たとえ r が非常に大きな値であっても, 決してゼロになることはない. したがって, 原子の外側の"端", すなわちそれを超えると原子核に束縛されている電子を見いだす確率がゼロになる距離を, 明確に定義することはできない. 言い換えると, 原子は明確な境界をもっていないのである. 多電子原子に対するシュレーディンガー方程式は複雑であるけれども, コンピューターを用いて解くことができる. 図5・16は, アルゴン原子について, シュレーディンガー方程式を解くことによって得られた結果を図示したものである. 図5・16から, アルゴン原子における3個の電子殻の存在をはっきりと見ることができる. 内部の2個の電子殻, すなわち第一の電子殻と第二の電子殻はいずれも, 領域が比較的はっきりとしている. それに対して, 第三の, すなわち最も外側にある電子殻の電子は, より広がって存在していることがわかる.

このように原子ははっきりした境界をもつわけではないが, モデルを用いることによって, 原子の実質的な大きさ, すなわち**原子半径**[1] の定義のしかたを提案することができる. たとえば, 元素の単体の結晶では, 原子が秩序正しく並んでいる. 図5・17に, このような秩序正しい配列の簡単な例を示した. この結晶では, 原子が秩序正しく並び, 単純な立方体形の配列を形成している. この立方体形に配列している原子の, 隣接した原子核間の距離の2分の1をその原子の実質的な半径と考えれば, 原子半径 r を定義することができる. 実際の結晶はこのような単純な立方体形よりも, もっと複雑な三次元構造をもっていることが多いが, それでも同様に実質的な原子半径を求めることができる. このような方法で得られる原子半径を, **結晶学的半径**[2] という. 図5・18に, 元素の結晶学的半径を原子番号に対してプロットした図を示した. 図から, 結晶学的半径は原子番号に対して周期的な依存性を示すことがわかる.

周期表の第2周期の元素を, 左のリチウムから右のフッ素へとみていくと, 元素の原子の結晶学的半径は, 単調に

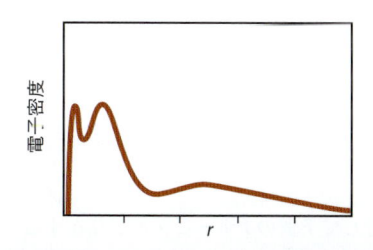

図5・16 コンピューターを用いてシュレーディンガー方程式を解くことによって, アルゴン原子における原子核からの距離 r に対する電子密度の分布を得ることができる. 三つの電子殻の存在がわかることに注意してほしい. これらのうちの二つは原子核の近くにあって, 領域も比較的はっきりとしている. 最も外側にある第三の電子殻は, より広がって存在している.

図5・17 結晶における原子の単純な立方体形の配列.

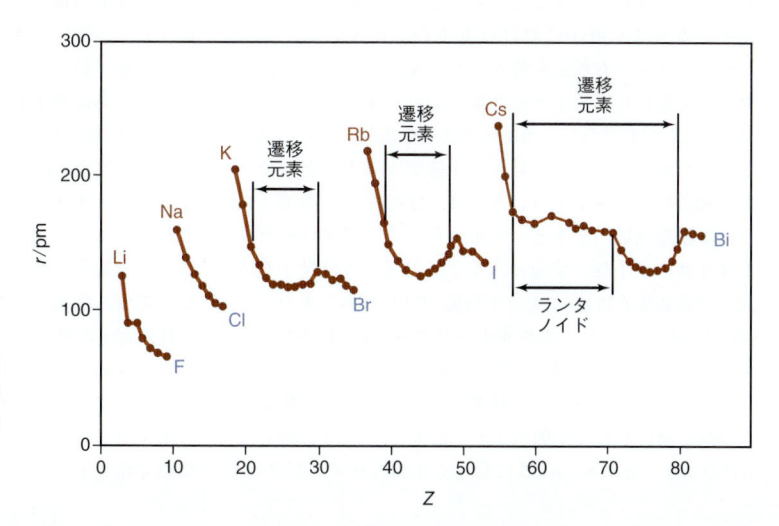

図5・18 元素の結晶学的半径 r の原子番号 Z に対するプロット. 原子半径は元素の周期的性質であることに注意せよ.

---

1) atomic radii 2) crystallographic radii

減少している．これは，原子核の電荷が増大するにつれて，原子核が電子をより強く引きつけることによるものである．図 5・18 からわかるように，これと同じ傾向は，周期表の他の周期についても見られる．すなわち，周期表の同じ周期の主要族元素を左から右へと見ていくと，その周期における原子核電荷が単調に増大する結果として，元素の原子半径は常に減少する．

一方，アルカリ金属の原子の結晶学的半径をみると，周期表の下方へと移動するにつれて，その値は増大している．これは，周期表の下方へ移動すると，原子核電荷が増大するので電子はより強く引きつけられるが，原子核から最も離れた位置に新たな電子殻が付け加わったことが，その効果を上回ったためである．図 5・19 に示すように，同様の傾向は，周期表の他の族についても見られる．

周期表における原子半径の変化を説明した考え方は，元素の第一イオン化エネルギーの変化 (図 4・1) を説明するためにも用いることができる．周期表の同じ族を下方へと移動するにつれて，原子半径は増大する．電子が原子核から遠ざかるほど，原子核による引力は小さくなり，その結果，電子はより容易に除去されるようになる．この結果，周期表の同じ族を下方へと移動するにつれて，第一イオン化エネルギーは減少するのである．同様に，周期表の同じ周期を左から右へと移動するにつれて，原子核電荷の増大のために原子半径は減少するが，このことは，第一イオン化エネルギーが増大することに反映されている．このように，周期表における元素の原子半径とイオン化エネルギーの変化の傾向は，量子論から必然的に導かれることがわかる．

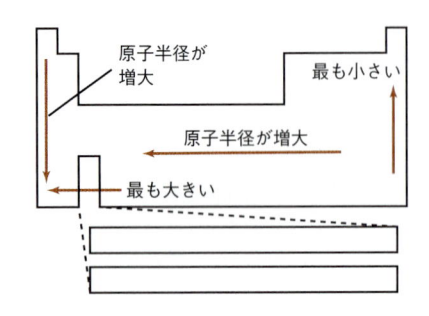

図 5・19　周期表における原子半径の変化の傾向．

まとめ

水素原子のボーア理論は，複数の電子をもつ原子 (多電子原子) の原子スペクトルを説明するために用いることができず，また，ハイゼンベルクの不確定性原理と矛盾するものであった．1925 年，シュレーディンガーは量子論の中核となる方程式を提案した．シュレーディンガー方程式の結論の一つは，原子や分子に含まれる電子は，ある不連続の，すなわち量子化されたエネルギーだけをとることができるということであった．さらに，シュレーディンガーは，原子における電子のふるまいは，シュレーディンガー方程式を解くことによって得られる波動関数，すなわち原子オービタルによって記述できることを示した．波動関数の 2 乗は確率密度を表し，それによって電子をある空間領域に見いだす確率を知ることができる．水素原子の原子オービタルは，他のすべての原子における波動関数の手本として用いられる．原子オービタルは 3 個の量子数，すなわち主量子数 n，方位量子数 l，および磁気量子数 m_l によって特徴づけられる．また，一般に $l=0$ のオービタルを s オービタル，$l=1$ のオービタルを p オービタル，$l=2$ のオービタルを d オービタル，$l=3$ のオービタルを f オービタルという．主量子数 n のあらゆる値に対して 1 個の s オービタル，$n \geq 2$ に対して 3 個の p オービタル，$n \geq 3$ に対して 5 個の d オービタル，$n \geq 4$ に対して 7 個の f オービタルが存在する (表 5・2 を参照せよ)．

原子スペクトルに観測されたある微細な現象を説明するために，第四の量子数が必要となった．これをスピン量子数 m_s といい，電子の量子的な性質である固有スピンの状態を表す．スピン量子数は $+\frac{1}{2}$ あるいは $-\frac{1}{2}$ のいずれかの値をとる．

水素原子の電子のエネルギーは，主量子数 n のみに依存する．一方，多電子原子では，電子のエネルギーは n と方位量子数 l の両方に依存する．パウリの排他原理によると，ある原子において，どの 2 個の電子も同じ 4 種類の量子数の組合わせ (n, l, m_l, m_s) をもつことができない．この原理と図 5・10(b) と 5・11 に示された原子オービタルのエネルギーの順序，さらにフントの規則を用いることによって，基底状態の電子配置を書くことができ，これを周期表と関係づけることができる．主要族元素については，価電子の数は，貴ガスの電子配置の外側に置かれた電子の数に等しい．(遷移金属の電子配置については，つぎの二つの章でより詳しく説明する．) 周期表で見られる元素の化学的性質や原子半径，あるいはイオン化エネルギーの変化の傾向は，元素の原子の電子配置に基づいて理解することができる．

イオン結合と
イオン化合物

6

第5章で学んだように，周期表は原子の電子構造に基づいて構成されている．したがって，原子の電子構造を理解することが，原子から分子が形成される化学結合を理解するために役立つことは，想像に難くない．たとえば，ナトリウム原子と塩素原子の電子配置を考えると，塩化ナトリウムの化学式が，$NaCl_2$ や Na_2Cl ではなく $NaCl$ である理由を理解することができる．また，なぜ塩化ナトリウムはイオン化合物であり，水に溶かしたり，あるいは溶融すると電気を通じるのかを理解することができる．さらに，つぎの数章では共有結合化合物について学ぶ．そこでは，たとえば，なぜ炭素と水素は結合して，化学式が CH や CH_2 ではなく CH_4 の安定な化合物メタンを形成するのか，また，なぜ窒素は室温で化学式 N_2 をもつ二原子からなる気体であるのかを学ぶ．これらすべての現象は，原子間に形成される化学結合に関係している．次ページの表 6・1 に示した傾向からわかるように，イオン化合物と共有結合化合物の一般的な性質は大きく異なっている．本章とつぎの数章で，化学結合の観点から，イオン化合物と共有結合化合物について理解を深めることにしよう．

6・1　イオン結合
6・2　イオン電荷と化学式
6・3　遷移金属イオン
6・4　遷移金属イオンの命名法
6・5　遷移金属イオンの
　　　　基底状態の電子配置
6・6　イオンの大きさ
6・7　イオン結合のエネルギー

6・1　イオン結合は反対の電荷をもつ
　　　　イオンの間の静電気力によって形成される

イオン結合を理解するための最初の段階として，水溶液中における**イオン化合物**[1] の重要な実験的性質を述べることにしよう．ほとんどのイオン化合物の結晶は，水に溶けるとばらばらになり，分子ではなく，溶液中を自由に動けるイオンが生成する．たとえば，塩化ナトリウムの水溶液には $Na^+(aq)$ と $Cl^-(aq)$ が存在し，それらは水溶液中に均一に拡散しており，自由に動きまわることができる．さて，白金のような不活性な金属の細長い板を電極として電池につなぎ，イオン

スバンテ アレニウス Svante Arrhenius(1859〜1927)はスウェーデンの物理化学者．アレニウスは 1884 年に，電解質の塩を水に溶かすとイオンが生成し，イオンが電気伝導性を担っているという理論に関する論文により，ウプサラ大学から博士号を取得した．彼の理論は，当時，容易には受け入れられず，事実，彼はかろうじて博士号を取得できたほどであった．その後，アレニウスは渡航助成金を得て，5 年間，ヨーロッパの各地に滞在して研究を行った．ヨーロッパの科学者たちには，彼の理論は熱狂的に受け入れられた．1903 年，アレニウスは "電解質溶液理論の研究" により，ノーベル化学賞を受賞し，さらに 1904 年には，ストックホルムに創設されたノーベル物理学研究所の初代の所長に就任した．アレニウスは物理化学以外の分野にも多くの業績を残し，特に 1896 年には，地表の温度に対する大気中の二酸化炭素の効果に関する論文を発表した．これは現在では，温室効果として知られている．また，優れた研究業績に加えて，彼は文章を書くことにも堪能であり，多数の一般向けの本を執筆した．

---

1) ionic compound

表 6・1 イオン化合物と共有結合化合物の一般的性質の比較

性　質	イオン化合物	共有結合化合物
物質の構造	イオンが交互に配列し三次元的に広がった結晶格子を形成する	共有結合からなる孤立した分子として存在する
溶液中あるいは液相の挙動	イオンを生成する電気をよく通す	イオンを生成しない電気を通しにくい
融　点	高い(25℃においてすべて固体である)	さまざまである一般に低い

を含む溶液に浸すと，正電荷をもつイオンは負極に引き寄せられ，負電荷をもつイオンは正極に引き寄せられる(図6・1)．それぞれの電極に向かったイオンの動きは，溶液を通して流れる電流となる．

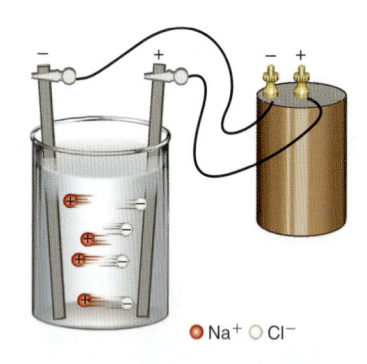

図 6・1　NaCl(s)の水溶液は電気を通す．金属の細長い板(電極)を電池につないで溶液に浸し，電極間に電圧を加える．電池と同様に，一方の電極が正極となり，他方が負極となる．正電荷をもつナトリウムイオン Na$^+$(aq) は負極に引き寄せられ，負電荷をもつ塩化物イオン Cl$^-$(aq) は正極に引き寄せられる．こうして，Na$^+$(aq)は図の左方向へ，一方 Cl$^-$(aq)は右方向へと移動する．これらのイオンの動きが，溶液を通して流れる電流となる．

対照的に，共有結合化合物を水に溶かすと，電気的に中性の分子が生成する．したがって，イオン化合物の水溶液中に存在したような電荷の運搬体がないので，共有結合化合物の水溶液は電気を通さない．たとえば，スクロース(砂糖)$C_{12}H_{22}O_{11}$(aq)の水溶液には電気的に中性のスクロース分子が存在するので，その水溶液はほとんど電気を通さない(図6・2)．

このような現象が起こる理由を説明するための手がかりは，イオン結合と共有結合の違いを理解することにある．イオン化合物における結合を理解するために，まずナトリウム原子と塩素原子との反応を考えてみよう．ナトリウム原子と塩素原子の基底状態の電子配置は，つぎの通りである．

Na　[Ne]3s^1　　Cl　[Ne]3s^{2}3p^5

ナトリウム原子の電子配置は，ネオンに類似した内部の電子殻と，その外側の電子殻にある1個の3s価電子からなる．ナトリウム原子がこの3s電子を失うとナトリウムイオンが生成するが，この化学種の電子配置は，貴ガスであるネオンと同じになる．ナトリウム原子のイオン化の過程は，つぎの化学反応式によって表すことができる．

$$Na\,([Ne]3s^1) \longrightarrow Na^+([Ne]) + e^-$$

第4章で述べたように，ナトリウム原子がその3s電子を失うと，比較的安定なネオン型の電子配置が形成されるので，さらなるイオン化は起こりにくいことを思い出そう．

一方，塩素原子が1個の電子を獲得すると塩化物イオンが生成するが，この化学種の電子配置は，貴ガスであるアルゴンと同じになる．この過程は，つぎの化学反応式によって表すことができる．

$$Cl\,([Ne]3s^2 3p^5) + e^- \longrightarrow Cl^-([Ar])$$

このように，ナトリウム原子から塩素原子へと電子が1個移動することにより，ナトリウム原子と塩素原子の両方が，同時に貴ガスの電子配置を達成できることがわかる．この電子移動過程は，つぎの化学反応式によって表すことができる．

$$Na\,([Ne]3s^1) + Cl\,([Ne]3s^2 3p^5)$$
$$\longrightarrow Na^+([Ne]) + Cl^-([Ar])$$

あるいは，ルイス記号を用いると次式のようになる．

$$Na\cdot + \cdot\ddot{\underset{..}{Cl}}: \longrightarrow \underbrace{Na^+ + :\ddot{\underset{..}{Cl}}:^-}_{Na^+\,Cl^-}$$

図 6・2　同じ濃度の塩化ナトリウム NaCl(aq)とスクロース $C_{12}H_{22}O_{11}$(aq)の水溶液を通して流れる電流の比較．電流は電流計を用いて測定する．非電解質 $C_{12}H_{22}O_{11}$(aq)(右)の水溶液よりも，強電解質 NaCl(aq)(左)の水溶液の方がよく電気を通す．

ナトリウムイオンと塩化物イオンは反対の電荷をもつので，それらは互いに引き合う．このように，**静電気力**[1]によって二つのイオンが結びつく結合様式を**イオン結合**[2]という．

第4章で学んだように，貴ガスの電子配置は比較的安定なので，さらに電子を獲得したり，電子を失ったりすることは起こりにくい．ナトリウムイオンと塩化物イオンはいずれも貴ガスの電子配置なので，上式の反応は容易に進行し，それ以上電子移動が起こることはない．ナトリウム原子は電子を1個だけ失いやすく，塩素原子は電子を1個だけ獲得しやすいので，ナトリウム原子と塩素原子が反応すると，1個の電子がナトリウム原子から塩素原子へと移動し，ナトリウムイオンと塩化物イオンがそれぞれ1個ずつ生成するのである．生成する化合物，塩化ナトリウムは，すべての化合物と同様に電気的に中性となる．したがって，塩化ナトリウムの化学式はNaClでなければならず，NaCl$_2$やNa$_2$Cl，そのほかNaCl以外のものではありえない．このように，イオン化合物はイオンから構成されており，また電気的に中性でなければならない．

ナトリウムと同様に，周期表の1族に属する他の金属元素も，一般に，電子を1個失う反応を起こしやすい．それによって，その元素の原子は+1の電荷をもつイオンになり，周期表でその元素の前に位置する貴ガスの電子配置を達成する．

例題 6・1 カルシウムイオンの電荷を予想せよ．

解答 カルシウムは2族に属する金属元素である．カルシウム原子はアルゴン原子よりも2個多い電子をもつので，その電子配置は[Ar]4s^{2}と書くことができる．2個の電子が失われると，カルシウム原子は陽イオンCa^{2+}となり，比較的安定なアルゴン型の貴ガス電子配置を達成する．カルシウム原子が2個の電子を失うと，生成するカルシウムイオンの電荷は+2となる．同様に，他の2族元素も，安定な+2の電荷をもつイオンを形成すると結論できる．

練習問題 6・1 アルミニウムイオンの電荷を予想せよ．

解答 Al^{3+}

つぎに16族および17族元素について考えよう．フッ素をはじめとして，ハロゲンはいずれも，周期表において貴ガスのひとつ手前に位置している．したがって，すべてのハロゲン原子は1個の電子を獲得して，−1の電荷をもつハロゲン化物イオンを形成すると予想することができる．一方，酸素は周期表において，ネオンの二つ前の位置にあるので，酸素原子の電子はネオンよりも2個少ない．このため，酸素原子は2個の電子を獲得して，O^{2-}と表記さ

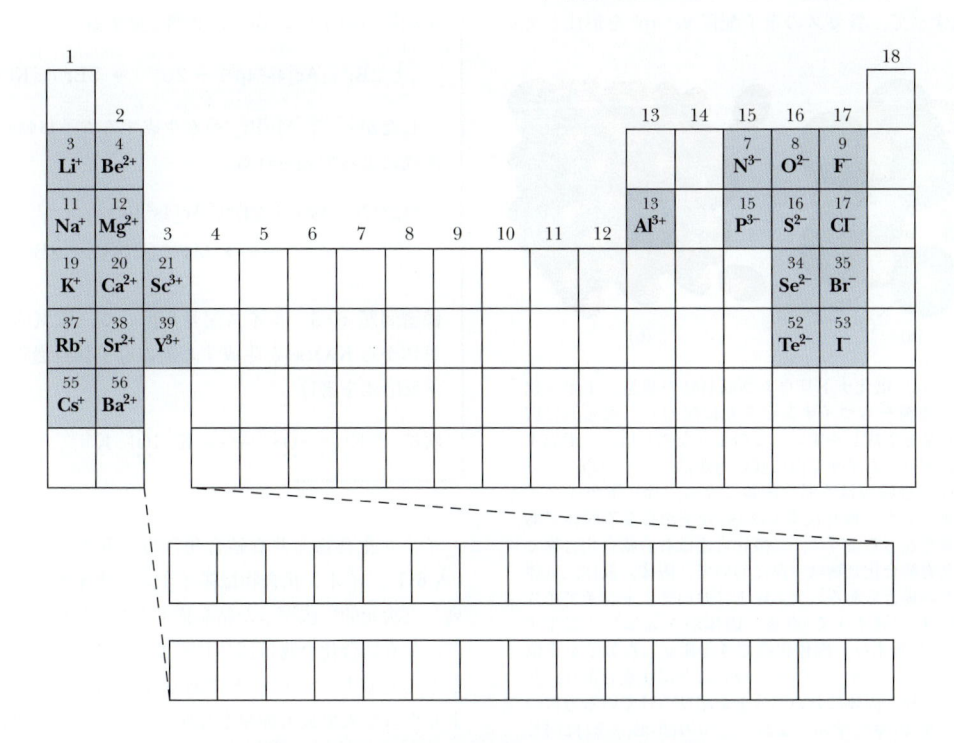

図 6・3 貴ガスと同じ電子配置をとる代表的なイオン．

---

1) electrostatic force　2) ionic bond

れる酸化物イオンを形成し，ネオンと同じ電子配置を達成する．

> **例題 6・2** 硫化物イオンの電荷を予想せよ．
>
> **解答** 酸素と同様に，硫黄($Z=16$)は16族元素であり，その電子配置は [Ne]$3s^23p^4$ と記述される．硫黄原子は2個の電子を獲得することによって，アルゴンと同じ電子配置を達成することができるので，硫化物イオンは電荷が -2 の陰イオン S^{2-} であると予想できる．
>
> **練習問題 6・2** セレン化物イオン，窒化物イオン，リン化物イオンの電荷を予想せよ．
>
> **解答** Se^{2-}, N^{3-}, P^{3-}

ナトリウムと塩素との反応は，活性な金属と活性な非金属が反応して，貴ガスと同じ電子配置のイオンが生成する反応の例である．貴ガスの電子配置は特に安定であり，この電子配置が非常に生成しやすいことを示す例はいくつもある．これは特に，周期表の第2および第3周期の元素において顕著である．図 6・3 には，電子を失うか，あるいは電子を獲得することによって，貴ガスの電子配置をとりやすい，いくつかの代表的な原子を示した．図 6・3 に示したイオンはすべて，貴ガスの電子配置 ns^2np^6 を形成してい

る．ただし，Li^+ と Be^{2+} は例外であり，これらはイオンになるとヘリウムと同じ $1s^2$ の電子配置を形成する．主要族元素が電子配置 ns^2np^6 をもつ貴ガスと同じ安定な電子配置をとりやすい傾向は，外側の電子殻に $8(=2+6)$ 個の電子があることから，しばしば**オクテット則**[1]（八隅説）とよばれる．

金属原子は電子を失って，**陽イオン**[2]（カチオン）という正電荷をもつイオンになり，非金属は電子を獲得して，**陰イオン**[3]（アニオン）という負電荷をもつイオンになる．これらのイオンの電荷を用いると，電気的に中性のイオン化合物の化学式を予測することができる．

> **例題 6・3** 電気的に中性の単体からイオン化合物 $MgBr_2(s)$ が生成する際の，電子移動過程を表す化学反応式を書け．反応に関与するすべての化学種について，それぞれの電子配置を示すこと．
>
> **解答** マグネシウム原子は2個の電子を失い，貴ガスと同じ電子配置の陽イオン Mg^{2+} を形成する．この過程は次式によって表される．
>
> $$Mg\,([Ne]3s^2) \longrightarrow Mg^{2+}([Ne]) + 2e^-$$
>
> 同様にして，2個の臭素原子のそれぞれに対して，電子を1個ずつ付け加えることによって，貴ガスと同じ電子配置の陰イオン Br^- が2個生成する．
>
> $$2Br\,([Ar]4s^24p^5) + 2e^- \longrightarrow 2Br^-([Kr])$$
>
> したがって，$MgBr_2(s)$ が生成する電子移動の過程は，次式によって表される．
>
> $$Mg([Ne]3s^2) + 2Br([Ar]4s^24p^5)$$
> $$\longrightarrow Mg^{2+}([Ne]) + 2Br^-([Kr])$$
>
> **練習問題 6・3** ルイス記号を用いて，電気的に中性の単体から $K_2O(s)$ が生成する際の電子移動過程を表す化学反応式を書け．
>
> **解答** $2K\cdot\ +\ \cdot\ddot{\underset{\cdot\cdot}{O}}\cdot\ \longrightarrow\ K^+\!:\!\ddot{\underset{\cdot\cdot}{O}}\!:^{2-}\!K^+$

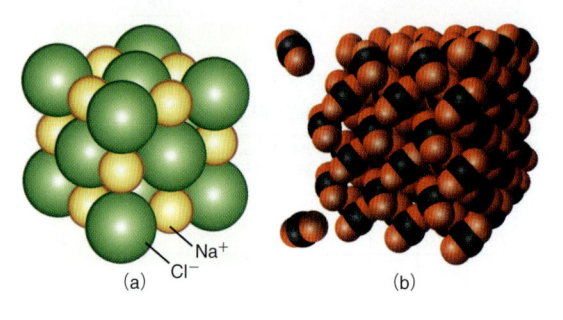

図 6・4 (a) 塩化ナトリウム NaCl(s) の結晶．イオン化合物は，電荷をもつイオンが交互に配列し三次元的に広がった結晶を形成しやすい．このような網目構造を形成する交互に配列したイオン間に強い力がはたらくため，すべてのイオン性物質は室温で固体となる．(b) ドライアイスは，孤立した二酸化炭素 $CO_2(s)$ 分子からなる固体である．次章で述べるように，二酸化炭素は共有結合化合物である．共有結合化合物は室温において，固体，液体，気体のいずれの場合もある．大気圧下において，ドライアイスは $-78.5\,°C$ で昇華する（直接，固体から気体へと変化する）．二酸化炭素は，固体状態でさえ孤立した分子を単位として存在し，イオンを生成しないことに注意しよう．共有結合化合物の固体において分子を結びつけている力については，第15章で学ぶ．なお，二つの図(a)，(b)は同じ縮尺で描かれてはいない．

イオン化合物と共有結合化合物の重要な違いの一つは（表 6・1），イオン化合物は陽イオンと陰イオンが交互に配列し三次元的に広がった結晶格子を形成しやすいのに対して，共有結合化合物は固体状態であっても，孤立した分子として存在しやすいことである（図 6・4）．NaCl は塩化ナトリウムを表す最も簡単な化学式であるが，実際には，自然界において孤立した塩化ナトリウム分子が見られること

---

[1] octet rule [2] cation [3] anion

はほとんどない．イオン化合物の化学式は，単に，三次元的に広がった結晶における陽イオンと陰イオンの比を最も簡単に表したものにすぎない（図6・4a）．対照的に，共有結合化合物からなる固体は，一般に，網目構造に配列したイオンではなく，孤立した分子から形成されている（図6・4b）．イオン化合物と共有結合化合物の違いについては，後続の章でさらに詳しく学ぶ．

6・2　イオン化合物の化学式は
イオン電荷に基づいて決定される

貴ガスの電子配置をとるイオンからなる二元イオン化合物の化学式は，容易に推定することができる．まず，含まれる元素の陽イオン，および陰イオンがもつ電荷，すなわち**イオン電荷**[1]を決定する．ついで，陽イオンと陰イオンの適切な数を用いることにより，正電荷と負電荷の全体の釣り合いをとる．いくつかのよくみられる元素のイオン電荷を図6・3に示した．この図には，それぞれの元素が形成する，貴ガスの電子配置をとるイオンの電荷が示されている．主要族元素が形成するイオンの電荷と，周期表におけるその元素の位置が対応していることに注意してほしい．

イオン化合物の正しい化学式は，正電荷の総数と負電荷の総数が等しくなるように，イオンを組合わせることによって得られる．たとえば，ストロンチウムイオンの電荷は +2 であり，フッ化物イオンの電荷は −1 であるから，フッ化ストロンチウムの正しい化学式は $SrF_2(s)$ となる．1個のストロンチウムイオンがもつ +2 の電荷と釣り合いをとるためには，2個のフッ化物イオンが必要である．いくつかの他のイオン化合物の化学式を，以下に示す．

LiI(s)	ヨウ化リチウム
Sr_3N_2(s)	窒化ストロンチウム
AlF_3(s)	フッ化アルミニウム
CaO(s)	酸化カルシウム

例題 6・4　図6・3を参照して，つぎのイオン化合物の化学式を書け．
(a) 硫化ナトリウム　(b) 酸化アルミニウム
(c) 窒化アルミニウム

解答　(a) 図6・3をみると，ナトリウムイオンの電荷は +1 であり，硫化物イオンの電荷は −2 であることがわかる．硫化ナトリウムの化学式をつくる際には，その化学式単位において，正電荷の総数と負電荷の総数が等しくなるように，ナトリウムイオンと硫化物イオンを組合わせなければならない．したがって，2個のナトリウムイオンと1個の硫化物イオンを組合わせることにより，硫化ナトリウムの化学式として Na_2S(s) を得る．
(b) アルミニウムイオンの電荷は +3 であり，酸化物イオンの電荷は −2 である．2個の Al^{3+} の電荷の総数は $2×(+3)=+6$ であり，3個の O^{2-} の電荷の総数は $3×(-2)=-6$ となる．したがって，これらを組合わせることにより，電気的に中性の酸化アルミニウムの化学式として Al_2O_3(s) を得る．
(c) アルミニウムイオンの電荷は +3 であり，窒化物イオンの電荷は −3 である．したがって，それぞれのイオンを単に1個ずつ組合わせれば電荷の釣り合いをとることができるので，窒化アルミニウムの化学式は AlN(s) となる．

練習問題 6・4　(a) イオン Mg^{2+} と N^{3-} の基底状態の完全な電子配置を書き，窒化マグネシウムの化学式を予想せよ．(b) 窒化マグネシウムは室温において，固体，液体，気体のうち，どの状態であると予想されるか．

解答　(a) Mg^{2+} $1s^22s^22p^6$，N^{3-} $1s^22s^22p^6$，Mg_3N_2(s)．(b) 固体．表6・1に示すように，すべての純粋なイオン化合物は室温で固体である．

6・3　遷移金属イオンの一般的なイオン電荷は
電子配置から理解できる

図6・3に示されているほかにも，多くの金属イオンが存在する．たとえば，銀（Z=47）が形成するイオンを考えてみよう．銀の基底状態の電子配置は，[Kr]$5s^14d^{10}$ である．銀原子は11個の電子を失うか，あるいは7個の電子を獲得すれば，貴ガスの電子配置を達成することができる．しかし，他の原子に関するイオン化エネルギーの表（表4・1）を見返すと，一つの原子から11個の電子を取除くためには，きわめて大きなエネルギーが必要となることがわかる．また，一つの原子に7個の電子を付け加えるために必要なエネルギーも著しく大きい．これは，電子を連続して付け加えるためには，イオンの負電荷が大きくなるにつれてますます増大する反発力に打ち勝たねばならないからである．これらの理由により，3価より大きな電荷をもつ単原子からなるイオンは，知られてはいるものの，きわめてまれである．

このように銀原子では，貴ガスの電子配置を達成することは，簡単にはできそうもないことがわかる．しかし，銀原子の5s電子が失われると，外側の電子殻（外殻）の電子配置は $4s^24p^64d^{10}$ となる．このような18個の電子を外殻

---

[1] ionic charge

にもつ電子配置は比較的安定であることが知られており、この電子配置はしばしば **18外殻電子配置**[1] とよばれている．一般に，$ns^2np^6nd^{10}$ 型の外殻電子配置が特に安定であることを，簡単に **18電子則**[2] といい，イオンの安定性の予測にしばしば用いられる．銀原子は1個の電子を失うことによって，18電子則を満たす陽イオンを生成する．この過程は次式によって表される．

$$Ag\,([Kr]5s^14d^{10}) \rightarrow Ag^+([Kr]4d^{10}) + e^-$$

あるいは，

Ag ([Kr]$5s^14d^{10}$) ⟶

$$Ag^+(1s^22s^22p^63s^23p^64s^23d^{10}4p^64d^{10}) + e^-$$

例題 6・5 18電子則を用いて，亜鉛イオンの電子配置とイオン電荷を予想せよ．

解答 亜鉛原子の基底状態の電子配置は，$1s^22s^22p^63s^23p^64s^23d^{10}$ である．亜鉛原子が2個の4s電子を失うと，18外殻電子配置 $3s^23p^63d^{10}$ が達成される．したがって，亜鉛イオンの電子配置はつぎのように予想される．

$$Zn^{2+} \quad 1s^22s^22p^63s^23p^63d^{10} \text{ あるいは } [Ar]3d^{10}$$

また，そのイオン電荷は +2 と予想される．これらの予想は実験結果と一致している．Zn^{2+} イオンでは，$n=3$ の電子殻が完全に満たされていることに注意してほしい．

練習問題 6・5 18電子則を用いて，インジウムイオンがとりうるイオン電荷を予想せよ．

解答 In^{3+}

図 6・5 に 18 外殻電子配置のイオンを形成するいくつかの金属を示した．これらの金属は周期表の d 遷移金属系列の終わり近くにあり，また周期表のある周期を左から右へと移動するに従って，イオン電荷が一つずつ増加していることに注意してほしい．

安定なイオンにしばしばみられるもう一つの外殻電子配置は，タリウム($Z=81$)にみることができる．タリウム原子の電子配置は，$[Xe]6s^25d^{10}6p^1$ である．タリウム原子が 6p 電子を失うと，$[Xe]6s^25d^{10}$ の電子配置の Tl^+ が生成する．Tl^+ は，オクテット則を満たす貴ガスの電子配置でも，あるいは 18 電子則を満たす電子配置でもないが，そのすべての副殻が完全に電子で満たされており，これ

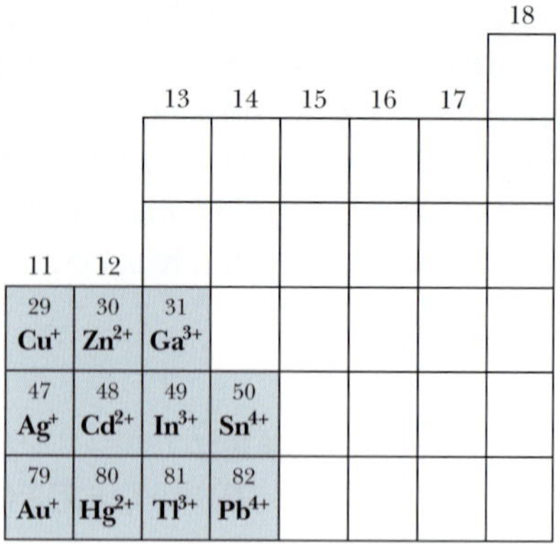

図 6・5 18外殻電子配置 $ns^2np^6nd^{10}$ をとる金属イオン．

もまた比較的安定な電子配置となる．タリウムと同じようにふるまう他の元素を図 6・6 に示す．これらはいずれも，13, 14, 15 族元素であることに注意しよう．図 6・6 に示されたイオン電荷 +1 の陽イオンでは，さらに 2 個の電子を失うことにより，18電子則を満たす電子配置が達成される．たとえば，Tl^+ が 2 個の 6s 電子を失うと，$[Xe]5d^{10}$ の電子配置をもち，図 6・5 にも示されている Tl^{3+} が生成する．こうして，タリウムとインジウムは 2 種類のイオン電荷 +1 と +3 をとりやすく，またスズと鉛は 2 種類のイオン電荷 +2 と +4 をとりやすいことがわかる．典型的なイオン化合物にみられるいくつかの金属につ

表 6・2 イオン化合物におけるいくつかの金属の一般的なイオン電荷[a]

1 種類のイオン電荷をとる金属
1 族金属：すべて +1(たとえば Na^+)
2 族金属：すべて +2(たとえば Mg^{2+})
Ag^+ Ni^{2+} Cd^{2+} Sc^{3+} Zn^{2+} Al^{3+}

2 種類のイオン電荷をとる金属
Au^+, Au^{3+} Co^{2+}, Co^{3+}
Cu^+, Cu^{2+} Fe^{2+}, Fe^{3+}
Hg_2^{2+}[b], Hg^{2+} Tl^+, Tl^{3+}
Pb^{2+}, Pb^{4+} Sb^{3+}, Sb^{5+}
Sn^{2+}, Sn^{4+} Ti^{3+}, Ti^{4+}

3 種類のイオン電荷をとる金属
$Cr^{2+}, Cr^{3+}, Cr^{6+}$ $Mn^{2+}, Mn^{4+}, Mn^{7+}$

a) 最もよくみられるイオン電荷のみ記載されている．これらの金属の多くは，一般的でない他のイオン電荷をとることもある．
b) 水銀(I)イオンは二量体 Hg_2^{2+} で存在する．すなわち，水銀(I)イオンは，互いに結合した2個の Hg^+ イオンからなる分子イオンである．

---

1) 18-outer electron configuration   2) 18-electron rule

6・5 遷移金属イオンの基底状態の電子配置

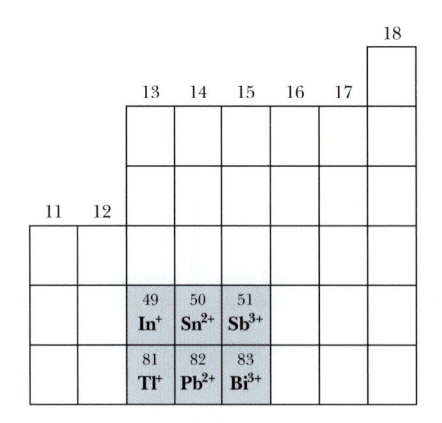

	13	14	15	16	17	18
	49 In$^+$	50 Sn^{2+}	51 Sb^{3+}			
	81 Tl$^+$	82 Pb^{2+}	83 Bi^{3+}			

図 6・6 [貴ガス] $nd^{10}(n+1)s^2$ の外殻電子配置をとる金属イオン.

いて，それらのイオンの一般的な電荷を表 6・2 に示した．

6・4 遷移金属イオンが複数のイオン電荷をとる場合にはその価数をローマ数字で表記する

主要族元素のいくつかの金属と遷移金属の多くは，異なった価数(2・12 節を参照せよ)をもつ複数のイオンを形成する．このため，このような金属を含む化合物を命名する際に，これらの金属イオンの価数を示すことが必要となる．これらの金属については，化合物に含まれる金属の価数を，金属の名称に続けて( )内にローマ数字で表す．この方法によって，化合物の体系的な命名法，すなわちIUPAC命名法に従った名称が与えられる．たとえば，表6・2 に示したように，鉄イオンは2種類のイオン電荷 +2 と +3 をとることができる．そこで鉄の2種類の塩化物は，つぎのように命名される．

$FeCl_2(s)$　　塩化鉄(II)，iron(II)chloride
$FeCl_3(s)$　　塩化鉄(III)，iron(III)chloride

例題 6・6　つぎの化合物を命名せよ．
(a) $AuCl_3(s)$　　(b) $Fe_2O_3(s)$

解答　(a) 塩化物イオンの電荷は −1 なので，3個の塩化物イオンの全電荷は −3 となる．これより，$AuCl_3$ における金イオンの電荷は +3 であることがわかる．したがって，$AuCl_3(s)$ の体系的な名称は塩化金(III)，gold(III) chloride となる．
(b) 酸化物イオンの電荷は −2 であるから，Fe_2O_3 の3個の酸化物イオンの全電荷は −6 と決定される．この電荷は，2個の鉄イオンの全電荷と釣り合いがとられなければならない．これより，Fe_2O_3 における鉄イオンの電荷は +3 であることがわかる．したがって，Fe_2O_3 の体系的な名称は，酸化鉄(III)，iron(III) oxide となる．こ

れは，さびの一般的な成分である．

練習問題 6・6　(a) $Hg_2Cl_2(s)$ と $HgI_2(s)$ を体系的な命名法に従って命名せよ．(b) 硫化タリウム(III)，thallium(III) sulfide，および酸化鉛(IV)，lead(IV) oxide に対する化学式を書け．

解答　(a) 塩化水銀(I)，mercury(I) chloride，ヨウ化水銀(II)，mercury(II) iodide．(b) $Tl_2S_3(s)$，$PbO_2(s)$．表 6・2 の脚注にも示したように，二量体となった水銀 Hg_2^{2+} を水銀(I)ということに注意してほしい．

主要族元素の金属，あるいは遷移金属において，一般的なイオンの価数がただ一つの場合には，その名称に価数を表記しなくてよい．たとえば，銀がとる一般的なイオン電荷は +1 だけであるから，$AgCl(s)$ の名称は塩化銀，silver chloride であり，塩化銀(I)，silver(I) chloride とはしない．本書の前見返しの周期表には，すべての元素について，その元素のイオンの一般的な電荷が示されている．ただし，それらは，化合物にみられるイオンの一般的な，あるいは最も典型的な電荷であり，他の電荷をとる場合もあることに注意しなければならない．

上記のような体系的な命名法のほかに，古い命名法もまだ用いられている．しばしば目にする日本語の古い名称として，三酸化クロム $CrO_3(s)$〔酸化クロム(VI)〕，二酸化マンガン $MnO_2(s)$〔酸化マンガン(IV)〕，塩化第一鉄 $FeCl_2(s)$〔塩化鉄(II)〕，塩化第二鉄 $FeCl_3(s)$〔塩化鉄(III)〕などがある．

6・5 遷移金属イオンのオービタルには規則的な順序で電子が満たされる

前節でみたように，遷移金属イオンの基底状態の電子配置は，中性原子において原子オービタルに電子を満たす順序から予想されるものとは異なっている．しかし，ほとんどの場合，遷移金属イオンの基底状態の電子配置は，比較的簡単に推測することができる．第5章で学んだように，中性原子では，4s オービタルが電子で満たされたあとに，3d オービタルに電子が入る．これが起こるのは，ほとんどの中性原子では，原子オービタルのエネルギー準位が図 5・10(b)，および 5・11 に示したような順序になっているためである．しかし，中性原子が電子を失って陽イオンになると，生じた電荷によってオービタルエネルギーの順序が変化し，ほとんどの遷移金属において，3d オービタルのエネルギーは 4s オービタルのエネルギーよりも低くなる．同じことが 4d オービタルと 5s オービタル，および 5d オービタルと 6s オービタルの間でも起こる．このため，ほとんどの遷移金属イオンでは，原子オービタルのエネルギー

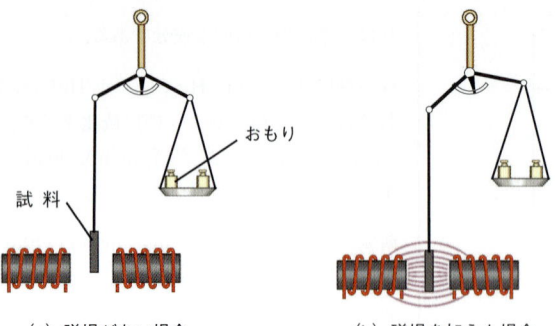

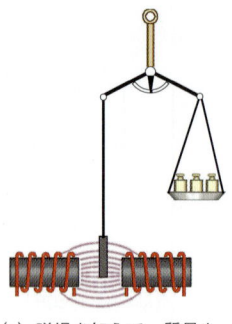

(a) 磁場がない場合　　(b) 磁場を加えた場合　　(c) 磁場を加えて，質量を釣り合わせた状態

図 6・7　遷移金属イオンの電子配置を決定する一つの方法として，磁場を用いる方法がある．不対電子は微小な磁石としてふるまうので，遷移金属イオンの不対電子の数は，磁場中に置いた試料の重さを量ることによって決定できる．すなわち，試料中に不対電子が含まれる場合は，試料に磁気的な引力がはたらくため，試料はより重くなったようにふるまう．磁場を加えた状態で，天秤の釣り合いを取り戻すために天秤皿に加えたおもりの質量から，見かけの質量増加が得られる．この質量増加から，試料中の不対電子の数と電子配置を求めることができる．

の順序はつぎのように規則的となり，この順序に従って電子を満たしていけば基底状態の電子配置を得ることができる．

1s < 2s < 2p < 3s < 3p < 3d < 4s < 4p < 4d < 4f < …

この結果，たとえば，ニッケル原子の基底状態の電子配置は [Ar]$4s^2 3d^8$ であるが，1価のニッケルイオン Ni$^+$ の電子配置は [Ar]$3d^9$ であり，[Ar]$4s^2 3d^7$ や [Ar]$4s^1 3d^8$ ではない（これは分光学的な実験によって確認されている）．同様に 2 価のニッケルイオン Ni^{2+} の基底状態の電子配置は [Ar]$3d^8$ であり，[Ar]$4s^2 3d^6$ ではない（図 6・7）．

例題 6・7　Fe^{3+} の基底状態の電子配置を予想せよ．

解答　鉄（$Z=26$）の中性原子の基底状態の電子配置は，つぎの通りである．

$$[Ar]4s^2 3d^6$$

ほとんどの中性原子では，4s オービタルのエネルギーは 3d オービタルのエネルギーよりも低いが，これは大多数のイオンにはあてはまらない．Fe^{3+} では，3d オービタルの方が 4s オービタルよりもエネルギーが低くなる．したがって，中性原子 Fe よりも電子が 3 個少ない Fe^{3+} の基底状態の電子配置は，次式で表される．

$$[Ar]3d^5$$

練習問題 6・7　Pd^{2+} の基底状態の電子配置を予想せよ．

解答　[Kr]$4d^8$

例題 6・8　周期表だけを参照して，Cu$^+$ および Cu^{2+} の基底状態の電子配置を予想せよ．

解答　銅の原子番号は 29 であるから，Cu$^+$, Cu^{2+} はそれぞれ 28 個，27 個の電子をもつ．遷移金属イオンでは，原子オービタルに電子を満たす順序は規則的となるから，Cu$^+$ および Cu^{2+} の基底状態の電子配置はつぎのようになる．

Cu$^+$　　$1s^2 2s^2 2p^6 3s^2 3p^6 3d^{10}$ あるいは [Ar]$3d^{10}$

Cu^{2+}　$1s^2 2s^2 2p^6 3s^2 3p^6 3d^9$ あるいは [Ar]$3d^9$

Cu(II)イオンの電荷は，銅イオンにみられる最も一般的な電荷である．

練習問題 6・8　Cr(II)イオン，Cr(III)イオン，および Cr(VI)イオンの基底状態の電子配置を予想せよ．

解答　Cr(II)イオン [Ar]$3d^4$, Cr(III)イオン [Ar]$3d^3$, Cr(VI)イオン [Ar]

遷移金属の一般的なイオン電荷は，すべて正であることに注意してほしい．したがって，ここでは遷移金属の陰イオンについて考える必要はない．

6・6　陽イオンはそのイオンを与える中性原子よりも小さく，陰イオンは大きい

原子とイオンは異なる化学種であるから，原子半径と**イオン半径**[1]は値が異なることが予想される．たとえば，ナ

---

1) ionic radii

6・6 イオンの大きさ

トリウム原子において，3s 電子は最も外側に位置するから，3s 電子の原子核からの平均距離は，1s や 2s，あるいは 2p 電子の原子核からの平均距離よりも大きい．このため，ナトリウム原子が 3s 電子を失って生じる Na$^+$ では，$n=1$ と $n=2$ の電子殻だけが電子で占有されているので，Na$^+$ はナトリウム原子よりも小さくなる．さらに，過剰になった正電荷によって残った電子が原子核に引きつけられるため，電子分布は収縮することになる．これらの理由により，陽イオンの大きさは，そのイオンを与える中性原子よりも常に小さい．5・12 節で述べたように，イオン結晶の X 線解析データから得られる結晶学的半径を用いて，これらのイオンの大きさを評価することができる．

アルカリ金属の原子とイオンの相対的な大きさは，図6・8 の一番左に示されている．2 族金属は，外殻にある 2 個の s 電子を失って，2 価の陽イオン M^{2+} になる．さらに過剰になった +2 の正電荷によって，残った電子は 1 族金属の場合よりももっと原子核に引きつけられるので，電子分布はさらに収縮する．この効果は，図 6・8 の 1 族と 2 族の陽イオンの大きさを比較することにより，理解することができる．

一方，非金属の原子は，電子を獲得して陰イオンになる．余分に付け加わった電子により電子−電子反発相互作用が増大するため，電子分布は膨張することになる．この理由により，陰イオンの大きさは，常にそのイオンを与える中性原子よりも大きい．例として図 6・8 の 17 族には，ハロゲン原子とハロゲン化物イオンについて，原子とイオンの相対的な大きさが示されている．また，多くのイオンについて，結晶学的半径の数値を表 6・3 に示した．

例題 6・9 表 6・3 や図 6・8 を参照せずに，K$^+$ と Cl$^-$ のうち，どちらがより大きいイオンであるかを予想せよ．

解答 K$^+$ と Cl$^-$ の基底状態の電子配置は，どちらも 1s^{2}2s^{2}2p^{6}3s^{2}3p^6 である．どちらのイオンも 18 個の電子をもつので，これらは**等電子的**[1] である．しかし，カリウム原子の原子核の電荷は +19 であるが，塩素原子の原子核の電荷は +17 しかない．このため，K$^+$ では過剰の正電荷により電子分布が収縮し，一方，Cl$^-$ では過剰の負電荷により電子分布が膨張する．したがって，Cl$^-$ は K$^+$ よりも大きいと予想される．実際，実験によって，K$^+$ のイオン半径は 138 pm，Cl$^-$ のイオン半径は 181 pm であることが知られている．

練習問題 6・9 表 6・3 や図 6・8 を参照せずに，つぎのイオンを大きさが増大する順序に並べよ．

$$Mg^{2+} \quad Na^+ \quad I^- \quad Br^- \quad Al^{3+}$$

解答 イオンの大きさは，Al^{3+} < Mg^{2+} < Na$^+$ < Br$^-$ < I$^-$ の順に増大する．

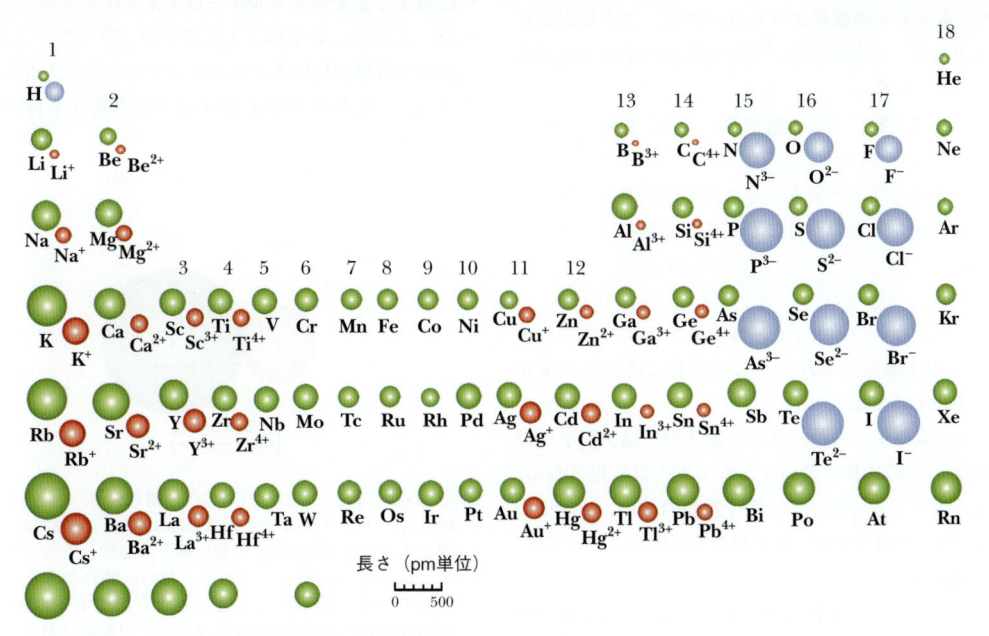

図 6・8 原子とイオンの相対的な大きさ．中性原子は緑色，陽イオンは赤色，陰イオンは青色で示してある．陽イオンはそのイオンを与える中性原子よりも小さく，陰イオンは大きい．

[1] isoelectronic

表 6・3 イオンの結晶学的半径（pm＝10^{-12} m 単位）

イオン	半径	イオン	半径	イオン	半径	イオン	半径	イオン	半径	イオン	半径	イオン	半径
陽イオン								陰イオン					
Ag^+	115	Ba^{2+}	135	Al^{3+}	54	Ce^{4+}	87	Br^-	196	O^{2-}	140	N^{3-}	171
Cs^+	167	Ca^{2+}	100	B^{3+}	23	Ti^{4+}	61	Cl^-	181	S^{2-}	184	P^{3-}	212
Cu^+	77	Cd^{2+}	95	Cr^{3+}	62	U^{4+}	89	F^-	133	Se^{2-}	198		
K^+	138	Co^{2+}	65	Fe^{3+}	55	Zr^{4+}	84	H^-	154	Te^{2-}	221		
Li^+	76	Cu^{2+}	73	Ga^{3+}	62			I^-	220				
Na^+	102	Fe^{2+}	61	In^{3+}	80								
Rb^+	152	Mg^{2+}	72	La^{3+}	103								
Tl^+	150	Ni^{2+}	69	Tl^{3+}	89								
		Sr^{2+}	118	Y^{3+}	90								
		Zn^{2+}	74										

6・7 クーロンの法則を用いてイオン対の エネルギーを計算することができる

イオン結合に関するこれまでの説明は定性的なものであった．本節では，イオン結合が形成されるとき，生成するイオン化合物のエネルギーが反応物の原子のエネルギーよりも低くなることを，計算によって示してみよう．つぎの化学反応式によって表される反応を考える．

$$Na(g) + Cl(g) \rightarrow Na^+Cl^-(g) \qquad (6・1)$$

生成物の $Na^+Cl^-(g)$ のエネルギーが，反応物の $Na(g)$ と $Cl(g)$ のエネルギーの総和よりも低いので，この反応過程によりエネルギーが放出され，安定な結合が形成されるのである．

都合のよいことに，この反応過程における正味のエネルギー変化は，反応が以下に述べるような三つのべつべつの段階によって進行すると考え，それぞれの段階におけるエネルギー変化を足し合わせることによって求めることができる．

1. ナトリウム原子のイオン化，すなわちナトリウム原子から電子が 1 個除去される．この過程に必要なエネルギーは 0.824 aJ である．
2. ナトリウム原子から除去された電子が，塩素原子に付け加わる．この過程においてエネルギーは放出される．このエネルギーを塩素原子の**電子親和力**[1]といい，その大きさは 0.580 aJ である．電子親和力の概念については，以下で説明する．
3. ナトリウムイオンと塩化物イオンが結びつき，図 6・9 に示すような化合物を形成する．表 6・3 をみると，ナトリウムイオンと塩化物イオンのイオン半径は，それぞれ 102 pm，181 pm であることがわかる．したがって，イオンが硬い球のようにふるまうことを仮定すると，ナトリウムイオンと塩化物イオンがちょうど触れ合ったとき，二つのイオンの中心は 181＋102＝283 pm 離れていることになる．このようなイオン結合を形成しているイオン対において，それぞれのイオンの中心間の距離を**平衡イオン対距離**[2]といい，d_{eq} で表す．離れて存在する二つのイオンを平衡イオン対距離まで移動させる際のエネルギー変化は，クーロンの法則によって求めることができる．これについても後述する．

段階 1 で必要なエネルギーはイオン化エネルギー（I_1）であり，これについては 4・1 節ですでに述べた．ここでは，段階 2 と段階 3 に伴うエネルギーについて考えよう．次式のように，気体状の原子 A(g) に 1 個の電子を付け加える過程を考える．

$$A(g) + e^- \rightarrow A^-(g)$$

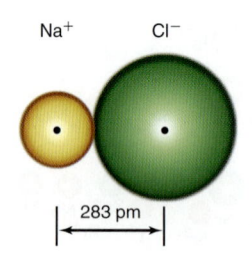

図 6・9 イオン対 $Na^+Cl^-(g)$ の剛球モデル．表 6・3 に従って，ナトリウムイオンは半径 102 pm の硬い球，塩化物イオンは半径 181 pm の硬い球とみなす．それぞれのイオンは反対の電荷をもつので，互いに触れ合うまで引き寄せられる．接触したときのイオンの中心間の距離は，102 pm＋181 pm＝283 pm となる．この距離において，二つのイオンはイオン結合により結びつけられる．この距離を平衡イオン対距離といい，d_{eq} で表す．

---
1) electron affinity 2) equilibrium ion-pair separation distance

6・7 イオン結合のエネルギー

この過程に伴って放出されるエネルギーを，原子A(g)の**第一電子親和力**[1]といい，EA_1と表す．EA_1はこの過程のエネルギー変化に負の符号をつけた値に相当する．したがって，段階2のエネルギーE_2は，$-EA_1$で表される．たとえば，塩素原子については，次式のようになる．

$$\mathrm{Cl(g)} + \mathrm{e}^- \rightarrow \mathrm{Cl}^-(g) \qquad E_2 = -0.580 \text{ aJ}$$

この過程ではエネルギーが放出されるので，E_2は負の値となることに注意しよう．いくつかの活性な非金属の電子親和力を表6・4に示した．

表 6・4 いくつかの活性な非金属の原子の電子親和力

原子	EA/aJ	原子	EA/aJ
H	0.12	O	0.234
F	0.545		$-1.30 (EA_2)$
Cl	0.580	S	0.332
Br	0.540		$-0.980 (EA_2)$
I	0.490		

NaClについて，段階1と段階2を並べて書くと，

段階1: $\mathrm{Na(g)} \rightarrow \mathrm{Na}^+(g) + \mathrm{e}^- \qquad I_1 = 0.824$ aJ

段階2: $\mathrm{Cl(g)} + \mathrm{e}^- \rightarrow \mathrm{Cl}^-(g) \qquad E_2 = -0.580$ aJ

これら二つの式を足し合わせると，次式が得られる．

段階1＋段階2: $\mathrm{Na(g)} + \mathrm{Cl(g)} \rightarrow \mathrm{Na}^+(g) + \mathrm{Cl}^-(g)$
$$E_{1+2} = I_1 + E_2 = 0.244 \text{ aJ}$$

この過程で生成する化学種はいずれも気相にある．このため，$\mathrm{Na}^+(g)$と$\mathrm{Cl}^-(g)$はきわめて離れて存在しており，事実上，互いに孤立している（この状態におけるイオン間の相互作用のエネルギーはゼロである）．そこでつぎに，これら二つの分離されたイオンを，二つのイオン間の距離が平衡イオン対距離283 pm（図6・9）になるまで移動させたときのエネルギー変化を計算しなければならない．これが段階3のエネルギーになる．このエネルギーは，クーロンの法則を用いて計算することができる．

クーロンの法則[2]（図6・10）によると，2個のイオン間にはたらく相互作用のエネルギー（静電エネルギー）は，それらの電荷の積に比例し，それらの中心間の距離に反比例する．すなわち，相互作用のエネルギーE_{coulomb}は次式で表される．

$$E_{\text{coulomb}} = k \frac{Q_1 Q_2}{d} \qquad (6 \cdot 2)$$

ここで，Q_1とQ_2は2個のイオンのそれぞれの電荷であり，dはそれらの中心間の距離，さらにkは比例定数である．比例定数kの値は，電荷と距離dの単位に依存する．電荷がプロトンH^+がもつ電荷を単位として与えられ（すなわち，Na^+に対しては+1，Cl^-に対しては-1など），また距離dをpm（1 pm = 10^{-12} m）単位とすると，E_{coulomb}は次式を用いてaJ（1 aJ = 10^{-18} J）単位で与えられる．

$$E_{\text{coulomb}} = (231 \text{ aJ pm}) \frac{Q_1 Q_2}{d} \qquad (6 \cdot 3)$$

図6・11に，この関係を図示した．(6・3)式から，イオン間の距離dが非常に大きくなると，イオン間にはたらく相互作用のエネルギーはゼロに近づくことがわかる．また，イオンが同じ符号の場合にはE_{coulomb}は正となり，異なる符号をもつ場合にはE_{coulomb}は負となる．同じ符号をもつ電荷は互いに反発し，反対の符号の電荷は互いに引き合うことを思い出してほしい．このため，反対の電荷をもつイオンだけが，安定なイオン結合を形成できるのである．Na^+

図 6・10 シャルル・オーギュスタン ド クーロン Charles-Augustin de Coulomb（1736〜1806）は，フランスの物理学者．陸軍士官学校に入学し，そこで工学の教育を受けた．クーロンは陸軍でさまざまな技術計画を指導したが，その間に，電荷の間にはたらく力と距離の関係を発見した．それは現在では，クーロンの法則として知られている．また彼は，度量衡の改定にも尽力し，それはフランスにおけるメートル法の制定につながった．

$$E = (231 \text{ aJ pm}) \frac{Q_1 Q_2}{d}$$

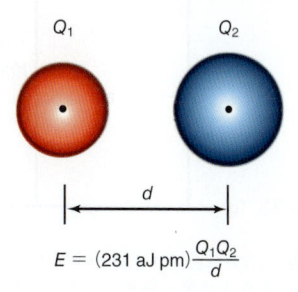

図 6・11 距離dだけ離れた2個のイオン．イオンの電荷をQ_1およびQ_2とすると，それらの間にはたらく相互作用のエネルギーは，クーロンの法則〔(6・3)式〕で与えられる．

---

[1] first electron affinity [2] Coulomb's law

と Cl^- のイオン対に対して，ナトリウムイオンの電荷 Q_1 は $+1$ であり，塩化物イオンの電荷 Q_2 は -1 である．また，イオン間の距離 d は 283 pm（$=102\text{ pm}+181\text{ pm}$）である．これらのことから，イオン間にはたらく相互作用のエネルギー $E_{coulomb}$ は，次式によって求めることができる．

$$E_{coulomb} = (231\text{ aJ pm})\frac{(+1)(-1)}{283\text{ pm}} = -0.816\text{ aJ}$$

負の符号は，分離された Na^+ と Cl^- を平衡イオン対距離まで移動させる過程では，それらのイオンは互いに引き合うため，エネルギーが放出されることを意味している．すなわち，283 pm の距離にあるイオン対のエネルギーは，それらのイオンが互いにきわめて離れて存在するときよりも低くなる．-0.816 aJ は，1個のイオン対 $Na^+Cl^-(g)$ が形成される過程のエネルギー変化を表す．したがって，イオン対 $Na^+Cl^-(g)$ 形成の過程は，つぎのような化学反応式で書くことができる．

段階3: $Na^+(g) + Cl^-(g) \longrightarrow Na^+Cl^-(g)$
$d = 283$ pm
$E_3 = -0.816$ aJ

先に述べた段階1と段階2の和に，この段階3の化学反応式を加え，さらにそれぞれの段階に対応するエネルギー変化を足し合わせることによって，(6・1)式に対する全エネルギー変化 E_{rxn} を求めることができる．

$Na(g) + Cl(g) \longrightarrow Na^+Cl^-(g)$
$d = 283$ pm
$E_{rxn} = I_1 + E_2 + E_3 = E_{1+2} + E_3$
$= 0.244\text{ aJ} - 0.816\text{ aJ} = -0.572\text{ aJ}$

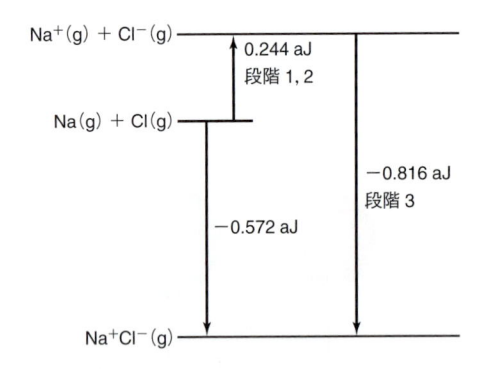

図 6・12 反応式 $Na(g) + Cl(g) \longrightarrow Na^+Cl^-(g)$ の過程で放出されるエネルギーを計算するために用いる三つの段階．まず，原子 $Na(g)$ と $Cl(g)$ をそれぞれイオンに変換し（段階1および段階2），ついで2個のイオンをそれらの結晶学的半径の和に等しい距離まで移動させる（段階3）．段階1と段階2にはそれぞれ，ナトリウムのイオン化エネルギーと塩素の電子親和力を用いる．段階3において2個の孤立したイオンを移動させる際のエネルギーの計算には，クーロンの法則を用いる．

この過程でエネルギーが放出されるという事実は，イオン対 $Na^+Cl^-(g)$ のエネルギーは，孤立した2個の気体状の原子 $Na(g)$，$Cl(g)$ のエネルギーの総和よりも低いことを意味している．すなわち，イオン対は，離れた2個の原子よりもエネルギーが低いので，原子に比べて安定に存在するのである．原子 $Na(g)$ と $Cl(g)$ からイオン対 $Na^+Cl^-(g)$ が生成する全体の過程を，図 6・12 に示した．

例題 6・10 つぎの化学反応式で表される反応において，放出されるエネルギーを計算せよ．

$$Ca(g) + O(g) \longrightarrow CaO(g)$$

ただし，$Ca(g)$ の第一，および第二イオン化エネルギーを，それぞれ 0.980 aJ，1.90 aJ とする．

解答 この反応は，つぎの3段階によって表すことができる．すなわち，(1) $Ca(g)$ のイオン化，(2) $O(g)$ に対する2個の電子の付加，(3) $Ca^{2+}(g)$ と $O^{2-}(g)$ の平衡イオン対距離までの移動，である．それぞれの段階について，エネルギー変化を考えてみよう．

1. $Ca(g)$ の第一，第二イオン化エネルギーの値から，つぎのように書くことができる．

   $Ca(g) \longrightarrow Ca^+(g) + e^-$　　　$I_1 = +0.980$ aJ

   $Ca^+(g) \longrightarrow Ca^{2+}(g) + e^-$　　　$I_2 = +1.90$ aJ

   これらのイオン化エネルギーの和から，段階1のエネルギー E_1 は，$E_1 = I_1 + I_2 = 2.88$ aJ となる．

2. 連続したイオン化エネルギーを定義したときと同じように，連続した電子親和力を定義することができる．表 6・4 から，$O(g)$ の第一電子親和力は 0.234 aJ，第二電子親和力は -1.30 aJ であることがわかる．したがって，

   $O(g) + e^- \longrightarrow O^-(g)$　　　$-EA_1 = -0.234$ aJ

   $O^-(g) + e^- \longrightarrow O^{2-}(g)$　　　$-EA_2 = +1.30$ aJ

   第二電子親和力 EA_2 の値が負であることに注意してほしい．負電荷をもつイオン $O^-(g)$ にさらに電子を付け加えるには，それらの間にはたらく反発力に打ち勝つためのエネルギーが必要となる．これらの電子親和力の和から，段階2のエネルギー E_2 は，$E_2 = -EA_1 - EA_2 = 1.07$ aJ となる．段階1と段階2の結果を足し合わせることによって，次式を得る．

   $Ca(g) + O(g) \longrightarrow Ca^{2+}(g) + O^{2-}(g)$

   $E_{1+2} = E_1 + E_2 = 2.88\text{ aJ} + 1.07\text{ aJ} = +3.95$ aJ

3. つぎに，分離された $Ca^{2+}(g)$ と $O^{2-}(g)$ を，それら

の平衡イオン対距離まで移動させる過程におけるエネルギー変化を計算する．表6・3をみると，イオン Ca^{2+}, O^{2-} の結晶学的半径は，それぞれ 100 pm, 140 pm である．したがって，イオン対 $Ca^{2+}O^{2-}$(g) の平衡イオン対距離は 240 pm となる．イオン間にはたらく相互作用のエネルギー $E_{coulomb}$ は，(6・3)式を用いて求めることができる．

$$E_{coulomb} = (231\text{ aJ pm})\frac{(+2)(-2)}{240\text{ pm}}$$
$$= -3.85\text{ aJ}$$

負の符号は，この過程においてエネルギーが放出されることを示している．この結果は，次式のように表すことができる．

$$Ca^{2+}(g) + O^{2-}(g) \rightarrow Ca^{2+}O^{2-}(g)$$
$$d = 240\text{ pm}$$
$$E_3 = -3.85\text{ aJ}$$

先に述べた段階1と段階2の和に，段階3の化学反応式を加えると次式となり，

$$Ca(g) + O(g) \rightarrow Ca^{2+}O^{2-}(g)$$

さらにそれぞれの段階に対応するエネルギー変化から，この反応における全エネルギー変化 E_{rxn} は次式のように求められる．

$$E_{rxn} = E_{1+2} + E_3 = 3.95\text{ aJ} - 3.85\text{ aJ} = 0.10\text{ aJ}$$

この計算ではエネルギーは正になり，0.10 aJ が吸収されることになる．しかし，実際には，CaO は安定なイオン結晶を形成する．これは，上記の計算ではまだ，$Ca^{2+}O^{2-}$(g) が結晶格子を形成する際に放出されるエネルギーが考慮されていないためである．

段階3において，分離された Ca^{2+}(g) と O^{2-}(g) からイオン対 CaO(g) を形成する際に放出される静電エネルギー(3.85 aJ)は，イオン対 NaCl(g) を形成する際に放出されるエネルギー(0.816 aJ)の約4倍になっていることに注意してほしい．これは，ナトリウムイオンと塩化物イオンがいずれも1価であるのに対して，カルシウムイオンと酸化物イオンがいずれも2価であることによるものである．

練習問題 6・10 つぎの化学反応式によって表される反応について，反応に伴って放出されるエネルギーを計算せよ．

$$Cs(g) + Cl(g) \rightarrow Cs^+Cl^-(g)$$

ただし，Cs(g) の第一イオン化エネルギーを 0.624 aJ とする．

解答 この反応のエネルギー変化 E_{rxn} は -0.619 aJ となり，0.619 aJ が放出される．

純粋なイオン結合は，化学結合のうちで最も簡単な形式の結合である．イオン結合は，反対の電荷をもつイオンの間の静電的な引力によって形成される．さらに，それぞれのイオンの電荷と，その平衡イオン対距離がわかれば，(6・3)式を用いて，イオン結合の形成によって放出されるエネルギーを計算することができる．このエネルギーは，イオン結合を開裂させ，それぞれのイオンに分離するために供給すべきエネルギーに等しい．

これまでに述べた反応は，ただ気体状の原子が気体状のイオン対を形成するという反応であり，イオン化合物の安定性を説明する観点からは，簡略化されたものである．たとえば，室温において塩化ナトリウムは，図6・13に示すような，ナトリウムイオンと塩化物イオンからなる固体として存在する．ここに示された二つの図(特にbの図)を注意深く見ると，それぞれのナトリウムイオンは6個の隣接する塩化物イオンに取囲まれ，さらにその外側に12個のナトリウムイオンが近接しているといったように，イオンが秩序よく配列していることがわかるだろう．これらのイオン間にはたらくすべての相互作用に対してクーロンの法則を適用することにより，結晶全体のエネルギーを計算することができる．実際，このような計算は，すでにさまざまな形式をもつ多くの結晶について行われている．こうして得られるエネルギー，すなわち結晶を，それを構成する気体状のイオンに解離させるために必要なエネルギーを**格子エネルギー**[1]という．格子エネルギーを計算する際に

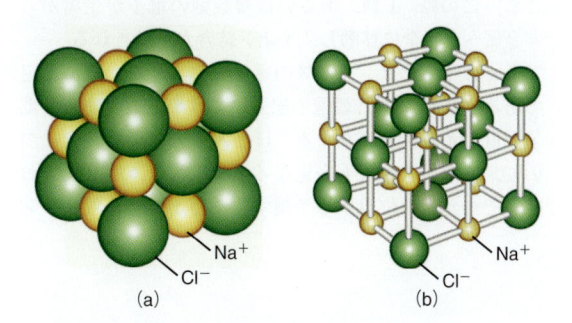

図 6・13 NaCl(s)の結晶構造．それぞれの Na^+ イオンは6個の Cl^- イオンに取囲まれており，また，それぞれの Cl^- イオンは6個の Na^+ イオンに取囲まれている．(a) この図は，それぞれのイオンを，相対的な大きさを反映させた球として描いたものであり，結晶におけるイオンの詰まり方を示している．(b) イオン間に少し空間をとった NaCl(s) の結晶構造の図．

---

[1] lattice energy

は，図 6·13(a) に示すように，結晶は小さく硬い球形の粒子からなるものとみなし，それぞれの粒子は格子の定められた位置に固定されていると考える．実際には，粒子は完全に固定されているわけではなく，その平衡位置のまわりにわずかにゆれ動く，すなわち振動しているが，この "剛球モデル" は，格子エネルギーの計算には十分に適したものである．すべてのイオン化合物が室温で固体となるのは，このような三次元的に広がった結晶格子を壊すためには，非常に大きなエネルギーが必要であることが理由の一つになっている．

表 6·5 に多くのイオン化合物について，化学式単位当たりの格子エネルギーの計算値を示した．表から，計算値と実験値がよく一致していることがわかる．このことは，格子エネルギーの計算に用いたイオン結晶の "剛球モデル" が適切であることの裏づけになっている．

表 6·5 に示すように，NaCl(s) の格子エネルギーの値は化学式単位当たり 1.28 aJ であり，これは (6·3) 式に基づいて計算したイオン対 NaCl(g) 当たりの静電エネルギーの大きさ 0.816 aJ の約 1.5 倍であることに注意してほしい．同様に，表 6·5 から，CaO(s) の格子エネルギーの値は化学式単位当たり 5.67 aJ であり，これもまた例題 6·10 で計算したイオン対 CaO(g) 当たりの静電エネルギーの大きさ 3.85 aJ の約 1.5 倍になっている．格子エネルギーの方が大きくなるのは，イオン結晶の格子エネルギーの計算においては，イオン対だけではなく，隣接しているイオン，さらにその外側に近接するイオンなど，すべてのイオンとの相互作用を考慮したことによるものである．

表 6·5　代表的なイオン化合物における化学式単位当たりの格子エネルギーの計算値と実験値

化合物	格子エネルギーの計算値/aJ	格子エネルギーの実験値/aJ
NaF	1.51	1.54
NaCl	1.28	1.31
NaBr	1.22	1.25
KF	1.34	1.38
KCl	1.16	1.20
KBr	1.11	1.15
CaF_2	4.38	4.40
$CaCl_2$	3.77	3.77
Na_2O	4.12	4.11
K_2O	3.72	3.71
CaO	5.67	5.65

まとめ

静電気力によって反対の電荷をもつ二つのイオンが引き合うことにより形成される結合をイオン結合という．二つの反応物のうち，一方が比較的小さいイオン化エネルギーをもち，もう一方が比較的大きな電子親和力をもつとき，それらの間でイオン化合物が形成される．活性な金属と活性な非金属との間では，このような反応が起こる．この際，1個，あるいは複数個の電子が金属から非金属へと完全に移動し，イオン結合が形成される．

多くのイオンは，貴ガスの電子配置をとるために安定である．また，18 外殻電子配置のような，他の安定な電子配置のイオンも存在する．ほとんどの主要族元素について，その元素の最も安定なイオン電荷を，周期表におけるその元素の位置から予測することができる．イオンと原子は異なる化学種であるから，イオン半径も原子半径とは同じではない．イオンの相対的な大きさや，周期表におけるその変化の傾向は，イオンの電子配置に基づいて理解することができる．

ほとんどの遷移金属といくつかの主要族金属は，複数の異なる電荷をもつイオンを形成する．このような金属を含む化合物を命名する際には，金属の名称に続けて，金属の価数を ( ) 内にローマ数字を用いて示す．

気相にあるそれぞれの原子からイオン化合物が形成される過程のエネルギー論は，原子のイオン化エネルギーと電子親和力，さらにイオン対形成のエネルギー，あるいは格子エネルギーを用いて，定量的に説明することができる．

7 ルイス構造

前章では，金属と非金属が反応してイオン化合物を与える過程について説明した．一方の原子の外殻電子は，完全にもう一方の原子へと移動し，それらの間にはたらく静電的な引力によりイオン結合が形成される．1916年，これとは別の種類の化学結合が米国の化学者ルイスによって提案された．この結合では，2個の原子は電子対を共有することによって結びつけられる．これが共有結合である．ルイスが電子対や共有結合の概念を論文に発表したのは，その概念にゆるぎない理論的根拠を与えた量子論が誕生するほぼ10年も前のことであった．

共有結合によって，膨大な種類の化合物が形成される．共有結合からなる化合物は電気伝導性に乏しく，またその多くは室温で気体，あるいは液体である（表6・1を参照せよ）．本章ではまず，ルイスが発案した化学式の表記法を学ぶことによって共有結合に関する理解を深め，さらに共有結合とイオン結合の中間的な性質をもつ結合の扱い方を学ぶ．第9章で述べるように，共有結合を詳しく理解するためには量子論が必要となるが，本章で学ぶルイス構造は，化学における最も有用な概念の一つとして現在も広く用いられている．

7・1	共有結合
7・2	オクテット則とルイス構造
7・3	水素とルイス構造
7・4	形式電荷
7・5	多重結合
7・6	共鳴混成体
7・7	ラジカル
7・8	原子価殻の拡張
7・9	電気陰性度
7・10	極性結合
7・11	双極子モーメント

7・1 共有結合は2個の原子に共有された電子対として表される

塩素分子 Cl_2 について考えてみよう．塩素原子のルイス記号はつぎのように書かれる．

$$:\!\overset{..}{\underset{..}{Cl}}\!\cdot$$

原子のルイス記号には**価電子**[1]（一般に外殻電子）のみが表記され，また主要族元素における価電子の数は，その元素の周期表の位置によって決まることを思い出

ギルバート ニュートン ルイス Gilbert Newton Lewis (1875～1946) は米国の化学者．ルイスは14歳で大学に入学し，1899年に博士号を取得した．彼はドイツで1年間研究者として過ごした後，講師として米国ハーバード大学に戻った．その後，フィリピンの度量衡局の監督者を1年間勤めた後，米国マサチューセッツ工科大学に職を得た．そこで原子の構造に興味をもち，現在ではルイス記号とよばれる原子の表記法を発案した．1912年にルイスは，米国カリフォルニア大学バークレー校の化学部長となった．そこではしばしば学科全体が集まって，新しいアイデアや研究成果を自由に議論したという．ルイスが運営する学科は，単に個人が集まった組織以上のものとなり，多くの著名な化学者やノーベル賞受賞者を輩出した．ルイスは化学において多くの重要な貢献をした．たとえば，1920年代に，彼はルイス構造を発案し，電子対の共有による共有結合の概念を提案した．"共有結合(covalent bond)"も彼の命名によるものである．ルイスは米国の傑出した化学者の一人であり，ノーベル賞を受賞することのなかった最も著名な化学者の一人である．ルイスは研究室で実験中に心臓麻痺により亡くなった．

---

1) valence electron

してほしい．塩素原子では，外殻に8個の電子をもつアルゴンと同じ電子配置を達成するには，電子が1個不足している．Cl_2の一方の塩素原子は，この電子をもう一方の塩素原子から獲得することができるが，そうすると電子を奪われた塩素原子は，オクテット則を満たすためには電子が2個少なくなり，さらに不安定となってしまう．ある意味で，電子移動は手詰まりの状態になっている．両方の塩素原子において，電子を獲得することに対する駆動力は同じである．より定量的にみると，塩素原子は大きな電子親和力をもつけれども(0.580 aJ)，イオン化エネルギーはそれ以上に大きいので(2.09 aJ)，塩素原子が簡単に電子を失うことはない．原子の間にイオン結合が形成されて二元化合物が得られるのは，一方の原子が比較的小さいイオン化エネルギーをもつ金属であり，他方の原子が比較的大きい電子親和力をもつ非金属の場合に限られる．

こうしてCl_2では，イオン結合の形成は除外される．しかし，2個の塩素原子が，**同時に**アルゴンと同じ電子配置を達成できる方法がある．もし，2個の塩素原子がそれらの間で電子対を**共有**すれば，生成したCl_2の価電子の分布はつぎのように描くことができる．

$$:\!\ddot{Cl}\cdot\ +\ \cdot\ddot{Cl}\!:\ \longrightarrow\ :\!\ddot{Cl}\!:\!\ddot{Cl}\!:$$

この図において，それぞれの塩素原子が，外殻に8個の電子をもっていることに注意してほしい．

電子対を共有することにより，それぞれの塩素原子は，外殻に8個の電子をもつアルゴンと同様の安定な電子配置を達成することができるのである．ルイス記号による図からわかるように，2個の塩素原子を結びつけて塩素分子を形成させる要因となっているのは，2個の原子に共有された電子対である．共有された電子対により2個の原子間に形成される結合を**共有結合**[1]といい，共有結合のみから形成される化合物を**共有結合化合物**[2]という．

上図でCl_2分子を示したような価電子を点で表した化学式を，**ルイス構造**[3]という．ルイス構造では，結合を形成している電子対は二つの原子を結ぶ線として描き，また他の電子は，原子の周囲に対を形成した点として描くことが慣例となっている．

$$:\!\ddot{Cl}\!-\!\ddot{Cl}\!:$$

一般に，ハロゲン分子のルイス構造は，$:\!\ddot{X}\!-\!\ddot{X}\!:$のように書かれる．ここで，XはF, Cl, BrおよびIを表す．2個の塩素原子に共有されていない電子対を，**非共有電子対**[4]

あるいは**孤立電子対**[5]という．ルイス構造では，共有結合は2個の原子の間で共有された電子対として表される．

$Cl_2(g)$は$-101\,°C$の凝固点をもち，固体になると**分子結晶**[6]を形成する(図7·1)．イオン結晶では，イオンが交互に配列して三次元的に広がった格子を構成していたが，分子結晶では，個々の分子が構成粒子となっている．上記の塩素で示したように，多くの分子結晶は融点が低い．これは，分子結晶において分子間にはたらく引力が，イオン結晶においてイオン間にはたらく引力と比べて弱いことを示している．なお，塩素分子は電気的に中性なので，結晶においてそれらの間に正味の静電的な引力ははたらかない．中性の分子間にはたらく相互作用については，第15章で説明する．

図7·2にハロゲン分子の分子模型を示した．図から，2個のハロゲン原子の原子核が，イオン結合におけるイオンのように，ある平衡距離に保たれていることがわかる．こ

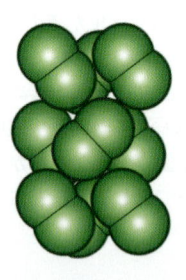

図7·1 塩素$Cl_2(s)$の結晶における塩素分子の規則的な配列．この配列様式が結晶全体にわたって繰返される．塩素分子は電気的に中性なので，分子間にはたらく引力は，イオン結晶において隣接するイオン間にはたらく引力ほど強くはない．その結果，$Cl_2(s)$のような分子結晶は一般に，イオン結晶よりも融点が低くなる．$Cl_2(s)$の融点は$-101\,°C$である．これに対して，イオン結晶$NaCl(s)$の融点は$800\,°C$である．

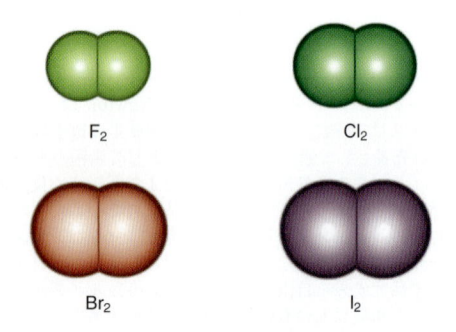

図7·2 ハロゲン分子の空間充填模型．それぞれの原子は，原子の相対的なサイズに対応した大きさに描かれている．ハロゲン原子の原子半径は周期表の下方へ移動するにつれて，大きくなることに注意しよう．

---

1) covalent bond 2) covalent compound 3) Lewis structure 4) unshared electron pair
5) lone electron pair (lone pair) 6) molecular crystal

の原子核間の距離を，**結合距離**[1]と定義する．表7・1に，ハロゲン分子の結合距離を示す．ハロゲンの原子番号が増大するとともに，二原子分子の結合距離も増大していることに注意しよう．

表 7・1 ハロゲン分子の結合距離

分 子	結合距離/pm
F_2	141
Cl_2	199
Br_2	228
I_2	267

7・2 ルイス構造を書くときにはオクテット則を満たすようにする

前節で述べたように，塩素分子を形成するそれぞれの塩素原子は，外殻に8個の電子をもつ．ルイスはこの結果をつぎのように一般化した．すなわち，それぞれの元素は，その外殻に8個の電子を占有するように，共有結合を形成する．この規則を**オクテット則**[2]（八隅説）という．ルイスはその卓越した見識により，このように一般化すれば，大多数の化合物における結合が合理的に説明できることに気づいたのであった．ルイス構造を書く際には，常にオクテット則を満たすような構造を書くことを心がけねばならない．ルイスがオクテット則を提案したのは量子論が発展するよりもずっと前のことであり，それは貴ガスの電子配置が特に安定であることに基づいたものであった．たとえば，炭素，窒素，酸素およびフッ素原子は，いずれも8個の価電子によって取囲まれたときに，ネオンと同じ電子配置が達成される．オクテット則に対する例外もあるが，大多数の化合物がこの規則に従うことから，オクテット則は非常に有用な規則として現在も用いられている．以下に，オクテット則の有用性を示すことにしよう．ルイス構造を書くときには，オクテット則に従わなくてよい十分な理由がない限り，オクテット則を守らなければならない．まず，OF_2を例にして，オクテット則を適用してルイス構造を書く方法を説明しよう．

気体フッ素を水酸化ナトリウム NaOH(aq) の水溶液に吹き込むと，黄褐色の気体，二フッ化酸素 OF_2(g) が生成する．OF_2分子のルイス構造を推測するために，まず酸素原子とフッ素原子のルイス記号を書く．

:F· ·O· ·F:

それぞれの原子が，その原子核のまわりに8個の価電子を伴って書かれるように，これら3個の原子を結合させるにはどうしたらよいだろうか．フッ素原子を酸素原子に近づけると，ルイス記号は次式のようになる．

:F:O:F:

この図をみると，3個の原子は同時に，8個の電子によって取囲まれていることがわかる．こうして，OF_2分子に対する満足すべきルイス構造は次式のように書くことができる．このルイス構造では，それぞれの原子がオクテット則を満たしている．

:F—O—F:

この構造が正しいことの最終的な確認として，上記のOF_2分子のルイス構造には全部で20個の価電子があること，およびその数は，それぞれの原子のルイス記号に示された価電子の総数20個（二つのフッ素原子のそれぞれが7個，および酸素原子が6個）と一致していることに注意してほしい．

二フッ化酸素のルイス構造は，この分子では，中心の酸素原子に対して2個のフッ素原子が結合していることを示している．ルイス構造の一つの大きな有用性は，その分子において，どの原子とどの原子が実際に結合しているのかがわかることである．

ルイス構造を書くための体系的な方法を示すことにしよう．ルイス構造は，以下の4段階の手順に従って書く．

1. 分子において結合している原子の元素記号を，互いに隣りになるように配置する．二フッ化酸素ではつぎのようになる．

    F O F

    この段階では，分子における原子の配列を推測することは難しいと思うかもしれないが，慣れてくると自信をもってできるようになる．本章の後半において，O—F—F が二フッ化酸素の構造として適切でない理由を説明する．ここでは，分子にただ1個だけある原子を（OF_2における酸素原子のように）中心に置き，他の原子はその原子に結合していると考えてみよう．しかし，正しい原子の配列が，いろいろと描いてみないと判定できない場合もしばしばある．

2. 分子を構成するすべての原子がもつ価電子の数を足し合わせることによって，その分子の価電子の総数を求める．化学種が分子ではなくイオンの場合には，イオンの電荷も考慮しなければならない．すなわち，もし陰イオンならばその価数だけ価電子に加え，陽イオンならばその価数だけ価電子から引く．つぎの表に，この規則に関するいくつかの例を示す．

[1] bond length [2] octet rule

化学種	個々の原子が もつ価電子数	電荷の 調整	価電子の 総数
C_2H_4	2C 4H $(2\times 4)+(4\times 1)$	なし	= 12
NH_2^-	N 2H $(1\times 5)+(2\times 1)$	+1	= 8
NH_4^+	N 4H $(1\times 5)+(4\times 1)$	-1	= 8

3. 互いに結合しているとみなした原子の間に線を引くことによって、2電子による共有結合の存在を表記する。二フッ化酸素の場合には、つぎのようになる。

$$F—O—F$$

4. 残った価電子を非共有電子対として、それぞれの原子がオクテット則を満たすように、それぞれの原子のまわりに配置する。

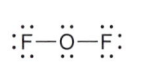

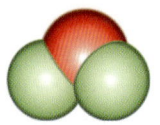

:F̈—Ö—F̈:

OF₂ の分子模型

つぎの例題によって、この規則の使い方を示すことにしよう。

例題 7・1 四塩化炭素 CCl_4 分子に対するルイス構造を書け。

解答 四塩化炭素分子の構造として、炭素はこの分子に1個だけ存在する原子であるから、炭素原子が中心に位置し、それにそれぞれの塩素原子が共有結合している構造を考える。

```
        Cl
    Cl  C  Cl
        Cl
```

価電子の総数は、$(1\times 4)+(4\times 7)=32$ 個である。これらの電子のうち8個を炭素－塩素結合を形成するために用い、炭素原子がオクテット則を満たすように炭素原子のまわりに配置する。残りの24個の価電子は、塩素原子上の非共有電子対として、それぞれの塩素原子がオクテット則を満たすように配置する。以上より、CCl_4 分子のルイス構造はつぎのようになる。

:C̈l:
:C̈l—C—C̈l:
:C̈l:

CCl₄ の分子模型

練習問題 7・1 四塩化ケイ素 $SiCl_4(l)$ は、無色で発煙性の液体であり、湿った空気にさらされると、消えにくい濃い白煙を生じる。これにより、四塩化ケイ素は煙幕をつくるために利用される。この反応は、つぎの化学反応式によって示される。

$$SiCl_4(l) + 2H_2O(l) \longrightarrow SiO_2(s) + 4HCl(g)$$

白煙は、非常に細かく分散した二酸化ケイ素 $SiO_2(s)$ の粒子からなる。四塩化ケイ素分子のルイス構造を書け。なお、四塩化ケイ素は共有結合からなる化合物である。

解答

:C̈l:
:C̈l—Si—C̈l:
:C̈l:

例題 7・2 三フッ化窒素 NF_3 分子のルイス構造を書け。

解答 三フッ化窒素分子の構造として、窒素はこの分子に1個だけ存在する原子であるから、窒素原子が中心に位置し、それに3個のフッ素原子が共有結合を形成している構造を考える。

```
    F  N  F
       F
```

価電子の総数は、$(1\times 5)+(3\times 7)=26$ である。これらの価電子のうち、6個を窒素－フッ素結合の形成に用いる。つぎに、価電子を、それぞれのフッ素原子上の非共有電子対として配置すると、残りの20電子のうち18個が説明される。さらに、残った2個の価電子を窒素原子に非共有電子対としておく。完成されたルイス構造は次式で示される。

:F̈—N̈—F̈:
  :F̈:

このルイス構造では、4個の原子すべてについて、オクテット則が満たされている。

練習問題 7・2 五塩化リン $PCl_5(s)$ は室温で固体の化合物であり、$[PCl_4]^+[PCl_6]^-$ のイオン対からなることが知られている。PCl_4^+ イオンのルイス構造を書け。（なお、PCl_6^- イオンの構造は練習問題7・13で取上げる。）

解答

$$\left[\begin{array}{c} :\ddot{C}l: \\ :\ddot{C}l—P—\ddot{C}l: \\ :\ddot{C}l: \end{array}\right]^{\oplus}$$

(ここでははっきりと示すために、電荷を丸で囲んだ．慣用的には、電荷は丸をつけずに表記されることが多い．)

7・3 水素原子はほとんどの場合ルイス構造の末端原子となる

オクテット則には例外があると述べた．ひとつの重要な例外が水素原子である．周期表において、水素に最も近い貴ガスはヘリウムである．このため、水素原子が貴ガスの電子配置を達成するためには、2個の電子だけがあればよいことになる．たとえば、水素分子 H_2 を考えてみよう．水素原子のルイス記号は，

$$H \cdot$$

H_2 において2個の水素原子が電子対を共有するならば，それぞれの水素原子は2個の電子によって取囲まれることになる．

$$H \cdot + \cdot H \longrightarrow H{:}H \text{ あるいは } H-H$$

このようにして、H_2 におけるそれぞれの水素原子は、ヘリウムと同じ電子配置を達成している．

また、ハロゲン化水素のルイス構造は、それぞれの原子のルイス記号から直接書くことができる．すなわち、X が F, Cl, Br, I を表すとすれば、ハロゲン化水素のルイス構造はつぎのように表される．

$$H \cdot + \cdot \ddot{\underset{\cdot\cdot}{X}} \colon \longrightarrow H - \ddot{\underset{\cdot\cdot}{X}} \colon$$

表 7・2 ハロゲン化水素分子の結合距離

分　子	結合距離/pm
HF	92
HCl	128
HBr	141
HI	161

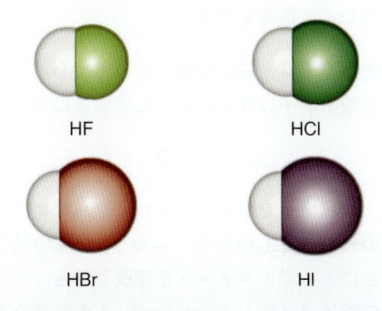

図 7・3 ハロゲン化水素分子の空間充塡模型．

このルイス構造では、水素原子はそのまわりに2個の電子をもち、ハロゲン原子は8個の電子に取囲まれていることがわかる．図 7・3 にハロゲン化水素の分子模型を示した．また表 7・2 には、ハロゲン化水素の結合距離が与えられている．

例題 7・3 アンモニウムイオン NH_4^+ のルイス構造を書け．

解答 まず、原子をつぎのように配列する．

$$\begin{array}{c} H \\ H \ N \ H \\ H \end{array}$$

アンモニウムイオンの価電子の総数は、$5 + (4 \times 1) - 1 = 8$ 個である．これら8個の価電子のすべてを窒素−水素結合の形成に用いる．

$$\begin{array}{c} H \\ | \\ H-N-H \\ | \\ H \end{array}$$

この化学種が +1 の電荷をもつことを、次式のように表す．

$$\left[\begin{array}{c} H \\ | \\ H-N-H \\ | \\ H \end{array} \right]^{\oplus}$$

窒素原子のまわりには8個の電子があり、それぞれの水素原子は、そのまわりに2個の電子をもっていることを確認しよう．

練習問題 7・3 ホスフィン $PH_3(g)$ は、ニンニクに似たにおいをもつ無色の有毒な気体である．ホスフィンは半導体製造のためのドーピング剤として、また燻蒸剤（気体の状態で作用させる消毒剤や殺虫剤）として利用されている．ホスフィン分子のルイス構造を書け．

解答

$$H-\underset{\underset{H}{|}}{\overset{\cdot\cdot}{P}}-H$$

水素原子は全部で2個の電子によって原子価殻が満たされるので、水素原子はほとんどの場合、ただ1個の原子と共有結合を形成する．このため、水素原子はルイス構造では、ほとんどいつも末端原子となる．

例題 7・4 クロロホルム分子 $CHCl_3$ のルイス構造を書け．

解答 クロロホルム分子には3種類の異なる原子が存在する．ルイス構造を書くための第1段階は，これらの原子をどのように配置するかを決定することである．水素原子はルイス構造では，ほとんどいつも末端原子となる．残った4個の原子(1個の炭素原子と3個の塩素原子)のうち，1個だけ存在するものは炭素原子である．したがって，炭素原子が中心原子であると考える．推定された原子の配置は，つぎのようになる．

$$\begin{array}{c} H \\ Cl \quad C \quad Cl \\ Cl \end{array}$$

ルイス構造で考慮すべき価電子の総数は，$4+(3\times7)+1=26$ 個である．これらのうち8個を用いて4本の共有結合を形成させると，次式のようになる．

$$\begin{array}{c} H \\ | \\ Cl-C-Cl \\ | \\ Cl \end{array}$$

ついで，残った18個の電子を，九つの非共有電子対(3個の塩素原子のそれぞれに三つずつの非共有電子対)として配置する．こうして，CHCl₃ 分子のルイス構造はつぎのように表記される．

$$\begin{array}{c} H \\ | \\ :\ddot{Cl}-C-\ddot{Cl}: \\ | \\ :\ddot{Cl}: \end{array}$$

炭素原子とそれぞれの塩素原子はオクテット則を満たしており，水素原子は2個の電子で満たされた電子殻を形成していることを確認しよう．クロロホルム分子の三次元的な分子模型，すなわち空間充填模型を図7·4に示した．

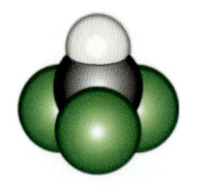

図 7·4 トリクロロメタン CHCl₃ 分子の空間充填模型. トリクロロメタンは，クロロホルムの名称でよく知られている．クロロホルムはかつて麻酔剤として使われており，それが患者に致命的な不整脈をひき起こすことが判明するまで，一時はエーテルの代わりに使用された．クロロホルムは，映画やテレビドラマでは無害の"催眠性"ガスとみなされ，ハンカチにほんの数滴しみ込ませたクロロホルムで悪党が犠牲者を瞬時に眠らせるようなシーンが見られるが，これは正しくない．実際にこれを行おうとすると，おそらく命に関わるほどの量のクロロホルムが必要だろう．

練習問題 7·4 金属ナトリウムとアンモニアが反応すると，ナトリウムアミド NaNH₂(s) と気体水素が生成する．アミドイオン NH₂⁻ のルイス構造を書け．

解答

$$\left[H-\ddot{N}-H\right]^{\ominus}$$

これまでルイス構造を考えてきた分子はいずれも，特定の原子(一般に末端原子となる水素原子以外の原子)を中心原子とする原子配置をもっていた．しかし，たとえば，ヒドラジン N₂H₄ 分子のルイス構造を書く問題を考えてみよう．この分子には，中心の位置におくべき特定の原子がない．そこで，2個の窒素原子を互いに結合させ，4個の水素原子を末端においた構造を考える．すなわち，

$$\begin{array}{c} H-N-N-H \\ |\quad\quad| \\ H\quad\quad H \end{array}$$

この分子の価電子の総数は，$(2\times5)+(4\times1)=14$ 個である．5本の結合に全部で10個の価電子が必要となる．残りの4個の価電子を非共有電子対として窒素原子上におくと，それぞれの窒素原子はオクテット則を満たし，同時に14個の価電子が配置された構造を書くことができる．

$$\begin{array}{c} H-\ddot{N}-\ddot{N}-H \\ |\quad\quad| \\ H\quad\quad H \end{array}$$

ヒドラジン分子の分子模型を図7·5に示す．

図 7·5 ヒドラジン N₂H₄ 分子の空間充填模型. ヒドラジンはロケット燃料として，またスペースシャトル軌道船の推進燃料として利用されている．

例題 7·5 メタノール CH₃OH はメチルアルコールともよばれ，代表的なアルコールの一つである．メタノール分子のルイス構造を書け．

解答 水素原子は末端に位置すると考えられるので，炭素原子と酸素原子は互いに結合しているはずである．

$$C-O$$

つぎに，水素原子を配置しなければならない．酸素原子は6個の価電子をもつので，ふつう，2本の結合を形成することによってオクテットを完成させる．一方，炭素原子の価電子は4個しかないので，4本の結合を形成す

ることによってオクテットが満たされる．これらのことから，メタノールの構造はつぎのように書くことができる．

$$\text{H}-\overset{\overset{\text{H}}{|}}{\underset{\underset{\text{H}}{|}}{\text{C}}}-\text{O}-\text{H}$$

メタノール分子の価電子の総数は，$4+6+(4\times1)=14$ 個である．5本の結合は，全部で10個の価電子を必要とする．残った4個の価電子は，二つの非共有電子対として酸素原子上におかれ，これらの電子によって酸素原子のオクテットが完成する．以上のことから，メタノールの完成されたルイス構造は次式のようになる．

$$\text{H}-\overset{\overset{\text{H}}{|}}{\underset{\underset{\text{H}}{|}}{\text{C}}}-\overset{..}{\underset{..}{\text{O}}}-\text{H}$$

メタノール分子の空間充填模型を図 7・6 に示した．

図 7・6 メタノール CH_3OH 分子の空間充填模型．メタノールは，木材を乾留（空気を遮断して加熱すること）すると生成する液体の蒸留によって得られることから，"木精" とよばれることもある．メタノールは有毒であり，飲むと失明したり，あるいは命に関わることもある．

練習問題 7・5　メタン CH_4 は最も簡単な炭化水素である．すなわち，炭素と水素だけから構成される最も簡単な化合物である（図 7・7）．つぎに簡単な炭化水素はエタン $C_2H_6(g)$ である（図 7・8）．メタン分子とエタン分子のルイス構造を書け．

図 7・7 メタン CH_4 分子の空間充填模型．メタンは天然ガスの主要成分であり，家庭における暖房や調理にふつうに用いられている．メタンは無色無臭であるが，天然ガスにはしばしば，家庭におけるガス漏れを検知するために，強い刺激臭をもつ硫黄を含む化合物を少量混入させてある．また，メタンは温室効果ガスであり，その大気中の濃度は，世界的な気候変動をひき起こす要因の一つになっている．

図 7・8 エタン C_2H_6 分子の空間充填模型．エタンは無色無臭の気体状の炭化水素であり，石油の精製によって製造されている．ほとんどの炭化水素と同様に，気体のエタンはきわめて引火性が強い．

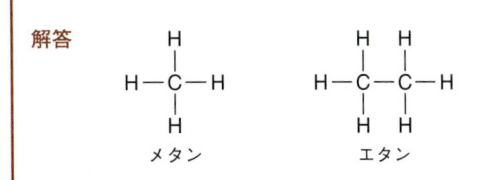

解答

$$\text{H}-\overset{\overset{\text{H}}{|}}{\underset{\underset{\text{H}}{|}}{\text{C}}}-\text{H} \qquad \text{H}-\overset{\overset{\text{H}}{|}}{\underset{\underset{\text{H}}{|}}{\text{C}}}-\overset{\overset{\text{H}}{|}}{\underset{\underset{\text{H}}{|}}{\text{C}}}-\text{H}$$

メタン　　　　　エタン

例題 7・5 や練習問題 7・5 で扱ったような，炭素を骨格とする化合物を**有機化合物**[1]という．

7・4　ルイス構造では原子が形式電荷をもつことがある

ルイス構造を表記する際に，オクテット則を満たす原子や結合，あるいは非共有電子対の配列を複数書くことができる場合がある．このような場合，それらのうちどの配列が，その化学種のルイス構造として最も適切であるかを判定しなければならない．この判定のために，分子やイオンを構成するそれぞれの原子に割り当てた電荷を用いることができる．この電荷は，以下に述べるような一組の独断的な規則によって原子に割り当てたものであり，必ずしもその原子上に存在する実際の電荷を表すものではない．このため，この電荷を**形式電荷**[2]という．それぞれの原子に形式電荷を割り当てるために，まず共有結合を形成している電子対は，2個の原子の間に等しく共有されていると仮定し，それぞれの原子に1個ずつ配分する．つぎに，非共有電子対は，2個ともそれが位置している原子に配分する．ルイス構造における形式電荷は，それぞれの原子に配分された電子による正味の電荷であり，つぎの式によって求めることができる．

$$\begin{pmatrix}\text{ルイス構造に}\\\text{おける原子上}\\\text{の形式電荷}\end{pmatrix} = \begin{pmatrix}\text{単独の原子}\\\text{における価}\\\text{電子の総数}\end{pmatrix} - \begin{pmatrix}\text{非共有電子対}\\\text{を形成してい}\\\text{る電子の総数}\end{pmatrix}$$

$$-\frac{1}{2}\begin{pmatrix}\text{共有結合で共}\\\text{有されている}\\\text{電子の総数}\end{pmatrix} \quad (7\cdot1)$$

---

1) organic compound　2) formal charge

例として，アンモニウムイオン NH_4^+ を考えてみよう．

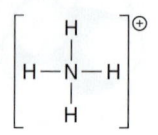

$$\left[\begin{array}{c} H \\ | \\ H-N-H \\ | \\ H \end{array} \right]^{\oplus}$$

水素原子は1個の価電子をもち，また NH_4^+ には非共有電子対は存在しない．それぞれの水素原子は窒素原子と2個の電子を共有しているので，水素原子に割り当てられた形式電荷は，(7・1)式に従ってつぎのように求められる．

$$H の形式電荷 = 1-0-\frac{1}{2}(2) = 0$$

一方，窒素原子は5個の価電子をもち，NH_4^+ の窒素原子は水素原子と8個の電子を共有している．したがって，NH_4^+ におけるNの形式電荷は，$5-0-\frac{1}{2}(8) = +1$ となる．このため，NH_4^+ はつぎのように書かれることがある．

$$\begin{array}{c} H \\ | \\ H-\overset{\oplus}{N}-H \\ | \\ H \end{array}$$

ここで窒素原子上につけた $\oplus$ は，窒素原子が $+1$ の形式電荷をもつことを示している(慣例として，形式電荷がゼロでない場合だけその値を示す)．分子イオンを構成するそれぞれの原子に割り当てられた形式電荷の総和は，そのイオンの正味の電荷に等しくなる．

例題 7・6 ヒドロニウムイオン H_3O^+ のルイス構造において，それぞれの原子に割り当てられる形式電荷を求めよ．

解答 ヒドロニウムイオンのルイス構造は以下のようになる．

$$\left[\begin{array}{c} H-\ddot{O}-H \\ | \\ H \end{array} \right]^{\oplus}$$

ヒドロニウムイオンにおける酸素原子と水素原子の形式電荷は，それぞれ(7・1)式を用いて求めることができる．

$$O の形式電荷 = 6-2-\frac{1}{2}(6) = +1$$

$$H の形式電荷 = 1-0-\frac{1}{2}(2) = 0$$

これより，H_3O^+ の形式電荷をつけたルイス構造は，次式のように書くことができる．

$$\begin{array}{c} H-\overset{\oplus}{\ddot{O}}-H \\ | \\ H \end{array}$$

それぞれの原子に割り当てられた形式電荷の総和は，その化学種の正味の電荷に等しくなることを確認しよう．H_3O^+ の場合には $+1$ となる．

練習問題 7・6 テトラフルオロホウ酸イオン BF_4^- のルイス構造を書き，それぞれの原子に割り当てられる形式電荷を求めよ．

解答

$$\begin{array}{c} :\ddot{F}: \\ | \\ :\ddot{F}-\overset{\ominus}{B}-\ddot{F}: \\ | \\ :\ddot{F}: \end{array}$$

7・2節で二フッ化酸素 OF_2 分子について説明したとき，そのルイス構造をつぎのように表記した．

$$:\ddot{F}-\ddot{O}-\ddot{F}: \\ \text{I}$$

OF_2 分子は，分子における原子の配列を推定する際に，まずその分子に1個だけ存在する原子を中心に置いてみるという原則が適用できる例であった．上記のルイス構造Iにおけるそれぞれの原子の形式電荷は，すべて0となる．しかし，OF_2 分子には，オクテット則を満たすもう一つのルイス構造を書くことができる．

$$:\ddot{F}-\overset{\oplus}{\ddot{F}}-\overset{\ominus}{\ddot{O}}: \\ \text{II}$$

これら二つのルイス構造は，OF_2 に対してまったく異なった結合様式，すなわちまったく異なった構造を示している．第一の構造では酸素原子が分子の中心にあり，2本の酸素-フッ素結合が存在する．一方，第二の構造ではフッ素原子の一つが分子の中心にあり，フッ素-フッ素結合と酸素-フッ素結合が一つずつ存在する．

OF_2 分子に対するこれら二つのルイス構造のうち，どちらがより適切であるかを選択するために，形式電荷を用いることができる．形式電荷は，分子を構成する原子に存在する<u>実際の電荷を表すものではない</u>けれども，それらが実際に存在するかのように考えると便利な場合がある．たとえば，OF_2 分子に対するルイス構造IIをみてみよう．この構造はオクテット則を満たしているが，書かれた構造をみてわかるように，正負に分離した形式電荷が存在している．一方，ルイス構造Iにはそのような形式電荷の分離はない．このことから，OF_2 分子の実際の構造は，酸素原子が分子の中心に位置するルイス構造Iによって表されると正しく予測することができるのである．一般に，より小さい形式電荷をもつルイス構造，あるいは正負に分離した形式電荷が最も少ないルイス構造が，その化学種において有利な

(最もエネルギーの低い)ルイス構造となる．

例題 7・7 つぎのルイス構造ⅠおよびⅡのうち，ヒドロキシルアミン NH₃O 分子のルイス構造として，より適切なものはどちらか．形式電荷を用いて判定せよ．

$$\begin{array}{cc} H & H \\ | & | \\ H-N-\ddot{\underset{..}{O}}: & H-N-\ddot{\underset{..}{O}}-H \\ | & | \\ H & H \\ \text{I} & \text{II} \end{array}$$

解答 ルイス構造Ⅰの窒素原子と酸素原子の形式電荷は，つぎのように求められる．

$$N\text{の形式電荷} = 5-0-\frac{1}{2}(8) = +1$$

$$O\text{の形式電荷} = 6-6-\frac{1}{2}(2) = -1$$

同様に，ルイス構造Ⅱについては，

$$N\text{の形式電荷} = 5-2-\frac{1}{2}(6) = 0$$

$$O\text{の形式電荷} = 6-4-\frac{1}{2}(4) = 0$$

得られた形式電荷をつけたルイス構造は，それぞれつぎのようになる．

$$\begin{array}{cc} H & H \\ | & | \\ H-\overset{\oplus}{N}-\overset{..}{\underset{..}{\overset{\ominus}{O}}}: & H-N-\ddot{\underset{..}{O}}-H \\ | & | \\ H & H \\ \text{I} & \text{II} \end{array}$$

ルイス構造Ⅱはすべての原子について形式電荷がゼロであるので，この構造がヒドロキシルアミン分子の実際の構造であると予測することができる．実際に，ルイス構造Ⅱが正しい構造であることが知られている．この構造を反映させるため，ヒドロキシルアミンの化学式はNH₂OH と書かれることが多い．

NH₂OH の分子模型

練習問題 7・7 つぎに示すルイス構造ⅠおよびⅡのうち，過酸化水素 H₂O₂ 分子の構造を最もよく表しているものはどちらか．形式電荷を用いて判定せよ．

$$\begin{array}{cc} \overset{H}{\underset{H}{>}}\ddot{\underset{..}{O}}-\ddot{\underset{..}{O}}: & H-\ddot{\underset{..}{O}}-\ddot{\underset{..}{O}}-H \\ \text{I} & \text{II} \end{array}$$

解答 ルイス構造Ⅱはすべての原子について形式電荷がゼロであるので，より適切なルイス構造である．

7・5 単結合だけではオクテット則を満たすルイス構造を書くことができない場合がある

これまで扱ってきた分子はすべて，ルイス構造の表記法における段階3(118ページ)の後に残った価電子の数が，段階4で用いるべき価電子の数と正確に一致していた．本節では，それぞれの原子についてオクテット則を満たすルイス構造を書こうとすると，**単結合**[1])，すなわち一組の電子対からなる共有結合だけでは価電子が不足する場合について考える．よい例はエテン C₂H₄ 分子である(図7・9)．エテンは一般にエチレンとよばれている．前述したヒドラジン N₂H₂ の場合と同様に，エチレンにおける原子の配置は以下のように考えることができる．

$$\begin{array}{cccc} & H & C & C & H \\ & & H & H & \end{array}$$

エチレン分子の価電子の総数は，(2×4)+(4×1)=12 個である．原子を共有結合によって結合させるために，これらのうち10個が必要となる．

$$H-\underset{\underset{H}{|}}{C}-\underset{\underset{H}{|}}{C}-H$$

残っている価電子は2個だけであるから，単結合だけを用いて，それぞれの炭素原子についてオクテット則を満たすルイス構造を書くことはできない．価電子が2個不足している．このような場合には，不足している2個の電子に対してもう一つの結合を書き加える．エチレンの場合には，

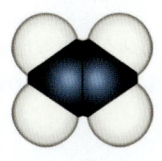

図7・9 エテン C₂H₄ 分子の空間充塡模型．エテンは，エチレンの名称でよく知られている．エチレンは無色無臭の気体であり，ポリエチレンなどのプラスチックの製造に広く用いられている．また，エチレンは植物のホルモンの一つであり，商業的に果物の熟成に用いられている．すなわち，果物は輸送しやすいように熟す前に収穫され，その後，販売する前にエチレンを用いて人工的に熟成させている．

---

1) single bond

炭素原子の間にもう一つの結合を書き加えることによって，次式のようなルイス構造を得る．

$$\text{H}_2\text{C}=\text{CH}_2$$

この構造では，それぞれの炭素原子について，オクテット則が満たされていることに注意してほしい．

2個の原子が二組の電子対によって結合しているとき，その結合を**二重結合**[1]という．一般に，2個の原子間の二重結合は，同じ種類の原子間の単結合よりも短くて強い．たとえば，エチレン C_2H_4 分子の炭素－炭素二重結合は，エタン H_3C-CH_3 分子(図7·8)の炭素－炭素単結合よりも，かなり短く，強い結合である．表7·3に，さまざまな単結合と二重結合について典型的な結合距離と結合エネルギーを示した．

表 7·3 平均的な結合距離と結合エネルギー

結合	結合距離/pm	結合エネルギー/aJ
C−O	142	0.581
C=O	121	1.21
C−C	153	0.581
C=C	134	1.02
C≡C	120	1.35
N−N	145	0.266
N=N	118	0.698
N≡N	113	1.58

2個の原子は**三重結合**[2]を形成することもできる．例として，N_2 分子を考えよう．N_2 分子の価電子は10個である．まず窒素原子間に1本の結合を形成させると，それぞれの窒素原子についてオクテット則を満たすには電子が4個不足していることがわかる．

$$:\ddot{\text{N}}-\ddot{\text{N}}:\quad\text{(オクテット則を満たしていない)}$$

そこで，さらに2本の結合を書き加えることにより(不足している2個の電子に対して1本の結合を書き加える)，つぎの構造を得る．

$$\text{N}\equiv\text{N}$$

そして，残った4個の価電子を，ルイス構造の表記法の段階4に従ってそれぞれの窒素原子に配置することにより，N_2 分子のルイス構造が完成する．

$$:\text{N}\equiv\text{N}:$$

例題 7·8 二酸化炭素 CO_2 分子のルイス構造を書け(図7·10)．

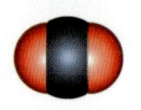

図 7·10 二酸化炭素 CO_2 分子の空間充填模型．二酸化炭素は，有機化合物の燃焼や生物の呼吸によって生成する．植物は光合成によって，大気から二酸化炭素を吸収し，酸素を放出している．二酸化炭素はドライアイス $CO_2(g)$ として広く利用され，また消火器や，炭酸飲料の製造にも用いられている．さらに，茶やコーヒーからカフェインを除去するための溶媒として，またロケットの推進燃料中の不活性ガスとして用いられる．また，二酸化炭素は温室効果ガスとしてはたらく．太陽系の惑星の一つである金星の大気は，ほとんど二酸化炭素からなっていると考えられている．

解答 炭素原子を中心に置いた原子配置を考える．

$$\text{O}\quad\text{C}\quad\text{O}$$

価電子の総数は，$(1\times4)+(2\times6)=16$ 個である．それぞれの酸素原子と炭素原子の間に1本の結合を書くと，たとえば，以下のような構造となり，すべての原子についてオクテット則を満たすには電子が4個不足していることがわかる．

$$:\ddot{\text{O}}-\ddot{\text{C}}-\ddot{\text{O}}:\quad\text{(酸素原子がオクテット則を満たしていない)}$$

そこで，ルイス構造の表記法の段階3に戻り，さらに2本の結合を書き加える．

$$\text{O}=\text{C}=\text{O}$$

つぎに段階4に従い，残りの8個の価電子を非共有電子対として配置することによって，すべての原子についてオクテット則を満たしたルイス構造を得る．

$$:\ddot{\text{O}}=\text{C}=\ddot{\text{O}}:$$

CO_2 分子に対するこのルイス構造は，2本の炭素－酸素二重結合の存在を示している．ところで，以下に示すように，2本の炭素－酸素二重結合の代わりに，1本の単結合と1本の三重結合をもつ構造を書くこともできる．しかし，このルイス構造では，正負に分離した形式電荷をもつことになる．

$$:\overset{\oplus}{\ddot{\text{O}}}\equiv\text{C}-\overset{\ominus}{\ddot{\text{O}}}:$$

先に書いた2本の炭素－酸素二重結合をもつルイス構造

---

1) double bond 2) triple bond

には，このような形式電荷の分離はないので，CO_2 分子に対するより適切なルイス構造である．

練習問題 7・8 メタナール $H_2CO(g)$ は，一般にホルムアルデヒドの名称で知られており，刺激性の強い，特徴的なにおいをもつ気体である．ホルムアルデヒドの水溶液はホルマリンとよばれ，しばしば生物の標本を保存するために利用される．また，ホルムアルデヒドは，たとえばフェノール樹脂やメラミン樹脂のようなプラスチックを製造するために広く用いられている．(a) ホルムアルデヒド分子のルイス構造を書け．(b) ホルムアルデヒド分子の水素原子を1個メチル基 $-CH_3$ で置き換えると，エタナール $CH_3CHO(l)$ となる．エタナールは，一般にアセトアルデヒドの名称で知られており，刺激性の強い，果物のようなにおいをもつ無色の液体である．この分子のルイス構造を書け．

H_2CO の分子模型　　CH_3CHO の分子模型

解答

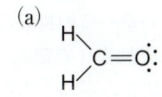

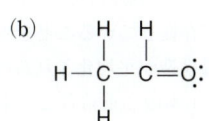

(a) 　　　(b)

例題 7・9 シアン化水素 HCN 分子のルイス構造を書け．

解答 この場合には，炭素原子と窒素原子のどちらも，中心原子になることができる．わからない場合には，化学式に書かれている順に原子が配列していると考えるのがよい．しかし，ここでは，両方の配列について考えてみよう．

H C N　あるいは　H N C

価電子の総数は10個である．まず，そのうちの4個を用いて原子間に結合を形成させる．

H—C—N　あるいは　H—N—C

炭素原子と窒素原子の両方についてオクテット則を満たすには，電子が4個不足している．そこで，それぞれの構造に2本の結合を書き加える．水素原子は，すでにそのまわりに2個の電子をもっているので，この場合は，炭素原子と窒素原子の間に三重結合が形成されることになる．

H—C≡N　あるいは　H—N≡C

さらに，残った2個の価電子を，非共有電子対として，左側の構造では窒素原子上に，また右側の構造では炭素原子上に配置する．これによって，炭素原子と窒素原子の両方がオクテット則を満たすことができる．得られたルイス構造はつぎのようになる．

H—C≡N:　あるいは　H—N≡C:

それぞれの構造に形式電荷を加えることにより，完成されたルイス構造を書くことができる．

H—C≡N:　あるいは　H—N⁺≡C:⁻

窒素原子を中心に置いた構造では，正負に分離した形式電荷が生じる．したがって，炭素原子を中心に置いた構造が，より適切なルイス構造である（問題に書かれた化学式と一致している）．

練習問題 7・9 エチン $C_2H_2(g)$ は，一般にアセチレンという名称で知られている無色の気体である．アセチレンを酸素中で燃焼させると高温の炎（酸素アセチレン炎）を生じるので，溶接などに利用されている（図7・11）．アセチレン分子のルイス構造を書け．

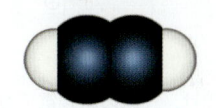

図 7・11 エチン C_2H_2 分子の空間充填模型．エチンは，アセチレンの名称でよく知られている．アセチレンは，溶接などに用いられる酸素アセチレン炎の燃料となる．それ以上にアセチレンは，プラスチックの製造における原材料として多量に用いられている．

解答　　　H—C≡C—H

7・6　ルイス構造の重ね合わせを共鳴混成体という

多くの分子やイオンでは，同等に適切な2個，あるいはそれ以上のルイス構造を書くことができる場合がある．たとえば，亜硝酸イオン NO_2^- を考えよう．NO_2^- に対する一つのルイス構造は，つぎの通りである．

上図のルイス構造では，2個の酸素原子のうち右側の酸素

原子は，−1 の形式電荷をもち，3 個の非共有電子対と 1 本の結合をもっている．しかし NO$_2^-$ では，以下に示すように，前ページの図と同等に適切なルイス構造を書くことができる．

この図の構造では，負の形式電荷は，もう一方の酸素原子に存在している．これら二つのルイス構造はいずれも，すべての原子がオクテット則を満たしている．このように，原子核の位置を変化させることなく，2 個，あるいはそれ以上の適切なルイス構造を書くことができるとき，その化学種の実際の化学式は，それぞれのルイス構造の平均，あるいは重ね合わせであると考える．複数のルイス構造を用いて分子やイオンの構造を記述する考え方を**共鳴**[1]といい，それぞれのルイス構造を**共鳴構造**[2]という．共鳴を表記する際には，つぎのように，両頭の矢印を用いる．

それぞれのルイス構造はいずれも，単独では NO$_2^-$ イオンの実際の結合状態を正しく示していない．このイオンの結合状態を表記するためには，2 個のルイス構造を同時に考慮することが必要なのである．

共鳴によって表される化学種を図示する一般的な方法はないが，一つの方法として，NO$_2^-$ イオンをつぎのような化学式で表す書き方がある．

ここで 2 本の破線は，一組の結合電子対が 2 本の結合に広がって存在していることを示している．分子やイオンの構造が，複数のルイス構造の重ね合わせで表現されるとき，その分子やイオンを**共鳴混成体**[3]という．上記の化学式は複数のルイス構造を重ね合わせたものであり，共鳴混成体の一つの表記法である．NO$_2^-$ イオンの 2 本の窒素−酸素結合は，それぞれ単結合と二重結合の平均とみることができる．重ね合わせたルイス構造は，2 本の窒素−酸素結合は等価であることを示唆しているが，これは実験事実と一致している．すなわち，2 本の結合は正確に同じ長さ 113 pm をもつことが実験からわかっている．一つのルイス構造だけでは，2 本の窒素−酸素結合が非等価な構造，すなわち 1 本は単結合，もう 1 本は二重結合である構造を示すことになってしまう．

また，NO$_2^-$ イオンが共鳴混成体として存在することは，そのイオンの −1 の電荷が，一つのルイス構造で示されるように 2 個の酸素原子のうちの片方だけに存在するのではなく，2 個の酸素原子に等しく分配されていることを示唆している．このような場合，"電荷は**非局在化**[4] している" という．電荷が非局在化した共鳴混成体は，（仮想的な）個々の共鳴構造よりも低いエネルギーをもっている．このエネルギー差を**共鳴エネルギー**[5]という．

電荷の分布を正しく表すために，共鳴構造を用いなければならないもう一つの例として，硝酸イオン NO$_3^-$ をあげることにしよう．以下のように，NO$_3^-$ に対して，3 個の同等に適切なルイス構造を書くことができる．

これらの構造はいずれも同等に適切なので，実際の構造は，これら 3 個のルイス構造の平均，あるいは重ね合わせとみることができる．すなわち，NO$_3^-$ も共鳴混成体として存在し，つぎのようなルイス構造を重ね合わせた化学式によって表記される．

ここで 3 本の破線は，一組の結合電子対が 3 本の結合に広がって存在していることを示している．この場合には 3 個の共鳴構造が平均化されるので，それぞれの窒素−酸素結合は，1 本の二重結合と 2 本の単結合の平均とみることができる．重ね合わせたルイス構造が示唆しているように，3 本の窒素−酸素結合は等価である．実際，すべての窒素−酸素結合の長さは 122 pm であることが実験により明らかにされている．さらに，硝酸イオンにおける一つの酸素原子を，他の酸素原子と区別できる化学反応は知られていない．これもまた，3 個の酸素原子がすべて，等価に窒素原子と結合していることを示す結果である．

共鳴の考え方が必要となるのは，ルイス構造に示された結合は，電子対が 2 個の原子に等しく共有されていることを意味するためである．化学種が単結合と二重結合の中間的な性質をもつ場合には，その化学種の結合を表記するために，2 個，あるいはそれ以上のルイス構造を書く必要がある．共鳴は決して現実に起こっている現象ではない．すなわち，その化学種は，異なるルイス構造で表される構造の間を "ゆれ動いて" いるわけではない．共鳴は，ルイス構造を用いて，化学種のより現実に近い電子分布を表すことができるように考え出された概念にすぎない．

つぎの例題はこの章で解説したいくつかの考え方を含むので，特に重要である．

---

1) resonance 2) resonance structure 3) resonance hybrid 4) delocalization 5) resonance energy

例題 7・10 二酸化硫黄 $SO_2(g)$ は, 不快な, 息が詰まるようなにおいでよく知られている. マッチを擦ったときのにおいは, 二酸化硫黄のものである. 一方で, 少量の二酸化硫黄はしばしば, ワインやドライフルーツの保存料として利用されている. 二酸化硫黄の二つの共鳴構造に対するルイス構造を書け. 形式電荷を示し, この分子の結合について説明せよ.

解答 二酸化硫黄における原子の配列は, 以下のとおりである.

```
    S
   O   O
```

ルイス構造の表記法では SO_2 は単に直線分子として描いてもよいが, ここでは原子の間に少し角度をもたせて描いた. 次章で述べるように, 実際の SO_2 分子は, ここで描いたような3個の原子間の角度が約 120°の構造をもっている.

二酸化硫黄の価電子の総数は18個である. 二つの共鳴構造は次式のように書くことができる.

図に示された形式電荷は, (7・1)式を用いて計算したものである. すなわち,

$$S の形式電荷 = 6-2-\frac{1}{2}(6) = +1$$

$$O(単結合)の形式電荷 = 6-6-\frac{1}{2}(2) = -1$$

$$O(二重結合)の形式電荷 = 6-4-\frac{1}{2}(4) = 0$$

これら二つのルイス構造は等価な共鳴構造となるので, SO_2 の実際の構造は, これらの平均とみることができる. したがって, SO_2 は二つの等価な共鳴構造の共鳴混成体として存在し, つぎのようなルイス構造を重ね合わせた化学式で表記することができる.

この構造は SO_2 分子の2本の硫黄-酸素結合が等価であり, またその距離は等しいことを示唆している. この予測は, 実験事実と一致している.

練習問題 7・10 炭酸ナトリウム $Na_2CO_3(s)$ はイオン性の固体であり, ガラスの製造に利用されている. 炭酸イオン CO_3^{2-} の共鳴構造に対するルイス構造を書け. 形式電荷を示し, このイオンの結合について説明せよ.

解答

3本の炭素-酸素結合は等価である.

共鳴とそれによって導かれる結論の有用性を示す重要な例は, ベンゼン C_6H_6 分子である. ベンゼンは無色透明で引火性の強い液体であり, 独特のにおいをもっている(図 7・12). ベンゼンは石油やコールタールから得られ, 多くの化学的用途をもつ. ベンゼン分子は, 主要な二つの共鳴構造をもっている.

ベンゼンはこれら二つの共鳴構造の共鳴混成体として存在し, つぎのようなルイス構造を重ね合わせた化学式で表記することができる.

この構造から, ベンゼン分子のすべての炭素-炭素結合は等価であることが予想されるが, これは実験的に確認されている. また, すべての炭素-炭素結合は, 単結合と二重結合の中間的な結合であると推測される. 実際, ベンゼン分子の炭素-炭素結合距離は 140 pm であり, これは一般的な炭素-炭素単結合(153 pm)と二重結合(134 pm)の距

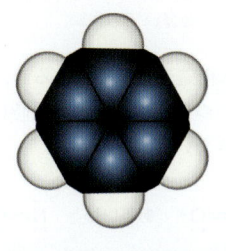

図 7・12 ベンゼン C_6H_6 分子の空間充塡模型. ベンゼンはその発がん性が発見されるまで, 塗料, シンナー, 接着剤などの溶媒としてふつうに用いられていた. ベンゼンは現在もなお, 工業的に重要な化学物質であるが, その使用は厳しく規制されている.

離の中間的な値となっている．ベンゼンはみごとな対称性をもった分子である．ベンゼンは**平面分子**[1]，すなわちすべての原子が同じ平面上にある分子であり，結合角が内角 120° をもつ正六角形に配列した 6 個の炭素原子からなる環（ベンゼン環）をもっている．このためベンゼンはしばしば，下図のように，内側に丸を描いた正六角形によって略記される．

上図の正六角形の頂点はそれぞれ，水素原子に結合した炭素原子を表している．この構造では，ベンゼン分子の 6 本の炭素－炭素結合と 6 本の水素－炭素結合が，それぞれ等価であることが強調されている．化学式の部分構造としてベンゼン環をもつ有機化合物の数はきわめて多い．ベンゼンは二重結合をもつ物質に特徴的な化学的性質を示さず，比較的反応性に乏しい分子である．このようなベンゼンの異常な安定性は，ベンゼンが共鳴混成体として存在することに由来しており，これを**共鳴安定化**[2]という．一般に，ルイス構造の重ね合わせによって表記される実際の分子は，その共鳴構造となる（仮想的な）個々のルイス構造のどれよりも低いエネルギーをもつ．

7・7　1 個あるいは複数個の不対電子をもつ化学種をラジカルという

オクテット則は有用であるけれども，それが満たされない場合もある．まず，電子の総数が奇数の化学種では，オクテット則を満たさない原子が存在する．たとえば，一酸化窒素 NO 分子について考えてみよう．NO 分子がもつ価電子の総数は，5+6=11 個である．窒素原子と酸素原子のルイス記号はつぎの通りである．

$\cdot \ddot{\text{N}} \cdot$　および　$\cdot \ddot{\text{O}} \cdot$

注意：原子のルイス記号を書くときには，電子を対で表記する必要はなく，ただ価電子の数を正しく書き表せばよい．たとえば，酸素原子のルイス記号は $: \ddot{\text{O}} :$ と書いても，あるいは $\cdot \ddot{\text{O}} \cdot$ と書いてもよい．

NO 分子のルイス構造を書こうとすると，下式のようになり，どうしても二つの原子について同時にオクテット則を満たすことができないことがわかる．

$\ddot{\text{N}} = \ddot{\text{O}}$　あるいは　$\overset{\ominus}{\ddot{\text{N}}} = \overset{\oplus}{\ddot{\text{O}}}$

オクテット則を満たすルイス構造を書くことができないのは，価電子の総数が奇数（11 個）のためである．価電子が奇数個の場合には，これまでやってきたように，すべての電子を対とすることができない．1 個，あるいは複数個の不対電子をもつ化学種を**ラジカル**[3]という．不対電子をもつため，一般にラジカルは非常に反応性が高い化学種となる．

ラジカルのもうひとつの例として，二酸化塩素 $ClO_2(g)$ をあげよう．二酸化塩素は，塩素に似た不快なにおいをもつ黄色から赤黄色の気体であり，多くの物質と爆発的に反応する．塩素原子の価電子は 7 個であり，それぞれの酸素原子は 6 個の価電子をもつ．したがって，ClO_2 分子の価電子の総数は奇数（19 個）となる．正負の形式電荷の分離が最も少ない共鳴構造として，つぎの二つのルイス構造を書くことができる．

$\overset{\ominus}{:\ddot{\text{O}}} - \ddot{\text{Cl}} - \overset{\oplus}{\ddot{\text{O}}}:$　および　$:\ddot{\text{O}} - \ddot{\text{Cl}} - \overset{\oplus}{\ddot{\text{O}}}:$

──一酸化窒素 NO ── 驚異的な分子──

一酸化窒素 NO(g) は，ただ 1 個の酸素原子と 1 個の窒素原子からなる単純な分子であるが，いくつかの驚くべき性質をもっている．NO は有毒な汚染物質であると同時に，生体内における重要な情報伝達物質である．NO 分子は 1 個の不対電子をもつラジカルであり，そのためきわめて反応性が高い．NO は高温の内燃機関の中で $O_2(g)$ と $N_2(g)$ との反応によって生成し，大気汚染物質となる．大気中に存在する NO は，$NO_2(g)$ や硝酸など，多くの有毒物質の起源となっている．自動車に搭載された触媒コンバーターの役割のひとつは，NO(g) を $O_2(g)$ と $N_2(g)$ に戻すことである．

一方で，自然界において，NO は生体のさまざまな器官で生産されている．生体における NO(g) の寿命は数秒であるが，NO(g) は細胞膜を透過して容易に拡散することができる．NO(g) の重要な機能の一つは，血管の平滑筋を弛緩させて血管拡張をひき起こし，血流を増大させることである．心臓病の治療に用いられるニトログリセリンは，生体内で NO(g) の発生剤としてはたらき，血管の筋肉を弛緩させることによって薬理作用を示す．また一酸化窒素は，神経系や免疫系など，他のさまざまな生体システムにおける重要な情報伝達物質となっている．NO(g) の生体における情報伝達体としての機能の発見により，1998 年，ファーチゴット（Robert F. Furchgott），ムラド（Ferid Murad），およびイグナロ（Louis J. Ignarro）にノーベル生理学・医学賞が授与された．

---

1) planar molecule　2) resonance stabilization　3) radical

ClO₂ラジカルはこれら二つの共鳴構造の共鳴混成体とみることができるので，この分子の2本の塩素-酸素結合は等価になる．

NO分子やClO₂分子はラジカルである．それらは奇数個の電子をもつので，オクテット則を満たすことができない．オクテット則を満たさない別の種類の化合物として，**電子不足化合物**[1]がある．これらは外殻に偶数個の電子をもつが，それぞれの原子についてオクテットを形成するには，電子が不足している化合物である．電子不足化合物のよい例は，ベリリウムやホウ素の化合物である．水素化ベリリウム BeH₂ について考えてみよう．ベリリウム原子と水素原子のルイス記号は，つぎの通りである．

H・ および ・Be・

BeH₂分子のルイス構造は，次式のようになる．

H—Be—H

ルイス構造から，ベリリウム原子がオクテット則を満たすためには，電子が4個不足していることがわかる．一般に，電子不足化合物もまた，ラジカルと同様に高い反応性をもつ．

例題 7・11 三フッ化ホウ素 BF₃ 分子に対して，オクテット則を満たしたルイス構造を書け．また，その構造よりも，電子不足化合物としてのルイス構造が有利となる理由を述べよ．

解答 三フッ化ホウ素は電子不足化合物である．3個のフッ素原子はそれぞれ7個の価電子をもち，ホウ素原子は3個の価電子をもつ．したがって，BF₃分子の価電子の総数は24個である．12個の電子対を用いてBF₃分子のルイス構造を書くと，以下のようになる．このルイス構造は，すべての原子についてオクテットを満たしている．

このルイス構造では，正負の形式電荷の分離がある．一方，つぎに示す電子不足化合物としてのルイス構造は，ホウ素原子がオクテット則を満たしていないが，どの原子も形式電荷をもたない．

一般に，形式電荷が最も少ないルイス構造が，その化学種において最も有利なルイス構造である．したがって，BF₃分子では電子不足化合物としての構造の方が有利となる．

練習問題 7・11 二酸化窒素 NO₂(g) は，多くの大都市の上空にみられる光化学スモッグにおける茶色の"もや"の原因となる物質の一つである．NO₂分子に対するルイス構造を書け．

解答 NO₂分子は，つぎの二つのルイス構造で表される共鳴構造の共鳴混成体として存在する．

すでに述べたように，電子不足化合物は，一般にきわめて反応性の高い化学種である．たとえば，電子不足化合物 BF₃ はアンモニア NH₃ と容易に反応し，次式で示されるように，H₃NBF₃ を形成する．

この反応では，NH₃ の非共有電子対が窒素原子とホウ素原子に共有される．それによって，生成物ではすべての原子について，オクテット則が満たされる．

7・8 周期表の第2周期より下に位置する元素の原子は原子価殻を拡張できる

これまではまだ，ある化学種の原子が，オクテット則を満たすために必要な数よりも多くの価電子をもつ場合を考慮していなかった．このようなことは，化学種に含まれる元素の一つが，第2周期元素である炭素，窒素，酸素，およびフッ素の下に位置し，価電子の主量子数が $n>2$ である元素の場合に起こる．このような元素はふつう化学種の中心原子となる．この場合には，"余剰の"電子は，非共有電子対としてその元素の原子上におき，"その原子は原子価殻を拡張した"と表現する．

例として，四フッ化硫黄 SF₄ 分子のルイス構造を書いてみよう．まず，この分子の原子の配列はつぎのようになる．

---

[1] electron-deficient compound

130　　　　　　　　　　　　　7. ルイス構造

$$\begin{array}{c} F \\ F-S-F \\ F \end{array}$$

SF₄分子の価電子の総数は6+(4×7)=34個であり，そのうち8個を用いて4本の硫黄－フッ素結合を形成させる．以下のルイス構造に示すように，残りの26個の価電子のうち24個だけを用いることによって，すべての原子についてオクテット則を満たすことができる．

$$:\!\ddot{F}\!:\\|\\:\!\ddot{F}\!-\!S\!-\!\ddot{F}\!:\\|\\:\!\ddot{F}\!:$$
（まだ2個の価電子が帰属されていない）

まだ2個の価電子が残っており，それらがどの原子に帰属されるかを説明しなければならない．硫黄は周期表の第3周期に属する元素なので，2個の電子は非共有電子対として硫黄原子に付け加えることができる．こうして，完成されたルイス構造は次式のようになる．

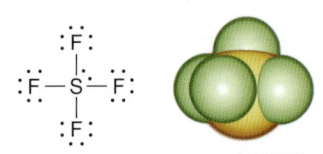

$$:\!\ddot{F}\!:\\|\\:\!\ddot{F}\!-\!\ddot{S}\!-\!\ddot{F}\!:\\|\\:\!\ddot{F}\!:$$

SF₄の分子模型

硫黄原子上においた非共有電子対の正確な位置は重要ではない．たとえば上図では，非共有電子対は硫黄原子の右上におかれているが，それを左上に書いてもかまわない．また，このルイス構造では，すべての原子について形式電荷がゼロであることに注意してほしい．

四フッ化硫黄 SF₄分子において，硫黄原子は，その3dオービタルを用いることによって原子価殻を拡張している．周期表の第2周期に属する元素の原子は，8個を超える電子を収容できるように原子価殻を拡張することはできない．なぜなら，第2周期の元素がオクテット則を満足すると，$n=2$の電子殻にはdオービタルがないので，その電子殻が電子で満たされてしまうからである．第2周期の元素が8個を超える電子をもつためには$n=3$の電子殻にあるオービタルを用いなければならない．しかし，そのオービタルのエネルギー準位は，$n=2$の電子殻にあるオービタルのエネルギー準位に比べてずっと高いため，それは不可能である．このため，SF₄(g)は合成することができるが，OF₄(g)を観測することは決してできないのである．

例題 7·12 二フッ化キセノン XeF₂(s)は，最初に合成された貴ガスを含む化合物の一つである．XeF₂分子に対するルイス構造を書け．

解答 原子はつぎのように配列している．

$$F\ Xe\ F$$

XeF₂分子の価電子の総数は，8+(2×7)=22個であり，そのうち4個が2本のキセノン－フッ素結合の形成に用いられる．残りの18個のうち，12個をフッ素原子上に非共有電子対として配置すると，フッ素原子についてオクテット則を満たすことができる．

$$:\!\ddot{F}\!-\!Xe\!-\!\ddot{F}\!:$$
（まだ6個の価電子が帰属されていない）

残った6個の価電子を，3個の非共有電子対としてキセノン原子上に配置する．完成されたルイス構造は次式のようになる．

$$:\!\ddot{F}\!-\!\ddot{Xe}\!-\!\ddot{F}\!:$$

すべての原子について，形式電荷はゼロとなる．

練習問題 7·12 塩化ホスホリル POCl₃(l)は，無色透明の，発煙性の強い液体であり，強い刺激臭をもつ．塩化ホスホリルは塩素化剤として，特に有機化合物の酸素原子を塩素原子に置き換えるための試薬として利用される．形式電荷をもたない塩化ホスホリル分子のルイス構造を書け．

解答

$$\begin{array}{c} :\!\ddot{O}\!:\\ \|\\ :\!\ddot{Cl}\!-\!P\!-\!\ddot{Cl}\!:\\ |\\ :\!\ddot{Cl}\!: \end{array}$$

POCl₃の分子模型

先に述べた表記法の段階4に従ってルイス構造を書くと，中心原子のまわりに8個を超える電子が配置される他の化学種として，つぎのような例がある．

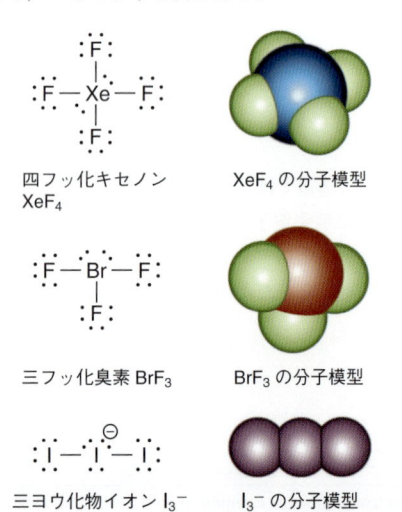

$$\begin{array}{c} :\!\ddot{F}\!:\\ |\\ :\!\ddot{F}\!-\!Xe\!-\!\ddot{F}\!:\\ |\\ :\!\ddot{F}\!: \end{array}$$

四フッ化キセノン XeF₄　　XeF₄の分子模型

$$:\!\ddot{F}\!-\!\ddot{Br}\!-\!\ddot{F}\!:\\|\\:\!\ddot{F}\!:$$

三フッ化臭素 BrF₃　　BrF₃の分子模型

$$[:\!\ddot{I}\!-\!\ddot{I}\!-\!\ddot{I}\!:]^{\ominus}$$

三ヨウ化物イオン I₃⁻　　I₃⁻の分子模型

7・8 原子価殻の拡張

周期表の第2周期よりも下に位置する元素の原子は，その原子価殻に8個を超える電子をもつことができるので，4個を超える原子と結合することが可能となる．いくつかの例を以下に示す．

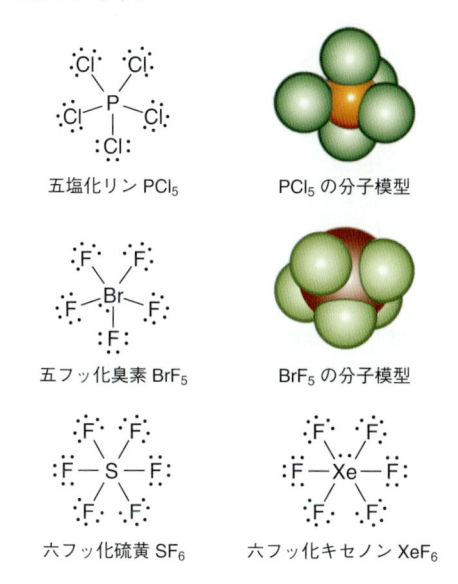

五塩化リン PCl$_5$　　PCl$_5$ の分子模型

五フッ化臭素 BrF$_5$　　BrF$_5$ の分子模型

六フッ化硫黄 SF$_6$　　六フッ化キセノン XeF$_6$

例題 7・13　KF(s) と TeO$_2$(s) を HF(aq) に溶かすと，テルル原子はペンタフルオロテルル酸イオン TeF$_5^-$ となる．TeF$_5^-$ のルイス構造を書け．

解答　テルル原子の価電子は6個であり，それぞれのフッ素原子は7個の価電子をもつ．イオンの負電荷を考慮すると，TeF$_5^-$ の価電子の総数は42個となる．このうち10個の電子が，中心のテルル原子と5個のフッ素原子との結合の形成に用いられる．さらに30個の電子を非共有電子対としてフッ素原子上におくと，すべてのフッ素原子についてオクテット則が満たされる．残りの2個の価電子を非共有電子対としてテルル原子上に配置し，ルイス構造が完成する．TeF$_5^-$ のルイス構造は次式のようになる．

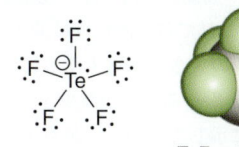

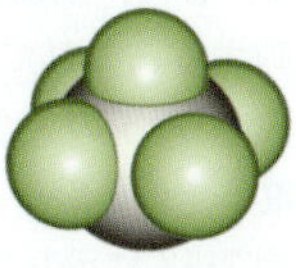

TeF$_5^-$ の分子模型

テルル原子上の形式電荷は，(7・1)式に従ってつぎのように求められる．

$$\text{Te 原子の形式電荷} = 6 - 2 - \frac{1}{2}(10) = -1$$

練習問題 7・13　練習問題 7・2 では，固体の五塩化リンは [PCl$_4$]$^+$[PCl$_6$]$^-$ 型のイオン対から形成されることを述べ，陽イオン PCl$_4^+$ のルイス構造を書いた．ここでは，陰イオン PCl$_6^-$ に対するルイス構造を書け．

解答

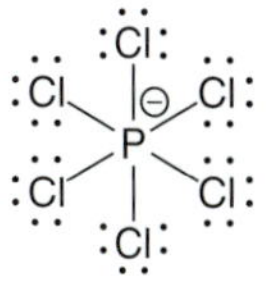

周期表の第2周期よりも下に位置する元素の原子は原子価殻を拡張できるため，これらの原子を含む多くの化合物では，さらに共鳴構造を書くことが可能となる．たとえば，塩化スルフリル SO$_2$Cl$_2$ 分子を考えてみよう．規則に従って SO$_2$Cl$_2$ 分子に対するルイス構造を書くと，次式のようになる．

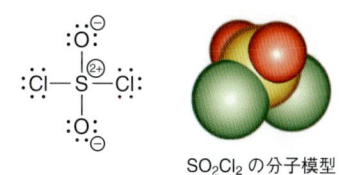

SO$_2$Cl$_2$ の分子模型

このルイス構造には，大きな正負の形式電荷の分離がある．しかし，硫黄原子が原子価殻を拡張できることを考慮すると，さらに下式に示したようなルイス構造を書くことができ，形式電荷の分離を減少させることが可能となる．

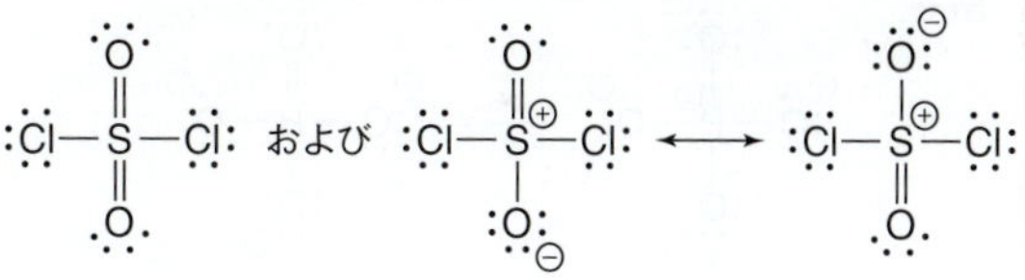

これら4個のルイス構造はすべて，SO$_2$Cl$_2$ 分子の共鳴構造であり，SO$_2$Cl$_2$ 分子はこれらの共鳴混成体として存在する．したがって，SO$_2$Cl$_2$ 分子は次式のように書くことができる．

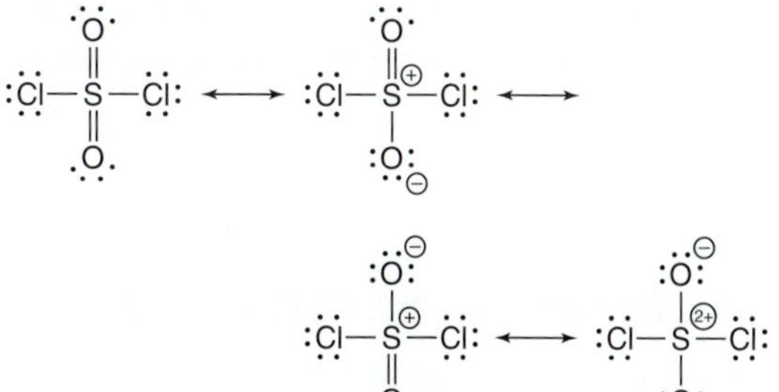

例題 7・14　三酸化硫黄 SO$_3$ 分子について，さまざまな共鳴構造に対するルイス構造を書け．硫黄原子が拡張された原子価殻をもつ共鳴構造も考慮すること．さらに，

それぞれの形式電荷を示し，SO₃の結合について説明せよ．（ヒント：7個の共鳴構造がある．）

解答 硫黄原子の価電子は6個であり，それぞれの酸素原子は6個の価電子をもつ．したがって，SO₃分子の価電子の総数は24個である．SO₃分子のさまざまな共鳴構造に対するルイス構造は，つぎのように書くことができる．

$$\text{（ルイス構造図）}$$

1本のS=O結合をもつ構造が3個　　2本のS=O結合をもつ構造が3個　　3本のS=O結合をもつ構造が1個

SO₃分子の構造はこれら7個の共鳴構造の重ね合わせと考えられ，したがって3本の硫黄－酸素結合は，すべて等価であると推定される．この推定は正しいことが実験的に確認されている．

練習問題 7・14 リン酸イオン PO₄³⁻ について，さまざまな共鳴構造に対するルイス構造を書け．リン原子が拡張された原子価殻をもつ共鳴構造も考慮すること．さらに，それぞれの形式電荷を示し，PO₄³⁻ の結合について説明せよ．

解答

$$\text{（ルイス構造図）}$$

P=O結合をもたない構造が1個　　1本のP=O結合をもつ構造が4個

リン酸イオン PO₄³⁻ におけるすべてのリン－酸素原子は等価である．ここでもまた，実験的に観測されるただ一つの構造は共鳴混成体としての構造であり，それぞれの共鳴構造は，共鳴混成体の正しい姿を推測するための仮想的な構造にすぎないことを，改めて強調しておきたい．

7・9 電気陰性度は元素の周期的性質である

前章と本章では，イオン結合と共有結合をべつべつのものとして説明した．しかし，実際には，純粋なイオン結合や純粋な共有結合は存在せず，ほとんどの結合はそれら二つの中間的な性質をもっている．この点について考えるには，塩化水素 HCl 分子がよい例となる．

形式電荷の考え方を導入したとき，共有結合を形成している2個の電子を，強制的にそれぞれの原子に1個ずつ割り当てた．これにより，HCl 分子における H 原子と Cl 原子の形式電荷はいずれも 0 となる．この方法は形式的であり，独断的ではあるが，有用な方法であることを強調しておかねばならない．さて，形式電荷を割り当てる際には，共有結合を形成している電子対は，水素原子と塩素原子に等しく共有されていることを暗黙のうちに仮定していた．しかしすでに述べたように，孤立したそれぞれの原子は，異なるイオン化エネルギーをもち，異なる電子親和力をもっている．したがって，異なる種類の原子が共有結合を形成したとき，共有する電子を引きつける程度が原子によって異なると考えることは，合理的であろう．

電気陰性度[1] は，他の原子と共有結合を形成している原子が，共有結合の電子をその原子の方向へ引きつける傾向を表す量である．電気陰性度が大きい原子ほど，共有結合の電子をより強く引きつける傾向をもつ．以下に述べるように，電気陰性度の差は，共有結合における電荷の分布を予測するために使うことができ，また複数のルイス構造から適切な構造を選択するためにも用いることができる．電気陰性度は直接測定できる量ではなく，誘導された量である．長年にわたって，さまざまな電気陰性度の尺度が提案されてきた．今日において最もよく用いられている電気陰性度の尺度は，1930年代に米国の化学者ポーリング[2]（第9章を参照せよ）によって提案されたものである．ポーリングの電気陰性度は，周期表の元素のそれぞれに対して，0（最も電気陰性度が小さい）から4（最も電気陰性度が大きい）の範囲に定められる（図7・13）．貴ガスの He, Ne, Ar, Rn は，ほかの元素と化合物を形成しないので，電気陰性度の値が定められていない．

図7・14 に，原子番号に対するポーリングの電気陰性度のプロットを示した．この図は明らかに，電気陰性度は元素の周期的性質であることを示している．周期表の第2および第3周期の元素を左から右へとみていくと，元素の非金属性の増大に伴って，電気陰性度も単調に増大していることがわかる．また，周期表の同じ族の元素をみると，上から下に移動するにつれて電気陰性度は減少している（図7・13）．これは，原子の大きさが増大するにつれて，原子核が外殻の電子を引きつける引力が減少することにより説明される．図7・13 に示した値から，最も電気陰性度の大きな元素はフッ素であり，最も電気陰性度が小さい原子はセシウムやフランシウムであることがわかる．よくみられる元素の電気陰性度の順序はつぎの通りであり，これは分子の構造や性質の理解によく用いられる．

F > O > Cl > N > S > C > P > H
3.98　3.44　3.16　3.04　2.58　2.55　2.19　2.1

---

[1] electronegativity　[2] Linus Pauling

7・10 極性結合

1 H 2.1																	2 He —
3 Li 0.98	4 Be 1.57											5 B 2.04	6 C 2.55	7 N 3.04	8 O 3.44	9 F 3.98	10 Ne —
11 Na 0.93	12 Mg 1.31											13 Al 1.61	14 Si 1.90	15 P 2.19	16 S 2.58	17 Cl 3.16	18 Ar —
19 K 0.82	20 Ca 1.00	21 Sc 1.36	22 Ti 1.54	23 V 1.63	24 Cr 1.66	25 Mn 1.55	26 Fe 1.83	27 Co 1.88	28 Ni 1.91	29 Cu 1.90	30 Zn 1.65	31 Ga 1.81	32 Ge 2.01	33 As 2.18	34 Se 2.55	35 Br 2.96	36 Kr 3.0
37 Rb 0.82	38 Sr 0.95	39 Y 1.22	40 Zr 1.33	41 Nb 1.6	42 Mo 2.16	43 Tc 1.9	44 Ru 2.2	45 Rh 2.28	46 Pd 2.20	47 Ag 1.93	48 Cd 1.69	49 In 1.78	50 Sn 1.96	51 Sb 2.05	52 Te 2.1	53 I 2.66	54 Xe 2.6
55 Cs 0.79	56 Ba 0.89	57〜71 1.1–1.2	72 Hf 1.3	73 Ta 1.5	74 W 2.36	75 Re 1.9	76 Os 2.2	77 Ir 2.20	78 Pt 2.28	79 Au 2.54	80 Hg 2.00	81 Tl 2.04	82 Pb 2.33	83 Bi 2.02	84 Po 2.0	85 At 2.2	86 Rn —
87 Fr 0.7	88 Ra 0.9	89+ 1.1–1.3															

図 7・13 ポーリングによる元素の電気陰性度. 第2および第3周期の元素の電気陰性度は, その周期を左から右へと移動するにつれて増大する. また, 周期表のある族の元素の電気陰性度は, その族を下から上へと移動するにつれて増大する. また, 図7・15にも示されているように, ほかの元素と化合物を形成しない貴ガスは, 電気陰性度が定められていない.

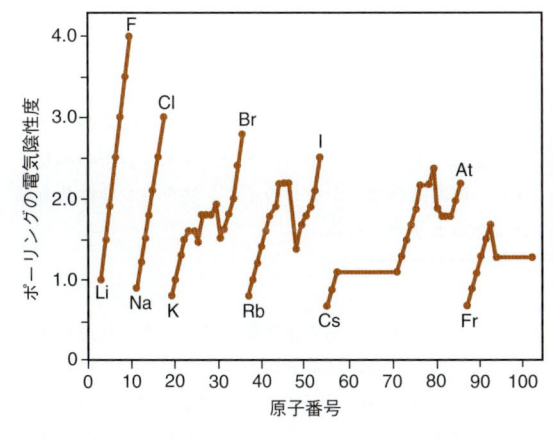

図 7・14 原子番号に対するポーリングの電気陰性度のプロット.

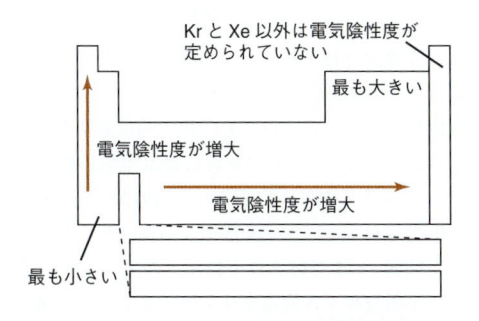

図 7・15 周期表における電気陰性度の変化の傾向.

電気陰性度は任意の尺度に基づく誘導された量であるから, 電気陰性度の差だけが意味をもつ. たとえば, フッ素と水素の電気陰性度の差が1.9であることは重要であるが, フッ素の電気陰性度が水素の値の2倍であるのは, 用いた尺度によってそうなったにすぎない. 図3・17と図7・15を比較すると, 元素の金属的性質と電気陰性度は逆の関係にあることがわかる.

7・10 電気陰性度の差を用いて化学結合の極性を予想することができる

共有結合において, 電子がどのように共有されているかを決定するのは, 結合に関わる二つの原子の電気陰性度の差である. 二つの原子の電気陰性度がほとんど同じであるか, あるいはその差が0.4程度以下のときには, その結合の電子は, 二つの原子に実質的に等しく共有されている. このような結合を, 純粋な共有結合, あるいは**無極性結合**[1]という. 結合電子が二つの原子に等しく共有されることは, 等核二原子分子でみられる. 一方, 二つの原子の電気陰性度の差が0.4よりも大きい場合には, その結合の電子は二つの原子に等しく共有されていない. このような結合を**極性共有結合**[2]という. さらに, 極性をもつ結合の極端な場合として, 二つの原子の電気陰性度の差が2.0程度以上ときわめて大きい場合には, 電子対は完全に電気陰性度がより大きい原子上にあると考えてよい. このような結合を, 純粋なイオン結合という.

---

1) nonpolar bond 2) polar covalent bond

結合の性質	共有結合	極性共有結合	イオン結合
電気陰性度の差	約 0〜0.3	約 0.4〜2.0	約 2.1〜4.0

HCl 分子は極性共有結合をもつ分子の例である．図 7・13 をみると，水素原子と塩素原子の電気陰性度はそれぞれ 2.1 と 3.16 であり，それらの差は 1.1 であることがわかる．したがって，HCl の結合を形成している電子は，二つの原子に等しく共有されてはいない．電気陰性度は塩素原子の方が水素原子よりも大きいので，塩素原子は水素原子よりも電子対を強く引きつける．このため，電子対は塩素原子の方へ少し移動するので，塩素原子は**部分的な負電荷**を獲得し，それによって水素原子に部分的な正電荷が生じる．こうして，結合は極性となる．一般に，このようにして生じた**部分電荷**[1]を，小文字のギリシャ文字 δ（デルタ）で表す．これを用いると，HCl 分子のルイス構造は，つぎのように書くことができる．

$$\overset{\delta+}{H}-\overset{\delta-}{\ddot{\underset{..}{Cl}}}:$$

理解すべき重要なことは，$\delta+$ と $\delta-$ は，共有結合において電子対が二つの原子に等しく共有されていないことによって生じた，部分的な電荷を意味していることである．この段階では，δ の定量的な値は重要ではない．$\delta+$ と $\delta-$ はただ，水素原子がわずかに正電荷をもち，塩素原子がわずかに負電荷をもっていることを意味している．量子論的な観点からいうと，$\delta+$ と $\delta-$ は，共有結合を形成している 2 個の電子は，水素原子よりも塩素原子の近傍に存在する確率がより大きいことを意味している．このような場合，HCl 分子の結合は**部分イオン性**[2]をもつという．

例題 7・15 ハロゲン間化合物（8・7 節を参照せよ）の一つであるフッ化塩素 ClF 分子における電荷の分布について説明せよ．

解答 図 7・13 から，フッ素原子と塩素原子の電気陰性度はそれぞれ，3.98 と 3.16 であることがわかる．したがって，塩素－フッ素結合は極性共有結合である．電気陰性度はフッ素原子の方が塩素原子よりも大きいので，電子対は塩素原子よりもフッ素原子の近傍に存在する確率がいくらか大きくなる．これにより，フッ素原子はわずかに負電荷 $\delta-$ をもち，塩素原子はわずかに正電荷 $\delta+$ をもつことになる．ClF 分子における結合の極性は，ルイス構造を用いて次のように表すことができる．

$$\overset{\delta+}{\ddot{\underset{..}{Cl}}}-\overset{\delta-}{\ddot{\underset{..}{F}}}:$$

練習問題 7・15 水 H$_2$O 分子は屈曲形である．水分子における電荷の分布をルイス構造を用いて表せ．

解答

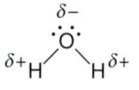

$$\overset{\delta-}{\underset{}{O}}$$
$$\delta+\ H\quad\quad H\ \delta+$$

例題 7・16 図 7・13 に与えられた電気陰性度を用いて，酸化カルシウム，および塩化水銀(II)の結合が，それぞれ共有結合，極性共有結合，あるいはイオン結合のいずれであるかを予想せよ．

解答 カルシウム原子と酸素原子の電気陰性度の差は，3.44−1.00＝2.44 である．この差は 2.0 よりも大きいので，CaO の結合はイオン結合であると予想される．一方，水銀原子と塩素原子の電気陰性度の差は，3.16−2.00＝1.16 である．したがって HgCl$_2$ の結合は極性共有結合，すなわちイオン性をもつ共有結合であると予想される．

練習問題 7・16 図 7・13 に与えられた電気陰性度を用いて，シラン SiH$_4$ 分子および BeCl$_2$ 分子に含まれる結合について考察せよ．

解答 SiH$_4$ 分子のケイ素－水素結合は，わずかなイオン性をもつ共有結合である．また，BeCl$_2$ 分子のベリリウム－塩素結合は，かなりのイオン性をもつ極性共有結合であると予想される．

電気陰性度はまた，ある化学種に対して書かれたルイス構造が適切か，あるいは不適切かの判断に用いられる．たとえば，7・4 節で OF$_2$ 分子のルイス構造を説明したとき，以下に示すルイス構造を，分子に正負の形式電荷の分離が

$$:\ddot{\underset{..}{F}}-\overset{\oplus}{\underset{..}{\ddot{F}}}-\overset{\ominus}{\underset{..}{\ddot{O}}}:$$
二フッ化酸素

あるという理由で却下した．この理由に加えて，このルイス構造は，きわめて電気陰性度の大きなフッ素原子が +1 の形式電荷をもっている点でも，化学的に適切なルイス構造ということはできない（フッ素は最も電気陰性度の大きな元素であることを思い出そう）．一般に，フッ素原子は電子を獲得しやすく，電子を放出する傾向をもたない．また，練習問題 7・14 では，以下に示すルイス構造，およびそれらと等価なルイス構造をリン酸イオンの共鳴構造として考慮しなかった．

---

[1] partial charge　[2] partial ionic character

これらの構造を考慮しなかったのは，それぞれの構造において，酸素原子よりも電気陰性度が小さいリン原子上に負の形式電荷が存在しているためである．一般に，さまざまなルイス構造が書ける場合，電気陰性度のより大きな元素の上に負の形式電荷があり，電気陰性度のより小さい元素の上に正の形式電荷がある構造を選択する．

7・11 極性結合をもつ多原子分子は必ずしも極性分子とは限らない

二原子分子の極性の大きさを表す尺度のひとつは，**双極子モーメント**[1]である．双極子モーメントは慣用的に，$\delta-$ から $\delta+$ へ向かう結合に沿った矢印によって表される[†]．

この表記法には，双極子モーメントの方向が示されている．双極子モーメントの大きさは，結合の長さと，それぞれの原子がもつ正味の電荷との積の絶対値で表される．双極子モーメントは実験によって測定できる量である．表7・4にハロゲン化水素の双極子モーメントの値を示した．双極子モーメントは電気陰性度の差に依存し，電気陰性度の差が大きくなれば，双極子モーメントも大きくなる．

大きさと方向をもつ量を**ベクトル**[2]という．双極子モー

表 7・4　気体のハロゲン化水素の双極子モーメント

分子	電気陰性度の差	双極子モーメント/10^{-30} C m[a)]
HF	1.9	6.36
HCl	1.1	3.43
HBr	0.9	2.63
HI	0.6	1.27

a)　双極子モーメントの単位は(電荷)×(距離)，すなわちSI単位では(クーロン)×(メートル)C m である．

メントはベクトル量である．ベクトル量の性質を理解するために，身近な例として，物体を引っ張る力について考えてみよう．力はそれがはたらく方向と，その大きさによって表記されなければならない．力を考えるとわかるように，同じ大きさをもつ二つのベクトルが，正確に反対の方向からはたらくと，それらは打ち消しあう．こう着状態にある綱引きでも，両方のチームが同じ大きさの力で，反対の方向に引っ張りあっているのである．正味の結果は，効果的な打ち消しあいである．この状態は，つぎのような図で表すことができる．

しかし，たとえ同じ大きさであっても，力がはたらく方向が反対でない場合には，正味の力が生じる．

ここでは，物体にはたらく正味の力の大きさを計算できる必要はない．図によって，正味の力がはたらく方向を理解することができれば十分である．

さて，**多原子分子**[3]，すなわち3個以上の原子から構成される分子の極性を考えてみよう．それぞれの結合の極性は，二原子分子の双極子モーメントと同様に，矢印によって表すことができ，大きさと方向をもつ量である．したがって，結合の極性は，力と同じようにベクトルとして取扱わねばならない．

次章で述べるように，二酸化炭素 CO_2 は**直線分子**[4]である．すなわち，3個の原子はすべて，一つの直線上に並んでいる(図7・16)．酸素原子は炭素原子よりも電気陰性度が大きいので，二酸化炭素分子におけるそれぞれの炭素-酸素結合は極性である．しかし，CO_2 は直線分子であるから，それらの結合の極性は反対の方向を向いている．

結合の極性は正確に打ち消し合うため，CO_2 分子は正味の双極子モーメントをもたない．正味の双極子モーメント

図 7・16　二酸化炭素 CO_2 分子の空間充填模型．CO_2 は直線分子である．O-C-O 結合角は180°である．

---

† 訳注: 化学では，双極子モーメントの方向は，電子密度の偏りの方向に対応するように $\delta+$ から $\delta-$ へ向かう矢印によって表記されることも多い．この場合には，$\delta+$ 側に十字のついた矢印を用いる．この書き方ではHClとClFの双極子モーメントはつぎのように表記される．

なお，国際純正・応用化学連合(IUPAC)の規定では，"双極子が距離 r だけ離れた二つの電荷 Q と $-Q$ から構成されるとき，双極子の方向を負電荷から正電荷の方向にとる"とされている．本書の表記はそれに従っている．

1) dipole moment　2) vector　3) polyatomic molecule　4) linear molecule

をもたない分子を**無極性分子**[1]という.

逆に，もし実験によって分子の双極子モーメントがわかっていれば，その分子の結合の方向について理解することができる．たとえば，CO_2分子が正味の双極子モーメントをもたないことから，分子は直線形でなければならないことが結論できる．

もう一つの例として水H_2O分子を考えよう．酸素原子は水素原子よりも電気陰性度が大きいので，酸素－水素結合は極性である．このことはつぎのように書き表すことができる．

$$H-\overset{..}{\underset{..}{O}}-H$$

この図は水が無極性分子であることを示しているが，実際には，H_2O分子は大きな双極子モーメントをもつ**極性分子**[2]である．この矛盾は，上図においてH_2O分子が直線

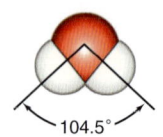

図 7・17 水H_2Oの分子模型．H_2Oは屈曲形分子である．H－O－H結合角は104.5°である．

分子であると仮定したことによるものである．次章で述べるように，水分子は確かに屈曲形であり，H－O－H結合角は180°ではなく，104.5°であることが知られている（図7・17）．水の屈曲構造をつぎの図に示す．

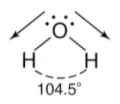

$$\underset{H\qquad H}{\overset{\overset{..}{\underset{..}{O}}}{\diagup\ \diagdown}}$$
104.5°

この結果，H_2O分子は正味の双極子モーメントをもつことになり，その方向は下図によって示される．

$$\underset{H\qquad H}{\overset{\overset{\dot{\ }}{\underset{..}{O}}}{\diagup\ \diagdown}}$$

本章の最後に重要なことを明記しておく．それは，本章で表記法を学んだルイス構造は，その分子においてどの原子がどの原子と結合しているかを表してはいるが，原子の空間的な配置を示してはいないということである．ルイス構造は，分子における原子の結合様式を示している点で大変有用であるが，原子の三次元的な配置を表すためのものではない．次章では，ルイス構造を用いて分子の形状を予想するための，簡単で有用な規則を学ぶ．

まとめ

ルイス構造は，分子を構成する原子がもつ価電子の配置を示し，これらの原子が互いにどのように結合しているかを示すものである．ルイス構造において共有結合は，二つの原子に共有された電子対として表記される．オクテット則によると，分子やイオンに含まれるそれぞれの元素は，外殻に8個の電子をもつように共有結合を形成する．オクテット則は，特に炭素，窒素，酸素，およびフッ素原子を含む化合物に対して有用である．二つの原子は，オクテット則を満たすために，それらの間で単結合，二重結合，あるいは三重結合を形成することができる．

オクテット則に対するいくつかの例外がある．水素原子は2個の電子だけその外殻が満たされ，ほとんどいつもルイス構造の末端原子となる．奇数個の電子をもつ化学種はオクテット則を満足せず，ラジカルを形成する．また，オクテット則を満足すべき十分な数の電子をもたない，いくつかの電子不足化学種も存在する．さらに，周期表の第3，およびそれ以降の周期に属する元素は，dオービタルを用いることによって原子価殻を拡張することができ，その外殻に8個を超える電子をもつことができる．

また，ルイス構造の原子に形式電荷を割り当てることは，適切なルイス構造を書くために役立つ．最も小さい形式電荷をもつルイス構造，あるいは正負の形式電荷の分離が最も少ないルイス構造が，その化学種に最も適切なルイス構造である．さまざまなルイス構造が書ける場合には，電気陰性度のより大きな元素の上に負の形式電荷があり，電気陰性度のより小さい元素の上に正の形式電荷がある構造を選択する．

原子の位置を変えることなく，ある分子に対して二つ，あるいはそれ以上のルイス構造を書くことができるとき，それぞれの構造を共鳴構造という．その分子の実際の結合は，それぞれの共鳴構造の平均，あるいは重ね合わせによって最もよく記述することができる．このような分子は，それぞれの共鳴構造の共鳴混成体であるという．

ほとんどの化学結合は，純粋なイオン結合ではなく，また純粋な共有結合でもない．結合を形成している二つの原子の電気陰性度の差は，その結合におけるイオン結合性のよい尺度を与える．共有結合によって結びつけられた二つの原子の電気陰性度が異なるとき，その結合は極性であるという．

ルイス構造はただ，分子においてどの原子がどの原子と結合しているかを示すだけであり，分子の形状を示すものではない．

---

1) nonpolar molecule 2) polar molecule

分子構造の予測

8

分子の形状は，反応性，におい，味，薬理活性など，分子がもつさまざまな化学的性質を決めるために重要な役割を果たしている．本章では，きわめて多くの分子の形状を予測することができる簡単で，体系的な一組の規則について述べる．これらの規則は，第7章で解説したルイス構造に基づくものであり，まとめて原子価殻電子対反発理論とよばれ，その英語表記 valence-shell electron-pair repulsion theory から，しばしば VSEPR 理論と略称される．その難しそうな名称にもかかわらず，VSEPR 理論は簡単に理解し，応用することができ，しかも非常に信頼性の高い理論である．ここで，この理論は，気体状態にある分子のような，孤立した分子の形状を予測するために用いる規則であることを強調しておかねばならない．しかし，一般に，固体状態であっても，分子の形状はこの理論によって予測されるものとほとんど違いはない．

8・1　分子の形状
8・2　正四面体
8・3　VSEPR 理論
8・4　分子構造の予測
8・5　非共有電子対と形状
8・6　VSEPR と多重結合
8・7　三方両錐形の化合物
8・8　正八面体形の化合物
8・9　構造と双極子モーメント
8・10　鏡像異性体

8・1　ルイス構造から分子の形状はわからない

ルイス構造は，分子においてどの原子がどの原子と結合しているかを表す．ルイス構造によって原子のつながり方はわかるが，分子の形状，すなわち分子における原子核の幾何学的な配置はわからない．例として，ジクロロメタン CH_2Cl_2 分子について考えてみよう．ジクロロメタンの一つのルイス構造は，次式のように書くことができる．

$$:\ddot{Cl}-\overset{\overset{\displaystyle H}{|}}{\underset{\underset{\displaystyle H}{|}}{C}}-\ddot{Cl}:$$

I

このルイス構造から，ジクロロメタン分子が平らに広がった構造，すなわち**平面形**[1]であると予想してみよう．すると，以下のルイス構造 II は，ジクロロメタン分子に対する別の幾何学的な構造を示すことになる．

$$H-\overset{\overset{\displaystyle :\ddot{Cl}:}{|}}{\underset{\underset{\displaystyle H}{|}}{C}}-\ddot{Cl}:$$

II

ルイス構造 I では，2個の塩素原子は炭素原子を中心に 180°離れており，一方，ルイス構造 II では，90°離れて位置している．化学式（この場合は CH_2Cl_2）と原子の結合様式は同じであるが，原子の空間的な配置が異なる分子を**立体異性体**[2]という．立体異性体は異なる分子種であり，そのため異なる化学的，および物理的性質をもっている．

---

1) planar　2) stereoisomer

ところが，ジクロロメタン分子において2種類の立体異性体が観測されることは決してない．ジクロロメタン分子は，ただ1種類が存在するだけである．この事実は，2個の水素原子と2個の塩素原子を中心の炭素原子に結合させる方法がただ一つしかないように，四つの結合が配向していることを示している．したがって，ジクロロメタン分子は平面形であるという予想は，誤りであったことになる．

1874年，オランダの化学者ファント・ホッフ[1]と，フランスの化学者ル・ベル[2]は独立に，ジクロロメタン分子に立体異性体が存在しない理由を説明できる原子の幾何学的な配置を報告した．彼らは，メタンCH_4やジクロロメタンCH_2Cl_2のような分子における中心炭素原子のまわりの四つの結合は，正四面体の頂点方向を向いていると提案したのである（図8・1）．一般に，正四面体とは，4個の等価な頂点と，それぞれが正三角形である4個の等価な平面をもつ四面体形をさす（図8・2）．分子の三次元的な形状が正四面体であるとき，その分子は**正四面体形**[3]であるという．図8・3には，ファント・ホッフが最初に作成したボール紙製の正四面体形分子の模型を示した．

立体異性体をもつ化合物の例は，8・10節で述べる．

図8・3 オランダの化学者ファント・ホッフ（第16章を参照せよ）が分子の形状を示すために作成したボール紙製の模型．ファント・ホッフは，メタンやそれと関連する化合物の構造が正四面体形であることを最初に提案した．彼は1901年に，化学熱力学に関する業績により，最初のノーベル化学賞を受賞している．

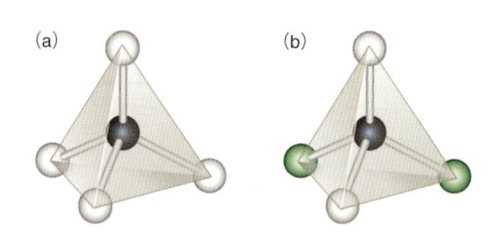

図8・1 (a) メタンCH_4分子の球棒模型．CH_4分子のそれぞれの炭素−水素結合は，正四面体の頂点方向を向いている．正四面体の対称性により，4個の水素原子の位置はすべて等価である．すべてのH−C−H結合角は同じ109.5°である．(b) ジクロロメタンCH_2Cl_2分子の球棒模型．2個の塩素原子（緑色の球）をどの頂点においても違いはなく，まったく同じ分子となることを確認しよう．

8・2 正四面体の4個の頂点はすべて等価である

図8・1(b)から，あるいは実際に分子模型を作ってみると，確かに，正四面体の4個の頂点は等価であり，中心の炭素原子に2個の水素原子と2個の塩素原子を直接，結合させる方法は一つしかないことがわかる．このように，CH_2Cl_2に対する正四面体形モデルは，ジクロロメタンは異性体をもたないという実験事実と一致している．

図8・4に示した形式の分子模型を，**空間充填分子模型**[4]という．この分子模型は，結合間の角度や，分子を構成する原子の相対的な大きさを，かなり正確に表現している．一方，実際の分子とはやや異なるが，構造が見やすい分子模型として，図8・1に示した**球棒分子模型**[5]がある．

メタンCH_4のような正四面体形の分子では，すべてのH−C−H結合角は109.5°に等しく，この角度を**正四面体**

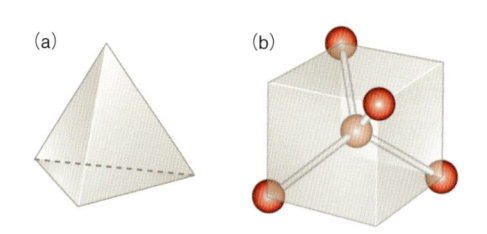

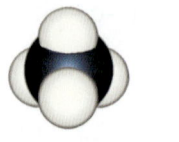

図8・2 (a) 正四面体は，4個の等価な頂点と4個の等価な平面からなる対称的な立体である．それぞれの平面は正三角形である．正四面体は，よりなじみ深い四角錐形（ピラミッド形）とは違う．四角錐形は，正方形の底面と4個の三角形の側面からなっている．(b) 正四面体形は，立方体に基づく構造としてみることもできる．すなわち，立方体の8個の頂点のうち，図のように4個に原子をおき，さらに中心に原子をおくと正四面体形となる．この図から，正四面体結合角が109.5°となることを導くことができる．

図8・4 メタン分子とジクロロメタン分子の空間充填模型．

---

1) Jacobus H. van't Hoff　2) Joseph Le Bel　3) tetrahedral　4) space-filling molecular model
5) ball-and-stick molecular model

結合角[1]という．109.5°の正四面体結合角は，正四面体の幾何学的性質から直接，導かれるものである．それは，正四面体の中心に正確に位置する点と正四面体の任意の二つの頂点をそれぞれ結ぶ線がなす角度である（図8・5）．

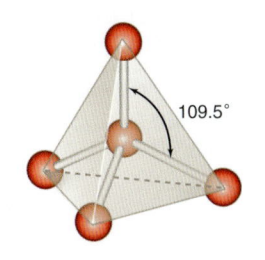

図 8・5 正四面体形は6個の等価な正四面体結合角をもつ．

4個の他の原子と結合している炭素原子を，**4配位**[2]の炭素原子という．"4配位の炭素原子の結合は正四面体形に配向している"というファント・ホッフとル・ベルの仮説は，**構造化学**[3]，すなわち分子の形状と大きさを研究する化学の学問領域を創始したのであった．分子の幾何学的な構造（立体構造）を決定するために，多くの実験的方法が開発された．その方法の多くは，分子と，電磁波や電子との相互作用を利用するものである．これらの方法を用いて，分子内の結合距離や結合角を測定することができ，それによってCH_2Cl_2分子は正四面体形であるというように，分子の幾何学的な構造を決定することができる．とても魅力的なことに，分子はさまざまな形状をとることが知られている．第7章ではCO_2は直線形，H_2Oは屈曲形の分子であることを述べた．またここでは，CH_4が正四面体形の分子の例であることを学んだ．他の分子の幾何学的な構造のいくつかの例を，図8・6に示す．

8・3 原子価殻電子対反発理論を用いて分子の形状を予想することができる

1957年にギレスピー[4]とナイホルム[5]が提案した簡単な理論によって，図8・6に示したような分子の形状を予測することができる．その理論による予測の方法は，分子の中心原子の原子価殻における結合電子対と非共有電子対の総数に基づいている．その理論の鍵となる仮説は，分子の形状は，中心原子の原子価殻における電子対の間の反発を最小にすることにより決まる，ということである．このため，この理論を**原子価殻電子対反発理論**[6]といい，しばしば**VSEPR理論**[7]と略称する．

まず，電子不足化合物である塩化ベリリウム$BeCl_2$分子について考えてみよう．$BeCl_2$のルイス構造は以下のように書ける．

$$:\ddot{Cl}-Be-\ddot{Cl}:$$

中心のベリリウム原子は非共有電子対をもたないが，二つの共有結合があるので，その原子価殻に二つの結合電子対をもっている．これらの原子価殻の電子対は反発しあうので，互いにできるだけ離れることによって，その反発を最小にしようとするだろう．中心のベリリウム原子を球と考

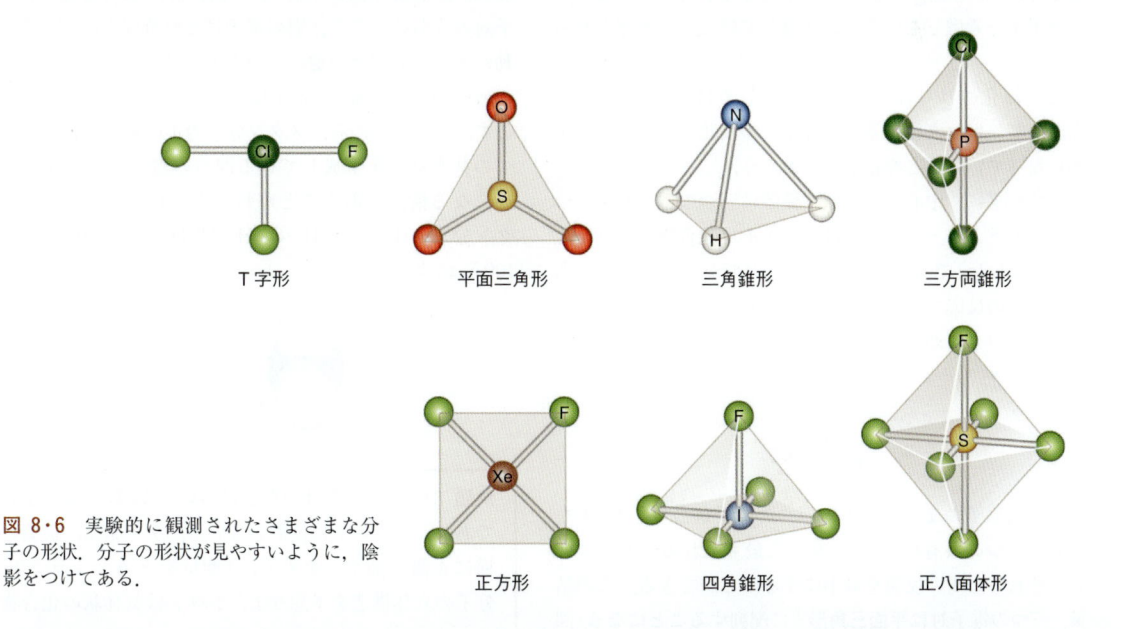

T字形　　平面三角形　　三角錐形　　三方両錐形

正方形　　四角錐形　　正八面体形

図 8・6 実験的に観測されたさまざまな分子の形状．分子の形状が見やすいように，陰影をつけてある．

---

1) tetrahedral bond angle 2) tetravalent 3) structural chemistry 4) Ronald J. Gillespie 5) Ronald S. Nyholm
6) valence-shell electron-pair repulsion theory 7) VSEPR theory

(a) 直線形
(二つの電子対)

(b) 平面三角形
(三つの電子対)

(c) 正四面体形
(四つの電子対)

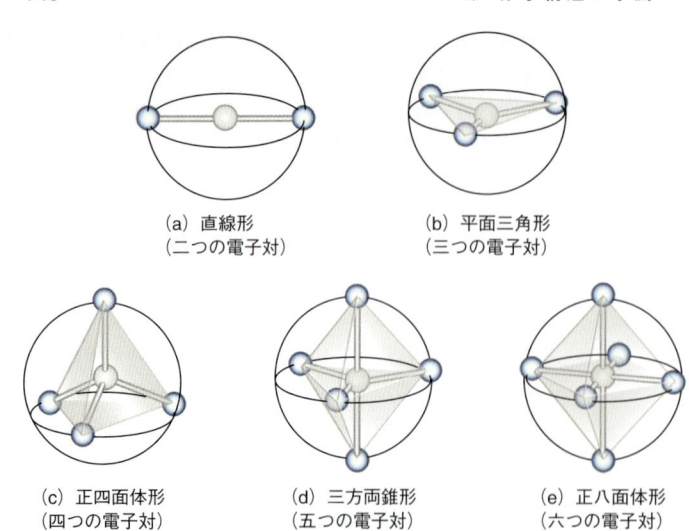

(d) 三方両錐形
(五つの電子対)

(e) 正八面体形
(六つの電子対)

図 8・7 互いの反発が最小になるように球の表面に配置された電子対の組(青色の球で示してある). (a) 二つの電子対は球の反対の極に位置する. (b) 三つの電子対は赤道上にある正三角形の頂点に位置する. (c) 四つの電子対は正四面体の頂点に位置する. (d) 五つの電子対は二つが両極に, また他の三つは赤道上にある正三角形の頂点に配置される. (e) 六つの電子対は正八面体の頂点に位置する. 黒線で描いた円弧は電子対の幾何学的な配置を示したものであり, 結合を示したものではない.

え, 原子価殻の二つの電子対(二つの共有結合)がその球の表面にある状態を想像してみよう. すると, 二つの電子対が球の反対の極に位置するときに, 互いの反発が最小になることがわかる. こうして, 二つの結合は, 中心のベリリウム原子に対して, 反対側に位置することになり, Cl-Be-Cl 結合角は 180°となる. 分子の形状は, 分子を構成する原子核の位置によって記述されるので, BeCl$_2$ は**直線形**[1] の分子である. この予想は, 気相における BeCl$_2$ 分子の実験から得られた結果と一致している. 図 8・7(a)に, 原子価殻の二つの電子対が, 中心原子に対して反対側に位置している図を示した. なお, BeCl$_2$ の形状を予想するときには, 2 個の塩素原子の非共有電子対を構成している価電子を考慮しないことに注意してほしい. 考慮されるのは, 中心原子それ自身がもっている価電子だけである. また, 塩化ベリリウムは室温(20℃)では固体であるが, 高温の蒸気は, 直線構造をもつ単一の塩化ベリリウム分子からなっていることを指摘しておこう.

さてつぎに, 中心原子の原子価殻に三つの電子対をもつ分子を考えよう. 一つの例は, 電子不足化合物の三フッ化ホウ素 BF$_3$(g)である. BF$_3$(g)は室温で気体の化合物であり, 多くの反応で触媒としてはたらく. BF$_3$ 分子のルイス構造は, つぎの通りである.

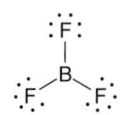

$$:\!\ddot{\underset{\cdot\cdot}{F}}\!-\!\underset{\underset{\displaystyle:\!\ddot{\underset{\cdot\cdot}{F}}\!:}{|}}{B}\!-\!\ddot{\underset{\cdot\cdot}{F}}\!:$$

ホウ素原子のまわりにある三つの原子価殻電子対(すなわち, 三つの共有結合)は, 互いに最も離れることによって, それらの間の反発を最小にすることができる. この結果, 三つの電子対は**平面三角形**[2] に配列することになる(図 8・7 b). こうして, BF$_3$ 分子は, 120°(360°/3=120°)に等しい F-B-F 結合角をもつ対称的な平面分子であると予想される. この予想は, 気相の BF$_3$ 分子について実験的に決定された構造と一致している.

8・4 原子価殻の電子対の数によって分子の形状が決定される

メタン CH$_4$ は, 中心原子のまわりに四つの共有結合をもつ分子の例である. 四つの電子対の間の反発は, それらが正四面体の頂点方向に向くことによって, 最小になる(図 8・1a および図 8・7c). 正四面体形に配列した四つの電子対のうちの一つを, 別の電子対との角度を広げるように動かすと, 必ずその他の二つの電子対と接近することになり, その結果, 電子-電子反発エネルギーの増大をひき起こす. このことから, メタン分子の正四面体形は, その四つの共有結合を形成している四つの電子対間の反発が最小になる構造であることがわかる. 上述したように, メタン分子のすべての H-C-H 結合角は, 正四面体結合角 109.5°に等しい.

メタン CH$_4$

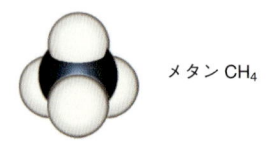

例題 8・1 ケイ素は周期表において 14 族に属する元素であり, 炭素の下に位置している. ケイ素は, 炭素と同様に 4 個の価電子をもち, 4 配位をとる. シラン SiH$_4$ 分子の立体構造を予想せよ. シランは気体状の化合物で

1) linear 2) trigonal planar

あり，半導体の製造に用いるきわめて純粋なケイ素の合成に利用される．

解答 シラン分子のルイス構造はつぎの通りである．

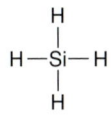

$$\begin{array}{c} H \\ | \\ H-Si-H \\ | \\ H \end{array}$$

中心のケイ素原子のまわりには四つの原子価殻電子対（すなわち，四つの共有結合）がある．このため，シラン分子は正四面体形であり，H–Si–H 結合角は 109.5°であると予想される．この予想は正しいことが実験からわかっている．

練習問題 8・1 クロロホルム $CHCl_3$ 分子の立体構造を予想せよ．クロロホルムはかつて，麻酔剤として広く用いられていた．

解答 正四面体形

つぎの例題は，VSEPR 理論が分子イオンにも適用できることを示している．

例題 8・2 アンモニウムイオン NH_4^+ の立体構造を予想せよ．

解答 NH_4^+ イオンのルイス構造は以下の通りである．

$$\left[\begin{array}{c} H \\ | \\ H-N-H \\ | \\ H \end{array}\right]^{\oplus}$$

NH_4^+ の窒素原子の原子価殻は全部で四つの電子対（四つの共有結合）をもつので，アンモニウムイオンは正四面体形であると予想することができる．実際，NH_4^+ は正四面体形であることが観測されている．

練習問題 8・2 テトラフルオロホウ酸イオン BF_4^- の立体構造を予想せよ．

解答 正四面体形

中心原子が五つの共有結合を形成して，その原子価殻に五つの電子対をもつ多くの分子が知られている．代表的な例は，五塩化リン PCl_5 分子であり，そのルイス構造はつぎのように書くことができる．

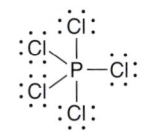

$$\begin{array}{c} :\ddot{C}l: \\ :\ddot{C}l: \quad | \\ \ddot{P}-\ddot{C}l: \\ :\ddot{C}l: \quad | \\ :\ddot{C}l: \end{array}$$

リン原子の原子価殻にある五つの電子対の反発を最小にするための配列は，**三方両錐形**[1]である（図 8・7d および図 8・8）．図 8・7(d) の球を地球とみると，その赤道上にある頂点は正三角形を形成しており，両極をつなぐ軸上の頂点はその正三角形の上下に位置していることに注意してほしい．三方両錐形の5個の頂点は，等価ではない．図 8・7(d) と図 8・8 に示すように，赤道上にある3個の頂点は等価であり，これらの位置を**エクアトリアル**[2]という．また，両極をつなぐ軸上の2個の頂点は等価であり，この位置を**アキシアル**[3]という．アキシアル位置とエクアトリアル位置は，幾何学的に等価ではない．後述するように，この非等価性が，三方両錐形の分子において構造上の重要な結果をもたらす．三方両錐形をもつ分子の他の例として，五塩化アンチモン $SbCl_5$ や五フッ化ヒ素 AsF_5 がある．

つぎに，中心原子の原子価殻に六つの電子対をもつ分子の例として，六フッ化硫黄 SF_6 を考えよう．そのルイス構造はつぎのように書くことができる．

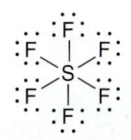

$$\begin{array}{c} :\ddot{F}: \\ :\ddot{F}\ddot{F}: \\ S \\ :\ddot{F}\ddot{F}: \\ :\ddot{F}: \end{array}$$

ルイス構造が示すように，中心の硫黄原子の原子価殻には六つの電子対，すなわちこの場合もまた，六つの共有結合を構成する電子対が存在する．これら六つの電子対は互いに反発する．これらの電子対間の反発は，六つの電子対が正八面体の頂点方向を向いているときに最小となる（図

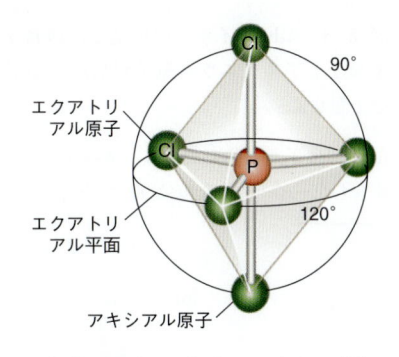

図 8・8 気相における五塩化リン分子の形状．エクアトリアル位置にある2個の塩素原子とリン原子がなす Cl–P–Cl 結合角は 120°（360°/3＝120°）であり，アキシアル位置とエクアトリアル位置のそれぞれの塩素原子とリン原子がなす Cl–P–Cl 結合角は 90°である．

---

1) trigonal bipyramidal 2) equatorial 3) axial

8・9). この立体構造は6個の頂点と8個の面をもっており，8個の面はすべて等価な正三角形になっている．正八面体の重要な特徴は，すべての6個の頂点が等価なことである．このことから，SF$_6$分子は**正八面体形**[1]をとり，6個のフッ素原子はすべて幾何学的に等価であることがわかる(図8・7e)．実際，どのような化学的，あるいは物理的方法を用いても，SF$_6$分子における六つの硫黄-フッ素結合を区別することはできない．SF$_6$分子において，隣接する2個のフッ素原子と硫黄原子が形成するF-S-F結合角はすべて90°である．

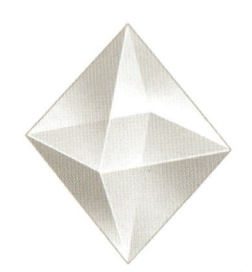

図 8・9 正八面体は6個の等価な頂点と，それぞれが正三角形である8個の等価な平面からなる対称的な立体である．

例題 8・3 ヘキサクロロリン酸イオン PCl$_6^-$ の立体構造を予想せよ．

解答 PCl$_6^-$ のルイス構造はつぎのように書くことができる．

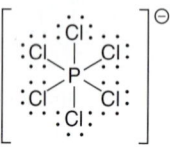

六つの共有結合は，正八面体の頂点方向を向くので，PCl$_6^-$ は正八面体形であると予想される．この予想は正しいことが実験からわかっている．

練習問題 8・3 AlF$_6^{3-}$ イオンの構造と，隣接する2個のフッ素原子とアルミニウム原子が形成する F-Al-F 結合角を予想せよ．

解答 AlF$_6^{3-}$ は正八面体形であり，隣接する2個のフッ素原子を含む F-Al-F 結合角は 90°である．

表8・1に，これまで述べてきた分子の形状における結合角をまとめて示した．

表 8・1 分子の形状と結合角

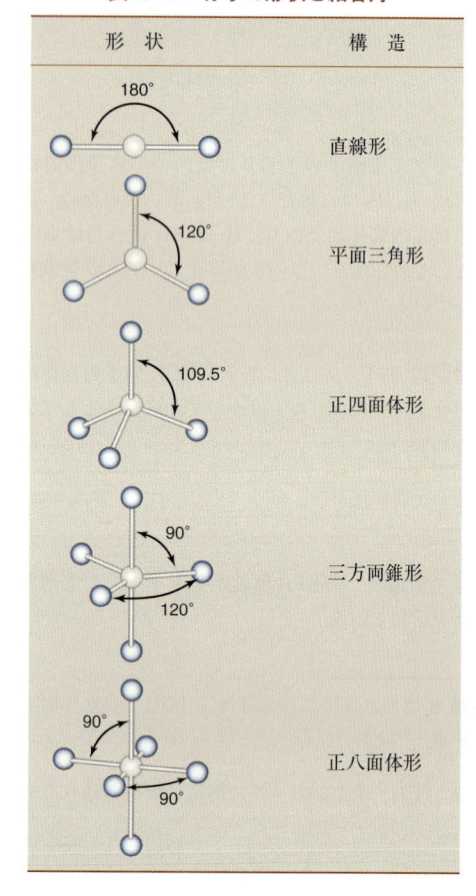

形 状	構 造
180°	直線形
120°	平面三角形
109.5°	正四面体形
90°, 120°	三方両錐形
90°	正八面体形

8・5 原子価殻の非共有電子対は分子の形状に影響を与える

これまでに扱った分子やイオンはいずれも，中心原子の原子価殻にある電子対は，すべて共有結合を形成している電子対であった．ここでは，中心原子の原子価殻に，共有結合だけでなく非共有電子対も存在する場合を扱うことにしよう．例として，アンモニア NH$_3$ 分子を考える．NH$_3$

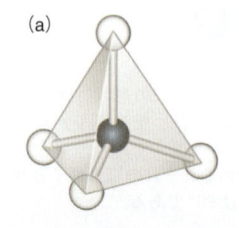

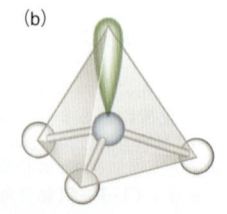

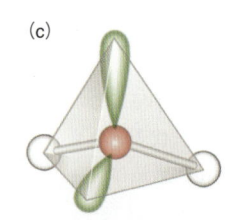

図 8・10 分子の立体構造の決定における結合電子対と非共有電子対の役割．
(a) CH$_4$, (b) NH$_3$, (c) H$_2$O

---

1) octahedral

8·5 非共有電子対と形状

分子のルイス構造はつぎの通りである.

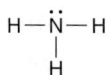

$$\text{H}-\overset{..}{\underset{|}{\text{N}}}-\text{H}$$
$$\text{H}$$

窒素原子の原子価殻には四つの電子対がある. そのうち三つは共有結合を形成しており, 一つは非共有電子対である. これら四つの原子価殻電子対は互いに反発し, 正四面体の頂点の方向を向く(図 8·10b). 3 個の水素原子は正三角形を形成し, 窒素原子はその正三角形の中心の上方に位置する. このような構造を三角錐, あるいは三角ピラミッドといい, アンモニア分子の立体構造は**三角錐形**[1]であると表現する. アンモニア分子は, 3 個の N-H 結合が 3 本の脚を形成する三脚のような形状をしている. NH_3 分子の空間充填分子模型を図 8·11 に示した. 心に留めておくべき重要なことは, 分子の形状はその分子における原子核の位置によって定義されることである. これは, 実験的に分子の構造を決定するために用いるほとんどの方法では, 原子核の位置だけが特定されるためである. これに対して, 非共有電子対は空間に広がって存在しているので, 分子の構造決定においては, ふつうその位置を特定することはできない.

図 8·11 アンモニア NH_3 分子の空間充填模型.

もし NH_3 分子における四つの電子対が正四面体の頂点方向を向いていれば, H-N-H 結合角は 109.5° になるはずである. しかし, NH_3 分子の場合, 四つの電子対は等価ではない. すなわち, 四つのうち三つは共有結合を形成しており, もう一つは非共有電子対である. このため, 立体構造は正四面体形から少しずれることが予想される. 共有結合を形成している電子対は 2 個の原子に共有されており, それらの間に局在している. 一方, 非共有電子対は中心原子だけに関わっている電子対であるから, 共有結合の電子対のように局在してはいない. このため, 非共有電子対は, 結合電子対に比べてより広がって存在している, あるいは "かさ高い" ということができる. この結果, 非共有電子対は, 共有結合の電子対に比べて, 中心原子のまわりにより大きな空間をとることになる. これにより, 非共有電子対と共有結合の電子対との反発は, 二つの隣接する共有結合の電子対間の反発よりも大きくなる. この効果のため, 実際の NH_3 分子の H-N-H 結合角は, 正四面体結合角 109.5° からやや減少して 107.3° となっている(図 8·12).

VSEPR 理論により NH_3 分子の H-N-H 結合角が 107.3° であることを定量的に予想することはできないが, 上記のような考え方により, H-N-H 結合角は, 理想的な正四面体結合角 109.5° よりもやや小さいと予想することができる. VSEPR 理論は定量的な理論というよりもむしろ, 定性的な理論といえる. しかし, 中心原子が C, N, O である正四面体形に適用できる規則として, 中心原子に存在するそれぞれの非共有電子対は, 中心原子に結合した隣接する 2 個の原子間の結合角を, 理想的な結合角から約 2° だけ減少させることが経験的に知られている.

NH_3 分子の例によって, 分子における原子核の幾何学的配置を決定するのは, 中心原子の原子価殻にある電子対の総数であることが示された. つぎの例として, 水 H_2O 分子を考えよう. H_2O 分子のルイス構造は以下の通りである.

$$\text{H}-\overset{..}{\underset{..}{\text{O}}}-\text{H}$$

水分子の酸素原子上にある四つの原子価殻電子対は, 正四面体の頂点方向を向く(図 8·10c). したがって, H_2O は**屈曲形**[2], あるいは折れ線形であることがわかる.

二つの非共有電子対は, 二つの共有結合の電子対よりも, 酸素原子のまわりに大きな空間をとる. したがって, 非共有電子対間の反発は, 非共有電子対と共有結合の電子対, あるいは二つの隣接する共有結合の電子対間の反発のいずれよりも大きいと考えられる. したがって, H_2O 分子における H-O-H 結合角は, 正四面体結合角 109.5° よりも小さく, またアンモニア分子の H-N-H 結合角(107.3°) よりもさらに小さいと予想される. 実際に, 実験によって決定された H_2O 分子の結合角は 104.5° である.

CH_4, NH_3, および H_2O 分子は, いずれも中心原子の原子価殻に四つの電子対をもっている. 図 8·10 に示すよう

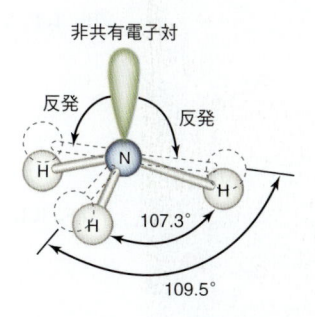

図 8·12 非共有電子対は, 結合電子対に比べてより広がって存在しており, より "かさ高い" ということができる. このため, NH_3 分子の H-N-H 結合角は, 正四面体結合角 109.5° からやや減少して 107.3° となっている.

---

1) trigonal pyramidal 2) bent

に，これらの分子の四つの電子対は，ほぼ正四面体の頂点方向を向いている．分子の形状は原子核の位置によって記述されるので，CH_4分子は正四面体形，NH_3分子は三角錐形，H_2O分子は屈曲形となるのである．

つぎのような記号を導入することによって，分子を一般的に分類することができる．Aを中心原子とし，Xは中心原子に結合した原子，Eは中心原子上の非共有電子対を表すとしよう．中心原子に結合した原子を**配位子**[1]という．すると，中心原子Aをもつ分子は一般にAX_mE_nと表記することができ，これによって分子を分類することができる．ここで，mは配位子の数，nは中心原子Aの原子価殻にある非共有電子対の数である．したがって，たとえば，メタ

表 8・2 分子の形状[a]

分子の分類	理想的な形状	例	分子の分類	理想的な形状	例
AX_2	直線形	CO_2, HCN, $BeCl_2$	AX_4E	シーソー形	SF_4, XeO_2F_2, IF_4^+, $IO_2F_2^-$
AX_3	平面三角形	SO_3, BF_3, NO_3^-, CO_3^{2-}	AX_3E_2	T字形	ClF_3, BrF_3
AX_2E	屈曲形	SO_2, O_3, PbX_2, SnX_2 (Xはハロゲン原子)	AX_2E_3	直線形	XeF_2, I_3^-, IF_2^-
AX_4	正四面体形	SiH_4, CH_4, SO_4^{2-}, ClO_4^-, PO_4^{3-}, XeO_4	AX_6	正八面体形	SF_6, IOF_5
AX_3E	三角錐形	NH_3, PF_3, $AsCl_3$, ClO_3^-, H_3O^+, XeO_3	AX_5E	四角錐形	IF_5, TeF_5^-, $XeOF_4$
AX_2E_2	屈曲形	H_2O, OF_2, SF_2	AX_4E_2	正方形	XeF_4, ICl_4^-
AX_5	三方両錐形	PCl_5, AsF_5, SOF_4			

a) 白色の球は中心原子，赤色の球は配位子，緑色のローブは非共有電子対を示す．

1) ligand

ン分子は AX$_4$ に，アンモニア分子は AX$_3$E に，また水分子は AX$_2$E$_2$ に分類することができる．表 8・2 にはさまざまな AX$_m$E$_n$ による分子の分類と，その形状をまとめた．

AX$_m$E$_n$ と表記された分子を，**立体数**[1] に着目して分類すると便利なことがある．立体数は，中心原子に結合している配位子の数と非共有電子対の数の和として定義され

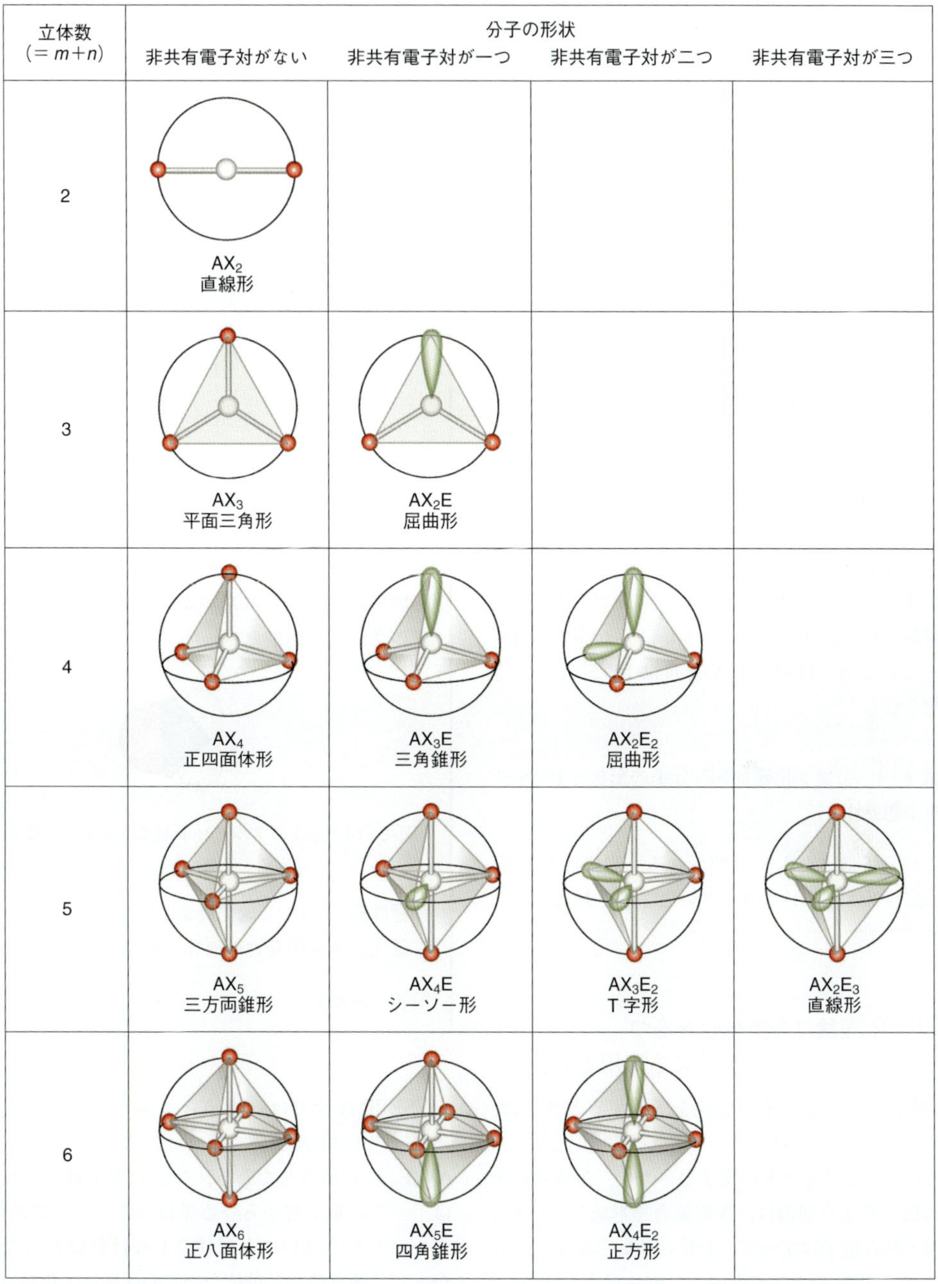

立体数 (= m+n)	分子の形状			
	非共有電子対がない	非共有電子対が一つ	非共有電子対が二つ	非共有電子対が三つ
2	AX$_2$ 直線形			
3	AX$_3$ 平面三角形	AX$_2$E 屈曲形		
4	AX$_4$ 正四面体形	AX$_3$E 三角錐形	AX$_2$E$_2$ 屈曲形	
5	AX$_5$ 三方両錐形	AX$_4$E シーソー形	AX$_3$E$_2$ T字形	AX$_2$E$_3$ 直線形
6	AX$_6$ 正八面体形	AX$_5$E 四角錐形	AX$_4$E$_2$ 正方形	

図 8・13 観測されたさまざまな分子の形状の要約．中心原子 A に結合した配位子 X の数を m，非共有電子対 E の数を n とすると，分子は AX$_m$E$_n$ と表記される．立体数は中心原子に結合した配位子と非共有電子対の総数である（立体数 = $m+n$）．それぞれの球の中心にある白色の球は中心原子，また球の表面にある赤色の球は中心原子に結合している配位子を表す．非共有電子対は緑色のローブで示されており，それぞれの構造の頂点に位置する．

---

1) steric number

$$\text{立体数} = \begin{pmatrix}\text{中心原子に}\\\text{結合してい}\\\text{る原子の数}\end{pmatrix} + \begin{pmatrix}\text{中心原子に結合}\\\text{している非共有}\\\text{電子対の数}\end{pmatrix}$$
$$= m + n \tag{8·1}$$

CH_4, NH_3, および H_2O 分子ではいずれも m と n の和は4であるので，これらの分子はすべて，立体数4をもつ．図8·13に立体数と非共有電子対の数 n によって分類したさまざまな分子の形状を示した．

> **例題 8·4** ヒドロニウムイオン H_3O^+ の形状と H–O–H 結合角を予想せよ．
>
> **解答** H_3O^+ のルイス構造はつぎのように書くことができる．
>
> $$\left[\begin{array}{c}H-\ddot{O}-H\\|\\H\end{array}\right]^\oplus$$
>
> H_3O^+ には，中心の酸素原子に結合した3個の水素原子と一つの非共有電子対がある．したがって，H_3O^+ は AX_3E に分類される．表8·2を参照すると，AX_3E は三角錐形であることがわかる．H_3O^+ の H–O–H 結合角は，理想的な正四面体結合角よりもいくらか小さいはずである．これより，H–O–H 結合角は 109.5° より小さいと予想される．

> **練習問題 8·4** 二フッ化硫黄 SF_2 分子の形状と F–S–F 結合角を予想せよ．
>
> **解答** この分子は AX_2E_2 に分類される．屈曲形であり，F–S–F 結合角は 109.5° より小さいと予想される．

8·6 VSEPR 理論は多重結合をもつ分子にも適用できる

VSEPR 理論を用いて分子の形状を予測するときには，二重結合，あるいは三重結合を，中心原子 A と配位子 X をつないでいるひとまとまりの電子とみなす．多重結合をこのように扱ってよい理由は，多重結合を形成している2個の原子間の結合電子はすべて，それら2個の原子に共有されているからである．たとえば，二酸化炭素 CO_2 分子を考えてみよう．この分子のルイス構造はつぎのように書かれる．

$$:\ddot{O}=C=\ddot{O}:$$

したがって，CO_2 分子は AX_2 分子に分類されるので，この分子は直線形であると予想することができる．多重結合をもつ AX_2 分子のもう一つの例は，シアン化水素 HCN 分子である．この分子のルイス構造はつぎの通りである．

$$H-C\equiv N:$$

中心の炭素原子のまわりにある電子のグループは二つなので（単結合が一つと三重結合が一つ），HCN も直線形であると予想される．

> **例題 8·5** メタナール H_2CO は一般に，ホルムアルデヒドの名称で知られている．この分子の形状を予想せよ．
>
> **解答** H_2CO 分子のルイス構造はつぎのように書くことができる．
>
> $$\begin{array}{c}H\\\diagdown\\C=\ddot{O}:\\\diagup\\H\end{array}$$
>
> 二重結合はひとまとまりの電子とみなすので，H_2CO は AX_3 分子に分類される．したがって，H_2CO は平面三角形であると予想される．言い換えれば，4個の原子はすべて同一の平面上に存在する．この予想は正しいことが実験的に確かめられている．図8·14にホルムアルデヒドの空間充填模型を示した．

図 8·14 ホルムアルデヒド H_2CO 分子の空間充填模型．

> **練習問題 8·5** 二硫化炭素 CS_2 分子の形状を予想せよ．二硫化炭素は揮発性の液体であり，硫黄をよく溶かす．
>
> **解答** 直線形

VSEPR 理論では二重結合，あるいは三重結合はひとまとまりの電子として扱うが，多重結合をもつ分子が AX_mE_n に分類されたとき，複数の電子対を含む多重結合は，一つの電子対からなる単結合よりも空間的に大きい，すなわちかさ高いことに注意しなければならない．したがって，多重結合と単結合の間の反発は，単結合どうしの反発よりもずっと強い．空間的な大きさの点では，多重結合は非共有電子対と同等にふるまう．この効果を考慮すると，たとえば H_2CO 分子（例題8·5）では，H–C–H 結合角は 120° よりわずかに小さく，また H–C–O 結合角は 120° よりわずかに大きいと予想することができる．これは実験結果と一致しており，実際の結合角はそれぞれ，

116° と 122° であることが知られている.

$$\text{H} \quad 122°$$
$$116° \quad \text{C} = \text{O}$$
$$\text{H} \quad 122°$$

例題 8・6 ホスゲン $COCl_2$ は毒性の強い, 無色の気体である. 空気で希釈すると, ホスゲンは刈り取られたばかりの牧草に似たにおいをもつ. 一方, 塩化チオニル $SOCl_2$ は有機合成における塩素化剤として, またある種のリチウム電池の溶媒として利用される. $COCl_2$ 分子と $SOCl_2$ 分子の形状を比較せよ.

解答 これらの分子のルイス構造はつぎのようになる.

ホスゲン　　および　　塩化チオニル

ホスゲン分子はホルムアルデヒド分子と同様に, AX_3 分子に分類されるので, 平面三角形である. 一方, 塩化チオニル分子は, 硫黄原子に非共有電子対が存在するため, AX_3E 分子に分類される. したがって, 塩化チオニル分子は三角錐形, すなわち 2 個の塩素原子と 1 個の酸素原子が形成する平面の上方に硫黄原子が位置した形状をもつ.

ホスゲンと塩化チオニルでは分子式が類似しているにもかかわらず, 塩化チオニル分子の中心硫黄原子が非共有電子対をもつために, それぞれの分子の形状が異なっていることに注意してほしい.

練習問題 8・6 亜塩素酸イオン ClO_2^-, および塩素酸イオン ClO_3^- のそれぞれの形状を予想せよ.

解答 ClO_2^- は屈曲形, ClO_3^- は三角錐形.

例題 8・6 で $SOCl_2$ 分子を扱った際, 次式のような共鳴構造を無視した.

一般に, 化学種が共鳴混成体として表記される場合, それに寄与する共鳴構造のいずれにおいても, 中心原子のまわりにある電子のグループの数は同じになる. このため, VSEPR 理論は, 共鳴混成体として表記される化学種に対しても, 単一のルイス構造で表記される化学種と同じように適用することができる. つぎの例題でその例を示す.

例題 8・7 炭酸イオン CO_3^{2-} の形状を予想せよ.

解答 CO_3^{2-} イオンには次式のような 3 個の等価な共鳴構造がある.

3 個の等価な共鳴構造から, CO_3^{2-} イオンにおける三つの C–O 結合はすべて等価であることがわかる. それぞれの共鳴構造のいずれについても, 中心炭素原子のまわりにある電子のグループは三つであり, 非共有電子対は存在しない. したがって, CO_3^{2-} イオンは AX_3 分子に分類されるので, このイオンの形状は平面三角形であり, O–C–O 結合角は 120° であると予想することができる. この予想は, 実験結果と一致している. CO_3^{2-} イオンでは三つの C–O 結合の等価性により, 3 個の O–C–O 結合角はすべて等しく 120° となる.

練習問題 8・7 AX_mE_n による分類では, 二酸化硫黄 SO_2 はどのような分子に分類されるか. また, VSEPR 理論を適用して, SO_2 分子の形状と O–S–O 結合角を予想せよ.

解答 AX_2E 分子, 屈曲形, 120° より小さい.

8・7 非共有電子対は三方両錐形の　エクアトリアル位置を占める

三方両錐形では, 5 個の頂点はすべてが等価ではなかったことを思い出してほしい (図 8・7d と図 8・8). 5 個の頂点は, 3 個の等価なエクアトリアル位置と, 2 個の等価なアキシアル位置から形成される. したがって, たとえば, AX_4E と表記される分子では, 非共有電子対 E の位置が異なる 2 種類の構造が考えられる. すなわち, 非共有電子対がエクアトリアル位置にある構造と, アキシアル位置にある構造である.

図 8・15(a) は非共有電子対がエクアトリアル位置を占める構造を示しており, この構造では, 非共有電子対と 90° をなす最近接の結合電子対は二つだけであることがわかる. 一方, 図 8・15(b) に示した非共有電子対がアキシアル位置を占める構造では, 非共有電子対と 90° をなす最近接の結合電子対が三つ存在する. 図 8・15(a) において他の二つの結合電子対と非共有電子対とのなす角度は 120° であり, 互いに十分に離れているため, それらの間の相互作用は, 最近接の結合電子対と 90° をなす場合と比べて著しく小さい. したがって, 非共有電子対と結合電子対との間の

電子反発は，非共有電子対をエクアトリアル位置におく方が，アキシアル位置におくよりも小さくなる．この理由により，三方両錐形をとる AX_4E, AX_3E_2, および AX_2E_3 型の分子では，図 8・15(a) と 8・16 に示すように，非共有電子対はエクアトリアル位置を占める．分子の形状は原子核の位置によって定義されるので，AX_4E 分子は**シーソー形**[1]，AX_3E_2 分子は**T字形**[2]，また AX_2E_3 分子は直線形となる（図 8・16）．以下にこれらの例を示すことにしよう．

四フッ化硫黄 SF_4 分子のルイス構造はつぎの通りである．

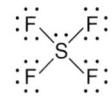

ルイス構造から SF_4 分子は AX_4E に分類されることがわかる．非共有電子対が三方両錐形のエクアトリアル位置の一つにおかれるので，SF_4 分子の形状は図 8・17(a) に示すようなシーソー形と予想することができる．この理想的な形状では，中心硫黄原子とアキシアル位置にある 2 個のフッ素原子がなす F－S－F 結合角は 180° であり，中心硫黄原子とエクアトリアル位置にある 2 個のフッ素原子がなす角は 120° と予想される．しかし，エクアトリアル位置にある非共有電子対により，理想的な形状からわずかなずれが起こるため，実際の SF_4 分子の形状は図 8・17(b) に示したようになる．図 8・17(b) に示された $SF_4(g)$ の実際の結合角は，"非共有電子対は結合電子対よりも大きな空間を占める"という一般的な規則と矛盾していない．

ハロゲン原子間で形成される多くの分子が知られている．それらを**ハロゲン間化合物**[3]といい，より電気陰性度が小さいハロゲン原子が中心原子となり，それに電気陰性度が大きいハロゲン原子が結合した構造をもつ．ほとんどのハロゲン間化合物を表 8・3 に示した．知られているすべてのハロゲン間化合物の分子の形状は，VSEPR 理論によ

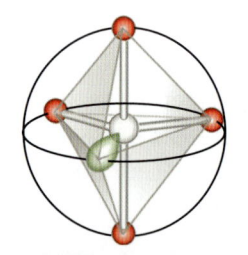

(a) 非共有電子対がエクアトリアル位置にある AX_4E 分子．非共有電子対と 90° をなす隣接原子が 2 個

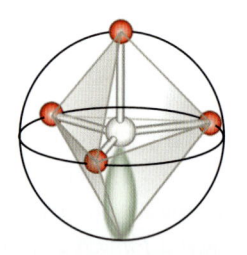

(b) 非共有電子対がアキシアル位置にある AX_4E 分子．非共有電子対と 90° をなす隣接原子が 3 個

図 8・15 三方両錐形の 5 個の頂点には二つの異なる位置があるので，AX_4E に分類される分子では，非共有電子対 E の位置が異なる 2 種類の構造がある．(a) 非共有電子対がエクアトリアル位置を占める構造では，非共有電子対と 90° をなす最近接の結合電子対は二つだけである．(b) 非共有電子対がアキシアル位置を占める構造では，非共有電子対と 90° をなす最近接の結合電子対が三つ存在する．したがって，非共有電子対と結合電子対との反発は，非共有電子対をエクアトリアル位置においた方が小さくなるため，AX_4E 型の分子は (a) のようなシーソー形となる．この形状では，エクアトリアル位置にある X 原子が，シーソーの二つの脚を形成している．

(a) AX_4E シーソー形

(b) AX_3E_2 T字形

(c) AX_2E_3 直線形

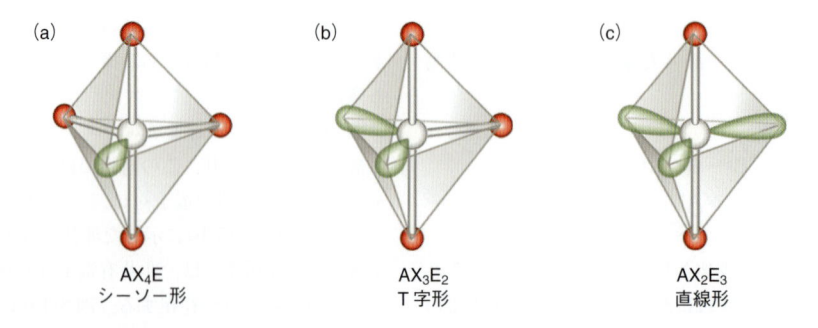

図 8・16 (a) AX_4E, (b) AX_3E_2, および (c) AX_2E_3 に分類される分子の形状．いずれの場合も，非共有電子対はエクアトリアル位置を占める．

---

1) seesaw-shaped 2) T-shaped 3) interhalogen compound

8·7 三方両錐形の化合物

表 8·3 ハロゲン間化合物

AXE₃ [a]	AX₃E₂	AX₅E
IF	IF₃	IF₅
BrF	BrF₃	BrF₅
ClF	ClF₃	ClF₅
ICl		
BrCl		
IBr		

a) 原子核が2個しかないので，すべてのAXE₃型分子は直線形である．

る予想と一致している．例として，三フッ化塩素 ClF₃ 分子を考えよう．そのルイス構造はつぎのように書くことができる．

このルイス構造から，ClF₃ 分子は AX₃E₂ に分類されることがわかる．したがって，図 8·18(a) に示すように，ClF₃ 分子の形状は T 字形となる．理想的な T 字形は中心塩素原子とアキシアル位置，およびエクアトリアル位置にあるフッ素原子がなす F-Cl-F 結合角は正確に 90° である．しかし，エクアトリアル位置にある二つの非共有電子対によってわずかなゆがみが起こり，図 8·18(b) に示すように，実際の結合角は 90° よりもやや小さくなる．

例題 8·8 単体ヨウ素 I₂(s) の水に対する溶解性は低いが，ヨウ化カリウム水溶液には非常によく溶ける．この溶解性の増大は，三ヨウ化物イオン I₃⁻(aq) の生成によるものである．ヨウ素とヨウ化物イオンとの反応は，つぎの化学反応式で示される．

$$I_2(aq) + I^-(aq) \longrightarrow I_3^-(aq)$$

三ヨウ化物イオンの形状を予想せよ．

解答 I₃⁻ イオンのルイス構造はつぎのように書くことができる．

このルイス構造は，I₃⁻ イオンが AX₂E₃ 型に分類されることを示している．さらに，図 8·16(c) から，三つの非共有電子対はいずれも，三方両錐形のエクアトリアル位置を占めることがわかる．したがって，I₃⁻ イオンは直線形と予想される（図 8·19）．

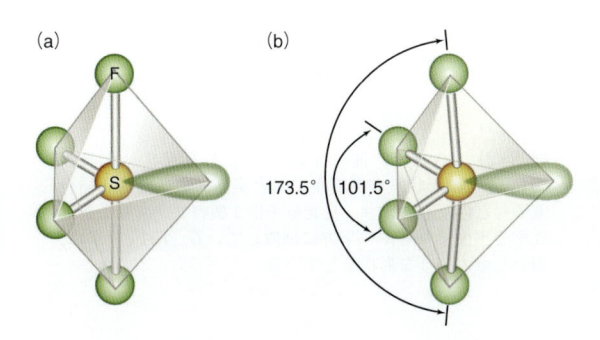

図 8·17 AX₄E に分類される四フッ化硫黄 SF₄ 分子の立体構造．(a) 分子の理想的な形状．(b) 実際の形状．エクアトリアル位置にある非共有電子対と四つの硫黄-フッ素共有結合との反発により，理想的な形状からわずかにずれる．

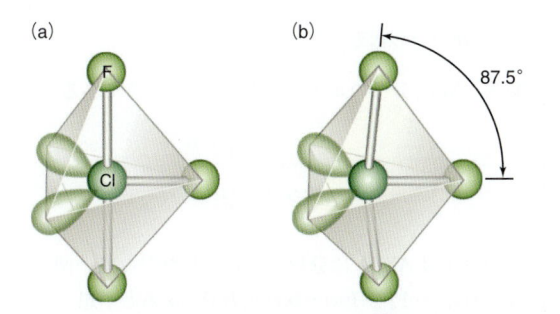

図 8·18 AX₃E₂ に分類される三フッ化塩素 ClF₃ 分子の立体構造．(a) 理想的な形状．(b) 実際の形状．エクアトリアル位置にある二つの非共有電子対と塩素-フッ素共有結合との反発により，理想的な形状からわずかにずれる．

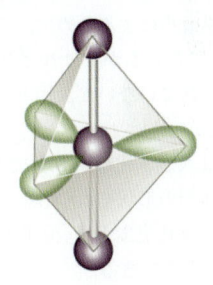

図 8·19 三ヨウ化物イオン I₃⁻ は AX₂E₃ に分類される．三つの非共有電子対は三方両錐形のエクアトリアル位置を占める．配位子の2個のヨウ素原子がアキシアル位置を占めるため，I₃⁻ は直線形のイオンとなる．

練習問題 8·8 二フッ化キセノン XeF₂ 分子の形状を予想せよ．

解答 直線形

VSEPR 理論の特筆すべき成功の一つは，この理論によって，貴ガスがつくる化合物の構造を正確に予想できること

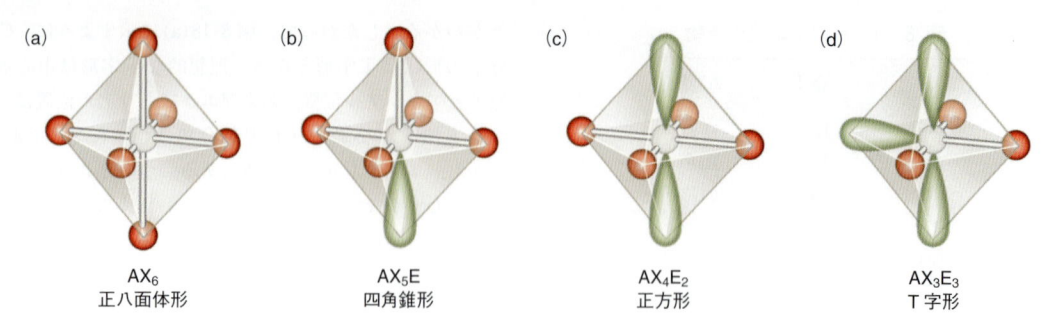

(a) AX₆ 正八面体形
(b) AX₅E 四角錐形
(c) AX₄E₂ 正方形
(d) AX₃E₃ T字形

図 8・20 (a)AX₆, (b)AX₅E, (c)AX₄E₂, (d)AX₃E₃ に分類される分子の理想的な形状. (c)と(d)においては, 非共有電子対と非共有電子対の間の比較的大きな電子反発を最小にするために, 二つの非共有電子対は, 反対の頂点の位置を占める.

である. これまでに合成された貴ガスの化合物には, キセノンのフッ化物 $XeF_2(s)$ および $XeF_4(s)$, キセノンのオキシフッ化物 $XeOF_4(l)$ および $XeO_2F_2(s)$, キセノンの酸化物 $XeO_3(s)$, クリプトンのフッ化物 $KrF_2(s)$ および $KrF_4(s)$ などがある.

8・8 2個の非共有電子対は正八面体の反対の頂点を占める

正八面体構造の化合物, すなわち立体数 6 をもつ化合物は, AX_6, AX_5E, AX_4E_2, および AX_3E_3 分子のいずれかに分類される. 図 8・20 にこれらの構造を示した. 正八面体の 6 個の頂点はすべて等価なので, AX_5E 分子では, 非共有電子対を 6 個のどの位置においても構造はすべて等価である. しかし, AX_4E_2 分子では, 非共有電子対と非共有電子対との電子反発を最小にするために, 二つの非共有電子対は, 反対の頂点の位置におかなければならない (図 8・20c). AX_3E_3 分子は知られていないが, 図 8・20(d) から, それは T 字形であることが予想される.

AX_6 分子の例は六フッ化硫黄 SF_6 であり, この分子は, 予想通り正八面体形の形状をもつ (図 8・20a). ハロゲン間化合物である五フッ化臭素 BrF_5 分子のルイス構造は, つぎのように書くことができる.

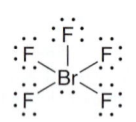

```
    ..
   :F:
..  | ..
:F--Br--F:
..  | ..
   :F:
    ..
```

ルイス構造から, BrF_5 分子は AX_5E に分類されることがわかる. 図 8・20(b) に示すように, BrF_5 分子は**四角錐形**[1]であると予想される. 実際の BrF_5 分子では, 正八面体構造の一つの頂点に位置する非共有電子対の影響により, 臭素原子と隣接する 2 個のフッ素原子がなす F–Br–F 結合角は, 理想的な角度 90° よりも少し小さい (図 8・21). つ

ぎの例題は, AX_4E_2 分子が**正方形**[2]をもつことを示す例である.

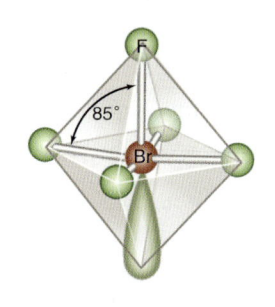

図 8・21 ハロゲン間分子の一つである五フッ化臭素 BrF_5 分子の形状. 非共有電子対と臭素–フッ素共有結合電子対との反発により, 臭素原子は 4 個のフッ素原子が形成する平面よりもやや下方に位置している. BrF_5 分子は, 開いた傘のような形状をしている.

例題 8・9 四フッ化キセノン $XeF_4(s)$ は, $Xe(g)$ と $F_2(g)$ をニッケル製の容器内で高圧下, 400 ℃ に加熱することによって合成される. その反応の化学反応式は, 次式で示される.

$$Xe(g) + 2F_2(g) \longrightarrow XeF_4(s)$$

XeF_4 分子の形状を予測せよ.

解答 XeF_4 分子のルイス構造はつぎの通りである.

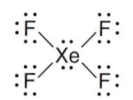

```
  ..      ..
 :F:     :F:
   \\ .. //
    Xe
   // .. \\
 :F:     :F:
  ..      ..
```

この分子は AX_4E_2 に分類される. したがって, 図 8・20(c) から, XeF_4 分子の形状は正方形であると予想される. これは実際に観測された構造と一致している (図 8・22).

---

1) square pyramidal 2) square planar

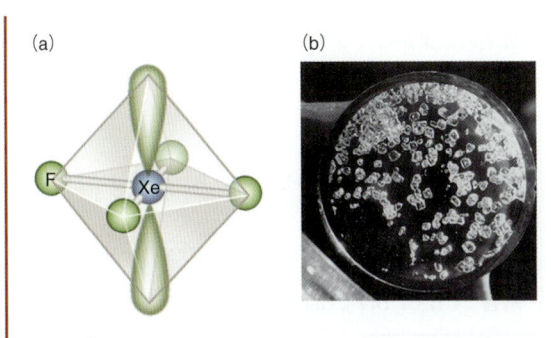

図 8·22 (a) AX_4E_2 に分類される四フッ化キセノン XeF_4 分子の立体構造．二つの非共有電子対は正八面体形の反対の頂点を占めるので，XeF_4 分子の形状は正方形となる．(b) XeF_4 の結晶．XeF_4 は最初に合成された貴ガス分子の一つである．

練習問題 8·9 $XeF_6(s)$ を水に溶かし，その溶液を注意深く蒸発させると，とても危険な爆発性化合物 $XeO_3(s)$ が生成する．XeO_3 分子の構造を予測せよ．

解答 三角錐形

8·9 分子の形状から正味の双極子モーメントをもつかどうかが決まる

7·11 節で学んだように，二酸化炭素 CO_2 分子の二つの炭素－酸素結合は極性であるが，分子それ自身は双極子モーメントをもたない．これは，CO_2 分子は直線形なので，ベクトル量として取扱うことができる二つの極性結合は正確に逆向きとなり，互いに打ち消しあうためである．同様の理由は，四フッ化キセノン XeF_4 分子のような，同一の 4 個の配位子をもつ正方形の分子にも適用できる．XeF_4 分子の四つのキセノン－フッ素結合は極性であるが，この分子は下図のような正方形の構造をもつため，正味の双極子モーメントをもたない．

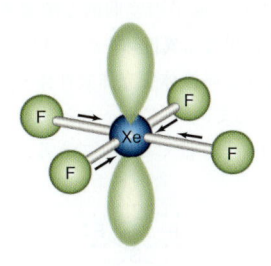

これら二つの例は，分子が極性結合をもっていても，分子の対称性によっては，その分子が正味の双極子モーメントをもたない場合があることを示している．分子が正味の双極子モーメントをもつためには，その分子はつぎの二つの条件を満たさねばならない．(1) 極性結合をもつこと(すなわち，分子に含まれる 2 個，あるいはそれ以上の原子の間に電気陰性度の差があること)，および (2) その極性結合が非対称に位置していること(すなわち，極性結合がもつ双極子モーメントが打ち消されないこと)である．正味の双極子モーメントをもたない分子を無極性分子という．

他の無極性分子の例を以下に示す．

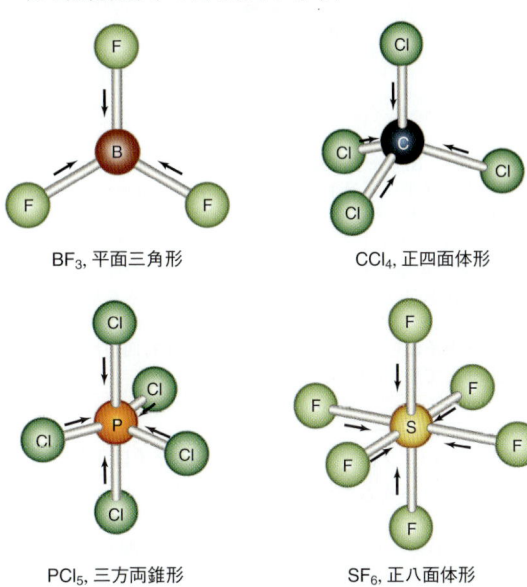

BF_3, 平面三角形

CCl_4, 正四面体形

PCl_5, 三方両錐形

SF_6, 正八面体形

これらの化合物における正味の双極子モーメントをすぐに理解することは難しいが，表 8·2 に示した構造をよくみると，いずれの場合も，極性結合の双極子モーメントがそれらの幾何学的な配列のために打ち消され，正味の双極子モーメントがゼロとなることがわかる(たとえば，図 8·23 を参照せよ)．

極性分子，すなわち正味の双極子モーメントをもつ分子の例を以下に示す．

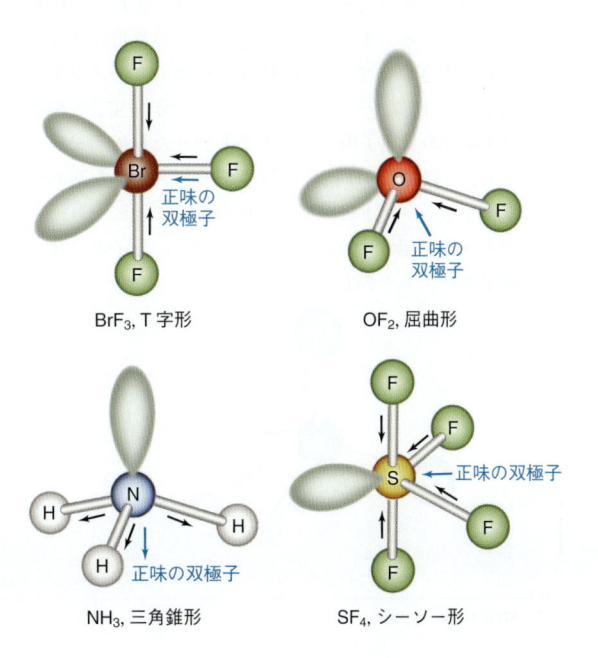

BrF_3, T 字形

OF_2, 屈曲形

NH_3, 三角錐形

SF_4, シーソー形

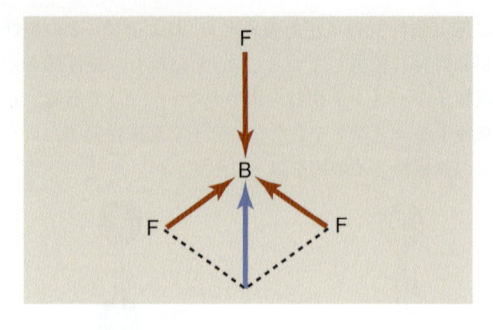

図 8・23 BF₃ 分子における結合モーメント（極性結合がもつ双極子モーメント）の打ち消しあい．青色の矢印は，内側を向いた二つの B–F 結合の結合モーメントを足し合わせたモーメントを示しており，それは下方を向いた B–F 結合の結合モーメントと正確に大きさが等しく，反対の方向を向いている．二つの結合モーメントを足し合わせたモーメントは，図に示すように，その二つの結合モーメントとそれらの平行線から形成される平行四辺形の対角線によって与えられる．

例題 8・10 ジクロロメタン CH₂Cl₂ 分子は正味の双極子モーメントをもつかどうかを予想せよ．

解答 CH₂Cl₂ 分子のルイス構造はつぎの通りである．

中心炭素原子のまわりには四つの結合電子対があり，非共有電子対は存在しない．したがって，VSEPR 理論から，分子の形状は正四面体形であると予想することができる．塩素原子の電気陰性度は炭素原子よりも大きいので，C–Cl 結合の双極子モーメントは Cl 原子から C 原子へ向いている．また，炭素原子の電気陰性度は水素原子よりも大きいので，C–H 結合の双極子モーメントは C 原子から H 原子へ向いている．したがって，2 個の C–Cl 結合の双極子モーメントをあわせた双極子モーメントと，2 個の C–H 結合の双極子モーメントをあわせた双極子モーメントは，同じ方向を向くことになり，下図の青矢印で示すように，それが CH₂Cl₂ 分子の全体の双極子モーメントの方向となる．

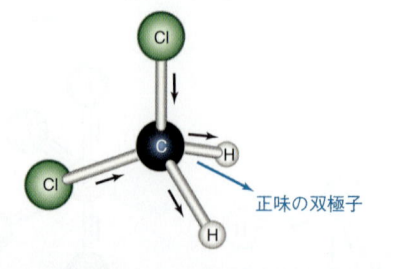

以上の結果から，ジクロロメタンは極性分子であると予測することができる．この予想は正しいことが実験によって確認されている．

練習問題 8・10 つぎの分子のうち，極性分子があればその分子式を示せ．
(a) CH₃Cl (b) BrF₃ (c) BrF₅ (d) AsF₅

解答 CH₃Cl, BrF₃, BrF₅ は極性分子である．

8・10 異性体は異なるにおい，味，薬理活性をもつ

原子の連結のしかたを変えることによって，一つの分子式に対して，複数の適切なルイス構造を書くことができる場合がある．たとえば，ふつうプロピルアルコールとイソプロピルアルコールとよばれる 2 種類のアルコールは（体系的な名称は，それぞれ 1-プロパノールと 2-プロパノール），いずれも分子式 C₃H₈O（l）をもっている．

プロピルアルコール   イソプロピルアルコール

しかし，上記のルイス構造からわかるように，それぞれの分子における原子の連結のしかたは異なっている．これらの分子は**構造異性体**[1]の例である．構造異性体とは，分子式は同じであるが，それぞれのルイス構造が示すように，原子の連結の順序や様式が異なる分子をいう．構造異性体は化学的に異なる化学種であり，それぞれ固有の物理的，および化学的性質をもっている．

構造異性体のほかに，分子における原子の連結のしかたを変えることなく，原子の空間的な配置を変えることによって，化学的に異なる異性体をつくり出すこともできる．8・1 節でこのような異性体を立体異性体とよんだことを思い出そう．例として，SF₄Cl₂ 分子を考えよう．そのルイス構造はつぎのように書くことができる．

VSEPR 理論から，この分子の形状は正八面体形であると予想される．ところが，次の図のように，SF₄Cl₂ 分子には，

---

1) structural isomer

8・10 鏡像異性体

同じ正八面体形をもつ2種類の非等価な原子の三次元的配置を書くことができる.

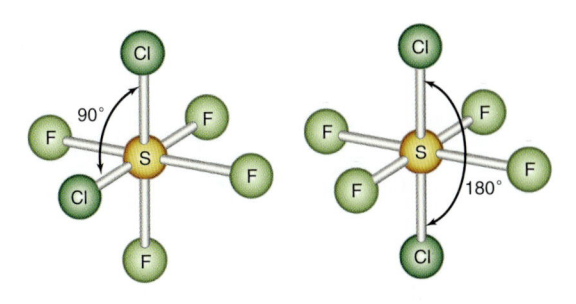

これら2種類の分子のように，中心原子のまわりにある原子の幾何学的な配置が異なる立体異性体を，**幾何異性体**[1]という．これらは構造異性体ではない．なぜなら，これらの異性体はいずれも，中心の硫黄原子に対して同一の6個の配位子が結合しており，同じ原子の連結様式をもっているからである．

立体異性体のもう一つの種類として，**鏡像異性体**[2]がある．鏡像異性体は**光学異性体**[3]ともよばれ，生物学的な化学の領域で特に重要な役割を果たしている．鏡像異性体は互いに鏡像の関係にあり，重ね合わせることができない異性体である．私たちの左右の手は，重ね合わせることができない鏡像のよい例である．右手と左手は互いに鏡像の関係にあるが，それらは重ね合わせることができない（図8・24）．もしある分子が，その鏡像とそれ自身を重ね合わせることができなければ，その分子には鏡像異性体が存在する．

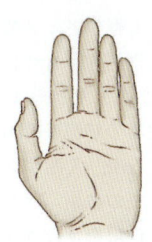

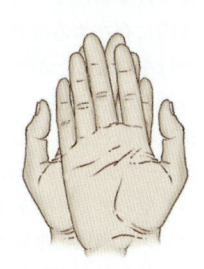

図 8・24 鏡像にはもとの像と重ね合わせることができるものと，できないものがある．私たちの手は，重ね合わせることができない鏡像のよい例である．

分子が，正四面体形に配列した4個の異なる原子，あるいは原子団が結合した中心原子をもつとき，鏡像異性体が生じる．たとえば，炭素を中心原子とする CHFBrI 分子を考えよう．この分子は正四面体形であり，中心炭素原子に結合した4個の原子は互いに異なっているので，この分子には鏡像異性体が存在する（図8・25）．これら2種類の異性体は，次のように表記される．

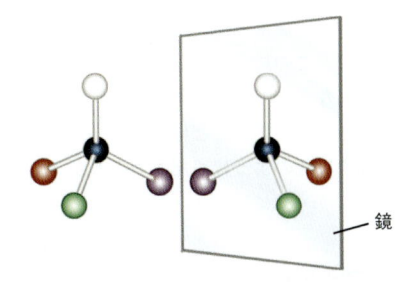

図 8・25 正四面体形の CHFBrI 分子は，その鏡像とそれ自身を重ね合わせることができないので，この分子には鏡像異性体が存在する．

（簡単のため非共有電子対は省略した）

上図において破線のくさび形の結合は，臭素原子が紙面の向こう側にあることを示し，一方，実線のくさび形の結合は，フッ素原子が紙面の手前にあることを示している．これらの鏡像異性体は互いに鏡像の関係にあり，ちょうど右手と左手のように，重ね合わせることができない．分子が鏡像異性体をもつとき，その分子は**キラル**[4]であるという．

生物学的に重要な分子にはキラルなものが多い．以下に示す図は，アラニンという分子のルイス構造である．アラニンは，生体のタンパク質を形成する約20種類のアミノ酸の一つである．

アラニン

以下の図のように，中心炭素原子（赤色で示した）に結合した原子団をそれぞれ，短縮した化学式を用いて単純化すると，この分子がキラルであることをより明確にすることができる．

赤色の中心炭素原子に結合している原子や原子団（−H，−NH$_2$，−COOH，および −CH$_3$）をそれぞれ一つの配位子とみなし，中心炭素原子に対して VSEPR 理論を適用する

---

1) geometrical isomer 2) enantiomer 3) optical isomer 4) chiral

154   8. 分子構造の予測

と，アラニンがこの炭素原子のまわりに正四面体構造をもつことがわかる．この炭素原子に結合している4個の配位子はそれぞれ異なるので，アラニンはキラルである．

くさび形の結合を用いることによって，アラニンの2個の鏡像異性体を次式のように表記することができる．

$$H_2N-\overset{H}{\underset{CH_3}{C}}-COOH \quad および \quad HOOC-\overset{H}{\underset{CH_3}{C}}-NH_2$$

D-アラニン   L-アラニン

ここで接頭語として用いたDとLは，2種類の鏡像異性体を区別するために，慣用的に用いられる記号である．図8・26にアラニン分子のDおよびL異性体の空間充填模型を示した．

鏡

D-アラニン   L-アラニン

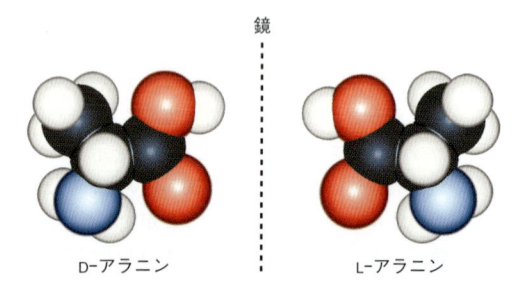

図 8・26 アラニン分子のDおよびL異性体の空間充填模型.

例題 8・11 (a) CF_2Br_2 および (b) $SiHFBrCl$ のうち，鏡像異性体をもつ分子はどちらか．なお，それぞれの分子式の最初に書かれた原子が，その分子の中心原子である．

解答 (a) VSEPR理論から予想されるように，CF_2Br_2 分子は正四面体形である．

(Br, C, F 構造図; 簡単のため非共有電子対は省略した)

この分子は，4個の異なる種類の原子が結合した中心炭素原子をもたないので，鏡像異性体は存在しない．

(b) VSEPR理論から予想されるように，SiHFBrCl分子も正四面体形である．

(H, Si, Br, Cl, F 構造図)

正四面体形の中心ケイ素原子に結合した原子はそれぞれ異なっているので，この分子には鏡像異性体が存在する．2種類の鏡像異性体は，つぎのように書くことができる．

(鏡像異性体の構造図) 鏡

練習問題 8・11 最も簡単なアミノ酸はグリシンである．そのルイス構造は次式によって示される．

(グリシンのルイス構造)

グリシンがキラルな分子かどうかを判定せよ．

解答 キラルではない．グリシンの正四面体構造をもつ炭素原子に結合しているのは，3種類の異なる配位子だけである（$-H$, $-NH_2$, および $-COOH$）．

ほとんどの場合，鏡像異性体は同じ化学的性質を示す．しかし，それらの生物化学的性質が，著しく異なる場合がある．私たちの生体内には物質を認識するための受容体が存在するが，それはきわめて**立体特異的**[1]であり，さまざまな鏡像異性体のD型とL型を区別することができる．生体内に存在するほとんどのタンパク質は，L型のアミノ酸だけを含むことが知られている．これは生理活性をもつ化合物の化学にとって，重要な意味をもっている．たとえば，抗生物質として有用なペニシリンは，微生物の細胞壁にあるD-アラニンを含むタンパク質を攻撃するが，人間がもつL型のアミノ酸を攻撃することはない．この結果，ペニシリンは微生物を殺すが，人間に対しては作用を及ぼさない．私たちが感じる香りや味も一つの例であり，ここでも分子の立体構造が重要な役割を果たしている．たとえば，D-カルボンとよばれる化合物はキャラウェイ（セリ科の植物）の種子から得られる精油の主成分であり，ライ麦に似たにおいをもつ．一方，その鏡像異性体であるL-カルボンは，スペアミント精油の主成分の一つであり，ハッカの香りをもつ化合物である．

本章で説明したVSEPR理論は簡単で有用な理論であり，これによって，きわめて多数の分子やイオンの形状を正しく予測することができる．本文でも述べたが，VSEPR理論は，この理論では必ずしも結合角の正確な数値を予測す

---

1) stereospecific

ることができない点で，また，結合距離を予想することができない点で定性的な理論である．VSEPR 理論では NH₃ 分子の H−N−H 結合角が 107.3°であることは予測できないが，理想的な正四面体結合角 109.5°よりもいくらか小さいことを予想することができる．ただし，VSEPR 理論では，ほぼ 90°である H₂Se 分子の結合角や，これもほぼ 90°である PH₃ 分子の H−P−H 結合角を正しく予測することができない．このような例外はまれであるが，VSEPR 理論を適用する際には，このような例外があることを心に留めておくとよい．

まとめ

原子価殻電子対反発(VSEPR)理論を用いて，配位子が結合した中心原子をもつ分子やイオンの形状を予想することができる．分子の形状は，原子核の配置によって定義される．しかし，VSEPR 理論では，非共有電子対を含めたすべての原子価殻電子を考慮することによって，中心原子のまわりにある配位子の立体的な配置を予想するのである．この理論は，中心原子の原子価殻にある電子対は，それらの間の反発が最小になるように配置されるという仮説に基づいている．VSEPR 理論を用いて分子の形状を予想するための方法は，つぎのように要約することができる．

1. A を中心原子，X を配位子の原子，E を非共有電子対とすると，一般に，中心原子 A をもつ分子やイオンは AX_mE_n と表記することができる．ここで，m と n はそれぞれ，X と E の数を表す．まず，ルイス構造を用いて，分子やイオンがどの AX_mE_n 型に分類されるかを決定する．
2. 分子やイオンが属する AX_mE_n 型から，表 8・2 を用いて分子やイオンの形状を予想する．極性の予測には，分子やイオンを構成する原子の電気陰性度の差を考慮する．

非共有電子対と多重結合は結合電子対よりも大きな空間を占めるので，VSEPR 理論により予想された分子の理想的な形状に対して，わずかなゆがみを与える．

結合を形成している二つの原子の電気陰性度が異なる場合には，その結合は極性結合となる．極性結合をもつ分子が正味の双極子モーメントをもつかどうかは，分子の立体構造によって決まる．

同じ分子式をもつが，原子の連結のしかたが異なる分子を構造異性体という．原子の連結のしかたは同じであるが，中心原子のまわりの配位子の空間配置が異なる分子を幾何異性体という．また，ある分子とその鏡像を重ね合わせることができないとき，その分子はキラルであるといい，その分子には鏡像異性体が存在する．幾何異性体と鏡像異性体をまとめて，立体異性体という．立体異性体は，生体内で起こる多くの化学的な現象において重要な意味をもつ．

9 共有結合

9・1 分子オービタル
9・2 H_2^+ の分子オービタル
9・3 結合次数
9・4 分子の電子配置
9・5 sp 混成オービタル
9・6 sp^2 混成オービタル
9・7 sp^3 混成オービタル
9・8 非共有電子対をもつ分子の結合
9・9 d オービタルを含む混成オービタル
9・10 二重結合
9・11 シス-トランス異性体
9・12 三重結合
9・13 非局在化したπ電子とベンゼン

　すでに学んだように，2個の原子の間で電子対が共有されることにより，共有結合が形成される．そしてこの考え方に基づいて，分子のルイス構造を書き，VSEPR 理論を適用して分子の立体構造を推定した．しかし，なぜそもそもこのような結合が形成されるのかについては，これまで定量的な説明をしなかった．この質問に答えるためには，共有結合に関するもっと基礎的な理論が必要となる．第 5 章では，量子論を用いることにより，原子に存在する電子のふるまいが，原子オービタルによって記述できることを説明した．本章では，異なる原子の原子オービタルの重ね合わせによって，分子に存在する電子のふるまいを表す分子オービタルが形成されることを説明する．第 5 章で述べたように，原子オービタルは，シュレーディンガー方程式を解いて得られる波動関数のうちの特殊なものをいうが，本章では，オービタルと波動関数を同じ意味に用いる．まず最初の数節で分子軌道理論を導入し，その理論を用いて，簡単な等核二原子分子（同じ種類の 2 個の原子からなる分子）と異核二原子分子（異なる種類の 2 個の原子からなる分子）の結合を記述する．そしてつぎに，多原子分子における結合の形成について説明する．多原子分子の結合を記述するためには，混成オービタルという特殊な原子オービタルを用いる．混成オービタルは，同じ原子上にある原子オービタルを混ぜ合わせることによって形成され，対象としている分子の立体構造に対応した原子オービタルである．多原子分子の結合を記述するために混成オービタルを用いることの利点は，この方法による結合の形成が，第 7 章で学んだルイス構造と密接に関係していることである．次章以降では，これまでに学んだ分子の形状や構造，あるいは分子オービタルの知識に基づいて，分子の物理的性質や化学反応性について理解していく．

ライナス ポーリング Linus Pauling(1901～1994) は米国の化学者．ポーリングは量子論を化学に応用した先駆者であった．彼の著書 "The Nature of the Chemical Bond"(1939) は，20 世紀において最も人々に影響を与えた化学の教科書の一つである．1930 年代に彼は生体分子に興味をもち，タンパク質分子の構造に関する理論を展開した．彼の仕事によって，鎌状赤血球貧血がヘモグロビンの構造的欠陥によるものであることが解明された．1950 年代初期に，タンパク質の基本構造として α ヘリックス構造を提唱したのは彼の重要な業績の一つである．ポーリングは 1954 年に，"化学結合の本性，ならびに複雑な分子の構造研究への応用"の業績によってノーベル化学賞を受賞した．また，ポーリングは 1950 年代を通して，核兵器実験の廃絶運動の最前線に立って活動し，それに対して 1963 年にノーベル平和賞が授与された．彼は 1980 年代初期から亡くなるまで，ふつうの風邪や，あるいはがんのような重篤な病気の予防にビタミン C が有効であると主張し，論争を巻き起こした．ノーベル賞を単独で二度受賞したのは，ポーリングだけである．

9・1 異なる原子の原子オービタルの重ね合わせによって分子オービタルが形成される

最も簡単な電気的に中性の分子は水素 H_2 分子である. H_2 には2個の電子だけが存在する. H_2 の電子のふるまいを記述するシュレーディンガー方程式(5・1 節を参照せよ)は, コンピューターを用いることによってきわめて正確に解くことができる. H_2 について得られた結果が有用なのは, それがもっと複雑な分子に対する結果と類似しているためである. 量子論による H_2 の取扱いをもっと詳しく見てみよう.

H_2 分子に対するシュレーディンガー方程式を組立てる最初の段階として, まず2個の原子核を与えられた間隔に固定する. そして2個の電子についてシュレーディンガー方程式を立て, それを解くことにより, 2個の電子のふるまいを記述する波動関数とエネルギーが得られる. 最も低いエネルギーを与える波動関数, すなわち**基底状態波動関数**[1] を用いて, 丘陵地における山と谷を示す地図のような等高線図を描いてみよう. この図は, 2個の原子核のまわりに存在する電子密度の分布を示している.

図9・1は2個の原子核の間隔をさまざまに変えて描いた, H_2 分子の基底状態における電子密度の等高線図である. 原子核の間隔が大きいときには, 2個の原子の間にはほとんど相互作用はなく, 電子密度の分布は, それぞれの原子のまわりにある1sオービタルの電子分布とほとんど変わらないことがわかる. しかし, 原子核の間隔が減少するにつれて, 2個の1sオービタルは重なり合い, 両方の原子核のまわりに分布する一つのオービタルに組合わされる. このような分子を構成する両方の原子に広がったオービタルを, **分子オービタル**[2] という. この章では, このように異なる原子の原子オービタルを重ね合わせることによって形成される分子オービタルを扱う. このような分子オービタルを電子が占有すると, 2個の原子核の間の電子密度が

図 9・1 原子核の間隔をさまざまに変えて描いた, 2個の水素原子における電子密度の等高線図(上段). (a)のように原子核の間隔が大きいときには, 2個のオービタルは, それぞれの原子のオービタルとほとんど変わらない. (b)から(h)に示すように, 原子が接近するにつれて, 2個のオービタルは重なり合い, 両方の原子核のまわりに分布する一つの分子オービタルに組合わされる. 下段の図は, 原子核間距離 R に対する2個の水素原子のエネルギーを示している. (a)から(h)の表示は, 上段の図の(a)から(h)に対応している. 原子核の間隔が大きいときは, 2個の水素原子は相互作用しないため, 相互作用のエネルギーはゼロである. 2個の原子が接近するにつれて, 原子の間に互いに引き合う力がはたらくため, 相互作用のエネルギーは負になる. 原子核間距離が 74 pm よりも小さくなると, 2個の原子は互いに反発し, 相互作用のエネルギーは急激に増大する. H_2 分子の結合距離は, 最小のエネルギーを与える原子間距離, すなわち 74 pm となる. この距離におけるエネルギーは -0.724 aJ であり, これは, H_2 分子を2個の水素原子に解離させるために必要なエネルギーに等しい.

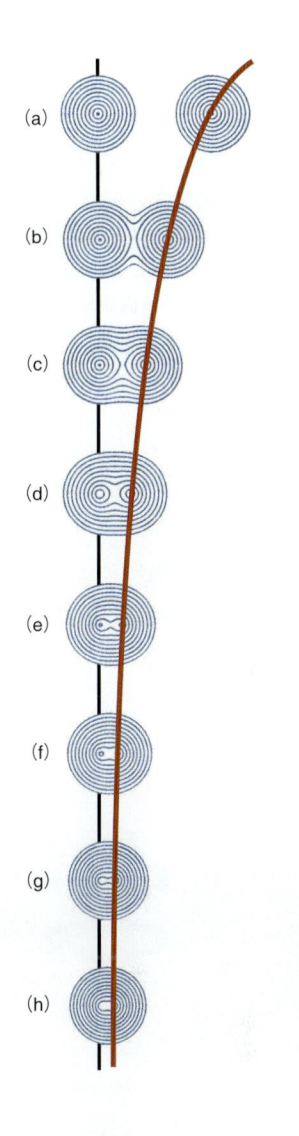

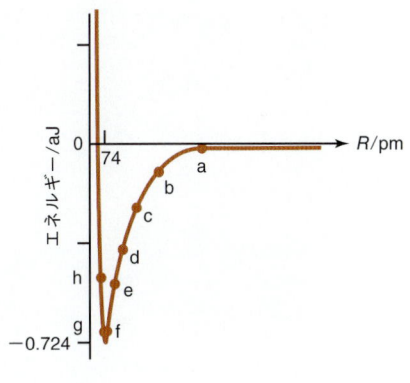

---

1) ground state wave function 2) molecular orbital

158   9. 共 有 結 合

高くなり，それが共有結合となるのである．図9・1に示した量子論による詳しい説明が，第7章で述べた水素分子のルイス構造とよく対応していることに注意してほしい．どちらの方法においても共有結合は，2個の原子核による電子対の共有として記述されている．

図9・1の下段に描かれた図は，それぞれの電子密度の分布に対応したエネルギーを示している．原子の間に互いに引き合う力がはたらく原子核間距離 R では，相互作用のエネルギーが負になっていることに注意しよう．エネルギーが負の値であることは，H–H 結合のエネルギーが，べつべつに離れて存在する2個の水素原子のエネルギーよりも低いことを意味している．そしてそれは，H_2 分子がこれらの条件下において，単独で存在する2個の水素原子よりも安定であることを意味している．図9・1のグラフをみると，H_2 分子では，相互作用エネルギーは原子核間距離 $R=74$ pm で最小になることがわかる．この R の値は量子論から予測された H–H 結合距離であり，実験値ときわめてよく一致している．

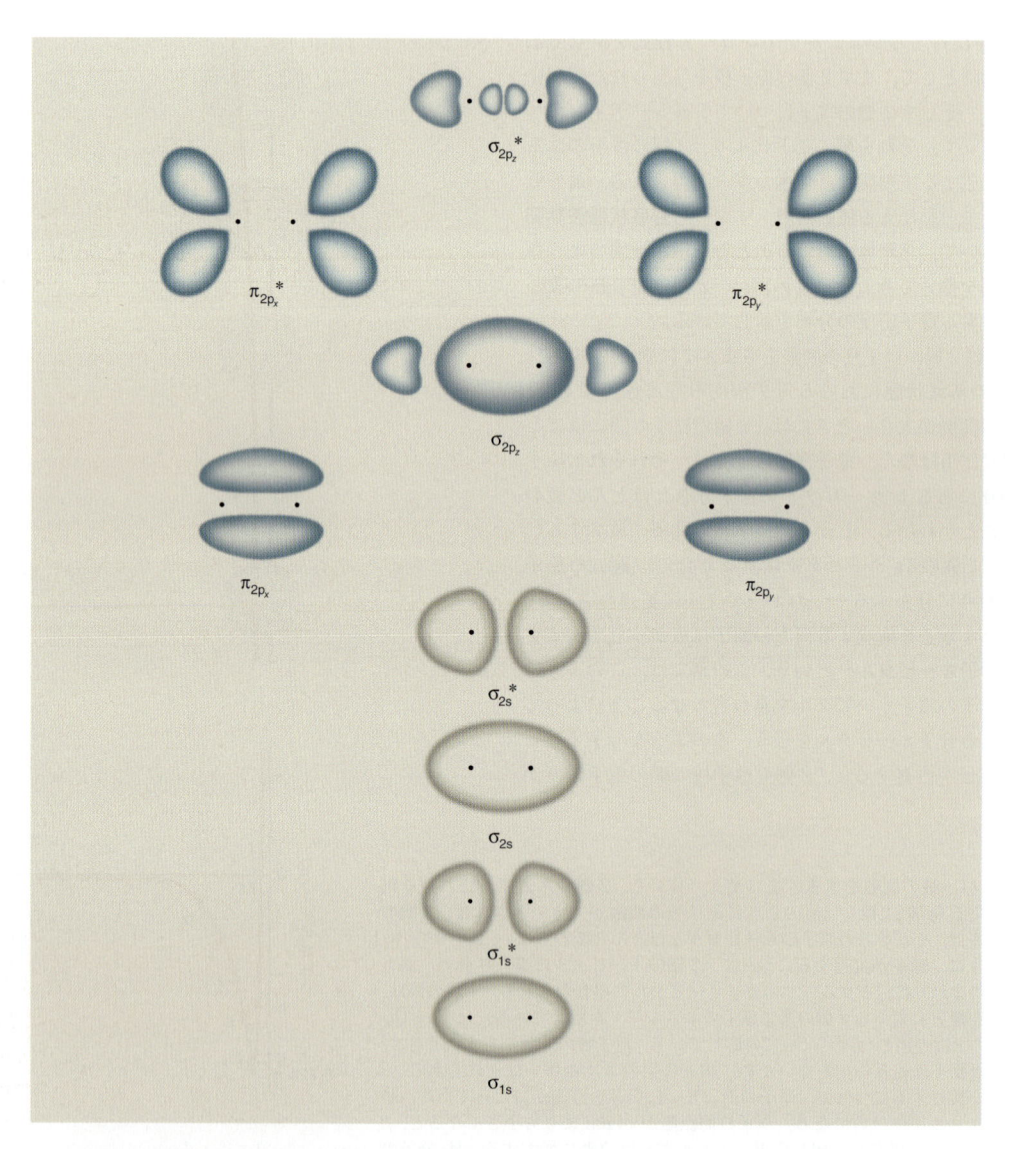

図9・2 H_2^+ における低いエネルギーをもついくつかの分子オービタルの三次元的な表面．それぞれの図はオービタルの形状を表しているが，相対的な大きさは反映されていない．オービタルは，下から上へとエネルギーが増大する順に描かれている．黒点は原子核を表している．いくつかの分子オービタルには，原子核間に節面が存在する．$π_{2p_x}$ および $π_{2p_y}$ と表記される2個の分子オービタルは同じエネルギーをもっている．また，$π_{2p_x}^*$ および $π_{2p_y}^*$ と表記される2個の分子オービタルも同じエネルギーをもっている．

9・2 水素分子イオン H_2^+ は最も簡単な二原子化学種である

本節では**分子軌道理論**[1]という分子の結合に関する理論を解説する．この理論によると，たとえば，なぜ 2 個の水素原子は結合して安定な分子を形成するのに，2 個のヘリウム原子は分子を形成しないのかといった疑問について，理解を得ることができる．分子軌道理論はすべての分子に適用できる理論であるが，ここでは簡単のため，**等核二原子分子**[2]，すなわち同じ原子核からなる二原子分子のみを扱うことにしよう．

原子オービタルによって原子の電子構造を記述した際に，水素原子に対して与えられた一組の原子オービタルを用いたことを思い出してほしい．水素原子の電子は 1 個だけなので，その原子オービタルはシュレーディンガー方程式から比較的容易に求めることができ，さらに複雑な原子に対する近似的なオービタルとして用いることができた．等核二原子分子へ適用できる一電子化学種は，**水素分子イオン**[3] H_2^+ である．この化学種は 2 個の陽子と 1 個の電子からできている．H_2^+ は，放電管（図 2・16）に封じた $H_2(g)$ を用いることによって実験的に生成させることができる．H_2^+ は，結合距離 106 pm，結合エネルギー 0.423 aJ をもつ安定な化学種であることが知られている．

水素分子イオン H_2^+ に対するシュレーディンガー方程式は，水素原子に対するシュレーディンガー方程式と同様，比較的容易に解くことができ，一組の波動関数，すなわちオービタルとそれに対応するエネルギーが得られる．前節で述べた通り，これらのオービタルは H_2^+ の両方の原子に広がっており，したがって分子オービタルである．第 5 章では，水素原子のさまざまな原子オービタルについてその形状を説明し，そしてそれらをさらに複雑な原子の電子構造を組立てるために用いた．同様にここでは，H_2^+ のさまざまな分子オービタルを，もっと複雑な二原子分子の電子構造を組立てるために用いる．

図 9・2 に，低いエネルギーをもつ H_2^+ のいくつかの分子オービタルについて，その形状を示した．それぞれの分子オービタルの形状は，ある確率で電子を見いだすことができる領域を取囲む三次元的な表面を示している．まず，これから用いることになる，たとえば σ_{1s}，π_{2py}^* のような，オービタルを指定するための表記法について説明することにしよう．

量子化学（分子に量子論を適用する化学の研究分野）の研究者により，図 9・2 に示すようなすべての分子オービタルは，隣接している原子の原子オービタルの和，あるいは差によってつくられることが明らかにされた．たとえば，図 9・2 の最も下に描かれている最もエネルギーが低い H_2^+ の分子オービタルは，図 9・1 に描かれている図と同様に，2 個の水素原子の 1s オービタルを足し合わせることによってつくることができる．2 個の原子核の間に集中した電荷は，原子核を互いに引き寄せるはたらきをし，H_2^+ の基底電子状態において結合が形成される要因となる．このような結合の形成に関わる分子オービタルを，**結合性オービタル**[4]という．このオービタルは**核間軸**[5]，すなわち結合を形成する 2 個の原子をつなぐ軸に沿って，円形の断面をもっている．原子の s オービタルも円形の断面をもっていることから（図 5・3 を参照せよ），核間軸に沿って円形の断面をもつ分子オービタルを**σオービタル**[6]という（シグマ σ は英字の s に対応するギリシャ文字である）．さらに，この分子オービタルは 2 個の水素原子の 1s オービタルから構成されているので，このオービタルを σ_{1s} オービタルという．これらのことから，水素分子イオン H_2^+ の基底状態の分子オービタルは，σ_{1s} オービタルであるということができる．

図 9・2 に示したつぎの分子オービタル，すなわち H_2^+ のエネルギーが低い方から 2 番目の分子オービタルは，一方の水素原子の 1s オービタルと，他方の水素原子の 1s オービタルの差をとることによってつくられる．この分子オービタルも核間軸に対して対称なので，σ オービタルである．しかし，この分子オービタルは，原子核の間に核間軸に対して垂直な節面をもっている点で，基底状態の σ_{1s} オービタルとは異なっている．（第 5 章で学んだように，オービタルの値がゼロとなる面を節面ということを思い出そう．）このオービタルの電子は，2 個の原子核の反対側に集中していることから，原子核を互いに引き離すはたらきをする．このような分子オービタルを**反結合性オービタル**[7]という．結合性オービタルと区別するために反結合性オービタルには*をつけ，このオービタルを σ_{1s}^* オービタルと表す．図 9・3 に，2 個の水素原子の 1s オービタル

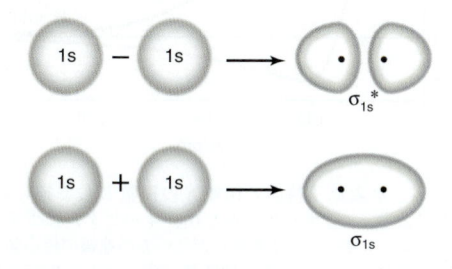

図 9・3 2 個の水素原子の 1s オービタルの和と差によって，それぞれ σ_{1s} オービタルと σ_{1s}^* オービタルが形成されることを表す図．これら 2 個の分子オービタルは，図 9・2 に示した σ_{1s} および σ_{1s}^* オービタルと形状が同じである．

---

1) molecular orbital theory 2) homonuclear diatomic molecule 3) hydrogen molecular ion 4) bonding orbital
5) internuclear axis 6) σ orbital 7) antibonding orbital

の和と差によって，それぞれσ_{1s}オービタルと$\sigma_{1s}{}^*$オービタルが形成される様子を図示した．図9・3のオービタルは，図9・2に示したオービタルのうちで最もエネルギーの低い2個のオービタルと，形状が同じであることに注意してほしい．これは分子オービタルが，確かに原子オービタルの和，あるいは差によってつくられていることを示している．第5章において，波動関数の2乗は，その領域に電子を見いだす確率の分布を表すことを学んだ．したがって，2個の1sオービタルの和によって原子核間におけるオービタルの値が増大することは，その位置の電子密度が高くなることに対応し，それが化学結合になるのである．一方，2個の1sオービタルの差をとると，それらは原子核間で互いに打ち消しあい，分子オービタルは図9・3の上側に示した図のようになる．このオービタルの打ち消しあいによって電子が存在しない領域が生じ，これが原子核間の節面になるのである．この場合に形成される分子オービタルは，反結合性オービタルとなる．

図9・4は，水素分子イオン$H_2{}^+$における結合性オービタルと反結合性オービタルのポテンシャルエネルギーを，**核間距離**[1]，すなわち2個の原子核の距離の関数として表したものである．図9・4のσ_{1s}オービタル（結合性オービタル）のポテンシャルエネルギー曲線が最小値をもつことは，図9・1と同様，この核間距離において，2個の原子間に結合が形成されることを示している．一方，$\sigma_{1s}{}^*$オービタル（反結合性オービタル）のポテンシャルエネルギー曲線に最小値がないことは，この場合には，2個の水素原子は互いに反発しあい，結合は形成されないことを意味している．最後に図9・5に，2個の水素原子の1sオービタルから，σ_{1s}オービタルと$\sigma_{1s}{}^*$オービタルが形成されると

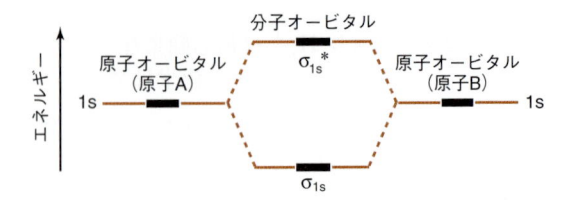

図9・5 1s原子オービタルの和と差によって，σ_{1s}と$\sigma_{1s}{}^*$分子オービタルが形成される際のエネルギー関係を示した模式的なエネルギー図．

きのエネルギー図を模式的に示した．この図からわかるように，1sオービタルが重なり合う，すなわちそれらの和，あるいは差をとると，もとの原子オービタルよりもエネルギーが低い結合性オービタルと，より高いエネルギーをもつ反結合性オービタルが形成される．

図9・2にもどろう．そのつぎにエネルギーの高い2個の分子オービタルは，2個の水素原子の2s原子オービタルの重なり合いによって形成されたものである．基底状態の水素原子は2sオービタルに電子をもたないが，励起状態ではこれらのオービタルを用いることができ，数学的に重ね合わせることによって分子オービタルをつくることができる．1sオービタルの場合とまったく同様に，2個の2sオービタルの和，および差をとることによって，それぞれ結合性オービタルと反結合性オービタルが形成される．これらの分子オービタルもまた，核間軸について円筒対称なので，σオービタルである．事実，これらの分子オービタルは，空間的な広がりがより大きいことを除いて，1sオービタルから形成される分子オービタルとよく似た形状をもっている．2sオービタルから形成されるので，これら

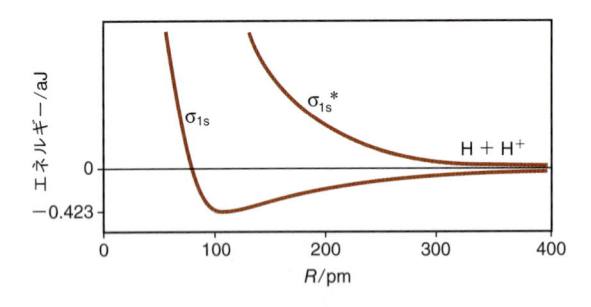

図9・4 水素原子核間の距離 R の関数として描いた，$H_2{}^+$におけるσ_{1s}オービタルと$\sigma_{1s}{}^*$オービタルのポテンシャルエネルギー．エネルギーが低い方の曲線の極小値を与えるRは，$H_2{}^+$の平衡核間距離，すなわち平均結合距離（106 pm）を表している．この曲線が極小値をもつことは，安定な結合が形成されることを示している．対照的に，$\sigma_{1s}{}^*$オービタルのエネルギー（上方の曲線）は，解離した原子のエネルギーよりも常に上方にあり，このオービタルが反結合性オービタルであることを示している．

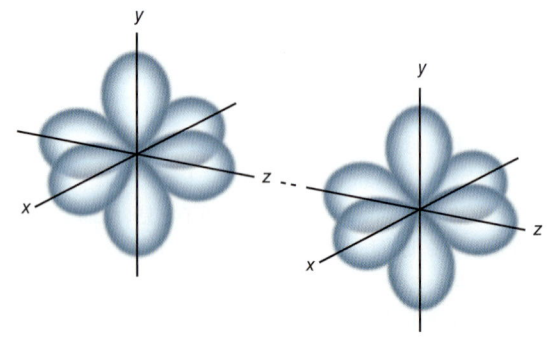

図9・6 3個の2p原子オービタルは，それぞれ直交した三つの軸の方向を向いている．これらのオービタルの重なり合いには，二つの様式がある．一つは核間軸（この図ではz軸）の方向を向いた2個のオービタルの重なり合いである（図9・7を参照せよ）．もう一つは，核間軸に対して垂直な方向（x軸およびy軸）を向いた2個のオービタルの重なり合いである（図9・8を参照せよ）．

---

[1] internuclear distance

9・2 H₂⁺の分子オービタル

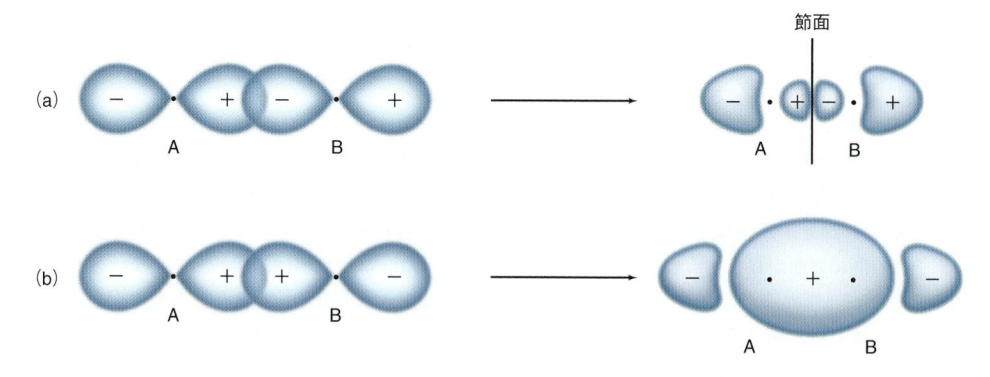

図 9・7 核間軸(z軸)に沿った2個の2pオービタルの重なり合い．図に示すように，pオービタルの一つのローブ(球状の領域)は正符号をもち，もう一つのローブは負符号をもつ．(a)では，2個の2p$_z$オービタルが，互いに異なる符号をもつローブが重なるように重なり合い，反結合性の$\sigma_{2p_z}^*$オービタルが形成される．(b)では，2個の2p$_z$オービタルが，それぞれの同じ符号をもつローブが重なるように重なり合い，結合性のσ_{2p_z}オービタルが形成される．

の分子オービタルはσ_{2s}およびσ_{2s}^*オービタルと表記される．

つぎに，水素原子の2p原子オービタルの重なり合いについて考えてみよう．2pオービタルには，それぞれ直交した三つの軸の方向を向いた3個のオービタルがあることを思い出してほしい．図9・6に示すように，核間軸をz軸の方向としよう．すると図から，核間軸に沿った方向の一組の2pオービタルが重なり合い，また核間軸に垂直な方向の他の2pオービタル，すなわちx軸とy軸に沿って配向した2pオービタルが，それぞれ重なり合うことがわかる．まず，核間軸(z軸)に沿った2pオービタルの重なり合いを考えよう．図9・7はこの重なり合いに注目して描いた図である．ここで，2pオービタルの二つのローブ(球状の領域)の一方に正符号(＋)をつけ，他方に負符号(－)をつける．これらの符号はそれぞれ，波動関数が正の符号，負の符号をもっている領域を示している．図9・7(b)に示すように，2個の2p$_z$オービタルが，それぞれの正符号をもつローブが重なるように重なり合うと，2個の原子核の間に高い電子密度をもつ分子オービタルが形成され，これは結合性オービタルとなる．この分子オービタルは，核間軸に対して円筒対称なのでσオービタルであり，また2個の2p$_z$オービタルから形成されることから，σ_{2p_z}オービタルと表記される．一方，図9・7(a)に示すように，2個の2p$_z$オービタルを，一方のオービタルの正符号をもつローブと，他方のオービタルの負符号をもつローブが重なるように重ね合わせることもできる．これによって，2個の原子核の間に節面をもつ分子オービタル，すなわち反結合性オービタルが形成される．このオービタルは$\sigma_{2p_z}^*$オービタルと表記され，σ_{2p_z}オービタルとは区別される．

さてつぎに，図9・6に示した核間軸に対して垂直な方向を向いた2pオービタルの重なり合いについて考えてみよう．ここでは，y軸に沿った方向に配向した2p$_y$オービタルについて考える．図9・8に示すように，2個の2p$_y$オービタルは2種類の様式で重なり合うことができる．図9・8(b)では，2個のオービタルは，それぞれの正符号のローブが重なり，それぞれの負符号のローブが重なるように重なり合っている．図が示すように，形成された分子オービタルは，核間軸に沿って2pオービタルと似た断面をもっている．このような分子オービタルを**πオービタル**[1)]と

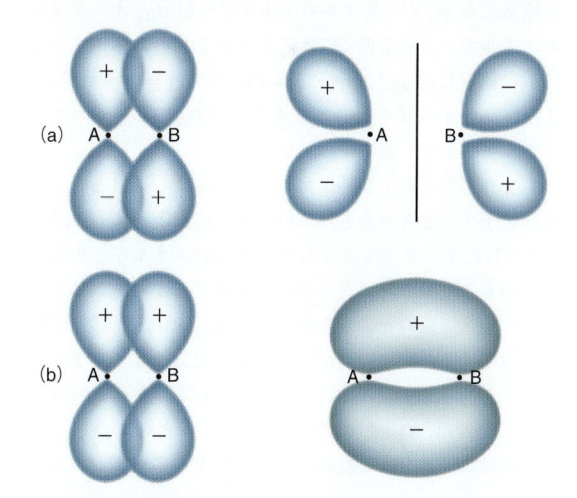

図 9・8 核間軸に対して垂直な方向を向いた2pオービタルの重なり合い．(a)では，2個の2p$_y$オービタルが，互いに異なる符号をもつローブが重なるように重なり合い，反結合性の$\pi_{2p_y}^*$オービタルが形成される．(b)では，2個の2p$_y$オービタルが，それぞれの同じ符号をもつローブが重なるように重なり合い，結合性のπ_{2p_y}オービタルが形成される．2p$_x$オービタルについても，同様の図を描くことができる．

---

1) π orbital

いう(パイπは英字のpに対応するギリシャ文字である).
さらに,電子密度は2個の原子核の間に集中していることから,このオービタルは結合性オービタルであり,したがってπ_{2p_y}と表記される.一方,図9·8(a)では,2個の$2p_y$オービタルは,一方のオービタルの正符号のローブが,他方のオービタルの負符号のローブと重なるように重なり合っている.形成された分子オービタルもπオービタルであるが,原子核の間に節面が存在するので反結合性オービタルである.したがって,この分子オービタルは$\pi_{2p_y}^*$と表記される.これまでは,図9·6のy軸に沿った方向に配向した2pオービタルについて考えた.図9·6のx軸に沿った方向を向いた2個の2pオービタルも重なり合って,一組の分子オービタルを与える.それらは,y軸に沿った方向に配向した2個の2pオービタルから形成される分子オービタルとただ配向が90°異なっているだけで,本質的に同じものである.こうして,図9·6のx軸とy軸に沿った方向を向いた2pオービタルの重なり合いによって,図9·2に示すように,同じエネルギーをもつ一組のπ_{2p}オービタル(π_{2p_x}とπ_{2p_y})と同じエネルギーをもつ一組のπ_{2p}^*オービタル($\pi_{2p_x}^*$と$\pi_{2p_y}^*$)が形成される.すなわち,それぞれの分子オービタルは二重に縮重(縮退)している.(第5章で学んだように,2個,あるいはそれ以上のオービタルのエネルギーが同じであるとき,それらは"縮重している",あるいは"縮退している"ということを思い出そう.)図9·2に示すように,水素分子イオンH_2^+の場合には,二重に縮重したπ_{2p}オービタルのエネルギーはσ_{2p_z}オービタルのエネルギーよりも低く,σ_{2p_z}オービタルのエネルギーは二重に縮重したπ_{2p}^*オービタルのエネルギーよりも低い.また,π_{2p}^*オービタルのエネルギーは$\sigma_{2p_z}^*$オービタルのエネルギーよりも低くなっている.

ちょうど水素原子が,エネルギーが増大し続けるいくつもの原子オービタルをもっているように,H_2^+にも,図9·2に示したオービタルよりももっと高いエネルギーをもついくつもの分子オービタルが存在する.しかし,ここで周期表の第2周期の元素から形成される二原子分子の電子構造を説明するためには,図9·2に示した分子オービタルだけで十分である.この図に示したように,すべての分子オービタルは,σ_{1s}とσ_{1s}^*,σ_{2s}とσ_{2s}^*などのように,必ず結合性オービタルと反結合性オービタルの対になっていることに,再度,注意してほしい.

この節を終えるにあたり,一つ注意しておかねばならないことがある.本節では,分子オービタルを組立てるために,2個の1sオービタル,2個の2sオービタル,およびさまざまな2pオービタルどうしの重なり合いを考えた.しかし,たとえば1sオービタルと2sオービタルのような,異なるエネルギーをもつオービタルの重なり合いは考慮しなかった.この理由は,同じエネルギーをもつオービタルどうしが,最も有効に重なり合うためである.エネルギーが異なるオービタルの重なり合いを考慮することは間違いではないが,それを考慮しても,最終的な結果に本質的な違いは生じない.同様に,$2p_x$と$2p_z$のようなオービタル間の重なり合いを考慮しなかったのも,それらのオービタルの間には効果的な重なり合いが生じないためである.

9·3 結合次数によって共有結合の強さが予測できる

水素原子に対するシュレーディンガー方程式を解いて得られた一組の原子オービタルを用いて,多電子原子の電子配置を記述することができた.ちょうどそれと同じように,水素分子イオンH_2^+に対して得られた一組の分子オービタルを用いて,複数の電子をもつ二原子分子の電子配置を記述することができる.原子の場合のように,それぞれの分子オービタルはパウリの排他原理に従って最大2個の電子まで収容することができる.水素分子H_2は2個の電子

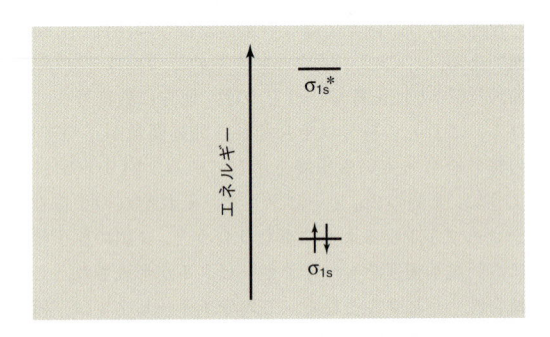

図9·9 H_2分子の電子配置を示す図.2個の電子は最もエネルギーの低い分子オービタル(σ_{1s})を占有し,パウリの排他原理に従って逆向きのスピンをもつ.

表9·1 H_2^+,H_2,He_2^+およびHe_2分子の性質

化学種	電子数	基底状態の電子配置	結合次数	結合距離/pm	結合エネルギー/aJ
H_2^+	1	$(\sigma_{1s})^1$	1/2	106	0.423
H_2	2	$(\sigma_{1s})^2$	1	74	0.724
He_2^+	3	$(\sigma_{1s})^2(\sigma_{1s}^*)^1$	1/2	108	0.400
He_2	4	$(\sigma_{1s})^2(\sigma_{1s}^*)^2$	0	観測されない	観測されない

をもっている．したがって，最もエネルギーの低い σ_{1s} オービタルに，パウリの排他原理に従って逆向きのスピンをもつ 2 個の電子をおくことによって，H_2 分子の電子配置は $(\sigma_{1s})^2$ と表記することができる．H_2 分子の基底状態の電子配置を図 9・9 に示した．ただし，簡単のため，図には最もエネルギーの低い二つのエネルギー準位だけを示してある．結合性オービタルに収容された 2 個の電子によって，H_2 分子の単結合が形成される．

He_2 分子の生成は可能だろうか．He_2 分子は 4 個の電子をもつことになる．H_2 分子で述べた方法に従うと，4 個の電子のうち 2 個は σ_{1s} オービタルに収容され，残りの 2 個は $\sigma_{1s}{}^*$ オービタルに収容される（図 9・10）．すなわち，2 個の電子が結合性オービタルを占有し，2 個の電子が反結合性オービタルを占有することになる．結合性オービタルの電子は，原子核を互いに引きつけるはたらきをするが，一方，反結合性オービタルの電子は，原子核を互いに引き離すはたらきをする．これら二つの効果は互いに打ち消しあうため，正味の結合は形成されないものと予測することができる．これは実験と一致しており，通常の条件下では，He_2 分子の生成は観測されない（表 9・1）．

もっと定量的な議論をするために，次式によって**結合次数**[1]を定義する．

$$結合次数 = \frac{\begin{pmatrix}結合性オー\\ビタルにあ\\る電子数\end{pmatrix} - \begin{pmatrix}反結合性オー\\ビタルにある\\電子数\end{pmatrix}}{2} \quad (9・1)$$

結合次数 1/2 は 1 個の電子からなる結合（半分の電子対）を示す．結合次数 1 は単結合（一組の電子対）を意味し，結合次数 2 は二重結合（二組の電子対）を意味する．表 9・1 に化学種，$H_2{}^+$, H_2, $He_2{}^+$, He_2 の性質を要約した．He_2 の結合次数が 0 であることは，2 個のヘリウム原子は通常の条件下において，安定な共有結合を形成しないことを意味している．表 9・1 が示すように，結合次数の増大とともに，結合距離は減少し，結合エネルギーは増大することに注意してほしい．このように，結合次数もまた，結合の強さの定性的な尺度になることがわかる．

9・4　分子軌道理論によって二原子分子の電子配置が予測できる

第 5 章において多電子原子の電子配置を表記したとき，図 5・10 と図 5・11 に示した原子オービタルのエネルギーの順序を用いた．多電子原子における原子オービタルのエネ

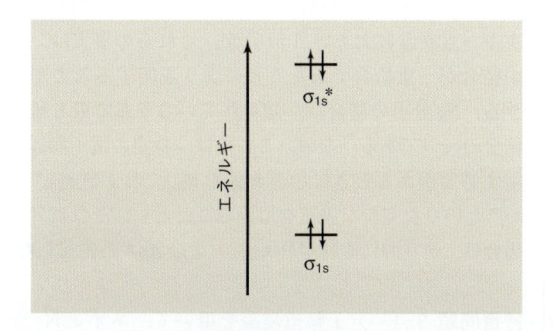

図 9・10 He_2 分子の電子配置を示す図．結合性オービタル (σ_{1s}) に 2 個，反結合性オービタル ($\sigma_{1s}{}^*$) に 2 個の電子があるので，He_2 分子には正味の結合が形成されない．通常の条件下では，He_2 分子の生成は観測されない．

図 9・11 等核二原子分子 Li_2 から Ne_2 に対する分子オービタルの相対的なエネルギー（縮尺は一定ではない）．O_2 から Ne_2 では，σ_{2p_z} オービタルのエネルギーの方が π_{2p} オービタルよりも低いことに注意しよう．

---

1) bond order

ルギーの順序は，水素原子における原子オービタルのエネルギーの順序とは異なっていたことを思い出してほしい．たとえば，多電子原子における4sオービタルのエネルギーは3dオービタルのエネルギーよりも低い．同様のことが，水素原子の原子オービタルの重ね合わせによってつくられたH_2^+の分子オービタルを用いるときにも起こる．図9・2に示した分子オービタルの順序は，等核二原子分子H_2からN_2，すなわち$Z=1$から$Z=7$の原子に対して用いることができる（第2章で学んだように，Zは原子番号，すなわち原子の陽子数を示すことを思い出そう）．しかし，$Z>7$の原子に対しては，σ_{2p}オービタルとπ_{2p}オービタルのエネルギーの順序が逆転し，σ_{2p}オービタルのエネルギーはπ_{2p}オービタルよりも低くなる．図9・11には，等核二原子分子Li_2からNe_2の電子配置を表記するために用いる分子オービタルのエネルギーの順序を示した．N_2からO_2に移るときに，σ_{2p}オービタルとπ_{2p}オービタルのエネルギーの順序が逆転していることに注意してほしい．図9・11は，等核二原子分子に対して，多電子原子に対する図5・10と図5・11と同じ意味をもった図である．すでに等核二原子分子H_2とHe_2については説明したので，これから図9・11を用いて，等核二原子分子Li_2からNe_2に対する電子配置を表記してみよう．そして，その電子配置に基づいて，それらの分子の結合について考えてみよう．

蒸気となったリチウムには，二原子からなるリチウム分子Li_2が含まれている．リチウム原子は3個の電子をもつので，Li_2の電子は全部で6個である．したがって，基底状態のLi_2分子では，6個の電子はパウリの排他原理に従って，図9・11に示された最も低い分子オービタルを占有する．こうして，Li_2分子の基底状態の電子配置は，$(\sigma_{1s})^2(\sigma_{1s}^*)^2(\sigma_{2s})^2$と表記することができる．結合性オービタルに4個，反結合性オービタルに2個の電子をもつので，(9・1)式から結合次数1と計算される．すなわち，この理論から，Li_2分子は，分離された2個のリチウム原子よりも安定であると予測することができる．これは実験と一致しており，表9・2に示すように，Li_2分子は結合距離267 pm，結合エネルギー0.174 aJをもつ安定な分子として存在する．

例題 9・1 図9・11を用いて，N_2分子の基底状態の電子配置を書け．さらに，N_2分子の結合次数を計算し，その結果をルイス構造と比較せよ．

解答 N_2分子の電子数は14である．図9・11を用いることにより，N_2分子の基底状態の電子配置は，$(\sigma_{1s})^2(\sigma_{1s}^*)^2(\sigma_{2s})^2(\sigma_{2s}^*)^2(\pi_{2p})^4(\sigma_{2p})^2$であることがわかる．(9・1)式から，$N_2$分子の結合次数はつぎのように求めることができる．

$$結合次数 = \frac{10-4}{2} = 3$$

N_2分子のルイス構造は :N≡N: であるから，ルイス構造における窒素－窒素結合の表記は，分子軌道理論に基づいて得られた結合次数と一致している．N_2分子の窒素－窒素結合の結合距離は短く(110 pm)，また結合エネルギーも異常に大きい(1.57 J)が，これらの事実は，この結合が三重結合であることにより説明することができる．N_2分子の結合は，知られているうちで最も強い結合の一つである．なお，ここでは，特定の電子配置を示す必要があるときにのみπ_{2p_x}やπ_{2p_y}，および$\pi_{2p_x}^*$や$\pi_{2p_y}^*$といった完全な表記を用いることとし，それ以外の場合は，便宜的にそれぞれπ_{2p}，およびπ_{2p}^*と表記した．

練習問題 9・1 分子軌道理論を用いて，ネオン Ne が通常の条件下で安定な二原子分子を形成しない理由を説明せよ．

解答 図9・11を用いると，Ne_2分子の基底状態の電子配置は$(\sigma_{1s})^2(\sigma_{1s}^*)^2(\sigma_{2s})^2(\sigma_{2s}^*)^2(\sigma_{2p})^2(\pi_{2p})^4(\pi_{2p}^*)^4(\sigma_{2p}^*)^2$と書くことができるので，その結合次数は$(10-10)/2=0$となる．したがって，$He_2$分子と同様に，正味の結合が生じないため，$Ne_2$分子は通常の条件下では存在することができない．

表 9・2 第2周期元素の等核二原子分子の性質

化学種	基底状態の電子配置	結合次数	結合距離/pm	結合エネルギー/aJ
Li_2	$(\sigma_{1s})^2(\sigma_{1s}^*)^2(\sigma_{2s})^2$	1	267	0.174
Be_2	$(\sigma_{1s})^2(\sigma_{1s}^*)^2(\sigma_{2s})^2(\sigma_{2s}^*)^2$	0	245	約 0.01
B_2	$(\sigma_{1s})^2(\sigma_{1s}^*)^2(\sigma_{2s})^2(\sigma_{2s}^*)^2(\pi_{2p_x})^1(\pi_{2p_y})^1$	1	159	0.493
C_2	$(\sigma_{1s})^2(\sigma_{1s}^*)^2(\sigma_{2s})^2(\sigma_{2s}^*)^2(\pi_{2p})^4$	2	124	1.01
N_2	$(\sigma_{1s})^2(\sigma_{1s}^*)^2(\sigma_{2s})^2(\sigma_{2s}^*)^2(\pi_{2p})^4(\sigma_{2p})^2$	3	110	1.57
O_2	$(\sigma_{1s})^2(\sigma_{1s}^*)^2(\sigma_{2s})^2(\sigma_{2s}^*)^2(\sigma_{2p})^2(\pi_{2p})^4(\pi_{2p_x}^*)^1(\pi_{2p_y}^*)^1$	2	121	0.827
F_2	$(\sigma_{1s})^2(\sigma_{1s}^*)^2(\sigma_{2s})^2(\sigma_{2s}^*)^2(\sigma_{2p})^2(\pi_{2p})^4(\pi_{2p}^*)^4$	1	141	0.264
Ne_2	$(\sigma_{1s})^2(\sigma_{1s}^*)^2(\sigma_{2s})^2(\sigma_{2s}^*)^2(\sigma_{2p})^2(\pi_{2p})^4(\pi_{2p}^*)^4(\sigma_{2p}^*)^2$	0	観測されない	観測されない

9・4 分子の電子配置

分子軌道理論が有用であることを示す最も顕著な例の一つは，その理論によって，酸素分子の**常磁性**[1]を予想できることである．酸素分子はその常磁性により，磁石の両極の間に弱く引きつけられる性質をもっている（図 9・12）．ほとんどの物質は**反磁性**[2]，すなわち磁場に対してわずかに反発する性質をもっている．$O_2(g)$ の常磁性が，その電子構造とどのように関係しているのかを見てみよう．

図 9・12 酸素分子は常磁性なので，液体酸素は，磁石の両極の間に形成される磁場に引きつけられる．常磁性物質が磁場に引きつけられる強さは，鉄などの強磁性物質に比べてきわめて弱いので，酸素の常磁性を観測するためには強い磁石を用いる必要がある．

それぞれの酸素原子は 8 個の電子をもっているので，O_2 分子の電子数は全部で 16 である．図 9・11 に示した分子軌道図に従って 16 個の電子を配置すると，最後の 2 個が π_{2p}^* オービタルに入る．原子の場合と同様に，スピンの向きについては，フントの規則（5・8節を参照せよ）を適用する．すなわち，二つの π_{2p}^* オービタルは同じエネルギーをもっているので，図 9・11 に示すように，2 個の電子はそれぞれの π_{2p}^* オービタルに 1 個ずつ，それらのスピンが平行になるように配置される．したがって，O_2 分子の基底状態の電子配置は，$(\sigma_{1s})^2(\sigma_{1s}^*)^2(\sigma_{2s})^2(\sigma_{2s}^*)^2(\sigma_{2p})^2(\pi_{2p})^4(\pi_{2p_x}^*)^1(\pi_{2p_y}^*)^1$ と表記される．フントの規則に従って，二つの π_{2p}^* オービタルはそれぞれ 1 個の電子によって占有され，2 個の電子のスピンは対を形成しない．したがって，O_2 分子は正味の電子スピンをもち，微小な磁石のようにふるまう．こうして，$O_2(g)$ は磁石の両極の間に引きつけられるのである．

空気中の酸素の量は，その常磁性を測定することによって追跡することができる．酸素は空気の主要成分のうちで唯一の常磁性物質であるから，測定された空気の常磁性の大きさは，存在する酸素の量に比例する．米国の化学者ポーリングは，第二次世界大戦中に，酸素の常磁性を利用して潜水艦や航空機の室内の酸素濃度を測定する方法を開発した．類似の方法は現在も，医師によって，麻酔状態にある患者の血液の酸素含有量を追跡するために用いられている．

O_2 分子のルイス構造では，$O_2(g)$ の常磁性を説明することはできない．オクテット則に従うと，O_2 のルイス構造は $:\ddot{O}=\ddot{O}:$ と書かねばならない．この化学式は，すべての電子が対を形成していることを示しているが，それは実験事実に反している．酸素分子はルイス構造の有用性に対する例外として扱われるが，より基礎的な理論である分子軌道理論を用いると，酸素分子における電子分布も矛盾なく説明することができるのである．

表 9・2 に，等核二原子分子 Li_2 から Ne_2 までの基底状態の電子配置を示した．

例題 9・2 図 9・11 を用いて，F_2 と F_2^- のうち，どちらの化学種がより結合距離が長いかを判定せよ．

解答 それぞれの基底状態の電子配置はつぎのように示される．

$F_2 \quad (\sigma_{1s})^2(\sigma_{1s}^*)^2(\sigma_{2s})^2(\sigma_{2s}^*)^2(\sigma_{2p})^2(\pi_{2p})^4(\pi_{2p}^*)^4$

$F_2^- \quad (\sigma_{1s})^2(\sigma_{1s}^*)^2(\sigma_{2s})^2(\sigma_{2s}^*)^2(\sigma_{2p})^2(\pi_{2p})^4(\pi_{2p}^*)^4(\sigma_{2p}^*)^1$

結合次数は次式によって求めることができる．

$$F_2 \text{ の結合次数} = \frac{10-8}{2} = 1$$

$$F_2^- \text{ の結合次数} = \frac{10-9}{2} = \frac{1}{2}$$

したがって，結合次数が小さい F_2^- の方が，F_2 よりも結合距離が長いと予想される．

練習問題 9・2 基底状態の F_2 分子にレーザーを照射すると，F_2 分子を励起状態に昇位させることができる．電子配置 $(\sigma_{1s})^2(\sigma_{1s}^*)^2(\sigma_{2s})^2(\sigma_{2s}^*)^2(\sigma_{2p})^1(\pi_{2p})^4(\pi_{2p}^*)^4(\sigma_{2p}^*)^1$ をもつ励起状態の F_2 分子の結合次数を求めよ．また，この励起状態の安定性について説明せよ．

解答 この励起状態の結合次数は 0 であり，したがって，この状態は不安定である．ほとんどの場合，励起状態の分子は，単に吸収した光を再び放出して基底状態へもどる．しかし，これらの不安定分子の一部は，解離してばらばらになる．単一のレーザーパルスは 10^{25} 個以上の光子を含んでいるので，レーザー光を用いて，多数の分子をその構成原子に解離させることができる．この過程を**光解離**[3]という．

分子軌道理論は，**異核二原子分子**[4]（2 種類の異なる原子からなる二原子分子）にも適用することができる．図 9・

---

1) paramagnetic 2) diamagnetic 3) photodissociation 4) heteronuclear diatomic molecule

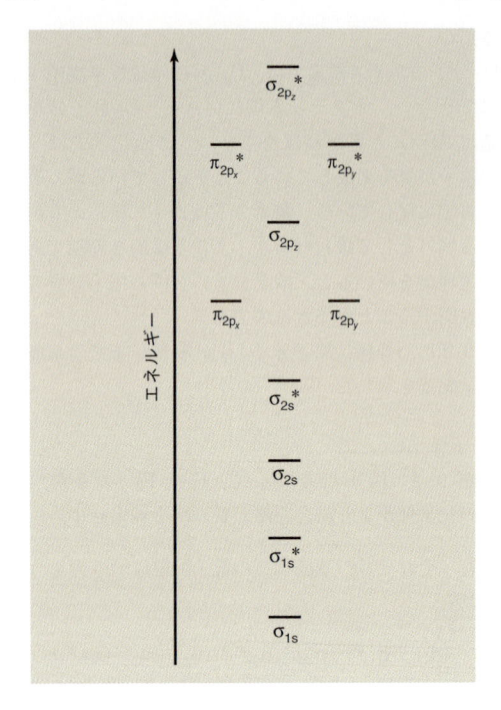

図9·13 異核二原子分子における分子オービタルのエネルギー準位. この図は, 分子を構成する2種類の原子の原子番号が1, あるいは2だけ異なる異核二原子分子に適用できる. オービタルの順序は, 図9·11に示した等核二原子分子 Li_2 から N_2 と同じである.

13に, 異核二原子分子における分子オービタルのエネルギー準位図を示した. この図は, 構成する2種類の原子の原子番号が1, あるいは2だけ異なる場合に用いることができる.

例題 9·3 図9·13を用いて, 3種類の化学種 CO^+, CO, CO^- のうち, 最も結合距離が短い化学種を予想せよ.

解答 図9·13を用いると, それぞれの基底状態の電子配置はつぎのようになることがわかる.

CO^+ $(\sigma_{1s})^2(\sigma_{1s}*)^2(\sigma_{2s})^2(\sigma_{2s}*)^2(\pi_{2p})^4(\sigma_{2p})^1$

CO $(\sigma_{1s})^2(\sigma_{1s}*)^2(\sigma_{2s})^2(\sigma_{2s}*)^2(\pi_{2p})^4(\sigma_{2p})^2$

CO^- $(\sigma_{1s})^2(\sigma_{1s}*)^2(\sigma_{2s})^2(\sigma_{2s}*)^2(\pi_{2p})^4(\sigma_{2p})^2(\pi_{2p}*)^1$

これから, それぞれの結合次数は $2\frac{1}{2}, 3, 2\frac{1}{2}$ と計算される. したがって, 結合次数が最も大きい CO の結合距離が, 最も短いと予想することができる. この予想が正しいことは, 実験によって確認されている.

練習問題 9·3 図9·13を用いて, 3種類の化学種 CN^+, CN, CN^- のうち, 最も大きな結合エネルギーをもつ化学種を予想せよ.

解答 CN^-

9·5 多原子分子の結合は局在化結合を用いて記述することができる

分子軌道理論は二原子分子だけではなく, **多原子分子**[1] にも同じように適用することができる. 多原子分子の分子オービタルは, その分子を構成するすべての原子の原子オービタルを重ね合わせることによってつくられる. そして, 得られた分子オービタルのエネルギー準位図を用いて, パウリの排他原理に従って分子オービタルに電子を配置する. 多原子分子の分子オービタルは, すべての原子の原子オービタルの重ね合わせによってつくられるので, しばしば分子全体に広がって分布する. しかしここでは, 多原子分子における結合を理解するために, 二原子分子に適用したような分子軌道理論ではなく, 簡略化された方法を用いることにしよう. その方法は, 多くの化学結合では, 結合距離, 結合角, あるいは結合エネルギーといった性質が, 分子によらずほとんど一定であることを考慮したものである. たとえば, 多くの分子において, 炭素ー水素結合の結合距離はおよそ 110 pm, 結合エネルギーは 0.7 aJ よりもやや大きい程度であり, ほぼ同じ値をとる. このような多数の実験データは, ほとんどの多原子分子における結合は, 分子全体に広がった分子オービタルよりもむしろ, 結合を形成している原子間に局在したオービタルを用いて理解できることを示唆している.

メタン CH_4 分子を考えよう. この分子では, 4個の水

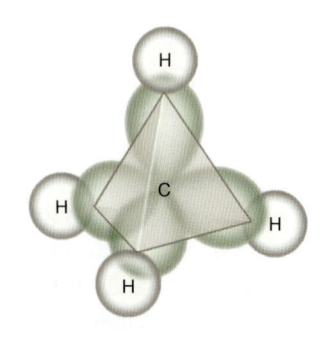

図9·14 メタン分子の結合オービタルは, 正四面体の頂点方向を向いた四つの炭素ー水素局在化結合オービタルとして表記される. 逆向きのスピンをもつ2個の電子に占有された局在化結合オービタルにより, 2個の原子間に局在した共有結合が形成される.

---

1) polyatomic molecule

9・5 sp混成オービタル

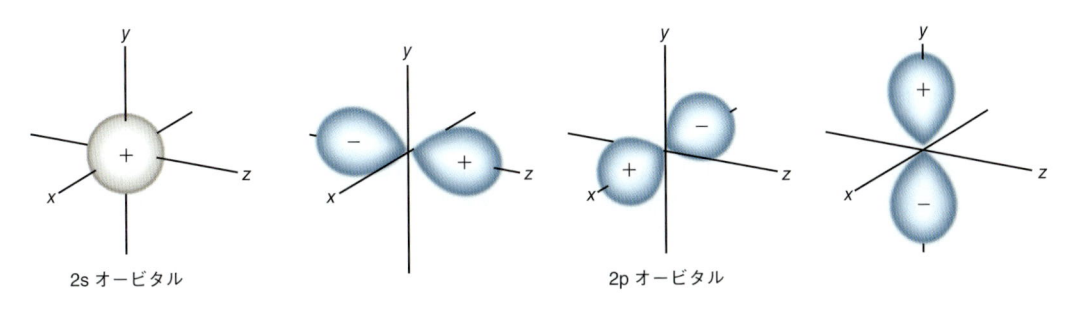

図9・15 2sオービタルと2pオービタル．それぞれ正の値をもつ領域と，負の値をもつ領域が示されている．2sオービタルは，他のオービタルと重なり合う外殻の領域では正の値をもっている．対照的に，2pオービタルは，一つのローブが正の値をもち，もう一つのローブが負の値をもつ．

素原子がそれぞれ，中心の炭素原子に共有結合によって連結されている．図9・14に示すように，炭素－水素結合を形成している電子，そしてその電子が占有しているオービタルは，それぞれの水素原子と中心の炭素原子を連結する線に沿って局在している．これらの電子が占有しているオービタルを，**局在化結合オービタル**[1]という．また，局在化結合オービタルを占有しているそれぞれの電子対が形成する結合を，**局在化共有結合**[2]という．CH_4 分子におけるこのようなオービタルによる結合の記述が，次式のルイス構造とよく対応していることに注意してほしい．

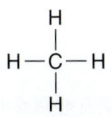

最も簡単な電気的に中性の多原子分子は，水素化ベリリウム BeH_2 である．BeH_2 は電子不足化合物であり，そのルイス構造 H－Be－H はオクテット則を満たしていない．VSEPR理論を適用すると，BeH_2 は対称的な直線形分子であることがわかる．2個の Be－H 結合は180°離れて位置しており，互いに等価である．したがって，BeH_2 における結合の形成を説明するためには，分子軸 H－Be－H に沿った2個の等価な局在化結合オービタルを形成させなければならない．

ここで，BeH_2 分子や他の多原子分子の結合を記述するために，混成オービタルの概念を導入しよう．**混成オービタル**[3]は，同一原子の原子オービタルを混ぜ合わせることによってつくられる原子オービタルと定義される．BeH_2 の場合，ベリリウム原子の価電子が収容されている原子オービタル，すなわち2sと2pオービタルの混合を考える（図9・15）．BeH_2 分子は180°離れた2個の等価な結合をもっているので，それと同じ対称性をもつ2個の混成オービタルをつくる必要がある．これらのオービタルは，2sオービタルと2pオービタルのうちの一つを混ぜ合わせる，

すなわちちょうど原子オービタルから分子オービタルを形成させたときのように，それらの和，および差をとることによって形成できることが知られている．

図9・16に2sオービタルと2pオービタルから，2個の混成オービタルが形成される様子を示した．図9・16からわかるように，混成オービタルは，混ぜ合わせた二つのオービタルの値が同じ符号をもつところでは増大し，逆の符号をもつところでは部分的に消失している．また，図9・16は，ひとつの混成オービタルはいわば右方向を向いているが，もう一方の混成オービタルは同じ形状をもち，それとは逆の左方向を向いていることを示している．

ベリリウム原子のこれら二つの混成オービタルは，2sオービタルと2pオービタルのうちの一つから形成される

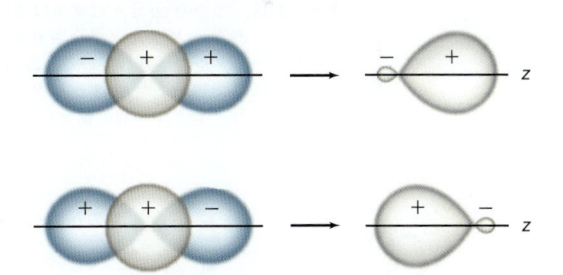

図9・16 2s原子オービタルと，結合軸に沿って配向した2p原子オービタルの混合による2個のsp混成オービタルの形成．形成された2個のspオービタルは互いに180°離れている．この図が示すように，2s原子オービタルと2p原子オービタルの和と差は，一つの2pオービタルと，それとは符号を逆にした2pオービタルを，それぞれ2sオービタルと混合することによってつくられる．2sオービタルと2pオービタルが混合すると，同じ符号をもつ領域では値が増大するが，逆の符号をもつ領域では互いに打ち消しあって部分的に消失する．この結果，それぞれのspオービタルは正の値をもつ大きなローブと，負の値をもつ小さなローブから構成されることになる．簡単のため，spオービタルを表記する際には，しばしば負の値をもつ小さなローブを省略する．

---

1) localized bond orbital 2) localized covalent bond 3) hybrid orbital

ことから，**sp オービタル**[1]という．sp オービタルはつぎの二つの重要な性質をもっている．(1) それぞれの sp オービタルは大きな空間領域（図 9・16 で正符号をつけた領域）をもっており，そこで水素原子の 1s オービタルと重なり合う．(2) 2 個の sp オービタルは互いに 180°離れている．またベリリウム原子には，sp オービタルの形成に使われなかった 2 個の空の 2p オービタルが存在していることに注意してほしい．それらは互いに直交しており，sp オービタルが形成する直線に対して垂直に位置している（図 9・17）．

さて，それぞれの sp 混成オービタルを水素原子の 1s 原子オービタルと重ね合わせることによって，2 個の局在化結合オービタルを形成させることができる．図 9・18 に示すように，これらは核間軸に対して円筒対称なので σ オービタルである．それぞれの結合オービタルは，ベリリウム原子と水素原子の間に局在化しており，互いに 180°離れている．9・2 節で学んだように，水素原子の原子オービタルから H_2^+ の分子オービタルをつくったとき，結合性オービタルと反結合性オービタルの対が形成されたことを思い出そう．同様に，それぞれのベリリウム sp オービタルが水素原子 1s オービタルと重なり合うことによって，結合性オービタルと反結合性オービタルが生成する．2 個の反結合性オービタルは，結合性オービタルよりも非常に高いエネルギーをもつので，基底状態における BeH_2 分子の結合の形成には関与しない．これらの反結合性オービタルが，図 9・18 に示されていないのはそのためである．基底状態の分子だけについて考えるときには，異なった原子の原子オービタルの重ね合わせによって形成される，エネルギーの高い反結合性オービタルは無視して構わない．

σ オービタルが逆向きのスピンをもつ 2 個の電子によっ

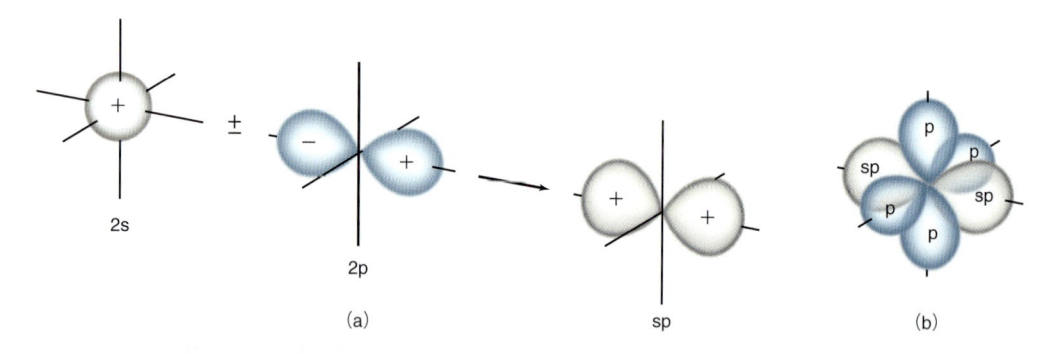

図 9・17 同一原子上の 2s オービタルと 1 個の 2p オービタルの混合による sp 混成オービタルの形成．二つの sp オービタルは等価であり，互いに 180°離れている．(a)では，簡単のため，2s オービタルと混合される 2p オービタルのみを示してある．(b)には，すべてのオービタルが示されている．2s オービタルと混合しなかった 2 個の 2p オービタルは互いに直交し，また sp オービタルが形成する直線に対しても直交している．この図では，sp オービタルの負の値をもつ小さなローブは見えていない．

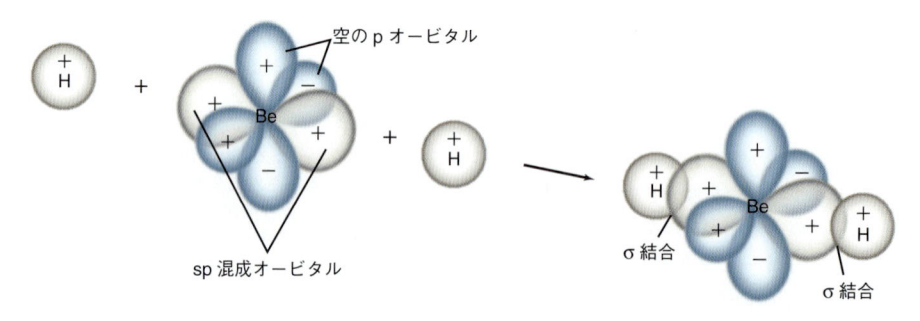

図 9・18 水素化ベリリウム BeH_2 分子における二つの等価な局在化結合オービタルの形成．それぞれの結合オービタルは，ベリリウム原子の sp 混成オービタルと水素原子の 1s 原子オービタルの重なり合いによって形成される．BeH_2 分子には，ベリリウム原子から 2 個，二つの水素原子からそれぞれ 1 個ずつの計 4 個の価電子がある．これらの 4 個の価電子が二つの局在化結合オービタルを占有することにより，BeH_2 分子における二つの局在化ベリリウム—水素結合が形成される．

[1] sp orbital

て占有されると，**σ結合**[1]が形成される．BeH$_2$ 分子の価電子の総数は 2+(2×1)=4 個である．これら 4 個の電子を，二つの [Be(sp)+H(1s)] σ 結合オービタルに配置することによって，BeH$_2$ 分子における結合を説明することができる．それぞれの σ 結合オービタルは 2 個の電子によって占有されているので，BeH$_2$ 分子におけるそれぞれの σ 結合の結合次数は 1 となる．

例題 9・4 フッ化ベリリウム BeF$_2$ 分子は直線形である．局在化結合オービタルを用いて，BeF$_2$ 分子における結合の形成を説明せよ．

解答 VSEPR 理論から，BeF$_2$ は直線形分子であることがわかる．したがって，フッ素原子と局在化結合オービタルを形成させるためには，ベリリウム原子の sp 混成オービタルを用いることが適切である．こうして，BeF$_2$ 分子における中心のベリリウム原子は，図 9・19 のように描くことができる．

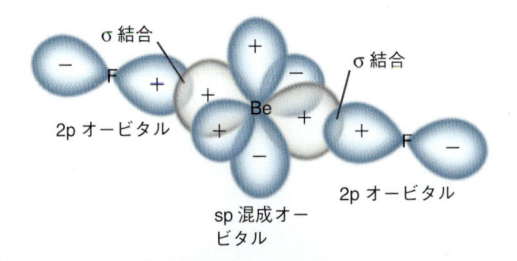

図 9・19 フッ化ベリリウム BeF$_2$ 分子における結合の形成．それぞれのベリリウム-フッ素結合オービタルは，ベリリウム原子の sp 混成オービタルとフッ素原子の 2p オービタルの重なり合いによって形成される．二つの局在化結合オービタルは，パウリの排他原理に従って 4 個の価電子によって占有され，二つの σ 結合が形成される．

フッ素原子の基底状態の電子配置は $1s^2 2s^2 2p_x^2 2p_y^2 2p_z^1$ である．他の電子を収容できるフッ素原子の原子オービタルは，$2p_z$ オービタルだけである．図 9・19 に示すように，それぞれのフッ素原子の $2p_z$ オービタルがベリリウム原子の sp オービタルと重なり合うことによって，2 個の局在化結合オービタルが形成される．ベリリウム sp オービタルとフッ素 $2p_z$ オービタルは，それらの重なり合いを最大にするために，同一の直線上に位置する．それぞれの局在化結合オービタルは逆向きのスピンをもつ 2 個の電子によって占有され，結合次数 1 をもつ二つの局在化 [Be(sp)+F($2p_z$)] σ 結合が形成される．

練習問題 9・4 塩化亜鉛 ZnCl$_2$ は室温ではイオン性固体であるが，気相では分子として存在する．局在化結合オービタルを用いて，共有結合化合物である ZnCl$_2$ 分子における結合の形成を説明せよ．ただし，亜鉛原子の価電子数は 2 とする．（第 26 章では，共有結合化合物に含まれる遷移金属元素の価電子の数を割り当てるための規則を学ぶ．）

解答 ZnCl$_2$ 分子のルイス構造は :Cl̈-Zn-Cl̈: と書くことができる．VSEPR 理論から，ZnCl$_2$ 分子は直線形であることがわかる．したがって，ZnCl$_2$ 分子の結合を説明するには，亜鉛原子の sp 混成オービタルを用いることが適切である．その結合は二つの局在化 [Zn(sp)+Cl($3p_z$)] σ 結合と記述することができ，結合次数は 1 となる．

9・6 sp^2 混成オービタルは平面三角形の対称性をもつ

3 個の等価な共有結合をもつ分子の例は三フッ化ホウ素 BF$_3$ である．BF$_3$ は電子不足化合物であり，そのルイス構造は次式によって示される．

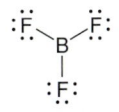

第 8 章で述べたように，BF$_3$ 分子は平面三角形であり，それぞれの F-B-F 結合角は 120° である．局在化結合オービタルを用いて BF$_3$ 分子の結合を記述するためには，平面内にあって互いに 120° 離れた 3 個の等価な混成オービタルを，ホウ素原子上に形成させなければならない．ホウ素原子の価電子が収容されている原子オービタルは，2s, $2p_x$, $2p_y$, $2p_z$ オービタルである．2s オービタルと 2p オービタルのうちの 2 個を混ぜ合わせると，平面内にあって互いに 120° 離れた 3 個の等価な混成オービタルを形成できることが知られている（図 9・20）．この混成オービタルは 2s と 2 個の 2p オービタルからつくられるので，**sp^2 オービタル**[2] という．

ホウ素原子の 3 個の sp^2 混成オービタルは，それぞれフッ素原子の 2p オービタルと重なり合って，局在化結合オービタルを形成する．形成された三つの [B(sp^2)+F(2p)] 結合オービタルは，ホウ素原子とフッ素原子を結ぶ直線に対して円筒対称性をもつので，σ オービタルである．それぞれの局在化結合オービタルは逆向きのスピンをもつ 2 個の電子によって占有され，結合次数 1 の σ 結合が形成される．BF$_3$ 分子における結合の形成を図 9・21 に示した．

---

1) σ bond 2) sp^2 orbital

BeCl₂ と BF₃ の例からわかるように, 同一原子上の 2s オービタルと 1 個の 2p オービタルを混合すると 2 個の sp 混成オービタルを得ることができ, また, 同一原子上の 2s オービタルと 2 個の 2p オービタルを混合すると 3 個の sp² 混成オービタルが得られる. これらの二つの結果は, **軌道保存の原理**[1]の例である. 一般に, 同一原子上の原子オービタルを混ぜ合わせて混成オービタルを形成させると

き, 得られる混成オービタルの数は, 混ぜ合わせた原子オービタルの数に等しい.

9・7 sp³ 混成オービタルは正四面体の頂点方向を向いている

VSEPR 理論から予想されるように, メタン CH₄ 分子は

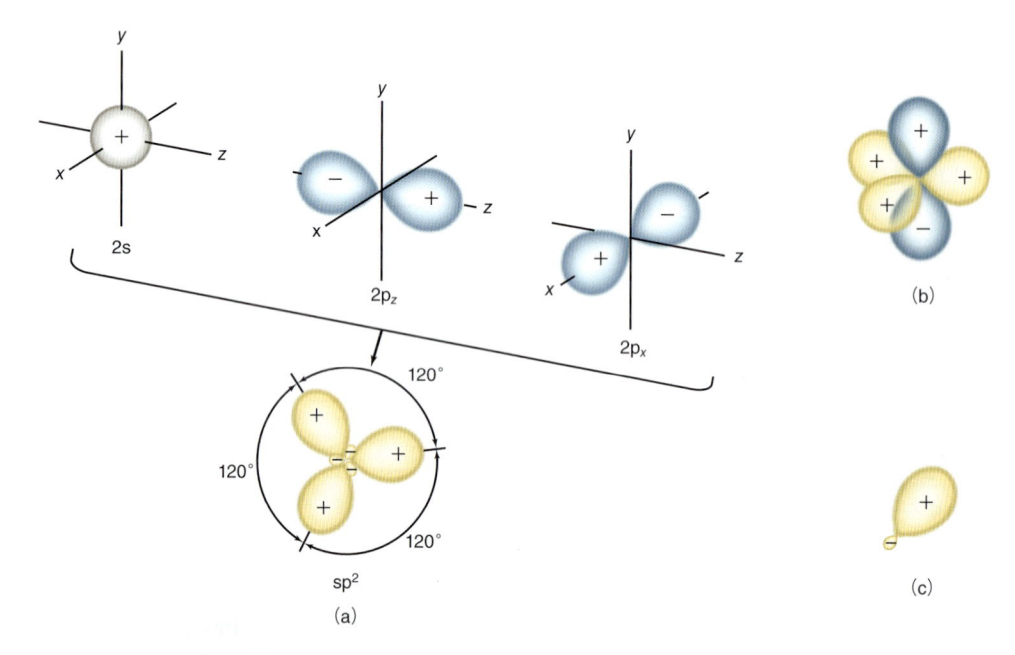

図 9・20 同一原子上の 2s オービタルと 2 個の 2p オービタルの混合による sp² 混成オービタルの形成. (a) 形成された 3 個の sp² オービタルは等価であり, 平面内にあって互いに 120° 離れている. 簡単のため, 2s オービタルと混ざり合う 2 個の 2p オービタルだけが示されている. (b) 2s オービタルと混合しなかった 2p オービタルは, 3 個の sp² オービタルが形成する平面に対して垂直に位置している. sp² オービタルの負の値をもつ小さい領域は, 図には示されていない. (c) 1 個の完全な sp² オービタル.

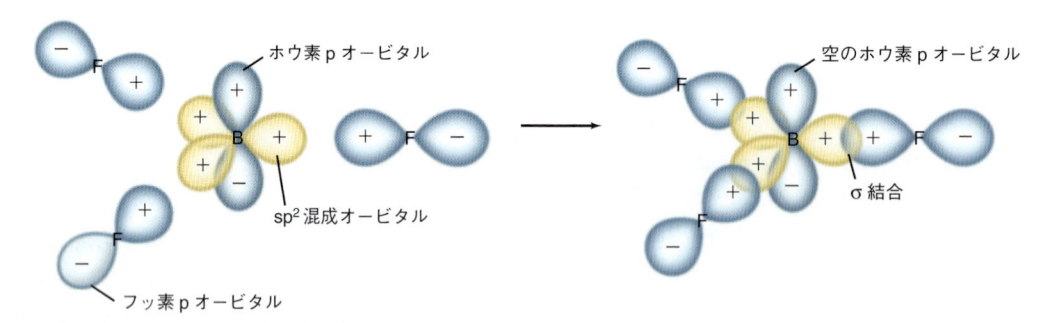

図 9・21 三フッ化ホウ素 BF₃ 分子における結合の形成. 3 個のホウ素-フッ素結合オービタルのそれぞれは, ホウ素原子の sp² 混成オービタルとフッ素原子の 2p オービタルの重なり合いによって形成される. 三つの局在化 [B(sp²)+F(2p)] 結合オービタルは, BF₃ 分子がもつ価電子のうち 6 個によって占有され, それぞれ結合次数 1 をもつ三つの局在化ホウ素-フッ素 σ 結合を形成する.

---

[1] principle of conservation of orbital

9・7 sp³混成オービタル

正四面体形であり、その4個の炭素−水素結合は等価である。したがって、局在化結合オービタルを用いてメタン分子の結合を記述するためには、中心炭素原子上に4個の等価な混成オービタルを形成させなければならない。炭素原子の2sオービタルと3個すべての2pオービタルを混合することにより、4個の等価な混成オービタルを形成することができ、それらは正四面体の頂点方向を向いている(図9・22)。これら4個の等価な混成オービタルは、炭素原子の2sオービタルと3個すべての2pオービタルを混合することによってつくられるので、**sp³ オービタル**[1]という。

CH₄分子における4個の等価な局在化結合オービタルは、それぞれのsp³混成オービタルと水素原子1sオービタルを重ね合わせることによって形成される(図9・23)。(同時に形成される4個の反結合性オービタルは無視している。) CH₄分子には $4+(4×1)=8$ 個の価電子がある。4個の局在化 [C(sp³)+H(1s)] σ結合オービタルは、それぞれ逆向きのスピンをもつ2個の電子によって占有される。これによって、CH₄分子における四つの局在化共有結合が説

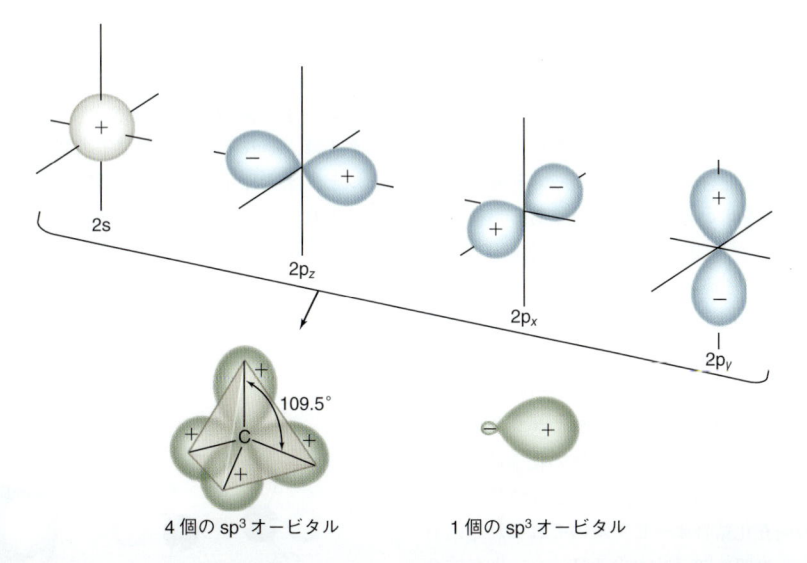

図9・22 同一原子上の2sオービタルと3個の2pオービタルの混合により、4個のsp³混成オービタルが形成される。それらはすべて等価であり、正四面体の頂点方向を向いている。sp³オービタルの間の角度は正四面体角、すなわち109.5°である。図を簡単にするために、sp³オービタルの負の値をもつ小さな領域は、正四面体形の図には書かれていない。1個の完全なsp³オービタルは、4個のsp³オービタルを描いた正四面体形の右側に示してある。

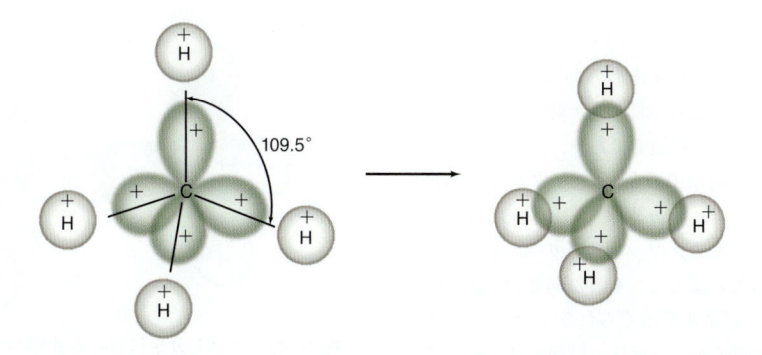

図9・23 メタンCH₄分子の四つの等価な局在化結合オービタルは、炭素原子の四つのsp³オービタルのそれぞれと、水素原子の1sオービタルの重なり合いによって形成される。CH₄分子には、炭素原子から4個、四つの水素原子のそれぞれから1個ずつの計8個の価電子がある。四つの局在化結合オービタルのそれぞれは、逆向きのスピンをもつ2個の電子によって占有される。これによって、メタン分子における四つの局在化炭素−水素σ結合が説明される。

---

[1] sp³ orbital

例題 9・5 アンモニウムイオン NH_4^+ のルイス構造は以下の通りである．NH_4^+ における結合の形成について説明せよ．

解答 第8章で学んだように，NH_4^+ イオンは正四面体形である．したがって，このイオンにおける結合の形成を説明するためには，正四面体の頂点方向を向いた4個の局在化結合オービタルが必要となる．このオービタルを得るためには，窒素原子の 2s オービタルと3個すべての 2p オービタルを混合することによって形成される sp^3 混成オービタルを用いることが適切である．得られた sp^3 オービタルは，図 9・22 に示した炭素原子の sp^3 オービタルと類似している．つぎに，窒素原子の sp^3 オービタルのそれぞれを，水素原子 1s オービタルと重ね合わせることによって，4個の等価な局在化結合オービタルを形成させる．NH_4^+ イオンには $5+(4×1)-1=8$ 個の価電子がある（なぜなら，アンモニウムイオンの全体の電荷は +1 なので，電気的に中性の化学種よりも電子数は1個少ない）．逆向きのスピンをもつ2個の価電子が，四つの局在化結合オービタルのそれぞれを占有し，NH_4^+ イオンの四つの $[N(sp^3)+H(1s)]$ 共有結合が形成される．NH_4^+ イオンにおける結合の形成や形状は，図 9・23 に示したメタン分子とよく似ている．

練習問題 9・5 局在化結合オービタルを用いて，テトラフルオロホウ酸イオン BF_4^- における結合の形成を説明せよ．

解答 BF_4^- イオンは正四面体形である．したがって，その結合を記述するためには，ホウ素原子の sp^3 混成オービタルを用いることが適切であり，それらを1個の不対電子をもつフッ素原子の 2p オービタルと重ね合わせればよい．こうして，ホウ素原子の4個の等価な sp^3 オービタルのそれぞれを，フッ素原子の 2p オービタルと重ね合わせることによって，4個の局在化 $[B(sp^3)+F(2p)]$ σ結合オービタルがつくられる．そして，BF_4^- イオンの8個の価電子が，パウリの排他原理に従ってこれら四つの局在化結合オービタルを占有することにより，BF_4^- イオンの結合が形成される．

sp^3 オービタルはまた，単一の中心原子をもたない分子における結合の形成を説明するためにも用いることができる．例としてエタン C_2H_6 分子の結合を考えてみよう．

C_2H_6 分子のルイス構造はつぎのように書くことができる．

$$\begin{array}{c} H \quad H \\ | \quad | \\ H-C-C-H \\ | \quad | \\ H \quad H \end{array}$$

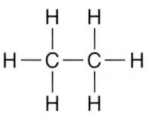

図 9・24 にエタン分子の球棒模型と空間充填模型を示した．それぞれの炭素原子における結合の配列は正四面体形である．したがって，その結合を記述するためには，炭素原子の sp^3 混成オービタルを用いることが適切である．エタン分子の炭素–炭素結合をつくるσ結合オービタルは，それぞれの炭素原子から1個ずつ，あわせて2個の sp^3 オービタルが重なり合うことによって形成される．また，エタン分子の六つの炭素–水素結合をつくるσ結合オービタルは，それぞれの炭素原子の残った3個の sp^3 オービタルと，水素原子の 1s オービタルの重なり合いによって形成される．エタン分子には七つのσ結合オービタルと，$(2×4)+(6×1)=14$ 個の価電子がある．14 個の価電子は，エタン分子の七つのσ結合オービタルを，それぞれの結合オービタルが2個の逆向きのスピンをもつように占有する．図 9・25 に，このようにして形成されたエタン分子の結合を示す．

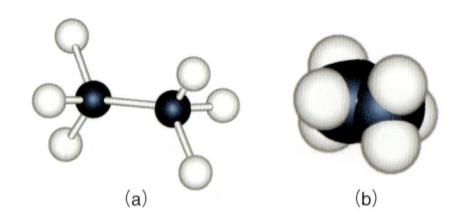

図 9・24 エタン C_2H_6 分子の分子模型．(a) 球棒模型．(b) 空間充填模型．それぞれの炭素原子のまわりの結合は，正四面体形に配向していることを確認しよう．

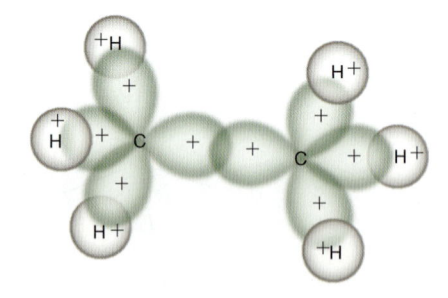

図 9・25 エタン分子における6個の炭素–水素σ結合オービタルは，炭素原子の sp^3 オービタルと水素原子の 1s オービタルの重なり合いによって形成される．炭素–炭素σ結合オービタルは，それぞれの炭素原子から1個ずつ，あわせて2個の sp^3 オービタルの重なり合いによって形成される．エタン分子には，$(2×4)+(6×1)=14$ 個の価電子がある．七つのσ結合オービタルのそれぞれは，逆向きのスピンをもつ2個の価電子によって占有される．これによって，エタン分子における七つのσ結合が説明される．

ここで，混成オービタルを用いた結合の説明は，いわば"事後の"説明であることを強調しておかねばならない．一組の混成オービタルがつくる立体構造によって，分子の立体構造が決まるわけではない．むしろ，分子の立体構造が，その分子の結合を記述するためには，どの混成オービタルが適切かを決めるのである．たとえば，メタン分子は，その炭素原子の価電子が sp³ オービタルを占有するために，正四面体形になるのではない．メタン分子が正四面体となるのは，それが（VSEPR 理論で予想されるように）メタン分子がとることのできる最も低いエネルギーをもつためである．

9・8 sp³ オービタルによって中心原子に4個の電子対をもつ分子を表記できる

これまで考えてきた分子はいずれも，非共有電子対をもっていなかった．ここでは，水 H_2O 分子について考えてみよう．H_2O 分子は二組の非共有電子対をもち，ルイス構造は次式で与えられる．

水分子の酸素原子は四つの電子対，すなわち共有結合を形成している二つの電子対と二つの非共有電子対に囲まれている．VSEPR 理論により，四つの電子対は正四面体形に配列すると推測される．したがって，H_2O 分子の結合を記述するためには，酸素原子の sp³ 混成オービタルを用いることが適切である．それぞれの水素原子の 1s オービタルは酸素原子の sp³ 混成オービタルの一つと重なり合い，酸素－水素結合をつくる σ 結合オービタルを形成する（図 9・26）．つぎに，H_2O 分子がもつ 8 個の価電子の配置を説明する．8 個の価電子のうち 4 個は，二つの [O(sp³) + H(1s)] σ 結合オービタルを占有する．残りの 4 個は，酸素原子上にある O(sp³) **非結合オービタル**[1] を占有し，酸素原子の二つの非共有電子対を形成する．

H_2O 分子における結合の形成をこのように考えると，H－O－H 結合角は 109.5°と予想される．しかし，この予想は実験値 104.5°と異なっており，これは酸素原子を取囲む 4 個の sp³ 混成オービタルが，必ずしも等価には用いられていないためである．すなわち，4 個のうち 2 個は水素原子との結合に用いられ，他の 2 個は非共有電子対に用いられている．VSEPR 理論において述べたように，非共有電子対と二つの水素－酸素結合電子対との反発により，H_2O 分子の H－O－H 結合角は正四面体結合角 109.5°よりもいくらか小さくなることを思い出そう．

例題 9・6 アンモニア NH_3 分子のルイス構造は，以下のように書くことができる．混成オービタルを用いて，NH_3 分子における結合の形成を説明せよ．

解答 アンモニア分子は三つの共有結合と，一つの非共有電子対をもっている．VSEPR 理論により，窒素原子の原子価殻にある四つの電子対は，正四面体の頂点方向を向くと予想される．したがって，NH_3 分子の結合を記述するためには，窒素原子の sp³ 混成オービタルを用いることが適切である．4 個の sp³ オービタルのうち 3 個は，水素原子の 1s オービタルと重なり合うことによって，局在化結合オービタルを形成する．こうして，NH_3 分子における結合は，窒素原子の sp³ オービタルから形成される 3 個の局在化 σ 結合オービタルと 1 個の非結合オービタルによって説明される（図 9・27）．

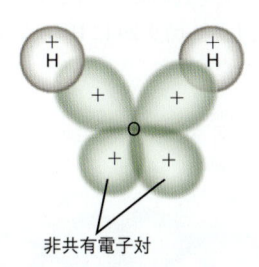

図 9・26 水 H_2O 分子における結合の形成．酸素原子の sp³ オービタルのうちの二つは，水素原子の 1s オービタルと重なり合って二つの等価な局在化 σ 結合オービタルを形成する．8 個の価電子のうち，4 個は二つの σ 結合オービタルを占有し，残りの 4 個は酸素原子の二つの O(sp³) 非結合オービタルを占有する．後者は非共有電子対となる．

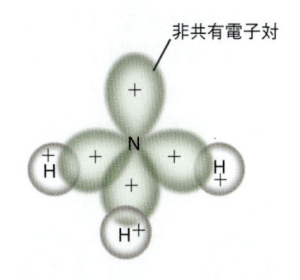

図 9・27 窒素原子の sp³ オービタルを用いて，アンモニア NH_3 分子における結合の形成を記述することができる．窒素原子の sp³ オービタルのうち，3 個は水素原子の 1s オービタルと重なり合うことによって，三つの等価な局在化 σ 結合オービタルを形成する．窒素原子の 4 番目の sp³ オービタルは非結合オービタルとなり，アンモニアの非共有電子対によって占有される．

---

[1] nonbonded orbital

NH₃ 分子には 8 個の価電子がある．そのうちの 6 個は三つの局在化 [N(sp³)+H(1s)] σ 結合オービタルを占有し，残りの 2 個は N(sp³) 非結合オービタルを占有する．sp³ オービタルを用いるということは，H–N–H 結合角は 109.5°であることを意味している．しかし，NH₃ 分子における 4 個の sp³ オービタルは，そのうちの 1 個が非共有電子対となっており，等価には用いられていない．このため，NH₃ 分子の形状は，正規の正四面体形から少しずれることが予想される．実際に，NH₃ 分子の H–N–H 結合角は 107.3°と測定されている．

練習問題 9・6 局在化結合オービタルを用いて，アミドイオン NH₂⁻ における結合の形成を説明せよ．

解答 NH₂⁻ イオンは H₂O 分子と等電子的であり，NH₂⁻ イオンにおける結合の形成は，H₂O 分子の場合と類似している．

また，sp³ オービタルを用いると，アルコールの酸素原子における結合の形成も適切に記述することができる．アルコールは，炭素原子に結合した OH 基をもつ有機化合物の総称である．最も簡単なアルコールはメタノールであり，そのルイス構造はつぎのように書くことができる．

$$\begin{array}{c} H \\ | \\ H-C-\ddot{O}-H \\ | \\ H \end{array}$$

メタノール
CH₃OH

メタノール分子における結合の形成を，図 9・28 に示した．炭素原子と酸素原子はいずれも四つの電子対に囲まれており，VSEPR 理論により，それらの電子対は正四面体形に配列していると予想される．したがって，メタノール分子における結合の形成を記述するためには，炭素原子と酸素原子の両方について sp³ 混成オービタルを用いることが適切である．炭素－酸素結合をつくる局在化結合オービタルは，炭素原子の sp³ オービタルと酸素原子の sp³ オービタルとの重なり合いによって形成される．また，炭素－水素結合，および酸素－水素結合をつくる局在化結合オービタルは，それぞれ炭素原子，および酸素原子の sp³ オービタルと水素原子 1s オービタルの重なり合いによって形成される．

CH₃OH 分子には，全部で五つの局在化 σ 結合オービタルがある．CH₃OH 分子の価電子は 4+(4×1)+6=14 個であり，そのうちの 10 個はこれら五つの σ 結合オービタルを占有する．他の 4 個の価電子は，酸素原子の残った二つの sp³ オービタルからなる非結合オービタルを占有し，酸素原子上の非共有電子対を形成する．

例題 9・7 過酸化水素 H₂O₂ 分子における結合の形成を説明せよ．H₂O₂ 分子のルイス構造は H–Ö–Ö–H である．

解答 それぞれの酸素原子は四つの電子対をもち，VSEPR 理論により，それらの電子対は正四面体形に配列していると予想される．したがって，H₂O₂ 分子における結合の形成を記述するためには，酸素原子の sp³ 混成オービタルを用いることが適切である．酸素－酸素結合をつくる σ 結合オービタルは，それぞれの酸素原子の sp³ オービタルの重なり合いによって形成される．それぞれの酸素－水素結合をつくる σ 結合オービタルは，酸素原子の sp³ オービタルと水素原子の 1s オービタルの重なり合いによって形成される．

H₂O₂ 分子には (2×1)+(2×6)=14 個の価電子がある．これらのうち 6 個は，三つの σ 結合オービタルを占有し，H₂O₂ 分子のルイス構造に表記されている三つの σ 結合を形成する．残りの 8 個の価電子は，それぞれの酸素原子に二つずつ，あわせて四つの sp³ オービタルを占有し，ルイス構造のそれぞれの酸素原子に示されている非共有電子対を形成する．図 9・29 に H₂O₂ 分子における結合の形成を図示した．

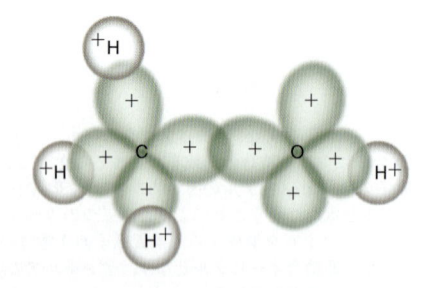

図 9・28 メタノール CH₃OH 分子における結合オービタルを表す図．炭素原子と酸素原子の両方に sp³ オービタルを用いている．

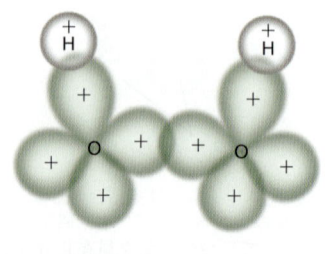

図 9・29 過酸化水素 H₂O₂ 分子における結合の形成を表す図．それぞれの酸素原子の sp³ オービタルの重なり合いによって，酸素－酸素結合をつくる σ 結合オービタルが形成される．それぞれの酸素－水素結合をつくる σ 結合オービタルは，酸素原子の sp³ オービタルと水素原子 1s オービタルの重なり合いによって形成される．

練習問題 9・7 局在化結合オービタルを用いて，ヒドラジン N_2H_4 分子における結合の形成を説明せよ．

解答 N−H 結合は局在化 [N(sp^3)+H(1s)] σ 結合オービタルから形成される．N−N 結合は局在化 [N(sp^3)+N(sp^3)] σ 結合オービタルから形成される．それぞれの窒素原子に一つずつ残った二つの N(sp^3) 非結合オービタルを，4個の価電子が占有することにより非共有電子対が形成される．

9・9 混成オービタルは d オービタルを含むことができる

第8章では，三方両錐形の分子(たとえば，五塩化リン PCl$_5$)や正八面体形の分子(たとえば，六フッ化硫黄 SF$_6$)について学んだ．これらの分子の中心原子はいずれも，拡張された原子価殻をもっている．このような分子における結合の形成を記述するための一つの方法は，d オービタルを含めた混成オービタルをつくることである．

3s オービタルと3個の3p オービタル，および1個の3d オービタルを混ぜ合わせることによって，三方両錐形の対称性をもつ5個の混成オービタルを得ることができる(図9・30)．これらの5個の **sp^{3}d オービタル**[1] は，すべてが等価ではない点で興味深い．実際に，sp^{3}d オービタルは，3個の等価なエクアトリアルオービタルと，2個の等価なアキシアルオービタルの2種類のオービタルから構成される．このことは，PCl$_5$ 分子の5個の塩素原子は等価ではないという実験事実と対応している(8・4節を参照せよ)．五つのリン−塩素結合をつくるσ結合オービタルは，それぞれのsp^{3}d オービタルと，1個の不対電子をもつ塩素原子の3p オービタルを重ね合わせることによって形成される．10個の価電子(リン原子から5個，それぞれの塩素原子から1個)は，五つの局在化結合オービタルにそれぞれ2個ずつ収容され，五つの局在化共有結合を形成する．

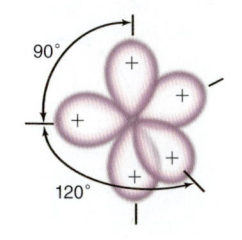

図 9・30 5個の sp^{3}d 混成オービタル．この図に示した5個のオービタルは，3sオービタルと3個の3pオービタル，および1個の3dオービタルを混合することによってつくることができる．5個の混成オービタルは，三方両錐形の頂点方向を向いている．

正八面体形の SF$_6$ 分子における結合の形成を記述するためには，硫黄原子に，正八面体の頂点方向を向いた6個の等価な混成オービタルが必要となる．この配列をもつ混成オービタルは，硫黄原子の3sオービタル，3個の3pオービタル，および2個の3dオービタルを混ぜ合わせることによって得ることができる．生成した6個の **sp^{3}d^2 オービタル**[2] は正しく正八面体の頂点方向を向いている(図9・31)．SF$_6$ 分子における六つの硫黄−フッ素結合をつくるσ結合オービタルは，硫黄原子のそれぞれの sp^{3}d^2 オービタルと，フッ素原子の2pオービタルを重ね合わせることによって形成される．12個の価電子(硫黄原子から6個，それぞれのフッ素原子から1個)は六つの局在化結合オービタルを占有し，六つの局在化共有結合を形成する．

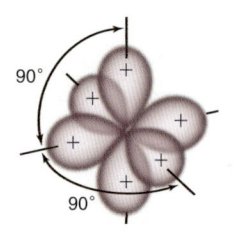

図 9・31 6個の sp^{3}d^2 混成オービタル．この図に示した6個のオービタルは，3sオービタルと3個の3pオービタル，および2個の3dオービタルを混合することによってつくることができる．6個の混成オービタルは，正八面体形の頂点方向を向いている．

PCl$_5$ と SF$_6$ 分子について示したように，中心原子の 3s, 3p, およびいくつかの3d オービタルを用いて混成オービタルを形成させることができる．以前にも指摘したように，量子論によると，類似したエネルギーをもつ原子オービタルだけが効果的に重なり合うことができる．言い換えれば，3s, 3p, 3d オービタルを混ぜ合わせて混成オービタルを形成できるのは，それらが類似のエネルギーをもっているためである．一方，3d オービタルのエネルギーは 2s や 2p オービタルに比べて非常に高いため，3d オービタルを 2s や 2p オービタルと混ぜ合わせて，結合の形成に有効な混成オービタルを形成させることはできない．第7章で学んだように，周期表の第3周期以上にある元素だけが原子価殻を拡張できるのは，このような制約によるものである．たとえば，リンや硫黄のような 3s および 3p オービタルに価電子をもつ元素の原子は，3d オービタルを用いて原子価殻を拡張させることができる．しかし，炭素や窒素のような 2s および 2p オービタルに価電子をもつ第2周期の元素の原子は，3d オービタルを用いた混成オービタルを形成させることができない．

表9・3 に，これまでに述べた混成オービタルの性質を要約した．ここで再び，VSEPR 理論に基づく分子の形状の

---

1) sp^{3}d orbital 2) sp^{3}d^2 orbital

9・10 二重結合はσ結合とπ結合によって記述される

これまでに混成オービタルについて述べた分子はすべて，単結合だけから形成されていた．二重結合をもつ最も簡単な分子のひとつは，エテン C_2H_4 である．エテンはふつう，その慣用名であるエチレンの名称でよばれており，ルイス構造はつぎのように表される．

エチレン分子の構造はエタン分子（9・7節を参照せよ）の構造とはまったく異なっている．6個の原子はすべて一つの平面上に存在し，それぞれの炭素原子は他の3個の原子と結合している．それぞれの炭素原子のまわりの立体構造は平面三角形であり，9・6節で述べたように，この構造を記述するためには sp^2 混成オービタルが適切である．それでは，それぞれの炭素原子の sp^2 混成オービタルを用いて，エチレン分子における結合の形成を記述してみよう．

まず，図9・32に示すように，それぞれの炭素原子の sp^2 オービタルを重ね合わせることによって2個の炭素原子を結びつける．生成した炭素－炭素結合をつくる局在化結合オービタルは σ オービタルである．エチレン分子には，$(2×4)+(4×1)=12$ 個の価電子がある．これらのうち2個がこの炭素－炭素 σ 結合オービタルを占有し，炭素－炭素 σ 結合が形成される．図9・33に示すように，4個の水素原子は，水素原子の 1s オービタルと炭素原子の残った四つの sp^2 オービタルが重なり合うことによって，それぞ

表 9・3 混成オービタルの性質

名称	オービタルの数	オービタルの形状	オービタル間の角度	例
sp	2	直線形	180°	BeH_2, BeF_2
sp^2	3	平面三角形	120°	BF_3
sp^3	4	正四面体形	109.5°	CH_4, BF_4^-, NH_4^+
sp^3d	5	三方両錐形	90°, 120°	PCl_5
sp^3d^2	6	正八面体形	90°	SF_6, AlF_6^{3-}

9・10 二重結合

れの炭素原子に2個ずつ結合する．これら四つの炭素－水素σ結合オービタルが8個の価電子によって占有され，四つの炭素－水素σ結合が形成される．これまでに形成された五つの結合はすべてσ結合である．図9・33に示したようなσ結合から形成される構造を，エチレン分子の**σ結合骨格**[1]という．

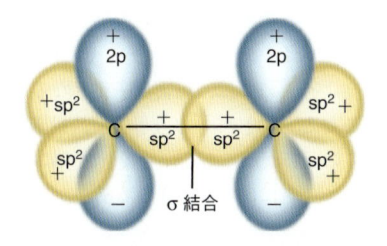

図9・32 エチレン分子における2個の炭素原子は，それぞれのsp²オービタルが重なり合うことによって結びつけられる．形成される局在化結合オービタルは炭素－炭素結合軸のまわりに円筒対称性をもつので，σオービタルである．炭素－炭素σ結合オービタルは，エチレン分子における二重結合の一部を形成する．

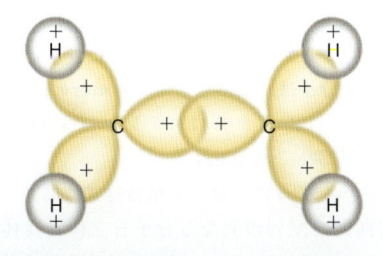

図9・33 エチレン CH₂=CH₂ 分子のσ結合骨格．炭素－炭素σ結合オービタルは，それぞれの炭素原子から1個ずつ，あわせて2個のsp²オービタルの重なり合いによって形成される．4個の炭素－水素σ結合オービタルは，炭素原子のsp²オービタルと水素原子の1sオービタルとの重なり合いによって形成される．この図には示されていないが，残った炭素原子の2pオービタルが，紙面に対して垂直の方向に位置している．

つぎに，それぞれの炭素原子には，それぞれのH–C–H平面に対して垂直な2pオービタルがあることを思い出そう(図9・32)．もしこれら2個の2pオービタルが平行になるように，エチレン分子の2個のCH₂部分が配向していれば，2pオービタルの重なり合いは最大となり，図9・34に示したようなπオービタルが生成する．残りの2個の価電子はこのπオービタルを占有し，**π結合**[2]が形成される．πオービタルの正符号をもつ領域と負符号をもつ領域はそれぞれ，πオービタルを形成している2pオービタルの正符号をもつローブと負符号をもつローブから形成されることに注意してほしい．したがって，二つの領域はまとまって一つのπ結合を示しているのである．図9・34に示すように，エチレン分子の二重結合は，σ結合とπ

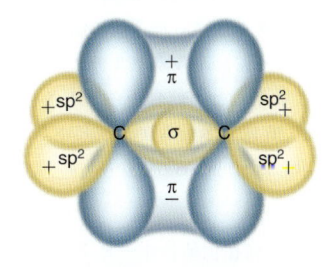

結合によって記述される．こうしてエチレン分子における結合の形成は，四つの [C(sp²)+H(1s)] σ結合，一つの [C(sp²)+C(sp²)] σ結合，および一つの [C(2p)+C(2p)] π結合によって説明できることがわかる．炭素－炭素σおよびπ結合は，ひとまとめにして炭素－炭素二重結合とみなされる．二重結合に対して，σ結合による結合次数が1，またπ結合による結合次数が1であり，あわせて全結合次数は2となる．σ結合とπ結合のエネルギーは同じではない．したがって，二重結合は単結合よりもずっと強いけれども，二重結合の強さは単結合の2倍というわけではない．実際，炭素－炭素単結合の結合エネルギーは約0.6 aJであり，一方，炭素－炭素二重結合の結合エネルギーは約1 aJである．図9・34からわかるように，π結合を形成する2個の2pオービタルが効果的に重なり合うために，分子は平面構造に固定される．

図9・34 エチレン分子の二重結合は，σ結合とπ結合から形成される．σ結合は，それぞれの炭素原子から1個ずつ，あわせて2個のsp²オービタルの重なり合いによって形成される．π結合は，それぞれの炭素原子から1個ずつ，あわせて2個の2pオービタルの重なり合いによって形成される．π結合によってσ結合骨格が平面に固定され，二重結合のまわりの回転が妨げられる．

例題 9・8 メタナール CH₂O は一般に，その慣用名であるホルムアルデヒドの名称でよばれており，そのルイス構造は以下の通りである．ホルムアルデヒド分子における結合の形成を説明せよ．

解答 VSEPR理論から，CH₂O分子の炭素原子のまわりは，約120°の結合角をもつ平面三角形であると結論することができる．このため，CH₂O分子の結合を記述するためには，炭素原子のsp²混成オービタルを用いることが適切である．さらに，酸素原子のまわりにも三つの電子のグループ(二重結合と二組の非共有電子対)があるので，酸素原子もsp²混成オービタルを用いることが適切である．

---

1) σ-bond framework 2) π bond

まず，炭素原子のsp²オービタルと酸素原子のsp²オービタルを重ね合わせることによって，炭素-酸素σ結合オービタルを形成する．残った2個の炭素原子のsp²オービタルは水素原子の1sオービタルと重なり合って，二つの炭素-水素σ結合オービタルを形成する．ホルムアルデヒド分子には4+6+(2×1)＝12個の価電子がある．これらのうち2個が炭素-酸素σ結合オービタルを占有し，炭素-酸素σ結合を形成する．また，4個の価電子が，二つの炭素-水素σ結合オービタルを占有し，二つの炭素-水素σ結合を形成する．そして，残った酸素原子の二つのsp²オービタルは4個の価電子によって占有され，酸素原子上の二組の非共有電子対を形成する．

残った炭素原子の2pオービタルと酸素原子の2pオービタルは，分子の平面に対して垂直に位置しているが，それらは重なり合って炭素-酸素πオービタルを形成し，そのオービタルは残った2個の価電子によって占有される．このように，ホルムアルデヒド分子の炭素-酸素二重結合はσ結合とπ結合から形成され，結合次数2をもつ．図9・35に，ホルムアルデヒド分子における結合の形成を示した．

練習問題 9・8 局在化結合オービタルを用いて，ホスゲン Cl_2CO 分子における結合の形成を説明せよ．

解答 ホルムアルデヒド分子と同様，ホスゲン分子の炭素原子と酸素原子の両方に，sp²混成オービタルを用いることが適切である．形成される結合は，[C(sp²)＋O(sp²)] σ結合，[C(2p)＋O(2p)] π結合，および二つの [Cl(3p)＋C(sp²)] σ結合，さらに2個のO(sp²)非結合オービタルを占有している二組の非共有電子対と要約することができる．

9・11 二重結合のまわりの回転は束縛されている

エチレン分子の二重結合は，σ結合とπ結合から形成されている．π結合によって分子は平面構造に固定される(図9・34)．π結合を開裂させるためにはきわめて大きなエネルギーが必要なので，事実上，室温では二重結合のまわりの回転は起こらない．

二重結合のまわりの回転が起こらないことに由来する現象をみるために，1,2-ジクロロエテン ClCH＝CHCl 分子について考えよう．(1,2は，塩素原子が異なる炭素原子に結合していることを示している．) 事実上，炭素-炭素二重結合のまわりの回転が起こらないので，次式に示すように，1,2-ジクロロエテンには二つの異なる構造が存在する．

トランス異性体　　シス異性体

上図の左側の分子は，塩素原子が互いに二重結合の反対側に位置しているので，*trans*-1,2-ジクロロエテンという(*trans* は"トランス"と読み，"反対側に"を意味する)．一方，右側の分子は，塩素原子が二重結合の同じ側に位置するので，*cis*-1,2-ジクロロエテンという(*cis* は"シス"と読み，"同じ側に"を意味する)．

前章で述べたように，原子の結合様式は同じであるが，原子の空間的な配列が異なる分子を立体異性体という．1,2-ジクロロエテンの二つの異性体は立体異性体であり，このような種類の立体異性を特に，**シス-トランス異性**[1]という．立体異性体，特にシス-トランス異性体は，互いに異なる物理的性質をもっている．1,2-ジクロロエテンのトランスおよびシス異性体は，いずれも極性の結合をもつが，トランス異性体は正味の双極子モーメントをもたない

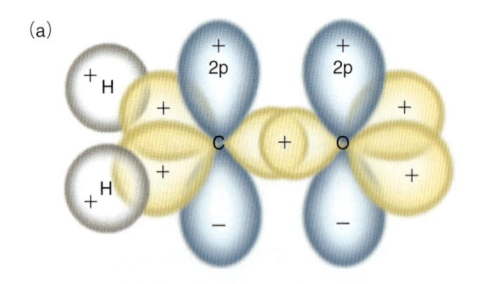

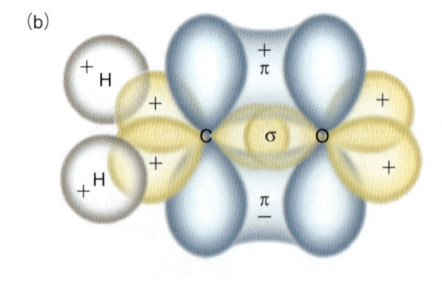

図9・35 ホルムアルデヒド H_2CO 分子における結合の形成．(a) σ結合骨格．2pオービタルが，4個の原子によって形成される平面に対して垂直の方向に位置している．これら二つの2pオービタルが重なり合って，πオービタルが形成される．πオービタルは2個の価電子によって占有される．(b) 炭素-酸素二重結合は，一つのσ結合と一つのπ結合から形成される．

---

1) cis-trans isomerism

のに対して，シス異性体は双極子モーメントをもっている．1,2-ジクロロエテンのシス-トランス異性体の沸点はかなり異なっており，トランス異性体が 48 ℃ であるのに対して，シス異性体は 60 ℃ である．すなわち，正味の双極子モーメントをもつシス異性体の方が，無極性のトランス異性体よりも高い沸点をもっている．その理由は第 15 章で説明する．

シス-トランス異性の重要性を示す一つの例は，視覚の化学である．上述したように，分子の基底状態では，二重結合のまわりの回転は許されない．しかし，もし分子に，熱，あるいは光の形態で十分な量のエネルギーが供給されれば，シス異性体とトランス異性体は相互に変換することができる．

視覚の化学にシス-トランス異性化が関わっていることは，1950 年代に明らかにされた．私たちの目の網膜にはロドプシンという物質があり，その物質には，オプシンというタンパク質と結合した 11-*cis*-レチナールという分子が存在している．可視光の光子が 11-*cis*-レチナール分子に衝突すると，シス形の二重結合の異性化が起こり，11-*trans*-レチナールが生成する（図 9・36）．

図 9・36 の図中の番号は炭素原子の番号を表している．図 9・36 に示した化学式で網をかけた部分は，この分子の平面構造をもつ領域を示している．シス異性体とトランス異性体の分子の形状は著しく異なっているため，光によってひき起こされる分子の形状の変化が，視神経細胞の応答をひき起こし，それが脳に伝達されて視覚として認識される．視覚は，よく研究されている一連の過程を経て起こる．しかし，その最初のできごとは，レチナールという分子のシス異性体からトランス異性体への変換なのである．

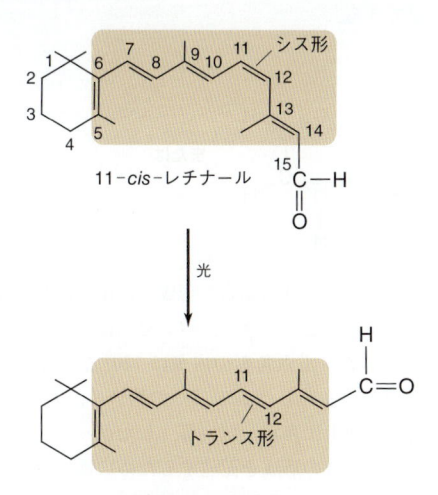

9・12 三重結合は一つの σ 結合と二つの π 結合によって記述される

つぎに三重結合をもつ分子について考えよう．よい例は，エチン C_2H_2 分子である．エチンは一般に，その慣用名であるアセチレンの名称でよばれている．アセチレン分子のルイス構造は，H−C≡C−H と書くことができる．アセチレン分子は直線形であり，その炭素原子はそれぞれ，2 個の原子だけと結合している．9・5 節で述べたように，互いに 180° 離れた二つの結合をもつ原子について，その結合の形成を記述するためには，sp 混成オービタルを用いることが適切である（図 9・17）．

アセチレン分子における σ 結合骨格は，つぎの 2 段階によって構築することができる．まず，それぞれの炭素原子から一つずつ，あわせて 2 個の sp オービタルを重ね合わせることによって，炭素−炭素 σ 結合オービタルを形成する．ついで，それぞれの炭素原子の sp オービタルと水素原子の 1s オービタルを重ね合わせることによって，二つの炭素−水素 σ 結合オービタルを形成する．アセチレン分子がもつ $(2×4)+(2×1)=10$ 個の価電子のうち，6 個がこれら三つの σ 結合オービタルを占有することによって，アセチレン分子の σ 結合骨格が形成される（図 9・37）．

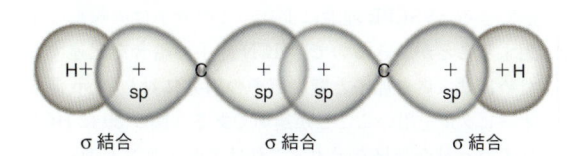

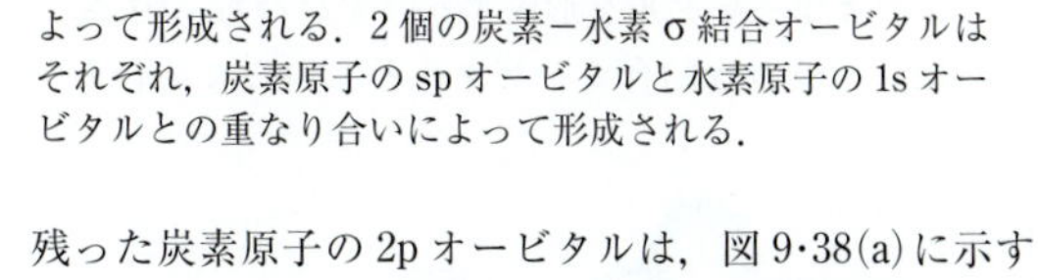

図 9・37 アセチレン HC≡CH 分子における σ 結合骨格．炭素−炭素 σ 結合オービタルは，それぞれの炭素原子から 1 個ずつ，あわせて 2 個の sp オービタルの重なり合いによって形成される．2 個の炭素−水素 σ 結合オービタルはそれぞれ，炭素原子の sp オービタルと水素原子の 1s オービタルとの重なり合いによって形成される．

残った炭素原子の 2p オービタルは，図 9・38(a)に示すように，アセチレン分子の H−C−C−H 結合軸に対して垂直の方向を向いている．これらのオービタルは重なり合って，二つの π 結合オービタルを形成する．残った 4 個の価電子がこれら二つの π 結合オービタルを占有することによって，二つの π 結合が形成される．炭素−炭素三重結合に対する全結合次数は，σ 結合を占有している 2 個の電子と，二つの π 結合を占有している 4 個の電子により，

図 9・36 光子が目の網膜にあたると，網膜に存在する 11-*cis*-レチナール分子が，そのトランス異性体である 11-*trans*-レチナールに変換される．この反応では，11-*cis*-レチナールの 11 番目の炭素原子と 12 番目の炭素原子をつなぐ π 結合が開裂し，ついで残った σ 結合のまわりに回転が起こり，さらに π 結合が再形成されることにより分子がトランス形に固定される．

3となる．このように，三重結合は一つのσ結合と二つのπ結合から形成されている（図9・38b）．

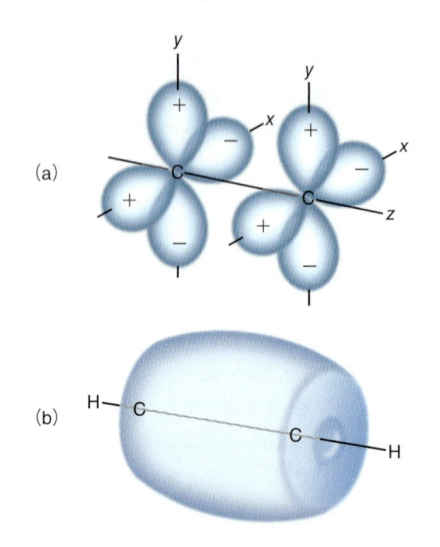

図9・38 (a) アセチレン分子の炭素原子上の2pオービタル．結合軸をz軸にとると，x軸方向を向いた2pオービタルが重なり合って，一つのπオービタルが形成され，y軸方向を向いた2pオービタルが重なり合って，もう一つのπオービタルが形成される．(b) アセチレンでは二つのπ結合により，結合領域において，樽のような形状の電子密度分布が形成される．

例題9・9 アセチレン分子における結合の形成と比較して，シアン化水素HCN分子における結合の形成を説明せよ．

解答 HCN分子のルイス構造は，H–C≡N: と書くことができる．VSEPR理論により，この分子は直線形と予想することができるので，HCN分子の結合を記述するためには，炭素原子と窒素原子の両方に対してsp混成オービタルを用いることが適切である．図9・39にHCN分子のσ結合骨格を示す．これはアセチレン C_2H_2 分子のσ結合骨格と類似している（図9・37および9・38）．炭素，および窒素原子の2pオービタルは，重なり合って二つのπオービタルを形成する．すなわち，HCN分子には，二つのσ結合オービタルと二つのπ結合オービタルのあわせて四つの結合オービタルが形成される．HCN分子には10個の価電子があり，そのうちの8個は四つの結合オービタルを占有する．残りの2個の価電子は窒素原子のsp非結合オービタルを占有し，窒素原子上の非共有電子対を形成する．

練習問題9・9 局在化結合オービタルを用いて，一酸化炭素CO分子における結合の形成を説明せよ．

解答 CO分子のルイス構造は，つぎのように表される．
:C≡O:

z軸を結合軸にとるとCO分子の三重結合は，[C(sp)+O(sp)] σ結合，[C($2p_x$)+O($2p_x$)] π結合，[C($2p_y$)+O($2p_y$)] π結合によって記述される．C(sp)およびO(sp)非結合オービタルを占有する電子対によって，二組の非共有電子対が形成される．

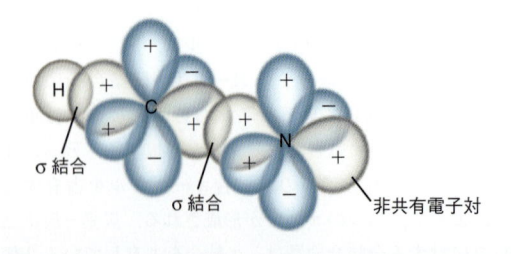

図9・39 シアン化水素HCN分子におけるσ結合骨格．

9・13 ベンゼンのπ電子は非局在化している

多くの分子やイオンでは，多数の隣り合った原子間に広がった分子オービタルをもつ場合がある．最も重要な例の一つは，ベンゼン C_6H_6 分子である．ベンゼンのルイス構造は，ベンゼンを表記するための2個の共鳴構造となることを思い出そう（7・6節を参照）．下式のように，ベンゼンは，これら二つの共鳴構造を重ね合わせた化学式で表記することができる．

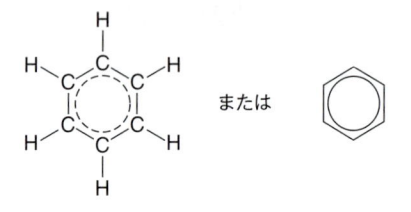

ベンゼン分子における結合の形成は，σ結合とπ結合によって記述することができる．ベンゼンは正六角形をした平面分子である．正六角形の内角は120°なので，それぞれの炭素原子のまわりにある三つの結合は，互いに120°離れて同じ平面上に存在している．したがって，ベンゼン分子における結合の形成を記述するためには，炭素原子に sp^2 混成オービタルを用いることが適切である．そうすると直ちに，ベンゼンのσ結合骨格を，図9・40のように表すことができる．図からわかるように，ベンゼンには12個のσ結合オービタルがあることに注意してほしい．

それぞれの炭素原子はまた，正六角形の平面に対して垂直な方向を向いた2pオービタルをもっている．これら6個の2pオービタルが重なり合うことにより，軌道保存の

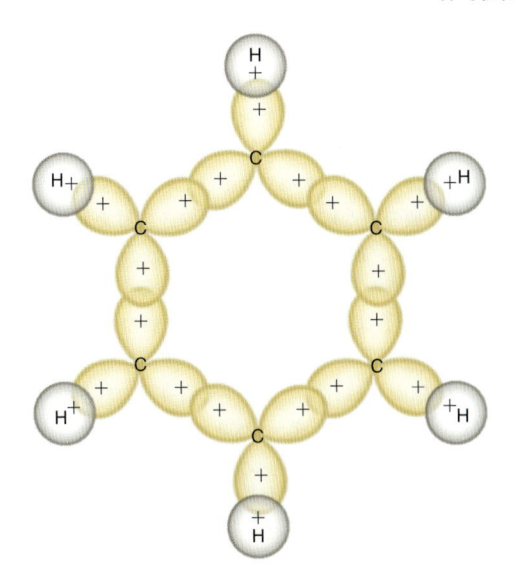

9·13 非局在化したπ電子とベンゼン

図 9·40 ベンゼン C_6H_6 分子における σ 結合骨格. それぞれの炭素-炭素 σ 結合オービタルは, 炭素原子の sp^2 オービタルの重なり合いによって形成され, それぞれの炭素-水素 σ 結合オービタルは, 炭素原子の sp^2 オービタルと水素原子の 1s オービタルの重なり合いによって形成される. 12 個の原子はすべて同一の平面内にあり, ベンゼンは平面分子である. 6 個の炭素原子は正六角形を形成している. この図には示されていないが, それぞれの炭素原子から 1 個ずつ, あわせて 6 個の 2p オービタルが, 正六角形平面に対して垂直の方向に位置している (図 9·41 を参照せよ).

原理に従って, 全部で 6 個の π 分子オービタルが形成される. 図 9·41 には, ベンゼン環に垂直な 6 個の 2p オービタルの 6 通りの重なり合いと, それぞれによって形成される分子オービタルの形状を示した. 図 9·41 に示した分子オービタルの順序は, それらの相対的なエネルギーの大きさに対応しており, 最も下に描かれた分子オービタルが最も低いエネルギーをもっている. 図 9·41 の 2p オービタルに付されている正負の符号は, 2p オービタルが重なり合うとき, それらがどのように配向しているかを示している. 最もエネルギーが低いオービタル (図 9·41a) では, 6 個すべての 2p オービタルの正負の符号が同じ配向をもっており, これは形成された分子オービタルが, 6 個すべての 2p オービタルの和からなることを意味している. 形成された分子オービタルは, 分子平面の上下にそれぞれ 1 個ずつ存在する環のように見えることに注意してほしい. この分子オービタルは結合性オービタルである. このように, 分子オービタルがいくつかの原子核に広がって存在するとき, その分子オービタルは**非局在化**[1]しているといい, また, このオービタルを占有している電子についても同様に, 電子は非局在化しているという. つぎにエネルギーが高いオービタル (図 9·41b, c) は二重に縮重している. 言い換えれば, 同じエネルギーをもつ 2 個の分子オービタルが存在する. これらの分子オービタルの一つは, 4 個の 2p オービタルだけの重なり合いから形成されている. しかし, 図 9·41 からわかるように, いずれの場合にも, その分子オー

図 9·41 ベンゼン分子の σ 結合骨格から形成される正六角形平面に対して垂直の方向を向いた 6 個の 2p オービタルの重なり合い. それぞれの図は, 平面の σ 結合骨格に対して垂直の方向を向いた 2p オービタルの正符号のローブと負符号のローブが, 互いにどのように配向しているかを示している. 図中に示した白色の枠は, 節面の位置を表す. 形成されたベンゼン分子の 6 個の分子オービタルは, それらのエネルギーの順序に並んでいる. エネルギーが低い 3 個の分子オービタルは結合性オービタルであり, 他の 3 個は反結合性オービタルである. この図からわかるように, 節面の数が増大するとともに, 分子オービタルのエネルギーも増大する.

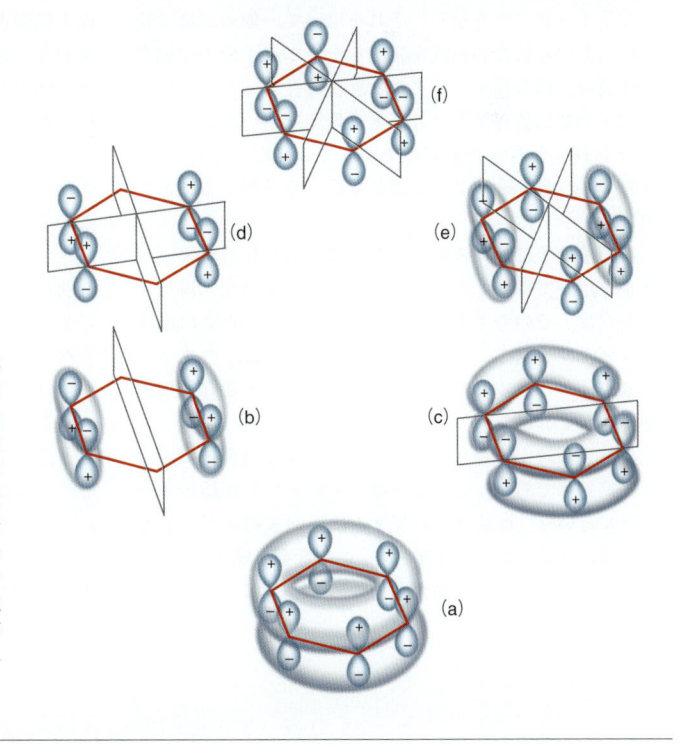

---

[1] delocalization

ビタルが，分子平面に垂直な1個の節面をもつように2pオービタルが重なり合っている．これらの縮重した分子オービタルは節面をもっているので，そのエネルギーは図9・41(a)に示した分子オービタルよりも高いが，結合性オービタルである．これらの分子オービタルも，一つは4個の原子核に，またもう一つは6個の原子核に広がって存在しているので，いずれも非局在化している．そのつぎにエネルギーが高い一組の分子オービタル(図9・41d, e)では，形成された分子オービタルが，分子平面に垂直な2個の節面をもつように2pオービタルが重なり合っている．これらの二重に縮重した分子オービタルは，いずれも反結合性オービタルである．最後に，最もエネルギーの高い分子オービタル(図9・41f)は，6個の2pオービタルが，それらの正負の符号が交互に変わるような配向で重なり合うことによって形成される．形成された分子オービタルは，分子平面に垂直な3個の節面をもち，反結合性オービタルである．

ベンゼン分子は，波動関数のエネルギーの大きさとその節面の数との関係を示すよい例である．量子論によると，波動関数が多くの節面をもつほど，そのエネルギーは高くなる．図9・41からわかるように，ベンゼン分子の最もエネルギーが低い分子オービタルは，分子平面に垂直な節面をもっていない．このような節面の数は，そのつぎの2個の縮重した分子オービタルではそれぞれ1個であるが，そのつぎの2個の縮重した分子オービタルではそれぞれ2個となる．さらに，最もエネルギーが高い分子オービタルは，分子平面に垂直な3個の節面をもっている．

ベンゼン分子は $(6 \times 4) + (6 \times 1) = 30$ 個の価電子をもっている．その電子基底状態では，これらの価電子のうち24個が12個のσ結合オービタルを占有し，残りの6個が図9・41に示したエネルギーの低い3個のπオービタルを占有する．これら6個のπ電子はすべて非局在化した分子オービタルに収容されており，これがベンゼンにおける著しい安定性の要因となっている．量子論に基づく非局在化の概念が表すものは，ルイス構造において共鳴の概念によって表そうとしたものにほかならない．非局在化πオービタルを用いると，ルイス構造の共鳴を用いるよりも，満足のいく，またより明快な説明が与えられる．

まとめ

第5章では，最も簡単な原子である水素の原子オービタルについて説明し，それを用いて，他の原子の電子配置を記述した．本章では，最も簡単な二原子化学種 H_2^+ の分子オービタルを示し，それを用いて，他の二原子化学種における結合の形成を説明した．二原子分子の結合の性質は，結合性オービタルと反結合性オービタルにある電子の数に依存する．分子軌道理論を用いると，二原子分子 He_2 や Ne_2 が通常の条件下では存在しないこと，また $O_2(g)$ が常磁性であることを正しく予測することができる．

多原子分子における結合の形成は，局在化結合オービタルを用いて理解することができる．分子の立体構造がわかれば，その分子の局在化結合を記述するための混成オービタルを選ぶことができる．表9・3には，さまざまな混成オービタルとその性質，および関連する立体構造を要約して示した．

単結合に対する局在化結合オービタルは結合軸について円筒対称であり，そのようなオービタルをσ結合オービタルという．σ結合オービタルは逆向きのスピンをもつ2個の電子によって占有され，σ結合を形成する．

二重結合は一つのσ結合と一つのπ結合によって記述することができる．π結合は，隣接する原子のpオービタルの重なり合いによって形成される．二重結合を形成している原子に直接結合している原子は，すべて同じ平面上に存在している．基底状態の分子では，二重結合のまわりの回転が起こらないので，シス，およびトランス異性体が生じる．三重結合は一つのσ結合と二つのπ結合によって記述される．

ベンゼンのようないくつかの分子では，π結合オービタルが多くの原子にほぼ均一に広がって存在しており，このような場合，分子オービタルが非局在化しているという．電子が非局在化することにより，分子やイオンは特別な安定性を獲得する．ベンゼンが比較的安定であることは，この安定性によって説明される．

ベンゼンのような分子について，その結合を記述する際には，局在化結合オービタルを用いてσ結合を扱い，π結合には分子軌道理論を適用する．このような混合した方法を用いることができるのは，この方法がルイス構造と密接に関連しており，またきわめて多数の分子においてσ結合は局在化し，π結合は非局在化しているためである．後の章で述べるように，この方法は，分子の反応性を説明するときに有用である．

化 学 反 応

10

これまでに学んだことを基礎として，いよいよ化学という学問の核心である化学反応の学習を始めよう．本書の最初の数章では元素について学習し，元素は化学的な性質に基づいて，元素の周期表によって表される周期的な配列に分類されることを学んだ．つぎに，現代の量子論について学習し，電子が原子核のまわりにどのように配置されているかを学んだ．そして，原子の電子配置に基づいて化学結合の形成を学び，なぜある元素は結合して分子を形成するのに，他の元素はそうしないのかを理解することができた．

さて本章では，これまでに学んだ原子，分子，イオン，さらに化学結合に関する知識を基礎として，物質が互いにどのように反応するのかについて学ぶことにしよう．後の章では，化学的な計算の方法や，化学反応によって生成する物質の量を予測する方法を学ぶ．しかしまず，化学反応についてもう少し理解を深め，またさまざまな形式の化学反応をどのように分類するかを学ばなければならない．

化学反応の慣用的な分類法の一つは，化学反応をつぎの4種類，すなわち(1) 結合反応，(2) 分解反応，(3) 単一交換反応，(4) 二重交換反応，に分類する方法である．すべての化学反応がこれら4種類に分類されるわけではないが，多くはいずれかの反応に属する．したがって，初めて化学反応を学ぶに際して，化学反応をこれらの4種類に分類してみることは有用であろう．それぞれの反応を学ぶ過程において自然に，化合物の命名法や金属の相対的な反応性を扱い，さらに酸と塩基の性質にもふれることになる．

本章の最後には，化学反応に対する別の分類の体系を学ぶ．すべての化学反応は，つぎの二つの種類，すなわち，ある化学種から別の化学種へ電子が移動する反応か，あるいは電子の移動がない反応のいずれかに帰属することができる．ある化学種から別の化学種へ電子が移動する反応を酸化還元反応（レドックス反応），あるいは電子移動反応という．

本章は，さまざまな種類の化学反応について，定性的な導入を行うことを目的としている．酸塩基反応，沈殿反応，あるいは酸化還元反応といった多くの重要な反応については，後続の章でそれらを定量的に取扱うことによって，さらに理解を深めていく．

10・1	結合反応
10・2	多原子イオンの命名法
10・3	酸と塩基
10・4	分解反応
10・5	水 和 物
10・6	単一交換反応
10・7	金属の相対的な反応性
10・8	ハロゲンの相対的な反応性
10・9	二重交換反応
10・10	酸塩基反応
10・11	酸化還元反応

10・1 2種類の物質から単一の生成物が得られる反応を結合反応という

化学反応の最も簡単な形式の一つは**結合反応**[1]である．2種類の反応物が結合して単一の生成物を与える反応を，結合反応という．この形式の反応は，2種類の単体，単体と化合物，あるいは2種類の化合物の間のいずれかで起こる．結合反応には2種類（あるいは3種類のこともある）の反応物と，1種類の生成物だけが関与するので，この化学反応は容易に識別することができる．

金属アルミニウムは，空気中の酸素によって表面がすぐに酸化されるが，それ

---

1) combination reaction

以上の酸化は受けにくい．これは最初の酸化によって，金属表面に密着した丈夫な酸化アルミニウムの被膜が形成され，それが酸素を通さないためである．対照的に，鉄は，その酸化物である酸化鉄(III)が金属表面に密着しないため，空気中の酸素による酸化が進行する("腐食する"という)．このため，鉄は空気酸化によって完全に腐食してしまう．酸素によるアルミニウムや鉄の酸化は，金属と非金属を含む結合反応の例である．これらの反応はつぎの化学反応式によって記述される．

$$4\text{Al(s)} + 3\text{O}_2\text{(g)} \longrightarrow 2\text{Al}_2\text{O}_3\text{(s)}$$

$$4\text{Fe(s)} + 3\text{O}_2\text{(g)} \longrightarrow 2\text{Fe}_2\text{O}_3\text{(s)}$$

結合反応の反応物が金属と非金属の場合には，生成物はイオン化合物となることが多い．ほとんどのイオン化合物は高い融点をもつので〔たとえば，NaCl(s)，CaO(s) の融点はそれぞれ 800 ℃，2850 ℃ である〕，反応温度が非常に高い場合や，イオン化合物を溶かす溶媒が存在する場合を除いて，一般にイオン性の生成物は固体となる．第 6 章で学んだように，イオン化合物の融点が高いのは，その固体において逆の電荷をもつイオンの間に強い静電気力がはたらいているためである．

また，2 種類の非金属の間で起こる結合反応も多い．2 種類の非金属が反応する場合，生成物は共有結合化合物となる．たとえば，つぎの化学反応式で表されるように，炭素が酸素中で燃えると二酸化炭素が生成する．

$$\text{C(s)} + \text{O}_2\text{(g)} \longrightarrow \text{CO}_2\text{(s)} \qquad (10 \cdot 1)$$

また，硫黄は酸素中で青い炎をあげて燃え（図 10・1），二酸化硫黄が生成する．二酸化硫黄は刺激的なにおいをもつ，有毒な無色の気体である．

$$\text{S(s)} + \text{O}_2\text{(g)} \longrightarrow \text{SO}_2\text{(s)} \qquad (10 \cdot 2)$$

二酸化炭素分子と二酸化硫黄分子は，いずれも共有結合で形成されている．一般に，共有結合化合物はイオン化合物よりも**揮発性**[1]が高い．すなわち，共有結合化合物はイオン化合物よりも気化しやすく，その結果，共有結合化合物の沸点や融点は一般に低い．たとえば，共有結合化合物の $\text{CO}_2\text{(g)}$ と $\text{SO}_2\text{(g)}$ は 25 ℃ において気体であるが，上述の通り，NaCl(s) と CaO(s) はそれよりも高い温度でさえ固体である．

(10・1)式，および(10・2)式で示された反応は，**燃焼反応**[2]（図 10・2）の例でもある．燃焼反応は，物質，あるいは燃料が，酸素やそのほかの酸化剤の中で燃える反応である（酸化反応については，10・11 節で詳しく述べる）．

これまでに示した結合反応は，単体と単体との反応であった．結合反応は 2 種類の化合物の間でも起こる．最初

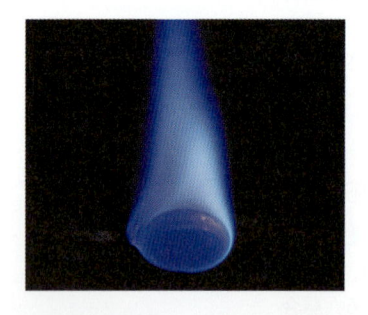

図 10・1 硫黄は酸素中で青い炎をあげて燃える．硫黄の燃焼による二酸化硫黄 $\text{SO}_2\text{(g)}$ の生成は，硫酸の製造における重要な反応となっている．二酸化硫黄は，硫黄を含む石炭や石油の燃焼によっても生成する．

図 10・2 スチールウール（繊維状にした鋼鉄）は空気中では燃えないが，純粋な酸素中では激しく燃える．

図 10・3 アンモニアと塩化水素はいずれも無色の気体である．それらは結合反応を起こし，白色固体の塩化アンモニウム $\text{NH}_4\text{Cl(s)}$ が生成する．図中の白い雲状の物質は微小な塩化アンモニウムの粒子であり，それぞれの水溶液が入った瓶から発生したアンモニアと塩化水素が接触して生じたものである．

1) volatility 2) combustion reaction

の例は，酸化ナトリウム Na₂O(s) と二酸化炭素からイオン化合物の炭酸ナトリウム Na₂CO₃(s) が生成する反応である．この反応の化学反応式は次式によって表される．

$$Na_2O(s) + CO_2(g) \longrightarrow Na_2CO_3(s)$$
炭酸ナトリウム

この結合反応は，空気から二酸化炭素を取除くための反応として利用される．また，この反応を用いると，気体試料を Na₂O(s) に添加し，反応前後の固体の重さを量ることによって，気体試料に含まれる二酸化炭素の量を測定することができる．

気体のアンモニアと塩化水素を混合すると（図 10·3），それらの間で結合反応が起こり，次式に従って，イオン化合物の塩化アンモニウムが生成する．

$$NH_3(g) + HCl(g) \longrightarrow NH_4Cl(s)$$
塩化アンモニウム

2種類の化合物を含む結合反応の他の例として，三酸化硫黄 SO₃(g) と酸化マグネシウム MgO(s) からイオン化合物の硫酸マグネシウム MgSO₄(s) が生成する反応がある．この反応はつぎの化学反応式によって表される．

$$SO_3(s) + MgO(s) \longrightarrow MgSO_4(s)$$
硫酸マグネシウム

この結合反応は，空気から三酸化硫黄を取除くために用いることができる．

10·2 多原子イオンは水溶液中で分解しない

エタノール CH₃CH₂OH(l) のような共有結合化合物が水に溶けて溶液になると，エタノール分子と水分子は，溶液全体にほぼ均一に分布する（図 10·4）．それとは対照的に，塩化ナトリウム NaCl(s) のようなイオン化合物が水に溶けると，イオン化合物は陽イオンと陰イオンに解離し，それぞれは溶液中で水分子の殻によって取囲まれる（図 10·5）．このような溶媒和されたイオンは，結晶格子中のイオンよりも低いエネルギーをもつことが明らかにされており，これによって塩化ナトリウムが水に溶解することが説明される．

イオン性固体が解離する過程は，つぎのような化学反応式によって表すことができる．

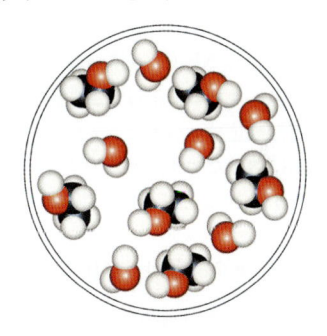

図 10·4 エタノール CH₃CH₂OH(l) のような共有結合化合物が水に溶けると，その分子は溶液中に均一に分散する．

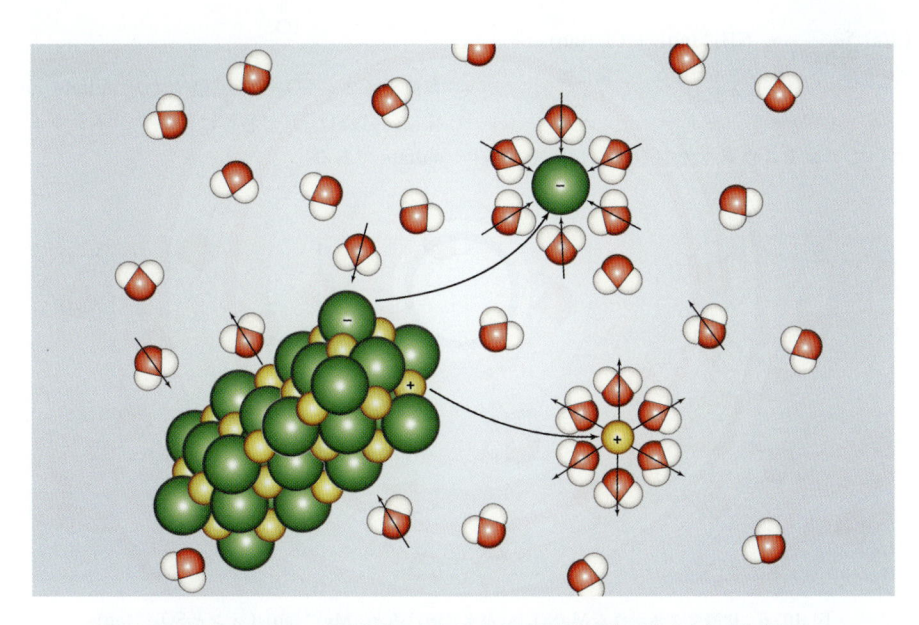

図 10·5 塩化ナトリウム NaCl(s) のようなイオン化合物が水に溶けると，生成したイオンを水分子が溶媒和して殻が形成される．水は極性分子であることを思い出そう．これらの殻では，水分子の負の部分が，正電荷をもつナトリウムイオンの方向を向き，水分子の正の部分が，負電荷をもつ塩化物イオンの方向を向いていることに注意してほしい．

$$\text{NaCl(s)} \xrightarrow{\text{H}_2\text{O(l)}} \text{Na}^+(\text{aq}) + \text{Cl}^-(\text{aq}) \quad (10 \cdot 3)$$

化学反応式の矢印の下に書かれた $\text{H}_2\text{O(l)}$ は，水が生成物に対する溶媒としてはたらくことを意味している．すなわち，水が塩化ナトリウムを溶かしている液体である．また，記号 $\text{Na}^+(\text{aq})$ および $\text{Cl}^-(\text{aq})$ は，塩化ナトリウムが水溶液中でイオンを形成していることを示している．塩化ナトリウムが水に溶解していることを示すために，NaCl(aq) と表記することはまったく構わないが，(10·3)式のような解離反応式を用いると，溶液中で実際に起こっている現象をよりはっきりと示すことができる．後続の節で述べるように，多くの重要な化学反応が，水溶液中に存在するさまざまなイオンの間で起こる．

塩化ナトリウムは簡単な二元化合物，すなわちただ2種類の元素，金属と非金属からなる化合物の例である．つぎに，塩化アンモニウム $\text{NH}_4\text{Cl(s)}$ について考えよう．塩化アンモニウムは水にきわめて溶けやすい固体である．塩化ナトリウムの解離反応式〔(10·3)式〕にならうと，塩化アンモニウムが水に溶けたとき，次式のようにその成分元素のイオンに分解すると（誤って）予想するかもしれない．

$$\text{NH}_4\text{Cl(s)} \xrightarrow{\text{H}_2\text{O(l)}} \text{N}^{3-}(\text{aq}) + 4\text{H}^+(\text{aq}) + \text{Cl}^-(\text{aq})$$
$$(誤っている)$$

しかし，この解離反応式のようなことは起こらない．実際には，$\text{NH}_4\text{Cl(s)}$ が水に溶けると，化学式 NH_4Cl 当たり，ただ2個のイオンだけが生成することが知られている．

$$\underset{\text{塩化アンモニウム}}{\text{NH}_4\text{Cl(s)}} \xrightarrow{\text{H}_2\text{O(l)}} \underset{\text{アンモニウムイオン}}{\text{NH}_4^+(\text{aq})} + \underset{\text{塩化物イオン}}{\text{Cl}^-(\text{aq})}$$

水溶液中においてアンモニウムイオン NH_4^+ は，その成分元素のイオンに分解せず，**多原子イオン**[1] として存在する．このように多原子イオンは，共有結合によって連結した2個，あるいはそれ以上の原子からなる電荷をもった化学種をいう．多原子イオンは多くのイオン性物質の構成要素となっている．

多原子イオンの他の例をみてみよう．硫酸マグネシウム $\text{MgSO}_4(\text{s})$ を水に溶かすと，次式のように化学式 MgSO_4 当たり，ただ2個のイオンだけが生成する．

$$\underset{\text{硫酸マグネシウム}}{\text{MgSO}_4(\text{s})} \xrightarrow{\text{H}_2\text{O(l)}} \underset{\text{マグネシウムイオン}}{\text{Mg}^{2+}(\text{aq})} + \underset{\text{硫酸イオン}}{\text{SO}_4^{2-}(\text{aq})}$$

SO_4^{2-} イオンは水溶液中で成分元素のイオンに分解せず，多原子イオンとして存在する（図10·6）．

すでに述べたように，NH_4^+ や SO_4^{2-} のような多原子イオンは，複数の原子が共有結合によって連結した電荷をもつ化学種である．したがって，第7章で学んだ規則を適用することにより，これらの化学種のルイス構造を書くことができる．NH_4^+ イオンのルイス構造はつぎの通りである．

また，SO_4^{2-} イオンについては，次式のようになる．

← 他の共鳴構造

多原子イオン SO_4^{2-} を硫酸イオン, sulfate ion という．同様に，$\text{MgSO}_4(\text{s})$ の名称は硫酸マグネシウム, magnesium sulfate である．

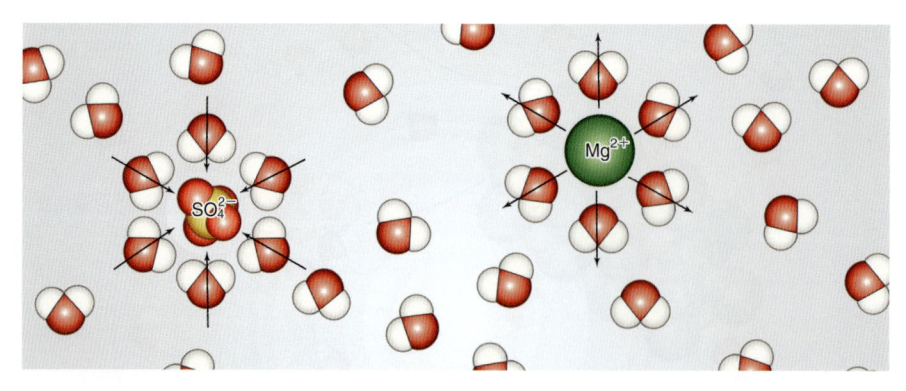

図 10·6　硫酸マグネシウム $\text{MgSO}_4(\text{s})$ が水に溶けると，$\text{Mg}^{2+}(\text{aq})$ イオンと $\text{SO}_4^{2-}(\text{aq})$ イオンが生成する．

---

1) polyatomic ion

表 10・1　一般的な多原子イオン[a]

OH^-	水酸化物イオン hydroxide		O_2^{2-}	過酸化物イオン peroxide
CN^-	シアン化物イオン cyanide		CO_3^{2-}	炭酸イオン carbonate
SCN^-	チオシアン酸イオン thiocyanate		SO_3^{2-}	亜硫酸イオン sulfite
HCO_3^-	炭酸水素イオン hydrogen carbonate ［重炭酸イオン bicarbonate］		SO_4^{2-}	硫酸イオン sulfate
			$S_2O_3^{2-}$	チオ硫酸イオン thiosulfate
HSO_3^-	亜硫酸水素イオン hydrogen sulfite ［重亜硫酸イオン bisulfite］		$C_2O_4^{2-}$	シュウ酸イオン oxalate
			CrO_4^{2-}	クロム酸イオン chromate
HSO_4^-	硫酸水素イオン hydrogen sulfate ［重硫酸イオン bisulfate］		$Cr_2O_7^{2-}$	二クロム酸イオン dichromate
$C_2H_3O_2^-$	酢酸イオン acetate （CH_3COO^- とも書く）		PO_3^{3-}	亜リン酸イオン phosphite
			PO_4^{3-}	リン酸イオン phosphate
NO_2^-	亜硝酸イオン nitrite			
NO_3^-	硝酸イオン nitrate			
MnO_4^-	過マンガン酸イオン permanganate		NH_4^+	アンモニウムイオン ammonium
ClO^-	次亜塩素酸イオン hypochlorite		Hg_2^{2+}	水銀(I)イオン mercury(I)
ClO_2^-	亜塩素酸イオン chlorite			
ClO_3^-	塩素酸イオン chlorate			
ClO_4^-	過塩素酸イオン perchlorate			

a) 慣用名は［ ］内に示した．

　化学において重要な多くの多原子イオンが知られている．これらのうち，最も一般的なもののいくつかを表10・1に示した．表に示したイオンは，電荷によって分類されており，類似の化学式と名称をもつイオンがまとまるように並べられている．多原子イオンには不規則な名称をもつものが多い．これは，それらが現代の体系的な命名法が確立する以前につけられたためである．しかし，**オキソアニオン**[1]，すなわち酸素と結合した非金属を含む陰イオンについては，つぎのような体系的な規則を適用して命名することができる．

1. 非金属が酸素と 2 種類の陰イオンを形成する場合，それらのイオンは，日本語名では，酸素原子の数が多い方を "——酸イオン" とし，少ない方はそれに接頭語 "亜" をつけて表す．英語名では，非金属の名称を語幹として，酸素原子の数が少ない方は -ite を，酸素原子の数が多い方は -ate を語尾につけて命名する．たとえば，

$$NO_2^-　亜硝酸イオン, \text{nitrite}$$
$$NO_3^-　硝酸イオン, \text{nitrate}$$

2. 非金属が酸素と 3 種類の陰イオンを形成する場合，日本語名では酸素原子の数が最も少ないイオンを "——酸イオン" に接頭語 "次亜" をつけて表す．英語名では，非金属の名称を語幹として，接頭語 hypo- と接尾語 -ite をつけて命名する．そして残りの二つの陰イオンについては，上記の規則1を適用する．非金属が酸素と 4 種類の陰イオンを形成する場合には，3 種類の場合の規則に加えて，酸素原子の数が最も多いイオンに対して，日本語名では，"——酸イオン" に接頭語 "過" をつけ，英語名では，接頭語 per- と接尾語 -ate をつけて命名する．この例として，表 10・2 に示したオキソクロロアニオンがある．これらの陰イオンは，塩素原子と，それぞれ異なる数の酸素原子からなるのでオキソクロロアニオンとよばれる．

3. 水素原子を含むオキソアニオンの場合，日本語名では，"——酸" の後に "水素" をつける．英語名では，オキソアニオンの名称の前に "hydrogen" という語を置くことによって命名する．たとえば，HPO_4^{2-} はリン酸水素イオン，hydrogen phosphate ion である．オキソアニオンが複数の水素原子を含むときは，水素原子の数を日本語名では，二，三，などとし，英語名では，ギリシャ語の接頭語(di-, tri-, など．表 2・7 を参照せよ)によっ

表 10・2　オキソクロロアニオンの命名法

オキソアニオンの化学式	酸素原子数	用いる接頭語	用いる接尾語	オキソアニオンの名称
ClO^-	1	hypo-	-ite	次亜塩素酸イオン hypochlorite
ClO_2^-	2		-ite	亜塩素酸イオン chlorite
ClO_3^-	3		-ate	塩素酸イオン chlorate
ClO_4^-	4	per-	-ate	過塩素酸イオン perchlorate

1) oxoanion

て表す．たとえば，$H_2PO_4^-$ はリン酸二水素イオン，dihydrogen phosphate ion である．（なお，古い命名法の体系では，水素原子を1個含むオキソアニオンは，オキソアニオンに日本語名では"重"を，英語名では，接頭語 bi- をつけて命名する．たとえば，HCO_3^- は系統的な命名法では炭酸水素イオン，hydrogen carbonate ion であるが，しばしば重炭酸イオン，bicarbonate ion とよばれる．これらの古い命名法による名称は，表10・1の［　］内に示してある．）

表10・1に示したイオンを含む化合物は，二元化合物を命名するための規則（2・7節を参照せよ）に従って命名される．たとえば，NaOH(s)は水酸化ナトリウム，sodium hydroxide，KCN(s) はシアン化カリウム，potassium cyanide，NH_4Cl(s) は塩化アンモニウム，ammonium chloride と命名される．

注意：酢酸イオンは簡潔に $C_2H_3O_2^-$ と書かれることもあるが，ルイス構造に類似した CH_3COO^- と表記する方がよい．

例題 10・1 つぎのイオン化合物を命名せよ．
(a) $KMnO_4$(s)　　　(b) $Co(NO_2)_2$(s)
(c) $CrPO_4$(s)　　　(d) $NaHSO_3$(s)

解答 (a) 表10・1から MnO_4^- を過マンガン酸イオン，permanganate ion ということがわかる．したがって，$KMnO_4$(s)は過マンガン酸カリウム，potassium permanganate と命名される．過マンガン酸カリウムの水溶液は，美しい紫色をしている（図10・7）．

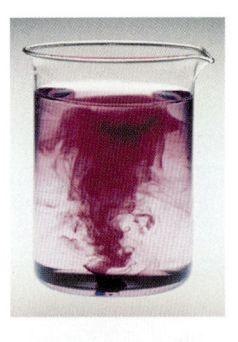

図10・7 水に溶解する過マンガン酸カリウム $KMnO_4$(s)．

(b) NO_2^- イオンは亜硝酸イオン，nitrite ion である．したがって，$Co(NO_2)_2$(s)は亜硝酸コバルト(II)，cobalt(II) nitrite と命名される（6・4節を参照せよ）．
(c) PO_4^{3-} イオンはリン酸イオン，phosphate ion である．したがって，$CrPO_4$(s)はリン酸クロム(III)，chromium(III) phosphate と命名される（6・4節を参照せよ）．

(d) HSO_3^- イオンは亜硫酸イオン，sulfite ion SO_3^{2-} に水素原子が付け加わって形成されるオキソアニオンであるから，亜硫酸水素イオン，hydrogen sulfite ion である．したがって，$NaHSO_3$(s)は亜硫酸水素ナトリウム，sodium hydrogen sulfite と命名される．古い命名法による名称は，重亜硫酸ナトリウム，sodium bisulfite である．

練習問題 10・1 つぎのイオン化合物を命名せよ．
(a) NH_4CH_3COO(s)　　　(b) $PbCrO_4$(s)
(c) $K_2Cr_2O_7$(s)　　　(d) NaH_2PO_3(s)

解答 (a) 酢酸アンモニウム，ammonium acetate
(b) クロム酸鉛(II)，lead(II) chromate
(c) 二クロム酸カリウム，potassium dichromate
(d) 亜リン酸二水素ナトリウム，sodium dihydrogen phosphite

例題 10・2 つぎのイオン化合物の化学式を書け．
(a) チオ硫酸ナトリウム，sodium thiosulfate
(b) 過塩素酸銅(II)，copper(II) perchlorate
(c) 水酸化カルシウム，calcium hydroxide

解答 (a) チオ硫酸ナトリウムは Na^+ イオンと $S_2O_3^{2-}$ イオンから形成される．$S_2O_3^{2-}$ は -2 のイオン電荷をもつので，それぞれの $S_2O_3^{2-}$ に対して2個の Na^+ が必要となる．したがって，チオ硫酸ナトリウムの化学式は $Na_2S_2O_3$(s)となる．
(b) 過塩素酸銅(II)では，それぞれの Cu^{2+} イオンに対して2個の ClO_4^- が必要となる．したがって，その化学式は $Cu(ClO_4)_2$(s)となる．過塩素酸イオンは一つの単位として存在するので，それ全体を（ ）に入れ，下付き文字2はその外側につけることに注意してほしい．一つの化学式単位 $Cu(ClO_4)_2$(s)には，銅原子が1個，塩素原子が2個，酸素原子が8個含まれる．
(c) 水酸化カルシウムは，Ca^{2+} イオンと OH^- イオンから形成される．したがって，その化学式は $Ca(OH)_2$(s)となる．2個の OH^- イオンは（ ）に入れることに，再度，注意してほしい．

練習問題 10・2 つぎのイオン化合物の化学式を書け．
(a) リン酸ナトリウム，sodium phosphate
(b) 硝酸水銀(I)，mercury(I) nitrate
(c) 亜硫酸ニッケル(II)，nickel(II) sulfite

解答 (a) Na_3PO_4(s)　　　(b) $Hg_2(NO_3)_2$(s)
(c) $NiSO_3$(s)

すでに述べたように，多原子イオンを含む化合物を水に溶かすと，多原子イオンはふつう，水溶液中においてその成分元素のイオンに分解せずに，共有結合によって連結された一つの単位として存在する．

例題 10・3 つぎのイオン化合物を水に溶かしたときに起こる解離反応の化学反応式を書け．
(a) $(NH_4)_2S_2O_3(s)$ (b) $Hg_2(NO_3)_2(s)$
(c) $K_2Cr_2O_7(s)$

解答 この問題は，表 10・1 に示した多原子イオンの化学式を理解していれば，それを用いて解くことができる．

(a) $(NH_4)_2S_2O_3(s) \xrightarrow{H_2O(l)} 2NH_4^+(aq) + S_2O_3^{2-}(aq)$

(b) $Hg_2(NO_3)_2(s) \xrightarrow{H_2O(l)} Hg_2^{2+}(aq) + 2NO_3^-(aq)$

(c) $K_2Cr_2O_7(s) \xrightarrow{H_2O(l)} 2K^+(aq) + Cr_2O_7^{2-}(aq)$

練習問題 10・3 つぎのイオン化合物を水に溶かしたときに生成するイオンの化学式を書け．
(a) $NH_4CH_3COO(s)$ (b) $Hg(ClO_4)_2(s)$
(c) $Ba(OH)_2(s)$

解答 (a) $NH_4^+(aq)$ と $CH_3COO^-(aq)$
(b) $Hg^{2+}(aq)$ と $2ClO_4^-(aq)$
(c) $Ba^{2+}(aq)$ と $2OH^-(aq)$

10・3 水との反応により ある金属酸化物は塩基となり，ある水素を含む化合物は酸となる

重要な種類の結合反応として，金属酸化物，あるいは非金属酸化物と水との反応がある．たとえば，固体の酸化ナトリウムと過剰の水との結合反応は，次式によって示される．ここで水は，反応物と，生成物に対する溶媒の二つの役割を果たしている．

$$Na_2O(s) + H_2O(l) \longrightarrow 2NaOH(aq) \quad (10・4)$$
水酸化ナトリウム

同様に，酸化バリウムは過剰の水と次式に従って反応する．

$$BaO(s) + H_2O(l) \longrightarrow Ba(OH)_2(aq) \quad (10・5)$$
水酸化バリウム

水溶液中で $NaOH(aq)$ は $Na^+(aq)$ イオンと $OH^-(aq)$ イオンとして存在し，また $Ba(OH)_2(aq)$ は $Ba^{2+}(aq)$ イオンと $OH^-(aq)$ イオンとして存在している．このため，上記の二つの化学反応式は，次式のようなもっと明確な形式で書かれる場合もある．

$$Na_2O(s) + H_2O(l) \longrightarrow 2Na^+(aq) + 2OH^-(aq)$$

および

$$BaO(s) + H_2O(l) \longrightarrow Ba^{2+}(aq) + 2OH^-(aq)$$

水に溶かしたとき，**水酸化物イオン**[1] OH^- を与える化合物を**塩基**[2] という．水酸化ナトリウムと水酸化バリウムは，いずれも塩基である．

多くの金属酸化物は水と反応しないので，水に入れても塩基性水溶液は得られない．このような反応性の低い金属酸化物の例として，酸化アルミニウム $Al_2O_3(s)$ がある．この化合物のために，アルミニウム製の扉や窓枠の表面はくすんだ色に見え，水に対して不活性，すなわち反応性が低い．$Al_2O_3(s)$ と水との反応は，次式のように書くことができる．

$$Al_2O_3(s) + H_2O(l) \longrightarrow 反応しない$$

水と反応する金属酸化物は，周期表の 1 族金属の酸化物と 2 族金属の酸化物の一部だけである（図 10・8）．

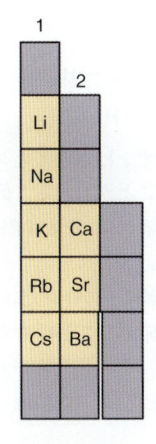

図 10・8 酸化物が水と反応して塩基性水溶液を与える金属．

例題 10・4 酸化カリウム $K_2O(s)$ と水との反応に対する釣り合いのとれた化学反応式を書け．

解答 カリウムは 1 族金属なので，その酸化物は酸化ナトリウムと同様，水と反応する．$Na_2O(s)$ と水との反応を表す(10・4)式を参照すると，$K_2O(s)$ の反応について次式のように書くことができる．

$$K_2O(s) + H_2O(l) \longrightarrow 2K^+(aq) + 2OH^-(aq)$$

$K_2O(s)$ が水と反応すると水酸化物イオンが生成するので，水酸化カリウム $KOH(aq)$ は塩基である．

---
1) hydroxide ion 2) base

練習問題 10・4 つぎの金属酸化物のうち，水と反応して塩基性水溶液になるものはどれか．
(a) $Fe_2O_3(s)$ (b) $ZnO(s)$ (c) $SrO(s)$
(d) $TiO_2(s)$

解答 4種類の金属酸化物のうちで，周期表の1族，あるいは2族に属する元素の酸化物は，酸化ストロンチウム $SrO(s)$ だけである．$SrO(s)$ は次式に従って水と反応し，塩基性水溶液になる．

$$SrO(s) + H_2O(l) \rightarrow Sr^{2+}(aq) + 2OH^-(aq)$$

多くの非金属酸化物は，水との結合反応により酸を与える．酸[1] の簡単な定義は，水に溶かしたときに，**水素イオン**[2] $H^+(aq)$ を与える化合物である．$H^+(aq)$ イオンは水溶液中において，$H_3O^+(aq)$，$H_5O_2^+(aq)$，$H_9O_4^+(aq)$ などのいくつかの形態で存在していることが実験により示唆されている．このうち，$H_3O^+(aq)$ が最も多く存在する化学種である．$H_3O^+(aq)$ を**ヒドロニウムイオン**[3]，あるいは**オキソニウムイオン**[4] という．ルイス構造を用いると，水溶液中における $H_3O^+(aq)$ の形成は次式のように書くことができる．

$$H^+(aq) + :\ddot{O}-H(l) \rightleftharpoons H-\overset{\oplus}{\underset{H}{\ddot{O}}}-H(aq)$$

この化学反応式から，ヒドロニウムイオンは水素イオンと水分子との結合反応によって生成することがわかる．簡単のため，本書ではしばしば，水中の水素イオンを表す際に，$H_3O^+(aq)$ の代わりに $H^+(aq)$ を用いる．

ほとんどの場合，化学式における水素原子の存在だけで，その化合物が酸であるかどうかを判断することはできない．化合物が水素原子を含んでいても，その化合物が水中で $H^+(aq)$ を生じるとは限らない．たとえば，水素 $H_2(g)$，メタン $CH_4(g)$，およびエタノール $CH_3CH_2OH(l)$ はいずれも酸ではない．ある化合物が酸であるかどうかを判断する基準については第20章で学ぶ．ここでは，いくつかの一般的な酸とその反応を紹介するにとどめておく．

いくつかの一般的な多原子酸と，それが与える陰イオンを表 10・3 に示した．表に示したそれぞれの酸は，表 10・1 の多原子イオンと水素イオンとの結合反応によって生成することに注意してほしい．また，酢酸 CH_3COOH では $-COOH$ 基にある水素原子だけが酸性であり，$-CH_3$ 基にある3個の水素原子は酸性を示さないことに注意する必要がある．酢酸の酸としての性質を記述する化学反応式は，つぎのようになる．

$$CH_3-\overset{\overset{\displaystyle ..}{O}:}{\underset{O-H}{C}}(aq) \rightleftharpoons H^+(aq) + CH_3-\overset{\overset{\displaystyle ..}{O}:}{\underset{:\ddot{O}:^\ominus}{C}}(aq)$$

酸の化学式において，酸を水に溶かしたとき $H^+(aq)$ イオンを生じる水素原子を，**酸性水素原子**[5]，あるいは**酸性プロトン**[6] という．第2章で学んだように，電気的に中性な水素原子は1個の陽子と1個の電子からなるので，$H^+(aq)$ は単なる陽子である．硝酸 $HNO_3(aq)$ のような1個の酸性プロトンをもつ酸を**一塩基酸**[7] という．また，硫酸 $H_2SO_4(aq)$ のような2個の酸性プロトンをもつ酸を**二塩基酸**[8] という．

$$H_2SO_4(aq) \rightarrow 2H^+(aq) + SO_4^{2-}(aq)$$

リン酸 $H_3PO_4(aq)$ は3個の酸性プロトンをもつので，**三塩基酸**[9] である．複数の酸性プロトンをもつ酸をまとめて**多塩基酸**[10] という．

例題 10・5 水中において硝酸がイオンへ解離する反応の化学反応式を書け．

表 10・3 一般的な多原子酸とその陰イオン

酸	化学式	陰イオン	化学式
酢酸 acetic acid[a]	$HC_2H_3O_2$ (CH_3COOH)	酢酸イオン acetate	$C_2H_3O_2^-$ (CH_3COO^-)
炭酸 carbonic acid	H_2CO_3	炭酸イオン carbonate	CO_3^{2-}
硝酸 nitric acid	HNO_3	硝酸イオン nitrate	NO_3^-
過塩素酸 perchloric acid	$HClO_4$	過塩素酸イオン perchlorate	ClO_4^-
リン酸 phosphoric acid	H_3PO_4	リン酸イオン phosphate	PO_4^{3-}
硫酸 sulfuric acid	H_2SO_4	硫酸イオン sulfate	SO_4^{2-}

a) 一般的に用いられる酢酸と酢酸イオンの化学式を（ ）内に示す．酢酸の体系的な名称はエタン酸，ethanoic acid であるが，一般的にはまだ酢酸の名称がよく用いられる．

---

1) acid 2) hydrogen ion 3) hydronium ion 4) oxonium ion 5) acidic hydrogen atom 6) acidic proton
7) monoprotic acid 8) diprotic acid 9) triprotic acid 10) polyprotic acid

解答 表 10・3 から硝酸の化学式は HNO₃ であり，それから生じる陰イオンは NO₃⁻ であることがわかる．したがって，水中における硝酸の解離は次式で表される．

$$HNO_3(aq) \longrightarrow H^+(aq) + NO_3^-(aq)$$

練習問題 10・5 シュウ酸は，多原子アニオンであるシュウ酸イオンから形成される酸であり(表10・1)，ルバーブや茶の根や葉から抽出される．シュウ酸は，一塩基酸，二塩基酸，三塩基酸のいずれであるかを判定せよ．

解答 二塩基酸

表 10・3 に掲げられた酸は，いずれもその化学式に酸素原子を含むため**オキソ酸**[1]という．オキソ酸もまた，その酸から生じる陰イオンの名称に基づいて命名される．オキソ酸を命名するための規則は，つぎの二つに要約される．

1. 陰イオンの名称の語尾が -ite の場合は，その酸の名称の語尾は -ous acid となる．
2. 陰イオンの名称の語尾が -ate の場合は，その酸の名称の語尾は -ic acid となる．

日本語名では，陰イオンの名称"──酸イオン"から"イオン"を除去すれば，その陰イオンを与える酸の名称となる．つぎの例題で，これらの規則を適用した酸の命名について考えてみよう．(IUPAC による化合物命名法の要約は「付録 C」を参照せよ．)

例題 10・6 つぎのオキソ酸を命名せよ．
(a) HNO₂(aq) (b) H₂C₂O₄(aq)
(c) HClO₄(aq)

解答 (a) HNO₂(aq) は，プロトンと亜硝酸イオン，nitrite ion から形成される酸であるから，その名称は亜硝酸である．英語名では，nitrite の語尾は -ite であるから，nitrous acid となる．
(b) H₂C₂O₄(aq) は 2 個のプロトンとシュウ酸イオン，oxalate ion から形成される酸であるから，その名称はシュウ酸である．英語名では，oxalate の語尾は -ate であるから，oxalic acid となる．
(c) HClO₄(aq) はプロトンと過塩素酸イオン，perchlorate ion から形成される酸であるから，過塩素酸と命名される．英語名では，perchloric acid となる．

練習問題 10・6 塩素原子を含むさまざまなオキソアニオン(オキソクロロアニオン，表 10・2)から形成されるオキソ酸(オキソクロロ酸)の名称を，表 10・4 に示した．臭素とヨウ素もまた，塩素と類似の化学式をもつオキソアニオンとオキソ酸を形成し(フッ素は形成しない)，規則に従って命名される．たとえば，IO₄⁻(aq) は過ヨウ素酸イオン，periodate ion であり，HIO₄(aq) は過ヨウ素酸，periodic acid である．同様に，BrO⁻(aq) は次亜臭素酸イオン，hypobromite ion であり，HBrO(aq) は次亜臭素酸，hypobromous acid である．つぎのオキソアニオンとオキソ酸を命名せよ．
(a) IO⁻(aq) (b) HIO₂(aq) (c) BrO₂⁻(aq)

解答 (a) 次亜ヨウ素酸イオン，hypoiodite ion
(b) 亜ヨウ素酸，iodous acid
(c) 亜臭素酸イオン，bromite ion

表 10・4 オキソクロロ酸の命名法

オキソクロロ酸の化学式	酸素原子数	用いる接頭語	用いる接尾語	オキソクロロ酸の名称
HClO	1	hypo-	-ous	次亜塩素酸 hypochlorous acid
HClO₂	2		-ous	亜塩素酸 chlorous acid
HClO₃	3		-ic	塩素酸 chloric acid
HClO₄	4	per-	-ic	過塩素酸 perchloric acid

酸の別の分類として，2 種類の元素だけから形成される酸を**二元酸**[2]という．2 種類の元素のうちの一つは水素でなければならない．最も重要な二元酸は塩酸，hydrochloric acid HCl(aq) である．塩酸は気体の塩化水素を水に溶かすことによって得られる．

$$HCl(g) \xrightarrow{H_2O(l)} H^+(aq) + Cl^-(aq)$$
塩酸

表 10・5 に，よくみられる 4 種類の二元酸の化学式と名称を示した．二元酸を命名するときには日本語名では，陰イオンの名称"──化物イオン"の"──化"の部分のあとに"水素酸"をつける．英語名では，陰イオンの名称に接頭語 hydro- と接尾語 -ic をつけ，acid を加えればよい．たとえば，二元酸 H₂S(aq) は硫化水素酸，hydrosulfuric acid と命名される．上記のように，HCl(aq) は塩化水素酸よりも，一般に塩酸ということが多い．また，酸性物質は水に溶かして，はじめて酸になることに注意してほしい．たとえば，HCl(g) は塩化水素，hydrogen chloride であり，そ

---

1) oxoacid 2) binary acid

表 10・5 よくみられる二元酸

酸	化学式	陰イオン	対応する気体
臭化水素酸, hydrobromic acid	HBr(aq)	Br⁻(aq)	臭化水素 HBr(g), hydrogen bromide
塩酸, hydrochloric acid	HCl(aq)	Cl⁻(aq)	塩化水素 HCl(g), hydrogen chloride
ヨウ化水素酸, hydroiodic acid	HI(aq)	I⁻(aq)	ヨウ化水素 HI(g), hydrogen iodide
硫化水素酸, hydrosulfuric acid	H₂S(aq)	S²⁻(aq)	硫化水素 H₂S(g), hydrogen sulfide

の水溶液 HCl(aq) が塩酸, hydrochloric acid となる.

多原子酸(表10・3)と二元酸(表10・5)に加えて, ルイス構造に官能基 −COOH をもつ水溶性の有機物質も酸性を示す. これらの物質を**有機酸**[1], あるいは**カルボン酸**[2] という. 2種類の最も簡単な有機酸は, ギ酸と酢酸である.

ギ酸
(アリやハチの毒針に存在する)

酢酸
(食酢の中に存在する)

酸性を示す官能基には網をかけてあり, 酸性プロトンは赤字で示してある. 酢酸の化学式はしばしば, 官能基 −COOH の存在を強調するために, $HC_2H_3O_2$(aq) ではなく CH_3COOH(aq) と書く(表10・3). 実際に, 酢酸はこのように表記した方がよい.

ここで, ギ酸と酢酸という名称は古い慣用的な名称であり, 現在の体系的な名称では, それぞれメタン酸, methanoic acid とエタン酸, ethanoic acid となることを指摘しておきたい. しかし, これらの物質の古い名称は, 現在も使用が推奨されているため, 本書ではこれらの名称を用いることにする.

第7章で導入したルイス構造を用いて, カルボン酸の酸性を理解することができる. たとえば, 酢酸について考えてみよう. 酢酸がイオンに解離することによって生成する酢酸イオンは, つぎのような二つの共鳴構造で表される.

あるいは, それらを重ね合わせた共鳴混成体の構造式は, 次式のように書くことができる.

共鳴混成体のルイス構造は, 負電荷が2個の酸素原子の間に等しく分布していることを示している. このように負電荷が2個の酸素原子上に非局在化することによって, 酢酸イオンはさらなる安定性を獲得する. 第7章と第9章で学んだように, 共鳴混成体として存在する分子は, 特別な安定性をもつことを思い出そう. したがって, 有機酸, すなわち官能基 −COOH をもつ有機物質が酸性を示すことは, これらの酸が水溶液中で解離すると, 共鳴安定化した陰イオンを生じることによって理解することができる.

化学において, 酸と塩基は非常に重要なので, 表10・6 にそれらの性質のいくつかを示した. (酸と塩基については, 第20章と第21章でより詳しく説明する.) 表に書かれているように, 酸性溶液は酸味をもつ. 食酢が酸味をもつのは, それが酢酸の薄い溶液であることに由来する. レモンジュースやルバーブが酸味をもつのは, それらがそれぞれクエン酸, およびシュウ酸を含むためである. 一方, 塩基性溶液は苦味をもち, 手につけるとぬるぬるした感じがする. 塩基性溶液の代表的な例は, セッケン水である. 酸性溶液, および塩基性溶液の興味深く, また重要な性質は, ある色素や植物性物質に対する効果である. ある種の地衣類(こけ)から得られるリトマスとよばれる植物性物質は, 酸性溶液では赤色になり, 塩基性溶液では青色を示す. リトマスをしみ込ませた紙を**リトマス試験紙**[3] という. リト

表 10・6 酸と塩基の性質

酸	塩基
溶液は酸味をもつ(決して酸の味をみてはいけない. 食酢やレモンジュースの味を思い出そう)	溶液は苦味をもち, ぬるぬるした感じがする(決して塩基の味をみてはいけない. セッケン水の味を思い出そう)
水に溶かすと, 水素イオン H⁺(aq) が生成する	水に溶かすと, 水酸化物イオン OH⁻(aq) が生成する
塩基を中和して, 塩と水を生じる	酸を中和して, 塩と水を生じる
青色リトマス試験紙を赤色に変える	赤色リトマス試験紙を青色に変える
多くの金属と反応して, 気体水素を生じる	

1) organic acid 2) carboxylic acid 3) litmus paper

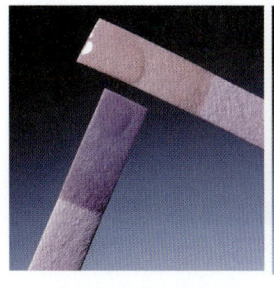

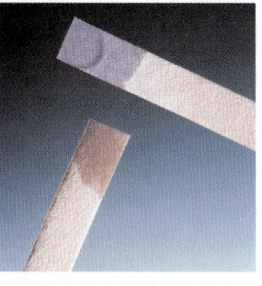

図 10・9 リトマス試験紙は，溶液の酸性・塩基性を判定するための簡単な試験法に用いられる．（左図）青色リトマス試験紙は，酸性溶液中では赤色に変化するが，水や塩基性溶液中では青色のままである．（右図）赤色リトマス試験紙は，塩基性溶液中では青色に変化するが，水や酸性溶液中では赤色のままである．

マス試験紙は，溶液が酸性であるか，あるいは塩基性であるかを，速やかに判定するための試験法に用いられる（図10・9）．酸性物質，あるいは塩基性物質には有毒なものが多いので，化学物質の味をみることによって酸性・塩基性を判定するようなことは，決してしてはならない．

10・4 分解反応では物質は複数のより簡単な物質に分解される

分解反応[1]はある物質をより簡単な物質に分解する反応であり，結合反応の逆反応である．分解反応には，ただ一つの反応物と複数の生成物が関与するので，この反応も容易に識別することができる．たとえば，多くの金属酸化物は，加熱すると気体酸素を放出して分解する．酸化水銀(II)を加熱すると（図10・10），分解反応が起こり，その構成元素の単体である水銀と酸素が得られる．

$$2HgO(s) \xrightarrow{\text{高温}} 2Hg(s) + O_2(g)$$

図 10・10 酸化水銀(II) HgO(s) を加熱すると，単体の水銀と気体酸素に分解する．図の赤色の化合物が，酸化水銀(II)である．液体の水銀は試験管の内壁に凝縮し，発生した気体酸素は試験管の口から放出される．

矢印の上の"高温"は，この反応には高い温度が必要であることを示している．（場合によっては，$\xrightarrow{500\,°C}$ のように実際の温度を特定することもある．）なお，酸化水銀(II)の分解反応は，1774年に英国の化学者プリーストリ[2]が，はじめて酸素を単体として取出し，同定した際に用いた反応である．

炭酸カルシウム $CaCO_3(s)$ のような金属炭酸塩の多くは，加熱すると分解し，金属酸化物と気体の二酸化炭素を与える．たとえば，高温における $CaCO_3(s)$ の分解反応は，つぎの化学反応式で表すことができる．

$$CaCO_3(s) \xrightarrow{\text{高温}} CaO(s) + CO_2(g)$$

炭酸カルシウム $CaCO_3(s)$ は，石灰石や貝殻，あるいは卵の殻の主要な構成成分として自然界に存在している（図10・11）．また，黒板に用いるチョークのおもな成分も炭酸カルシウムである．

図 10・11 炭酸カルシウムは卵の殻のおもな構成成分である．（左図）卵の殻とその内側にある薄い膜の拡大写真．（右図）殻の表面をさらに拡大すると，結晶構造がみえる．卵の殻の厚さは約0.6 mmである．

多くの金属亜硫酸塩や硫酸塩も，金属炭酸塩と同様に分解反応を起こし，金属酸化物と酸化硫黄を生じる．

$$CaSO_3(s) \xrightarrow{\text{高温}} CaO(s) + SO_2(g)$$

$$MgSO_4(s) \xrightarrow{\text{高温}} MgO(s) + SO_3(g)$$

例題 10・7 塩素酸カリウムを加熱すると，気体酸素が発生し，固体の塩化カリウムが生成する．この分解反応は，実験室で少量の酸素を発生させるための反応として用いられる．この反応に対する釣り合いのとれた化学反応式を書け．

解答 反応物と生成物の化学式から次式が得られる．

$$KClO_3(s) \xrightarrow{\text{高温}} KCl(s) + O_2(g)$$

釣り合いがとれていない

---

1) decomposition reaction 2) Joseph Priestley

ついで，酸素についてこの化学反応式の釣り合いをとるために，KClO$_3$(s) の前に 2 をおき (2×3=6 酸素原子)，O$_2$(g) の前に 3 をおく (3×2=6 酸素原子).

$$2KClO_3(s) \xrightarrow{\text{高温}} KCl(s) + 3O_2(g)$$
釣り合いがとれていない

さらに，KCl(s) の前に 2 をおくことによって，すべての元素について釣り合いのとれた化学反応式を得ることができる.

$$2KClO_3(s) \xrightarrow{\text{高温}} 2KCl(s) + 3O_2(g)$$
釣り合いがとれている

この反応のように加熱によってひき起こされる分解反応を，**熱分解反応**[1] という.

練習問題 10・7 アジ化ナトリウム NaN$_3$(s) の白色結晶を，真空下，試験管内で加熱すると，固体は融解して透明な液体となる．さらに加熱を継続すると，分解反応が起こり，無色の不活性な気体が放出され，金属が析出して試験管の内部が鏡のようになる (図 10・12). この分解反応に対する釣り合いのとれた化学反応式を書け．

解答 2NaN$_3$(s) $\longrightarrow$ 2Na(s) + 3N$_2$(g)

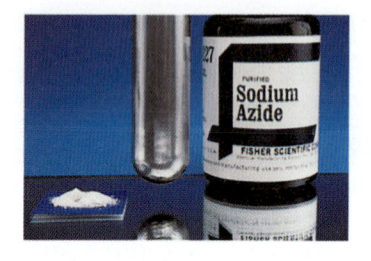

図 10・12 アジ化ナトリウム NaN$_3$(s) を真空下で加熱すると，気体窒素と金属ナトリウムの蒸気に分解する．金属ナトリウムの蒸気は試験管の内壁に凝縮し，ナトリウム鏡を形成する．

アジ化ナトリウムは自動車の安全エアバックに用いられる起爆剤のおもな成分である (図 10・13). アジ化ナトリウムが比較的安全な分解反応を起こすことと対照的に，他の金属アジドの多くは，加熱すると，あるいは穏やかな機械的衝撃を与えるだけでも激しく分解する．アジ化鉛(II) Pb(N$_3$)$_2$(s) やアジ化水銀(II) Hg(N$_3$)$_2$(s) は，ダイナマイトのような爆発させにくい他の爆薬の爆発を誘発するための雷管に用いられている．

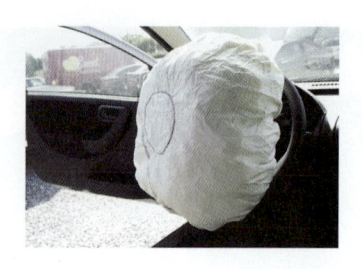

図 10・13 自動車の安全エアバックは，アジ化ナトリウムから発生する気体窒素によって急激な膨張が起こり，乗っている人を衝突の衝撃から守る．

10・5 水と無水塩の結合反応によって水和物が生成する

いくつかの塩は水と結合反応を起こし，それらの分子構造の中に，水分子を特定の整数比で取込んだ新たな化合物を生じる．このような水を含む化合物を**水和物**[2] という．たとえば，白色の硫酸銅の結晶が水と結合反応を起こすと，鮮やかな青色の固体が生成する．この反応の化学反応式はつぎのように表される．

$$CuSO_4(s) + 5H_2O(l) \longrightarrow CuSO_4(s)\cdot 5H_2O(s)$$
硫酸銅(II) 　　　　　　　　　　硫酸銅(II)五水和物
(白色) 　　　　　　　　　　　　(鮮青色)

生成した鮮やかな青色の結晶は，硫酸銅(II)の水和物であり，硫酸銅(II)五水和物という．水和物に含まれる水分子を**水和水**[3] という．イオン結合や共有結合とは異なって，水和水と塩との結合はゆるやかであり，一般に，水和水は穏やかに加熱するだけで除去することができる．たとえば，硫酸銅(II)五水和物を穏やかに加熱すると，5個の水和水は除去されて，塩が再生する (図 10・14). 水和水を除去することによって生成した塩を**無水塩**[4] という．

図 10・14 鮮やかな青色の硫酸銅五水和物の結晶を，試験管に入れて穏やかに加熱すると，水和水が除去されて，無水硫酸銅の白色結晶に変化する．

---

1) thermal decomposition　2) hydrate　3) waters of hydration　4) anhydrous salt

$$\text{CuSO}_4\cdot 5\text{H}_2\text{O(s)} \xrightarrow{\text{加熱}} \text{CuSO}_4\text{(s)} + 5\text{H}_2\text{O(l)}$$
　　　五水和物　　　　　　無水塩　　水

水和物の水分子は塩に強く結合していないので，水和物の化学式は，無水塩の化学式に続けて点・を書き，さらに化学式当たりに含まれる水和水の数を表記することによって表す．たとえば，医療用ギプスなどに利用される焼きセッコウの原料や建築材料となるセッコウは，硫酸カルシウムと2個の水和水を含む水和物である．セッコウの化学式は $\text{CaSO}_4\cdot 2\text{H}_2\text{O(s)}$ と書かれる．水和物を命名するには，日本語名では，無水塩の名称に水和水の数を漢数字で表し，その後に"水和物"をつける．英語名では，無水塩の名称に続けて，水和水の数を示す適切なギリシャ語の接頭語を書き（表2・7を参照），そのあとに hydrate をつける．たとえば，セッコウの適切な化学的名称は，硫酸カルシウム二水和物, calcium sulfate dihydrate となる．

水和物の無水塩には**吸湿性**[1]，すなわち非常に水を吸収しやすい性質をもつものが多い．大気中に放置しても，大気に含まれる水を吸収する．この性質により，これらの塩は，他の物質に対する**乾燥剤**[2]として利用される（図10・15）．代表的な水和物の例を表10・7に示した．

> **例題 10・8**　クロム酸リチウム二水和物, lithium chromate dihydrate の化学式を書け．
>
> **解答**　表10・1を参照すると，クロム酸イオンの化学式は CrO_4^{2-} であることがわかる．リチウムイオンは+1の電荷をもつので，クロム酸リチウム無水物の化学式は $\text{Li}_2\text{CrO}_4\text{(s)}$ となる．水和物, hydrate の前につけられた接頭語 "二, di-" は，化学式は2個の水和水を含むことを示している．したがって，クロム酸リチウム二水和物の化学式は $\text{Li}_2\text{CrO}_4\cdot 2\text{H}_2\text{O(s)}$ と書くことができる．
>
> **練習問題 10・8**　化合物 $\text{NaC}_2\text{H}_3\text{O}_2\cdot 3\text{H}_2\text{O(s)}$ を命名せよ．なお，この化合物はその構造を強調するために，$\text{NaCH}_3\text{COO}\cdot 3\text{H}_2\text{O(s)}$，あるいは $\text{NaOCOCH}_3\cdot 3\text{H}_2\text{O(s)}$ と書かれることもある．
>
> **解答**　酢酸ナトリウム三水和物, sodium acetate trihydrate

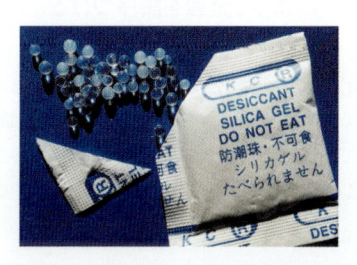

図 10・15　シリカゲルは，吸湿性の化合物を乾燥状態で保存するための乾燥剤として，一般に包装やデシケーターに用いられている．

10・6 単一交換反応では化合物のある元素が別の元素によって置換される

チタンは，航空機，ボート，自転車，宇宙船，ミサイルなどに利用される軽量で強度の高い合金をつくるために用いられる．金属チタンは溶融したマグネシウムと四塩化チタンを反応させることによって製造される．その反応の化

表 10・7　いくつかの代表的な水和物の化学式と名称

水和物の化学式	化学的名称	慣用名	用途
$\text{CaSO}_4\cdot 2\text{H}_2\text{O}$	硫酸カルシウム二水和物 calcium sulfate dihydrate	セッコウ	壁板，焼きセッコウの製造
$\text{CuSO}_4\cdot 5\text{H}_2\text{O}$	硫酸銅(II)五水和物 copper(II) sulfate pentahydrate	タンバン	プールの防藻，銅めっき，染色，花火
$\text{MgSO}_4\cdot 7\text{H}_2\text{O}$	硫酸マグネシウム七水和物 magnesium sulfate heptahydrate	エプソム塩	医療用入浴剤，肥料
$\text{KAl(SO}_4)_2\cdot 12\text{H}_2\text{O}$	硫酸アルミニウムカリウム十二水和物 potassium aluminium sulfate dodecahydrate	ミョウバン	染色，漬物，食物の保存，製紙
$\text{Na}_2\text{CO}_3\cdot 10\text{H}_2\text{O}$	炭酸ナトリウム十水和物 sodium carbonate decahydrate	洗濯ソーダ	洗剤
$\text{Na}_2\text{B}_4\text{O}_7\cdot 10\text{H}_2\text{O}$	四ホウ酸ナトリウム十水和物 sodium tetraborate decahydrate	ホウ砂	洗剤，殺菌剤，殺虫剤
$\text{Na}_2\text{S}_2\text{O}_3\cdot 5\text{H}_2\text{O}$	チオ硫酸ナトリウム五水和物 sodium thiosulfate pentahydrate	ハイポ	銀塩写真の定着剤

---

[1] hygroscopicity　[2] desiccant

学反応式はつぎのようになる.

$$2Mg(l) + TiCl_4(g) \rightarrow 2MgCl_2(s) + Ti(s)$$

この反応では，塩化物において，マグネシウムがチタンに置き換わっている．このように，化合物に含まれる元素が他の元素によって置き換わる反応を，**単一交換反応**[1]，あるいは**置換反応**[2]という．

単一交換反応の重要な例として，金属と酸の希薄溶液との反応がある．たとえば，金属鉄を硫酸の希薄溶液に入れると反応が起こり，気体水素の泡が鉄の表面に現れる(図10・16)．この単一交換反応の化学反応式はつぎのように表される．

$$Fe(s) + H_2SO_4(aq) \rightarrow FeSO_4(aq) + H_2(g)$$

この反応では，鉄原子が硫酸中の2個の水素原子と置き換わっている．このように酸と反応する金属を，**活性金属**[3]という．活性金属と反応して水素を発生させることは，酸の重要な性質の一つである．

図 10・16 　金属鉄と希薄な硫酸 $H_2SO_4(aq)$ 溶液との反応．鉄くぎの表面から発生している泡は，気体水素である．鉄は $H_2SO_4(aq)$ 中の水素原子と置き換わり，$Fe^{2+}(aq)$ となって溶液中に入る．

例題 10・9　マグネシウムは活性金属である．金属マグネシウムと臭化水素酸との反応に対する釣り合いのとれた化学反応式を書け．

解答　マグネシウム $Mg(s)$ は活性金属であるから，臭化水素酸 $HBr(aq)$ と反応し，気体水素 $H_2(g)$ と臭化物イオン $Br^-(aq)$ が生成する．また，マグネシウムは周期表の2族金属なので，溶液中の水素イオンと置き換わるとき，2価のイオン $Mg^{2+}(aq)$ が生成する．生成した $Mg^{2+}(aq)$ は $Br^-(aq)$ との結合反応を起こし臭化マグネシウム $MgBr_2(aq)$ になるが，この化合物は水溶性なの

で溶液中にとどまる(イオン化合物の溶解性を予測する方法は10・9節で学ぶ)．以上のことから，起こった単一交換反応に対する釣り合いのとれた化学反応式は，次式で表される．

$$Mg(s) + 2HBr(aq) \rightarrow MgBr_2(aq) + H_2(g)$$

練習問題 10・9　金属アルミニウムと硫酸との単一交換反応に対する釣り合いのとれた化学反応式を書け．

解答　$2Al(s) + 3H_2SO_4(aq) \rightarrow$
$$Al_2(SO_4)_3(aq) + 3H_2(g)$$

金属と酸の水溶液との間で水素が発生する反応はすべて，酸に含まれる酸性水素原子が，金属によって置き換わる反応とみることができる．

10・7 単一交換反応における相対的な反応性によって金属を順序づけることができる

硝酸銀を水に溶かすと，無色の透明な溶液となる．その $AgNO_3(aq)$ 溶液に銅線を浸すと，溶液はしだいに青色となり，それに伴って金属銀の結晶が銅線上に生成し，銅線から離れて，溶液の底に沈んでいくのが観察される(図10・17)．この反応に対する化学反応式は，つぎのように表される．

$$\underset{無色}{Cu(s)} + 2AgNO_3(aq) \rightarrow \underset{青色}{Cu(NO_3)_2(aq)} + 2Ag(s)$$

溶液が青色になるのは，水に溶解した硝酸銅(II)が青色の溶液を形成するためである．この反応では金属銅が，溶液中の銀イオンと置き換わっている．したがって，この反応から，銅は銀よりも，より活性な金属であると結論するこ

図 10・17　(左図) 硝酸銀 $AgNO_3(aq)$ 溶液は無色である．(右図) 銅線を入れると，硝酸銅(II) $Cu(NO_3)_2(aq)$ の生成により，溶液はしだいに青色に変わる．ビーカーの底に析出した金属銀の結晶に注意しよう．

---

1) single-replacement reaction　2) substitution reaction　3) active metal

10・7 金属の相対的な反応性

とができる.

金属亜鉛と硝酸銅(II)の水溶液との間で同じ反応を行うと，金属亜鉛が溶液中の銅(II)イオンと置き換わることが観察される(図10・18).

$$Zn(s) + Cu(NO_3)_2(aq) \longrightarrow Cu(s) + Zn(NO_3)_2(aq)$$

この反応から，亜鉛は銅よりも，より活性な金属であると結論することができる.

これら二つの反応に基づいて，亜鉛，銅，銀をそれらの相対的な反応性の順序に並べることができる.

Zn
Cu   ↑ 反応性が増大
Ag

図 10・18 (左図) 亜鉛の棒を青色の硝酸銅(II)水溶液に入れる. (右図) 亜鉛が銅と置き換わり，無色の硝酸亜鉛 $Zn(NO_3)_2(aq)$ 溶液が生成する. 単体の銅が亜鉛棒の表面を覆い，フラスコの底にも沈んでいる.

表 10・8 一般的な金属のイオン化傾向

←反応性が増大	Li K Ba Ca Na	冷水と直接反応し，希薄な酸と激しく反応して $H_2(g)$ を生じる
	Mg Al Mn Zn Cr Fe	水蒸気や熱水，および酸と反応して $H_2(g)$ を生じる
	Co Ni Sn Pb	酸と反応して $H_2(g)$ を生じる
	Cu Hg Ag	水や酸との反応により $H_2(g)$ を生じない

上記の反応と同様の実験を行うことによって，他の金属についても，相対的な反応性の序列における位置を決定することができる. このような序列を金属の**イオン化傾向**[1]，あるいはイオン化列という(表10・8). 一般に，より反応性の高い金属は，水溶液中に存在するより反応性の低い金属のイオンと置き換わることができる.

例題 10・10 表10・8を用いて，それぞれの場合において，反応が起こるか，起こらないかを判定せよ. 反応が起こるものについては，その反応に対する完全な，釣り合いのとれた化学反応式を書け.
(a) $Zn(s) + HgCl_2(aq) \longrightarrow$
(b) $Zn(s) + Ca(ClO_4)_2(aq) \longrightarrow$

解答 (a) 金属のイオン化傾向において，亜鉛は水銀の上に位置する. したがって，亜鉛は塩化物水溶液中の水銀(II)イオンと置き換わる. この反応の化学反応式はつぎのように表される.

$$Zn(s) + HgCl_2(aq) \longrightarrow ZnCl_2(aq) + Hg(l)$$

(b) 金属のイオン化傾向において，亜鉛はカルシウムの下に位置する. したがって，亜鉛は過塩素酸塩水溶液中のカルシウムイオンと置き換わることはできないので，反応は起こらない.

$$Zn(s) + Ca(ClO_4)_2(aq) \longrightarrow 反応しない$$

練習問題 10・10 (a) 表10・8に示された金属のイオン化傾向における，金の位置を推定せよ. (ヒント：金はその光沢のみならず，腐食に対する耐久性の点でも珍重される金属である.)
(b) 酸(あるいは，水)の酸性水素原子は，活性金属によって置き換わり，気体水素が発生する. このため，水素は金属ではないが，金属のイオン化傾向に含めることが多い. 表10・8のイオン化傾向における，水素の位置を推定せよ.

解答 (a) 金は銀の下，すなわち金属のイオン化傾向の最も下位に置かれるべきである. 空気中で酸化され，容易に変色してしまう他の金属とは異なり，金は何千年もの間，光沢を失うことがない. このことから明らかなように，金は，その不活性さのために珍重されている高価な金属である.
(b) 水素は，銅と鉛の間に置かれるべきである. 表10・8を参照すると，鉛より上位にある金属は，酸，あるいは多くの活性金属では水の酸性水素原子と置き換わるこ

---
[1] ionization tendency

とができる．一方，銅は，酸の酸性水素原子と置き換わることができない．したがって，水素は銅よりも活性が高く，鉛よりも活性が低いことがわかる．

これまで述べてきた単一交換反応は，ある金属が別の金属に，あるいは水素が金属によって置き換わる反応であった．しかし，単一交換反応にはほかにも多くの例がある．特に重要な例の一つは，つぎの化学反応式で表されるような，金属酸化物と炭素との反応である．

$$3C(s) + 2Fe_2O_3(s) \longrightarrow 4Fe(l) + 3CO_2(g)$$

$$C(s) + 2ZnO(s) \longrightarrow 2Zn(l) + CO_2(g)$$

このような反応は金属の**精錬**[1]，すなわち鉱石から金属を製造するための反応として利用されている．金属の鉱石は一般に，金属酸化物か，あるいは硫化物のような酸化物に容易に変換できる化合物である．

例題 10・11 金属硫化物を空気中で焙焼（融解しない程度の温度で焼くこと）すると，それらは金属酸化物と二酸化硫黄に変換される．硫化亜鉛が気体酸素との反応により酸化亜鉛に変換される反応に対する，釣り合いのとれた化学反応式を書け．

解答
$$2ZnS(s) + 3O_2(g) \xrightarrow{\text{高温}} 2ZnO(s) + 2SO_2(g)$$

この反応では，ある金属がほかの金属と置き換わっているのではなく，酸素原子が硫黄原子と置き換わっている．

練習問題 10・11 上記の例題の反応で生成した反応物から，二酸化硫黄を除去したい．その方法を述べよ．（ヒント：結合反応を利用せよ．）

解答 次式で表される酸化マグネシウムと二酸化硫黄との反応を利用する．
$$MgO(s) + SO_2(g) \longrightarrow MgSO_3(s)$$

10・8 ハロゲンの相対的な反応性は $F_2 > Cl_2 > Br_2 > I_2$ の順に減少する

非金属の反応はきわめて多様なので，その反応性を，表10・8のような一つの表に要約することはできない．しかし，ハロゲンの相対的な反応性は，単一交換反応を用いて容易に判定することができる．たとえば，臭素をヨウ化ナトリウムの水溶液に加えるとヨウ素が遊離する．この反応はつぎの化学反応式で表すことができる．

$$Br_2(l) + 2NaI(aq) \longrightarrow 2NaBr(aq) + I_2(s)$$

この反応の結果は，臭素はヨウ素よりも活性であることを示している．$I_2(s)$ は水にはわずかに溶けるだけなので，反応によりヨウ素の固体が生じる．

同様に，気体塩素を臭化ナトリウムの水溶液に吹き込むと，図10・19に示すように，臭素が遊離する．

$$Cl_2(g) + 2NaBr(aq) \longrightarrow 2NaCl(aq) + Br_2(aq)$$

図 10・19 気体塩素 $Cl_2(g)$ を無色の臭化ナトリウム $NaBr(aq)$ 溶液に吹き込むと，塩素が臭化物イオンと置き換わり，塩化ナトリウム $NaCl(aq)$ と赤茶色の臭素 $Br_2(aq)$ の水溶液が生成する．

この反応の結果は，塩素は臭素よりも活性であることを示している．最後に，フッ素はハロゲンのうちで最も活性であるのみならず，すべての元素のうちで最も反応性が高い元素である．フッ素は容易に，塩化物中の塩素と置き換わる．たとえば，

$$F_2(g) + 2KCl(s) \longrightarrow 2KF(s) + Cl_2(g)$$

こうして，ハロゲンの反応性は，つぎのような順序で減少することがわかる．

$$F_2 > Cl_2 > Br_2 > I_2$$

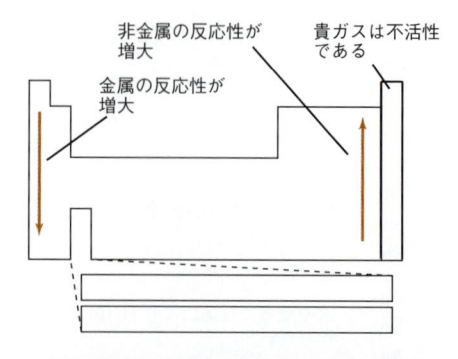

図 10・20 金属と非金属の反応性の傾向．

---

1) smelting

10・9 二重交換反応

一般に，非金属の反応性は（貴ガスを例外として），周期表のある族を上方に移動するにつれて増大する．この傾向は，金属の反応性ときわめて対照的である．一般に金属の反応性は，周期表のある族を下方に移動するにつれて増大する（図10・20）．

例題 10・12 液体の臭素 $Br_2(l)$ とヨウ化カルシウム $CaI_2(aq)$ の水溶液を混合したとき，反応が起こるかどうかを予想せよ．反応が起こる場合には，その反応に対する釣り合いのとれた化学反応式を書け．

解答 臭素はヨウ素よりも反応性が高いので，臭素はヨウ化カルシウム中のヨウ化物イオンと置き換わることが予想される．この反応の化学反応式は，つぎのように書くことができる．

$$Br_2(l) + CaI_2(aq) \longrightarrow CaBr_2(aq) + I_2(s)$$

実験により，この予想が正しいことが確認されている．

練習問題 10・12 単体の臭素は，臭化物イオンを含む海水に気体塩素と空気の混合物を吹き込むことによって，商業的規模で製造されている．生成した揮発性の臭素は，空気の流れによって反応混合物から取出される．臭素の製造過程における臭化物イオンと塩素との反応に対する釣り合いのとれた化学反応式を書け．

解答 $2Br^-(aq) + Cl_2(g) \longrightarrow 2Cl^-(aq) + Br_2(g)$

10・9 二重交換反応では2種類のイオン化合物の陽イオンと陰イオンが交換して新たな化合物が生成する

二重交換反応の簡単な，また印象的な例は，塩化ナトリウム $NaCl(aq)$ 水溶液と硝酸銀 $AgNO_3(aq)$ 水溶液との反応である．それぞれの溶液はいずれも透明である．しかし，それらを混合すると，ただちに白色の沈殿が生成する（図10・21）．**沈殿**[1]とは，溶液中の反応で生成する不溶性の物質をいう．塩化ナトリウムと硝酸銀との反応は，つぎの化学反応式によって表すことができる．

$$NaCl(aq) + AgNO_3(aq) \longrightarrow NaNO_3(aq) + AgCl(s)$$

生成した白色沈殿は，不溶性化合物の塩化銀 $AgCl(s)$ である．この反応は，2種類の陽イオン $Na^+(aq)$ と $Ag^+(aq)$ の間で，陰イオンの交換が起こっているとみることができる．このような反応を**二重交換反応**[2]という．

沈殿の生成を伴う二重交換反応を，特に**沈殿反応**[3]とい

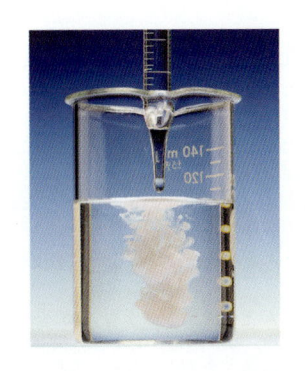

図10・21 塩化ナトリウム $NaCl(aq)$ と硝酸銀 $AgNO_3(aq)$ が反応すると，塩化銀 $AgCl(s)$ の白色沈殿が生成する．

う．上記の化学反応式に示された塩化銀の沈殿反応を，溶液中に存在するイオンに注目して解析してみよう．塩化ナトリウムと硝酸銀はいずれも，可溶性のイオン化合物である．したがって，塩化ナトリウム水溶液には $Na^+(aq)$ イオンと $Cl^-(aq)$ イオンが存在している．同様に，硝酸銀水溶液には $Ag^+(aq)$ イオンと $NO_3^-(aq)$ イオンが含まれている．塩化ナトリウム水溶液と硝酸銀水溶液を混合した瞬間には，これら4種類のイオンが一つの溶液中に存在する．後の章で学ぶように，溶液中のイオンはたえず動きまわっており，水分子と，あるいはイオンどうしで衝突を繰返している．$Na^+(aq)$ イオンが $Cl^-(aq)$ イオンと衝突しても，塩化ナトリウムは水溶性であるから，それらは単に離れていくだけである．同様に，硝酸銀も水溶性であるから，$Ag^+(aq)$ イオンと $NO_3^-(aq)$ イオンが衝突しても特に何も起こらない．しかし，$Ag^+(aq)$ イオンが $Cl^-(aq)$ イオンと衝突すると，塩化銀が生成する．塩化銀は水に溶けないので，$AgCl(s)$ として溶液から沈殿する．この反応では，塩化銀が沈殿することによって，塩化ナトリウムと硝酸銀の反応が進行している．このような場合，"塩化ナトリウムと硝酸銀との反応の**駆動力**[4]は塩化銀の沈殿の生成である"という．言い換えれば，不溶性の沈殿の生成が，その沈殿反応を生成物側へと駆動するのである．

沈殿反応を正しく理解するためには，どの化合物が水に可溶であり，どの化合物が不溶であるかについて，ある程度の知識がなければならない．すべての化合物の溶解性を予想することはできないが，ある化合物が水に可溶であるか，あるいは不溶であるかを予想するために用いることができる経験的な規則がある（表10・9）．この溶解性の規則は，番号順に適用しなければならない．たとえば，規則1のナトリウム塩は可溶性であるという規則から，硫化ナトリウム $Na_2S(s)$ は可溶性と予想することができる．この場合，規則1が優先するので，硫化物に関する規則5は無視して構わない．

---

1) precipitate 2) double-replacement reaction 3) precipitation reaction 4) driving force

表 10・9 溶解性の規則

1. ほとんどのアルカリ金属塩とアンモニウム塩は可溶性である．
2. ほとんどの硝酸塩，酢酸塩，および過塩素酸塩は可溶性である．
3. ほとんどの銀塩，鉛塩，および水銀(I)塩は不溶性である．
4. ほとんどの塩化物，臭化物，およびヨウ化物は可溶性である．
5. ほとんどの炭酸塩，クロム酸塩，硫化物，酸化物，リン酸塩，および水酸化物は不溶性である．ただし，Ba^{2+}, Ca^{2+}, Sr^{2+} の水酸化物は少し水に溶ける．
6. ほとんどの硫酸塩は可溶性である．ただし，硫酸カルシウム，硫酸バリウム，および硫酸ストロンチウムは不溶性である．

例題 10・13 つぎの化合物の水に対する溶解性を予想せよ．
(a) $(NH_4)_2SO_4(s)$　　(b) $CaCO_3(s)$
(c) $Al_2O_3(s)$　　(d) $Pb(NO_3)_2(s)$

解答 溶解性の規則(表 10・9)を番号順に適用することによって，それぞれの溶解性を予想することができる．
(a) 硫酸アンモニウムは可溶性である(規則 1)．
(b) 炭酸カルシウムは不溶性である(規則 5)．
(c) 酸化アルミニウムは不溶性である(規則 5)．
(d) 硝酸鉛(II)は可溶性である(規則 2)．

練習問題 10・13 つぎの化合物の水に対する溶解性を予想せよ．
(a) $K_2SO_4(s)$　　(b) $BaSO_4(s)$
(c) $Ga(NO_3)_2(s)$　　(d) $(NH_4)_3PO_4(s)$

解答 (a) 可溶性　(b) 不溶性
(c) 可溶性　(d) 可溶性

溶解性の規則は，水溶液中で起こるさまざまな化学反応の生成物を予想するためにきわめて有用である．

例題 10・14 溶解性の規則を用いて，つぎの反応の生成物を予想せよ．それぞれについて，反応が起こる場合にはその反応に対する釣り合いのとれた化学反応式を書き，沈殿が生成しない場合には"反応しない"と書け．
(a) $BaCl_2(aq) + Na_2SO_4(aq) \rightarrow$
(b) $LiOH(aq) + Pb(NO_3)_2(aq) \rightarrow$
(c) $NaCH_3COO(aq) + CaBr_2(aq) \rightarrow$

解答 (a) 反応物はいずれも水溶液中の物質なので，それらを混合すると 4 種類のイオン $Ba^{2+}(aq)$, $Cl^-(aq)$, $Na^+(aq)$, $SO_4^{2-}(aq)$ を含む溶液が得られる．陽イオンと陰イオンが結合して 2 種類の新たな化合物が生成するので，つぎのような化学反応式を書くことができる．

$$BaCl_2(aq) + Na_2SO_4(aq) \rightarrow 2NaCl + BaSO_4$$

つぎに，予想される生成物のそれぞれについて溶解性の規則を適用すると，塩化ナトリウムは可溶性であるが(規則 1)，硫酸バリウムは不溶性であることがわかる(規則 6)．したがって，上記の化学反応式はつぎのように書くことができる．

$$BaCl_2(aq) + Na_2SO_4(aq) \rightarrow 2NaCl(aq) + BaSO_4(s)$$

(b) 反応物から溶液中に生成する陽イオンと陰イオンを組合わせることにより，二重交換反応によって新たに生成する化合物として，$LiNO_3$ と $Pb(OH)_2$ が考えられる．それぞれについて溶解性の規則を適用すると，硝酸リチウムは可溶性であるが，水酸化鉛(II)は不溶性であり，沈殿となることが予想される．したがって，この反応の釣り合いのとれた化学反応式は，つぎのように書くことができる．

$$2LiOH(aq) + Pb(NO_3)_2(aq)$$
$$\rightarrow 2LiNO_3(aq) + Pb(OH)_2(s)$$

(c) 反応物から溶液中に生成する陽イオンと陰イオンを組合わせることにより，二重交換反応によって新たに生成する化合物として，$Ca(CH_3COO)_2$ と $NaBr$ が考えられる．それぞれについて溶解性の規則を適用すると，酢酸カルシウムと臭化ナトリウムはいずれも可溶性であることがわかる．沈殿が生成しないので，$NaCH_3COO$ と $CaBr_2$ の反応に対する駆動力はない．したがって，反応は起こらないと予想することができる．言い換えれば，酢酸カルシウムと臭化ナトリウムは，反応物である酢酸ナトリウムと臭化カルシウムから生じたイオンとまったく同じイオンを溶液中に生成するので，正味の化学的変化は起こらない．したがって，この反応は次式のように書くことができる．

$$NaCH_3COO(aq) + CaBr_2(aq) \rightarrow \text{反応しない}$$

練習問題 10・14 溶解性の規則を用いて，つぎの反応の生成物を予想せよ．それぞれについて，反応が起こる場合にはその反応に対する釣り合いのとれた化学反応式を書き，沈殿が生成しない場合には"反応しない"と書け．
(a) $Hg_2(NO_3)_2(aq) + NaBr(aq) \rightarrow$
(b) $NH_4Cl(aq) + KClO_4(aq) \rightarrow$
(c) $Na_2S(aq) + Cd(NO_3)_2(aq) \rightarrow$

解答
(a) $Hg_2(NO_3)_2(aq) + 2NaBr(aq)$
$\rightarrow Hg_2Br_2(s) + 2NaNO_3(aq)$
(b) 反応しない
(c) $Na_2S(aq) + Cd(NO_3)_2(aq)$
$\rightarrow 2NaNO_3(aq) + CdS(s)$

溶液中で起こる二重交換反応を表すためには，**正味のイオン反応式**[1]を用いると便利である．塩化ナトリウムと硝酸銀との反応を考えてみよう．その反応の化学反応式はつぎのように表される．

$$NaCl(aq) + AgNO_3(aq) \rightarrow NaNO_3(aq) + AgCl(s)$$

沈殿反応は $Ag^+(aq)$ と $Cl^-(aq)$ から固体の塩化銀が生成する反応であり，この反応には，$Na^+(aq)$ と $NO_3^-(aq)$ は直接的には関わっていない．$Na^+(aq)$ と $NO_3^-(aq)$ は反応溶液に最初から存在しており，また生成物の溶液にも変化せずに残っている．言い換えれば，これらのイオンは，塩化銀の沈殿生成に直接的には関与しない．このようなイオンを**傍観イオン**[2]という．
溶液中に存在するすべてのイオンを考慮して化学反応式を書くと，次式のようになる．このような化学反応式を**完全なイオン反応式**[3]という．

$$Na^+(aq) + Cl^-(aq) + Ag^+(aq) + NO_3^-(aq)$$
$$\rightarrow Na^+(aq) + NO_3^-(aq) + AgCl(s)$$

この反応式では，傍観イオン $Na^+(aq)$ と $NO_3^-(aq)$ が両辺に現れていることがわかる．また，塩化銀は水に溶けないので，イオンには解離していない．傍観イオンは完全なイオン反応式の両辺にあるので，それらは消去することができる．

$$\cancel{Na^+}(aq) + Cl^-(aq) + Ag^+(aq) + \cancel{NO_3^-}(aq)$$
$$\rightarrow \cancel{Na^+}(aq) + \cancel{NO_3^-}(aq) + AgCl(s)$$

このようにして，正味のイオン反応式が得られる．

$$Ag^+(aq) + Cl^-(aq) \rightarrow AgCl(s) \quad (10\cdot6)$$

正味のイオン反応式は，この反応の重要な点，すなわち溶液中において $Ag^+(aq)$ イオンと $Cl^-(aq)$ イオンから固体の塩化銀が生成することを表記したものである．傍観イオンは正味のイオン反応式には現れない．

正味のイオン反応式を用いると，溶液中で起こる反応において，鍵となる重要な化学種に焦点を当てることができる．たとえば，塩化カリウム $KCl(aq)$ と過塩素酸銀 $AgClO_4(aq)$ との二重交換反応の正味のイオン反応式は，(10·6) 式に示した塩化ナトリウム $NaCl(aq)$ と硝酸銀 $AgNO_3(aq)$ との反応に対する反応式と同じになる．すなわち，この反応の完全なイオン反応式は，

$$K^+(aq) + Cl^-(aq) + Ag^+(aq) + ClO_4^-(aq)$$
$$\rightarrow K^+(aq) + ClO_4^-(aq) + AgCl(s)$$

となるが，正味のイオン反応式は次式のようになり，溶液中の反応に関わる化学種が明確に示される．

$$Ag^+(aq) + Cl^-(aq) \rightarrow AgCl(s)$$

例題 10·15 硝酸カドミウム $Cd(NO_3)_2(aq)$ と硫化ナトリウム $Na_2S(aq)$ を反応させると，橙色の沈殿が生成する．この反応に対する正味のイオン反応式を書け．

解答 溶解性の規則を用いると，二重交換反応によって沈殿するのは，硫化カドミウムであることがわかる．完全なイオン反応式は次式で表される．

$$Cd^{2+}(aq) + 2NO_3^-(aq) + 2Na^+(aq) + S^{2-}(aq)$$
$$\rightarrow 2Na^+(aq) + 2NO_3^-(aq) + CdS(s)$$

この反応式の両辺から，傍観イオンである $Na^+(aq)$ と $NO_3^-(aq)$ を消去することによって，正味のイオン反応式を得る．

$$Cd^{2+}(aq) + S^{2-}(aq) \rightarrow CdS(s)$$
橙色

この反応の様子を図 10·22 に示した．

図 10·22 いずれも無色の硝酸カドミウム $Cd(NO_3)_2(aq)$ 溶液と硫化ナトリウム $Na_2S(aq)$ 溶液を混合すると，ただちに橙色の硫化カドミウム $CdS(s)$ の沈殿が生成する．

練習問題 10·15 過塩素酸銀の水溶液とクロム酸ナトリウムの水溶液との反応に対する正味のイオン反応式を書け．

解答 $2Ag^+(aq) + CrO_4^{2-}(aq) \rightarrow Ag_2CrO_4(s)$

---
1) net ionic equation 2) spectator ion 3) complete ionic equation

10・10 酸塩基反応は二重交換反応の例である

前節において，沈殿の生成が二重交換反応の駆動力になることを述べた．二重交換反応に対する他の駆動力として，イオン性の反応物からの共有結合化合物の生成がある．この様式の反応の最も重要な例は，酸と塩基の反応である．次式で表される塩酸と水酸化ナトリウムとの反応は，酸と塩基の反応の一つである．

$$HCl(aq) + NaOH(aq) \rightarrow H_2O(l) + NaCl(aq)$$

この反応の完全なイオン反応式は，

$$H^+(aq) + Cl^-(aq) + Na^+(aq) + OH^-(aq)$$
$$\rightarrow H_2O(l) + Na^+(aq) + Cl^-(aq)$$

したがって，正味のイオン反応式はつぎのようになる．

$$H^+(aq) + OH^-(aq) \rightarrow H_2O(l)$$

水はおもに共有結合化合物として存在するので，$H^+(aq)$ と $OH^-(aq)$ は液体の水を生成することによって，反応混合物からほとんど除去される．これまでに述べた二重交換反応に対する二つの駆動力，すなわち沈殿の生成と共有結合化合物の生成における類似性に注意してほしい．どちらの場合も，反応物のイオンが反応混合物から除去されている．

塩酸 $HCl(aq)$ と水酸化ナトリウム $NaOH(aq)$ との反応は，驚くべき反応である．塩酸のような酸が強い腐食性をもつことは，おそらく誰でも知っているだろう．塩酸は多くの金属と反応し，その濃厚な溶液は皮膚に損傷を与え，痛みを伴うやけどや火ぶくれをひき起こす．一方，塩基の化学的性質には，あまりなじみがないかもしれないが，水酸化ナトリウムのような塩基もまた，腐食性が非常に強く，塩酸と同様に，皮膚に痛みを伴うやけどや火ぶくれをひき起こす．このように，塩酸と水酸化ナトリウムとの反応は，2種類の活性な，また有害な物質どうしの反応である．しかし，反応によって生成する物質は塩化ナトリウムと水であり，それは無害な食卓塩の水溶液にほかならない．この反応において，"酸と塩基は互いに中和した"という．また，酸と塩基との反応を**中和反応**[1]といい，中和反応によって水とともに生成するイオン化合物を**塩**[2]という．たとえば，つぎの反応は中和反応の例である．

$$H_2SO_4(aq) + 2KOH(aq) \rightarrow K_2SO_4(aq) + 2H_2O(l)$$
酸　　　　　　塩基　　　　　　　塩　　　　　　水

この場合，生成する塩，硫酸カリウム $K_2SO_4(aq)$ は水に可溶なので，溶液中ではおもに，その塩を構成するイオン，$2K^+(aq)$ と $SO_4^{2-}(aq)$ の形態で存在している．

酸の最も重要な化学的特性は，水溶液中で $H^+(aq)$ を生じることであり，塩基の最も重要な化学的特性は，水溶液中で $OH^-(aq)$ を生じることである（表10・6）．酸と塩基が互いに中和すると，$H^+(aq)$ と $OH^-(aq)$ が反応して $H_2O(l)$ が生成する．これにより，それぞれの溶液がもっていた酸の特性と塩基の特性が，消えてなくなるのである．

$$H^+(aq) + OH^-(aq) \rightarrow H_2O(l)$$
酸　　　　　塩基　　　　水

例題 10・16　つぎの中和反応に対する化学反応式を完成させ，釣り合いのとれた化学反応式で表せ．また，生成する塩を命名せよ．さらに，この反応における正味のイオン反応式を書け．

$$HNO_3(aq) + Ba(OH)_2(aq) \rightarrow$$

解答　この反応は酸と塩基の反応なので，生成物は水と塩であると予測できる．酸は硝酸であり，塩基は水酸化バリウムなので，生成する塩は硝酸バリウムである（表10・1）．溶解性の規則（表10・9）から，硝酸バリウムは溶解性の塩であることがわかる．したがって，硝酸と水酸化バリウムの釣り合いのとれた化学反応式は，つぎのように書くことができる．

$$2HNO_3(aq) + Ba(OH)_2(aq)$$
硝　酸　　　　水酸化バリウム
（酸）　　　　　（塩基）
$$\longrightarrow Ba(NO_3)_2(aq) + 2H_2O(l)$$
硝酸バリウム　　　　水
（塩）

溶液中に存在するイオンの形で反応式を書き直すと，つぎの完全なイオン反応式が得られる．

$$2H^+(aq) + 2NO_3^-(aq) + Ba^{2+}(aq) + 2OH^-(aq)$$
$$\rightarrow Ba^{2+}(aq) + 2NO_3^-(aq) + 2H_2O(l)$$

両辺から傍観イオンを消去すると，

$$2H^+(aq) + 2OH^-(aq) \rightarrow 2H_2O(l)$$

この反応式の両辺を2で割ることにより，つぎの正味のイオン反応式が得られる．

$$H^+(aq) + OH^-(aq) \rightarrow H_2O(l)$$

このように，この反応の正味のイオン反応式は，上述した塩酸と水酸化ナトリウムとの中和反応に対して書かれた正味のイオン反応式と同じものとなる．

練習問題 10・16　硫酸水溶液と固体の酸化リチウムと

---

1) neutralization reaction　2) salt

の反応を表す釣り合いのとれた化学反応式を書け．また，その反応に対する正味のイオン反応式を書け．

解答 $H_2SO_4(aq) + Li_2O(s) \rightarrow Li_2SO_4(aq) + H_2O(l)$

$2H^+(aq) + Li_2O(s) \rightarrow 2Li^+(aq) + H_2O(l)$

これまでに，溶液中に存在するイオンから，沈殿が生成することによって，あるいは水のような電気的に中性の共有結合化合物が生成することによって，二重交換反応が駆動されることを学んだ．二重交換反応に対する三つ目の駆動力は，気体の共有結合化合物の生成であり，これは二番目の駆動力の変形とみることができる．

例として，炭酸カルシウム（石灰石）$CaCO_3$ と希薄な塩酸との反応があげられる．この反応は次式によって示される．

$CaCO_3(s) + 2HCl(aq) \rightarrow CaCl_2(aq) + H_2CO_3(aq)$

この反応に対する正味のイオン反応式は，

$CaCO_3(s) + 2H^+(aq) \rightarrow Ca^{2+}(aq) + H_2CO_3(aq)$

この二重交換反応で生成する炭酸 $H_2CO_3(aq)$ は不安定であり，直ちに分解して二酸化炭素と水を与える．

$H_2CO_3(aq) \rightarrow H_2O(l) + CO_2(g)$

したがって，全体の反応に対する化学反応式は，つぎのように書くことができる．

$CaCO_3(s) + 2HCl(aq) \longrightarrow$
$\qquad CaCl_2(aq) + H_2O(l) + CO_2(g)$

水と二酸化炭素は，反応で生成した炭酸の分解に由来するので，この反応も二重交換反応であることがわかる．

生成した気体の二酸化炭素は，水にあまり溶けないので溶液から放出される．こうして，反応混合物から気体の二酸化炭素が発生することにより，反応は生成物側へと駆動される．石灰石を希薄な酸と処理すると無臭の気体が発生することは，地質学において，この鉱物の存在を確認するための簡単な野外試験に利用されている（図 10・23）．

例題 10・17 硫化亜鉛を希薄な塩酸と反応させると，腐った卵のようなにおいをもつ有毒な気体が生成する．この反応を表す釣り合いのとれた化学反応式を書け．また，この反応に対する正味のイオン反応式を書け．

解答 生成する気体は硫化水素 $H_2S(g)$ である．この反応に対する釣り合いのとれた化学反応式は，

$ZnS(s) + 2HCl(aq) \rightarrow ZnCl_2(aq) + H_2S(g)$

また，この反応に対する正味のイオン反応式は，次式で表される．

$ZnS(s) + 2H^+(aq) \rightarrow Zn^{2+}(aq) + H_2S(g)$

練習問題 10・17 炭酸水素ナトリウムは家庭用の重炭酸ソーダであり，ベーキングパウダーとして用いられる．炭酸水素ナトリウムと食酢（酢酸の5%水溶液）を混合すると，気体が発生する（図 10・24）．この反応を表す釣り合いのとれた化学反応式を書け．

図 10・24 炭酸水素ナトリウムと食酢との反応．

解答 $NaHCO_3(aq) + CH_3COOH(aq) \rightarrow$
$\qquad NaCH_3COO(aq) + CO_2(g) + H_2O(l)$

図 10・23 石灰岩を探索するための野外試験には，塩酸 $HCl(aq)$ が用いられる．石灰岩の表面に $HCl(aq)$ を滴下すると，無臭の気体である二酸化炭素の泡が生じる．

10・11 酸化還元反応では化学種の間で電子移動が起こる

前節までに述べてきた化学反応の分類のしかたとは別に，すべての化学反応は，つぎの二つの反応のいずれかに帰属することができる．すなわち，ある化学種（単体，化

合物，あるいはイオン）から別の化学種へと電子が移動する反応と，電子の移動が起こらない反応である．ある化学種から別の化学種へと電子が移動する反応を，**酸化還元反応**[1]（レドックス反応），あるいは**電子移動反応**[2]という．酸化還元反応の最も簡単な例は，金属と非金属との反応である．たとえば，金属ナトリウムと硫黄を反応させると，つぎの化学反応式で表されるように，イオン化合物である硫化ナトリウムが生成する（図 10・25）．

$$2\text{Na(s)} + \text{S(s)} \longrightarrow \text{Na}_2\text{S(s)}$$

この化学反応式を，ルイス記号を用いて表すと次式のようになる．

$$2\,\text{Na}\!\cdot\; + \;\cdot\!\ddot{\text{S}}\!\cdot \longrightarrow 2\,\text{Na}^+ + :\!\ddot{\text{S}}\!:^{2-}$$

[Ne]3s¹　[Ne]3s²3p⁴　　[Ne]　[Ne]3s²3p⁶
　　　　　　　　　　　　　　　あるいは [Ar]

この反応式からわかるように，生成するイオンはいずれも貴ガスの電子配置をもっている．この反応では，生成するイオンの安定性が反応の駆動力になっている．すなわち，比較的活性な反応物から，比較的安定な生成物へと反応が進行している．

図 10・25 アルカリ金属のナトリウムと非金属の硫黄が反応すると，硫化ナトリウムが生成する．

化学反応式から，2個のナトリウム原子が1個の硫黄原子と反応することがわかる．2個のナトリウム原子はそれぞれが1個ずつ，あわせて2個の電子を放出し，硫黄原子がその2個の電子を獲得している．

この反応が示すように，化学反応式における化学種の間の電子移動は，釣り合いがとれていなければならない．すなわち，あらゆる酸化還元反応において，ある化学種が失った電子の総数は，常にある化学種が獲得した電子の総数に等しくなければならない．

ある反応において，原子が他の化学種へ電子を放出したとき，"その原子は酸化された"という．**酸化**[3]は電子を失うことを表す．一方，ある反応において，原子が他の化学種から電子を獲得したとき，"その原子は還元された"という．**還元**[4]は電子を得ることを表す．

これまでに学んだ反応にも，多くの酸化還元反応があったことがわかる．たとえば，つぎの化学反応式で表される，金属鉄と気体酸素との結合反応も酸化還元反応である．

$$4\text{Fe(s)} + 3\text{O}_2\text{(g)} \longrightarrow 2\text{Fe}_2\text{O}_3\text{(s)} \qquad (10\cdot7)$$

金属鉄，あるいは気体酸素のような単体は，イオン電荷をもっていない．一方，第6章で学んだように，電気的に中性の酸素原子に2個の電子が付け加わると，貴ガスの電子配置となるため，イオン化合物において酸素原子はふつう，-2 のイオン電荷をもつ．$\text{Fe}_2\text{O}_3\text{(s)}$ におけるそれぞれの酸素原子のイオン電荷を -2 とすると，化合物の電気的な中性を保つために，それぞれの鉄原子のイオン電荷は $2 \times (+3) + 3 \times (-2) = 0$ より，$+3$ でなければならないことがわかる．

$$\overset{(0)}{4\text{Fe(s)}} + \overset{(0)}{3\text{O}_2\text{(g)}} \longrightarrow \overset{(+3)(-2)}{2\text{Fe}_2\text{O}_3\text{(s)}}$$

(10・7)式における4個の鉄原子はそれぞれ，イオン電荷が0から $+3$ へと変化しているので，この反応では"鉄原子は酸化された"という．一方，6個の酸素原子はそれぞれ，イオン電荷が0から -2 へと変化しているので，この反応では"酸素原子は還元された"という．したがって，この反応は酸化還元反応であることがわかる．また，この反応において鉄原子が失った電子の総数は，酸素原子が獲得した電子の総数に等しいことに注意してほしい．すなわち，4個の鉄原子は，総数で $4 \times 3 = 12$ 個の電子を失うことにより，それぞれイオン電荷が0から $+3$ へと変化し，一方，6個の酸素原子は，総数で $6 \times 2 = 12$ 個の電子を獲得することにより，それぞれイオン電荷が0から -2 へと変化している．

上記の化学反応式は，それぞれの原子におけるイオン電荷の変化を示している．$\text{Fe}_2\text{O}_3\text{(s)}$ の名称は，酸化鉄(Ⅲ)であることを思い出そう．ここでローマ数字の3は，その化合物におけるそれぞれの鉄原子のイオン電荷を示している．なお，酸化鉄(Ⅲ) $\text{Fe}_2\text{O}_3\text{(s)}$ とその水和物は，さびのおもな構成成分である．実際，鉄がさびることをしばしば，鉄が酸化されたという．

例題 10・18 以下の化学反応式で示される金属銅と硝酸銀との単一交換反応は，酸化還元反応であることを示

---

1) oxidation-reduction reaction　2) electron-transfer reaction　3) oxidation　4) reduction

せ．また，この反応において酸化されている原子，および還元されている原子はどれか．

$$Cu(s) + 2AgNO_3(aq) \rightarrow Cu(NO_3)_2(aq) + 2Ag(s)$$

解答 金属銅 Cu(s) のイオン電荷は 0 である．また，多原子陰イオンである硝酸イオン NO_3^- (aq) のイオン電荷は -1 なので（表 10・1），$Cu(NO_3)_2$(aq) に含まれる銅イオンのイオン電荷は，$+2$ でなければならないことがわかる（第 6 章で学んだように，銅イオンはふつう，化合物では $+1$，あるいは $+2$ のイオン電荷をもつことを思い出そう）．したがって，この反応では，銅原子のイオン電荷は 0 から $+2$ へと変化している．

硝酸銀 $AgNO_3$(aq) の銀イオンのイオン電荷は $+1$ であり（第 6 章で学んだように，化合物における銀のイオン電荷は，ほとんどいつも $+1$ であることを思い出そう），金属銀 Ag(s) のイオン電荷は 0 である．したがって，この反応では，2 個の銀原子のそれぞれのイオン電荷は $+1$ から 0 へと変化している．

$$\overset{(0)}{Cu(s)} + 2\overset{(+1)}{AgNO_3}(aq) \rightarrow \overset{(+2)}{Cu(NO_3)_2}(aq) + 2\overset{(0)}{Ag}(s)$$

この反応では，ある化学種から別の化学種へと電子の移動が起こっているので，酸化還元反応である．また，この反応において，銅原子は 2 個の電子を放出し，2 個の銀イオンはそれぞれ，1 個の電子を獲得している．したがって，銅が酸化され，銀イオンが還元されている．この化学反応式では，反応に関わる元素と，移動する電子の両方について，釣り合いがとれていることに注意してほしい．化学反応式は，常にそうでなければならない．

練習問題 10・18 つぎの化学反応式で表されるそれぞれの反応について，酸化還元反応であるかどうかを判定せよ．
 (a) $2Fe(s) + 3Cl_2(g) \rightarrow 2FeCl_3(s)$
 (b) $2AgNO_3(aq) + Na_2S(aq)$
   $\rightarrow Ag_2S(s) + 2NaNO_3(aq)$
 (c) $Zn(s) + HgCl_2(aq) \rightarrow ZnCl_2(aq) + Hg(l)$

解答 (a) と (c) が酸化還元反応である．

酸化還元反応において，電子を供給する物質，すなわち**電子供与体**[1]を，**還元剤**[2]という．また，電子を獲得する物質，すなわち**電子受容体**[3]を，**酸化剤**[4]という．次式で示される酸化還元反応について考えてみよう．

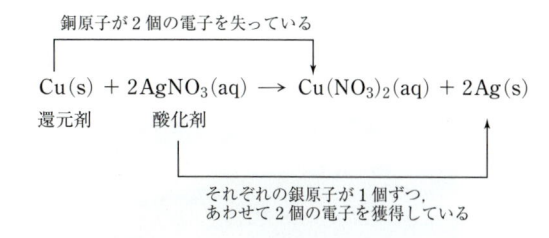

```
    銅原子が 2 個の電子を失っている
```
$$Cu(s) + 2AgNO_3(aq) \rightarrow Cu(NO_3)_2(aq) + 2Ag(s)$$
還元剤　　　酸化剤

それぞれの銀原子が 1 個ずつ，あわせて 2 個の電子を獲得している

銅は，硝酸銀の銀イオンの還元において電子を供給する物質であるから，還元剤である．また，硝酸銀は，銅の酸化において電子を受容する物質であるから，酸化剤である．表 10・10 に，酸化剤と還元剤の性質を要約した．

表 10・10 酸化還元反応の要約

還元剤	酸化剤
酸化される原子を含む	還元される原子を含む
イオン電荷が増加する原子を含む	イオン電荷が減少する原子を含む
電子供与体である	電子受容体である

例題 10・19 腕時計の電源などに用いられる銀ボタン型電池のエネルギーは，酸化銀と金属亜鉛との間の電子移動反応によって生じる．その反応はつぎの化学反応式によって表される．

$$Zn(s) + Ag_2O(s) \rightarrow ZnO(s) + 2Ag(s)$$

この反応における酸化剤と還元剤を特定せよ．

解答 亜鉛原子のイオン電荷は，金属亜鉛における 0 から，酸化亜鉛における $+2$ へと変化している．一方，銀原子のイオン電荷は，酸化銀における $+1$ から，金属銀における 0 へと変化している．すなわち，この化学反応式において，1 個の亜鉛原子が酸化され（イオン電荷 $0 \rightarrow +2$），2 個の銀原子が還元されている（イオン電荷 $+1 \rightarrow 0$）．したがって，Zn(s) は還元剤であり，Ag_2O(s) は酸化剤である．この化学反応式では，2 個の電子が移動している．還元されているのは銀原子だけであるが，一般に，還元されている原子を含む試剤 Ag_2O(s) を酸化剤という．

練習問題 10・19 つぎの化学反応式で示される反応について，酸化剤と還元剤を特定せよ．

$$2Al(s) + Mn_2O_3(s) \rightarrow 2Mn(s) + Al_2O_3(s)$$

解答 酸化剤は Mn_2O_3(s)，還元剤は Al(s)

---

1) electron donor 2) reducing agent 3) electron acceptor 4) oxidizing agent

酸化還元反応は，化学反応の最も重要な種類の一つである．重要な化学的現象には，酸化還元反応を含むものが多い（図10・26）．酸化還元反応については，後に1章全体をあて，そこで詳しく説明する（第24章）．

化学を初めて学ぶ学生が直面する最も難しい問題の一つは，反応物だけが与えられた化学反応式に対して，その生成物を予想する問題である．この問題はしばしば，熟練した化学者にとってさえも難しい場合がある．この点において，本章で示された化学反応の分類は，そのような問題に対処するための第一歩として役立つだろう．しかし，自信をもって問題に解答するには，まだ化学に関するいっそうの経験が必要である．本書を通して，多くの化学反応に出会うことになるので，それぞれの反応について考え，本章で述べた方法に従ってその反応を分類してみるとよい．

図 10・26 温泉の周囲に見られる硫黄の析出は，ふつう二酸化硫黄と硫化水素との酸化還元反応によるものである．

まとめ

多くの化学反応は，つぎの4種類の反応のいずれかに分類することができる．

1. 結合反応：2種類の物質から，単一の生成物が得られる反応
2. 分解反応：一つの物質が，2種類，あるいはそれ以上の簡単な物質に分解する反応
3. 単一交換反応：ある化合物の一つの元素が，他の元素によって置き換えられる反応（置換反応ともいう）
4. 二重交換反応：2種類のイオン化合物の陽イオンが，それぞれ対となる陰イオンを交換する反応．二重交換反応は，さらにつぎの3種類に分類することができる．すなわち，沈殿が生成する反応（溶解性の規則を用いて生成物を予測することができる），水の生成を伴う酸塩基反応のような共有結合化合物が生成する反応，および気体が生成する反応である．

多原子イオンは，共有結合によって連結した複数の原子からなるイオンであり，水中で成分元素のイオンに分解せずに存在する．表10・1に，化学的に重要ないくつかの多原子イオンの例を示した．

溶解性の規則（表10・9）によって，イオン化合物が水に溶解するかどうかを予測することができる．この規則は上位から番号順に適用しなければならない．またこの規則は，イオン反応において，どの生成物が沈殿として溶液から分離するかを予測するために用いることができる．

酸は，水に溶かしたときに水素イオン $H^+(aq)$ を生成する物質である．塩基は，水に溶かしたときに水酸化物イオン $OH^-(aq)$ を生成する物質である．酸の三つの種類として，二元酸，オキソ酸，有機酸がある．酸と塩基は，ある色素の色の変化をひき起こす．たとえば，リトマスは酸性溶液中で赤色になり，塩基性溶液中で青色になる．酸と塩基は互いに反応して，水と塩を生成する．このような反応を中和反応という．酸は一組の簡単な規則に従って命名される．

水和物は，無水塩と水との結合反応によって生成する．水和物の生成は可逆的であり，水和水は加熱によって除去される．水和物の化学式は，無水塩の化学式に続けて点・を書き，水和水の数を表記することによって表される．また，水和物は，塩の名称に水和水の数を漢数字で表し，その後に"水和物"をつけて命名する．英語では，塩の名称に水和水の数を表すギリシャ語の接頭語と hydrate をつけることによって命名される．

単一交換反応の実験結果に基づいて，相対的な反応性の点から，金属を順序づけることができる．得られた金属のイオン化傾向（表10・8）は，金属を含む単一交換反応が起こるかどうかを予測するために用いることができる．非金属の反応はきわめて多様なので，金属のような簡単な反応性の系列を示すことができない．しかし，ハロゲンについては，相対的な反応性は $F_2 > Cl_2 > Br_2 > I_2$ の順に減少する．

イオンを含む反応は，正味のイオン反応式を用いることによって，簡潔な形で表すことができる．正味のイオン反応式は，完全なイオン反応式の両辺から傍観イオンを消去することによって得られる．

すべての化学反応は，反応物の間で電子の移動が起こる反応か，あるいは起こらない反応かのどちらかに分類することができる．反応物の間の電子移動を含む反応を，酸化還元反応（レドックス反応），あるいは電子移動反応という．酸化還元反応では，電子は還元剤から酸化剤へと移動する．還元剤は酸化される原子をもち，酸化剤は還元される原子をもっている．酸化反応は電子が失われる反応であり，還元反応は電子を獲得する反応である．還元剤が失った電子の数は，酸化剤が獲得した電子の数と等しくなくてはならない．

11 化学計算

前章では，定性的な観点から化学反応を学んだ．すなわち，原子や分子，あるいはイオンが互いにどのように反応して新たな化合物が生成するのかを理解し，また，多数の化学反応が，一般的にどのように分類されるのかを学んだ．本章では，化学反応を定量的に取扱う方法を学ぶ．化学計算を適用することにより，最初に与えられた反応物の量から，どのくらいの量の生成物が得られるかを予測することができる．また，ある量の生成物を得るためには，どのくらいの量の反応物を用いなければならないかを予測することもできる．これらすべての化学計算の基礎となっているのは，化学において最も重要な考え方の一つである物質量の概念と，反応を表す釣り合いのとれた化学反応式である．

11・1	物質量の概念
11・2	アボガドロ数
11・3	組成式
11・4	原子量の決定
11・5	分子式
11・6	燃焼分析
11・7	化学反応式の係数
11・8	化学量論
11・9	化学反応式を用いない化学量論
11・10	制限試剤
11・11	収率

11・1 物質 1 mol の質量は g 単位をつけた式量に等しい

第2章において，元素の原子量は相対的な量であることを学んだ．すなわち，元素の原子量は，慣用的に炭素-12の原子1個の質量を正確に12原子質量単位 (12 u) とし，それに対する元素の原子1個の相対的な質量である．つぎの表に示す4種類の元素について考えてみよう．

元　素	原子質量/u
ヘリウム He	4
炭素 C	12
チタン Ti	48
モリブデン Mo	96

この表からつぎのことがわかる．

- 炭素原子1個の質量は，ヘリウム原子1個の質量の3倍である．
- チタン原子1個の質量は，炭素原子1個の質量の4倍であり，ヘリウム原子1個の質量の12倍である．
- モリブデン原子1個の質量は，チタン原子1個の質量の2倍であり，炭素原子1個の質量の8倍であり，ヘリウム原子1個の質量の24倍である．

理解しておくべき重要なことは，どの原子についても，決してその質量の絶対的な値を推定できないことである．この時点では，炭素-12の原子1個の質量を12原子質量単位 (12 u) とする任意に定義された尺度に基づいて，原子の相対的な質量を決めることができるだけである．

さて，12 g の炭素，48 g のチタン，および 96 g のモリブデンを考えよう (図 11・1)．チタン原子1個は炭素原子1個の4倍の質量をもつから，48 g のチタンには，12 g の炭素と同じ数の原子が含まれているはずである．同様に，モリブデン原子1個はチタン原子1個の2倍の質量をもつから，96 g のモリブデンには，48 g のチタンと同じ数の原子が含まれているはずである．こうして，12 g の炭素，

48 g のチタン，および 96 g のモリブデンには，すべて同じ数の原子が含まれていると結論することができる．この推論を続けていくと，ある元素の原子について，その原子量に g 単位をつけた質量をもつ量には，正確に同じ数の原子が含まれていることがわかる．たとえば，前見返しにある周期表に与えられた原子量から，10.8 g のホウ素，23.0 g のナトリウム，63.6 g の銅，200.6 g の水銀は，すべて同じ数の原子を含んでいるのである．

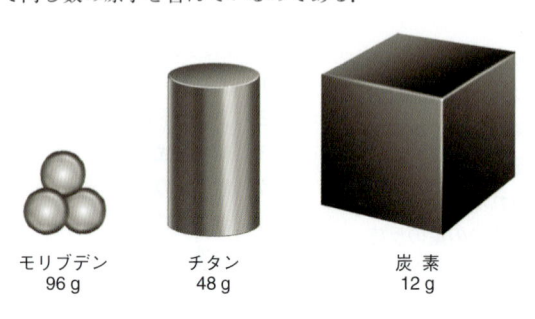

図 11・1 12 g の炭素には，48 g のチタンおよび 96 g のモリブデンと同じ数の原子が含まれている．

モリブデン 96 g ／ チタン 48 g ／ 炭 素 12 g

本章でこれまでに考えてきた物質はすべて，**原子性物質**[1]，すなわちただ 1 種類の元素の原子からなる物質であった．つぎに，以下の表のような**分子性物質**[2] について考えよう．

物　質	分子質量/u
メタン CH_4	$12+(4×1)=16$
酸素 O_2	$2×16=32$
オゾン O_3	$3×16=48$

原子量と同様，分子量も相対的な質量である．酸素分子 1 個の質量は 32 u であり，メタン分子 1 個の質量 16 u の 2 倍である．オゾン分子 1 個の質量は 48 u であり，メタン分子 1 個の質量の 3 倍である．原子性物質の場合と同じ推論により，16 g のメタン，32 g の酸素，および 48 g のオゾンには，すべて同じ数の分子が含まれているはずである．さらに，チタンの原子量はオゾンの分子量と等しいので，48 g のチタンに含まれる原子の数は，48 g のオゾンに含まれる分子の数と等しくなくてはならない．

ここで，**式量**[3] ということばを導入しよう．式量は原子量と分子量の両方を含むことばであり，これを用いることによって，それらを区別して用いる必要がなくなる．同様に，原子，分子，あるいはイオンをさすことばとして，**化学式単位**[4] を用いることにしよう．すると，前述した結論はつぎのように拡張することができる．すなわち，異なる物質において，それぞれの式量に g 単位をつけた質量をもつ量には，いずれも同じ数の化学式単位が含まれている．こうして，4 g のヘリウム，12 g の炭素，16 g のメタン，32 g の酸素にはいずれも，同じ数の化学式単位が含まれている．ここで化学式単位は，ヘリウムと炭素の場合には原子であり，メタンと酸素の場合には分子である．

化学計算を便利に行うために，**mol**（モル）という単位が用いられる．ある物質の式量に g 単位をつけた質量をもつ物質の量を，その物質の 1 mol という．上述したように，すべての物質の 1 mol には同じ数の化学式単位が含まれている．化学式単位の数に着目して物質の量を表すとき，**物質量**[5] ということばを用いる．mol は物質量の単位である．たとえば，"メタン $CH_4(g)$ の物質量は 3.12 mol である" などと表現する．また，物質 1 mol 当たりの質量を**モル質量**[6] という．たとえば，メタン $CH_4(g)$ の式量は 16.04 なので，メタンのモル質量は 16.04 g mol^{-1} である．式量は単位をもたないが，モル質量は単位 g mol^{-1} をもつことに注意してほしい．図 11・2 には，身近な 6 種類の物質について，それぞれの物質 1 mol に相当する量を示した．

図 11・2 1 mol の物質．（左端から時計まわりに）硫黄（32.1 g），スクロース（砂糖，342.3 g），硫酸銅五水和物（249.7 g），塩化ナトリウム（58.4 g），銅（63.6 g），および酸化水銀(II)（216.6 g）．物質の 1 mol は，その物質の式量に g 単位をつけた質量をもつ量に相当する．

化学計算ではしばしば，質量と物質量の間の変換をする必要が生じる．たとえば，$CH_4(g)$ の式量は 16.04 なので，メタン 1 mol は 16.04 g である．このことから，つぎの二つの単位変換因子を得ることができる．

$$\left(\frac{1 \text{ mol } CH_4}{16.04 \text{ g } CH_4}\right) = 1 \quad \text{あるいは} \quad \left(\frac{16.04 \text{ g } CH_4}{1 \text{ mol } CH_4}\right) = 1$$

分母に g 単位の質量をもつ変換因子は，$CH_4(g)$ の質量を物質量に変換するときに用いる．一方，分母に mol 単位

---

1) atomic substance　2) molecular substance　3) formula mass　4) formula unit　5) amount of substance
6) molar mass

の物質量をもつ変換因子は，$CH_4(g)$ の物質量を g 単位の質量に変換するときに用いる．

たとえば，質量 50.0 g のメタンの物質量を知りたいとしよう．分母に g 単位の質量をもつ単位変換因子を用いて，つぎのように求めることができる．

$$\text{CH}_4 \text{の物質量} = \underbrace{(50.0 \text{ g CH}_4)}_{\text{有効数字 3 桁}} \underbrace{\left(\frac{1 \text{ mol CH}_4}{16.04 \text{ g CH}_4}\right)}_{\substack{\text{有効数字 4 桁} \\ \text{(1 は厳密な数値)}}} = \underbrace{3.12 \text{ mol CH}_4}_{\text{有効数字 3 桁}}$$

得られた結果は有効数字が 3 桁であり，望み通り，物質量の単位 mol をもつことに注意しよう．

また，ある物質量に対応する物質の質量を計算することができる．たとえば，物質量 2.16 mol の塩化ナトリウム $NaCl(s)$ の質量を計算してみよう．$NaCl(s)$ の式量は 58.44 である．したがって，2.16 mol の $NaCl(s)$ の質量はつぎのように求めることができる．

$$\text{NaCl の質量} = \underbrace{(2.16 \text{ mol NaCl})}_{\text{有効数字 3 桁}} \underbrace{\left(\frac{58.44 \text{ g NaCl}}{1 \text{ mol NaCl}}\right)}_{\substack{\text{有効数字 4 桁} \\ \text{(1 は厳密な数値)}}} = \underbrace{126 \text{ g NaCl}}_{\text{有効数字 3 桁}}$$

最終的な結果は 3 桁の有効数字をもち，質量の単位 g がつくことに注意しよう．

単位変換因子を用いて単位の変換を行う際には，単位変換因子として（もしそれが厳密な数値でないならば），変換される値よりも，少なくとも 1 桁大きい有効数字をもつ数値を用いるのがよい．さもなければ，変換される値ではなく，単位変換因子が結果の有効数字の桁数を制限することになる．また，1 m ≡ 100 cm のような定義された単位変換因子は，常に厳密な数値であり，決して結果の有効数字を制限しないことを覚えておく必要がある．

例題 11・1 つぎの物質の物質量を計算せよ．
(a) 28.0 g の水，(b) 324 mg のアスピリン $C_9H_8O_4(s)$

解答 (a) $H_2O(l)$ の式量は 18.02 である．したがって，質量 28.0 g の水の物質量は次式によって求められる．

$$\text{H}_2\text{O の物質量} = (28.0 \text{ g H}_2\text{O})\left(\frac{1 \text{ mol H}_2\text{O}}{18.02 \text{ g H}_2\text{O}}\right) = 1.55 \text{ mol H}_2\text{O}$$

(b) アスピリンの化学式は $C_9H_8O_4(s)$ であるから，その式量は $(9 \times 12.01) + (8 \times 1.008) + (4 \times 16.00) = 180.2$ である．（天然に存在する炭素の原子量は 12.01 であることを思い出そう．）したがって，質量 324 mg のアスピリンの物質量は，次式のように求めることができる．

$$\text{C}_9\text{H}_8\text{O}_4 \text{の物質量} = (324 \text{ mg C}_9\text{H}_8\text{O}_4)\left(\frac{1 \text{ g}}{1000 \text{ mg}}\right)\left(\frac{1 \text{ mol C}_9\text{H}_8\text{O}_4}{180.2 \text{ g C}_9\text{H}_8\text{O}_4}\right)$$
$$= 1.80 \times 10^{-3} \text{ mol C}_9\text{H}_8\text{O}_4$$

180.2 g mol^{-1} で割る前に，mg を g に変換しなければならないことに注意しよう．

練習問題 11・1 米国における年間生産量が多い上位 5 種類の化学物質について，1 年間に生産される質量のデータを下記に示した．(a) 硫酸 $H_2SO_4(l)$，窒素 $N_2(g)$，エチレン $C_2H_4(g)$，酸素 $O_2(g)$ および水素 $H_2(g)$ について，1 年間に生産されるそれぞれの物質の物質量を求めよ．なお，1 トン = 1000 kg である．(b) 年間生産量が mol 単位で最も多い物質は何か．

化学物質	年間生産量/10^3 トン
硫酸 H_2SO_4	37515
窒素 N_2	26675
エチレン C_2H_4	25682
酸素 O_2	19539
水素 H_2	17698

解答 (a) $H_2SO_4(l)$ 3.82×10^{11} mol
$N_2(g)$ 9.52×10^{11} mol $C_2H_4(g)$ 9.16×10^{11} mol
$O_2(g)$ 6.11×10^{11} mol $H_2(g)$ 8.78×10^{12} mol
(b) $H_2(g)$

例題 11・1 は重要な点を示している．質量が与えられた化学物質の物質量を計算するためには，その物質の化学式を知る必要がある．あらゆる物質の物質量は，その化学式がわかってはじめて求めることができる．石炭や木材のように，単一の化学式で表すことができない物質は，ただその物質の質量を知ることができるだけである．

11・2 物質 1 mol にはアボガドロ数の化学式単位が含まれる

あらゆる物質の 1 mol には，6.022×10^{23} 個（有効数字 4 桁で）の化学式単位が含まれていることが実験的に求められている．この数を，イタリアの科学者アボガドロ[1]の名をつけて**アボガドロ数**[2]という．あるいは，単位 mol^{-1} をつけて，**アボガドロ定数**[3]ということもある．アボガドロ定数は N_A を用いて表されることが多い．すなわち，$N_A = 6.022 \times 10^{23}$ mol^{-1} である．アボガドロは原子と分子

---

[1] Amedeo Avogadro [2] Avogadro's number [3] Avogadro constant

を区別した最も初期の科学者の一人である（第 13 章を参照せよ）．あらゆる物質の 1 mol はアボガドロ数の化学式単位，すなわちその物質の"構成要素"を含んでいる．また，1 mol は，アボガドロ数の化学式単位を含む物質の量ということもできる．たとえば，純粋な質量数 12 の炭素同位体（炭素-12）の原子量は正確に 12 であるから，質量 12.00 g の炭素-12 には，6.022×10^{23} 個の原子が含まれている．同様に，水の分子量は 18.02 であるから，質量 18.02 g の水には，6.022×10^{23} 個の分子が含まれている．

1 ダースの卵が 12 個の卵を表すことと同じように，1 mol は単に，原子や分子のような"もの"のアボガドロ数個の集団を表す名称である．また，1 ダースが 12 個のものを表す"数量単位"であると同様に，1 mol をアボガドロ数個のものを表す数量単位と考えると便利である．しかし，1 ダースが 12 という数を表すのに対して，1 mol が表す数は 6.022×10^{23} である．アボガドロ数はあまりに大きな数なので，1 mol には親しみを感じないかもしれないが，その考え方は 1 ダースと何ら変わるところはない．1 mol の卵は 6.022×10^{23} 個の卵を意味するが，mol は卵の数の実用的な数量単位としてはふさわしくない．一方，原子や分子はきわめて小さいので，mol は，物質に含まれる原子や分子の数に対する実用的な数量単位として適切なものとなる．表 11・1 に，mol を数量単位とする化学に関するいくつかのものの例を示した．

さて，アボガドロ数を用いると，1 mol はつぎのように定義することができる．すなわち，<u>アボガドロ数の化学式単位を含む物質の量を 1 mol という</u>．たとえば，表 11・1 を参照すると，アルミニウム原子 1 mol は，6.022×10^{23} 個のアルミニウム原子，あるいは質量 26.98 g のアルミニウムと表現することもできる．物質のモル質量は 1 mol，すなわち 6.022×10^{23} 個の化学式単位を含む物質の g 単位の質量である．

$$1 \text{ mol Al} = 6.022 \times 10^{23} \text{ 個の Al 原子} = 26.98 \text{ g Al}$$

アボガドロ数は巨大な数である．指数表記法を用いずにアボガドロ数を表記すると，602 200 000 000 000 000 000 000 となる．アボガドロ数の大きさを別の方法で理解するために，1 秒間に百万ドルの速さで金を使うとして，アボガドロ数のドルを使うには何年かかるかを計算してみよう．1 年は 3.15×10^7 s（秒）であるから，6.022×10^{23} ドルを使うために必要な年数は，

$$\text{年数} = (6.022 \times 10^{23} \text{ ドル}) \left(\frac{1 \text{ s}}{10^6 \text{ ドル}} \right) \left(\frac{1 \text{ 年}}{3.15 \times 10^7 \text{ s}} \right)$$
$$= 1.91 \times 10^{10} \text{ 年}$$

すなわち，191 億年かかる計算になる．この時間の長さは，地球の推定年齢（46 億年）の 4 倍以上であり，宇宙の推定年齢（140 億年）よりもいくらか長い．この計算から，アボガドロ数がいかに大きな数であるかがわかり，このことから，原子や分子がいかに小さいものであるかがわかる．もう一度，図 11・2 に示された物質を見てみよう．これらの物質はいずれも，それぞれに示された物質の 6.022×10^{23} 個の化学式単位を含んでいるのである．

アボガドロ数を用いると，原子，あるいは分子 1 個の質量を計算することができる．つぎの例題でそれを示すことにしよう．

例題 11・2 アボガドロ数を用いて，窒素分子 1 個の質量を求めよ．

解答 窒素は二原子分子として存在することを思い出そう．窒素分子の化学式は N_2 なので，その式量，すなわち分子量は 28.02 である．こうして，窒素分子 1 mol の質量は 28.02 g であることがわかる．あらゆる物質の 1 mol は 6.022×10^{23} 個の化学式単位を含むことから，窒素分子 1 個の質量はつぎのように求めることができる．

$$\begin{pmatrix} \text{窒素分子} \\ \text{1 個の質量} \end{pmatrix} = \left(\frac{28.02 \text{ g N}_2}{1 \text{ mol N}_2} \right) \left(\frac{1 \text{ mol}}{6.022 \times 10^{23} \text{ 分子}} \right)$$
$$= 4.653 \times 10^{-23} \text{ g 分子}^{-1}$$

練習問題 11・2 第 13 章で気体について学ぶ際には，分子の質量を kg 単位で表す．二酸化炭素 $CO_2(g)$ 分子 1 個の質量，および六フッ化硫黄 $SF_6(g)$ 分子 1 個の質量はそれぞれ何 kg か．

解答 CO_2 7.308×10^{-26} kg　　SF_6 2.426×10^{-25} kg

また，つぎの例題に示すように，アボガドロ数を用いる

表 11・1　mol を数量単位とするさまざまなもの

数量単位	ものの数	mol を数量単位とするものの例	1 mol の質量
1 mol（1 モル）	6.022×10^{23}	原子（例：アルミニウム Al）	26.98 g
		分子（例：水 H_2O）	18.02 g
		イオン（例：Na^+）	22.99 g
		素粒子（例：電子 e^-）	0.5486 mg

と，質量が与えられた物質に含まれる原子，あるいは分子の個数を計算することができる．

例題 11・3
質量 1 pg のメタン $CH_4(g)$ に含まれるメタン分子の個数，および水素原子と炭素原子の個数を求めよ．

解答 メタン $CH_4(g)$ の式量は，$12.01 + (4 \times 1.008) = 16.04$ と求められるので，質量 1 pg の $CH_4(g)$ に含まれる分子数は次式によって計算することができる．

$$\text{CH}_4\text{の分子数} = (1.00 \text{ pg CH}_4)\left(\frac{1 \times 10^{-12} \text{ g}}{1 \text{ pg}}\right)$$
$$\times \left(\frac{1 \text{ mol CH}_4}{16.04 \text{ g CH}_4}\right)\left(\frac{6.022 \times 10^{23} \text{ CH}_4 \text{分子}}{1 \text{ mol CH}_4}\right)$$
$$= 3.75 \times 10^{10} \text{ CH}_4 \text{分子}$$

メタン分子 1 個はそれぞれ，炭素原子 1 個と水素原子 4 個を含むから，

$$\text{炭素原子数} = (3.75 \times 10^{10} \text{ CH}_4 \text{分子})\left(\frac{1 \text{ C 原子}}{1 \text{ CH}_4 \text{分子}}\right)$$
$$= 3.75 \times 10^{10} \text{ C 原子}$$

$$\text{水素原子数} = (3.75 \times 10^{10} \text{ CH}_4 \text{分子})\left(\frac{4 \text{ H 原子}}{1 \text{ CH}_4 \text{分子}}\right)$$
$$= 1.50 \times 10^{11} \text{ H 原子}$$

1 pg は 1 g の百万分の 1 の百万分の 1 であり，メタン分子のすべてを液体に凝縮しても，その液体を見るためには，まだ高性能の顕微鏡が必要なほど少ない量であることに注意しよう．それでも，その試料には 100 億個以上のメタン分子が含まれているのである．原子や分子がいかに小さいものであるかがわかる．

練習問題 11・3
あるインクジェットプリンターでは，pL（ピコリットル）の体積をもつ液滴がつくられる．体積 1 pL の水に含まれる水分子の数を求めよ．また，それに相当する水素原子と酸素原子の数を求めよ．ただし，水の密度を 1.00 g mL^{-1} とする．

解答 水分子 3.34×10^{13} 個，水素原子 6.68×10^{13} 個，酸素原子 3.34×10^{13} 個

表 11・2 に，いくつかの物質について，物質量に関わる量の関係を要約した．

本節の最後に，SI 単位における物質量の定義を述べておく．物質量は SI 基本単位の一つであり，その単位 mol はつぎのように定義されている．"正確に 0.012 kg の炭素-12 に含まれる原子の数と同じ数の構成要素を含む物質の量を 1 mol という．mol を用いる際には，構成要素が特定されなければならない．構成要素は，原子，分子，イオン，

表 11・2 物質量に関わるさまざまな量の間の関係

物 質	化学式	式 量	モル質量 /g mol^{-1}	1 mol の粒子数	物質量
塩素原子	Cl	35.45	35.45	塩素原子 6.022×10^{23} 個	Cl 原子 1 mol
気体塩素	Cl$_2$	70.90	70.90	塩素分子 6.022×10^{23} 個	Cl$_2$ 分子 1 mol
				塩素原子 12.044×10^{23} 個	Cl 原子 2 mol
水	H$_2$O	18.02	18.02	水分子 6.022×10^{23} 個	H$_2$O 分子 1 mol
				水素原子 12.044×10^{23} 個	H 原子 2 mol
				酸素原子 6.022×10^{23} 個	O 原子 1 mol
塩化ナトリウム	NaCl	58.44	58.44	NaCl 化学式単位 6.022×10^{23} 個	NaCl 化学式単位 1 mol
				ナトリウムイオン 6.022×10^{23} 個	Na$^+$ イオン 1 mol
				塩化物イオン 6.022×10^{23} 個	Cl$^-$ イオン 1 mol
フッ化バリウム	BaF$_2$	175.3	175.3	BaF$_2$ 化学式単位 6.022×10^{23} 個	BaF$_2$ 化学式単位 1 mol
				バリウムイオン 6.022×10^{23} 個	Ba^{2+} イオン 1 mol
				フッ化物イオン 12.044×10^{23} 個	F$^-$ イオン 2 mol
硝酸イオン	NO$_3^-$	62.01	62.01	硝酸イオン 6.022×10^{23} 個	NO$_3^-$ イオン 1 mol
				窒素原子 6.022×10^{23} 個	N 原子 1 mol
				酸素原子 18.066×10^{23} 個	O 原子 3 mol

電子やその他の粒子，あるいはこれらの粒子の特定の集団である". 炭素-12 の原子量は定義によって正確に 12 であるから，1 mol の炭素-12 は正確に 12 g (= 0.012 kg) である. この SI 単位における 1 mol の定義は，本節で述べた他の 1 mol の定義と等価である.

物質量の概念は，化学におけるすべての事項のうちで，最も重要な概念の一つである. 本書の後続の章では，ほとんどの章で mol を用いることになるだろう. mol とは何か，そしてそれを化学計算にどのように用いるかを理解することが重要である. もしこの時点でまだ，物質量の概念になじみがもてないならば，必ず本章の問題をいくつも解いて，自信をもって物質量の概念を使えるようにしておかねばならない.

11・3 化学分析によって組成式が決定できる

前の二つの節において，アボガドロ数と物質量の概念を導入した. 本節では，化学計算におけるもう一つの基本的概念である**化学量論**[1]について述べる. 化学量論とは，化学反応に含まれる単体や化合物の間の定量的な関係をいう. 化学量論 stoichiometry ということばは，"最も簡単な成分，あるいは部分"を意味するギリシャ語の *stoicheio* と，"測定すること"を意味するギリシャ語の *metrein* に由来している. 前節で述べた物質量の概念が，化学量論に基づく計算を行うための中核となる.

たとえば，物質量の考え方を用いると，物質の組成式を決定することができる. **組成式**[2]は，物質に含まれる元素の原子数を最も簡単な整数比で表した化学式である. 酸化亜鉛を例として，組成式が決定される過程を考えてみよう. 化学分析を行うと，酸化亜鉛は質量で 80.3% の亜鉛と 19.7% の酸素からなることがわかる. 化学計算において質量パーセントを扱うときには，質量パーセントの値を容易に g 単位の質量に変換できるように，100 g の物質を考えるとよい. たとえば，100 g の酸化亜鉛は，80.3 g の亜鉛と 19.7 g の酸素を含んでいる. このことを，つぎのように図式的に表すことにする.

$$80.3 \text{ g Zn} \Leftrightarrow 19.7 \text{ g O}$$

ここで記号 ⇔ は，"～と化学量論的に等価である"ことを意味している. この場合には，"～と結合している"と考えてもよい. 亜鉛 80.3 g を亜鉛のモル質量 (65.38 g mol^{-1}) で割ると，亜鉛の物質量を求めることができる. すなわち，

$$\text{Zn の物質量} = (80.3 \text{ g Zn}) \left(\frac{1 \text{ mol Zn}}{65.38 \text{ g Zn}} \right) = 1.23 \text{ mol Zn}$$

同様に，酸素 19.7 g を酸素原子のモル質量 (16.00 g mol^{-1})

で割ると，酸素の物質量を求めることができる.

$$\text{O の物質量} = (19.7 \text{ g O}) \left(\frac{1 \text{ mol O}}{16.00 \text{ g O}} \right) = 1.23 \text{ mol O}$$

したがって，つぎの関係を得ることができる.

$$1.23 \text{ mol Zn} \Leftrightarrow 1.23 \text{ mol O}$$

あるいは，この表記の両辺を 1.23 で割ることにより，

$$1.00 \text{ mol Zn} \Leftrightarrow 1.00 \text{ mol O}$$

1.00 mol はアボガドロ数の原子に相当するので，上式の両辺をアボガドロ数で割ると，つぎの関係を得ることができる.

$$1.00 \text{ 原子の Zn} \Leftrightarrow 1.00 \text{ 原子の O}$$

この表記は，亜鉛 1 原子は酸素 1 原子と結合していることを示しており，したがって，酸化亜鉛の組成式は ZnO であることがわかる. ZnO を酸化亜鉛の組成式とよぶ理由は，化学分析によってわかるのは，化学式に含まれる<u>原子の比</u>だけであり，実際の原子数はわからないからである. 質量パーセントだけでは，ZnO であるか，あるいは Zn_2O_2，Zn_3O_3 さらに ZnO を何倍かしたもののいずれであるかを区別することはできない. この理由により，組成式をしばしば**実験式**[3]という. つぎの例題で，実験式を求める計算をもう一つやってみよう.

例題 11・4 2-プロパノールは一般にイソプロピルアルコールとよばれ，代表的なアルコールの一つである. 化学分析の結果，イソプロピルアルコールは質量で炭素 60.0%，水素 13.4%，酸素 26.6% からなることがわかった. イソプロピルアルコールの実験式を決定せよ. また，この化合物の分子量は 60.09 である. この化合物の分子式を決定せよ.

解答 上述したように，質量 100 g の試料を考える. すると，つぎのように書くことができる.

$$60.0 \text{ g C} \Leftrightarrow 13.4 \text{ g H} \Leftrightarrow 26.6 \text{ g O}$$

それぞれの値を，各原子のモル質量で割ると，

$$\text{C の物質量} = (60.0 \text{ g C}) \left(\frac{1 \text{ mol C}}{12.01 \text{ g C}} \right) = 5.00 \text{ mol C}$$

$$\text{H の物質量} = (13.4 \text{ g H}) \left(\frac{1 \text{ mol H}}{1.008 \text{ g H}} \right) = 13.3 \text{ mol H}$$

$$\text{O の物質量} = (26.6 \text{ g O}) \left(\frac{1 \text{ mol O}}{16.00 \text{ g O}} \right) = 1.66 \text{ mol O}$$

なお，実験式を決定する際には，化合物に含まれる原子

---

1) stoichiometry 2) compositional formula 3) empirical formula

の数を求める必要があるので，計算には分子の質量ではなく，原子の質量を用いる．
上式より，

$$5.00 \text{ mol C} \Leftrightarrow 13.3 \text{ mol H} \Leftrightarrow 1.66 \text{ mol O}$$

これらの値について簡単な整数関係を見つけるために，これらのうちで最も小さい値 1.66 でそれぞれの値を割る．すると，

$$3.00 \text{ mol C} \Leftrightarrow 8.00 \text{ mol H} \Leftrightarrow 1.00 \text{ mol O}$$

それぞれの値をアボガドロ数で割ることにより，イソプロピルアルコール分子には炭素原子と水素原子と酸素原子が 3：8：1 で含まれていることがわかる．したがって，イソプロピルアルコール分子の実験式は C_3H_8O と決定することができる．C_3H_8O の式量は 60.09 であるから，この場合には，実験式と分子式は同一であることがわかる．

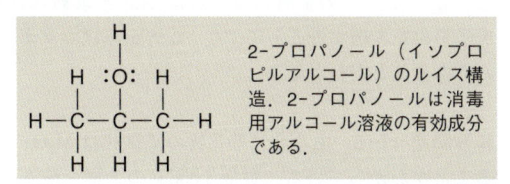

2-プロパノール（イソプロピルアルコール）のルイス構造．2-プロパノールは消毒用アルコール溶液の有効成分である．

練習問題 11・4 エタノール，すなわちエチルアルコールは，質量で炭素 52.1%，水素 13.2%，酸素 34.7% からなる．エタノールの実験式を決定せよ．

解答 C_2H_6O

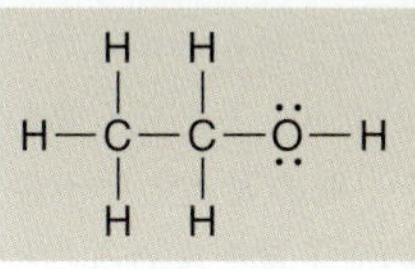

エタノールのルイス構造．エタノールはアルコール飲料に含まれるアルコールであり，エチルアルコールとよばれることもある．

上記の例題とは対照的に，ある化合物の実験式がすでにわかっている場合には，その化合物に含まれる元素の質量パーセントを求めることができる．そのためには，実験式に示された原子数にその原子の原子量を掛け，次いでその化合物の式量で割り，最後にパーセントで表示するために 100 を掛ければよい．たとえば，酸化アルミニウム Al_2O_3 について考えてみよう．Al_2O_3 の式量は 101.96 である．Al_2O_3 に含まれるアルミニウムと酸素の質量パーセントは，つぎのように求めることができる．

$$\begin{pmatrix} \text{酸化アルミニ} \\ \text{ウム中のアル} \\ \text{ミニウムの質} \\ \text{量パーセント} \end{pmatrix} = \left(\frac{2 \times \text{アルミニウムの原子量}}{\text{酸化アルミニウムの式量}} \right) \times 100$$

$$= \left(\frac{2 \times 26.98}{101.96} \right) \times 100 = 52.92\%$$

$$\begin{pmatrix} \text{酸化アルミニ} \\ \text{ウム中の酸素の質} \\ \text{量パーセント} \end{pmatrix} = \left(\frac{3 \times \text{酸素の原子量}}{\text{酸化アルミニウムの式量}} \right) \times 100$$

$$= \left(\frac{3 \times 16.00}{101.96} \right) \times 100 = 47.08\%$$

質量パーセントの合計が 100.00% であることを確認しよう．当然，そうなっていなければならない．

つぎの例題は，実験式を決定するための実験的手法に関する問題である．

例題 11・5 マグネシウム Mg(s) 0.450 g を窒素 N_2(g) と完全に反応させたところ，0.623 g の窒化マグネシウム（図 11・3）が生成した．この結果を用いて，窒化マグネシウムの実験式を決定せよ．

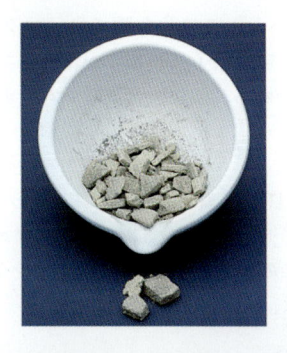

図 11・3 マグネシウムを窒素雰囲気下で燃やすと，窒化マグネシウムが生成する．

解答 この結合反応の結果は，つぎのように図示することができる．

0.450 g 金属マグネシウム ＋ 過剰 気体窒素 → 0.623 g $Mg_?N_?$ 窒化マグネシウム（実験式は不明）

生成した窒化マグネシウム 0.623 g には，反応物として用いたマグネシウム 0.450 g が含まれるから，生成物中の窒素の質量は次式で与えられる．

$$\text{生成物中の N 原子の質量} = 0.623 \text{ g} - 0.450 \text{ g}$$
$$= 0.173 \text{ g N}$$

質量 0.450 g のマグネシウムは，その値をマグネシウムのモル質量 (24.31 g mol^{-1}) で割ることによって，物質量に変換することができる．

$$\text{Mg の物質量} = (0.450 \text{ g Mg}) \left(\frac{1 \text{ mol Mg}}{24.31 \text{ g Mg}} \right)$$
$$= 0.0185 \text{ mol Mg}$$

同様に，窒素原子の質量を窒素原子のモル質量 (14.01

g mol^{-1})で割ると，その物質量が得られる．

$$\text{N の物質量} = (0.173 \text{ g N})\left(\frac{1 \text{ mol N}}{14.01 \text{ g N}}\right) = 0.0123 \text{ mol N}$$

これらの結果から，つぎのような関係があることがわかる．

$$0.0185 \text{ mol Mg} \Leftrightarrow 0.0123 \text{ mol N}$$

両辺を小さいほうの数 0.0123 で割ると，次式を得る．

$$1.50 \text{ mol Mg} \Leftrightarrow 1.00 \text{ mol N}$$

実験式では，化合物に含まれる原子数の比を最も簡単な整数で表さなければならないので，上式の両辺に 2 をかけると，

$$3.00 \text{ mol Mg} \Leftrightarrow 2.00 \text{ mol N}$$

この結果から，この化合物では，マグネシウム原子 3.00 mol と窒素原子 2.00 mol が結合していることがわかる．すなわち，窒化マグネシウムの実験式は Mg$_3$N$_2$ である．

練習問題 11・5 質量 2.18 g のスカンジウム Sc を酸素中で燃焼させたところ，3.34 g の酸化スカンジウムが得られた．この結果を用いて，酸化スカンジウムの実験式を決定せよ．

解答 Sc$_2$O$_3$

11・4 実験式を用いて未知の原子量を決定することができる

ある化合物に含まれる元素のうち，一つの元素の原子量がわからないとしよう．もし，その化合物の実験式と，その化合物に含まれる他の元素の原子量がわかっていれば，未知の元素の原子量を決定することができる．この方法は，多くの一般化学の課程において，標準的な実験として行われている．

例題 11・6 ある金属酸化物の実験式は MO であることがわかっている．ここで M は金属の元素記号を表す．質量 0.490 g の金属を量りとり，酸素中で燃焼させたところ，生成した金属酸化物の質量は 0.813 g であった．金属 M の原子量を求めよ．ただし，酸素の原子量を 16.00 とする．

解答 金属酸化物に含まれる酸素原子の質量は，

$$\text{酸化物中の O の質量} = 0.813 \text{ g MO} - 0.490 \text{ g M} = 0.323 \text{ g O}$$

したがって，この酸素原子の物質量は，

$$\text{O の物質量} = (0.323 \text{ g O})\left(\frac{1 \text{ mol O}}{16.00 \text{ g O}}\right) = 0.0202 \text{ mol O}$$

実験式は MO であるから，この酸化物では 0.0202 mol の M と 0.0202 mol の O が結合していることがわかる．質量 0.490 g の M から出発したので，つぎの関係が得られる．

$$0.490 \text{ g M} \Leftrightarrow 0.0202 \text{ mol M}$$

物質量 1.00 mol に相当する金属の g 単位の質量がわかれば，その金属の原子量を求めることができる．このため，化学量論関係を示した上式の両辺を 0.0202 で割ると，次式が得られる．

$$24.3 \text{ g M} \Leftrightarrow 1.00 \text{ mol M}$$

したがって，この金属の原子量は 24.3 と求められる．原子量表を参照することにより，この金属はマグネシウムであることがわかる．

練習問題 11・6 ある金属酸化物の実験式は M$_2$O$_3$ であることがわかっている．質量 3.058 g の金属を酸素中で燃焼させたところ，生成した M$_2$O$_3$ の質量は 4.111 g であった．金属 M の原子量を求めよ．また，この金属は何か．ただし，酸素の原子量を 16.00 とする．

解答 69.70，ガリウム

これらの例からわかるように，原子量がわかっていれば化合物の実験式を決定することができ，また化合物の実験式と 1 種類の未知の元素をのぞく他の元素の原子量がわかっていれば，その未知の元素の原子量を求めることができる．ここで，私たちはジレンマにおちいっていることがわかる．すなわち，実験式がわかっていれば原子量を求めることができるが（例題 11・6），化合物の実験式を決定するためには元素の原子量を知らねばならない（例題 11・4，例題 11・5）．この問題は，ドルトンが原子説を提案した直後の 1800 年代初期には，重大な問題であった．当時は，誤った推定により誤った原子量が得られることがわかっていても，原子量を決定するためには化合物の実験式を推定しなければならなかったのである．実際，ドルトンが最初に提案した原子量の多くが誤っていたのは，まさにこの理由によるものであった．後に，信頼できる原子量の値を決定する際の困難を克服するきっかけとなったのは，気体とその反応に関する定量的な研究であった．これについては，第 13 章で述べる．現在では，原子量は，質量分析計（2・11 節を参照せよ）により<u>直接的に</u>測定することができる．このため，原子量表にはもはや曖昧さは存在しない．

11・5 実験式と分子量から分子式が決定される

化学分析の結果，ある化合物は質量で炭素85.7%，水素14.3%からなることがわかったとしよう．これから，つぎの関係が得られる．

$$85.7 \text{ g C} \Leftrightarrow 14.3 \text{ g H}$$
$$7.14 \text{ mol C} \Leftrightarrow 14.2 \text{ mol H}$$
$$1 \text{ mol C} \Leftrightarrow 2 \text{ mol H}$$

この結果，この化合物の実験式は CH_2 であると決定できる．しかし，実際の分子の構成を表す化学式，すなわち**分子式**[1]は，C_2H_4 かもしれないし，C_3H_6 であるかもしれない．すなわち，可能な分子式は，あらゆる整数 n に対して C_nH_{2n} と書くことができる．このように，化学分析の結果からわかるのは，原子数の比だけである．しかし，もし別の実験から，その化合物の分子量がわかれば，確実に分子式を決定することができる．たとえば，上記の化合物について，別の実験からその分子量が42と求められたとしよう．つぎの表のように，実験式 CH_2 に相当するさまざまな化学式とその式量を列挙することによって，式量42となる分子式は C_3H_6 であることがわかる．

化学式	式量
CH_2	14
C_2H_4	28
C_3H_6	42
C_4H_8	56

こうして，この化合物の分子式は C_3H_6 と決定される．化学分析によって決定される実験式が，その化合物に含まれる元素の原子数を最も簡単な整数比で表した化学式であるという意味がよくわかるだろう．分子式を決定するためには，それに分子量のデータを付け加えなければならない．

上記の例では，分子式は，実験式の"3倍"であることに注意しよう．この3という因子は，つぎの関係式を用いることによって直接得ることができる．

$$\text{因子} = \frac{\text{分子量}}{\text{実験式の式量}} = \frac{42}{14} = 3$$

$$CH_2 \times 3 = C_3H_6$$

例題 11・7 炭素と水素だけからなる化合物を，**炭化水素**[2]という．炭化水素には多数の化合物がある．ガソリンはふつう，100種類以上の異なる炭化水素の混合物である．ガソリンを構成する炭化水素の正確な組成は，原料となる原油と精製方法に依存し，ガソリンによってかなり異なっている．ガソリンの一般的な構成成分の一つを化学分析した結果，質量で炭素92.30%と水素7.70%からなることがわかった．(a) この化合物の組成式を決定せよ．(b) 質量分析計によって，この化合物の分子量は78であることがわかった．この化合物の分子式を決定せよ．

解答 (a) 組成式を決定する過程は，つぎのように要約することができる．

$$92.30 \text{ g C} \Leftrightarrow 7.70 \text{ g H}$$
$$7.685 \text{ mol C} \Leftrightarrow 7.64 \text{ mol H}$$
$$1 \text{ mol C} \Leftrightarrow 1 \text{ mol H}$$

したがって，この化合物の組成式は CH と決定される．その式量は13となる．

(b) 分子量は78であり，組成式の式量は13である．したがって，分子式は，実験式の 78/13=6 倍でなければならない．この結果，分子式は C_6H_6 と決定される．この分子は，すでに述べたベンゼンである．

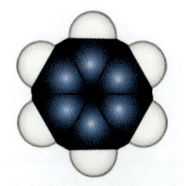

ベンゼン C_6H_6 の分子模型

練習問題 11・7 米国における2005年の1,2-ジクロロエタン（二塩化エチレン）の生産量は，およそ1200万トンである．化学分析の結果，1,2-ジクロロエタンは質量で炭素24.27%，水素4.075%，塩素71.65%からなることがわかった．1,2-ジクロロエタンの分子量は98.95である．この化合物の分子式を決定せよ．

解答 $C_2H_4Cl_2$

理解すべき重要なことは，化合物の分子式がわかっても，その化合物の分子において原子がどのように配列しているかはわからないということである．たとえば，2種類の化合物，エタノール（アルコール飲料に含まれるアルコール）とジメチルエーテル（かつて麻酔剤として用いられていた）の分子式は，いずれも C_2H_6O である．しかし，図に示すように，これらの分子構造はまったく異なっている．

エタノール　　ジメチルエーテル

---

1) molecular formula　2) hydrocarbon

分子構造を決定するためには，さまざまな手法が用いられる．現在では，分子と電磁波との相互作用を利用した分光学的な手法を用いることが多い．

11・6　多くの化合物の元素組成は燃焼分析によって決定される

ラボアジェ（第1章を参照せよ）が最初に開発した燃焼分析は，化学における最も古い分析法のひとつであり，現在でも多くの分子の元素組成を決定するために用いられている（図11・4）．この重要な分析技術はドイツの化学者リービッヒ[1]の研究によって発展し，日常的な化学分析のための簡便な手法として確立した．

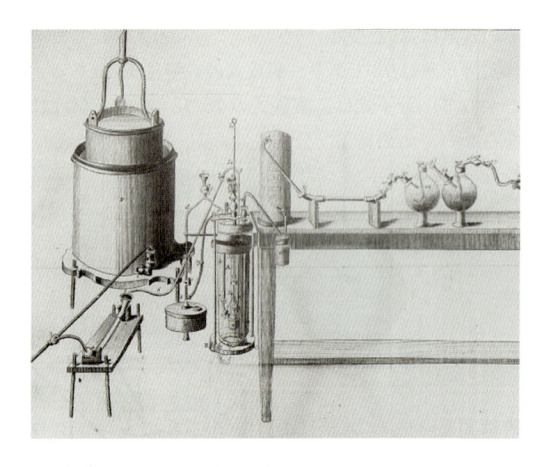

図 11・4　1789年，油の分析に用いるためにラボアジェが設計した燃焼分析装置．

多くの有機化合物は炭素と水素原子だけから，あるいは炭素，水素，および酸素原子からなっている．これらの化合物を過剰の $O_2(g)$ の中で完全に燃焼させると，もとの試料に含まれていた炭素原子はすべて $CO_2(g)$ となり，水素原子はすべて $H_2O(g)$ となる．これらの事実に基づいて，化合物に含まれる元素の質量パーセント（元素組成）を決定することができる．このように，有機化合物などの試料を過剰の酸素中で燃焼させ，得られる生成物を分析する手法を**燃焼分析**[2]という．

過剰の酸素中で試料を燃焼させたのち，図11・5に示すように，生成した気体の水と二酸化炭素を，それぞれ異なる物質が入った小室を通過させる．水は，つぎの化学反応式に示すように，過塩素酸マグネシウムとの結合反応によって吸収される．

$$Mg(ClO_4)_2(s) + 6H_2O(g) \rightarrow Mg(ClO_4)_2 \cdot 6H_2O(s)$$
　　無水物　　　　　　　　　　　　　水和物

過塩素酸マグネシウムの入った小室を通過したのち，二酸化炭素は，つぎの小室で次式に従って水酸化ナトリウムと反応する．

$$NaOH(s) + CO_2(g) \rightarrow NaHCO_3(s)$$

過塩素酸マグネシウムと水酸化ナトリウムの質量の増加分を測定することによって，燃焼反応で生成した水と二酸化炭素の質量を求めることができる．例題11・8で，燃焼分析を含む計算問題をやってみよう．

例題 11・8　クローブ（チョウジノキから得られる香辛料）の香気の主成分となる化合物は，炭素，水素，酸素だけからなる有機化合物である．この化合物の試料1.250gを燃焼分析装置の中で燃焼させたところ，二酸化炭素が3.350g，水が0.823g得られた．(a) この試料に含まれる炭素，水素，および酸素の質量パーセントを求めよ．(b) この化合物の分子量は164である．この化合物の分子式を決定せよ．

解答　(a) まず，問題の化合物の燃焼反応について，一般的な概略を書いてみよう．

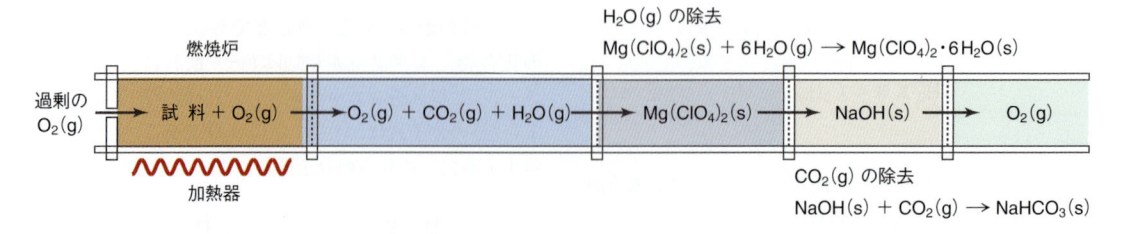

図 11・5　試料の燃焼によって生成した気体から，$H_2O(g)$ と $CO_2(g)$ を除去する方法の模式図．無水過塩素酸マグネシウム $Mg(ClO_4)_2(s)$ が水を除去し，つづいて水酸化ナトリウムが $CO_2(g)$ を除去する．過剰の $O_2(g)$ は，生成した $H_2O(g)$ と $CO_2(g)$ をすべて，試料を燃焼させる領域（図中の左端の部分）から"押し流す"ためのキャリヤーガスとして用いられる．

---

1) Justus von Liebig　2) combustion analysis

$$C_?H_?O_? + O_2(g)(過剰) \longrightarrow CO_2(g) + H_2O(g)$$

釣り合いがとれていない

この式から，与えられた化合物の試料に含まれるすべての炭素原子は生成した二酸化炭素になり，またすべての水素原子は生成した水になることがわかる．（なお，ここでは完全な燃焼を仮定している．一般に，過剰量の純粋な気体酸素中では，完全な燃焼が起こる．）

したがって，もとの試料に含まれていた炭素の質量は，生成した二酸化炭素に含まれる炭素の質量に等しい．また，もとの試料に含まれていた水素の質量は，生成した水に含まれる水素の質量に等しい．すなわち，

$$C の質量 = \begin{pmatrix} 生成した \\ CO_2 の質量 \end{pmatrix} \begin{pmatrix} CO_2 の質量に \\ おける C の割合 \end{pmatrix}$$

$$= \begin{pmatrix} 生成した \\ CO_2 の質量 \end{pmatrix} \begin{pmatrix} C の原子量 \\ CO_2 の式量 \end{pmatrix}$$

$$= (3.350\ g\ CO_2) \left(\frac{12.01\ g\ C}{44.01\ g\ CO_2} \right)$$

$$= 0.9142\ g\ C$$

$$H の質量 = \begin{pmatrix} 生成した \\ H_2O の質量 \end{pmatrix} \begin{pmatrix} H_2O の質量に \\ おける H の割合 \end{pmatrix}$$

$$= \begin{pmatrix} 生成した \\ H_2O の質量 \end{pmatrix} \begin{pmatrix} 2 \times H の原子量 \\ H_2O の式量 \end{pmatrix}$$

$$= (0.823\ g\ H_2O) \left(\frac{2 \times 1.008\ g\ H}{18.02\ g\ H_2O} \right)$$

$$= 0.0921\ g\ H$$

これにより，燃焼分析に用いた試料の質量を用いて，炭素と水素の質量パーセントを求めることができる．

$$C の質量パーセント = \left(\frac{C の質量}{試料の質量} \right) \times 100$$

$$= \left(\frac{0.9142\ g}{1.250\ g} \right) \times 100 = 73.14\%$$

$$H の質量パーセント = \left(\frac{H の質量}{試料の質量} \right) \times 100$$

$$= \left(\frac{0.0921\ g}{1.250\ g} \right) \times 100 = 7.37\%$$

しかし，燃焼分析において過剰の酸素中で試料を燃焼させたため，この方法を用いて，この化合物に含まれる酸素の質量を求めることはできない．それでも，問題の化合物の化学式において，質量パーセントがまだ決定されていない元素は酸素だけであるから，つぎのように，差をとることによって酸素の質量パーセントを求めることができる．

$$O の質量 \atop パーセント = 100\% - \begin{pmatrix} C の質量 \\ パーセント \end{pmatrix} - \begin{pmatrix} H の質量 \\ パーセント \end{pmatrix}$$

$$= 100\% - 73.14\% - 7.37\% = 19.49\%$$

こうして，問題の化合物の炭素，水素，酸素の質量パーセントは，それぞれ 73.14% C，7.37% H，19.49% O であることがわかる．

(b) 分子式を決定するためには，11・3節で述べたように，まず質量パーセントから実験式を求める．これまでと同様に，質量 100 g の試料を考えよう．すると，つぎの関係を書くことができる．

73.14 g C ⇌ 7.37 g H ⇌ 19.49 g O

6.090 mol C ⇌ 7.31 mol H ⇌ 1.218 mol O

5.00 mol C ⇌ 6.00 mol H ⇌ 1.00 mol O

この結果，実験式は C_5H_6O と求めることができる．分子量は 164 とわかっており，また実験式の式量は 82 である．したがって，分子式は，実験式の 164/82 = 2 倍でなければならない．こうして，分子式は $C_{10}H_{12}O_2$ と決定される．

練習問題 11・8 あるビタミン C の試料 2.475 g を，燃焼分析装置の中で燃焼させたところ，$CO_2(g)$ が 3.710 g，$H_2O(l)$ が 1.013 g 生成した．ビタミン C は炭素，水素，酸素だけからなり，その分子量は 176 であることがわかっている．ビタミン C の実験式と分子式を決定せよ．

解答 $C_3H_4O_3$，$C_6H_8O_6$

11・7 化学反応式の係数は物質量とみることができる

化学において実用的な面から重要な問題は，与えられた反応物の量から，得られる生成物の量を求めることである．たとえば，水素と窒素からアンモニア $NH_3(g)$ が生成する反応について考えてみよう．この反応はつぎの化学反応式で表される．

$$3H_2(g) + N_2(g) \longrightarrow 2NH_3(g) \qquad (11 \cdot 1)$$

ここで反応式に示された係数を，**釣り合いをとるための係数**[1]，あるいは**化学量論係数**[2] という．たとえば，10.0 g の $N_2(g)$ を過剰の $H_2(g)$ と反応させたとき，何 g の $NH_3(g)$ が生成するかを知りたいことがあるかもしれない．3・2節で述べたように，化学反応式の化学量論係数は，多くの方法で解釈できることを思い出そう．ある量の反応物から，

---

1) balancing coefficient 2) stoichiometric coefficient

化学反応によって得られる生成物の量を求めるためには，化学量論係数を物質量とみるとよい．すなわち，(11·1)式をつぎのように解釈するのである．

$$3\,\mathrm{mol}\,H_2(g) + 1\,\mathrm{mol}\,N_2(g) \longrightarrow 2\,\mathrm{mol}\,NH_3(g)$$

この結果は重要である．この式から，化学量論係数は，釣り合いのとれた化学反応式におけるそれぞれの物質の相対的な物質量を表していることがわかる．

また，この水素と窒素との反応を，質量を用いて解釈することもできる．上式の各項にそれぞれのモル質量を掛けることによって，物質量を質量に変換することができる．すなわち，

$$6.05\,\mathrm{g}\,H_2(g) + 28.02\,\mathrm{g}\,N_2(g) \longrightarrow 34.07\,\mathrm{g}\,NH_3(g)$$

反応式の両辺において，全質量が同じであることに注意しよう．これは質量保存の法則に矛盾していない．表 11·3 には，水素と窒素からアンモニアが生成する反応，およびナトリウムと塩素から塩化ナトリウムが生成する反応について，反応式のさまざまな解釈をまとめて示した．

表 11·3 二つの化学反応式のさまざまな解釈

解 釈	$3H_2$	$+$	N_2	$\longrightarrow$	$2NH_3$
分 子	3分子	+	1分子	→	2分子
物質量	3 mol	+	1 mol	→	2 mol
質 量	6.05 g	+	28.02 g	→	34.07 g
解 釈	$2Na$	$+$	Cl_2	$\longrightarrow$	$2NaCl$
分 子	2原子	+	1分子	→	2イオン対あるいは2化学式単位
物質量	2 mol	+	1 mol	→	2 mol
質 量	45.98 g	+	70.90 g	→	116.88 g

さて，反応に用いる窒素，あるいは水素の量が与えられたとき，どのくらいの量のアンモニアが生成するかを計算するための準備が整った．例として，過剰量の $H_2(g)$ が用いられるとして，10.0 mol の $N_2(g)$ から，どのくらいの物質量の $NH_3(g)$ が生成されるかを計算してみよう．(11·1)式に従って，$N_2(g)$ の 1 mol ごとに，$NH_3(g)$ の 2 mol が生成するから，この関係をつぎのように書くことができる．

$$1\,\mathrm{mol}\,N_2 \Leftrightarrow 2\,\mathrm{mol}\,NH_3$$

この関係は次式のように表記することもできる．これらを**化学量論単位変換因子**[1] という．

$$\frac{2\,\mathrm{mol}\,NH_3}{1\,\mathrm{mol}\,N_2} = 1 \quad \text{あるいは} \quad \frac{1\,\mathrm{mol}\,N_2}{2\,\mathrm{mol}\,NH_3} = 1$$

化学量論単位変換因子を用いるときには，与えられた単位の変換に対して適切な変換因子を選択しなければならない．10.0 mol の $N_2(g)$ から生成する $NH_3(g)$ の物質量を求める場合には，窒素の物質量をアンモニアの物質量に変換するので，分子にアンモニアの物質量，分母に窒素の物質量をもつ変換因子を用いる．こうして，次式のように，生成する $NH_3(g)$ の物質量を求めることができる．

$$NH_3\,\text{の物質量} = (10.0\,\mathrm{mol}\,N_2)\left(\frac{2\,\mathrm{mol}\,NH_3}{1\,\mathrm{mol}\,N_2}\right)$$
$$= 20.0\,\mathrm{mol}\,NH_3$$

また，物質量 1 mol の $NH_3(g)$ は質量 17.03 g の $NH_3(g)$ に相当するという関係を用いると，生成する $NH_3(g)$ の質量を求めることができる．すなわち，

$$\text{生成する}\,NH_3\,\text{の質量} = (20.0\,\mathrm{mol}\,NH_3)\left(\frac{17.03\,\mathrm{g}\,NH_3}{1\,\mathrm{mol}\,NH_3}\right)$$
$$= 341\,\mathrm{g}\,NH_3$$

このように，化学反応式における化学量論係数の比を単位変換因子として用いることにより，ある物質の物質量を，その反応で消費される，あるいは生成する他の物質の物質量に変換できることがわかる．つぎの例題と練習問題で，化学反応式における変換因子として，化学量論係数を用いる方法を練習しよう．

例題 11·9 $H_2(g)$ 8.50 g から生成する $NH_3(g)$ の質量は何 g か．ただし，$N_2(g)$ は過剰に用いることができるものとする．また，この反応に必要な $N_2(g)$ の最小の質量は何 g か．

解答 問題の反応を表す化学反応式は，

$$3\,H_2(g) + N_2(g) \longrightarrow 2\,NH_3(g)$$

である．質量 8.50 g に相当する $H_2(g)$ の物質量は，

$$H_2\,\text{の物質量} = (8.50\,\mathrm{g}\,H_2)\left(\frac{1\,\mathrm{mol}\,H_2}{2.016\,\mathrm{g}\,H_2}\right) = 4.22\,\mathrm{mol}\,H_2$$

$NH_3(g)$ の物質量は，つぎのような $NH_3(g)$ と $H_2(g)$ の間の化学量論単位変換因子を用いることによって得ることができる．

$$\frac{2\,\mathrm{mol}\,NH_3}{3\,\mathrm{mol}\,H_2} = 1$$

この変換因子は，釣り合いのとれた化学反応式から直接得ることができる．したがって，

$$NH_3\,\text{の物質量} = (4.22\,\mathrm{mol}\,H_2)\left(\frac{2\,\mathrm{mol}\,NH_3}{3\,\mathrm{mol}\,H_2}\right)$$
$$= 2.81\,\mathrm{mol}\,NH_3$$

---

1) stoichiometric unit conversion factor

NH$_3$(g)の質量は次式によって求めることができる．

$$\text{NH}_3 \text{の質量} = (2.81 \text{ mol NH}_3)\left(\frac{17.03 \text{ g NH}_3}{1 \text{ mol NH}_3}\right)$$
$$= 47.9 \text{ g NH}_3$$

つぎに，8.50 g の H$_2$(g)，すなわち 4.22 mol の H$_2$(g) と完全に反応するために必要な N$_2$(g) の最小の質量を計算しよう．そのためにまず，必要な N$_2$(g) の物質量を求める．

$$\text{N}_2 \text{の物質量} = (4.22 \text{ mol H}_2)\left(\frac{1 \text{ mol N}_2}{3 \text{ mol H}_2}\right) = 1.41 \text{ mol N}_2$$

これまでと同様に，変換に必要な化学量論単位変換因子は，釣り合いのとれた化学反応式から得ることができる．必要な N$_2$(g) の最小の質量は，次式によって求められる．

$$\text{N}_2 \text{の質量} = (1.41 \text{ mol N}_2)\left(\frac{28.02 \text{ g N}_2}{1 \text{ mol N}_2}\right) = 39.5 \text{ g N}_2$$

練習問題 11・9 実験室で酸素を生成するための反応として，塩素酸カリウム KClO$_3$(s) の熱分解がしばしば用いられる（図 11・6）．

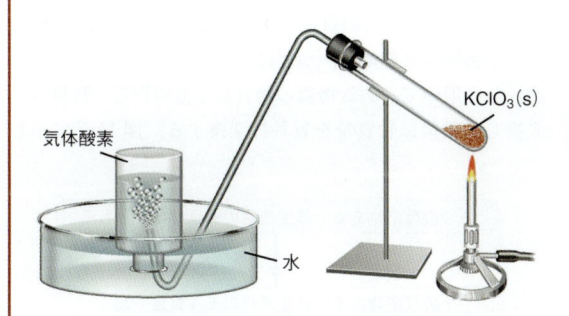

図 11・6 塩素酸カリウム KClO$_3$(s) を穏やかに加熱することにより，少量の酸素を得るための典型的な実験装置．酸素は水にほんのわずかしか溶けないので，逆さに立てた瓶の中の水と置き換えることによって捕集することができる．

この反応は，つぎの化学反応式によって表される．

$$\text{KClO}_3(\text{s}) \longrightarrow \text{KCl}(\text{s}) + \text{O}_2(\text{g})$$
釣り合いがとれていない

(a) この反応を，釣り合いのとれた化学反応式で表せ．
(b) 物質量 0.50 mol の KClO$_3$(s) から生成する O$_2$ の物質量は何 mol か．
(c) KClO$_3$(s) 30.6 g から生成する O$_2$(g) の質量は何 g か．

解答 (a) 2 KClO$_3$(s) $\longrightarrow$ 2 KCl(s) + 3 O$_2$(g)
(b) 0.75 mol
(c) 12.0 g

例題 11・10 プロパン C$_3$H$_8$(g) は一般的な燃料として用いられている．酸素中におけるプロパンの燃焼反応は，つぎの化学反応式で表される．

$$\text{C}_3\text{H}_8(\text{g}) + 5\,\text{O}_2(\text{g}) \longrightarrow 3\,\text{CO}_2(\text{g}) + 4\,\text{H}_2\text{O}(\text{l})$$

(a) C$_3$H$_8$(g) 75.0 g を燃焼させるために必要な O$_2$(g) の質量は何 g か．(b) そのとき生成する H$_2$O(l) と CO$_2$(g) の質量はそれぞれ何 g か．

プロパン C$_3$H$_8$(g) のルイス構造．プロパンの化学式は，その構造がわかるように CH$_3$CH$_2$CH$_3$(g) と書かれることもある．プロパンは金属性のタンクに貯蔵され，都市ガスのガス管が通っていない地域の燃料としてしばしば利用されている．

解答 (a) 化学反応式から，C$_3$H$_8$(g) 1 mol を燃焼させるために，O$_2$(g) 5 mol が必要であることがわかる．C$_3$H$_8$(g) の分子量は 44.10 であるから，C$_3$H$_8$(g) 75.0 g の物質量は次式で求められる．

$$\text{C}_3\text{H}_8 \text{の物質量} = (75.0 \text{ g C}_3\text{H}_8)\left(\frac{1 \text{ mol C}_3\text{H}_8}{44.09 \text{ g C}_3\text{H}_8}\right)$$
$$= 1.70 \text{ mol C}_3\text{H}_8$$

必要な O$_2$(g) の物質量は，

$$\text{O}_2 \text{の物質量} = (1.70 \text{ mol C}_3\text{H}_8)\left(\frac{5 \text{ mol O}_2}{1 \text{ mol C}_3\text{H}_8}\right)$$
$$= 8.50 \text{ mol O}_2$$

この物質量に相当する O$_2$(g) の質量を求めるには，物質量に O$_2$ のモル質量を掛ければよい．

$$\text{O}_2 \text{の質量} = (8.50 \text{ mol O}_2)\left(\frac{32.00 \text{ g O}_2}{1 \text{ mol O}_2}\right) = 272 \text{ g O}_2$$

こうして，75.0 g の C$_3$H$_8$(g) を燃焼させるためには，272 g の O$_2$(g) が必要であることがわかる．（分子量などの定数には，可能ならば，問題に与えられたデータよりも，少なくとも 1 桁大きい有効数字をもつ数値を用いることを覚えておこう．）
(b) 化学反応式から，C$_3$H$_8$(g) 1 mol が燃焼することによって，CO$_2$(g) 3 mol と H$_2$O(l) 4 mol が生成することがわかる．したがって，C$_3$H$_8$(g) 1.70 mol の燃焼によって生成する CO$_2$(g) の物質量は，

$$\text{CO}_2 \text{の物質量} = (1.70 \text{ mol C}_3\text{H}_8)\left(\frac{3 \text{ mol CO}_2}{1 \text{ mol C}_3\text{H}_8}\right)$$
$$= 5.10 \text{ mol CO}_2$$

同様に，生成する H$_2$O(l) の物質量は，

$$\text{H}_2\text{O} \text{ の物質量} = (1.70 \text{ mol C}_3\text{H}_8) \left(\frac{4 \text{ mol H}_2\text{O}}{1 \text{ mol C}_3\text{H}_8} \right)$$
$$= 6.80 \text{ mol H}_2\text{O}$$

$\text{CO}_2(\text{g})$ と $\text{H}_2\text{O}(\text{l})$ の物質量は，それぞれのモル質量を掛けることによって，g 単位の質量に変換される．すなわち，

$$\text{CO}_2 \text{ の質量} = (5.10 \text{ mol CO}_2) \left(\frac{44.01 \text{ g CO}_2}{1 \text{ mol CO}_2} \right)$$
$$= 224 \text{ g CO}_2$$
$$\text{H}_2\text{O} \text{ の質量} = (6.80 \text{ mol H}_2\text{O}) \left(\frac{18.02 \text{ g H}_2\text{O}}{1 \text{ mol H}_2\text{O}} \right)$$
$$= 123 \text{ g H}_2\text{O}$$

これらは，プロパン 75.0 g を燃焼させたときに生成する $\text{CO}_2(\text{g})$ と $\text{H}_2\text{O}(\text{l})$ の質量である．

この例題の結果は，次式のように要約することができる．

$$\text{C}_3\text{H}_8(\text{g}) + 5\text{O}_2(\text{g}) \longrightarrow 3\text{CO}_2(\text{g}) + 4\text{H}_2\text{O}(\text{l})$$
$$\phantom{\text{C}_3\text{H}_8(\text{g}) +\ } 75.0 \text{ g} 272 \text{ g} 224 \text{ g} 123 \text{ g}$$

この化学反応式の両辺において，全質量が同じであることに注意しよう．質量保存の法則により，常にそうでなければならない．

練習問題 11・10 窒化リチウム $\text{Li}_3\text{N}(\text{s})$ と重水 $\text{D}_2\text{O}(\text{l})$ を反応させると，重水素化アンモニア $\text{ND}_3(\text{g})$ が得られる．この反応の化学反応式は，つぎのように書くことができる．

$$\text{Li}_3\text{N}(\text{s}) + 3\text{D}_2\text{O}(\text{l}) \longrightarrow 3\text{LiOD}(\text{s}) + \text{ND}_3(\text{g})$$

$\text{ND}_3(\text{g})$ 7.15 mg を調製するために必要な重水の質量は何 mg か．また，必要な重水の体積は何 mL か．ただし，25 ℃ における重水の密度を 1.106 g mL^{-1}，重水素 D の原子量を 2.014 とする．

解答 21.4 mg，0.0194 mL

例題 11・9 では，$\text{H}_2(\text{g})$ と $\text{N}_2(\text{g})$ から $\text{NH}_3(\text{g})$ が生成する反応を，(11・1)式のような化学反応式で表した．この反応はつぎのように表すこともできる．

$$\frac{3}{2}\text{H}_2(\text{g}) + \frac{1}{2}\text{N}_2(\text{g}) \longrightarrow \text{NH}_3(\text{g}) \qquad (11\cdot2)$$

本節の最後に，例題 11・9 で得られた結果は，反応をどのように表記しても変わらないことを示そう．例題と同様に $\text{H}_2(\text{g})$ 8.50 g，すなわち $\text{H}_2(\text{g})$ 4.22 mol から出発し，(11・2)式に基づいて，生成する $\text{NH}_3(\text{g})$ の物質量を求めてみよう．用いるべき化学量論単位変換因子は，(11・2)式から，

$$\frac{1 \text{ mol NH}_3}{\frac{3}{2} \text{ mol H}_2} = 1$$

したがって，

$$\text{NH}_3 \text{ の物質量} = (4.22 \text{ mol H}_2) \left(\frac{1 \text{ mol NH}_3}{\frac{3}{2} \text{ mol H}_2} \right)$$
$$= 2.81 \text{ mol NH}_3$$

こうして，例題 11・9 で(11・1)式を用いて求めた結果と，まったく同じ結果を得ることができた．同一の結果が得られたのは，次式が成り立つことによるものである．

$$\frac{1 \text{ mol NH}_3}{\frac{3}{2} \text{ mol H}_2} = \frac{2 \text{ mol NH}_3}{3 \text{ mol H}_2}$$

言い換えれば，化学量論単位変換因子が化学量論係数の比からなるため，化学反応式の書き方によらず，化学量論単位変換因子は同一となるのである．もちろん，物質の収支からすれば，当然そうならなければならない．反応を表す化学反応式としてどれを(任意に)選ぶかによって，得られる生成物の量が異なるなどということはあるはずがない．

11・8 化学反応に関する計算は物質量を用いて行う

化学反応式と物質の質量を含む計算を行う際には，まず，質量を物質量に変換し，つぎに化学反応式における化学量論係数を用いて，ある物質の物質量を他の物質の物質量に変換し，最後に物質量を質量に変換する．図 11・7 に示し

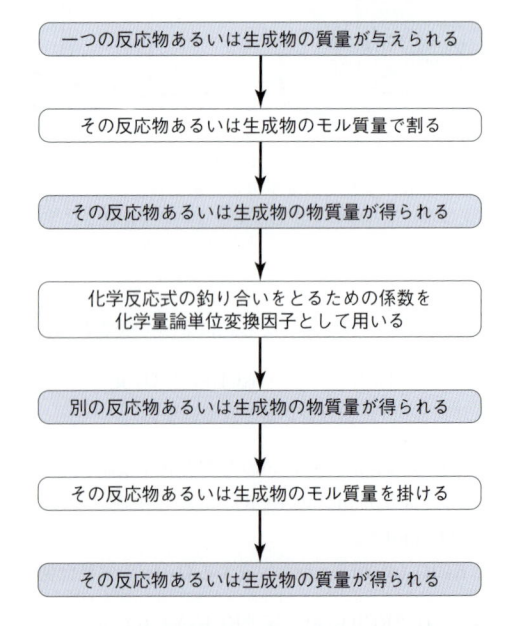

```
┌─────────────────────────────┐
│ 一つの反応物あるいは生成物の質量が与えられる │
└─────────────┬───────────────┘
              ↓
┌─────────────────────────────┐
│ その反応物あるいは生成物のモル質量で割る │
└─────────────┬───────────────┘
              ↓
┌─────────────────────────────┐
│ その反応物あるいは生成物の物質量が得られる │
└─────────────┬───────────────┘
              ↓
┌─────────────────────────────┐
│ 化学反応式の釣り合いをとるための係数を │
│ 化学量論単位変換因子として用いる     │
└─────────────┬───────────────┘
              ↓
┌─────────────────────────────┐
│ 別の反応物あるいは生成物の物質量が得られる │
└─────────────┬───────────────┘
              ↓
┌─────────────────────────────┐
│ その反応物あるいは生成物のモル質量を掛ける │
└─────────────┬───────────────┘
              ↓
┌─────────────────────────────┐
│ その反応物あるいは生成物の質量が得られる │
└─────────────────────────────┘
```

図 11・7 化学反応式から，質量あるいは物質量を求めるための方法を示す流れ図．理解すべき要点は，化学反応式に表された一つの物質の物質量を，化学量論係数の比を用いて別の物質の物質量に変換することである．

た流れ図を理解すれば，化学反応式と物質の質量を含むほとんどの計算を行うことができるだろう．つぎの例によって，図 11·7 の使い方を示すことにしよう．

実験室において少量の臭素は，臭化カリウムと酸化マンガン(IV)を濃硫酸とともに，排気装置下で加熱することによって生成される．この反応は，つぎの化学反応式によって表される．

$$MnO_2(s) + 2H_2SO_4(aq) + 2KBr(aq) \longrightarrow$$
$$MnSO_4(aq) + K_2SO_4(aq) + 2H_2O(l) + Br_2(l)$$

過剰の $H_2SO_4(aq)$ の存在下で，225 g の $Br_2(l)$ を得るためには，何 g の $MnO_2(s)$ と KBr(aq) が必要かを計算してみよう．釣り合いのとれた化学反応式から，つぎの関係があることがわかる．

$$1 \text{ mol Br}_2 \Leftrightarrow 1 \text{ mol MnO}_2, \quad 1 \text{ mol Br}_2 \Leftrightarrow 2 \text{ mol KBr}$$

質量 225 g の $Br_2(l)$ の物質量は，

$$Br_2 \text{ の物質量} = (225 \text{ g Br}_2)\left(\frac{1 \text{ mol Br}_2}{159.8 \text{ g Br}_2}\right) = 1.41 \text{ mol}$$

図 11·7 に示すように，釣り合いのとれた化学反応式から得られる化学量論係数を用いて，$Br_2(l)$ の物質量を，必要な $MnO_2(s)$ の物質量へと変換する．

$$\text{必要な } MnO_2 \text{ の物質量} = (1.41 \text{ mol Br}_2)\left(\frac{1 \text{ mol MnO}_2}{1 \text{ mol Br}_2}\right) = 1.41 \text{ mol}$$

KBr(aq) についても同様に，

$$\text{必要な KBr の物質量} = (1.41 \text{ mol Br}_2)\left(\frac{2 \text{ mol KBr}}{1 \text{ mol Br}_2}\right) = 2.82 \text{ mol}$$

したがって，つぎのように，それぞれの反応物の必要な質量を求めることができる．

$$\text{必要な } MnO_2 \text{ の質量} = (1.41 \text{ mol MnO}_2)\left(\frac{86.94 \text{ g MnO}_2}{1 \text{ mol MnO}_2}\right)$$
$$= 123 \text{ g}$$

$$\text{必要な KBr の質量} = (2.82 \text{ mol KBr})\left(\frac{119.0 \text{ g KBr}}{1 \text{ mol KBr}}\right) = 336 \text{ g}$$

さらにつぎの二つの例題で，化学反応に関わる物質の質量を求める問題をやってみよう．

例題 11·11 五酸化二ヨウ素 $I_2O_5(s)$ は，一酸化炭素を定量するための試薬として用いられる．その反応は，つぎの化学反応式で表される．

$$I_2O_5(s) + 5CO(g) \longrightarrow I_2(s) + 5CO_2(g)$$

エンジンの排気ガスから，一酸化炭素を含む気体試料を採取した．過剰の $I_2O_5(s)$ と気体試料を反応させたところ，CO(g) との反応により $I_2(s)$ 0.098 g が生成した．気体試料に含まれていた CO(g) の質量は何 g か．

解答 化学反応式から，CO(g) 5 mol から $I_2(s)$ 1 mol が生成することがわかる．すなわち，

$$1 \text{ mol } I_2 \Leftrightarrow 5 \text{ mol CO}$$

質量 0.098 g の $I_2(s)$ の物質量は，

$$I_2 \text{ の物質量} = (0.098 \text{ g } I_2)\left(\frac{1 \text{ mol } I_2}{253.8 \text{ g } I_2}\right)$$
$$= 3.86 \times 10^{-4} \text{ mol } I_2$$

したがって，この $I_2(s)$ を与える CO(g) の物質量は，

$$\text{CO の物質量} = (3.86 \times 10^{-4} \text{ mol } I_2)\left(\frac{5 \text{ mol CO}}{1 \text{ mol } I_2}\right)$$
$$= 0.00193 \text{ mol CO}$$

これから，CO(g) の質量は次式によって求められる．

$$\text{CO の質量} = (0.00193 \text{ mol CO})\left(\frac{28.01 \text{ g CO}}{1 \text{ mol CO}}\right)$$
$$= 0.054 \text{ g CO}$$

なお，四捨五入による誤差を避けるために，計算の過程では，最終的な解答よりも 1 桁大きい有効数字を用いるとよい．

練習問題 11·11 細かい粉末にした硫黄を気体フッ素の中に入れると，自然に発火して，六フッ化硫黄が生成する．この反応は，つぎの化学反応式によって表される．

$$S(s) + 3F_2(g) \longrightarrow SF_6(g)$$

硫黄 5.00 g から生成する六フッ化硫黄 SF_6 の質量は何 g か．また，硫黄 5.00 g を反応させるために必要なフッ素の質量は何 g か．

解答 $SF_6(g)$ 22.8 g, $F_2(g)$ 17.8 g

例題 11·12 リンは直接，金属ナトリウムと反応して，リン化ナトリウム $Na_3P(s)$ が生成する．この反応はつぎの化学反応式によって表される．

$$3Na(s) + P(s) \longrightarrow Na_3P(s)$$

金属ナトリウム 10.0 g から生成するリン化ナトリウムの質量は何 g か．

解答 化学反応式から Na(s) 3 mol から $Na_3P(s)$ 1 mol が生成することがわかる．すなわち，

$$1 \text{ mol Na}_3\text{P} \Leftrightarrow 3 \text{ mol Na}$$

質量 10.0 g の Na(s) の物質量は，次式によって与えられる．

$$\begin{aligned}\text{Na の物質量} &= (10.0 \text{ g Na})\left(\frac{1 \text{ mol Na}}{22.99 \text{ g Na}}\right)\\ &= 0.435 \text{ mol Na}\end{aligned}$$

したがって，生成する Na$_3$P(s) の物質量は，次式によって与えられる．

$$\begin{aligned}\text{Na}_3\text{P の物質量} &= (0.435 \text{ mol Na})\left(\frac{1 \text{ mol Na}_3\text{P}}{3 \text{ mol Na}}\right)\\ &= 0.145 \text{ mol Na}_3\text{P}\end{aligned}$$

これから，生成する Na$_3$P(s) の質量は，次式によって求めることができる．

$$\begin{aligned}\text{Na}_3\text{P の質量} &= (0.145 \text{ mol Na}_3\text{P})\left(\frac{99.94 \text{ g Na}_3\text{P}}{1 \text{ mol Na}_3\text{P}}\right)\\ &= 14.5 \text{ g Na}_3\text{P}\end{aligned}$$

これらの操作は，つぎのように一段階で行うこともできる．

$$\begin{aligned}\text{Na}_3\text{P の質量} =\ & (10.0 \text{ g Na})\left(\frac{1 \text{ mol Na}}{22.99 \text{ g Na}}\right)\\ & \times \left(\frac{1 \text{ mol Na}_3\text{P}}{3 \text{ mol Na}}\right)\left(\frac{99.94 \text{ g Na}_3\text{P}}{1 \text{ mol Na}_3\text{P}}\right)\\ =\ & 14.5 \text{ g Na}_3\text{P}\end{aligned}$$

このような一段階での計算が，気軽にできるようにしなければならない．

練習問題 11・12 三ヨウ化リン PI$_3$(s) は，リンとヨウ素から，直接の結合反応によって合成することができる．

$$2\text{P}(s) + 3\text{I}_2(s) \longrightarrow 2\text{PI}_3(s)$$

(a) P(s) 1.25 g から生成する PI$_3$(s) の質量は何 g か．
(b) P(s) 1.25 g と反応させるために必要な I$_2$(s) の質量は何 g か．

解答 (a) PI$_3$(s) 16.6 g (b) I$_2$(s) 15.4 g

11・9 化学量論計算を行うには必ずしも化学反応式を知る必要はない

前節では，化学反応式を用いて化学反応に含まれる物質の量を計算した．しかし，このような計算を行うためには，必ずしも完全な化学反応式を知る必要はない．たとえば，硫酸 H$_2$SO$_4$(l) の製造について考えてみよう．硫酸は，最も広く用いられる工業的に重要な化学物質である．硫黄 1.00 トン (1 トン=1000 kg) から，どのくらいの量の硫酸

が得られるかを計算しよう(図 11・8)．すべての硫黄が硫酸になるのであれば，硫酸 1 分子は硫黄 1 原子を含むから，S(s) 1 mol から H$_2$SO$_4$(l) 1 mol が生成する．すなわち，つぎのような関係を書くことができる．

$$1 \text{ mol S} \Leftrightarrow 1 \text{ mol H}_2\text{SO}_4$$

S(s) 1 トンの物質量は，次式で与えられる．

$$\begin{aligned}\text{S の物質量} =\ & (1.00 \text{ トン S})\left(\frac{10^3 \text{ kg}}{1 \text{ トン}}\right)\\ & \times \left(\frac{10^3 \text{ g}}{1 \text{ kg}}\right)\left(\frac{1 \text{ mol S}}{32.07 \text{ g S}}\right)\\ =\ & 3.12 \times 10^4 \text{ mol}\end{aligned}$$

上記の化学量論の等価性を用いると，

$$3.12 \times 10^4 \text{ mol S} \Leftrightarrow 3.12 \times 10^4 \text{ mol H}_2\text{SO}_4$$

H$_2$SO$_4$ の分子量は 98.09 であるから，生成する H$_2$SO$_4$ の質量をつぎのように求めることができる．

$$\begin{aligned}\text{H}_2\text{SO}_4 \text{ の質量} =\ & (3.12 \times 10^4 \text{ mol H}_2\text{SO}_4)\\ & \times \left(\frac{98.09 \text{ g H}_2\text{SO}_4}{1 \text{ mol H}_2\text{SO}_4}\right)\left(\frac{1 \text{ kg}}{10^3 \text{ g}}\right)\left(\frac{1 \text{ トン}}{10^3 \text{ kg}}\right)\\ =\ & 3.06 \text{ トン}\end{aligned}$$

こうして，硫黄から硫酸が生成する化学反応式を知らなくても，すべての硫黄が硫酸になることを仮定すれば，生成する硫酸の質量を計算することができる．つぎの二つの例題で，類似の計算を含む問題をやってみよう．

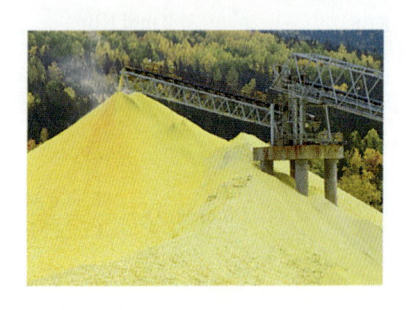

図 11・8 単体硫黄は大量に採掘されている．採掘された硫黄のほとんどは，硫酸の製造に用いられる．

例題 11・13 十酸化四リン P$_4$O$_{10}$(s) 10.0 g から得られる Ca$_3$(PO$_4$)$_2$(s) の最大の質量は何 g か．ただし，P$_4$O$_{10}$(s) に含まれるリンは，すべて Ca$_3$(PO$_4$)$_2$(s) になるものとする．

解答 P$_4$O$_{10}$(s) に含まれるリンは，すべて Ca$_3$(PO$_4$)$_2$(s) になるので，つぎの等価性を書くことができる．

$$1 \text{ mol P}_4\text{O}_{10} \Leftrightarrow 2 \text{ mol Ca}_3(\text{PO}_4)_2$$

$P_4O_{10}(s)$ は化学式単位当たり 4 個のリン原子をもち, 一方, $Ca_3(PO_4)_2(s)$ の化学式単位当たりのリン原子は 2 個であることに注意しよう. $P_4O_{10}(s)$ 10.0 g の物質量は, 次式によって求めることができる.

$$P_4O_{10} \text{ の物質量} = (10.0 \text{ g } P_4O_{10})\left(\frac{1 \text{ mol } P_4O_{10}}{283.9 \text{ g } P_4O_{10}}\right)$$
$$= 0.0352 \text{ mol } P_4O_{10}$$

したがって, 生成する $Ca_3(PO_4)_2(s)$ の物質量は次式で与えられる.

$$\begin{aligned}Ca_3(PO_4)_2 \\ \text{の物質量}\end{aligned} = (0.0352 \text{ mol } P_4O_{10})\left(\frac{2 \text{ mol } Ca_3(PO_4)_2}{1 \text{ mol } P_4O_{10}}\right)$$
$$= 0.0704 \text{ mol } Ca_3(PO_4)_2$$

そして, 生成する $Ca_3(PO_4)_2$ の質量はつぎのように求めることができる.

$$Ca_3(PO_4)_2 \text{ の質量} = (0.0704 \text{ mol } Ca_3(PO_4)_2)$$
$$\times \left(\frac{310.2 \text{ g } Ca_3(PO_4)_2}{1 \text{ mol } Ca_3(PO_4)_2}\right)$$
$$= 21.8 \text{ g } Ca_3(PO_4)_2$$

練習問題 11・13 黄銅鉱は銅の最も重要な鉱石であり, その主成分は $CuFeS_2(s)$ である(図 11・9). この鉱石から銅を抽出する過程は, 非常に複雑である. その理由の一つは, 鉱石は純粋ではなく, 多くの砂や粘土が含まれていることにある. $CuFeS_2(s)$ の含有量が 30% の鉱石 1 トン(1000 kg)から得られる銅の最大の質量は何トンか.

図 11・9 黄銅鉱 $CuFeS_2(s)$(左)は銅の主要な鉱石の一つである. そのほかの重要な銅の鉱石として, クジャク石 $CuCO_3 \cdot Cu(OH)_2(s)$(中央)と輝銅鉱 $Cu_2S(s)$(右)がある.

解答 0.104 トン

本章で学んだ化学計算の方法は, 混合物にも応用することができる. つぎの例題でそれを示そう.

例題 11・14 $NaCl(s)$ と $KCl(s)$ の混合物 1.250 g を水に溶かした. その溶液に $AgNO_3(s)$ を加えたところ, $AgCl(s)$ の沈殿 2.500 g が得られた. 混合物に含まれる塩化ナトリウムと塩化カリウムのそれぞれの質量パーセントを求めよ. ただし, 混合物に含まれるすべての塩化物イオンは, $AgCl(s)$ として沈殿したものとする.

解答 混合物に含まれるすべての塩化物イオンが $AgCl(s)$ として沈殿したので, つぎのような関係を書くことができる.

$$\begin{pmatrix}NaCl \text{ 中の}\\ \text{塩化物イオン}\\ \text{の数}\end{pmatrix} + \begin{pmatrix}KCl \text{ 中の}\\ \text{塩化物イオン}\\ \text{の数}\end{pmatrix} = \begin{pmatrix}AgCl \text{ 中の}\\ \text{塩化物イオン}\\ \text{の数}\end{pmatrix}$$

物質量を用いてこの関係を表すと,

$$NaCl \text{ の物質量} + KCl \text{ の物質量} = AgCl \text{ の物質量}$$

混合物中の $NaCl(s)$ の質量を x g とすると, $KCl(s)$ の質量は $(1.250-x)$ g となる. すると, $NaCl(s)$, $KCl(s)$, $AgCl(s)$ の物質量は, それぞれ次式で与えられる.

$$NaCl \text{ の物質量} = (x \text{ g } NaCl)\left(\frac{1 \text{ mol } NaCl}{58.44 \text{ g } NaCl}\right)$$

$$KCl \text{ の物質量} = [(1.250-x) \text{ g } KCl]\left(\frac{1 \text{ mol } KCl}{74.55 \text{ g } KCl}\right)$$

$$AgCl \text{ の物質量} = (2.500 \text{ g } AgCl)\left(\frac{1 \text{ mol } AgCl}{143.3 \text{ g } AgCl}\right)$$
$$= 0.01744 \text{ mol}$$

上記のように, これらの間にはつぎの関係がある.

$$NaCl \text{ の物質量} + KCl \text{ の物質量} = AgCl \text{ の物質量}$$

この関係を用いると,

$$(x \text{ g } NaCl)\left(\frac{1 \text{ mol } NaCl}{58.44 \text{ g } NaCl}\right)$$
$$+ [(1.250-x) \text{ g } KCl]\left(\frac{1 \text{ mol } KCl}{74.55 \text{ g } KCl}\right)$$
$$= 0.01744 \text{ mol } AgCl$$

この式から,

$$0.01711x + 0.01677 - 0.01341x = 0.01744$$

同じ項を集めて整理すると, 次式を得る.

$$3.70 \times 10^{-3} x = 6.7 \times 10^{-4}$$

x について解くと, 混合物中の $NaCl(s)$ の質量として $x = 0.18$ g を得る. したがって, 混合物に含まれる $NaCl(s)$ と $KCl(s)$ の質量パーセントは, つぎのように求めることができる.

$$NaCl \text{ の質量\%} = \left(\frac{0.18 \text{ g}}{1.250 \text{ g}}\right) \times 100 = 14\% \text{ } NaCl(s)$$

$$KCl \text{ の質量\%} = 100\% - 14\% = 86\% \text{ } KCl(s)$$

(有効数字の桁数は，掛け算と割り算に対する規則と，足し算と引き算に対する規則を用いて，それぞれの段階で決定することに注意しよう．)

練習問題 11・14　NaCl(s) と BaCl$_2$(s) の混合物 2.86 g を水に溶かした．その溶液に AgNO$_3$(s) を加えたところ，AgCl(s) の沈殿 4.81 g が得られた．試料に含まれる NaCl(s) と BaCl$_2$(s) のそれぞれの質量パーセントを求めよ．ただし，混合物に含まれるすべての塩化物イオンは，AgCl(s) として沈殿したものとする．

解答　NaCl(s) 28％，BaCl$_2$(s) 72％

11・10　二つ以上の物質が反応するとき生成物の質量は制限試剤によって決まる

本章でこれまで扱った例題を見返してみると，いずれの場合も，最初に反応物の一つの質量だけが与えられたか，あるいは反応物の一つは過剰に存在することを仮定したことに気づくだろう．言い換えれば，質量が与えられた反応物がすべて反応するために，十分な量の他の反応物が存在することをいつも仮定していた．本節では，二つの反応物の質量が与えられた場合について考えよう．硫化カドミウム CdS(s) は光量計や太陽電池，あるいはそのほかの光感応性素子に用いられる物質である．この化合物は，次式で示されるように，二つの単体の直接的な結合反応によって得ることができる．

$$\text{Cd(s)} + \text{S(s)} \longrightarrow \text{CdS(s)} \qquad (11\cdot 3)$$

いま，カドミウム 2.00 g と硫黄 2.00 g から出発したとすると，何 g の CdS(s) が得られるだろうか．すべての化学量論計算で行うように，まずそれぞれの反応物の物質量を計算する．

$$\text{Cd の物質量} = (2.00\ \text{g Cd})\left(\frac{1\ \text{mol Cd}}{112.4\ \text{g Cd}}\right) = 0.0178\ \text{mol Cd}$$

$$\text{S の物質量} = (2.00\ \text{g S})\left(\frac{1\ \text{mol S}}{32.07\ \text{g S}}\right) = 0.0624\ \text{mol S}$$

釣り合いのとれた化学反応式をみると，カドミウム 1 mol に対して，硫黄 1 mol が必要であることがわかる．したがって，カドミウム 0.0178 mol は硫黄 0.0178 mol を必要とする．これから，硫黄が過剰にあることがわかる．すなわち，反応する硫黄は 0.0178 mol だけであり，反応が完結した後には，(0.0624−0.0178) mol=0.0446 mol の硫黄が残ることになる．カドミウムは完全に反応し，消費されたカドミウムの物質量が生成する CdS(s) の量を決める．一般に，反応において完全に消費され，それによって得られる生成物の量を制限する反応物を**制限試剤**[1]といい，そのほかの反応物を**過剰試剤**[2]という．この例では，カドミウムが制限試剤であり，硫黄は過剰試剤である．制限試剤は完全に消費されるが，過剰試剤は反応後も残るので，反応で得られる生成物の量を計算するためには，制限試剤の最初に与えられた質量を用いなければならない．

(11・3)式では，カドミウム 0.0178 mol は硫黄 0.0178 mol と反応して，CdS(s) 0.0178 mol が生成する．生成する CdS(s) の質量は，

$$\text{CdS の質量} = (0.0178\ \text{mol CdS})\left(\frac{144.5\ \text{g CdS}}{1\ \text{mol CdS}}\right)$$
$$= 2.57\ \text{g CdS(s)}$$

硫黄は 0.0446 mol だけ過剰である．過剰の硫黄の質量は次式で与えられる．

$$\text{過剰の S の質量} = (0.0446\ \text{mol S})\left(\frac{32.07\ \text{g S}}{1\ \text{mol S}}\right)$$
$$= 1.43\ \text{g S(s)}$$

反応前には，カドミウム 2.00 g と硫黄 2.00 g，すなわち 4.00 g の反応物があったことに注意しよう．反応後には，硫化カドミウム 2.57 g と硫黄 1.43 g があり，全質量は 4.00 g となる．このように，この反応においても質量保存の法則が満たされている．

二つ以上の反応物の質量が問題に与えられたときには，いずれかの反応物が，制限試剤になっているかどうかを調べなければならない．反応物の一つが制限試剤になる場合には，その反応物の質量を用いて，得られる生成物の質量を計算しなければならない．

例題 11・15　アルミニウム 25.0 g と酸化鉄(Ⅲ) Fe$_2$O$_3$(s) 58.0 g からなる混合物がある．この混合物に点火すると，次式で表される反応が起こる．

$$\text{Fe}_2\text{O}_3(\text{s}) + 2\text{Al(s)} \longrightarrow \text{Al}_2\text{O}_3(\text{s}) + 2\text{Fe(l)}$$

(a) この反応によって生成する鉄の質量は何 g か．
(b) どちらの反応物が過剰試剤となるか．また，反応後に残る過剰試剤の質量は何 g か．
(c) 生成する Al$_2$O$_3$(s) の質量は何 g か．

解答　(a) 両方の反応物の質量が与えられているので，どちらかが制限試剤になっているかどうかを調べなければならない．2 種類の反応物 Al(s) と Fe$_2$O$_3$(s) の物質量

---

[1] limiting reactant　[2] excess reactant

は，次式によって求められる．

$$\text{Al の物質量} = (25.0 \text{ g Al}) \left(\frac{1 \text{ mol Al}}{26.98 \text{ g Al}} \right) = 0.927 \text{ mol Al}$$

$$\text{Fe}_2\text{O}_3 \text{ の物質量} = (58.0 \text{ g Fe}_2\text{O}_3) \left(\frac{1 \text{ mol Fe}_2\text{O}_3}{159.7 \text{ g Fe}_2\text{O}_3} \right)$$
$$= 0.363 \text{ mol Fe}_2\text{O}_3$$

化学反応式から，$\text{Fe}_2\text{O}_3(\text{s})$ 0.363 mol と反応する $\text{Al}(\text{s})$ の物質量は，次式で与えられる．

$$\text{Al の物質量} = (0.363 \text{ mol Fe}_2\text{O}_3) \left(\frac{2 \text{ mol Al}}{1 \text{ mol Fe}_2\text{O}_3} \right)$$
$$= 0.726 \text{ mol Al}$$

したがって，アルミニウムが$(0.927 \text{ mol} - 0.726 \text{ mol}) = 0.201 \text{ mol}$ だけ過剰であることがわかる．すなわち，$\text{Fe}_2\text{O}_3(\text{s})$ が制限試剤であり，最初に与えられた $\text{Fe}_2\text{O}_3(\text{s})$ の質量を用いて，生成する鉄の量を計算しなければならない．生成する $\text{Fe}(\text{l})$ の質量は，次式によって求めることができる．

$$\text{生成する Fe(l) の質量} = (0.363 \text{ mol Fe}_2\text{O}_3)$$
$$\times \left(\frac{2 \text{ mol Fe}}{1 \text{ mol Fe}_2\text{O}_3} \right) \left(\frac{55.85 \text{ g Fe}}{1 \text{ mol Fe}} \right)$$
$$= 40.6 \text{ g Fe}$$

(b) 上問でみたように，$\text{Al}(\text{s})$ は過剰試剤となる．過剰な $\text{Al}(\text{s})$ の質量は，次式で与えられる．

$$\text{過剰の Al の質量} = (0.201 \text{ mol Al}) \left(\frac{26.98 \text{ g Al}}{1 \text{ mol Al}} \right)$$
$$= 5.42 \text{ g Al}$$

(c) 生成する $\text{Al}_2\text{O}_3(\text{s})$ の質量は，次式で与えられる．

$$\text{生成する Al}_2\text{O}_3(\text{s}) \text{ の質量} = (0.363 \text{ mol Fe}_2\text{O}_3) \left(\frac{1 \text{ mol Al}_2\text{O}_3}{1 \text{ mol Fe}_2\text{O}_3} \right)$$
$$\times \left(\frac{102.0 \text{ g Al}_2\text{O}_3}{1 \text{ mol Al}_2\text{O}_3} \right)$$
$$= 37.0 \text{ g Al}_2\text{O}_3$$

この例題では，最初に用いた $\text{Fe}_2\text{O}_3(\text{s})$ の質量は $\text{Al}(\text{s})$ よりも多いが，$\text{Fe}_2\text{O}_3(\text{s})$ が制限試剤になっている．また，当然そうでなければならないが，この場合にも質量保存の法則が成り立っていることを確認しよう．反応物の全質量は $25.0 \text{ g} + 58.0 \text{ g} = 83.0 \text{ g}$ である．一方，反応が完結した後には，Fe(l) 40.6 g，$\text{Al}_2\text{O}_3(\text{s})$ 37.0 g および過剰の $\text{Al}(\text{s})$ 5.4 g が存在しており，その全質量は 83.0 g となる．

金属アルミニウムと金属酸化物との反応は**テルミット反応**[1] といい，単一交換反応の例である．テルミット反応には非常に多くの応用例があり（図 11・10），かつて鉄道線路の溶接に用いられ，また軍事的には，重装備を破壊するためのテルミット焼夷弾として利用されている．テルミット反応では，反応温度は 3500 ℃ 以上になる．

図 11・10 テルミット反応．この壮観な写真は，例題 11・15 で用いた金属アルミニウム粉末と酸化鉄(III)との反応の様子を示している．この反応は，点火したマグネシウムリボンのような熱源によって開始される．いったん反応が始まると，反応は激しく進行し，鉄が液体として生成するのに十分な量の熱が発生する．

練習問題 11・15 硫化カルシウム $\text{CaS}(\text{s})$ は夜光塗料や，脱毛剤に利用されている．$\text{CaS}(\text{s})$ は，高温で硫酸カルシウム $\text{CaSO}_4(\text{s})$ と活性炭を加熱することによって得られる．その反応はつぎの化学反応式によって表される．ただし，反応式は釣り合いがとれていない．

$$\text{CaSO}_4(\text{s}) + \text{C}(\text{s}) \longrightarrow \text{CaS}(\text{s}) + \text{CO}(\text{g})$$
釣り合いがとれていない

それぞれ 125 g の $\text{CaSO}_4(\text{s})$ と $\text{C}(\text{s})$ から生成する $\text{CaS}(\text{s})$ の質量は何 g か．

解答 66.2 g

反応後にどの反応物も残らないように，化学量論の比で反応物を加えることが重要となる例は多い．衛星や宇宙船に推進力を与える反応系はよい例である．衛星の動力装置，月面着陸船のロケットエンジン，スペースシャトルの軌道船，無人火星探査車を運搬する宇宙船（図 11・11），これらはいずれも，つぎの化学反応式で表される反応と類似の反応によって，動力が供給されている．

$$\text{N}_2\text{O}_4(\text{l}) + 2\text{N}_2\text{H}_4(\text{l}) \longrightarrow 3\text{N}_2(\text{g}) + 4\text{H}_2\text{O}(\text{g})$$
四酸化二窒素　ヒドラジン

四酸化二窒素とヒドラジンは，接触させると爆発的に反応する．これら 2 種類の反応物はふつう，べつべつのタンク

---

[1] thermite reaction

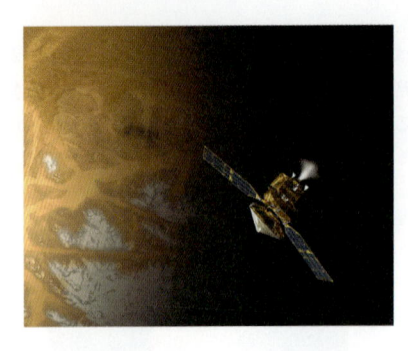

図 11・11 火星表面を探索するマーズ・リコネッサンス・オービター(米国の火星探査機，MRO と略称される)．この宇宙船のエンジンは，化学量論の比で混合したヒドラジン $N_2H_4(l)$ と四酸化二窒素 $N_2O_4(l)$ の反応によって動力が供給される．

に貯蔵されており，ポンプによって燃料管からロケットエンジンに送り込まれ，そこで反応が起こる．生成した気体(ロケットエンジンの排気温度では水は気体である)は，エンジンの排気室を通して排出され，宇宙船の推進力となる．宇宙に物質を運ぶためには莫大な費用がかかるので，2 種類の燃料は正確な比率で混合させなければならない．宇宙に過剰試剤を運ぶことは，多大な浪費となるのである．

11・11 多くの化学反応では目的とする生成物の収量は理論的な収量よりも少ない

これまで扱ってきたすべての例題では，反応で得られる生成物の量は，制限試剤が完全に反応することによって計算できると考えた．この生成物の量を**理論収量**[1]という．しかし，多くの場合，実際に得られる生成物の量は理論収量よりも少ない．これにはつぎのような理由が考えられる．(1) 反応が完全には進行しない場合がある．(2) 望まない生成物を与える副反応が起こることがある．(3) 目的とする生成物の一部が反応混合物から回収できなかったり，精製段階で失われる場合がある．(4) 反応に用いた反応物が純粋ではない，すなわち不純物が含まれている可能性がある．このような場合，実際に得られる生成物の量を**実質収量**[2]という．また，反応物から実際に得られた生成物への変換の効率を，**収率**[3] (% 収率) という．収率はつぎのように定義される．

$$\% \text{収率} = \left(\frac{\text{実質収量}}{\text{理論収量}}\right) \times 100 \qquad (11\cdot4)$$

反応における理論収量と実質収量の差を示す例として，工業的なメタノール $CH_3OH(l)$ の製造反応を考えよう．$CH_3OH(l)$ はつぎの化学反応式で表される反応を高圧下で行うことによって，製造されている．

$$CO(g) + 2H_2(g) \longrightarrow CH_3OH(l)$$

さまざまな理由により，この反応の収率は 100% にはならない．$H_2(g)$ 1.00 トンを過剰の $CO(g)$ と反応させることにより，$CH_3OH(l)$ 5.12 トンが生成したとしよう．1 トンは 1×10^6 g に等しいので，理論収量は次式によって求めることができる．

制限試剤をすばやく見つける方法

制限試剤がある場合に，どの化学種が制限試剤となるかをすばやく探す方法は，それぞれの反応物の物質量を，釣り合いのとれた化学反応式におけるその化学量論係数で割ってみることである．物質量を化学量論係数で割った値が最小となる反応物が，制限試剤となる．たとえば，例題 11・15 では，$Al(s)$ 25.0 g と $Fe_2O_3(s)$ 58.0 g のどちらが，テルミット反応の制限試剤であるかをみきわめなければならなかった．そのとき，これらの質量を物質量に変換し，$Fe_2O_3(s)$ 0.363 mol と $Al(s)$ 0.927 mol とした．ここで，釣り合いのとれた化学反応式における化学量論係数を用いて，これらのうちどちらが制限試剤であるかを判定してみよう．この反応の釣り合いのとれた化学反応式は，次式によって表される．

$$Fe_2O_3(s) + 2Al(s) \longrightarrow Al_2O_3(s) + 2Fe(l)$$

2 種類の反応物のそれぞれについて，物質量をそれぞれの化学量論係数で割ると，

$$\frac{0.927 \text{ mol Al}}{2} = 0.464 \text{ mol}$$

$$\frac{0.363 \text{ mol Fe}_2O_3}{1} = 0.363 \text{ mol}$$

化学量論係数で割った $Fe_2O_3(s)$ の物質量は，化学量論係数で割った $Al(s)$ の物質量よりも小さいので，$Fe_2O_3(s)$ が制限試剤であると結論することができる．この方法は，多数の反応物を含む実際的な問題に対して，特に有用である．

---

[1] theoretical yield [2] actual yield [3] percentage yield

$$\text{理論収量} = (1.00 \text{ トン H}_2)\left(\frac{10^6 \text{ g}}{1 \text{ トン}}\right)\left(\frac{1 \text{ mol H}_2}{2.016 \text{ g H}_2}\right)$$
$$\times \left(\frac{1 \text{ mol CH}_3\text{OH}}{2 \text{ mol H}_2}\right)\left(\frac{32.04 \text{ g CH}_3\text{OH}}{1 \text{ mol CH}_3\text{OH}}\right)$$
$$= 7.95 \times 10^6 \text{ g CH}_3\text{OH} = 7.95 \text{ トン CH}_3\text{OH}$$

(11・4)式から,この反応の収率は次式で与えられる.

$$\text{\% 収率} = \left(\frac{\text{実質収量}}{\text{理論収量}}\right) \times 100 = \left(\frac{5.12 \text{ トン}}{7.95 \text{ トン}}\right) \times 100$$
$$= 64.4\%$$

例題 11・16 あるリン $P_4(s)$ の試料 0.473 g を過剰の塩素 $Cl_2(g)$ と反応させたところ,五塩化リン $PCl_5(s)$ 2.12 g を得ることができた.この反応の化学反応式はつぎのように表される.

$$P_4(s) + 10\,Cl_2(g) \longrightarrow 4\,PCl_5(s)$$

(a) この反応における $PCl_5(s)$ の収率を求めよ.
(b) 反応が前問(a)の収率で進行するとき,$PCl_5(s)$ 5.00 g を得るために必要なリンの質量は何 g か.ただし,塩素は過剰にあるものとする.

解答 (a) $PCl_5(s)$ の理論収量は次式で与えられる.

$$\text{理論収量} = (0.473 \text{ g P}_4)\left(\frac{1 \text{ mol P}_4}{123.9 \text{ g P}_4}\right)$$
$$\times \left(\frac{4 \text{ mol PCl}_5}{1 \text{ mol P}_4}\right)\left(\frac{208.2 \text{ g PCl}_5}{1 \text{ mol PCl}_5}\right)$$
$$= 3.18 \text{ g PCl}_5$$

したがって,この反応の収率は,

$$\text{\% 収率} = \left(\frac{\text{実質収量}}{\text{理論収量}}\right) \times 100 = \left(\frac{2.12 \text{ g}}{3.18 \text{ g}}\right) \times 100$$
$$= 66.7\%$$

(b) 収率 66.7% で,$PCl_5(s)$ 5.00 g を得るために必要なリンの質量は次式によって求めることができる.

$$P_4 \text{ の質量} = (5.00 \text{ g PCl}_5)\left(\frac{1 \text{ mol PCl}_5}{208.2 \text{ g PCl}_5}\right)$$
$$\times \left(\frac{1 \text{ mol P}_4}{4 \text{ mol PCl}_5}\right)\left(\frac{123.9 \text{ g P}_4}{1 \text{ mol P}_4}\right)\left(\frac{100\%}{66.7\%}\right)$$
$$= 1.12 \text{ g}$$

練習問題 11・16 乾燥した過剰の塩素 $Cl_2(g)$ 雰囲気下でスズ $Sn(s)$ を加熱すると,つぎの化学反応式に従って,塩化スズ(IV) $SnCl_4(l)$ が生成する.

$$Sn(s) + 2\,Cl_2(g) \longrightarrow SnCl_4(l)$$

この反応の収率を 64.3% とすると,$SnCl_4(l)$ 0.106 g を得るために必要な $Sn(s)$ の質量は何 g か.

解答 0.0751 g

多くの反応は溶液中で起こる.そこで次章では,溶液の濃度を定量的に表す方法と,溶液中で起こる反応に対する化学計算の方法を述べることにしよう.

まとめ

ある物質の式量と同じ数値に g 単位をつけた質量をもつ物質の量を,その物質の 1 mol という.物質の化学式単位の数に着目して物質の量を表すとき,物質量ということばを用いる.mol は物質量の単位である.質量がわかっている物質について,その物質量を求めるためにはその物質の化学式を知る必要がある.また,1 mol は,アボガドロ数(6.022×10^{23})の化学式単位,あるいは構成要素を含む物質の量と定義することもできる.mol はダースのような,一種の数量単位とみることができる.物質量の概念は,化学の学習において最も重要なものの一つである.

化学量論計算は,物質量の概念に基づいて行われる.物質量の考え方を用いることにより,化学分析の結果から化学式を決定することができる.化学分析で用いられる最も古い技術の一つが燃焼分析であり,それによって化合物の実験式が求められる.さらに,別の実験から分子量を決定することができれば,その化合物の分子式も求めることができる.しかし,ふつう分子式だけからでは,その分子の化学的な構造を決めることはできない.一般に,分子の構造は,さまざまな分光学的手法を用いて決定される.

物質量の概念はまた,さまざまな化学計算の中核となるものである.化学反応式における釣り合いをとるための係数を物質量と解釈することによって,化学反応式から,その反応に含まれる物質の量を計算することができる.たとえば,与えられた反応物の量から,どのくらいの生成物が得られるか,あるいは与えられた生成物の量を得るためには,どのくらいの反応物を用いたらよいかを求めることができる.最後に,収率(% 収率)とは理論収量に対する実質収量の比に 100 を掛けたものであり,ある実験において,実際にどのくらいの生成物が得られるかの尺度となる量である.

12 溶液の化学計算

12・1 溶 液
12・2 モル濃度
12・3 電 解 質
12・4 溶液中の反応
12・5 沈殿反応
12・6 酸塩基滴定
12・7 滴定実験による式量の決定

ほとんどの化学的および生物学的な反応は，溶液中，特に水溶液中で起こる．本章では，溶液中で起こる化学反応についてさまざまな計算を行う方法を述べる．まず，溶液とは何かについて説明し，ついで溶液の成分の濃度を計算する方法を述べる．濃度はさまざまな単位で表すことができるが，化学における最も重要な濃度の単位はモル濃度である．さらにモル濃度を用いて，溶液中に一つ，あるいは複数の反応物，または生成物が存在する反応について，化学量論計算を行う．最後に，酸と塩基による中和反応を含む滴定実験について，簡単に述べる．

12・1 2種類以上の物質の均一な混合物を溶液という

2・3節で学んだように，溶液とは分子のレベルで均一になっている混合物である．分子の視点からみると，溶液中の化学種は，互いに混じり合って一様に分散している(図12・1)．溶液の成分はそれぞれ純物質であり，それらが混合して溶液を形成する．溶液の成分は必ずしも固体や液体に限らないため，溶液には多くの種類がある(表12・1)．

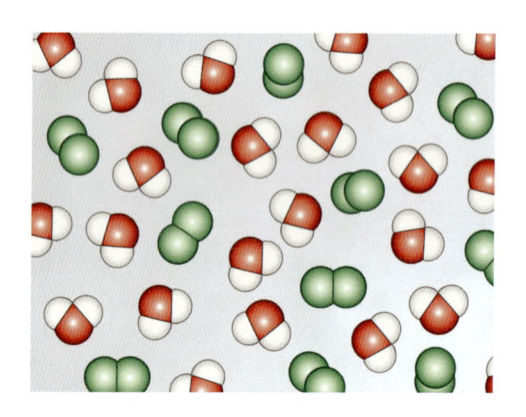

図12・1 溶液は分子のレベルで均一な混合物である．溶液中に存在する化学種は，互いに混じり合って一様に分散している．

最も一般的な溶液の種類は，液体に溶かした固体である．溶けた固体を**溶質**[1]といい，それを溶かす液体を**溶媒**[2]という．溶液のすべての成分は，溶液中に一様に分散しているから，溶媒や溶質ということばは単に便宜的なものにすぎない．$NaCl(s)$ を水に溶かしたとき，一般に，$NaCl(s)$ を溶質といい，$H_2O(l)$ を溶媒という．$NaCl(s)$ を水に溶かす反応は，つぎの化学反応式によって表される．

$$NaCl(s) \xrightarrow{H_2O(l)} Na^+(aq) + Cl^-(aq)$$

---

1) solute 2) solvent

12・2 モル濃度

表 12・1 溶液の種類と例

成分1の状態	成分2の状態	溶液の状態	例
気体	気体	気体	空気，自動車のエンジン燃焼室の気化したガソリンと空気の混合物
気体	液体	液体	水中の酸素，炭酸飲料中の二酸化炭素
気体	固体	固体	パラジウムや白金中の水素
液体	液体	液体	水とアルコール
液体	固体	固体	金や銀中の水銀
固体	液体	液体	水中の塩化ナトリウム
固体	固体	固体	合金

ここで，矢印の下の $H_2O(l)$ は水が溶媒であることを示している．化学種 $Na^+(aq)$ と $Cl^-(aq)$ は，水溶液中のナトリウムイオンと塩化物イオンを表す．図12・2に示すように，これらのイオンは水分子によって溶媒和されている．すなわち，水溶液中では，イオンはゆるく結合した水分子の殻に取囲まれている．

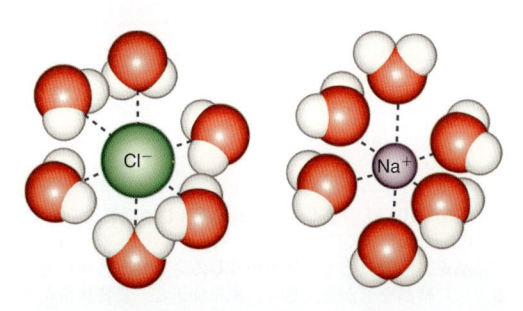

図 12・2 水溶液中のイオンは，ゆるく結合した水分子の殻によって取囲まれている．このようなイオンを，溶媒和されたイオンという．

少量の塩化ナトリウムをビーカーの水に加えると，塩化ナトリウムは完全に溶解し，ビーカーの底には結晶は残らない．さらに塩化ナトリウムを加えていくと，もはやこれ以上，塩化ナトリウムが溶解できない点に到達する．この状態でさらに塩化ナトリウムを加えても，それらは単にビーカーの底に残るだけである．このような溶液を**飽和溶液**[1]といい，溶解した溶質の最大量をその溶質の**溶解度**[2]という．溶解度はさまざまな単位で表記することができるが，最も一般的には，"溶媒100g当たりの溶質のg単位の質量"が用いられる．たとえば，20℃におけるNaCl(s)の水に対する溶解度は，$H_2O(l)$ 100g当たり約36gである．

理解すべき重要なことは，物質の溶解度は，ある特定の温度において飽和溶液中に溶解できる最大量を表していることである．たとえば，20℃におけるNaCl(s)の水に対する溶解度は，$H_2O(l)$ 100g当たり約36gであるから，

もしこの温度で $H_2O(l)$ 100gに50gのNaCl(s)を加えたとすると，36gは溶解し，14gは溶解せずにNaCl(s)のまま残る．得られた溶液は飽和溶液となる．一方，100gの $H_2O(l)$ に25gのNaCl(s)を加えた場合には，すべてのNaCl(s)は溶解し，**不飽和溶液**[3]が得られる．不飽和溶液は，さらに溶質を溶かすことができる溶液である．

ほとんどの場合，物質の溶解度は温度に依存する．図12・3に，いくつかの塩について，水に対する溶解度の温度依存性を示した．ほとんどすべての物質の水に対する溶解度は，温度の上昇に伴って増大する．たとえば，40℃における硝酸カリウムの水に対する溶解度は，0℃における溶解度に比べておよそ5倍に増大する．

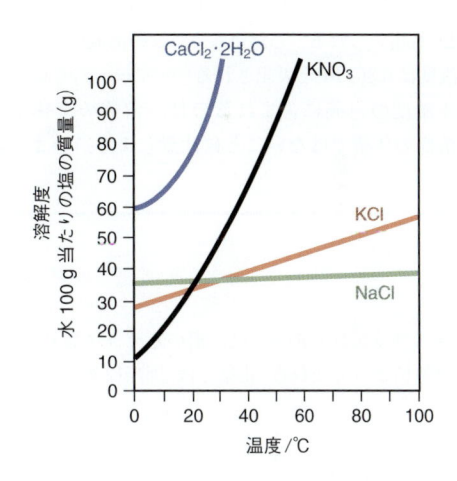

図 12・3 いくつかの塩の溶解度と温度との関係．ほとんどの塩の溶解度は，温度の上昇とともに増大する．

12・2 最もよく用いられる濃度の単位はモル濃度である

一定量の溶媒，あるいは一定量の溶液に溶けている溶質の量を，溶液中の溶質の**濃度**[4]という．溶質の濃度を表す最も一般的な方法は**モル濃度**[5]であり，記号 M によって

---

1) saturated solution 2) solubility 3) unsaturated solution 4) concentration 5) molarity

表記される．モル濃度は，"溶液 1 L 当たりに含まれる溶質の物質量" と定義される．すなわち，

$$モル濃度 = \frac{溶質の物質量}{溶液 1 L} \quad (12 \cdot 1)$$

(12・1)式は，次式のように記号で表すこともできる．

$$M = \frac{n}{V} \quad (12 \cdot 2)$$

ここで M は溶液のモル濃度，n は溶液に溶けている溶質の物質量，V は L 単位† で表した溶液の全体積を示す．(12・2)式の使い方を示すために，スクロース $C_{12}H_{22}O_{11}(s)$ 62.3 g を十分な量の水に溶かし，全体積を 0.500 L とすることにより調製した溶液のモル濃度を計算してみよう．スクロースの式量は 342.3 であるから，スクロース 62.3 g の物質量は，

$$\begin{aligned}スクロース \\ の物質量 \end{aligned} = (62.3 \text{ g スクロース})\left(\frac{1 \text{ mol スクロース}}{342.3 \text{ g スクロース}}\right)$$
$$= 0.182 \text{ mol}$$

したがって，この溶液のモル濃度は次式によって求められる．

$$M = \frac{n}{V} = \frac{0.182 \text{ mol}}{0.500 \text{ L}} = 0.364 \text{ mol L}^{-1} = 0.364 \text{ M}$$

モル濃度の単位は mol L^{-1} であり，しばしば M（モーラーと読む）も用いられる．したがって，この溶液中のスクロースの濃度は 0.364 M と表記される．

モル濃度の定義に含まれるのは，溶液の全体積であり，溶媒の体積ではないことに注意しよう．いま，濃度 0.100 M の二クロム酸カリウム $K_2Cr_2O_7$(aq) 水溶液を 1 L 調製したいとする．この溶液を調製するには，まず 0.100 mol (29.4 g) の $K_2Cr_2O_7$(s) を量りとり，それを 1 L より少ない量，たとえば約 500 mL の水に溶かし，さらに撹拌しながら，溶液の全体積が正確に 1 L になるまで水を加えればよい．この操作を行う際には，図 12・4 に示したようなメスフラスコ[1] を用いる．メスフラスコは，正確な体積の液体を調製するために用いられるガラス器具である．0.100 mol の $K_2Cr_2O_7$(s) を 1 L の水に加える操作は誤りである．

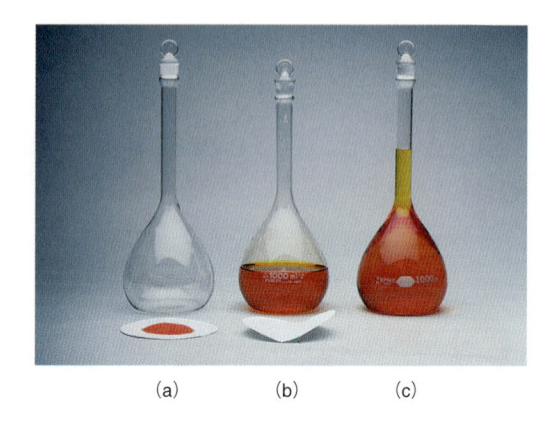

図 12・4 特定のモル濃度の溶液を調製する方法．例として，濃度 0.100 M の $K_2Cr_2O_7$(aq) 溶液 1 L の調製法を示す．(a) 0.100 mol の $K_2Cr_2O_7$(s)（29.4 g）を量りとる．(b) その結晶を，半分ほど水を入れた 1 L のメスフラスコに加える．(c) 結晶を溶かし，さらに水を加えて，最終体積がフラスコに記された 1 L の標線の位置になるようにする．均一な混合物になるように，溶液を十分に振り混ぜる．

メスフラスコの正確さ

メスフラスコの正確さは，用いるガラス器具の大きさと材質によって変わる．正確さは，国際標準化機構（International Organization for Standardization, ISO と略称される）が定めた国際規格によって評価される．一般にガラス器具の等級には "A クラス" と "B クラス" があり，前者の方が正確さが高い．たとえば，A クラスの 250 mL メスフラスコの正確さ（許容誤差）は，表示された温度において ±0.15 mL であり，測定された体積はほぼ 4 桁の有効数字をもつことになる．正しい化学分析のためには，調製したい溶液の正確さよりも，ガラス器具の正確さが上回っていることが重要である．本書を通して，体積の測定値には，特に有効数字を指定しない．すなわち，体積を測定するためのガラス器具の正確さは，常に溶液の体積の正確さを上回っているものとする．

---

† 訳注：SI 単位では L は dm^3（立方デシメートル）と表記され，1 L=1 dm^3 である．
1) volumetric flask

12・2 モル濃度

なぜなら，$K_2Cr_2O_7(s)$ を加えることによって水の体積は 1.00 L から 1.02 L へと変化してしまうので，最終的な溶液の体積が正確に 1 L にはならないからである．つぎの例題で，ある特定のモル濃度の溶液を調製する方法を考えてみよう．

例題 12・1 臭化カリウム KBr(s) は，獣医によって犬のてんかん症を処置する際に用いられる．濃度 0.600 M の KBr(aq) 溶液を 250 mL 調製する方法を説明せよ．

解答 (12・2)式と与えられた濃度と体積から，溶液を調製するために必要な KBr(s) の物質量を求めることができる．(12・2)式はつぎのように書くことができる．

$$n = MV \quad (12 \cdot 3)$$

したがって，

$$\text{KBr の物質量} = (0.600 \text{ M})(250 \text{ mL})\left(\frac{1 \text{ L}}{1000 \text{ mL}}\right)$$
$$= 0.150 \text{ mol}$$

KBr の物質量は KBr(s) のモル質量を掛けることによって，g 単位の質量に変換することができる．すなわち，

$$\text{KBr の質量} = (0.150 \text{ mol KBr})\left(\frac{119.0 \text{ g KBr}}{1 \text{ mol KBr}}\right) = 17.9 \text{ g}$$

溶液を調製するためには，まず KBr(s) 17.9 g を 250 mL のメスフラスコに入れ，少量の蒸留水を加える．ついで塩が溶けるまでフラスコをよく振り混ぜ，フラスコに記された 250 mL の標線まで溶液を水で希釈し，最後にもう一度，溶液が確かに均一になるように振り混ぜる．KBr(s) を 250 mL の水に加えてはならない．なぜなら，得られた溶液の体積は，必ずしも 250 mL にはならないからである．

練習問題 12・1 セレン酸アンモニウム $(NH_4)_2SeO_4(s)$ は，防虫剤として利用されている．濃度 0.155 M のセレン酸アンモニウム水溶液 0.500 L を調製する方法を説明せよ．

解答 セレン酸アンモニウム 13.9 g を 500 mL より少ない量の水に溶かし，メスフラスコを用いて 0.500 L に希釈する．

溶液の濃度は，溶質の**質量パーセント濃度**[1] によって与えられることも多い．たとえば，硫酸は，質量で 96.7% の H_2SO_4 と 3.3% の水からなる溶液として市販されている．この溶液の密度がわかれば，そのモル濃度を求めることができる．20 ℃ における硫酸の密度は 1.84 g mL^{-1} である．これより，溶液 1 L に含まれる H_2SO_4 の質量は，次式で与えられる．

$$\begin{pmatrix}\text{溶液 1 L 中の}\\ H_2SO_4 \text{ の質量}\end{pmatrix} = \left(\frac{1000 \text{ mL}}{1 \text{ L}}\right)$$
$$\times \left(\frac{1.84 \text{ g 溶液}}{1 \text{ mL}}\right)\left(\frac{96.7 \text{ g } H_2SO_4}{100 \text{ g 溶液}}\right)$$
$$= 1780 \text{ g } H_2SO_4 \text{ 溶液 1 L 当たり}$$

したがって，溶液 1 L 当たりの $H_2SO_4(aq)$ の物質量，すなわち $H_2SO_4(aq)$ のモル濃度は，次式によって求めることができる．

$$\begin{pmatrix}H_2SO_4(aq) \text{ の}\\ \text{モル濃度}\end{pmatrix} = \left(\frac{1780 \text{ g } H_2SO_4}{1 \text{ L 溶液}}\right)\left(\frac{1 \text{ mol } H_2SO_4}{98.09 \text{ g } H_2SO_4}\right)$$
$$= 18.1 \text{ M}$$

例題 12・2 市販されているアンモニア水は，質量パーセント濃度 28% NH_3 の水溶液であり，その 20 ℃ における密度は 0.90 g mL^{-1} である．この溶液のモル濃度を求めよ．

解答 溶液 1 L に含まれる NH_3 の質量は，

$$\begin{pmatrix}\text{溶液 1 L 中の}\\ NH_3 \text{ の質量}\end{pmatrix} = \left(\frac{1000 \text{ mL}}{1 \text{ L}}\right)$$
$$\times \left(\frac{0.90 \text{ g 溶液}}{1 \text{ mL 溶液}}\right)\left(\frac{28 \text{ g } NH_3}{100 \text{ g 溶液}}\right)$$
$$= 250 \text{ g } NH_3 \text{ 溶液 1 L 当たり}$$

したがって，$NH_3(aq)$ のモル濃度は次式によって求めることができる．

$$\begin{pmatrix}NH_3 \text{ の}\\ \text{モル濃度}\end{pmatrix} = \left(\frac{250 \text{ g } NH_3}{1 \text{ L 溶液}}\right)\left(\frac{1 \text{ mol } NH_3}{17.03 \text{ g } NH_3}\right) = 15 \text{ M}$$

練習問題 12・2 質量パーセント濃度 50.0% の濃厚な水酸化ナトリウム水溶液がある．この溶液の 20 ℃ における密度は，1.525 g mL^{-1} である．この溶液のモル濃度を求めよ．

解答 19.1 M

実験室ではしばしば，上の練習問題で扱った水酸化ナトリウム水溶液のような濃厚な溶液を貯蔵しておき，その濃厚な貯蔵溶液からより希薄な溶液を調製することが行われる．このような操作を**希釈**[2] という．この操作では，ある体積のモル濃度がわかっている溶液を，ある体積の純粋な溶媒で希釈することにより，望みのモル濃度をもつ溶液を

---

1) mass percentage concentration 2) dilution

調製する．希釈に関する計算を行う際に注意すべき点は，溶媒で希釈しても溶質の物質量は変化しないことである（図 12・5）．すなわち，(12・3)式から，

$$希釈前の溶質の物質量 = n_1 = M_1 V_1$$

および，

$$希釈後の溶質の物質量 = n_2 = M_2 V_2$$

しかし，$n_1 = n_2$ であるから，次式が成り立つ．

$$M_1 V_1 = M_2 V_2 \text{（希釈）} \tag{12・4}$$

つぎの例題で，希釈に関する計算をやってみよう．

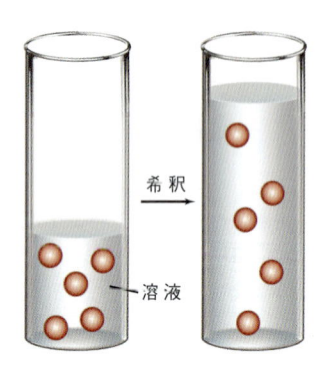

図 12・5 溶液を希釈するときには，溶媒の体積は増大するが，溶質（球で示した）の物質量は変化しない．

例題 12・3 練習問題 12・2 で扱った濃度 19.1 M の濃厚な NaOH(aq) の貯蔵溶液がある．濃度 3.0 M の NaOH(aq) 溶液 500 mL を調製するために必要な貯蔵溶液の体積は何 mL か．

解答 (12・4)式から，次式が成り立つ．

$$M_1 V_1 = M_2 V_2$$

$$(19.1 \text{ mol L}^{-1})(V_1) = (3.0 \text{ mol L}^{-1})(0.500 \text{ L})$$

したがって，V_1 は次式によって求めることができる．

$$V_1 = \frac{(0.500 \text{ L})(3.0 \text{ mol L}^{-1})}{19.1 \text{ mol L}^{-1}} = 0.079 \text{ L}$$

すなわち，求める体積は $V_1 = 79$ mL である．濃度 3.0 M の NaOH(aq) 溶液を調製するには，濃度 19.1 M の NaOH(aq) の貯蔵溶液を 79 mL とり，それを水で半分ほど満たした 500 mL のメスフラスコに加え，溶液をよく振り混ぜた後，フラスコに記された 500 mL の標線まで水で希釈する．最後にもう一度，調製した溶液が均一になるようによく振り混ぜる．

練習問題 12・3 市販の硝酸 HNO$_3$(aq) は，濃度 15.9 M の水溶液である．この硝酸から濃度 6.00 M の HNO$_3$(aq) 溶液 1 L を調製する方法を説明せよ．

解答 濃度 15.9 M の HNO$_3$(aq) 溶液を 377 mL とり，メスフラスコを用いて 1 L に希釈する．

12・3 イオンを含む溶液には電流が流れる

すでに 6・1 節で学んだように，イオン性物質を水に溶かすと，その結晶はイオンに解離する．イオンは水溶液中で自由に動きまわることができるので，水溶液を通して電気が流れる．対照的に，共有結合化合物を水に溶かすと，一般に電気的に中性な分子が生成するため，共有結合化合物の水溶液は電気を通しにくい．塩化ナトリウム NaCl(s) や塩化カルシウム CaCl$_2$(s) のようなイオン性物質は，水溶液にすると電流が流れる．このような物質を**電解質**[1] という．一方，スクロース（食卓の砂糖）C$_{12}$H$_{22}$O$_{11}$(s) のような共有結合性物質の水溶液には電流が流れない．このような物質を**非電解質**[2] という（図 6・1，図 6・2 を参照せよ）．

すべての電解質の水溶液が，同じ程度に電流を流すわけではない．たとえば，0.10 M の HgCl$_2$(aq) 溶液には電流が流れるが，0.10 M の CaCl$_2$(aq) 溶液と比較すれば，流れる電流の量はずっと少ない．このような違いにより，塩化カルシウムは**強電解質**[3] に，また塩化水銀(II)は**弱電解質**[4] に分類される．塩化カルシウムのような強電解質を水に溶かすと，実質的にすべての塩化カルシウムの化学式単位は，溶液中で自由に動きまわれるイオンに解離し，それが電流を流す役割を果たす．しかし，塩化水銀(II)のような弱電解質を水に溶かすと，イオンに解離するのは，塩化水銀(II)の化学式単位のほんの一部だけであり，ほとんどは塩化水銀(II)の分子として存在している．HgCl$_2$(aq) 溶液中には，電流が流れるために必要なイオンが同じ濃度の CaCl$_2$(aq) 溶液中と比べてきわめて少ないので，HgCl$_2$(aq) 溶液には，同じ濃度の CaCl$_2$(aq) 溶液よりも電流が流れにくいのである．

つぎの簡単な規則を用いると，ある物質が，強電解質か，弱電解質か，あるいは非電解質のいずれであるかを予測することができる．

1. 酸である，HCl(aq)，HBr(aq)，HI(aq)，HNO$_3$(aq)，H$_2$SO$_4$(aq)，HClO$_4$(aq) は強電解質である．そのほかの酸は，ほとんど弱電解質である．言い換えれば，ある酸が上記の数少ない強電解質のリストになければ，それは弱電解質である．

---

1) electrolyte　2) nonelectrolyte　3) strong electrolyte　4) weak electrolyte

12・3 電解質

2. 周期表の1族金属と2族金属の可溶性水酸化物は，強電解質である．そのほかの塩基，とくにアンモニアは弱電解質である．
3. ほとんどの可溶性の塩（表10・9を参照せよ）は，水溶液中で強電解質である．
4. たとえば水銀や鉛のような，"重金属"（原子番号の大きな金属）のハロゲン化物およびシアン化物は，弱電解質であることが多い．
5. ほとんどの有機化合物（おもに炭素と水素からなり，しばしば他の元素も含む化合物）は，非電解質である．ただし，有機酸と有機塩基は例外であり，それらはふつう弱電解質である．

例題 12・4 つぎの化合物を，水溶液中における強電解質，弱電解質，非電解質のいずれかに分類せよ．
(a) $NaNO_3(aq)$　(b) エタノール $C_2H_5OH(aq)$
(c) $Ba(OH)_2(aq)$　(d) $AuCl_3(aq)$

解答　(a) 表10・9の溶解性の規則を参照すると，硝酸ナトリウムは水に可溶な塩であり，したがって強電解質である．
(b) エタノールは有機化合物であるから，非電解質である．
(c) 水酸化バリウムは2族金属の水酸化物であり，水に可溶であるから，強電解質である．
(d) 塩化金(III)は重金属のハロゲン化物である．したがって，これは水溶液中で弱電解質と予想することができる．実際，この予想は正しい．

練習問題 12・4 つぎの化合物を，水溶液中における強電解質，弱電解質，非電解質のいずれかに分類せよ．
(a) 塩素酸カリウム　(b) アセトン $(CH_3)_2CO(aq)$
(c) 亜硫酸　(d) シアン化水銀(II)

解答　(a) $KClO_3(aq)$: 強電解質
(b) $(CH_3)_2CO(aq)$: 非電解質
(c) $H_2SO_3(aq)$: 弱電解質
(d) $Hg(CN)_2(aq)$: 弱電解質

強電解質と弱電解質では，それを水に溶かしたとき，その化合物の化学式単位がイオンに解離する程度が異なっていることを思い出そう．たとえば，十分な量の $CaCl_2(s)$ を水に溶かして濃度0.10 Mの溶液をつくったとすると，実質的にすべての塩化カルシウムは，その溶液中では $Ca^{2+}(aq)$ イオンと $Cl^-(aq)$ イオンとして存在している（図12・6）．一方，$HgCl_2(s)$ を水に溶かすと，そのほとんどは解離していない $HgCl_2(aq)$ 単位として存在し，それとともに，ほんのわずかな量のイオン $HgCl^+(aq)$, $Hg^{2+}(aq)$, $Cl^-(aq)$ が存在している．これらの状況は，つぎのような化学反応式で表すことができる．

$$CaCl_2(s) \xrightarrow[H_2O(l)]{100\%} Ca^{2+}(aq) + 2Cl^-(aq)$$

$$HgCl_2(s) \xrightarrow{H_2O(l)} \begin{cases} \xrightarrow{99.8\%} HgCl_2(aq) \\ \xrightarrow{0.18\%} HgCl^+(aq) + Cl^-(aq) \\ \xrightarrow{0.02\%} Hg^{2+}(aq) + 2Cl^-(aq) \end{cases}$$

ここで，矢印の上に記したパーセント表示は，濃度0.10 Mの溶液における解離の程度を表している．

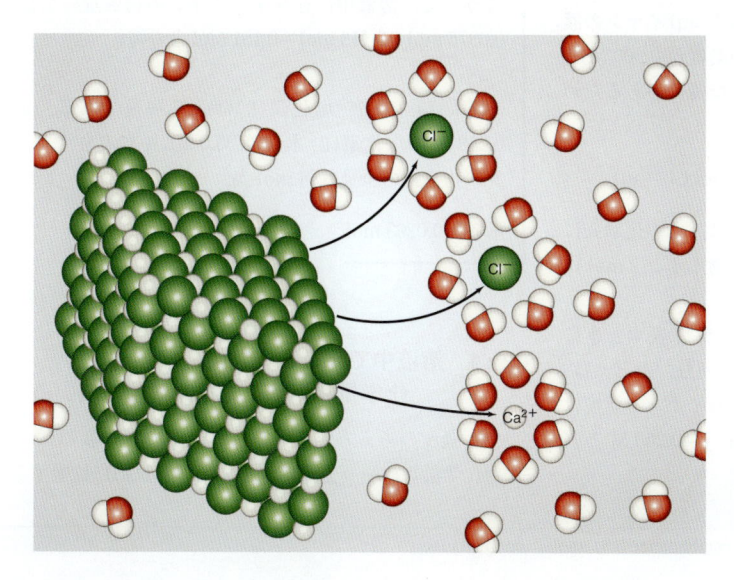

図12・6 強電解質である塩化カルシウム $CaCl_2(s)$ を水に溶かすと，それぞれの化学式単位 $CaCl_2$ は，その化学式に従って $Ca^{2+}(aq)$ イオン1個と $Cl^-(aq)$ イオン2個に解離する．

ある化合物が溶液中でイオンに解離する程度を**解離度**[1]という．溶解した化合物の解離度は，溶液の**電気伝導率**[2]を測定することによって求めることができる．塩の濃度が一定であれば，解離度が大きいほど，溶液中に存在するイオンの数も多くなり，その結果，電気伝導率も増大する．溶解した化合物 1 mol 当たりの電気伝導率を**モル伝導率**[3]という．モル伝導率を用いると，同じ物質量の物質に対する電気伝導率を比較することができる．弱電解質のモル伝導率は，強電解質のモル伝導率と比べて著しく小さい（表 12・2）．

表 12・2　強電解質と弱電解質のモル伝導率[a]

化合物	モル伝導率/ $ohm^{-1} cm^2 mol^{-1}$
強電解質	
HCl(aq)	391
KCl(aq)	129
NaOH(aq)	221
AgNO₃(aq)	109
BaCl₂(aq)	210
NaCH₃COO(aq)（酢酸ナトリウム）	73
弱電解質	
CH₃COOH(aq)（酢酸）	5.2
NH₃(aq)	3.5
HgCl₂(aq)	2

a) 25 ℃，0.10 M 水溶液

強電解質では，溶液中に存在するイオンの濃度は，解離する前の化合物の化学式に依存する．たとえば，濃度が 0.100 M の $CaCl_2$(aq) の水溶液では，Ca^{2+}(aq) イオンの濃度が 0.100 M となり，Cl^-(aq) イオンの濃度が 0.200 M となる．これは，$CaCl_2$ では，つぎのような関係があるためである．

$$1 \text{ mol CaCl}_2 \Leftrightarrow 1 \text{ mol Ca}^{2+}(\text{aq}) \Leftrightarrow 2 \text{ mol Cl}^-(\text{aq})$$

溶液中に溶解した塩化カルシウム 1 mol は，その化学式に従って，カルシウムイオン 1 mol と塩化物イオン 2 mol に解離する．

ある特定のイオンの濃度をモル濃度単位で表すときには，慣用的に，イオンの化学式を [ ] で囲む．たとえば，上記の例では，カルシウムイオンと塩化物イオンの濃度はそれぞれ，$[Ca^{2+}]$＝0.100 M および $[Cl^-]$＝0.200 M と表される．

例題 12・5　硝酸アルミニウム $Al(NO_3)_3$ は，強電解質である．(a) 濃度 0.300 M の $Al(NO_3)_3$(aq) 溶液におけるアルミニウムイオンと硝酸イオンのモル濃度を求めよ．(b) 濃度 0.300 M の $Al(NO_3)_3$(aq) 溶液 125 mL に存在するイオンの物質量の全量は何 mol か．

解答　(a) 硝酸アルミニウムの化学式は $Al(NO_3)_3$ である．したがって，強電解質である硝酸アルミニウム 1 mol が溶液中で解離すると，アルミニウムイオン 1 mol と硝酸イオン 3 mol が生成する．これは，次式のような，水中における解離反応式として表すことができる．

$$Al(NO_3)_3(s) \xrightarrow[H_2O(l)]{100\%} Al^{3+}(aq) + 3NO_3^-(aq)$$

したがって，アルミニウムイオンと硝酸イオンの濃度は，次式のように求めることができる．

$$[Al^{3+}] = \left(\frac{0.300 \text{ mol Al(NO}_3)_3}{1 \text{ L}}\right)\left(\frac{1 \text{ mol Al}^{3+}}{1 \text{ mol Al(NO}_3)_3}\right)$$
$$= 0.300 \text{ M}$$

$$[NO_3^-] = \left(\frac{0.300 \text{ mol Al(NO}_3)_3}{1 \text{ L}}\right)\left(\frac{3 \text{ mol NO}_3^-}{1 \text{ mol Al(NO}_3)_3}\right)$$
$$= 0.900 \text{ M}$$

(b) それぞれのイオンの物質量は，(12・3) 式から次式のように与えられる．

$$Al^{3+}(aq) \text{ の物質量} = MV = (0.300 \text{ mol L}^{-1})(0.125 \text{ L})$$
$$= 0.0375 \text{ mol}$$

$$NO_3^-(aq) \text{ の物質量} = MV = (0.900 \text{ mol L}^{-1})(0.125 \text{ L})$$
$$= 0.113 \text{ mol}$$

こうして，溶液中に存在するイオンの物質量の全量は，0.0375 mol＋0.113 mol＝0.151 mol となる．

練習問題 12・5　塩化銅(Ⅱ)は強電解質である．濃度 0.250 M の塩化銅(Ⅱ)水溶液 35.0 mL 中に存在するイオンの物質量の全量は何 mol か．

解答　0.0263 mol

12・4　溶液中で起こる化学反応の化学量論計算にはモル濃度を用いる

モル濃度の考え方を用いることによって，第 11 章で学んだ化学計算のやり方を溶液中で起こる反応に拡張するこ

---

1) degree of dissociation　2) electrical conductance　3) molar conductance

とができる．例として，臭素の合成反応について考えてみよう．実験室において少量の臭素を合成する際には，一般に酸化マンガン(IV)と臭化水素酸との反応が用いられる．この反応の化学反応式は，つぎのように表される．

$$MnO_2(s) + 4HBr(aq) \longrightarrow MnBr_2(aq) + Br_2(l) + 2H_2O(l)$$

たとえば，$MnO_2(s)$ 3.62 g を完全に反応させるためには，濃度 8.84 M の HBr(aq) 溶液が何 mL 必要であろうか．

化学反応式から，$MnO_2(s)$ 1 mol を完全に反応させるためには，4 mol の HBr(aq) が必要であることがわかる．すなわち，

$$1 \text{ mol } MnO_2 \Leftrightarrow 4 \text{ mol HBr}$$

与えられた $MnO_2(s)$ の物質量は，次式によって求めることができる．

$$MnO_2 \text{ の物質量} = (3.62 \text{ g } MnO_2)\left(\frac{1 \text{ mol } MnO_2}{86.94 \text{ g } MnO_2}\right)$$
$$= 0.0416 \text{ mol}$$

したがって，必要な HBr(aq) の物質量は，

$$HBr \text{ の物質量} = (0.0416 \text{ mol } MnO_2)\left(\frac{4 \text{ mol HBr}}{1 \text{ mol } MnO_2}\right)$$
$$= 0.166 \text{ mol}$$

化学計算においてモル濃度を扱うときには，単位 M を，L と mol の間の単位変換因子のように書き直すとよい．たとえば，8.84 M の HBr(aq) 溶液の濃度は，つぎのどちらかのように表記することができる．

$$\left(\frac{8.84 \text{ mol HBr}}{1 \text{ L}}\right) = 1 \quad \text{あるいは} \quad \left(\frac{1 \text{ L}}{8.84 \text{ mol HBr}}\right) = 1$$

上記の 2 番目の表記を用いると，つぎの式により，必要な HBr(aq) 溶液の体積を求めることができる．

$$\text{溶液の体積} = (0.166 \text{ mol HBr}) \times \left(\frac{1 \text{ L}}{8.84 \text{ mol HBr}}\right)\left(\frac{1000 \text{ mL}}{1 \text{ L}}\right)$$
$$= 18.8 \text{ mL}$$

あるいは，(12·3)式を V について解くことにより，必要な体積を求めることもできる．すなわち，

$$V = \frac{n}{M} = \frac{0.166 \text{ mol}}{8.84 \text{ mol L}^{-1}}$$
$$= 0.0188 \text{ L}$$
$$= 18.8 \text{ mL}$$

つぎの例題で，溶液と固体との反応を含む計算をやってみよう．

例題 12·6 亜鉛 Zn(s) は，つぎの化学反応式に従って塩酸 HCl(aq) と反応する(図 12·7)．

$$Zn(s) + 2HCl(aq) \longrightarrow ZnCl_2(aq) + H_2(g)$$

濃度 6.00 M の HCl(aq) 溶液 50.0 mL と反応する亜鉛の質量は何 g か．

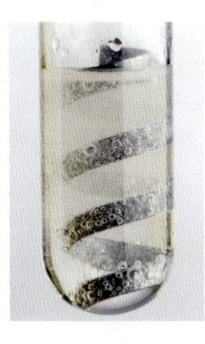

図 12·7 金属亜鉛と塩酸(塩化水素水溶液)との反応．水素の気泡が溶液から放出されている．

解答 化学反応式から，Zn(s) 1 mol は HCl(aq) 2 mol と反応することがわかる．まず，濃度 6.00 M の HCl(aq) 溶液 50.0 mL に含まれる HCl(aq) の物質量を求める．

$$HCl \text{ の物質量} = (50.0 \text{ mL})\left(\frac{1 \text{ L}}{1000 \text{ mL}}\right)\left(\frac{6.00 \text{ mol HCl}}{1 \text{ L}}\right)$$
$$= 0.300 \text{ mol HCl}$$

したがって，この物質量の HCl と反応する亜鉛の質量は，次式によって求めることができる．

$$Zn \text{ の質量} = (0.300 \text{ mol HCl}) \times \left(\frac{1 \text{ mol Zn}}{2 \text{ mol HCl}}\right)\left(\frac{65.38 \text{ g Zn}}{1 \text{ mol Zn}}\right)$$
$$= 9.81 \text{ g Zn}$$

この問題では，溶液のモル濃度と，釣り合いのとれた化学反応式から得られる化学量論係数の比が単位変換因子となって，与えられた HCl(aq) の体積が，それと反応する亜鉛の質量に変換されている．この問題の解き方も，図 11·7 に概要を示した化学計算の方法に従っていることがわかる．

練習問題 12·6 アルミニウムはやや濃厚な水酸化ナトリウム水溶液と反応する．この反応は，つぎの化学反応式によって表される．

$$2Al(s) + 2NaOH(aq) + 6H_2O(l) \longrightarrow 2Na[Al(OH)_4](aq) + 3H_2(g)$$

濃度 6.00 M の NaOH(aq) 溶液 30.0 mL と反応するアルミニウムの質量は何 g か．

解答 4.86 g

12・5 沈殿反応で生成する沈殿の量を計算するにはモル濃度を用いる

これまで扱った計算はいずれも，固体と溶液との反応に関するものであった．同様の計算方法は，溶液と溶液との反応に対しても用いることができる．10・9 節において，沈殿の生成はしばしば，二重交換反応の駆動力になることを述べた．たとえば，$Hg_2(NO_3)_2$(aq) 溶液と KI(aq) 溶液を混合すると，Hg_2I_2(s) の黄色の沈殿が生じる（図 12・8）．水銀(I)イオンは水溶液中で，Hg_2^{2+}(aq) として存在することを思い出そう．この反応は，つぎの化学反応式によって表される．

$$Hg_2(NO_3)_2(aq) + 2KI(aq) \longrightarrow 2KNO_3(aq) + Hg_2I_2(s)$$

この反応の正味のイオン反応式は，

$$Hg_2^{2+}(aq) + 2I^-(aq) \longrightarrow Hg_2I_2(s)$$

（第 10 章で学んだ溶解性の規則を用いると，この反応において，不溶性のヨウ化水銀(I) Hg_2I_2(s) の沈殿生成が予測できることを思い出そう．）

図 12・8 $Hg_2(NO_3)_2$(aq) 溶液を KI(aq) 溶液に加えると，ヨウ化水銀(I) Hg_2I_2(s) の沈殿が生成する．

さて，濃度 0.250 M の $Hg_2(NO_3)_2$(aq) 溶液 35.0 mL を完全に反応させるためには，濃度 0.400 M の KI(aq) 溶液が何 mL 必要かを計算してみよう．化学反応式から，KI(aq) 2 mol と $Hg_2(NO_3)_2$(aq) 1 mol が完全に反応することがわかる．すなわち，つぎの関係が成り立つ，

$$1 \text{ mol } Hg_2(NO_3)_2 \Leftrightarrow 2 \text{ mol KI}$$

濃度 0.250 M の $Hg_2(NO_3)_2$(aq) 溶液 35.0 mL に存在する $Hg_2(NO_3)_2$ の物質量は，次式で与えられる．

$$Hg_2(NO_3)_2 \text{ の物質量} = MV = (35.0 \text{ mL}) \left(\frac{1 \text{ L}}{1000 \text{ mL}}\right) \left(\frac{0.250 \text{ mol}}{1 \text{ L}}\right)$$
$$= 8.75 \times 10^{-3} \text{ mol}$$

したがって，この物質量の $Hg_2(NO_3)_2$ と反応させるのに必要な KI(aq) の物質量は，

$$KI \text{ の物質量} = (8.75 \times 10^{-3} \text{ mol } Hg_2(NO_3)_2) \times \left(\frac{2 \text{ mol KI}}{1 \text{ mol } Hg_2(NO_3)_2}\right)$$
$$= 1.75 \times 10^{-2} \text{ mol}$$

この物質量の KI を含む濃度 0.400 M の KI(aq) 溶液の体積は，次式で求めることができる．

$$体積 = \frac{n}{M} = (1.75 \times 10^{-2} \text{ mol KI}) \left(\frac{1 \text{ L}}{0.400 \text{ mol KI}}\right)$$
$$= 0.0438 \text{ L} = 43.8 \text{ mL}$$

例題 12・7 硫化ニッケル(II) NiS(s) は不溶性の塩である．NiS(s) はつぎの化学反応式で表される反応によって生成する．

$$NiCl_2(aq) + K_2S(aq) \longrightarrow 2KCl(aq) + NiS(s)$$

また，この反応の正味のイオン反応式は，次式で表される．

$$Ni^{2+}(aq) + S^{2-}(aq) \longrightarrow NiS(s)$$

濃度 0.165 M の $NiCl_2$(aq) 溶液 42.5 mL に含まれるすべてのニッケルを沈殿させるためには，濃度 0.655 M の K_2S(aq) 溶液が何 mL 必要か．

解答 与えられた溶液に含まれる $NiCl_2$(aq) の物質量は，

$NiCl_2$ の物質量
$$= MV$$
$$= (42.5 \text{ mL NiCl}_2) \left(\frac{1 \text{ L}}{1000 \text{ mL}}\right) \left(\frac{0.165 \text{ mol NiCl}_2}{1 \text{ L}}\right)$$
$$= 7.01 \times 10^{-3} \text{ mol}$$

したがって，必要な K_2S(aq) 溶液の体積は，次式によって求めることができる．

K_2S の体積 $= (7.01 \times 10^{-3} \text{ mol NiCl}_2)$
$$\times \left(\frac{1 \text{ mol K}_2\text{S}}{1 \text{ mol NiCl}_2}\right) \left(\frac{1 \text{ L}}{0.655 \text{ mol K}_2\text{S}}\right)$$
$$= 0.0107 \text{ L} = 10.7 \text{ mL}$$

練習問題 12・7 硫酸バリウム $BaSO_4$(s) は水に不溶性の塩である．$BaSO_4$(s) が生成する反応は，つぎの正味のイオン反応式で表される．

$$Ba^{2+}(aq) + SO_4^{2-}(aq) \longrightarrow BaSO_4(s)$$

濃度 0.350 M の $Ba(NO_3)_2$(aq) 溶液 25.0 mL に含まれるすべてのバリウムを沈殿させるためには，濃度 0.500 M の K_2SO_4(aq) 溶液が何 mL 必要か．

解答 17.5 mL

2 種類の溶液を混合したときにはいつも，反応物のどちらかが制限試剤になっているかどうかを確認しなければならない．たとえば，濃度 0.150 M の AgNO$_3$(aq) 溶液 50.0 mL と，濃度 0.200 M の Na$_2$CrO$_4$(aq) 溶液 50.0 mL を混合したとしよう (図 12·9)．何 g のクロム酸銀 Ag$_2$CrO$_4$(s) が生成するだろうか．この反応の化学反応式はつぎのように表される．

$$2AgNO_3(aq) + Na_2CrO_4(aq) \longrightarrow 2NaNO_3(aq) + Ag_2CrO_4(s)$$

まず，この反応において，どちらかの反応物が制限試剤となっているかを確認しなければならない．それぞれの反応物の物質量は，次式によって与えられる．

AgNO$_3$ の物質量
$= MV$
$= (50.0 \text{ mL})\left(\dfrac{1 \text{ L}}{1000 \text{ mL}}\right)\left(\dfrac{0.150 \text{ mol AgNO}_3}{1 \text{ L}}\right)$
$= 7.50 \times 10^{-3} \text{ mol}$

Na$_2$CrO$_4$ の物質量
$= MV$
$= (50.0 \text{ mL})\left(\dfrac{1 \text{ L}}{1000 \text{ mL}}\right)\left(\dfrac{0.200 \text{ mol Na}_2\text{CrO}_4}{1 \text{ L}}\right)$
$= 10.0 \times 10^{-3} \text{ mol}$

化学反応式から，Na$_2$CrO$_4$(aq) 1 mol に対して AgNO$_3$(aq) 2 mol が必要であることがわかる．与えられた溶液には Na$_2$CrO$_4$(aq) 10.0×10^{-3} mol と反応するだけの十分な AgNO$_3$(aq) が存在しないので，AgNO$_3$(aq) が制限試剤となり，Na$_2$CrO$_4$(aq) は過剰試剤となる．したがって，生成する Ag$_2$CrO$_4$(s) の質量は，次式によって求めることができる．

Ag$_2$CrO$_4$ の質量 $= (7.50 \times 10^{-3} \text{ mol AgNO}_3)$
$\times \left(\dfrac{1 \text{ mol Ag}_2\text{CrO}_4}{2 \text{ mol AgNO}_3}\right)\left(\dfrac{331.8 \text{ g Ag}_2\text{CrO}_4}{1 \text{ mol Ag}_2\text{CrO}_4}\right)$
$= 1.24 \text{ g Ag}_2\text{CrO}_4$

図 12·9 AgNO$_3$(aq) 溶液を Na$_2$CrO$_4$(aq) 溶液に加えると，クロム酸銀 Ag$_2$CrO$_4$(s) の沈殿が生成する．

例題 12·8 硝酸鉛 Pb(NO$_3$)$_2$(aq) 溶液とシュウ酸カリウム K$_2$C$_2$O$_4$(aq) 溶液との反応は，つぎの化学反応式によって表される．

$$Pb(NO_3)_2(aq) + K_2C_2O_4(aq) \longrightarrow 2KNO_3(aq) + PbC_2O_4(s)$$

また，この反応の正味のイオン反応式は次式で表される．

$$Pb^{2+}(aq) + C_2O_4^{2-}(aq) \longrightarrow PbC_2O_4(s)$$

濃度 2.00 M の Pb(NO$_3$)$_2$(aq) 溶液 25.0 mL と，濃度 1.50 M の K$_2$C$_2$O$_4$(aq) 40.0 mL を混合したとき，沈殿するシュウ酸鉛(II) PbC$_2$O$_4$(s) の質量は何 g か．

解答 両方の反応物の量が与えられているので，まず，どちらかの反応物が制限試剤となっているかを確認しなければならない．それぞれの反応物の物質量は，次式で与えられる．

Pb(NO$_3$)$_2$ の物質量
$= MV$
$= (25.0 \text{ mL})\left(\dfrac{1 \text{ L}}{1000 \text{ mL}}\right)\left(\dfrac{2.00 \text{ mol Pb(NO}_3)_2}{1 \text{ L}}\right)$
$= 5.00 \times 10^{-2} \text{ mol}$

K$_2$C$_2$O$_4$ の物質量
$= MV$
$= (40.0 \text{ mL})\left(\dfrac{1 \text{ L}}{1000 \text{ mL}}\right)\left(\dfrac{1.50 \text{ mol K}_2\text{C}_2\text{O}_4}{1 \text{ L}}\right)$
$= 6.00 \times 10^{-2} \text{ mol}$

化学反応式から，Pb(NO$_3$)$_2$ 1 mol と K$_2$C$_2$O$_4$ 1 mol が反応することがわかる．したがって，K$_2$C$_2$O$_4$(aq) は過剰に存在しており，Pb(NO$_3$)$_2$(aq) が制限試剤となる．こうして，沈殿する PbC$_2$O$_4$(s) の質量は次式によって求めることができる．

PbC$_2$O$_4$ の質量 $= (5.00 \times 10^{-2} \text{ mol Pb(NO}_3)_2)$
$\times \left(\dfrac{1 \text{ mol PbC}_2\text{O}_4}{1 \text{ mol Pb(NO}_3)_2}\right)\left(\dfrac{295.2 \text{ g PbC}_2\text{O}_4}{1 \text{ mol PbC}_2\text{O}_4}\right)$
$= 14.8 \text{ g PbC}_2\text{O}_4$

練習問題 12·8 硝酸カドミウム Cd(NO$_3$)$_2$(aq) の溶液と，硫化ナトリウム Na$_2$S(aq) の溶液を混合すると，黄橙色の沈殿が生成する (図 12·10)．(a) この反応に対する釣り合いのとれた化学反応式を書け．(b) 生成した黄橙色の沈殿は何か．第 10 章で学んだ溶解性の規則を用いて推定せよ．(c) 濃度 0.100 M の Cd(NO$_3$)$_2$(aq) 25.0 mL と，濃度 0.150 M の Na$_2$S(aq) 20.0 mL を混合

したとき，生成する沈殿の質量は何 g か．

図 12・10　無色の硝酸カドミウム Cd(NO₃)₂(aq) 溶液と硫化ナトリウム Na₂S(aq) 溶液を混合すると，黄橙色の沈殿が生成する．

解答　(a)　Cd(NO₃)₂(aq) + Na₂S(aq) ⟶
$$2\text{NaNO}_3(\text{aq}) + \text{CdS}(\text{s})$$
(b)　沈殿は硫化カドミウム CdS(s) である
(c)　0.361 g

12・6　酸や塩基の濃度は滴定によって決定することができる

第 10 章において，二重交換反応は，イオン性の反応物から共有結合化合物が生成することによって駆動される場合があることを述べた．このような反応の最も重要な例は，酸と塩基による**中和反応**[1]である．

濃度が未知の塩基の溶液があるとしよう．この溶液の濃度を決定するためには，その溶液の一定量を測りとり，濃度がわかっている酸の溶液を，塩基が完全に中和されるまでゆっくりと加える．(第 21 章では，中和反応が完全に進行したことが，酸あるいは塩基が中和されたときに色が変化する物質を用いることによって示されることを学ぶ．このような物質を指示薬という．)この操作を**滴定**[2]といい，図 12・11 に示したような器具を用いて行われる．塩基の濃度を決定するためには，その塩基を中和するために必要な酸の溶液の体積と濃度，および中和反応の化学量論がわかっていればよい．例として，水酸化ナトリウム NaOH(aq) 溶液と塩酸 HCl(aq) の中和反応を考えよう．滴定実験の結果，濃度が未知の NaOH(aq) 溶液 30.00 mL を中和するために，濃度 0.150 M の HCl(aq) 27.25 mL が必要であったとする．HCl(aq) と NaOH(aq) との反応を表す化学反応式は，次式によって表される．

$$\text{HCl}(\text{aq}) + \text{NaOH}(\text{aq}) \longrightarrow \text{NaCl}(\text{aq}) + \text{H}_2\text{O}(\text{l})$$

また，正味のイオン反応式は，

$$\text{H}^+(\text{aq}) + \text{OH}^-(\text{aq}) \longrightarrow \text{H}_2\text{O}(\text{l})$$

この反応式から，NaOH(aq) 1 mol を中和するためには，HCl(aq) 1 mol が必要であることがわかる．したがって，滴定において HCl(aq) によって中和された NaOH(aq) の物質量は，次式によって与えられる．

$$\text{NaOH の物質量} = (27.25 \text{ mL HCl}) \left(\frac{1 \text{ L}}{1000 \text{ mL}} \right)$$
$$\times \left(\frac{0.150 \text{ mol HCl}}{1 \text{ L}} \right) \left(\frac{1 \text{ mol NaOH}}{1 \text{ mol HCl}} \right)$$
$$= 4.09 \times 10^{-3} \text{ mol}$$

この結果，濃度が未知の NaOH(aq) 溶液 30.00 mL には，4.09×10^{-3} mol の NaOH(aq) が含まれていたことがわかる．したがって，その溶液のモル濃度 M は，次式によって求めることができる．

$$M = \frac{n}{V} = \frac{4.09 \times 10^{-3} \text{ mol}}{30.00 \times 10^{-3} \text{ L}} = 0.136 \text{ M}$$

本章でこれまで扱ってきた多くの計算において，mL と L の間の単位変換因子，すなわち 10^{-3} L mL^{-1} を用いたことに気づいているかもしれない．この因子がしばしば現れるのは，化学実験では体積はふつう mL 単位で表されるので，式 $n = MV$ を用いて物質量を計算する際に mL で表された体積を 10^{-3} L mL^{-1} を掛けることによって L 単位の体積に変換しなければならないためである．しかし，このような 10^{-3} L mL^{-1} を用いる単位変換は，mol のかわりに **mmol(ミリモル)** を単位に用いることによって避ける

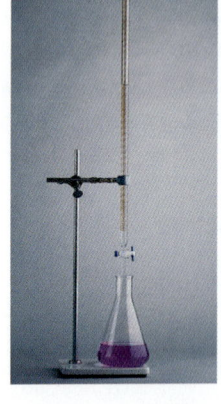

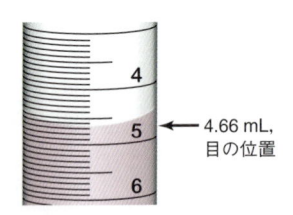

図 12・11　(左)滴定実験の装置．長い器具は**ビュレット**[3]といい，正確な体積の溶液を滴下するために用いられる精密につくられたガラス器具である．(右)ビュレットの目盛りを読むときには，目の位置を**メニスカス**[4]の底に合わせるようにする．メニスカスとは，溶液とガラスとの付着によって形成される溶液表面の曲線をいう．多くの化学の実験室で用いられる 50 mL のビュレットの正確さは，約 ±0.02 mL である．ビュレットで測定された最初と最後の体積の差をとることによって，滴下された溶液の量を高い正確さで得ることができる．

---

1) neutralization reaction　2) titration　3) buret　4) meniscus

ことができる．すなわち，モル濃度を 1 L 当たりの mol 単位の物質量ではなく，1 mL 当たりの mmol 単位の物質量として表すのである．重要な関係式はつぎの通りである．

$$\left(\frac{\mathrm{mmol}}{\mathrm{mL}}\right)\left(\frac{10^{-3}\,\mathrm{mol\,mmol^{-1}}}{10^{-3}\,\mathrm{L\,mL^{-1}}}\right) = \left(\frac{\mathrm{mol}}{\mathrm{L}}\right) = \mathrm{M} \quad (12\cdot5)$$

このように，単位 $\mathrm{mmol\,mL^{-1}}$ は，$\mathrm{mol\,L^{-1}}$，すなわち M と等価であることがわかる．

上述した濃度が未知の NaOH(aq) 溶液 30.00 mL と，濃度 0.150 M の HCl(aq) 27.25 mL との中和反応による滴定の計算を，もう一度やってみよう．溶液の濃度を $\mathrm{mol\,L^{-1}}$ ではなく，$\mathrm{mmol\,mL^{-1}}$ を単位として表すと，

$$\begin{aligned}\text{NaOH の物質量(mmol)} &= (27.25\,\mathrm{mL\,HCl}) \\ &\quad \times \left(\frac{0.150\,\mathrm{mmol\,HCl}}{1\,\mathrm{mL}}\right)\left(\frac{1\,\mathrm{mmol\,NaOH}}{1\,\mathrm{mmol\,HCl}}\right) \\ &= 4.09\,\mathrm{mmol}\end{aligned}$$

$$M = \frac{n}{V} = \frac{4.09\,\mathrm{mmol\,NaOH}}{30.00\,\mathrm{mL}} = 0.136\,\mathrm{M\,NaOH}$$

mol の代わりに mmol を使うことによって，$10^{-3}\,\mathrm{L\,mL^{-1}}$ を用いた単位変換をする必要がなくなり，計算が簡単になることに注意しよう．つぎの例題で，mol ではなく mmol を用いて，滴定のデータから溶液の濃度を求める問題をやってみよう．

例題 12・9 滴定実験を行った結果，濃度が未知の硫酸 H_2SO_4(aq) 溶液 25.05 mL を中和するために，濃度 0.210 M の水酸化ナトリウム NaOH(aq) 溶液 37.60 mL が必要であった．この H_2SO_4(aq) 溶液のモル濃度を求めよ．

解答 この中和反応に対する化学反応式は，つぎのように表される．

$$H_2SO_4(aq) + 2\,NaOH(aq) \longrightarrow Na_2SO_4(aq) + 2\,H_2O(l)$$

この反応式から，H_2SO_4(aq) 1 mol を中和するために，NaOH(aq) 2 mol が必要であることがわかる．このことは，H_2SO_4(aq) 1 mmol を中和するために，NaOH(aq) 2 mmol が必要であると同じことである．したがって，中和された H_2SO_4(aq) の mmol 単位の物質量は，次式によって与えられる．

$$\begin{aligned}H_2SO_4\text{ の物質量(mmol)} &= (37.60\,\mathrm{mL\,NaOH}) \\ &\quad \times \left(\frac{0.210\,\mathrm{mmol\,NaOH}}{1\,\mathrm{mL}}\right)\left(\frac{1\,\mathrm{mmol\,H_2SO_4}}{2\,\mathrm{mmol\,NaOH}}\right) \\ &= 3.95\,\mathrm{mmol}\end{aligned}$$

これより，求める H_2SO_4(aq) 溶液のモル濃度 M は，

$$M = \frac{n}{V} = \frac{3.95\,\mathrm{mmol}}{25.05\,\mathrm{mL}} = 0.158\,\mathrm{M}$$

練習問題 12・9 滴定実験を行った結果，濃度が未知のシュウ酸 $H_2C_2O_4$(aq) 溶液 32.10 mL を中和するために，濃度 0.1065 M の水酸化カリウム KOH(aq) 溶液 40.05 mL が必要であった．
この $H_2C_2O_4$(aq) 溶液のモル濃度を求めよ．なお，この中和反応に対する化学反応式は，つぎのように表される．

$$H_2C_2O_4(aq) + 2\,KOH(aq) \longrightarrow K_2C_2O_4(aq) + 2\,H_2O(l)$$

シュウ酸はジカルボン酸である．シュウ酸のルイス構造は左のように表される．

解答 0.06644 M

12・7 滴定実験のデータから未知の酸の式量を決定することができる

滴定実験のデータから，酸の式量を決定することができる．つぎの例題でその方法を示そう．

例題 12・10 未知の酸の試料 2.50 g を水に溶かして，100.0 mL の溶液とした．この溶液を中和するために，濃度 0.400 M の NaOH(aq) 溶液 84.25 mL が必要であった．未知の酸の式量を求めよ．ただし，酸は化学式単位当たり，ただ 1 個の酸性プロトンをもつものとする．

解答 酸はただ 1 個の酸性プロトンをもつので，この中和反応に対する化学反応式は，つぎのように表すことができる．

$$NaOH(aq) + HA(aq) \longrightarrow NaA(aq) + H_2O(l)$$

ここで A は，未知の酸における陰イオンの化学式を示す．酸を中和するために必要な NaOH(aq) の mmol 単位の物質量は，次式で与えられる．

$$\begin{aligned}\text{NaOH の物質量(mmol)} &= (84.25\,\mathrm{mL\,NaOH})\left(\frac{0.400\,\mathrm{mmol\,NaOH}}{1\,\mathrm{mL}}\right) \\ &= 33.7\,\mathrm{mmol}\end{aligned}$$

中和反応の化学反応式から，つぎのような関係があることがわかる．

$$1\,\mathrm{mmol\,NaOH} \Leftrightarrow 1\,\mathrm{mmol\,酸}$$

したがって，溶液中に含まれる酸の物質量は 33.7 mmol であることがわかる．これは最初の試料である未知の酸 2.50 g と等価であるから，次式のような関係式を書くことができる．

$$2.50 \text{ g 酸} \Leftrightarrow 33.7 \text{ mmol 酸} = 3.37 \times 10^{-2} \text{ mol 酸}$$

両辺を 3.37×10^{-2} で割ると，

$$74.2 \text{ g 酸} \Leftrightarrow 1.00 \text{ mol 酸}$$

こうして，未知の酸の式量は 74.2 と求められる．

練習問題 12・10 マロン酸の試料 2.50 g を水に溶かし，100 mL の溶液とした．この溶液を中和するために，濃度 1.684 M の KOH(aq) 溶液 28.5 mL が必要であった．マロン酸の式量は 104.1 である．マロン酸における化学式単位当たりの酸性プロトンの数を求めよ．

解答 2 個

つぎの例題と練習問題は，これまでに学んできたいくつかの考え方を含む問題である．

例題 12・11 濃度 0.200 M の $CaCl_2$(aq) 25.0 mL と濃度 0.300 M の $AgNO_3$(aq) 25.0 mL を反応させた．この反応によって得られる溶液中のすべてのイオンのモル濃度を求めよ．

解答 溶解性の規則(表 10・9 を参照せよ)を適用すると，この反応によって不溶性の塩化銀 AgCl(s) が沈殿することがわかる．この反応に対する釣り合いのとれた化学反応式は，つぎのように表される．

$$CaCl_2(aq) + 2AgNO_3(aq) \longrightarrow Ca(NO_3)_2(aq) + 2AgCl(s)$$

まず，どちらかの反応物が制限試剤となっているかを確認しなければならない．それぞれの反応物の mmol 単位の物質量は次式で与えられる．

$CaCl_2$ の物質量(mmol)
$= (25.0 \text{ mL CaCl}_2) \left(\dfrac{0.200 \text{ mmol CaCl}_2}{1 \text{ mL}} \right)$
$= 5.00 \text{ mmol}$

$AgNO_3$ の物質量(mmol)
$= (25.0 \text{ mL AgNO}_3) \left(\dfrac{0.300 \text{ mmol AgNO}_3}{1 \text{ mL}} \right)$
$= 7.50 \text{ mmol}$

釣り合いのとれた化学反応式の化学量論係数を mmol 単位の物質量と解釈すると，1 mmol の $CaCl_2$(aq) に対して 2 mmol の $AgNO_3$(aq) が反応することがわかる．したがって，$CaCl_2$(aq) 5.00 mmol と完全に反応するためには，$AgNO_3$(aq) 10.0 mmol が必要となる．しかし，用いた $AgNO_3$ の物質量は 7.50 mmol であり，$CaCl_2$(aq) 5.00 mmol と完全に反応するだけの十分な量がないので，$AgNO_3$(aq) が制限試剤となり，$CaCl_2$(aq) が過剰試剤となることが結論される．したがって，生成する AgCl(s) の物質量は，次式で与えられる．

AgCl の物質量(mmol)
$= (7.50 \text{ mmol AgNO}_3) \left(\dfrac{2 \text{ mmol AgCl}}{2 \text{ mmol AgNO}_3} \right)$
$= 7.50 \text{ mmol}$

反応が終了しても，過剰に用いられたカルシウムイオンと塩化物イオンは溶液中に存在している．また，溶解性の規則によると硝酸カルシウムは可溶性と推測されるから，硝酸イオンも存在しているだろう．しかし，溶液中に銀イオンは残っていないと考えられる．なぜなら，硝酸銀は制限試剤であるから，ほとんどすべての銀イオンは AgCl(s) として沈殿し，溶液から除去されてしまうからである．

Ca^{2+}(aq) と NO_3^-(aq) はいずれも正味のイオン反応式に現れないので，傍観イオンとして溶液に残っている．したがって，反応後におけるこれらのイオンの物質量は最初の値と変わらない．しかし，溶液の全体積が変化するから，これらのイオンの濃度は変わることに注意しなければならない．まず，最初に存在した Ca^{2+}(aq) と NO_3^-(aq) の物質量を求めると，

Ca^{2+} の物質量(mmol)
$= (25.0 \text{ mL CaCl}_2)$
$\quad \times \left(\dfrac{0.200 \text{ mmol CaCl}_2}{1 \text{ mL}} \right) \left(\dfrac{1 \text{ mmol Ca}^{2+}}{1 \text{ mmol CaCl}_2} \right)$
$= 5.00 \text{ mmol}$

NO_3^- の物質量(mmol)
$= (25.0 \text{ mL AgNO}_3)$
$\quad \times \left(\dfrac{0.300 \text{ mmol AgNO}_3}{1 \text{ mL}} \right) \left(\dfrac{1 \text{ mmol NO}_3^-}{1 \text{ mmol AgNO}_3} \right)$
$= 7.50 \text{ mmol}$

それぞれの体積が 25.0 mL の 2 種類の溶液を混合するので，生成した溶液の全体積は 50.0 mL となる．したがって，Ca^{2+}(aq) と NO_3^-(aq) の濃度は次式で与えられる．

$$[Ca^{2+}] = \dfrac{5.00 \text{ mmol Ca}^{2+}}{50.0 \text{ mL}} = 0.100 \text{ M}$$

$$[NO_3^-] = \frac{7.50 \text{ mmol NO}_3^-}{50.0 \text{ mL}} = 0.150 \text{ M}$$

反応後に残っている塩化物イオンの濃度を計算するためには,まず過剰の塩化物イオンの物質量を求めなければならない.すでに求めたように反応前の $CaCl_2(aq)$ の物質量は 5.00 mmol であり,また $CaCl_2$ の化学式単位当たり 2 個の塩化物イオンが含まれるから,反応前の $Cl^-(aq)$ の物質量は,

$$\begin{aligned}\text{Cl}^-\text{の物質量} \\ \text{(mmol)}\end{aligned} = (5.00 \text{ mmol CaCl}_2)\left(\frac{2 \text{ mmol Cl}^-}{1 \text{ mmol CaCl}_2}\right)$$
$$= 10.00 \text{ mmol}$$

すでに求めたように,反応によって $AgCl(s)$ 7.50 mmol が生成し,また $AgCl$ の化学式単位当たり 1 個の塩化物イオンが含まれるから,過剰の $Cl^-(aq)$ の物質量は次式で与えられる.

過剰の $Cl^-(aq)$ の物質量

$$= \begin{pmatrix}CaCl_2 \text{ に由来する}\\ Cl^-(aq) \text{ 10.0 mmol}\end{pmatrix} - \begin{pmatrix}AgCl \text{ として沈殿した}\\ Cl^-(aq) \text{ 7.50 mmol}\end{pmatrix}$$
$$= 2.5 \text{ mmol}$$

この値を溶液の全体積で割ることにより,反応後の塩化物イオンの濃度を求めることができる.

$$[Cl^-] = \frac{2.5 \text{ mmol}}{50.0 \text{ mL}} = 0.050 \text{ M}$$

練習問題 12・11 希薄な酸と炭酸カルシウム $CaCO_3(s)$ を反応させると,二酸化炭素の気体が発生する(図 12・12).濃度 3.0 M の $HCl(aq)$ 25 mL と $CaCO_3(s)$ 1.5 g を反応させたとき,発生する二酸化炭素の物質量は何 mmol か.また,溶液中に存在するすべてのイオンのモル濃度を求めよ.ただし,炭酸カルシウムの添加によって,溶液の体積は変化しないものとする.

図 12・12 多くの金属炭酸塩が希薄な酸と反応すると,生成物の一つとして二酸化炭素 $CO_2(g)$ が生じる.この図は,希薄な塩酸 $HCl(aq)$ に入れた卵の殻〔主成分は炭酸カルシウム $CaCO_3(s)$〕を示している.卵の殻の表面に生じた気泡は $CO_2(g)$ である.$CO_2(g)$ は水にあまり溶けない.

解答 $CO_2(g)$ 15 mmol
$[Ca^{2+}] = 0.60 \text{ M}$, $[Cl^-] = 3.0 \text{ M}$, $[H^+] = 1.8 \text{ M}$

まとめ

溶液中の反応に対する化学計算は,物質量の概念に基づいて行われる.このため,モル濃度が,最もふつうに用いられる,また最も重要な濃度の単位となる.モル濃度は,正確に 1 L(1 dm^3)の溶液に含まれる溶質の物質量と定義される.水に溶けて,電気が流れる水溶液を与える塩を電解質という.電解質の強さは,その物質が水溶液中でイオンに解離する程度に依存する.また,強電解質の溶液におけるイオンの濃度は,溶解した物質の化学式から計算することができる.

溶液中で起こる化学反応は多い.溶液中の反応の反応物や生成物に関わる化学量論計算は,それらの濃度がモル濃度を単位として表されていれば,容易に行うことができる.溶液どうしの反応の最もふつうの形式は,沈殿が生成する二重交換反応である.溶液中で起こるもう一つの重要な反応形式は,酸と塩基による中和反応であり,滴定実験がその最もよい例である.酸,あるいは塩基の溶液の濃度を求めるために,滴定が用いられる.また,構造がわからない酸の式量も,滴定によって求めることができる.

13 気体の性質

- 13・1 気体
- 13・2 圧力の測定
- 13・3 大気圧
- 13・4 ボイルの法則と
        シャルルの法則
- 13・5 アボガドロの法則
- 13・6 理想気体の式
- 13・7 モル質量の決定
- 13・8 分圧
- 13・9 マクスウェル-
        ボルツマン分布
- 13・10 気体分子運動論と
         根平均二乗速さ
- 13・11 グラハムの噴散の法則
- 13・12 平均自由行程
- 13・13 ファンデルワールス
         の式

本章では気体の性質について述べる. 気体が反応物, 生成物, あるいはその両方として関わっている化学反応は多い. このため, 気体の性質が温度, 圧力, 体積, あるいは物質量といったさまざまな条件に対して, どのように依存するかを理解している必要がある. まず, 気体が, 圧力と温度の変化に対してどのように応答するかを述べ, ついで, 気体の圧力, 温度, および体積の間の関係について説明する. さらに, 気体が関わるさまざまな実験結果について述べた後, 気体分子運動論を解説する. この理論を学ぶことにより, 気体状態にある分子の本質がよく理解できるだろう.

13・1 気体の体積のほとんどは何もない空間である

気体の性質について学ぶ前に, まず物質の三つの物理的状態, すなわち固体, 液体, および気体についてよく考えてみなければならない. 2・2 節で学んだように, 固体はきまった体積と形状をもち, 液体はきまった体積をもつが形状はそれを注いだ容器の形状に従う. 一方, 気体はきまった体積も形状ももたず, 閉じた容器に入れると広がって, その容器の体積全体を占有する. 物質のこれらの状態について, それぞれもう少し詳しく調べてみよう.

図 13・1 に, 分子レベルから見た結晶性固体の図を示す. 結晶性固体では粒子

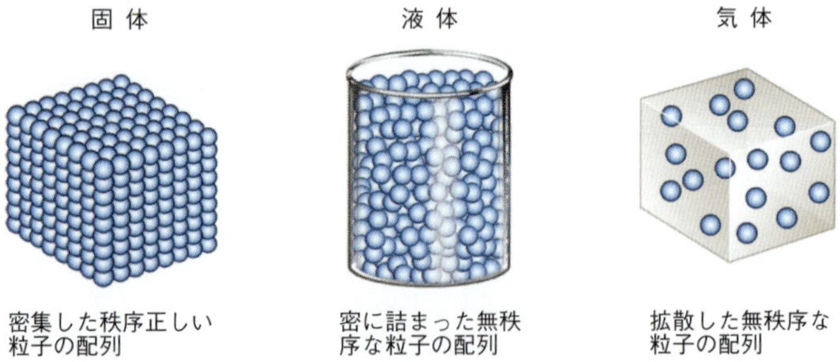

固体 / 液体 / 気体

密集した秩序正しい粒子の配列 / 密に詰まった無秩序な粒子の配列 / 拡散した無秩序な粒子の配列

図 13・1 分子レベルから見た物質の三つの物理的状態における粒子の配列. (左) 固体, (中央) 液体, (右) 気体.

アメデオ アボガドロ Lorenzo Romano Amedeo Carlo Avogadro, Conte di Quaregna e di Cerreto(1776〜1856) は, イタリアのトリノで貴族の家に生まれた. 彼が, 現在では"アボガドロの法則"とよばれている"同温・同圧において同体積の気体は同数の分子を含む"という仮説を提案したのは, 1811 年, ベルチェッリの高等学校で教師をしていたときのことであった. 残念なことに, 当時の他の化学者たちは, 原子と分子の違いを認識することができなかったので, 窒素や酸素のような元素が, 二原子分子として存在する可能性を受け入れることができなかった. アボガドロの業績は, カニッツァロがアボガドロの仮説に基づいて, 矛盾のない一組の原子量を提案するまで, 約 50 年間もほとんど無視されたのであった.

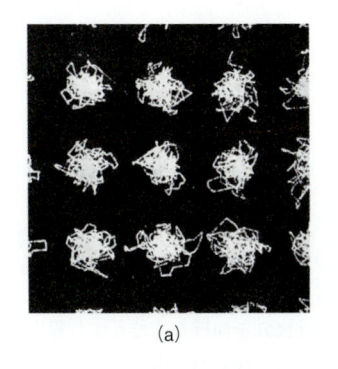

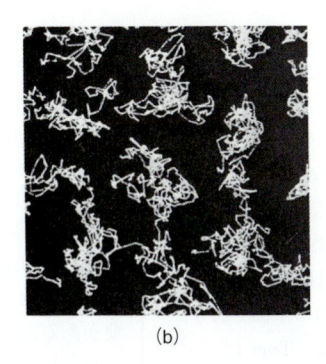

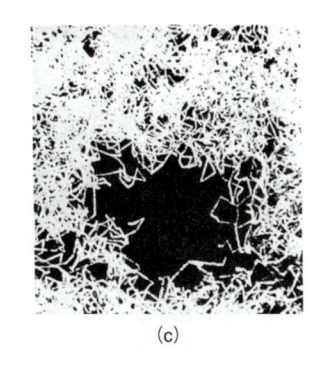

図 13・2　コンピューターが描いた粒子の軌跡．(a) 原子からなる結晶における原子の運動．原子は固定された位置のまわりに運動するだけである．(b) 融解の過程にある結晶．秩序的な配列が崩れている．(c) 液体とその蒸気．中央の暗い領域は気泡を示しており，その周囲を取囲んでいる粒子は液体に特徴的な運動をしている．

（原子，分子，あるいはイオン）が秩序正しく配列している．このような粒子の規則正しい配列を**結晶格子**[1] という．それぞれの粒子は，きまった格子位置のまわりに少し振動しているだけであり，自由に動きまわることはできない（図13・2a）．固体の特徴であるきまった体積と形状は，このように固体の粒子の運動が制限されていることによるものである．

液体を分子レベルから眺めると（図13・1），粒子は互いに接触して連なっているが，液体の中を自由に動きまわることができる．固体とは異なり液体では，固定された粒子の規則正しい配列はみられない．固体が融解し，液体になると，結晶格子は崩壊し，粒子はもはや，きまった位置に保持されなくなる（図13・2b）．あらゆる物質において，固相の密度と液相の密度はほとんど同じであるが，この事実は，二つの相における粒子間の距離が類似した値であることを意味している．さらに，固相と液相の物質は共通して**圧縮率**[2] が小さい，すなわち圧力を増大させても体積がほとんど変化しないという性質をもつ．この事実もまた，二つの相において粒子間の距離が類似していることの証拠となる．

きまった質量の液体が**蒸発**[3] する（気化する）と，その体積は著しく増大する．たとえば，100°C において液体の水 1 mol の体積は 17.3 mL であるが，同じ条件下の水蒸気 1 mol は 30 000 mL 以上の体積を占める．物質が気体になると，図13・1に示すように，分子間の距離は著しく広がる．このように気体では分子間の距離がきわめて大きいと考えると，気体が比較的容易に圧縮されることをうまく説明できる．気体では粒子が占めている空間は，気体の全体積のほんの一部にすぎない．気体の体積のほとんどは何もない空間である．本章で後述するように，気体の体積は，圧力の増大とともに著しく減少する．言い換えれば，気体

の圧縮率は著しく大きい．

13・2　気体の圧力を測定するには圧力計を用いる

気体分子はたえず運動しており，高速で動きまわり，互いに，また容器の壁と衝突している．このような気体分子と容器の壁との絶え間ない多数の衝突の力が，気体が及ぼす**圧力**[4] の要因となる．

一般の研究室では，気体の圧力を測定するために**圧力計**[5] を用いる．圧力計は，液体で部分的に満たされた U字形のガラス管からなる（図13・3）．圧力計に用いられる

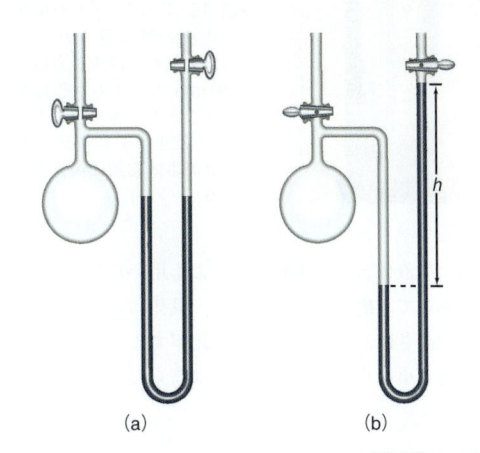

図 13・3　水銀圧力計．(a) 両方のコックは大気に対して開放されており，両方の水銀柱は大気圧にさらされている．水銀柱の表面における圧力は同じなので，両方の水銀柱の高さは等しい．(b) 二つのコックは閉じられている．右側の水銀柱の上の空気は排気されており，水銀柱の先端の圧力は実質的にゼロとなっている．水銀柱の高さはもはや同じではない．高さの差 h は，フラスコに入った気体の圧力の直接的な尺度となる．

---

1) lattice　2) compressibility　3) vaporization　4) pressure　5) manometer

液体には，密度が大きく比較的不活性であるという理由から，水銀がよく利用される．図13・3に圧力計を用いた気体の圧力の測定方法を示した．図13・3(b)において，右側のガラス管は真空になっているため，フラスコ内の気体によって支えられている水銀柱の高さ h は，気体の圧力に比例することになる．この比例関係により，気体を支えている水銀柱の高さを用いて，気体の圧力を表すことができる．この高さをふつう mm 単位で測定し，mmHg（水銀柱ミリメートルと読む）と表記する．mmHg は圧力の単位であり，**Torr**（トルと読む）と表記されることもある．Torr は，大気が及ぼす圧力（大気圧）を測定する装置を発明したイタリアの科学者トリチェリ[1]にちなんだ名称である．なお，大気圧を測定するための圧力計を特に**気圧計**[2]という（図13・4）．こうして，たとえば，"気体の圧力は 600 Torr である"などと表される．

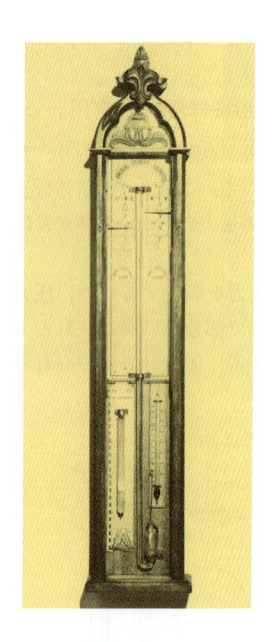

図 13・4 図に示した気圧計の中央の管に見られるように，大気が及ぼす圧力は，約 760 mm の高さの水銀柱を支えることができる．この気圧計は英国グリニッジにある国立海事博物館に保管されている．

圧力計の液体として水銀が最もよく用いられるが，他の液体であっても構わない．ただし，気体によって支えられる液柱の高さは，液体の密度に反比例する．すなわち，液体の密度が小さくなるほど，液柱は高くなる．

例題 13・1 圧力 755 Torr の気体によって支えられる水柱の高さを求めよ．ただし，水銀の密度を 13.6 g mL^{-1}，水の密度を 1.00 g mL^{-1} とする．

解答 圧力 755 Torr は，高さ 755 mm の水銀柱に相当する．水銀の密度は水の 13.6 倍であるから，同じ圧力の気体によって支えられる水柱の高さは，水銀柱の 13.6 倍になる．すなわち，

$$水柱の高さ = 13.6 \times 水銀柱の高さ$$
$$= (13.6)(755 \text{ mm}) = 1.03 \times 10^4 \text{ mm}$$
$$= 10.3 \text{ m}$$

液体が圧力計の液体として利用できるためには，測定される一般的な高さが，正確に測れるほど十分に大きい必要があるが，天井に穴を開けなくてもすむ程度の大きさでなければならない．後者の理由により，大きな密度をもつ水銀が，室温で大気圧を測定するために利用できる唯一の液体となる．低い圧力の測定にはしばしばシリコンオイルや，フタル酸ジ n-ブチル $C_6H_4(COOC_4H_9)_2$(l) のようなさまざまな液体の有機化合物が利用される．

練習問題 13・1 不活性な油状の液体であるフタル酸ジ n-ブチル $C_6H_4(COOC_4H_9)_2$(l) の 20 ℃ における密度は 1.046 g mL^{-1} である．圧力 2.00 Torr の気体によって支えられるフタル酸ジ n-ブチルの液柱の高さを求めよ．

解答 26.0 mm

圧力計や気圧計のほかにも，さまざまな装置や計測器が気体の圧力の測定に用いられている．これらのうちのいくつかを図 13・5 に示した．

13・3 圧力の SI 単位はパスカルである

地球は大気という気体に取囲まれている．私たちはそれを"感じる"ことはないが，大気は私たちに圧力を及ぼしている（図 13・6）．図 13・3 に示した圧力計を用いると，大気が圧力を及ぼしていることを示すことができる．フラスコを大気に対して開放し，右側のガラス管に入っている空気を排気すると，水銀柱は大気圧によって支えられることになる．水銀柱の高さは海面からの高さや温度，あるいは気象条件の影響を受けるが，晴天の日の海面においては約 760 mm となる（図 13・4）．

圧力を表すためには，いくつかの単位が用いられる．圧力 760 Torr を 1 **気圧**[3]といい，1 atm と表記する．atm は SI 単位ではないが，圧力を表す単位としてしばしば用いられる．厳密にいうと，Torr や atm は圧力の単位ではなく，圧力に比例する量である．圧力 P は次式のように，単位面積当たりにはたらく力と定義される．

$$P = \frac{F}{A} \tag{13・1}$$

---

1) Evangelista Torricelli　2) barometer　3) atmosphere

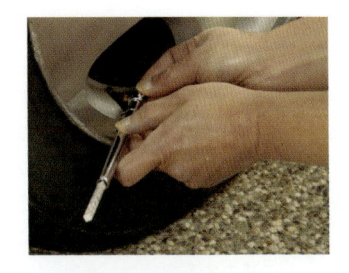

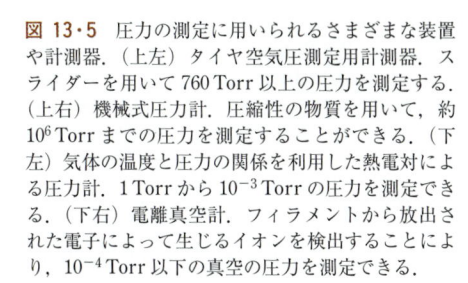

図 13・5 圧力の測定に用いられるさまざまな装置や計測器．（上左）タイヤ空気圧測定用計測器．スライダーを用いて 760 Torr 以上の圧力を測定する．（上右）機械式圧力計．圧縮性の物質を用いて，約 10^6 Torr までの圧力を測定することができる．（下左）気体の温度と圧力の関係を利用した熱電対による圧力計．1 Torr から 10^{-3} Torr の圧力を測定できる．（下右）電離真空計．フィラメントから放出された電子によって生じるイオンを検出することにより，10^{-4} Torr 以下の真空の圧力を測定できる．

図 13・6 （左）真空ポンプを発明したオットーフォン ゲーリケ Otto von Guericke は，1654 年，ウィーンにおいて（後にベルリンでも）皇帝の前で，大気圧の存在を示す有名な実験を行った．彼は直径 35.5 cm の 2 個の半球状容器を組合わせて内部の空気を排気すると，それぞれの容器に 8 頭の馬をつないで引っ張っても，2 個の容器を引離すことができないことを示した．（右）ミュンヘンのドイツ博物館に展示されている 2 個の半球状容器．

ここで F は面積 A にはたらく力を表す．

圧力の SI 単位は**パスカル**[1]（Pa）である．1 Pa は面積 $1\,\text{m}^2$ 当たりに 1 N の力がはたらいたときの圧力と定義される．〔なお，N（**ニュートン**[2] と読む）は力の SI 単位であり，$1\,\text{N} = 1\,\text{kg m s}^{-2}$ である．1 N はおよそ，地表においてリンゴ 1 個に及ぼされる重力に等しい．〕すなわち，つぎのような関係がある．

$$1\,\text{Pa} = \frac{1\,\text{N}}{\text{m}^2} = \frac{1\,\text{kg m s}^{-2}}{\text{m}^2} = 1\,\text{kg m}^{-1}\,\text{s}^{-2}$$
$$= 1\,\text{J m}^{-3} \qquad (13\cdot 2)$$

ここで $1\,\text{J} = 1\,\text{kg m}^2\,\text{s}^{-2}$ の関係を用いた．

Pa は圧力の正式の SI 単位であるが，大気圧条件下で気体の圧力を扱う際には，便利な大きさではない．1 atm は約 100 000 Pa である．このため，より便利な圧力の単位として**バール**[3]（bar）の使用が認められている．1 bar は正確に 100 000 Pa，すなわち 100 kPa に等しい．圧力の単位として bar と atm を用いた場合には，それらの数値は互いにほとんど同じになる．bar と atm は厳密に，つぎの式で関係づけられる．

$$1\,\text{atm} = 1.01325\,\text{bar}$$

この 2, 30 年の間，圧力の単位として Pa と bar を使用することが国際純正・応用化学連合（IUPAC）によって推奨されてきたにもかかわらず，まだ Torr と atm を使用している化学者や教科書の著者は多い．これらの単位はいずれ Pa と bar に置き換わるだろうが，まだかなり時間がかかるだろう．気象学者は大気圧を表記するときにしばしば mbar（ミリバール）† を用い，地質学者は鉱物の鉱床の形成を議論する際に GPa（ギガパスカル）を用いている．このような状況のため，私たちは両方の単位系を使いこなすことができなければならない．表 13・1 に，圧力を表す際に用いられるさまざまな単位の間の関係を要約した．

---

† 訳注：日本ではかつて mbar を用いていたが，現在は hPa（ヘクトパスカル）を用いている．1 mbar = 1 hPa である．
1) pascal　2) newton　3) bar

表 13・1 圧力のさまざまな単位

SI 単位	古い単位
1 Pa(パスカル) = 1 kg m^{-1} s^{-2} = 1 J m^{-3} (標準圧力 = 100 kPa または 1 bar)	1 atm(気圧) (1 atm = 101 325 Pa と定義される)
100 kPa = 1 × 10^5 Pa = 1 bar = 0.9869 atm = 750.1 Torr = 750.1 mmHg = 14.5 lb in^{-2}(psi)	1 atm = 1.01325 × 10^5 Pa = 1.01325 bar = 101.325 kPa = 760 Torr = 760 mmHg = 14.7 lb in^{-2}(psi)

例題 13・2 ダイヤモンドアンビルは，少量の物質を 2 個のダイヤモンド表面の間に挟み，360 GPa までの圧力で物質を圧縮できる装置である．この圧力は地球内部の圧力に近いため，化学者だけでなく地質学者によっても，高圧条件下に置かれた物質の性質を調べる実験に利用されている．360 GPa は何 atm に相当するか．

解答 表 13・1 を参照すると，1 atm は 1.013×10^5 Pa に等しい．接頭語 G(ギガ)は 10^9 を意味することを用いると(後見返しを見よ)，

$$(360 \text{ GPa}) \left(\frac{1 \times 10^9 \text{ Pa}}{1 \text{ GPa}} \right) \left(\frac{1 \text{ atm}}{1.013 \times 10^5 \text{ Pa}} \right)$$
$$= 3.55 \times 10^6 \text{ atm}$$

すなわち，約 350 万 atm になる．

練習問題 13・2 気象学では，圧力は mbar 単位で表記されることが多い．表 13・1 を用いて，圧力 985 mbar を Torr 単位，および atm 単位に変換せよ．

解答 739 Torr, 0.972 atm

13・4 気体の体積は圧力に反比例しケルビン温度に比例する

1660 年代に英国の科学者ボイル[1] (図 13・7)は，異なる圧力下における気体のふるまいをはじめて系統的に研究した．ボイルは一定の温度において，与えられた気体の体積 V は圧力 P に反比例することを示した．すなわち，

$$V \propto \frac{1}{P}$$

この関係はつぎのように書くこともできる．

$$V = \frac{c}{P} \quad \text{(一定温度において)} \quad (13 \cdot 3)$$

ここで c は比例定数であり，気体の量と温度によって決まる．(13・3)式で表される圧力と体積との関係を，**ボイルの法則**[2] という．図 13・8 は(13・3)式の関係を図示したものである．一定温度において，気体の圧力が増大すると，その体積は減少することに注意しよう．気体の圧力を 2 倍にすれば，その体積は 2 分の 1 に減少する．

気体を分子の視点から見ると，ボイルの法則をうまく説明することができる．気体が容器の壁に及ぼす圧力は，気体分子と壁との絶え間ない衝突によるものである．体積を減少させると，気体分子は壁にもっと頻繁に衝突するようになるため，より大きな圧力を及ぼすようになる(図 13・

図 13・7 ロバート ボイル Robert Boyle(1627〜1691)はアイルランドに生まれた．イートン校に通ったのちヨーロッパで学び，帰国後，英国スタルブリッジに研究所を設立した．彼はロンドンに定期的に出かけ，"見えざる大学"とよばれる研究者集団の人々と科学の議論をした．この"見えざる大学"は非公式の科学者集団であったが，後に，世界で最も古い科学者組織であるロンドン王立協会となった．ボイルは"自然は少数の数学的法則によって支配されている複雑な系である"と信じ，数学的解析を化学に応用することを目的として研究を行った．彼の最も有名な実験として，ボイルは気体の圧力と体積は反比例することを示した．それは現在では，ボイルの法則として知られている．

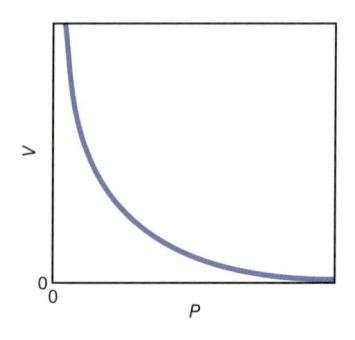

図 13・8 ボイルの法則によると，一定温度において気体の体積 V はその圧力 P に反比例する．

---
1) Robert Boyle　2) Boyle's law

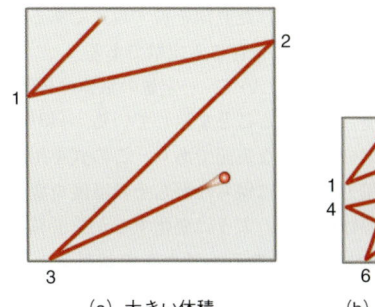

13・4 ボイルの法則とシャルルの法則

(a) 大きい体積　(b) 小さい体積

図 13・9　ボイルの法則の分子論的な解釈．気体の体積が減少すると，気体分子はより頻繁に容器の内壁に衝突するようになり，圧力の増大をひき起こす．図(a)と図(b)では，気体粒子が移動した軌跡の全長は等しい．しかし，小さい体積(b)の中の気体粒子は，大きい体積(a)の中の粒子よりも，容器の内壁により頻繁に衝突する．これによって，内壁により大きな圧力を及ぼすことになる．

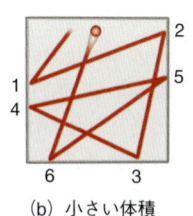

9)．こうして，気体の体積が減少すると，その圧力は増大することが予測できる．これはボイルの法則と矛盾しない．

　フランスの科学者で冒険家であったシャルル[1] (図 13・10)は，一定の圧力において，気体の体積とその温度との間に直線関係があることを示した．この関係を**シャルルの法則**[2]という．シャルルの法則もまた，気体を分子の視点から眺めることにより，うまく説明することができる．13・10 節では，気体分子が運動する速さは，温度の上昇とともに増大することを学ぶ．したがって，気体の温度が上昇すると，気体分子が運動する速さが増大し，容器の壁に激しく衝突するようになる．すると，気体が及ぼす圧力が増大し，体積が固定された容器でなければ，気体の体積が増大することになる．こうして，気体の温度が上昇すると，その体積は増大することが予測できる．これはシャルルの法則と一致している．

　次ページの図 13・11 に示したプロットは，シャルルの法則を表す典型的な実験データである．図 13・11 において，三組の実験データはすべて，外挿すると同一の点を通ることに注意してほしい．注意深い測定により，この点は温度 −273.15 ℃ に相当することが示されている．すると図 13・11 は，もし摂氏目盛で表記された温度に 273.15 を加えれば，3 本の直線はすべて原点を通ることになる．そのような図を，図 13・12 に示した．この新しい温度目盛，すなわち摂氏目盛による温度に 273.15 を加えた温度目盛は，きわめて重要な温度目盛になることがわかる．この温度目盛を，**熱力学温度目盛**[3]，**絶対温度目盛**[4]，あるいは**ケルビン温度目盛**[5]という．この名称は，この温度目盛を最初に提案した英国の科学者ケルビン卿[6]にちなんだものである．第 1 章で SI 単位について説明した際に述べたように，この温度目盛の単位は**ケルビン**であり，K と表記する．ケルビン温度目盛による温度を T，摂氏温度目盛による温度を t とすると，二つの温度目盛の関係は，次式で表される．

$$T/\text{K} = t/{}^\circ\text{C} + 273.15 \qquad (13\cdot 4)$$

T の単位は "ケルビン" と読み，"ケルビン度" とはいわない．0 K はとることのできる最低の温度であり，この意味で，ケルビン温度目盛は基本的な温度目盛である．0 K を**絶対零度**[7]という．(13・4) 式において $T=0$ K とおくと，摂氏目盛による最低の温度は −273.15 ℃ であることがわかる．図 1・6 では，いくつかの固定点の温度について，さまざまな温度目盛による値を比較した．〔(13・4) 式は，1・10 節で説明したグッゲンハイム表記法で書かれている．〕

　ケルビン温度目盛を用いると，気体の体積と温度の関係を簡単な数式で表すことができる．代数で学んだように，直線の方程式はつぎのように表されることを思い出そう．

$$y = mx + b \qquad (13\cdot 5)$$

ここで m と b は定数である．b を直線と y 軸 (縦軸) との**切片**[8]という．また，m を直線の**傾き**[9]といい，m は直線

図 13・10　ジャック アレクサンドル セザール シャルル Jacques Alexandre César Charles (1746〜1823) はフランスの物理学者および発明家．彼はシャルルの法則を定式化したことで知られるが，水素気球の考案者でもあった．1783 年，フランスの宮廷でモンゴルフィエ兄弟が熱気球の実験を行ったすぐ後に，シャルルはアン・ロベールとともに，図に描かれたような水素気球に搭乗し，40 万人の観客を前にパリから飛び立った．気球は着陸するまでに，43 km を飛行したという．シャルルは水素気球飛行に気圧計と温度計を携えており，この飛行は，水素気球による最初の有人飛行であったのみならず，最初の科学的飛行でもあった．

---

1) Jacques Charles　2) Charles's law　3) thermodynamic temperature scale　4) absolute temperature scale
5) Kelvin temperature scale　6) Lord Kelvin　7) absolute zero　8) intercept　9) slope

の勾配の大きさの目安となる(付録Aを参照せよ). 図13·12を見ると, 3本の直線はすべて原点で縦軸と交わっているから, 切片 b の値はゼロである. (13·5)式の y を V, x を T で置き換えると, 次式を得る.

$$V = mT \quad (一定圧力において) \tag{13·6}$$

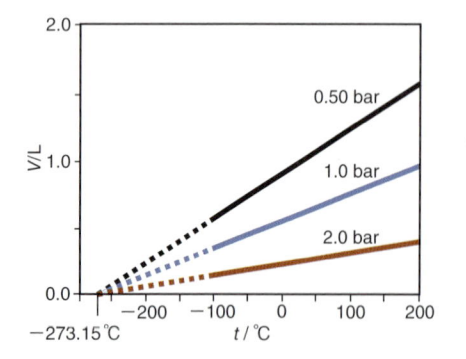

図 13·11 三つの異なる圧力における空気 0.580 g の体積 V の温度 t に対するプロット. 三つの直線を外挿すると, いずれも $V=0$ において $-273.15\,°C$ となることに注意しよう. これらのプロットは, 摂氏温度目盛に 273.15 を加えることにより, 体積と温度との基本的関係を表す温度目盛を定義できることを示している.

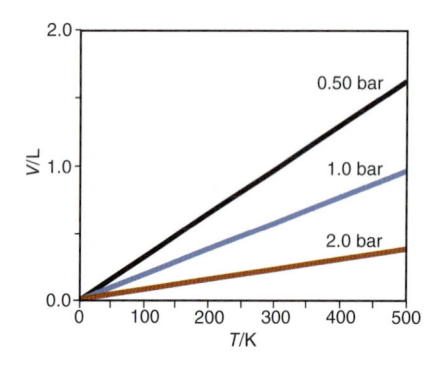

図 13·12 三つの異なる圧力における空気 0.580 g の体積 V のケルビン温度 T に対するプロット. 三つの直線はすべて原点で交差する(図13·11と比較せよ).

この式は, 図13·12に示された直線を表す数式である. 傾き m は, 気体の圧力と量に依存する定数である.

(13·6)式は, 一定圧力において, 一定量の気体の体積は, そのケルビン温度に比例することを示している. (13·6)式はシャルルの法則の数学的な表記であり, この式を用いると, 気体の量と圧力を一定に保ちながらその温度を変化させたとき, 気体の体積がどのように変化するかを計算することができる. たとえば, あるヘリウムの試料を 10.0 °C で, 風船(図13·13)のような体積が変えられる容器の中に入れたところ, 体積が 1.25 L となったとしよう. それを液体窒素に入れて $-196\,°C$ に冷却したとき, 周囲の圧力は一定であるとすると, ヘリウムの体積は何Lになるであろうか. (13·6)式を用いて, つぎのように書くことができる.

$$\frac{V_i}{T_i} = m \quad および \quad \frac{V_f}{T_f} = m$$

ここで下付き文字 i と f は, それぞれ "初期(initial)" と "最終(final)" を意味している. これらの式から,

$$\frac{V_i}{T_i} = \frac{V_f}{T_f}$$

V_f について解くと, 次式が得られる.

$$V_f = V_i \left(\frac{T_f}{T_i} \right) \tag{13·7}$$

(13·7)式もシャルルの法則の数学的な表記であり, 有用な式である.

このような計算では, 必ずケルビン温度を用いなければならない. このため, 上記のヘリウムに関する問題の温度を, 摂氏温度目盛からケルビン温度目盛に変換する. すなわち,

$$T_i = 10.0\,°C + 273.15 = 283.2\,K$$

$$T_f = -196\,°C + 273.15 = 77\,K$$

これらの値と, $V_i=1.25$ L を(13·7)式に代入することにより, V_f を求めることができる. (1·8節で学んだように, 足し算と引き算に対する有効数字の規則は, 掛け算と割り算に対する規則とは異なることを思い出そう.)

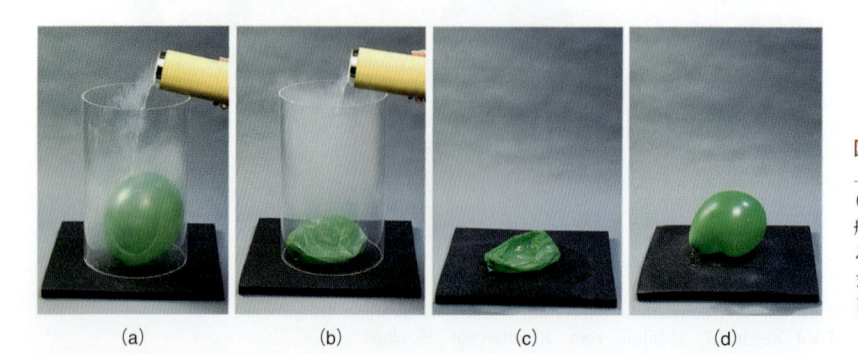

図 13·13 (a) 膨らんだ風船の上に液体窒素を注ぐ. (b)および(c) 温度が低下するにつれて, 風船に入った気体の体積は減少する. (d) 風船に入った気体が温まるにつれて, 気体の体積は増大し, 風船は再び膨らむ.

$$V_\mathrm{f} = (1.25\,\mathrm{L})\left(\frac{77\,\mathrm{K}}{283.2\,\mathrm{K}}\right) = 0.34\,\mathrm{L}$$

温度が低下したので，気体の体積は減少することを確認しよう(図 13·13)．つぎの例題は，シャルルの法則を用いて，気体温度計が作成できることを示している．

例題 13·3 簡単な気体温度計は，ガラス細管の一端を閉じ，もう一方の端を開放して1滴の水銀を入れ，その下に少量の気体試料を封じ込めることによって作成される(図 13·14)．このような温度計において，0℃における気体の体積は 0.180 mL であった．温度計をある液体に浸したところ，最終的な気体の体積は 0.232 mL になった．この液体の温度は何℃か．

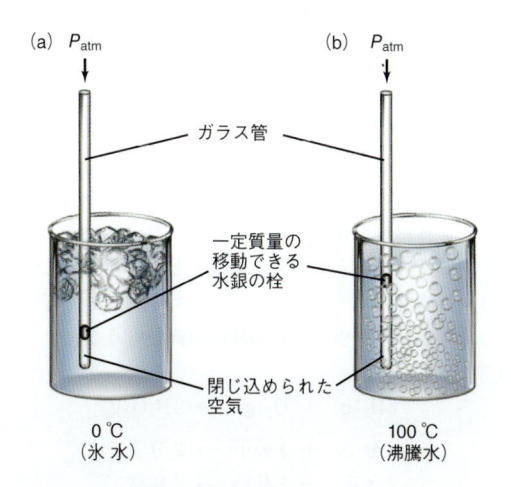

(a) P_atm　　(b) P_atm

ガラス管
一定質量の移動できる水銀の栓
閉じ込められた空気

0℃（氷水）　　100℃（沸騰水）

図 13·14 気体温度計．底を封じたガラス細管の中に，一滴の水銀を栓として空気が閉じ込められている．シャルルの法則により，空気の体積はそのケルビン温度に比例する．大気は水銀の下に閉じ込められた空気に対して，常に一定の圧力を及ぼしている．水銀は，閉じ込められた空気の圧力が，大気圧 P_atm と水銀が及ぼす圧力の和に等しくなる位置まで上昇，あるいは下降する．(b)に示すように温度が上昇すると，閉じ込められた空気の体積が増大するため，水銀の位置は上昇する．

解答 管内に封じられた気体試料の量は一定である．したがって，気体にかかる圧力が一定である限り，シャルルの法則を適用することができる．シャルルの法則を使う際には，温度には，必ずケルビン温度を用いることを忘れてはならない．すなわち，

$$T_\mathrm{i} = 0\,°\mathrm{C} + 273.15 = 273\,\mathrm{K}$$

求めたいのは T_f であるから，(13·7)式を T_f について解き，問題に与えられた値を代入すると，

$$T_\mathrm{f} = T_\mathrm{i}\left(\frac{V_\mathrm{f}}{V_\mathrm{i}}\right) = (273\,\mathrm{K})\left(\frac{0.232\,\mathrm{mL}}{0.180\,\mathrm{mL}}\right) = 352\,\mathrm{K}$$

摂氏温度目盛による温度は，次式で求めることができる．

$$t_\mathrm{f} = 352\,\mathrm{K} - 273 = 79\,°\mathrm{C}$$

練習問題 13·3 ある $Cl_2(g)$ の試料の 0℃ における体積は，600.0 mL であった．圧力が一定であるとすると，同じ量の $Cl_2(g)$ の 250.0℃ における体積は何 mL か．

解答 1149 mL

13·5 同温・同圧において同体積の気体には同数の分子が含まれる

初期の実験において，気体が関わる化学反応について注目すべき性質が発見された．1800年代初期，フランスの化学者ゲイ・リュサック[1] (図 13·15) は，気体どうしの化学反応において，反応に関わる気体の体積は，同温・同圧で測定すると互いに簡単な整数比で関係づけられることを見いだした．たとえば，

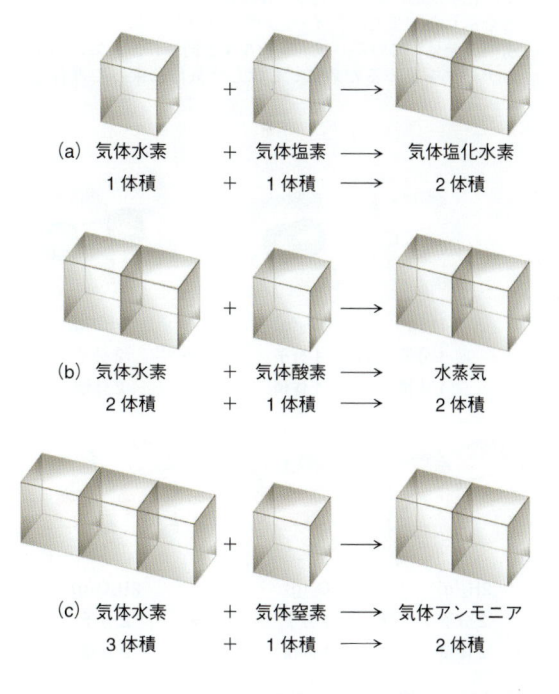

(a) 気体水素　＋　気体塩素　⟶　気体塩化水素
　　1体積　　＋　　1体積　　⟶　　2体積

(b) 気体水素　＋　気体酸素　⟶　水蒸気
　　2体積　　＋　　1体積　　⟶　　2体積

(c) 気体水素　＋　気体窒素　⟶　気体アンモニア
　　3体積　　＋　　1体積　　⟶　　2体積

これらの場合はいずれも，反応物と生成物の相対的な体積は，簡単な整数比になっている．この関係を**ゲイ・リュサックの気体反応の法則**[2] (あるいは，化合体積の法則) と

---

1) Joseph Louis Gay-Lussac　2) Gay-Lussac's law of combining volume

いう．当時は原子と分子は区別されていなかったが，ゲイ・リュサックの発見は，分子の存在を明らかにした最も初期の実験結果の一つであった．1811 年，イタリアの化学者アボガドロ[1]はゲイ・リュサックの法則を説明するために，つぎのような考え方を提唱した．すなわち，水素，酸素，窒素，および塩素のような通常の気体状単体の多くは自然界において，単一の原子ではなく，二原子からなる分子（H_2, O_2, N_2, Cl_2）として存在している．これは化学の発展において，きわめて重要な考え方となったので，ここで，アボガドロがこの結論に至った推論の道筋を振り返ってみよう．

ゲイ・リュサックの観測に基づいてアボガドロは，同温・同圧において，等しい体積の気体は等しい数の分子を含むと仮定した．当時，この仮定はアボガドロの仮説とよばれていたが，現在では**アボガドロの法則**[2]として認められている．例として，水素と塩素から塩化水素が生成する反応について考えてみよう．実験を行うと，1 体積の水素と 1 体積の塩素が反応して，2 体積の塩化水素が生成することが観測される．アボガドロの推論によれば，これは 1 分子の水素と 1 分子の塩素が反応して，2 分子の塩化水素が生成することを意味している（図 13・16）．もし，1 分子の水素から 2 分子の塩化水素が生成するならば，水素分子は（少なくとも）2 個の原子からできていなければならない．アボガドロは，水素と塩素はいずれも 2 個の原子からなると考え，それらの間の反応をつぎのように表記したのである．

$$H_2(g) + Cl_2(g) \longrightarrow 2HCl(g)$$

1 分子 ＋ 1 分子 ⟶ 2 分子

1 体積 ＋ 1 体積 ⟶ 2 体積

アボガドロの説明以前には，どのようにして 1 体積の水素から 2 体積の塩化水素が生成するかを理解することは困難であった．もし水素が単一の原子として存在しているならば，どうやってもゲイ・リュサックの法則を説明することはできない．アボガドロの法則の例をもうひとつ示しておこう．

$$2H_2(g) + O_2(g) \longrightarrow 2H_2O(g)$$

2 分子 ＋ 1 分子 ⟶ 2 分子

2 体積 ＋ 1 体積 ⟶ 2 体積

ゲイ・リュサックの発見とそれに続くアボガドロの解釈は，化学の歴史における大きな転機となった．彼らの業績によって，化学者たちは，原子と分子という統一したことばを用いて，化学反応を定量的に議論することができるようになったのである．アボガドロがこれらの反応について，みごとに簡潔な説明を与えたにもかかわらず，彼の業績はほとんど無視され，しばらくの間，当時の化学者たちは原子と分子を混同し，多くの誤った化学式を使い続けていた．アボガドロの仮説がようやく正当に評価され一般に受け入れられたのは，1800 年代の中頃，アボガドロの死後のことであった．

図 13・15 ジョセフ ルイ ゲイ・リュサック Joseph Louis Gay-Lussac（1778～1850）はフランスの化学者．ゲイ・リュサックは彼の名をつけた気体反応の法則の発見者としてよく知られている．彼は気体に関する詳細な定量的実験を行い，化学反応における気体の体積は簡単な整数比になることを示した．また，ゲイ・リュサックは独立にシャルルの法則を発見している．彼もシャルルと同様に，大気に関するデータを集めるために，しばしば気球に乗って飛行した．

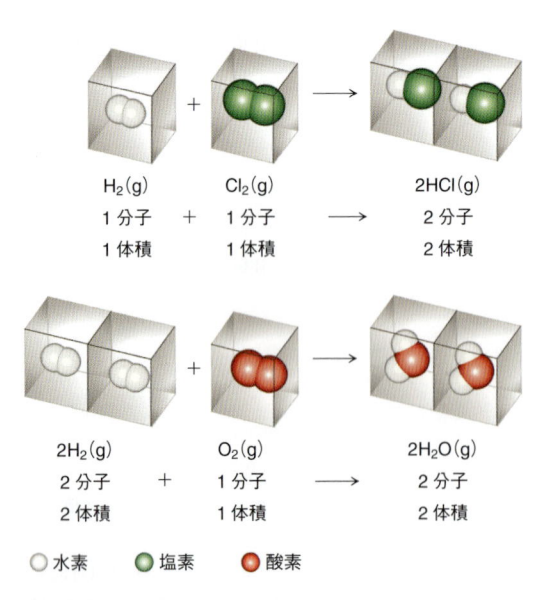

○ 水素　● 塩素　● 酸素

図 13・16 アボガドロによるゲイ・リュサックの気体反応の法則を説明する図．

13・6　ボイル，シャルルおよびアボガドロの法則を組合わせた式を理想気体の式という

アボガドロの法則によると，同温・同圧において，同体積の気体は同数の分子を含む．この記述は，同温・同圧に

---

1) Amedeo Avogadro　2) Avogadro's law

13・6 理想気体の式

おいて，同体積 V の気体は同じ物質量 n の分子を含むことを意味している．したがって，アボガドロの法則はつぎのように書くことができる．

$$V \propto n \quad \text{(一定圧力と一定温度において)}$$

ボイルの法則とシャルルの法則は，それぞれ次式で表される．

$$V \propto \frac{1}{P} \quad \text{(一定温度と一定物質量において)}$$
$$V \propto T \quad \text{(一定圧力と一定物質量において)}$$

体積 V に関するこれら三つの比例関係は，組合わせて一つの関係式に書くことができる．すなわち，

$$V \propto \frac{nT}{P}$$

V に関する上記の三つの比例関係が，それぞれこの式に含まれていることを確認しよう．たとえば，P と n を一定にすると，変化するのは T だけであるから，シャルルの法則 $V \propto T$ を得ることができる．さらに，P と T を一定にすると，変化するのは n だけであるから，アボガドロの法則 $V \propto n$ が得られる．最後に，T と n を一定にすると，ボイルの法則 $V \propto 1/P$ を得ることができる．

V に関する組合わせた比例関係は，比例定数 R を導入することにより，方程式の形で書くことができる．すなわち，

$$PV = nRT \quad (13 \cdot 8)$$

(13・8) 式を**理想気体の法則**[1]，あるいは**理想気体の式**[2] という．この式は，ボイルの法則，シャルルの法則，およびアボガドロの法則に基づいている．ボイルの法則とシャルルの法則は低い圧力（たとえば，数 atm 以下）においてのみ成り立つので，(13・8) 式もまた，低い圧力領域のみに有効である．しかし，ほとんどの気体において，数十 atm 以下の圧力では，(13・8) 式からのずれはたかだか数 % であることが知られている．したがって，(13・8) 式はきわめて有用な式である．気体のふるまいが (13・8) 式に従うとき，"気体は理想的にふるまう"と表現する．また，(13・8) 式に従ってふるまう気体を**理想気体**[3]，あるいは完全気体という．

理想気体の式は，いわゆる**状態方程式**[4] の一つの例である．気体の状態は，その圧力，体積，温度，および物質量によって特定される．これらの間の関係を表す式が，状態方程式である．理想気体の式は，低圧，および高温条件に

おいてのみ成り立つ式であるが，最も簡単な形式の状態方程式である．本章の最後の節では，理想気体の式を拡張した，より高圧，およびより低温条件においても成り立つ状態方程式について述べる．

(13・8) 式を使う前に，比例定数 R の値を決定しなければならない．R を**モル気体定数**[5]，あるいは単に**気体定数**[6] という．0 ℃，1 atm において理想気体 1 mol が占める体積は，0.0224141 m^3，すなわち 22.4141 L であることが実験的に決定されている．この体積を，0 ℃，1 atm における理想気体の**モル体積**[7] という（図 13・17）†．

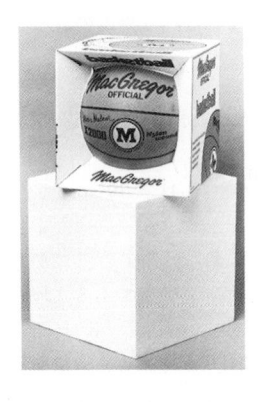

図 13・17　0 ℃，1 atm における理想気体 1 mol の体積．22.4141 L は一辺の長さが 28.2 cm の立方体の体積に相当する．比較のため，バスケットボールを示した．

(13・8) 式を R について解き，得られた式に上記の情報を SI 単位を用いて代入すると，次式を得る．

$$R = \frac{PV}{nT} = \frac{(1\,\text{atm})\left(\dfrac{1.01325 \times 10^5\,\text{Pa}}{1\,\text{atm}}\right)(0.0224141\,\text{m}^3)}{(1\,\text{mol})(273.15\,\text{K})}$$

$$= 8.3145\,\text{Pa}\,\text{m}^3\,\text{mol}^{-1}\,\text{K}^{-1}$$

$$= 8.3145\,\text{J}\,\text{mol}^{-1}\,\text{K}^{-1} \quad (13 \cdot 9)$$

ここで，Pa m^3 を J (ジュール) に変換するために (13・2) 式 (1 Pa = 1 J m^{-3}) を用い，また 1 atm = 1.01325 × 10^5 Pa (表 13・1) の関係を用いた．

この式からわかるように，SI 単位の数値を扱うときには，圧力 P は Pa，体積 V は m^3，物質量 n は mol，温度 T は K を単位とした値を用いなければならない．一方，L や atm を単位とする数値を扱うときには，圧力 P は atm，体積 V は L，物質量 n は mol，温度 T は K を単位とした値を用いなければならない．この場合の R の値は次式で与えられる．

---

† 訳注: 0 ℃, 1 atm (101 325 Pa) は標準温度圧力 (STP) とよばれるが，253 ページの記述の通り，IUPAC では STP を 0 ℃, 1 bar と定義している．0 ℃, 1 bar における理想気体のモル体積は 22.7110 L となる．なお，日本では 0 ℃, 1 atm を "標準状態" ということが多いが，これを下巻第 14 章の熱化学や第 23 章の化学熱力学で用いる "熱力学的な標準状態 (standard state)" と混同してはならない．気体の熱力学的な標準状態は 1 bar と定義されている．温度は規定されず，各温度において標準状態が存在するが，一般に，標準状態の熱力学的データとして 25 ℃ (298.15 K) の値を用いることが多い．

1) ideal-gas law　2) ideal-gas equation　3) ideal gas　4) equation of state　5) molar gas constant　6) gas constant
7) molar volume

$$R = \frac{(1\,\text{atm})(22.4141\,\text{L})}{(1.000\,\text{mol})(273.15\,\text{K})} = 0.082058\,\text{L atm mol}^{-1}\,\text{K}^{-1} \tag{13·10}$$

表 13·2 に，化学でよく用いられるさまざまな単位系における気体定数の値を示した．R にどの値を用いるかは，扱う圧力と体積の単位に依存する．つぎのいくつかの例題で，さまざまな単位の R を用いる問題をやってみよう．

例題 13·4 球状の風船を，ヘリウムで直径 30.0 m まで膨らませた．ヘリウムの圧力を 740.0 Torr, 温度を 27.0 ℃ とするとき，風船に含まれるヘリウムの質量を求めよ．

解答 球状の風船の体積 V は次式で求められる．

$$V = \frac{4}{3}\pi r^3 = \frac{4}{3}\pi \left(\frac{30.0\,\text{m}}{2}\right)^3 = 1.41 \times 10^4\,\text{m}^3$$

気体の状態を特定する変数のうち，V, P, T の三つがわかっており，4番目の変数 n を求める問題である．理想気体の式と気体定数 $R = 0.08206\,\text{L atm mol}^{-1}\,\text{K}^{-1}$ (問題に与えられたデータよりも有効数字が1桁大きい値を使う) を用いるためには，体積 V は L, 圧力 P は atm, 温度 T は K を単位として表記しなければならない．すなわち，

$$V = (1.41 \times 10^4\,\text{m}^3)\left(\frac{100\,\text{cm}}{1\,\text{m}}\right)^3\left(\frac{1\,\text{mL}}{1\,\text{cm}^3}\right)\left(\frac{1\,\text{L}}{1000\,\text{mL}}\right)$$
$$= 1.41 \times 10^7\,\text{L}$$

$$P = (740.0\,\text{Torr})\left(\frac{1\,\text{atm}}{760\,\text{Torr}}\right) = 0.9737\,\text{atm}$$

$$T = 27.0\,\text{℃} + 273.15 = 300.2\,\text{K}$$

(13·8)式を n について解くと，

$$n = \frac{PV}{RT} = \frac{(0.9737\,\text{atm})(1.41 \times 10^7\,\text{L})}{(0.08206\,\text{L atm mol}^{-1}\,\text{K}^{-1})(300.2\,\text{K})}$$
$$= 5.57 \times 10^5\,\text{mol}$$

したがって，ヘリウムの質量は次式で求めることができる．

$$\text{ヘリウムの質量} = (5.57 \times 10^5\,\text{mol He})\left(\frac{4.003\,\text{g}}{1\,\text{mol}}\right)$$
$$= 2.23 \times 10^6\,\text{g} = 2.23\,\text{t(トン)}$$

また，この問題は，気体定数 $R = 8.3145\,\text{Pa m}^3\,\text{mol}^{-1}\,\text{K}^{-1}$ と SI 単位を用いて解くこともできる．この場合は，体積 V の単位は m^3 のままでよく，圧力 P を Pa 単位に変換する．すなわち，

$$P = (740.0\,\text{Torr})\left(\frac{1.01325 \times 10^5\,\text{Pa}}{760\,\text{Torr}}\right) = 9.866 \times 10^4\,\text{Pa}$$

(13·8)式を用いると，

$$n = \frac{PV}{RT} = \frac{(9.866 \times 10^4\,\text{Pa})(1.41 \times 10^4\,\text{m}^3)}{(8.3145\,\text{Pa m}^3\,\text{mol}^{-1}\,\text{K}^{-1})(300.2\,\text{K})}$$
$$= 5.57 \times 10^5\,\text{mol}$$

こうして，L と atm を用いて求めた物質量と同じ値を得ることができる．本問で示されたように，どの単位系を用いても同じ解答が得られるはずである．もう一度この例題を，気体定数 $R = 62.3637\,\text{L Torr mol}^{-1}\,\text{K}^{-1}$ を用いて解いてみるとよい．一般には，最も便利な単位系(単位の変換が最も少なくてすむ単位系)を選択する．

練習問題 13·4 20.0 ℃ において，体積 10.0 L のガスシリンダーに入っている $N_2(g)$ の圧力は 4.15 atm であった．この窒素の質量は何 g か．

解答 48.3 g

例題 13·5 塩化アンモニウム $NH_4Cl(s)$ を水酸化カルシウム $Ca(OH)_2(s)$ とともに加熱すると，アンモニア $NH_3(g)$ が生成する．この反応に対する化学反応式はつぎのように表される．

$$2\,NH_4Cl(s) + Ca(OH)_2(s) \longrightarrow$$
$$CaCl_2(s) + 2\,H_2O(l) + 2\,NH_3(g)$$

$NH_4Cl(s)$ 2.50 g と過剰の $Ca(OH)_2(s)$ との反応によって生成した $NH_3(g)$ をすべて，15 ℃ で体積 500.0 mL の容器に入れた．この容器内の $NH_3(g)$ の圧力は何 atm か．

表 13·2 4種類の単位系による気体定数 R の値

圧力 P	体積 V	物質量 n	温度 T	気体定数 R
Pa	m^3	mol	K	8.314472 J mol^{-1} K^{-1}
bar	L	mol	K	0.08314472 L bar mol^{-1} K^{-1}
atm	L	mol	K	0.0820575 L atm mol^{-1} K^{-1}
Torr	L	mol	K	62.3637 L Torr mol^{-1} K^{-1}

解答 生成する $NH_3(g)$ の物質量は，次式で与えられる．

NH_3 の物質量 $= (2.50 \text{ g NH}_4\text{Cl})$
$$\times \left(\frac{1 \text{ mol NH}_4\text{Cl}}{53.49 \text{ g NH}_4\text{Cl}}\right)\left(\frac{2 \text{ mol NH}_3}{2 \text{ mol NH}_4\text{Cl}}\right)$$
$$= 4.67 \times 10^{-2} \text{ mol}$$

圧力は，つぎのように (13・8) 式を用いて求めることができる．解答を atm 単位で得たいので，気体定数 $R = 0.08206 \text{ L atm mol}^{-1}\text{K}^{-1}$ を用いる．

$$P = \frac{nRT}{V}$$
$$= \frac{(4.67 \times 10^{-2} \text{mol})(0.08206 \text{ L atm mol}^{-1}\text{K}^{-1})(288 \text{ K})}{0.5000 \text{ L}}$$
$$= 2.21 \text{ atm}$$

練習問題 13・5 塩素酸カリウム $KClO_3(s)$ 1.34 g の熱分解によって発生した酸素 $O_2(g)$ をすべて集めたところ，20.0 ℃ で体積は 250.0 mL となった．この酸素の圧力は何 bar か．なお，この反応に対する化学反応式は，つぎのように表される．

$$2KClO_3(s) \longrightarrow 2KCl(s) + 3O_2(g)$$

解答 1.60 bar

例題 13・6 亜鉛 $Zn(s)$ 0.914 g と濃度 0.650 M の塩酸 $HCl(aq)$ 溶液 50.0 mL を反応させて発生する $H_2(g)$ の体積は，0.00 ℃, 1 bar において何 mL か．

解答 この反応に対する化学反応式は，
$$Zn(s) + 2HCl(aq) \longrightarrow ZnCl_2(aq) + H_2(g)$$

両方の反応物の量が与えられているので，まず，二つの反応物のうち，どちらかが制限試剤になっているかを確認しなければならない．それぞれの反応物の物質量は，

Zn の物質量 $= (0.914 \text{ g Zn})\left(\frac{1 \text{ mol Zn}}{65.38 \text{ g Zn}}\right)$
$$= 0.0140 \text{ mol Zn}$$

HCl の物質量 $= (50.0 \text{ mL})\left(\frac{1 \text{ L}}{1000 \text{ mL}}\right)\left(\frac{0.650 \text{ mol HCl}}{1 \text{ L}}\right)$
$$= 0.0325 \text{ mol HCl}$$

この反応の化学反応式から，$Zn(s)$ 0.0140 mol が反応するには $HCl(aq)$ 0.0280 mol が必要であることがわかる．したがって，$HCl(aq)$ は過剰にあり，$Zn(s)$ が制限試剤になる．$Zn(s)$ の物質量から，発生する $H_2(g)$ の物質量を求めることができる．すなわち，

H_2 の物質量 $= (0.0140 \text{ mol Zn})\left(\frac{1 \text{ mol H}_2}{1 \text{ mol Zn}}\right)$
$$= 0.0140 \text{ mol H}_2$$
$$V = \frac{nRT}{P}$$
$$= \frac{(0.0140 \text{ mol})(0.08314 \text{ L bar mol}^{-1}\text{K}^{-1})(273.15 \text{ K})}{1 \text{ bar}}$$
$$= 0.318 \text{ L} = 318 \text{ mL}$$

ここで，表 13・2 から $R = 0.08314 \text{ L bar mol}^{-1}\text{K}^{-1}$ の値を用いた．

練習問題 13・6 室温で，粉末の活性炭 $C(s)$ をフッ素 $F_2(g)$ に入れると直ちに発火し，四フッ化炭素 $CF_4(g)$ が生成する．20.0 ℃, 1200.0 Torr における $F_2(g)$ 250.0 mL と，活性炭 26.2 mg との反応によって生成する $CF_4(g)$ の体積は，20.0 ℃, 760.0 Torr において何 mL か．

解答 52.4 mL

注意: もし以前に化学を学んだことがあれば，標準温度圧力(standard temperature and pressure, STP) という語に出会ったかもしれない．しかし，その語は曖昧であるため，本書ではあえて用いない．STP はかつて 0 ℃, 1 atm を意味していたが，1982 年に国際純正・応用化学連合(IUPAC)は，STP を 0 ℃, 1 bar と定義し直した．圧力の単位に関する IUPAC の勧告と同様，その新たな定義は，化学に関連する人々の間になかなか受入れられず，書物の著者にも，それを用いる人と用いない人がいる．他の書物でこの語に遭遇したら，必ずどちらの定義が用いられているかを確認しなければならない．STP が何を意味するのかを明記することは，書物の著者の義務である．

例題 13・4 から例題 13・6 は，気体の状態を特定する四つの変数のうちの三つが与えられ，4 番目の変数を求める問題であった．理想気体の式を扱うもう一つの問題として，一組の変数で特定される状態から別の状態への変化を含む問題をやってみよう．

例題 13・7 0 ℃, 1.00 bar における $O_2(g)$ 1 mol の体積は 22.7 L である．この気体の 175 ℃, 4.00 bar における体積は何 L か．

解答 この問題は，ある一組の条件 (T と P) における V が与えられて，他の条件 (すなわち，異なる T と P) における V を求める問題である．R は定数であり，またこの問題では n も一定であるから，理想気体の式をつぎの

ように書くことができる．

$$\frac{PV}{T} = nR = 一定$$

この式は，条件によらず PV/T の比は一定になることを示している．すなわち，

$$\frac{P_i V_i}{T_i} = \frac{P_f V_f}{T_f} \qquad (13 \cdot 11)$$

ここで，下付き文字 i と f はそれぞれ，初期の状態と最終の状態を表している．本問で求めたいのは最終状態の体積であるから，(13·11)式を V_f について解く．すなわち，

$$V_f = V_i \left(\frac{P_i}{P_f}\right)\left(\frac{T_f}{T_i}\right)$$

問題に与えられた数値をこの式に代入すると，

$$V_f = (22.7 \text{ L})\left(\frac{1.00 \text{ bar}}{4.00 \text{ bar}}\right)\left(\frac{448 \text{ K}}{273 \text{ K}}\right) = 9.31 \text{ L}$$

この場合，圧力の増大（1.00 bar から 4.00 bar へ）により，気体の体積は減少する．一方，温度の上昇（0℃から 175℃へ）により，気体の体積は増大する．圧力は 4.00 倍増大したのに対して，温度の上昇は 448/273＝1.64 倍だけである．このため，正味の変化として，気体の体積が減少したのである．

練習問題 13・7　体積 2 L のシリンダーに，0℃で圧力 250 kPa の気体が入っている．このシリンダーは 500 kPa を超える圧力には耐えることができないとすると，シリンダーを 400℃まで加熱したとき，シリンダーは破裂するだろうか．

解答　破裂する．最終状態の圧力は 620 kPa と計算される．

例題 13·7 では，初期状態の体積 22.7 L に，圧力の比と温度の比を掛けた．圧力が 1.00 bar から 4.00 bar へと増大するので，圧力の比は 1.00/4.00 である．これを掛けることによって，予想通り，気体の体積は減少することがわかる．同様に，温度は 273 K から 448 K へと増大するので，温度の比は 448/273 である．これを掛けると，気体の体積が増大することになる．この問題を直感的に解くには，V_f をつぎにように書き，

$$V_f = V_i \times 圧力比 \times 温度比$$

簡単な推論によって，それぞれの比が 1 より大きいか，あるいは小さいかを判断すればよい．

例題 13·8　0.00℃，1 bar において，気体アセチレン $C_2H_2(g)$ 0.520 L を完全に燃焼させた．生成する $CO_2(g)$ の体積は何 L か．

解答　この反応に対する釣り合いのとれた化学反応式は，つぎのように表される．

$$2 C_2H_2(g) + 5 O_2(g) \longrightarrow 4 CO_2(g) + 2 H_2O(l)$$

この問題では温度と圧力が一定に保たれているので，理想気体の式 $PV=nRT$ から，気体の物質量は気体の体積に比例することになる．こうして，上記の化学反応式は，"2 L の $C_2H_2(g)$ から 4 L の $CO_2(g)$ が生成する" と解釈することができる．したがって，$C_2H_2(g)$ 0.520 L から生成する $CO_2(g)$ の体積は，次式によって求めることができる．

$$CO_2 \text{ の体積} = (0.520 \text{ L } C_2H_2)\left(\frac{4 \text{ L } CO_2}{2 \text{ L } C_2H_2}\right) = 1.04 \text{ L}$$

このような変換ができるのは，反応に関わる 2 種類の気体物質に対してだけである．たとえば，この方法を用いて，生成する液体の水の体積を求めることはできない．また，この問題の結果から，ゲイ・リュサックの気体反応の法則を確認することができる．

練習問題 13・8　200℃，0.20 bar において，プロパン $CH_3CH_2CH_3(g)$ を化学量論量の $O_2(g)$ と反応させ，完全に燃焼させた．一定の体積と温度における圧力と物質量の間の比例関係を用いて，この反応で生成する $CO_2(g)$ の圧力を求めよ．

解答　0.60 bar

13·7　理想気体の式を用いて気体の分子量を計算することができる

理想気体の式の最も重要な応用の一つは，気体の分子量が決定できることである．たとえば，塩素が二原子分子であることが，どのようにしてわかるかを考えてみよう．ある塩素の試料 0.286 g の体積が，25℃，300.0 Torr において 0.250 L であったとする．V, P, T が与えられているので，理想気体の式〔(13·8)式〕と，表 13·2 から適切な気体定数 R の値を用いて，この塩素の物質量 n を求めることができる．すなわち，

$$n = \frac{PV}{RT} = \frac{(300.0 \text{ Torr})(0.250 \text{ L})}{(62.36 \text{ L Torr mol}^{-1} \text{ K}^{-1})(298 \text{ K})}$$
$$= 4.036 \times 10^{-3} \text{ mol}$$

このように，塩素 0.286 g は 4.036×10^{-3} mol に相当する

ことがわかる．すなわち，

$$0.286 \text{ g} \Leftrightarrow 4.036 \times 10^{-3} \text{ mol}$$

両辺を 4.036×10^{-3} で割ると，

$$70.9 \text{ g} \Leftrightarrow 1.00 \text{ mol}$$

こうして，塩素の分子量は 70.9 と求めることができる．塩素の原子量は 35.45 であるから，この結果は，塩素が分子式 $Cl_2(g)$ をもつ二原子からなる気体であることを意味している．

例題 13・9 20.0 ℃, 1.00 atm における乾燥した空気の密度は 1.205 g L^{-1} である．空気の実質分子量(平均分子量)を求めよ．言い換えれば，空気が純物質であったとすると，その分子量はいくらか．

解答 mol L^{-1} 単位による空気の密度は，つぎのように求めることができる．

$$\frac{n}{V} = \frac{P}{RT} = \frac{1.00 \text{ atm}}{(0.08206 \text{ L atm mol}^{-1} \text{ K}^{-1})(293.2 \text{ K})}$$
$$= 0.0416 \text{ mol L}^{-1}$$

試料 1 L をとると，つぎの関係式を書くことができる．

$$0.0416 \text{ mol} \Leftrightarrow 1.205 \text{ g}$$

両辺を 0.0416 で割ると，

$$1 \text{ mol} \Leftrightarrow 29.0 \text{ g}$$

こうして，空気の実質分子量は 29.0 と求めることができる．

練習問題 13・9 隕石は，内部に捕捉された少量のアルゴンを含むことがある．それは，放射性元素の壊変過程で生じたものである．ある隕石から取出された気体の密度を測定したところ，15.0 ℃, 100.0 kPa において 1.67 kg m^{-3} であった．この隕石から得られた気体の分子量を求め，その気体がアルゴンであるかどうかを判定せよ．

解答 40.0, 分子量から判断してアルゴンと推定される．

理想気体の式を用いて求められた分子量と，化学分析から得られた実験式を組合わせることによって，その化合物の分子式を決定することができる．

例題 13・10 化学分析の結果，気体アセチレンは，質量で炭素 92.3% と水素 7.70% からなることがわかった．また，20.0 ℃, 150.0 kPa における気体アセチレンの密度は，1.602 kg m^{-3} であった．これらのデータを用いて，アセチレンの分子式が C_2H_2 であることを示せ．

解答 化学分析の結果から実験式を決定する方法は，11・3 節で説明した．その方法に従って，まず，つぎのような関係式を書く．

$$92.3 \text{ g C} \Leftrightarrow 7.70 \text{ g H}$$

左辺を C のモル質量 12.01 g mol^{-1}，右辺を H のモル質量 1.008 g mol^{-1} で割ると，

$$7.69 \text{ mol C} \Leftrightarrow 7.64 \text{ mol H}$$

ついで，両辺を 7.64 で割って四捨五入すると，つぎの関係を得る．

$$1 \text{ mol C} \Leftrightarrow 1 \text{ mol H}$$

したがって，アセチレンの実験式は CH と決定される．

つぎに，密度のデータを用いて，アセチレンの分子量を求める．すなわち，(13・8)式を n/V について解き，適切な SI 単位を用いると，

$$\frac{n}{V} = \frac{P}{RT} = \frac{1.500 \times 10^5 \text{ Pa}}{(8.3145 \text{ Pa m}^3 \text{ mol}^{-1} \text{ K}^{-1})(293.2 \text{ K})}$$
$$= 61.53 \text{ mol m}^{-3}$$

試料 1 m^3 を考えると，つぎの関係が得られる．

$$61.53 \text{ mol} \Leftrightarrow 1.602 \text{ kg}$$

両辺を 61.53 で割ると，

$$1 \text{ mol} \Leftrightarrow 0.02604 \text{ kg}$$

すなわち，

$$1 \text{ mol} \Leftrightarrow 26.04 \text{ g}$$

したがって，アセチレンの分子量は 26.04 と求めることができる．実験式は CH であり，その式量は 13.02 であるから，アセチレンの分子式は C_2H_2 でなければならない．

練習問題 13・10 化学分析の結果，気体プロペンは質量で炭素 85.6%，水素 14.4% からなることがわかった．40.0 ℃, 720.0 Torr におけるプロペンの密度は，1.55 g L^{-1} である．プロペンの分子式を決定せよ．

解答 $C_3H_6(g)$

また，理想気体の式を用いて，気体の g L^{-1} 単位の密度を求めることができる．(13・8)式を n/V について解くと，

$$\frac{n}{V} = \frac{P}{RT}$$

物質量と体積の比 n/V は，気体のモル密度，すなわち

mol L^{-1} 単位で表された密度に等しい．mol L^{-1} は，1 mol 当たりの g 単位の質量，すなわちモル質量 M を掛けることにより，g L^{-1} に変換できる．(11・1 節で述べたように，モル質量の数値は式量と同じであるが，単位 g mol^{-1} をもつことを思い出そう．たとえば，O$_2$(g) の式量は 32.0 であるが，そのモル質量は 32.0 g mol^{-1} である．) したがって，上式の両辺にモル質量を掛け，g L^{-1} 単位の密度を記号 ρ (ギリシャ文字で "ロー" と読む) で表すと，次式が得られる．

$$\rho = \frac{Mn}{V} = \frac{MP}{RT} \quad (13 \cdot 12)$$

(13・12) 式は，気体の密度 ρ は，圧力 P に比例し，温度 T に反比例することを示している．言い換えれば，気体の圧力が増大，あるいは温度が低下すると，気体の密度は増大する．

例題 13・11 海底の噴気孔から採取された不活性な無色の気体の密度を，注意深く測定したところ，0.00 ℃，1.000 atm において 1.250 g L^{-1} であった．この気体の分子量を決定せよ．また，この気体は何か．

解答 (13・12) 式をモル質量 M について解くと，次式が得られる，

$$M = \rho\left(\frac{RT}{P}\right) = \left(\frac{m}{V}\right)\left(\frac{RT}{P}\right) \quad (13 \cdot 13)$$

ここで m は体積 V を占めている気体の質量である．この式を用いると，ある温度と圧力における気体の密度から，その気体のモル質量を直接求めることができる．問題に与えられた未知の気体の密度と，温度，および圧力を代入すると，

$$M = \left(\frac{1.250 \text{ g}}{1 \text{ L}}\right)$$
$$\times \left(\frac{(0.082058 \text{ L atm mol}^{-1}\text{ K}^{-1})(273.15 \text{ K})}{1.000 \text{ atm}}\right)$$
$$= 28.02 \text{ g mol}^{-1}$$

分子量から判断して，この気体は窒素 N$_2$(g) と推定される．

練習問題 13・11 0 ℃，1.00 bar における NO$_2$(g) の密度を求めよ．

解答 2.03 g L^{-1}
二酸化窒素は，同条件において空気よりも密度が大きい．そのため，図 13・18 に示すように，二酸化窒素をある容器から別の容器へと注ぐことができる．

図 13・18 液体と同じように，気体も流体としての性質をもち，気体の密度が空気より大きい場合には，気体をある容器から別の容器へと注ぐことができる．図は NO$_2$(g) を注いでいるところを示している．

理解すべき重要なことは，理想気体の式〔(13・8) 式〕は，気体の種類に依存しないということである．すなわち，理想気体の式には，モル質量など，その気体に特有の因子がまったく含まれていない．アボガドロの法則が成り立つのは，このためである．すなわち，同温・同圧において，同じ体積の気体に同じ数の分子 (すなわち，同じ物質量) が含まれるのは，理想気体の式に従うすべての気体に対して，$n = PV/RT$ が成り立つからである．対照的に，(13・12) 式に示すように，気体の密度はその気体のモル質量に依存する．こうして，気体の密度は気体の種類に依存するため，気体の密度の測定によってそのモル質量が決定できることになる．1860 年代に，イタリアの化学者カニッツァロ[1] は，アボガドロの法則と気体の密度の測定から実験的に，最初の矛盾のない原子量表を作成した．

13・8 混合気体の全圧はすべての成分気体の分圧の和に等しい

これまで気体の混合物 (混合気体) について，明確に考えたことはなかったが，混合気体はとても重要である．たとえば空気は，体積で窒素 78 %，酸素 21 %，アルゴン 1 %，および二酸化炭素など他の少量の気体からなる混合気体である．化学的な操作では混合気体を扱う場合が多い (図 13・19)．たとえば，アンモニアは工業的に，つぎの化学反応式で表される反応によって製造される．

$$3\text{H}_2(\text{g}) + \text{N}_2(\text{g}) \xrightarrow[500\,°\text{C}]{300 \text{ bar}} 2\text{NH}_3(\text{g})$$

この場合も，反応容器には N$_2$(g)，H$_2$(g)，NH$_3$(g) からなる混合気体が含まれる．

理想気体からなる混合気体では，それぞれの気体は，それぞれが容器内に単独で存在しているかのように圧力を及

---

[1] Stanislao Cannizzaro

13・8 分　圧

図 13・19 化学者がさまざまな圧力の気体や混合気体を扱う際には，真空ラインとよばれる装置を用いる．写真は米国サンディエゴのスクリプス研究所にある実験室の真空ラインを示している．

ぼす．すなわち，2種類の理想気体からなる混合気体では，それぞれの気体の圧力をP_1とP_2と表すと，次式が成り立つ．

$$P_{\text{total}} = P_1 + P_2 \tag{13・14}$$

ここでP_{total}は混合気体の圧力であり，**全圧**[1]という．また，それぞれの気体が及ぼす圧力P_1，P_2を**分圧**[2]といい，(13・14)式を**ドルトンの分圧の法則**[3]という．(13・14)式におけるそれぞれの気体は理想気体の式に従うため，次式が成り立つ．

$$P_1 = \frac{n_1 RT}{V} \qquad P_2 = \frac{n_2 RT}{V} \tag{13・15}$$

混合気体に含まれるそれぞれの気体は，ともに容器全体を占めているので，それぞれの気体の体積はVとなることに注意しよう．分圧P_1とP_2を(13・14)式に代入すると，2種類の理想気体からなる混合気体に対して，次式が成り立つ．

$$P_{\text{total}} = \frac{n_1 RT}{V} + \frac{n_2 RT}{V} = (n_1 + n_2)\frac{RT}{V} = n_{\text{total}}\frac{RT}{V} \tag{13・16}$$

この式から，混合気体が及ぼす圧力(全圧)P_{total}は，混合気体に含まれる気体の全物質量n_{total}によって決まることがわかる．

(13・15)式のそれぞれを，(13・16)式で割ると，次式が得られる．

$$\frac{P_1}{P_{\text{total}}} = \frac{n_1}{n_1 + n_2} \qquad \frac{P_2}{P_{\text{total}}} = \frac{n_2}{n_1 + n_2} \tag{13・17}$$

ここで，**モル分率**[4] x_1とx_2をつぎのように定義する．

$$x_1 = \frac{n_1}{n_1 + n_2} = \frac{n_1}{n_{\text{total}}} \qquad x_2 = \frac{n_2}{n_1 + n_2} = \frac{n_2}{n_{\text{total}}} \tag{13・18}$$

x_1は混合気体における気体1のモル分率，x_2は気体2のモル分率である．モル分率は"割合"なので単位をもたないこと，また，つぎのような関係があることに注意しよう．

$$x_1 + x_2 = 1 \tag{13・19}$$

モル分率を用いると，(13・17)式はつぎのように書くことができる．

$$P_1 = x_1 P_{\text{total}} \qquad P_2 = x_2 P_{\text{total}} \tag{13・20}$$

このように，それぞれの成分気体の分圧は，そのモル分率と全圧を用いて表すことができる．

また，(13・18)式の分子と分母にアボガドロ定数(11・2節を参照せよ)を掛けると，モル分率x_1とx_2は分子数の比によって表される．すなわち，

$$x_1 = \frac{N_1}{N_{\text{total}}} \qquad x_2 = \frac{N_2}{N_{\text{total}}} \tag{13・21}$$

ここでN_1とN_2はそれぞれ，気体1と気体2の分子数である．こうして，たとえば，モル分率x_1は，混合気体に含まれる全分子数に対する気体1の分子数の割合を表すことがわかる．こう考えると，ドルトンの分圧の法則を，分子の視点から簡単に説明することができる．気体や混合気体が及ぼす圧力は，気体分子が，容器の壁にたえず衝突することによるものである．理想気体の式によると，温度と体積が一定ならば，気体が及ぼす圧力は気体の物質量，すなわち分子数のみに比例する．したがって，混合気体では，それぞれの成分気体の分圧は，全分子数に対するその気体の分子数の割合を，全圧に掛けたものに等しくなるのである．

(13・14)式をより一般的に$P_{\text{total}} = P_1 + P_2 + \cdots + P_N$と書くと，$N$種類の気体からなる混合気体に対して，(13・14)式から(13・21)式に対応する式が表記される．N種類の気体からなる混合気体に対しては，つぎのように書くことができる．

$$P_i = \frac{n_i RT}{V} = x_i P_{\text{total}}$$

$$x_i = \frac{n_i}{n_{\text{total}}}, \quad x_1 + x_2 + \cdots + x_N = 1$$

ここでiは，混合気体に含まれるi番目の成分を表す．

例題 13・12 ある容器に入った混合気体0.428 gの圧力は，1.75 atmであった．この混合気体は，質量で$N_2(g)$ 15.6%，$N_2O(g)$ 46.0%，$CO_2(g)$ 38.4%からなることがわかった．混合気体におけるそれぞれの気体の分圧を求めよ．

解答 混合気体における3種類の成分気体の質量は，そ

---

1) total pressure　2) partial pressure　3) Dalton's law of partial pressure　4) mole fraction

れぞれ次式で与えられる．

$$N_2 の質量 = (15.6\%)(0.428\,g) = 0.0668\,g\,N_2$$

$$N_2O の質量 = (46.0\%)(0.428\,g) = 0.197\,g\,N_2O$$

$$CO_2 の質量 = (38.4\%)(0.428\,g) = 0.164\,g\,CO_2$$

したがって，それぞれの成分気体の物質量は，

$$N_2 の物質量 = (0.0668\,g\,N_2)\left(\frac{1\,mol\,N_2}{28.02\,g\,N_2}\right)$$
$$= 2.38 \times 10^{-3}\,mol$$

$$N_2O の物質量 = (0.197\,g\,N_2O)\left(\frac{1\,mol\,N_2O}{44.02\,g\,N_2O}\right)$$
$$= 4.48 \times 10^{-3}\,mol$$

$$CO_2 の物質量 = (0.164\,g\,CO_2)\left(\frac{1\,mol\,CO_2}{44.01\,g\,CO_2}\right)$$
$$= 3.73 \times 10^{-3}\,mol$$

物質量の総和は 10.59×10^{-3} mol となるから，それぞれの成分気体のモル分率は次式で与えられる．

$$x_{N_2} = \frac{2.38 \times 10^{-3}\,mol}{10.59 \times 10^{-3}\,mol} = 0.225$$

$$x_{N_2O} = \frac{4.48 \times 10^{-3}\,mol}{10.59 \times 10^{-3}\,mol} = 0.423$$

$$x_{CO_2} = \frac{3.73 \times 10^{-3}\,mol}{10.59 \times 10^{-3}\,mol} = 0.352$$

したがって，それぞれの成分気体の分圧は，つぎのように求めることができる．

$$P_{N_2} = x_{N_2}P_{total} = (0.225)(1.75\,atm) = 0.394\,atm$$

$$P_{N_2O} = x_{N_2O}P_{total} = (0.423)(1.75\,atm) = 0.740\,atm$$

$$P_{CO_2} = x_{CO_2}P_{total} = (0.352)(1.75\,atm) = 0.616\,atm$$

練習問題 13・12 コックで連結された二つのフラスコを考えよう(図 13・20)．一方のフラスコの体積は 500.0 mL であり，圧力 700.0 Torr の $N_2(g)$ が入っている．もう一方のフラスコの体積は 400.0 mL であり，圧力 950.0 Torr の $O_2(g)$ が入っている．コックを開けて二つの気体を完全に混合した．得られた混合気体の全圧，および $N_2(g)$ と $O_2(g)$ それぞれの分圧を求めよ．

解答 $P_{total}=811.1$ Torr, $P_{N_2}=388.9$ Torr, $P_{O_2}=422.2$ Torr

例題 13・13 組成が未知の $N_2(g)$ と $O_2(g)$ の混合気体がある．その全圧は 385 Torr である．リンとの反応によって混合気体からすべての $O_2(g)$ を除去したところ，得られた気体の圧力は 251 Torr となった．最初の混合気体におけるそれぞれの成分気体のモル分率を求めよ．ただし，$N_2(g)$ はリンと反応しないものとする．

解答 $O_2(g)$ を除去する前の $N_2(g)$ と $O_2(g)$ の分圧を，それぞれ P_{N_2}, P_{O_2} とすると，

$$P_{total} = 385\,Torr = P_{N_2} + P_{O_2}$$

$O_2(g)$ を除去した後も $N_2(g)$ の圧力は変化しないから，

$$P_{N_2} = 251\,Torr$$

したがって，最初の混合気体において $O_2(g)$ が及ぼす圧力は，

$$P_{O_2} = P_{total} - P_{N_2} = 385\,Torr - 251\,Torr$$
$$= 134\,Torr$$

さて，最初の混合気体における $N_2(g)$ のモル分率を x_{N_2} とすると，$O_2(g)$ のモル分率 x_{O_2} は，$x_{O_2}=1-x_{N_2}$ となる．(13・20)式を用いると，$N_2(g)$ と $O_2(g)$ のモル分率は次式のように求めることができる．

$$x_{N_2} = \frac{P_{N_2}}{P_{total}} = \frac{251\,Torr}{385\,Torr} = 0.652$$

$$x_{O_2} = \frac{P_{O_2}}{P_{total}} = \frac{134\,Torr}{385\,Torr} = 0.348$$

$x_{N_2}+x_{O_2}=1$ となることを確認しよう．当然，そうでなければならない．

練習問題 13・13 $N_2(g)$ と $H_2(g)$ からなる混合気体がある．$N_2(g)$ と $H_2(g)$ のモル分率は，それぞれ 0.40, 0.60 である．0.00 ℃，1 bar における混合気体の密度を求めよ．

解答 $0.54\,g\,L^{-1}$

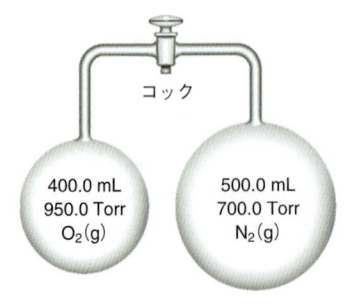

図 13・20 コックで連結された 2 個のフラスコ．一方のフラスコの体積は 400.0 mL であり，他方の体積は 500.0 mL である．

13・8 分　　圧

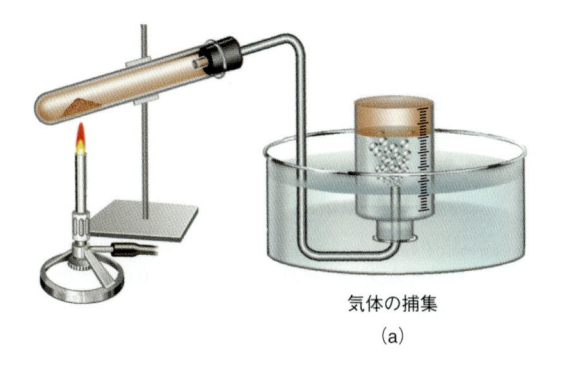

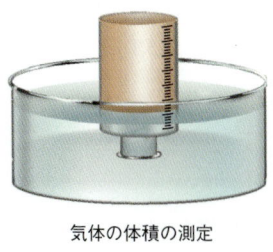

図 13・21 (a) 水上における気体の捕集. (b) 水面の位置が容器の内外で同じ場合には, 容器に入った気体の圧力は大気圧に等しいはずである.

ドルトンの分圧の法則は, しばしば実験室で応用される. 図 13・21 は, 化学反応によって発生させた水に溶けない気体の量を測定するための標準的な方法を示している. 最初に水を満たした容器を逆立ちさせておき, 発生した気体を容器の中へ導き, 水と置き換える. 反応が完了した後に, 容器を持ち上げるか, 引き下げるかして, 容器の内外で水の高さを同じにすると, 容器内部の圧力は大気圧と等しくなる. しかし, 容器内部の圧力は, 捕集した気体だけによるものではない. 水蒸気も存在している. すなわち, 容器内部の圧力 P_total は, 次式で表される.

$$P_\text{total} = P_\text{gas} + P_{\text{H}_2\text{O}} = P_\text{atm} \qquad (13 \cdot 22)$$

ここで, $P_{\text{H}_2\text{O}}$ は $\text{H}_2\text{O}(l)$ の蒸気圧, P_atm は大気圧である. $P_{\text{H}_2\text{O}}$ は温度のみに依存する. いくつかの温度における水の蒸気圧を表 13・3 に示した. より詳しい値は下巻の表 15・7 に示してある. 水蒸気による圧力については, 第 15 章でさらに詳しく学ぶ.

表 13・3 いくつかの温度における水の蒸気圧 P

温度/℃	P/bar	P/atm	P/Torr
0	0.00611	0.00603	4.59
20	0.0234	0.0231	17.5
40	0.0738	0.0728	55.4
60	0.199	0.197	149.5
80	0.474	0.467	355.3
100	1.013	1.000	760.0

例題 13・14 実験室において, 少量の純粋な酸素を得るために一般に用いる反応は, つぎの化学反応式によって表される.

$$2\,\text{KClO}_3(s) \longrightarrow 2\,\text{KCl}(s) + 3\,\text{O}_2(g)$$

図 13・21 のように, 発生させた酸素を大気圧 729 Torr において水上で捕集し, 体積 0.250 L のフラスコを満たした. 水と気体の温度は 14 ℃ であった. 生成した $\text{O}_2(g)$ の 0 ℃, 760 Torr におけるモル体積を求めよ. ただし, 14 ℃ における $\text{H}_2\text{O}(l)$ の蒸気圧を 12.0 Torr とする.

解答 $\text{O}_2(g)$ のモル体積を求めるために, まずその分圧を求めなければならない. 大気圧は 729 Torr であり, 14 ℃ における $\text{H}_2\text{O}(l)$ の蒸気圧は 12.0 Torr である. したがって,

$$P_{\text{O}_2} = P_\text{total} - P_{\text{H}_2\text{O}} = (729 - 12.0)\,\text{Torr} = 717\,\text{Torr}$$

この値から, 理想気体の式を用いて, 生成した $\text{O}_2(g)$ の物質量を求めることができる. すなわち,

$$n = \frac{PV}{RT} = \frac{(717\,\text{Torr})(0.250\,\text{L})}{(62.36\,\text{L Torr mol}^{-1}\,\text{K}^{-1})(287\,\text{K})}$$
$$= 0.0100\,\text{mol}$$

この $\text{O}_2(g)$ の 0 ℃, 760 Torr における体積を求めるために, 以前に誘導した (13・11) 式を用いる.

$$V_\text{f} = V_\text{i}\left(\frac{P_\text{i}}{P_\text{f}}\right)\left(\frac{T_\text{f}}{T_\text{i}}\right)$$
$$= (0.250\,\text{L})\left(\frac{717\,\text{Torr}}{760\,\text{Torr}}\right)\left(\frac{273\,\text{K}}{287\,\text{K}}\right)$$
$$= 0.224\,\text{L}$$

こうして, 0 ℃, 760 Torr における $\text{O}_2(g)$ のモル体積は, 次式により求められる.

$$\text{O}_2 \text{ のモル体積} = \frac{0.224\,\text{L}}{0.0100\,\text{mol}} = 22.4\,\text{L mol}^{-1}$$

練習問題 13・14 ある反応によって水素を発生させ, 水上に捕集したところ, 18 ℃, 742 Torr において, その

体積が 425 mL となった．生成した乾燥 $H_2(g)$ の 0 ℃，760 Torr における体積は何 mL か．ただし，18 ℃における水の蒸気圧を 15.5 Torr とする．

解答 381 mL

13・9 気体分子には速さの分布がある

理想気体の式が，十分に低い圧力においてすべての気体に対して適用できるという事実は，この法則が気体の基本的な性質を表していることを意味している．すでに述べたように，気体分子は互いに離れて存在しており，たえず運動して，容器の壁に衝突することによって圧力を及ぼす．気体分子の運動に対して物理学の法則を適用することにより，容器の壁との衝突の結果として気体分子が及ぼす圧力を計算することができる．このように気体分子の運動に基づいて気体の性質を説明する方法を，**気体分子運動論**[1] という．

第1章で学んだように，運動している物体は，運動している結果としてエネルギーをもっていることを思い出そう．運動している物体がもつエネルギーは運動エネルギー E_k といい，(1・4)式によって表される．

$$E_k = \frac{1}{2}mv^2$$

ここで，m は物体の質量，v はその速さである．質量 m が kg 単位で，また速さ v が $m\,s^{-1}$ 単位で与えられると，運動エネルギー E_k は J (ジュール) 単位をもつ．$1\,J = 1\,kg\,m^2\,s^{-2}$ であることを思い出そう (付録 B を参照せよ)．

例題 13・15 では，室温における窒素分子の典型的な速さが，約 $500\,m\,s^{-1}$ であることを導く．それぞれが速さ $500\,m\,s^{-1}$ で運動している窒素分子の運動エネルギーを計算してみよう．それぞれが速さ $500\,m\,s^{-1}$ で運動する分子 1 mol 当たりの運動エネルギーは，次式によって与えられる．

$$E_k = \frac{1}{2}M_{kg}v^2 \quad (13 \cdot 23)$$

ここで M_{kg} は $kg\,mol^{-1}$ 単位のモル質量である．E_k の単位が $J\,mol^{-1}$ ($J\,mol^{-1} = kg\,m^2\,s^{-2}\,mol^{-1}$) となるように，モル質量は $kg\,mol^{-1}$ 単位で表記されなければならない．こうして，それぞれが速さ $500\,m\,s^{-1}$ で運動している窒素分子 1 mol 当たりの運動エネルギーは，

$$E_k = \frac{1}{2}(28.0\,g\,mol^{-1})\left(\frac{1\,kg}{1000\,g}\right)(500\,m\,s^{-1})^2$$
$$= 3500\,J\,mol^{-1} = 3.5\,kJ\,mol^{-1}$$

アボガドロ定数 $6.02 \times 10^{23}\,mol^{-1}$ で割ると，室温における窒素分子 1 個当たりの運動エネルギーは，約 $6 \times 10^{-21}\,J$，すなわち約 0.006 aJ と求められる．

議論を簡単にするために，すべての気体分子は同じ速さ

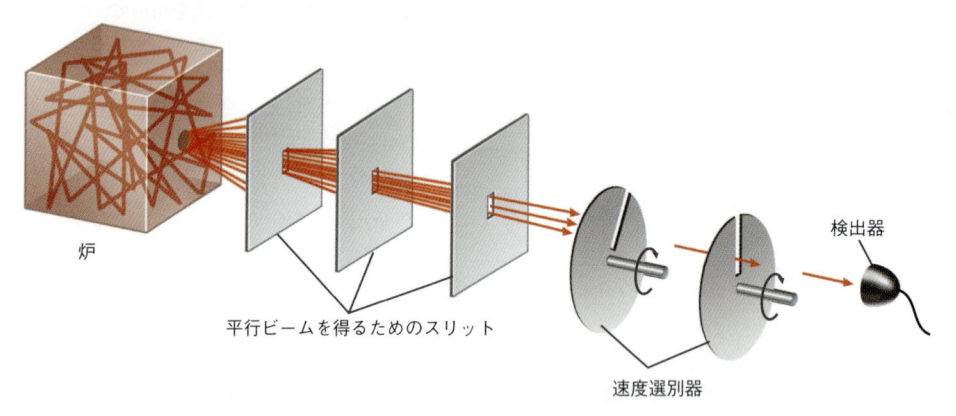

図 13・22 気体分子の速さの分布を測定するための実験装置の模式図．このような装置は，1950 年代に米国コロンビア大学のノーベル賞受賞者ポリカプ クッシュ Polykarp Kusch と共同研究者によって設計された．高温の炉から小孔を通して放出される気体状の原子あるいは分子のビームを，一連のスリットを通過させることによって平行なビームとする．さらに，ビームを，一定の角度に固定された小さいスリットをもつ一連の回転するディスクからなる速度選別器に入れる．ここでは，連続したスリットのそれぞれを通過できる適切な速さをもつ粒子だけが，選別器から出られるようになっている．異なる速さで飛行している粒子は，ディスクの回転速度を変えることによって選別することができる．選別器から出たある特定の速さをもつ粒子の数を，検出器によって数える．このようにして求めた粒子の数を，粒子の速さに対してプロットすることにより，一定温度における気体分子の速さの分布を求めることができる．

---

1) kinetic theory of gas

13・9 マクスウェル-ボルツマン分布

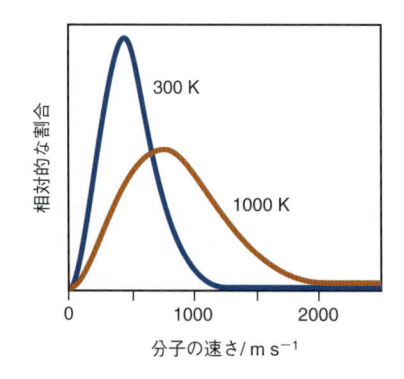

図 13・23 300 K と 1000 K における窒素分子の速さの分布．速さ v をもつ窒素分子の割合を v に対してプロットしてある．たとえば，速さ $1000\ \mathrm{m\ s^{-1}}$ をもつ分子の割合は，300 K よりも 1000 K の方が大きいことに注意しよう．

ような気体分子の速さの分布を，19 世紀後半において気体分子運動論を発展させた二人の科学者マクスウェル[1] (図 13・24) とボルツマン[2] (図 13・25) の名をつけて**マクスウェル-ボルツマン分布**[3] という．

で運動しているとしたけれども，実際はそうではない．気体分子の速さの分布は，図 13・22 に示したような装置によって測定することができる．図 13・23 には，このような実験から得られた結果を示した．図 13・23 は，二つの温度について，速さ v に対して，その速さをもつ分子の割合をプロットしたものである．いずれの曲線も原点から出発し，速さが大きくなるとともにその割合は増大して最大値に到達し，さらに速さが大きくなると，減少してゼロになることを示している．また，温度が高いほど，より大きな速さで運動する分子の割合が増大することに注意しよう．この

図 13・25 ルードビッヒ ボルツマン Ludwig Boltzmann (1844〜1906) はオーストリアのウィーンに生まれた．彼はウィーン大学で学位を取得し，そこで気体と放射線に関する実験を行った．ボルツマンの名は，熱力学の理論的研究と気体分子運動論で広く知られるようになった．彼は初期の頃から原子論を支持しており，物体の原子論に関する研究も行っている．気体分子の速さとエネルギーの分布は，現在ではマクスウェル-ボルツマン分布とよばれている．当時はまだ，原子論は一般に認められていなかったため，ボルツマンの理論は，多くの著名な科学者から批判を受けた．

気体分子は異なる速さで運動しているので，それらは異なる運動エネルギーをもっている．その分布を示したものが図 13・26 であり，この図は，運動エネルギー E_k に対して，その運動エネルギーをもつ分子の割合をプロットしたものである．曲線の形状は図 13・23 とよく似ており，運動エネルギー E_k が大きくなるとともに，割合は増大して最大値に至り，その後，減少してゼロになる．

図 13・24 ジェームズ クラーク マクスウェル James Clerk Maxwell (1831〜1879) はスコットランドのエディンバラに生まれ，科学のさまざまな分野において多大な貢献をした．彼とボルツマンは気体分子の運動を記述するために確率論を適用し，気体分子の速さはマクスウェル-ボルツマン分布に従うことを示した．マクスウェルの最大の業績は，電磁気学を完成させたことである．その理論は，物理学を学ぶ学生であれば誰でも知っているマクスウェルの方程式という四つの方程式に要約される．これらの方程式を用いて，マクスウェルは電磁波が伝わっていく速さは光速と同じであることを理論的に予測した．これによって，光が電磁波の一種であることが示されたのである．

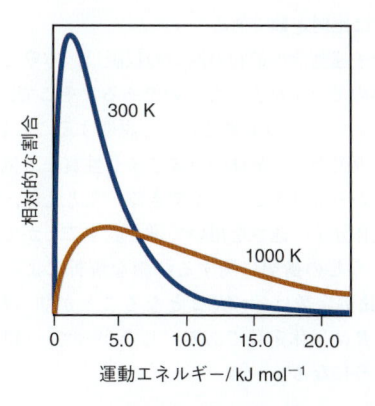

図 13・26 300 K と 1000 K における窒素分子の運動エネルギーの分布．運動エネルギー E_k をもつ窒素分子の割合を E_k に対してプロットしてある．

---

1) James Clerk Maxwell 2) Ludwig Boltzmann 3) Maxwell–Boltzmann distribution

13・10 気体分子運動論により分子の根平均二乗速さを計算することができる

さて，気体分子運動論を説明する準備が整った．気体分子運動論は，つぎのような仮説に基づいている．

1. 気体分子はたえず運動している．互いに無秩序に衝突し，また容器の壁に衝突している．
2. 気体分子どうしの衝突，あるいは気体分子と容器の壁との衝突はすべて，**弾性的**[1)] である．すなわち，衝突の際の摩擦熱によって，エネルギーが失われることはない．
3. 気体分子の間の平均距離は，分子のサイズよりもきわめて大きい．言い換えれば，気体はほとんど何もない空間からなっている．
4. 気体分子の間のあらゆる相互作用は，無視することができる．すなわち，気体分子は互いに反発もしないし，引き合うこともない．
5. 気体分子の平均的な運動エネルギーは，気体のケルビン温度に比例する．

気体分子の運動エネルギーには分布があるので，この最後の仮説は，**平均運動エネルギー**[2)] に関わるものである．一般に，平均の量は，その量を表す記号の上に線をつけて表記される．そこで，(13・23)式を用いると，気体分子1 mol 当たりの平均運動エネルギー $\overline{E_k}$ は，次式のように表すことができる．

$$\overline{E_k} = \frac{1}{2} M_{kg} \overline{v^2} \tag{13・24}$$

したがって，上記の気体分子運動論の5番目の仮説は，つぎのように表すことができる．

$$\overline{E_k} = \frac{1}{2} M_{kg} \overline{v^2} = cT \tag{13・25}$$

ここで c は比例定数である．

気体分子運動論の最初の四つの仮説は，本章ですでに述べた気体のモデルを表したものである．そこで，5番目の仮説について，その重要性を少し説明することにしよう．これらの仮説から，気体のさまざまな性質を，気体分子に関する量から計算することができる．たとえば，気体の圧力を，気体分子の速さを用いて書き表すことができる．気体分子どうしの衝突に関する詳細な解析によって，(13・25)式の比例定数は $c = 3R/2$ となることが知られている．ここで，R は気体定数である．したがって，(13・25)式はつぎのようになる．

$$\overline{E_k} = \frac{3}{2} RT \tag{13・26}$$

(13・26)式は，理想気体の温度 T が，気体分子の平均運動エネルギー $\overline{E_k}$ と直接的な関係があることを示しており，それは気体分子運動論の5番目の仮説の背後にある考え方である．この式から，<u>測定される量</u>である温度のもつ意味を，気体分子の運動エネルギーという<u>分子の性質</u>に基づいて理解することができる．

$\overline{E_k}$ は J mol^{-1} 単位で表されるので，J mol^{-1} K^{-1} 単位の R を用いなければならない．すなわち，気体の平均運動エネルギーを計算する際には，気体定数として $R = 8.3145$ J mol^{-1} K^{-1} を用いる．さて，(13・25)式と(13・26)式を用いると，気体分子が運動している速さの重要な尺度となる量を求めることができる．平均運動エネルギーに対するこれら二つの表記を等しいとおくと，次式が得られる．

$$\frac{1}{2} M_{kg} \overline{v^2} = \frac{3}{2} RT \tag{13・27}$$

まず，(13・27)式を v^2 の平均値について解くと，

$$\overline{v^2} = \frac{3RT}{M_{kg}}$$

そして，この式の両辺の平方根をとると，次式を得ることができる(関数を 1/2 乗することは，その平方根をとることと同じであることを思い出そう)．

$$(\overline{v^2})^{1/2} = \left(\frac{3RT}{M_{kg}}\right)^{1/2} \tag{13・28}$$

$(\overline{v^2})^{1/2}$ は，速さの単位 m s^{-1} をもつ量である．この量は，気体分子の速さの2乗を平均してその平方根をとったものである．これを**根平均二乗速さ**，あるいはその英語表記 root-mean-square speed から rms 速さといい，v_{rms} と表記する．すなわち，(13・28)式はつぎのように書くことができる．

$$v_{rms} = \left(\frac{3RT}{M_{kg}}\right)^{1/2} \tag{13・29}$$

根平均二乗速さは，気体分子の平均的な速さを評価するためのよい尺度となる．

例題 13・15 20 ℃ における窒素分子の根平均二乗速さを求めよ．

解答 N$_2$(g) の kg mol^{-1} 単位のモル質量は，

$$M_{kg} = (28.0 \text{ g mol}^{-1}) \left(\frac{1 \text{ kg}}{1000 \text{ g}}\right) = 0.0280 \text{ kg mol}^{-1}$$

この値と(13・29)式を用いて，つぎのように，根平均二乗速さ v_{rms} を求めることができる．

[1)] elastic [2)] mean kinetic energy

$$v_{\rm rms} = \left(\frac{3RT}{M_{\rm kg}}\right)^{1/2}$$

$$= \left[\frac{(3)(8.3145 \text{ J mol}^{-1}\text{ K}^{-1})(293 \text{ K})}{0.0280 \text{ kg mol}^{-1}}\right]^{1/2}$$

$$= (2.61 \times 10^5 \text{ J kg}^{-1})^{1/2}$$

$$= (2.61 \times 10^5 \text{ m}^2\text{ s}^{-2})^{1/2}$$

$$= 511 \text{ m s}^{-1}$$

この値を時速(km h^{-1})に変換すると，

$$511 \text{ m s}^{-1}\left(\frac{1 \text{ km}}{1000 \text{ m}}\right)\left(\frac{3600 \text{ s}}{1 \text{ h}}\right) = 1840 \text{ km h}^{-1}$$

これは，ライフル銃から発射された直後の弾丸に匹敵する速さである．

　表 13・4 に，いくつかの気体に対する $v_{\rm rms}$ の値を示した．一定温度において，気体のモル質量が増大すると，$v_{\rm rms}$ は減少することに注意しよう．これは，(13・29) 式が示す通りの結果である．

表 13・4　20 ℃, 1000 ℃における 4 種類の気体の根平均二乗速さ $v_{\rm rms}$ の値

気体	モル質量/ kg mol^{-1}	$v_{\rm rms}/\text{m s}^{-1}$ $t = 20$ ℃	$t = 1000$ ℃
H_2	0.0020	1900	4000
N_2	0.0280	510	1060
O_2	0.0320	480	1000
CO_2	0.0440	410	850

練習問題 13・15　二原子分子からなる理想気体中の音速は，次式で与えられる．

$$v_{\rm sound} = \left(\frac{7RT}{5M_{\rm kg}}\right)^{1/2} \qquad (13・30)$$

20 ℃における $N_2(g)$ 中の音速を求めよ．また，得られた値を 20 ℃, 1 bar における空気中の音速と比較せよ (コラムを参照)．

解答　349 m s^{-1}．この値は 20 ℃, 1 bar における空気中の音速にほぼ等しい．これは，空気がほとんど $N_2(g)$ からなるためである．

13・11　噴散を用いて気体の式量を求めることができる

　容器に入った気体が，一つ，あるいは複数の小孔を通して漏出する現象を**噴散**[1]という (図 13・27)．(13・28) 式を用いて，噴散の相対的な速さを表す式を誘導することができる．同温・同圧における気体の噴散の速さは，気体分子の根平均二乗速さに比例する．2 種類の気体 A, B について，その根平均二乗速さをそれぞれ $v_{\rm rms_A}$, $v_{\rm rms_B}$ とすると，(13・29) 式を用いてつぎのように書くことができる．

$$v_{\rm rms_A} = \left(\frac{3RT}{M_{\rm kg_A}}\right)^{1/2} \quad \text{および} \quad v_{\rm rms_B} = \left(\frac{3RT}{M_{\rm kg_B}}\right)^{1/2}$$

2 種類の気体は同じ温度であるから，温度 T に下付き文字

音　速

　音波は，物質の中を移動する圧力の乱れである．音波が気体の中を移動する速さは，その気体の分子の速さに依存する．気体分子運動論から，気体中の音速は約 $0.7\,v_{\rm rms}$ であることが示される．20 ℃, 1 bar における空気中の音速は，約 340 m s^{-1} である．ある物体が超音速で移動すると，それは媒体中の分子よりも速く移動することになるので，その物体が通った跡に，効率よく真空が形成される (図 1)．超音速旅客機やミサイル，あるいは大気圏に突入する宇宙船がひき起こす "ソニックブーム" とよばれる大音響は，急激に引戻された空気による音である．音よりも速く移動する最初の人工の物体は，鞭であった．鞭を振ったときにでる特徴的な "ピシッ" という音は，鞭の先端が超音速で動くことによるものである．

図 1　航空機が音速の壁を破ると，圧力の急激な変化によって大気中の水蒸気が凝縮し，航空機の軌跡に雲が形成される．

---

[1] effusion

はつけなくてよい．v_{rms_A} を v_{rms_B} で割ると，

$$\frac{v_{\text{rms}_A}}{v_{\text{rms}_B}} = \left(\frac{M_{\text{kg}_B}}{M_{\text{kg}_A}}\right)^{1/2} = \left(\frac{M_B}{M_A}\right)^{1/2}$$

ここで M_A と M_B はそれぞれ，気体Aと気体Bのモル質量である．噴散の速さは v_{rms} に比例するので，次式を得ることができる．

$$\frac{\text{速さ}_A}{\text{速さ}_B} = \left(\frac{M_B}{M_A}\right)^{1/2} \quad (13・31)$$

この関係式は 1840 年代に，英国の科学者グラハム[1]によって実験的に発見された．この関係を**グラハムの噴散の法則**[2]という．グラハムの法則が成り立つためには，気体分子は他の分子と衝突することなく，容器の小孔を通り抜けなくてはならない．このためには，気体分子が小孔を一つ一つ通り抜けることができるように，小孔の直径も十分に小さくなければならず，また気体の圧力も十分に低くなければならない．

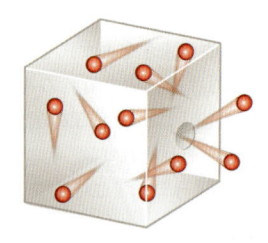

図 13・27 気体が容器の小孔を通って噴散する速さは，気体分子の根平均二乗速さに比例する．平均して，気体分子が速く運動するほど，気体分子が小孔に到達して容器から抜け出る頻度も高くなる．

例題 13・16 小孔をもつ容器がフッ素 $F_2(g)$ で満たされている．容器内の圧力を測定したところ，6.0 時間で 20% 減少した．同じ条件下で，ヘリウム $He(g)$ で満たされた同じ容器の圧力が，20% 減少するには何時間かかるか．

解答 まず，速さと時間は，互いに反比例の関係にあることを認めなければならない．同じ量の気体が噴散する時間が短いほど，噴散は速い．したがって，(13・31) 式はつぎのように書くことができる．

$$\frac{\text{速さ}_A}{\text{速さ}_B} = \frac{\text{時間}_B}{\text{時間}_A} = \left(\frac{M_B}{M_A}\right)^{1/2} \quad (13・32)$$

気体Aを $F_2(g)$，気体Bを $He(g)$ とすると，(13・32) 式から，$He(g)$ の噴散に必要な時間は次式によって求めることができる．

$$\text{時間}_{He} = \text{時間}_{F_2}\left(\frac{M_{He}}{M_{F_2}}\right)^{1/2} = (6.0\text{ h})\left(\frac{4.003}{38.00}\right)^{1/2}$$
$$= 2.0\text{ h（時間）}$$

同じ量が噴散するために必要な時間は，ヘリウムの方がフッ素よりも短い．これは，ヘリウム原子はフッ素分子よりも軽いので，同じ温度において，ヘリウム原子の方がより大きな平均速さで運動しているためである．

練習問題 13・16 小孔をもつ容器が未知の貴ガスで満たされている．その噴散の速さを，同じ条件下で同じ容器に満たされたヘリウム $He(g)$ の噴散の速さと比較したところ，$He(g)$ の方が 5.73 倍速かった．未知の貴ガスは何か．

解答 $Xe(g)$

練習問題 13・16 からわかるように，グラハムの噴散の法則を用いて，未知の気体の式量を決定することができる．

13・12 衝突からつぎの衝突の間に分子が移動する平均距離を平均自由行程という

1 bar，20 ℃ におけるほとんどの気体分子は，1 秒間に数百 m の速さで飛行している．しかし，気体分子は，そんなに長い距離をすばやく移動するわけではない．私たちは，排気装置のない部屋では，においが部屋中に広がるのに数分かかることを知っている．この現象は，気体分子は多くの衝突を繰返すため，気体分子が実際に移動する経路は，図 13・28 に示したように無秩序のジグザグ状になることによって説明される．衝突の間は，気体分子は 1 秒間に数百 m の速さで飛行しているが，気体分子の正味の移動はきわめて遅いのである．一つの衝突からつぎの衝突までの間に気体分子が移動する平均距離を**平均自由行程**[3]とい

図 13・28 気体分子の典型的な軌跡．他の分子と衝突するまでは，分子は直線的に飛行するが，衝突が起こると，分子の方向はほとんど無秩序に変化する．20 ℃，1 bar において，気体分子は 1 秒間に約 10^{10} 回も衝突を起こしている．

---

1) Thomas Graham 2) Graham's law of effusion 3) mean free path

13・12 平均自由行程

い，l で表す．

平均自由行程は，どのように見積もることができるかを考えてみよう．分子の密度が大きくなるほど，分子の衝突頻度も大きくなるので，平均自由行程は短くなると推測される．したがって，平均自由行程は分子の数密度 N/V に反比例するだろう．ここで，N は体積 V の中に存在する気体分子の数を表す．さらに，分子の断面積が大きくなるほど，他の分子にとって衝突する標的が大きくなるから，やはり平均自由行程は短くなるだろう．分子の直径を d とすると，その断面積はほぼ直径 d をもつ円の面積 $\pi(d/2)^2$ で表される．したがって，平均自由行程は分子の直径の2乗に反比例すると推測される．以上のことから，平均自由行程を l とすると，l は次式のように表される．

$$l \propto \left(\frac{1}{N/V}\right)\left(\frac{1}{d^2}\right) \quad \text{あるいは} \quad l = \frac{c}{d^2(N/V)} \tag{13・33}$$

ここで c は比例定数である．この比例定数の値は，$1/(\pi\sqrt{2})$ に等しいことが知られている．この結果と，$N = nN_A$（N_A はアボガドロ定数），および理想気体の式 $n/V = P/RT$ を用いると，(13・33)式はつぎのように書き換えることができる．

$$l = \frac{RT}{(\pi\sqrt{2})d^2 N_A P} \tag{13・34}$$

分子の直径はきわめて小さいので，一般に pm（$1\,\text{pm} = 10^{-12}\,\text{m}$）単位で表される．表 13・5 にいくつかの分子について，その直径を示した．

表 13・5 さまざまな気体における原子あるいは分子の直径

気体	直径/pm	気体	直径/pm
He	210	H_2	270
Ne	250	N_2	380
Ar	370	O_2	360
Kr	410	Cl_2	540
Xe	490	CH_4	410

例題 13・17 (13・34)式と表 13・5 のデータを用いて，20 °C，1.00 bar における $N_2(g)$ の平均自由行程を求めよ．衝突の間に窒素分子が移動する距離は，分子の直径の何倍になるか．

解答 (13・34)式に用いる値はすべて，SI 単位でなければならない．表 13・5 から N_2 分子の直径は 380 pm であ

ることがわかる．これは $3.8 \times 10^{-10}\,\text{m}$ に等しい．圧力 1.00 bar は SI 単位で $1.00 \times 10^5\,\text{Pa}$，すなわち $1.00 \times 10^5\,\text{J m}^{-3}$ である（表 13・1）．これらの値と，温度 293 K，および気体定数 $R = 8.3145\,\text{J mol}^{-1}\text{K}^{-1}$ を用いると，この条件下における窒素分子の平均自由行程 l は，つぎのように求めることができる．

$$l = \frac{RT}{(\pi\sqrt{2})d^2 N_A P}$$

$$= \frac{1}{(\pi\sqrt{2})}$$

$$\times \frac{(8.3145\,\text{J mol}^{-1}\text{K}^{-1})(293\,\text{K})}{(3.8 \times 10^{-10}\,\text{m})^2 (6.022 \times 10^{23}\,\text{mol}^{-1})(1.00 \times 10^5\,\text{J m}^{-3})}$$

$$= 6.3 \times 10^{-8}\,\text{m}$$

この値は $6.3 \times 10^4\,\text{pm}$ に等しい．窒素分子の直径は 380 pm であるから，分子の直径に対する平均自由行程の比は，

$$\frac{l}{d} = \frac{6.3 \times 10^4\,\text{pm}}{380\,\text{pm}} = 170$$

この結果は，20 °C，1.00 bar において窒素分子は，一つの衝突からつぎの衝突までの間に，平均して分子直径のほぼ 200 倍の距離を飛行することを意味している．本当に，気体の体積のほとんどは，まったく何もない空間であることがわかる．

練習問題 13・17 実験室において真空下の実験を行う際には，ふつう $10^{-5}\,\text{Torr}$ 程度の低圧が用いられる．0 °C，$10^{-5}\,\text{Torr}$ の低圧における水素分子の平均自由行程を求めよ．

解答 9 m

分子が 1 秒間に行う衝突の数を**衝突頻度**[1] という．衝突頻度を z とすると，z はつぎのように表すことができる．

$$z = \frac{衝突回数}{1\,秒}$$

$$= \frac{1\,秒間に移動する距離}{衝突の間に移動する距離}$$

$$= \frac{v_{\text{rms}}}{l} \tag{13・35}$$

この結果を用いて，20 °C，1.00 bar における窒素分子の衝突頻度を計算してみよう．この条件下において，例題 13・15 から $v_{\text{rms}} = 511\,\text{m s}^{-1}$ であり，また例題 13・17 から $l = 6.3 \times 10^{-8}\,\text{m}$ であることがわかる．したがって，20 °C，

---

[1] collision frequency

1.00 bar における $N_2(g)$ 分子の衝突頻度は，

$$z = \frac{v_{\text{rms}}}{l} = \frac{511 \text{ m s}^{-1}}{6.3 \times 10^{-8} \text{ m 衝突}^{-1}} = 8.1 \times 10^9 \text{ 衝突 s}^{-1}$$

こうして，20 ℃, 1.00 bar において窒素分子は，1 秒間に約 80 億回も衝突を起こしていることがわかる．

13・13 ファンデルワールスの式は気体の理想性からのずれを説明する

十分な低圧ではすべての気体に対して，理想気体の式が成り立つ．しかし，一定量の気体において，その圧力が増大するにつれて，理想気体の式からのずれが観測される．これらのずれは，図 13・29 に示すように，PV/RT を圧力の関数としてプロットすることにより，図示することができる．理想気体 1 mol では，圧力 P のあらゆる値に対して PV/RT は 1 に等しい．したがって，気体の**理想性からのずれ**[1]，すなわち理想気体のふるまいからのずれは，PV/RT の値の 1 からのずれによって表される．一定の圧力における気体の理想性からのずれの程度は，温度と気体の種類に依存する．気体が液化する点に接近するほど，理想性からのずれは大きくなる．このような理想性からのずれに対して，理想気体の式を補正した多くの式が提案されている．ここでは，そのうちで最も簡単で，よく知られた式について述べることにしよう．

理想気体の式は，つぎのような物理的な仮定に基づいている．すなわち，(1) 気体の分子の大きさはゼロである．(2) 気体分子の間には，引力的な相互作用ははたらかない．しかし，これらの仮定はいずれも正しくない．分子はある特定の大きさをもち，互いに引き合っている．これら二つの因子を考慮して，理想気体の式を書き換えることができる．まず，体積 V から気体分子の実際の体積を引いて，$V - nb$ とする．ここで，b は気体の種類に依存する定数であり，気体分子の大きさを反映した値である．$V - nb$ は，気体分子が自由に動き回ることができる実際の体積と考えることができる (図 13・30)．理想気体の式の V に $V - nb$ を代入すると，次式が得られる．

$$P(V - nb) = nRT \tag{13・36}$$

(13・36) 式には，気体分子が有限の大きさをもつことが加味されているが，分子間にはたらく引力的な相互作用については考慮されていない．分子間に引力的な相互作用がはたらくため，気体の実際の圧力は，理想気体の式によって与えられる値よりも小さくなる (図 13・31)．引力は一対の分子の間で起こるから，分子間にはたらく引力の効果は，気体の密度の 2 乗に比例する．比例定数を a とすると，気体の実際の圧力 P_{actual} は次式のように表される．

$$P_{\text{actual}} = P_{\text{ideal}} - a\left(\frac{n}{V}\right)^2 \tag{13・37}$$

ここで P_{ideal} は理想気体の式によって与えられる気体の圧

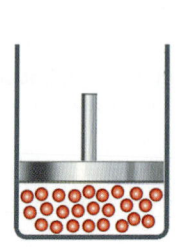

図 13・30 高圧条件下では，気体分子の体積が，容器の体積に対してもはや無視できなくなる．

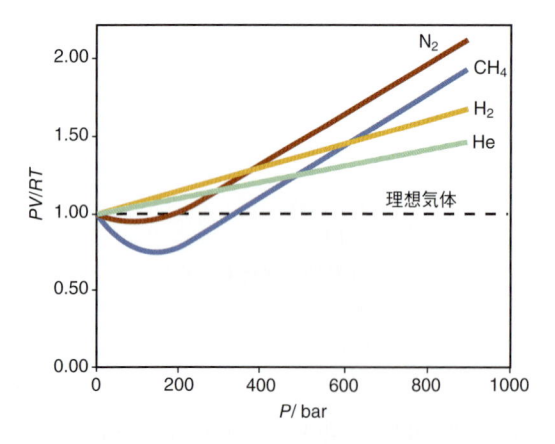

図 13・29 300 K のヘリウム，水素，窒素，およびメタンにおける圧力 P に対する PV/RT のプロット．この図から圧力が高くなると，理想気体の式，すなわち $PV/RT = 1$ は成立しなくなることがわかる．

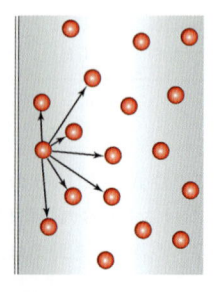

図 13・31 容器内壁近くにある気体分子が，他の分子との引力によって内側に引っ張られることを示す模式図．この結果，気体分子が衝突によって内壁に及ぼす力は，理想気体の場合よりも弱くなる．

---

1) deviation from ideality

力である．(13・36)式の圧力 P の代わりに，(13・37)式の P_{ideal} を代入すると，次式が得られる．

$$\left(P + a\frac{n^2}{V^2}\right)(V - nb) = nRT \quad (13 \cdot 38)$$

(13・38)式の P は気体の実際の圧力を表している．(13・38)式を**ファンデルワールスの式**[1]という．ファン・デル・ワールス[2] (図 13・32) はオランダの科学者でノーベル賞受賞者である．彼は，気体を記述する状態方程式において，分子の大きさと，分子間にはたらく引力の重要性を最も早く認識した科学者であった．二つの定数 a と b の値は気体の種類に依存する．これらを**ファンデルワールス定数**[3]という (表 13・6)．

ファンデルワールスの式を用いて，体積 0.250 L の容器に入ったメタン $CH_4(g)$ 1.00 mol の 0 ℃ における圧力を計算してみよう．表 13・6 から，メタンに対して $a =$

表 13・6 いくつかの気体に対するファンデルワールス定数

気　体	化学式	$a/L^2\,\text{bar}\,\text{mol}^{-2}$	$b/L\,\text{mol}^{-1}$
アンモニア	NH_3	4.3044	0.037847
二酸化炭素	CO_2	3.6551	0.042816
メタン	CH_4	2.3026	0.043067
ネオン	Ne	0.2167	0.017383
窒素	N_2	1.3661	0.038577
酸素	O_2	1.3820	0.031860
プロパン	C_3H_8	9.3919	0.090494

$2.303\,L^2\,\text{bar}\,\text{mol}^{-2}$，および $b = 0.0431\,L\,\text{mol}^{-1}$ であることがわかる．(13・38)式を $V - nb$ で割り，P について解くと次式が得られる．

$$P = \frac{nRT}{V - nb} - \frac{n^2 a}{V^2} \quad (13 \cdot 39)$$

$n = 1.00\,\text{mol}$, $R = 0.083145\,L\,\text{bar}\,\text{mol}^{-1}\,K^{-1}$, $T = 273.15\,K$, $V = 0.250\,L$, および a と b の値を (13・39)式に代入すると，ファンデルワールスの式による圧力 P の値として，

$$P = \left[\frac{(1.00\,\text{mol})(0.083145\,L\,\text{bar}\,\text{mol}^{-1}\,K^{-1})(273.15\,K)}{0.250\,L - (1.00\,\text{mol})(0.0431\,L\,\text{mol}^{-1})}\right]$$
$$- \left[\frac{(1.00\,\text{mol})^2(2.303\,L^2\,\text{bar}\,\text{mol}^{-2})}{(0.250\,L)^2}\right]$$
$$= 73\,\text{bar}$$

比較のために，理想気体の式から圧力 P を求めると，

$$P = \frac{nRT}{V}$$
$$= \frac{(1.00\,\text{mol})(0.083145\,L\,\text{bar}\,\text{mol}^{-1}\,K^{-1})(273.15\,K)}{0.250\,L}$$
$$= 90.8\,\text{bar}$$

実験値は 75.3 bar であり，ファンデルワールスの式から予想される値は，理想気体の式から得られる値よりも実験値ときわめてよく一致している．

図 13・32 ヨハネス ディーデリック ファン デル ワールス　Johannes Diderik van der Waals (1837～1923) はオランダのライデンに生まれた．1873 年，彼は気体の性質に関する博士論文を執筆し，その後すぐに出版したが，その中で現在，ファンデルワールスの式として知られている方程式が提案されている．1876 年，彼はアムステルダム大学の最初の物理学教授となった．ファン・デル・ワールスの影響のもとで，アムステルダム大学は流体に関する理論的および実験的研究の中心地となった．ファン・デル・ワールスは 1910 年に，気体および液体の状態方程式に関する研究によりノーベル物理学賞を受賞した．

まとめ

気体では，粒子は互いに大きく離れて存在しており，容器の体積全体にわたって無秩序に運動し，互いに，また容器の壁とたえず衝突している．気体が及ぼす圧力は，気体分子が容器の壁にたえず衝突することによるものである．一定温度における気体の体積と圧力は，ボイルの法則によって関係づけられる．すなわち，ボイルの法則によれば，気体の体積と圧力は反比例する．一方，気体の体積と温度との関係はシャルルの法則によって与えられ，またその法則によって，ケルビン温度目盛 (熱力学温度目盛) が定義される．

---

1) van der Waals equation　2) Johannes van der Waals　3) van der Waals constant

気体が関わる化学反応の実験的研究から，ゲイ・リュサックの気体反応の法則（化合体積の法則）が発見された．さらに，ゲイ・リュサックの法則を解釈するために，アボガドロの法則が導かれた．アボガドロの法則によれば，同温・同圧において，等しい体積の気体には等しい数の分子が含まれる．ボイル，シャルル，およびアボガドロの法則を組合わせた式を理想気体の式という．理想気体の式により，気体の圧力，体積，温度，および物質量が関係づけられる．

　実験的に得られた気体の法則は，すべて気体分子運動論に基づいて説明することができる．気体分子運動論の中心となる考え方の一つは，気体の平均運動エネルギーはそのケルビン温度に比例するということである．気体分子運動論に基づいて，分子の根平均二乗速さ，平均自由行程，衝突頻度，あるいは噴散の相対的な速さなど，気体分子に関わる量を求めるための式を誘導することができる．

　理想気体の式は，気体の密度が十分に低く，また温度が十分に高い場合において，すべての気体に対して成り立つ．しかし，一定の量の気体に対して，気体の圧力が増大するにつれて，理想気体の式からのずれが観測される．気体の分子が互いに引き合い，また有限の大きさをもつことを考慮して，理想気体の式を書き換えた式をファンデルワールスの式という．ファンデルワールスの式は，気体の密度がより高い，また温度がより低い場合において，理想気体の式よりも実験結果をよく再現する．

付録 A
数学の要約

A・1 指数表記法と指数

化学ではしばしば，8 180 000 000 などのきわめて大きい数字や 0.000 004 613 などのきわめて小さい数字を用いる場合がある．これらの数字を扱うときには，指数表記法が便利である．指数表記法では数字を，1 から 10 までの数字と，適切な指数をもつ 10 のべき乗との積で表す．たとえば，171.3 は 1.713×100 であるから，指数表記法では 1.713×10^2 となる．他の例をあげると，

$$7320 = 7.32 \times 10^3$$
$$1\,623\,000 = 1.623 \times 10^6$$

これらの数字の 0 は桁を表しているだけであるから，有効数字ではなく，指数表記法では示されない．それぞれの指数は，もとの数字の小数点の位置を左側へ移動させた桁数を示していることに注意しよう．

7 320. 3桁移動　　1 623 000. 6桁移動

1 より小さい数を指数表記法で表すときには，10 の指数は負の値となる．たとえば，0.614 は 6.14×10^{-1} となる．負の指数をもつべき乗は，次式のような関係を表すことを思い出そう．

$$10^{-n} = \frac{1}{10^n} \quad (\text{A1·1})$$

他の例をあげると，

$$0.0005 = 5 \times 10^{-4}$$
$$0.000\,000\,000\,446 = 4.46 \times 10^{-10}$$

それぞれの指数は，もとの数字の小数点の位置を右側に移動させた桁数を示していることに注意しよう．

0.0005 4桁移動　　0.000 000 000 446 10桁移動

化学計算を行うときには，指数表記法で表された数値を扱えなければならない．

指数表記法で表された二つ，あるいはそれ以上の数の足し算，あるいは引き算を行うためには，それぞれの数の指数を同じにしなければならない．たとえば，つぎの足し算を考えてみよう．

$$5.127 \times 10^4 + 1.073 \times 10^3$$

最初の数をつぎのように書き直す．

$$5.127 \times 10^4 = 51.27 \times 10^3$$

指数が 4 から 3 に変わったので，10 のべき乗の前にある数字を 10 倍しなければならないことに注意しよう．そして，次式のように足し算を行う．

$$5.127 \times 10^4 + 1.073 \times 10^3 = (51.27 + 1.073) \times 10^3$$
$$= 52.34 \times 10^3$$
$$= 5.234 \times 10^4$$

52.34×10^3 を 5.234×10^4 に変える際には，10 のべき乗の前にある数字を 10 分の 1 にしたので，指数を 3 から 4 へ一つ大きくしなければならない．同様に，引き算も次式のように行うことができる．

$$(4.708 \times 10^{-6}) - (2.1 \times 10^{-8}) = (4.708 - 0.021) \times 10^{-6}$$
$$= 4.687 \times 10^{-6}$$

2.1×10^{-8} を 0.021×10^{-6} に変える際には，10 のべき乗の前にある数字を 100 分の 1 にしたので，指数を -8 から -6 へと二つ大きく（すなわち，10×10=100 倍に）しなければならない．

二つの数の掛け算を行うときには，指数を足し合わせればよい．これは次式が成り立つためである．

$$(10^x)(10^y) = 10^{x+y} \quad (\text{A1·2})$$

たとえば，

$$(5.00 \times 10^2)(4.00 \times 10^3) = (5.00)(4.00) \times 10^{2+3}$$
$$= 20.0 \times 10^5 = 2.00 \times 10^6$$

あるいは，

$$(3.014 \times 10^3)(8.217 \times 10^{-6}) = (3.014)(8.217) \times 10^{3-6}$$
$$= 24.77 \times 10^{-3}$$
$$= 2.477 \times 10^{-2}$$

割り算を行うときには，分子にある数の指数から，分母にある数の指数を引けばよい．これは次式が成り立つためである．

$$\frac{10^x}{10^y} = 10^{x-y} \quad (\text{A1·3})$$

たとえば，

$$\frac{4.0 \times 10^{12}}{8.0 \times 10^{23}} = \left(\frac{4.0}{8.0}\right) \times 10^{12-23}$$
$$= 0.50 \times 10^{-11} = 5.0 \times 10^{-12}$$

あるいは，

$$\frac{2.80 \times 10^{-4}}{4.73 \times 10^{-5}} = \left(\frac{2.80}{4.73}\right) \times 10^{-4+5}$$
$$= 0.592 \times 10^1 = 5.92$$

また，指数表記法で表された数をべき乗するときには，つぎの関係を用いる．

$$(10^x)^n = 10^{nx} \quad (\text{A1}\cdot 4)$$

たとえば，

$$(2.187 \times 10^2)^3 = (2.187)^3 \times 10^{3 \times 2}$$
$$= 10.46 \times 10^6 = 1.046 \times 10^7$$

べき乗根を求めるときには，つぎの関係を用いる．

$$\sqrt[n]{10^x} = (10^x)^{1/n} = 10^{x/n} \quad (\text{A1}\cdot 5)$$

すなわち，もとの数の指数を，求めるべき乗根の指数で割ればよい．たとえば，

$$\sqrt[3]{2.70 \times 10^{10}} = (2.70 \times 10^{10})^{1/3} = (27.0 \times 10^9)^{1/3}$$
$$= (27.0)^{1/3} \times 10^{9/3} = 3.00 \times 10^3$$

あるいは，

$$\sqrt{6.40 \times 10^5} = (6.40 \times 10^5)^{1/2} = (64.0 \times 10^4)^{1/2}$$
$$= (64.0)^{1/2} \times 10^{4/2} = 8.00 \times 10^2$$

現在では，これらの計算はすべて，電卓やコンピューターを用いて簡単に行うことができる．しかし，このような手による計算方法にも習熟していたほうがよい．なぜなら，計算結果の"桁数"を手早く見積もることは，計算が正確に行われたかどうかを確認するためのよい手段となるからである．

A・2 常用対数

$100 = 10^2$ や $1000 = 10^3$ などはよく知っていると思う．また，次式のような関係も知っているかもしれない（ここでは結果を四捨五入により，小数点以下2桁で示す）．

$$\sqrt{10} = 10^{1/2} = 10^{0.500} = 3.16$$

さて，つぎの関係について，

$$10^{0.500} = 3.16$$

両辺の平方根をとると，次式が得られる．

$$\sqrt{10^{0.500}} = 10^{(1/2)0.500} = 10^{0.250} = \sqrt{3.16} = 1.78$$

さらに，つぎの関係式を用いると，

$$(10^x)(10^y) = 10^{x+y}$$

次式が得られる．

$$10^{0.250} \times 10^{0.500} = 10^{0.750} = (1.78)(3.16) = 5.62$$

この過程を続けることにより，任意の数 y は次式のように表記できることがわかる．

$$y = 10^x \quad (\text{A2}\cdot 1)$$

このように，数 y を10のべき乗の形式で表すとき，その指数 x を y の**対数**[1]といい，次式のように表す．

$$x = \log y \quad (\text{A2}\cdot 2)$$

(A2・1)式と(A2・2)式は，互いに逆の関係にある．$10^0 = 1$ であるから，$\log 1 = 0$ となる．これまでに示した関係は，つぎのように表すことができる．

$$\log 1.00 = 0.000$$
$$\log 1.78 = 0.250$$
$$\log 3.16 = 0.500$$
$$\log 5.62 = 0.750$$
$$\log 10.00 = 1.0000$$

上記の最後の式は，$10 = 10^1$ であることから自明である．このような計算を続けていけば，ある数の対数を求める表を作成することができるが，このような対数表はすでに入手することができる．そればかりか，どんな関数機能付き電卓でも"log"キーを備えているので，それを用いれば容易に対数を求めることができる．

$y = 10^x$ の関係が示すように対数 $x = \log y$ は指数であるから，以下に示すような特有の性質をもっている．

$$\log xy = \log x + \log y \quad (\text{A2}\cdot 3)$$
$$\log \frac{x}{y} = \log x - \log y \quad (\text{A2}\cdot 4)$$
$$\log x^n = n \log x \quad (\text{A2}\cdot 5)$$
$$\log \sqrt[n]{x} = \log x^{1/n} = \frac{1}{n} \log x \quad (\text{A2}\cdot 6)$$

(A2・4)式で $x=1$ とおくと，次式が得られる．

$$\log \frac{1}{y} = \log(1) - \log y = -\log y$$

すなわち，

$$\log \frac{1}{y} = -\log y \quad (\text{A2}\cdot 7)$$

したがって，ある数の逆数をとると，対数の符号が変わることになる．

$y = 10^x$〔(A2・1)式〕にもどろう．$x = 0$ ならば $y = 1$ である．したがって，$x \geq 0$ のとき $y \geq 1$ となり，$x \leq 0$ のとき $y \leq 1$ となる．すなわち，

$$\begin{aligned} y \geq 1 \text{のとき，} \log y \geq 0 \\ y \leq 1 \text{のとき，} \log y \leq 0 \end{aligned} \quad (\text{A2}\cdot 8)$$

---

[1] logarithm

これらの関係は，y に対して $\log y$ をプロットした図 A·1 に示されている．

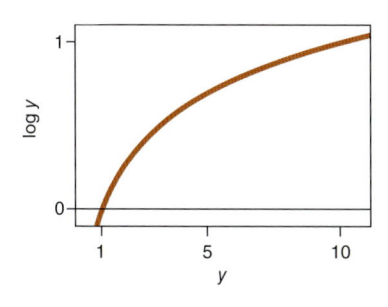

図 A·1 y に対する y の常用対数 $\log y$ のプロット．y が 1 よりも大きいときは $\log y$ は正の値をとり，y が 1 よりも小さいときは $\log y$ は負の値をとることに注意しよう．曲線は，y の増大に対してゆっくりと増大するが，y が小さい領域では y の減少に対して速やかに減少する．$\log 1 = 0$ であるから，曲線は横軸と $y = 1$ で交差する．

対数には，"単位をもつ量の対数をとることはできない" という性質がある．対数をとることができるのは，数値だけに限られる．たとえば，$2.43\,\mathrm{g}$ の対数はいくつかという質問は意味がない．2.43 の対数をとることはできるが，$2.43\,\mathrm{g}$ の対数をとることはできない．(A2·1)式では，x と y のどちらも単位をもつことはできないのである．

なお，ある数 y の対数をとった場合，対数 $x = \log y$ の小数点以下の桁数は，y における有効数字の桁数に等しくなる．たとえば，

$$23.780 = \log(6.02 \times 10^{23})$$

小数点以下 3 桁　　3 桁の有効数字

これまで述べた方法により，y が与えられたとき，$y = 10^x$ を満たす x の値を求めることができる．一方で，x が与えられて y の値を求めたい場合がしばしばある．x が y の対数，すなわち $x = \log y$ が成り立つとき，y を x の**真数**[1]，あるいは**逆対数**[2]という．たとえば，$x = 2$ の真数は $y = 100$ である．より複雑な例をあげれば，$x = 6.0969$ の真数は $y = 1.250 \times 10^6$ となる．このような数の真数は，電卓を用いれば計算することができる．真数を求める方法は電卓によって異なるので，自分の電卓の使い方に習熟しておかねばならない．またある数 x の真数をとった場合，真数 $y = 10^x$ の有効数字の桁数は，x の小数点以下の桁数に等しくなる．たとえば，

$$8.79 \times 10^{-18} = 10^{-17.056}$$

3 桁の有効数字　　小数点以下 3 桁

A·3　自　然　対　数

前節で説明した対数は，$y = 10^x$〔(A2·1)式〕から対数 $x = \log y$ を定義した．このような対数を "10 を底とする対数" といい，一般に**常用対数**[3]とよばれる．実際に，10 を底とすることを強調するために，$x = \log_{10} y$ と書く場合もある．pH の定義や地震の強さを表すマグニチュード，あるいは音の強さの尺度であるデシベルなどは，常用対数によって表記されている．一方，微積分学では，別の底による対数が用いられる．底の値は e と表記され，つぎの値をとる．

$$\mathrm{e} = 2.718\,281\,828\,46\cdots \qquad (A3·1)$$

この数値を底とする対数を**自然対数**[4]といい，$\log$ の代わりに $\ln$ によって表記する．すなわち，x が y の自然対数であるとき，つぎのように表記される．

$$x = \ln y \qquad (A3·2)$$

また，この逆対数は次式で表される．

$$y = \mathrm{e}^x \qquad (A3·3)$$

微積分学の知識がなくても心配する必要はない．関数 $\ln x$ や e^x はいずれも，すべての関数機能付き電卓に備わっている．たとえば，電卓を用いれば，つぎのような計算結果を示すことができる．

$$\mathrm{e}^2 = 7.389\,056 \cdots$$

あるいは，

$$\mathrm{e}^{-2} = 0.135\,335 \cdots$$

予想した通り，$\mathrm{e}^{-2} = 1/\mathrm{e}^2$ であることに注意しよう．実際に，e^x と自然対数の数学的な性質は，10^x と $\log y$ の性質と同じである．(自然対数における有効数字の桁数を決める規則も，常用対数における規則と同じである．)たとえば，自然対数もつぎのような性質をもつ．

$$\ln xy = \ln x + \ln y \qquad (A3·4)$$

$$\ln \frac{x}{y} = \ln x - \ln y \qquad (A3·5)$$

$$\ln x^n = n \ln x \qquad (A3·6)$$

$$\ln \sqrt[n]{x} = \ln x^{1/n} = \frac{1}{n} \ln x \qquad (A3·7)$$

$\mathrm{e} = \mathrm{e}^1$ であるから，$\log 10 = 1$ と同様に，$\ln \mathrm{e} = 1$ である．また，$\mathrm{e}^0 = 1$ であるから $\ln 1 = 0$ である．さらに，(A2·8)式に示した常用対数における関係と同様に，つぎの関係が成り立つ．

$$\begin{array}{l} y \geq 1 \text{ のとき，} \ln y \geq 0 \\ y \leq 1 \text{ のとき，} \ln y \leq 0 \end{array} \qquad (A3·8)$$

これらの関係は，y に対して $\ln y$ をプロットした図 A·2 に示されている．

---

1) antilogarithm　2) inverse logarithm　3) common logarithm　4) natural logarithm

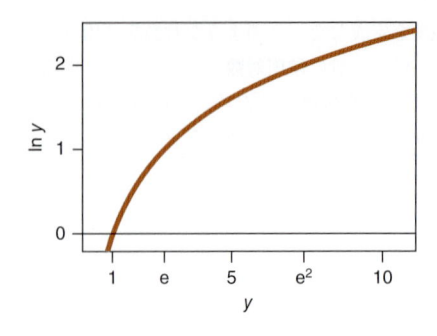

図 A・2 yに対するyの自然対数$\ln y$のプロット．yが1よりも大きいときは$\ln y$は正の値をとり，yが1よりも小さいときは$\ln y$は負の値をとることに注意しよう．曲線は，yの増大に対してゆっくりと増大するが，yが小さい領域ではyの減少に対して速やかに減少する．$\ln 1=0$であるから，曲線は横軸と$y=1$で交差する．

> **練習問題** 電卓を用いて，つぎの値を求めよ．
> (a) $e^{0.37}$ (b) $\ln(4.07)$
> (c) $e^{-6.02}$ (d) $\ln(0.00965)$
> **解答** (a) 1.4 (b) 1.404 (c) 2.4×10^{-3} (d) -4.641

> **練習問題** つぎの関係を満たすyの値を求めよ．
> (a) $\ln y = 3.065$ (b) $\ln y = -0.605$
> **解答** (a) $y = e^{3.065} = 21.4$ (b) $y = e^{-0.605} = 0.546$

しばしば，自然対数で表された値を，10を底とする対数に変換したい場合がある．ここで，$\ln y$と$\log y$の関係を誘導してみよう．$y=10^x$〔(A2・1)式〕から出発し，$10=e^a$と書くことにしよう（aの値はすぐ後で求める）．すると，

$$y = 10^x = (e^a)^x = e^{ax}$$

この式の$\log$および$\ln$をとると，次式が得られる．

$$\log y = x \log 10 = x$$

および

$$\ln y = ax \ln e = ax$$

この式に$x = \log y$を代入すると，次式が得られる．

$$\ln y = a \log y$$

aの値は，$10=e^a$の$\ln$をとることによって求められる．すなわち，

$$a = \ln 10$$

電卓を用いて計算すると，

$$a = 2.302\,585\cdots$$

したがって，$\ln y$と$\log y$の関係として，有効数字4桁で次式が得られる．

$$\ln y = 2.303 \log y \qquad (\text{A3·9})$$

> **練習問題** 電卓を用いて，$\ln(120.6) = 2.303 \log(120.6)$が有効数字4桁で成り立つことを確認せよ．
> **解答** $\ln(120.6) = 4.7925$ および $2.303 \log(120.6) = 4.7933$ となる．二つの数値は有効数字4桁で一致している．

> **練習問題** つぎの式は(A3・9)式を一般化した式である．
> $$(\log_b a)(\log_a y) = \log_b y$$
> ここで$y = a^x$である．上式を誘導せよ．また，この式が(A3・9)式と矛盾しないことを示せ．
> **解答** $a = b^c$とする．ここでcは求めることができる定数である．すると，
> $$y = a^x = b^{cx}$$
> この式のaを底とする対数，およびbを底とする対数をとると，
> $$\log_a y = x \log_a a = x$$
> および
> $$\log_b y = cx \log_b b = cx$$
> ここで$\log_a a = 1$および$\log_b b = 1$の関係を用いた．これら二つの式をまとめると，次式が得られる．
> $$\log_b y = cx = c \log_a y$$
> この式の左辺に$y = a^x$を代入すると，
> $$x \log_b a = cx$$
> さらに，両辺をxで割ると，次式が得られる．
> $$\log_b a = c$$
> この結果から，次式を導くことができる．
> $$\log_b y = c \log_a y = (\log_b a)(\log_a y)$$
> $b = e$および$a = 10$とおくと，(A3・9)式と一致する．

A・4 二次方程式の解の公式

xに関する二次方程式の一般形は，つぎのように表される．

$$ax^2 + bx + c = 0 \qquad (\text{A4·1})$$

ここでa, b, cは定数である．二次方程式の二つの解は次式で表される．

$$x = \frac{-b \pm \sqrt{b^2 - 4ac}}{2a} \quad (A4\cdot2)$$

(A4・2)式を**二次方程式の解の公式**[1]といい，一般形で表記された二次方程式の解を求めるためにしばしば用いられる．たとえば，つぎの二次方程式の解を求めてみよう．

$$2x^2 - 3x - 1 = 0$$

この場合，$a=2$，$b=-3$，$c=-1$ である．(A4・2)式を用いると，つぎのように解を得ることができる．

$$x = \frac{3 \pm \sqrt{(-3)^2 - (4)(2)(-1)}}{2(2)}$$
$$= \frac{3 \pm 4.123}{4}$$
$$= 1.781 \text{ および } -0.281$$

二次方程式では，二つの解が得られることに注意してほしい．解の公式を用いるためには，まず二次方程式を一般形で表記する必要がある．それによって，定数 a, b, c の値を知ることができる．たとえば，つぎのような式で表された二次方程式の解 x を求める問題を考えてみよう．

$$\frac{x^2}{0.50 - x} = 0.040$$

定数 a, b, c を明らかにするために，この式を二次方程式の一般形に書き換えなければならない．両辺に $0.50-x$ を掛けると，次式が得られる．

$$x^2 = (0.50 - x)(0.040) = 0.020 - 0.040x$$

これを二次方程式の一般形に書き換えると，

$$x^2 + 0.040x - 0.020 = 0$$

したがって，$a=1$，$b=0.040$，$c=-0.020$ であることがわかる．解の公式〔(A4・2)式〕を用いると，

$$x = \frac{-0.040 \pm \sqrt{(0.040)^2 - (4)(1)(-0.020)}}{2(1)}$$

これより，つぎのように x を求めることができる．

$$x = \frac{-0.040 \pm \sqrt{0.0816}}{2}$$
$$= \frac{-0.040 \pm 0.286}{2}$$
$$= 0.123 \text{ および } -0.163$$

x が，たとえば，溶液の濃度や気体の圧力を表す場合には，これらは負の値にはなりえないので，$x=0.123$ のみが物理的に意味のある解となる．

> **練習問題** つぎの方程式を解け．
> $$\frac{(x + 0.235)x}{x - 0.514} = 2x + 0.174$$
> **解答** 1.17 および -0.0765

A・5 連続近似法

化学平衡に関する問題では，つぎのような形式の二次方程式を扱うことが多い．

$$\frac{x^2}{M_0 - x} = K \quad (A5\cdot1)$$

ここで x はある特定の化学種の濃度，M_0 は初期濃度，K は一般に小さい値をとる定数である．たとえば，ある溶液中の化学種Aの濃度に対して，次式が成り立つとしよう（[A] は化学種Aの濃度を表す）．

$$\frac{[A]^2}{0.100 \text{ M} - [A]} = 6.25 \times 10^{-5} \text{ M} \quad (A5\cdot2)$$

K の値が小さい場合には（上記の例では成り立つ），(A5・1)式のような方程式は，二次方程式の解の公式を用いるよりも，**連続近似法**[2] によって解くほうが便利である．

連続近似法の第一段階は，(A5・1)式の左辺の分母にある未知数 x を無視することである．この近似を用いると，単に式の両辺に初期濃度を掛け，両辺の平方根をとることによって未知数 x を求めることができる．この近似を(A5・2)式に適用すると，

$$[A]_1 \approx [(0.100 \text{ M})(6.25 \times 10^{-5} \text{ M})]^{1/2}$$
$$= 2.50 \times 10^{-3} \text{ M} \quad (A5\cdot3)$$

ここで得られた [A] に下付き文字1をつけたのは，[A] の値に対する最初の近似値であることを表すためである．ついで，(A5・2)式の左辺の分母にある [A] に $[A]_1$ を用い，得られた分母の値を両辺に掛け，両辺の平方根をとることによって，第二の近似値を得る．すなわち，

$$[A]_2 \approx [(0.100 \text{ M} - 2.50 \times 10^{-3} \text{ M})(6.25 \times 10^{-5} \text{ M})]^{1/2}$$
$$= 2.47 \times 10^{-3} \text{ M}$$

この一連の操作をもう一度行い（**反復操作**[3] という），第三の近似値を得る．すなわち，

$$[A]_3 \approx [(0.100 \text{ M} - 2.47 \times 10^{-3} \text{ M})(6.25 \times 10^{-5} \text{ M})]^{1/2}$$
$$= 2.47 \times 10^{-3} \text{ M}$$

---

1) quadratic formula 2) method of successive approximation 3) iteration

[A]$_3$ ≈ [A]$_2$ であることに注目してほしい．このようになったとき，操作は"**収束した**[1]"という．収束した後では，何度，反復操作を行っても同じ結果が得られる．分子にある [A] の値が，分母に用いた [A] と同じ値で方程式が満たされるので，得られた結果は，もとの方程式の解となる．

連続近似法は，電卓を用いて二次方程式を手早く解くために，特に便利である．一般に，解を得るためには何回か反復操作を行わなければならないが，それぞれの操作は電卓を用いれば簡単にできるので，二次方程式を解くための手間は，ふつう解の公式を用いる場合よりも少なくてすむ．

一般に，数回の反復操作で収束する場合が多い．もし，反復操作を数回行っても，ある値へと接近する傾向がみられないときには，解の公式を用いて解いたほうがよいだろう．

連続近似法の練習のために，いくつかの例を示してみよう．

1. $\dfrac{x^2}{0.500-x} = 1.07 \times 10^{-3}$

   $\begin{cases} x_1 = 2.31 \times 10^{-2}, \ x_3 = 2.26 \times 10^{-2} \\ x_2 = 2.26 \times 10^{-2} \end{cases}$

2. $\dfrac{x^2}{0.0100-x} = 6.80 \times 10^{-4}$

   $\begin{cases} x_1 = 2.61 \times 10^{-3}, \ x_4 = 2.29 \times 10^{-3} \\ x_2 = 2.24 \times 10^{-3}, \ x_5 = 2.29 \times 10^{-3} \\ x_3 = 2.30 \times 10^{-3} \end{cases}$

3. $\dfrac{x^2}{0.150-x} = 0.0360$

   $\begin{cases} x_1 = 7.35 \times 10^{-2}, \ x_5 = 5.78 \times 10^{-2} \\ x_2 = 5.25 \times 10^{-2}, \ x_6 = 5.76 \times 10^{-2} \\ x_3 = 5.92 \times 10^{-2}, \ x_7 = 5.77 \times 10^{-2} \\ x_4 = 5.72 \times 10^{-2}, \ x_8 = 5.77 \times 10^{-2} \end{cases}$

最後の場合では 8 回の反復操作が必要であるが，この場合でさえも，連続近似法を用いるほうが解の公式を用いるよりも簡単である．

A・6 データのプロット

私たちの目や頭は直線的な関係を認識しやすいので，式や実験データをプロットするときには，いつも直線が得られるような形式にすることが望ましい．直線を表す数式はつぎのような形式となる．

$$y = mx + b \qquad (A6 \cdot 1)$$

ここで m と b は定数であり，m を直線の傾き，b を y 軸との切片という．傾きはその直線の傾斜の程度を表し，任意の水平距離に対する，それに対応する垂直距離の比と定義される（"x の増加量に対する y の増加量"と表される場合もある）．

つぎの数式で表される直線をプロットしてみよう．

$$y = 2x - 2$$

まず，いくつかの x に対する y の値を求め，つぎのような表をつくる．

x	-3	-2	-1	0	1	2	3	4	5
y	-8	-6	-4	-2	0	2	4	6	8

結果をプロットすると図 A・3 が得られる．直線は y 軸と $y=-2$ で交わるので，$b=-2$ となる．直線の傾き（x の増加量に対する y の増加量）は 2 であるので，$m=2$ となる．

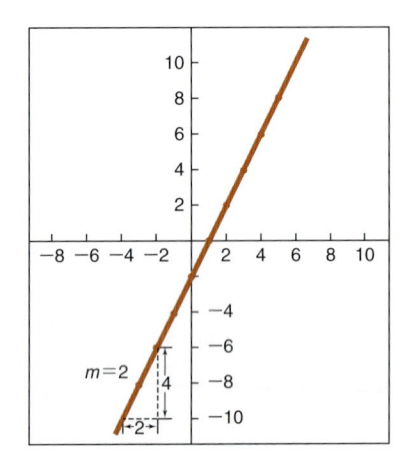

図 A・3　$y=2x-2$ のプロット．

しばしばプロットしたい数式が，(A6・1) 式の形式で表されていない場合がある．たとえば，気体の体積 V と圧力 P の関係を表すボイルの法則（第 13 章を参照せよ）を考えてみよう．ある空気の試料 0.29 g に対して，25 ℃ においてボイルの法則により次式が成り立つ．

$$V = \dfrac{0.244 \text{ L atm}}{P} \quad \text{(一定温度において)} \quad (A6 \cdot 2)$$

図 A・4 に示すように，圧力 P に対する体積 V のプロットは確かに直線にはならない．このプロットに対するデータは表 A・1 に示してある．しかし，$V=y$，$1/P=x$ とおくと，(A6・2) 式は次式のように表される．

$$y = cx$$

---

1) converged

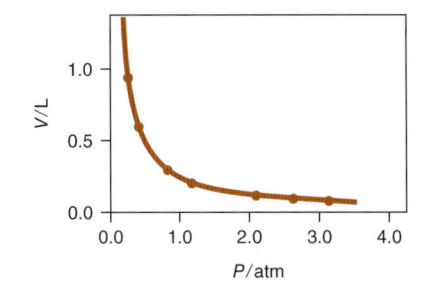

図 A・4 25℃における空気 0.29 g の圧力 P に対する体積 V のプロット．数値データは表 A・1 に与えられている．

したがって，(A6・2)式を，直線としてプロットできることになる．すなわち，P に対する V ではなく，1/P に対して V をプロットすれば，直線が得られるのである．表 A・1 に示したデータをもとに描いた 1/P に対する V のプロットを，図 A・5 に示した．

表 A・1 25℃における空気 0.29 g の圧力と体積の関係を表す数値データ

P/atm	V/L	$(1/P)/\mathrm{atm}^{-1}$
0.26	0.938	3.85
0.41	0.595	2.44
0.83	0.294	1.20
1.20	0.203	0.83
2.10	0.116	0.48
2.63	0.093	0.38
3.14	0.078	0.32

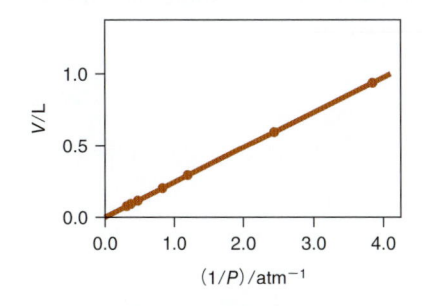

図 A・5 25℃における空気 0.29 g の圧力の逆数 1/P (atm⁻¹ 単位)に対する体積 V のプロット．直線は他の曲線に比べて取扱いがきわめて容易なので，式やデータはいつも直線の形式でプロットするとよい．

例題 つぎの数式を直線としてプロットせよ．

$$\ln(P/\mathrm{Torr}) = -\frac{1640\ \mathrm{K}}{T} + 10.560 \quad (\mathrm{A6\cdot 3})$$

ここで，T はケルビン温度である．また，左辺では P/Torr の自然対数をとっているが，これは，/Torr によって単位が除去され P/Torr が無次元の値となるためである．たとえば，123 Torr/Torr＝123 となる．

解答 (A6・3)式と(A6・1)式を比較すると，つぎのように x と y をおけばよいことがわかる．

$$y = \ln(P/\mathrm{Torr})$$

および

$$x = \frac{1}{T}$$

すなわち，1/T に対して ln(P/Torr) をプロットすれば，直線が得られることになる．(A6・3)式を満たす数値データを表 A・2 に示した．また，それに基づいて描いた 1/T に対する ln(P/Torr) のプロットを図 A・6 に示した．

表 A・2 (A6・3)式を直線としてプロットするための数値データ

T/K	$(1/T)/\mathrm{K}^{-1}$	$\ln(P/\mathrm{Torr})$
100	0.0100	−5.84
120	0.00833	−3.11
140	0.00714	−1.15
160	0.00625	0.31
180	0.00556	1.45
200	0.00500	2.36
220	0.00455	3.11
240	0.00417	3.73

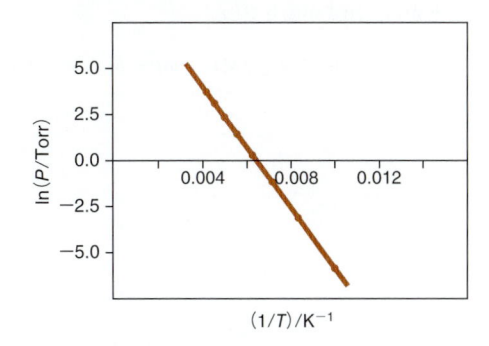

図 A・6 (A6・3)式を表す 1/T(K⁻¹ 単位)に対する ln(P/Torr)のプロット．

例題 $N_2O_5(g)$ は自発的に分解し，$NO_2(g)$ と $O_2(g)$ が生成する．
(a) つぎの表は，ある反応容器に入れた $N_2O_5(g)$ の濃度の自然対数を，反応時間 t に対して示したものである．

このデータをプロットせよ．

t/min	$\ln([N_2O_5]/M)$
0	-4.39
20.0	-4.99
40.0	-5.60
60.0	-6.21
80.0	-6.81
100.0	-7.42

(b) この反応における $N_2O_5(g)$ の濃度の時間依存性を表す直線の方程式を示せ．

解答 (a) 反応時間 t に対して $\ln([N_2O_5]/M)$ をプロットすると，図A·7に示すような直線が得られる．

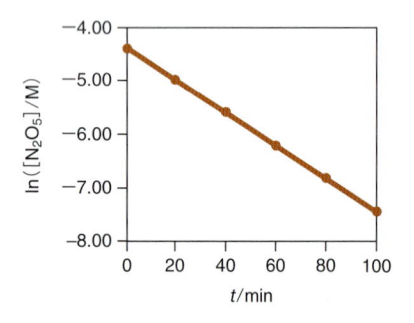

図 A·7 $N_2O_5(g)$ の分解反応における反応時間に対する $\ln([N_2O_5]/M)$ のプロット．プロットは直線になる．

(b) t に対する $\ln([N_2O_5]/M)$ のプロットが直線になったことから，次式が成り立つ．

$$\ln([N_2O_5]/M) = mt + b \quad (A6·4)$$

t と $\ln([N_2O_5]/M)$ との関係を特定するためには，この式の傾き m と切片 b を求めなければならない．m の値を求めるために，データの最適直線における両端の2点を選ぶ．**最適直線**[1] とは，グラフにプロットされたそれぞれの点のできるだけ近傍を通るように引かれた直線をいう．（線形回帰法という数学的な手法を用いて，最適直線の方程式を自動的に求めることができるコンピュータープログラムや電卓もある．）この問題の場合には，グラフはきわめて良好な直線になるので（図A·7），表に与えられた最初のデータ（$t=0$）と最後のデータ（$t=100.0$）を2点として選べばよい．すると，傾き m は次式のように求めることができる．

$$m = \frac{(-7.42)-(-4.39)}{(100-0)\,\text{min}} = -0.0303\,\text{min}^{-1}$$

この傾きの値を(A6·4)式に代入すると，

$$\ln([N_2O_5]/M) = (-0.0303\,\text{min}^{-1})t + b$$

切片 b の値を求めるために，表に与えられたデータのうちから任意の点を選び，t と $\ln([N_2O_5]/M)$ の値を上式に代入する．たとえば，最初のデータ $[t=0,\ \ln([N_2O_5]/M)=-4.39]$ を選ぶと，

$$-4.39 = (-0.0303\,\text{min}^{-1})(0\,\text{min}) + b$$

これより，つぎのように b を求めることができる．

$$b = -4.39$$

以上の結果から，この反応における $N_2O_5(g)$ の濃度の時間依存性を表す直線の方程式として次式が得られる．

$$\ln([N_2O_5]/M) = (-0.0303\,\text{min}^{-1})t - 4.39$$

---
1) best-fit line

付録 B
SI 単位と単位変換因子

科学において測定結果や物理量は，1790 年代にフランスの科学アカデミーが制定した**メートル法単位系**[1]によって表記される．メートル法にはいくつかの補助的な単位系があるが，国際的に単位を統一しようとする努力がなされ，1960 年の国際度量衡総会において，科学と技術の分野において推奨される単位系として国際単位系（フランス語の Système International d'Unités にちなんで SI 単位と略称される）を用いることが承認された．SI 単位は一組の基本単位から構成されている．一般化学でよく用いられる六つの SI 基本単位を表 B·1 に示す．それぞれの単位は，曖昧さがなく，また再現できる方法によって定められた厳密な定義をもっている．以下に，化学でよく用いられるいくつかの SI 基本単位について，その厳密な定義と，それに対応する英国の単位系との関係を示すことにしよう．

表 B·1　いくつかの SI 基本単位

物理量	単位の名称	記号
長さ	メートル	m
質量	キログラム	kg
時間	秒	s
温度	ケルビン	K
物質量	モル	mol
電流	アンペア	A

図 B·1　フランスのセーブルにある国際度量衡局に保管されている国際キログラム原器．現在，日本では，日本国キログラム原器を基準として質量が測定されている．日本国キログラム原器は，国際キログラム原器と比較することにより，定期的に再検証されている．

1. **長さ**: SI 基本単位はメートル(m)である．1983 年に，1 m は光が空間を 1/299 792 458 秒の間に移動する距離と再定義された．1 m は 1.0936 ヤード(yd)，あるいは 39.370 インチ(in)に等しい．

2. **質量**: SI 基本単位はキログラム(kg)である．キログラムは人工物によって定義される唯一の SI 単位である（図 B·1）．人工物によらないキログラムの定義はいくつも提案されているが，いずれも正式な採用には至っていない．1 kg は 2.2046 ポンド(lb)に等しい．物質の質量は，一組の標準のおもりに対して，天秤を用いてその物質を釣り合わせることによって決定される．

3. **温度**: SI 基本単位はケルビン(K)であり，熱力学温度ともいう．1 K は水の三重点の熱力学温度の 1/273.15 と定義される．摂氏温度目盛では，760 Torr における水の凝固点と沸点はそれぞれ，0 ℃ および 100 ℃ となる．ケルビン温度目盛と摂氏温度目盛の関係は，次式で与えられる（第 1 章を参照せよ）．

$$T/\text{K} = t/\text{℃} + 273.15 \qquad (\text{B·1})$$

華氏温度目盛では，水の凝固点は 32 ℉，海抜 0 m における沸点は 212 ℉ となる．華氏温度目盛と摂氏温度目盛は，次式によって関係づけられる．

$$t/\text{℃} = \frac{5}{9}(t/\text{℉} - 32) \qquad (\text{B·2})$$

したがって，たとえば，50 ℉ は 10 ℃ に相当し，86 ℉ は 30 ℃ に対応する．ケルビンを表す記号は K であり，°K ではないことに注意しよう．

4. **物質量**: SI 基本単位はモル(mol)である．1 mol は厳密に 0.012 kg の炭素-12 に含まれる原子と同じ数の構成要素を含む物質の量と定義される（第 11 章を参照せよ）．

SI 単位の重要な特徴は，接頭語を用いて基本単位の倍数を表すことである（表 B·2）．

表 B·1 に示されていないすべての量に対する単位は，SI 基本単位を組合わせることによってつくられる．これらの単位を**組立単位**[2]という．一般化学でしばしば用いられる組立単位を表 B·3 に示した．物理学を学んだことがなければ，なじみのない単位が多いかもしれない．たとえ

---

1) metric system　2) compound unit

ば，力のSI単位はニュートン(N)であり，1Nは質量1kgの物体に加速度 $1\,\mathrm{m\,s^{-2}}$ を与えるために必要な力と定義される．また，圧力のSI単位はパスカル(Pa)である．圧力は単位面積当たりの力を表し，1Paは，面積 $1\,\mathrm{m^2}$ に1Nの力が及ぼされたときの圧力と定義される．エネルギーのSI単位はジュール(J)であり，1Jは，ある物体に対して距離1mにわたり1Nの力がはたらいたときに，その物体が獲得するエネルギーである．したがって，J＝N m，あるいは $\mathrm{J = kg\,m^2\,s^{-2}}$ の関係がある．

SI単位はしだいに世界中で受け入れられてきたが，いくつかの古い単位もまだ用いられている(表B・4)．たとえば，体積は一般にリットル(L)で表される．1Lは1dmの3乗と定義される．1Lは1クォート(qt)よりもやや大きく，1.0567 qtに等しい．実験室にあるガラス器具の体積は，ミリリットル(mL)単位で表示されている．1mLは1立方センチメートル($\mathrm{cm^3}$)と等価である．

圧力のSI単位であるPaは，米国ではほとんど用いられない．一般に用いられる圧力の単位は，気圧(atm)，バール(bar)，あるいはトル(Torr)である．トルは水銀柱ミリメートル(mmHg)と等価である．英国では圧力の単位として，ポンド毎平方インチ(psi)がよく用いられる．これらの単位の定義は，表13・1に示してある．

表 B・2　SI単位の倍数や分数を表すために用いる接頭語

接頭語	記号	倍数	例
ペタ	P	10^{15}	ペタジュール，$1\,\mathrm{PJ}=10^{15}\,\mathrm{J}$
テラ	T	10^{12}	テラワット，$1\,\mathrm{TW}=10^{12}\,\mathrm{W}$
ギガ	G	10^{9}	ギガボルト，$1\,\mathrm{GV}=10^{9}\,\mathrm{V}$
メガ	M	10^{6}	メガワット，$1\,\mathrm{MW}=10^{6}\,\mathrm{W}$
キロ	k	10^{3}	キロメートル，$1\,\mathrm{km}=10^{3}\,\mathrm{m}$
ヘクト	h	10^{2}	ヘクトメートル，$1\,\mathrm{hm}=10^{2}\,\mathrm{m}$
デカ	da	10^{1}	デカグラム，$1\,\mathrm{dag}=10^{1}\,\mathrm{g}$
デシ	d	10^{-1}	デシメートル，$1\,\mathrm{dm}=10^{-1}\,\mathrm{m}$
センチ	c	10^{-2}	センチメートル，$1\,\mathrm{cm}=10^{-2}\,\mathrm{m}$
ミリ	m	10^{-3}	ミリモル，$1\,\mathrm{mmol}=10^{-3}\,\mathrm{mol}$
マイクロ	μ[a]	10^{-6}	マイクロアンペア，$1\,\mathrm{\mu A}=10^{-6}\,\mathrm{A}$
ナノ	n	10^{-9}	ナノ秒，$1\,\mathrm{ns}=10^{-9}\,\mathrm{s}$
ピコ	p	10^{-12}	ピコメートル，$1\,\mathrm{pm}=10^{-12}\,\mathrm{m}$
フェムト	f	10^{-15}	フェムト秒，$1\,\mathrm{fs}=10^{-15}\,\mathrm{s}$
アト	a	10^{-18}	アトジュール，$1\,\mathrm{aJ}=10^{-18}\,\mathrm{J}$

a) μはギリシャ文字であり，"ミュー"と読む．

表 B・3　SI組立単位の名称と記号

物理量	単位	記号	定義
面積	平方メートル	$\mathrm{m^2}$	
体積	立方メートル	$\mathrm{m^3}$	
質量	トン	t	$10^3\,\mathrm{kg}$
密度	キログラム毎立方メートル	$\mathrm{kg\,m^{-3}}$	
速さ	メートル毎秒	$\mathrm{m\,s^{-1}}$	
振動数	ヘルツ	Hz	$\mathrm{s^{-1}}$(回 毎秒)
力	ニュートン	N	$\mathrm{kg\,m\,s^{-2}}$
圧力	パスカル	Pa	$\mathrm{N\,m^{-2}=kg\,m^{-1}\,s^{-2}}$
エネルギー	ジュール	J	$\mathrm{kg\,m^2\,s^{-2}=N\,m}$
電荷	クーロン	C	A s
電位差	ボルト	V	$\mathrm{J\,A^{-1}\,s^{-1}=kg\,m^2\,s^{-3}\,A^{-1}}$

表 B・4 よく用いられる非 SI 単位

物理量	単位	記号	SI 単位による定義
長さ	オングストローム	Å	10^{-10} m
長さ	ミクロン	μ	10^{-6} m = 1 μm
体積	リットル	L	10^{-3} m^3
エネルギー	カロリー	cal	4.184 J
エネルギー	栄養学カロリー	Cal	4.184 kJ
圧力	気圧	atm	101.325 kPa
圧力	トル	Torr	133.322 Pa
圧力	バール	bar	10^5 Pa

例題 atm と Pa の関係を用いて，L atm と J の関係を誘導せよ．さらに，得られた L atm と J の関係を用いて，気体定数 $R = 0.082058$ L atm mol^{-1} K^{-1} の値を J mol^{-1} K^{-1} 単位で表せ．

解答 次式に示す atm と Pa の関係から出発しよう．

$$1 \text{ atm} = 101.325 \text{ kPa} = 1.01325 \times 10^5 \text{ Pa}$$

上式の両辺に 1 L をかけると，

$$1 \text{ L atm} = (1.01325 \times 10^5 \text{ Pa})(1 \text{ L})$$

ここで Pa = N m^{-2}, J = N m, L = dm^3 = 10^{-3} m^3 の関係を用いると，つぎのようになる．

$$1 \text{ L atm} = (1.01325 \times 10^5 \text{ N m}^{-2})(10^{-3} \text{ m}^3)$$
$$= 101.325 \text{ N m} = 101.325 \text{ J}$$

この結果は，つぎのような単位変換因子として表すことができる．

$$101.325 \text{ J} = 1 \text{ L atm}$$

これを用いると，次式のように，気体定数 $R = 0.082058$ L atm mol^{-1} K^{-1} を J mol^{-1} K^{-1} 単位で表すことができる．

0.082058 L atm mol^{-1} K^{-1}
$= (0.082058 \text{ L atm mol}^{-1} \text{ K}^{-1})(101.325 \text{ J L}^{-1} \text{ atm}^{-1})$
$= 8.3145$ J mol^{-1} K^{-1}

いくつかの SI 単位とそれらの間の単位変換因子を，本書の後見返しに示した．

付録 C
IUPAC 命名法規則の概要

C・1 イオン化合物の命名法

単一のイオン電荷をとる金属の二元イオン化合物(2・7節)

二元化合物をつくる2種類の元素が、ただ一つの決まった比率で結合する金属と非金属であるとき、その化合物は、日本語名では、非金属成分を先に、金属成分を後に書く。非金属成分は語尾を"——化"とする。英語名ではまず金属の名称を書き、それに続いて語尾を -ide に変えた非金属の名称を書くことによって命名される。たとえば、

- BaO(s)　　酸化バリウム, barium oxide
- ZnCl$_2$(s)　　塩化亜鉛, zinc chloride
- Na$_2$S(s)　　硫化ナトリウム, sodium sulfide

複数のイオン電荷をとる金属の二元イオン化合物(6・4節)

二元化合物をつくる2種類の元素が金属と非金属であり、金属が異なった価数をもつ複数のイオンを形成するために(表C・1)、金属と非金属の比率が複数あるときには、その化合物の金属の価数を、金属の名称に続けて( )内にローマ数字で示す。日本語名では、非金属成分を先に、金属成分を後に書く。非金属成分は語尾を"——化"とする。英語名ではまず金属の名称を書き、それに続いて語尾を -ide に変えた非金属の名称をつける。たとえば、

- PbCl$_2$(s)　　塩化鉛(II), lead(II) chloride
- PbO$_2$(s)　　酸化鉛(IV), lead(IV) oxide
- Hg$_2$Cl$_2$(s)　　塩化水銀(I), mercury(I) chloride

二量体の水銀イオン Hg$_2^{2+}$ を水銀(I)イオンということに注意しよう。

多原子イオンを含むイオン化合物の名称(10・2節)

多原子イオンを含む化合物は、日本語名では、陰イオンを先に、陽イオンを後に書く。英語名では陽イオンの名称を書き、それに続いて陰イオンの名称を書いて命名する。必要があれば、上記の規則に従って金属の価数を示す。多原子陰イオンは"——酸"とよび、多原子陽イオンに結合した非金属陰イオンは語尾を"——化"とする。英語名では多原子陰イオンの名称の語尾は変化させないが、非金属陰イオンの名称は、語尾を -ide に変える。たとえば、

- NH$_4$Cl(s)　　塩化アンモニウム
　　　　　　　ammonium chloride
- NH$_4$NO$_3$(s)　　硝酸アンモニウム
　　　　　　　ammonium nitrate
- Pb(CH$_3$COO)$_2$(s)　　酢酸鉛(II)
　　　　　　　lead(II) acetate
- K$_2$Cr$_2$O$_7$(s)　　二クロム酸カリウム
　　　　　　　potassium dichromate

一般的な多原子イオンの名称を表 C・2 に示した。

水素(2・7節)

水素は金属として、また非金属としてふるまう。イオン化合物を命名するときには、日本語名では、水素が金属としてふるまう場合は"水素"として二番目によび、非金属としてふるまう場合は"水素化"として最初によぶ。英語名では水素が金属としてふるまう場合には最初によび、非金属としてふるまう場合には二番目によぶ。たとえば、

- HCl(g)　　塩化水素
　　　　　　hydrogen chloride
- NaH(s)　　水素化ナトリウム
　　　　　　sodium hydride

表 C・1　代表的な金属の一般的なイオン電荷

1種類のイオン電荷をとる金属
1族金属：すべて +1 (たとえば Na$^+$)
2族金属：すべて +2 (たとえば Mg^{2+})
Ag$^+$　Ni^{2+}　Cd^{2+}　Sc^{3+}　Al^{3+}　Zn^{2+}
2種類のイオン電荷をとる金属
Au$^+$,　Au^{3+}　　　　　Co^{2+},　Co^{3+}
Cu$^+$,　Cu^{2+}　　　　　Fe^{2+},　Fe^{3+}
Hg$_2^{2+\,a)}$,　Hg^{2+}　　　Pb^{2+},　Pb^{4+}
Sb^{3+},　Sb^{5+}　　　　Sn^{2+},　Sn^{4+}
Ti^{3+},　Ti^{4+}　　　　Tl$^+$,　Tl^{3+}
3種類のイオン電荷をとる金属
Cr^{2+},　Cr^{3+},　Cr^{6+}　　Mn^{2+},　Mn^{4+},　Mn^{7+}

a) 水銀(I)イオンは二量体 Hg$_2^{2+}$ で存在する。すなわち、互いに結合した2個の Hg(I)イオンからなる分子イオンである。

表 C・2　一般的な多原子イオン[a]

OH$^-$	水酸化物イオン hydroxide	O$_2^{2-}$	過酸化物イオン peroxide
CN$^-$	シアン化物イオン cyanide	CO$_3^{2-}$	炭酸イオン carbonate
SCN$^-$	チオシアン酸イオン thiocyanate	SO$_3^{2-}$	亜硫酸イオン sulfite
HCO$_3^-$	炭酸水素イオン hydrogen carbonate (重炭酸イオン bicarbonate)	SO$_4^{2-}$	硫酸イオン sulfate
		S$_2$O$_3^{2-}$	チオ硫酸イオン thiosulfate
HSO$_3^-$	亜硫酸水素イオン hydrogen sulfite (重亜硫酸イオン bisulfite)	C$_2$O$_4^{2-}$	シュウ酸イオン oxalate
		CrO$_4^{2-}$	クロム酸イオン chromate
HSO$_4^-$	硫酸水素イオン hydrogen sulfate (重硫酸イオン bisulfate)	Cr$_2$O$_7^{2-}$	二クロム酸イオン dichromate
C$_2$H$_3$O$_2^-$	酢酸イオン acetate [CH$_3$COO$^-$ とも書く]		
NO$_2^-$	亜硝酸イオン nitrite	PO$_3^{3-}$	亜リン酸イオン phosphite
NO$_3^-$	硝酸イオン nitrate	PO$_4^{3-}$	リン酸イオン phosphate
MnO$_4^-$	過マンガン酸イオン permanganate		
ClO$^-$	次亜塩素酸イオン hypochlorite	NH$_4^+$	アンモニウムイオン ammonium
ClO$_2^-$	亜塩素酸イオン chlorite	Hg$_2^{2+}$	水銀(I)イオン mercury(I)
ClO$_3^-$	塩素酸イオン chlorate		
ClO$_4^-$	過塩素酸イオン perchlorate		

a) しばしば用いられる慣用名は（　）内に示した．

水和物（10・5 節）

水和物は，水が特定の比率で結合しているイオン性の塩である．水和物の化学式では，塩の化学式の後に・をおき，続いて水和している水の数を示す．水和物を命名するには，日本語名では，無水塩の名称に水和水の数を漢数字で表し，その後に"水和物"をつける．英語名では無水塩の名称を書き，それに続けて適切なギリシャ語の接頭語（表 C・3）を用いて水和している水の数を表し，さらに hydrate をつける．たとえば，

MgSO$_4$・7H$_2$O(s)　硫酸マグネシウム七水和物
　　　　　　　　　magnesium sulfate heptahydrate

CuSO$_4$・5H$_2$O(s)　硫酸銅(II)五水和物
　　　　　　　　　copper(II) sulfate pentahydrate

Na$_2$CO$_3$・H$_2$O(s)　炭酸ナトリウム一水和物
　　　　　　　　　sodium carbonate monohydrate

表 C・3　ギリシャ語の接頭語

数	接頭語[a]	数	接頭語[a]
1	モノ mono-	6	ヘキサ hexa-
2	ジ di-	7	ヘプタ hepta-
3	トリ tri-	8	オクタ octa-
4	テトラ tetra-	9	ノナ nona-
5	ペンタ penta-	10	デカ deca-

a) 母音から始まる名称の前につく場合には，末尾の a あるいは o は省略される．

C・2　共有結合化合物の命名法

二元共有結合化合物（2・7 節）

1. 二元化合物をつくる 2 種類の元素がいずれも水素以外の非金属であるとき，日本語名では酸素とハロゲンとの化合物をのぞき，元素の名称をその族番号が大きい方を先に書く．酸素とハロゲンとの化合物では，ハロゲンの名称を後に書く．水素を含む二元化合物では，"水素化"として先に書く．二元化合物をつくる元素が同じ族に属する場合には，原子番号の大きい元素を後に書く．英語名では，これらの規則はいずれも逆になる．

2. 化合物の化学式のそれぞれの原子の数を特定するために日本語名では，原子の数は漢数字をつけて表し，最初の元素は語尾を"――化"とする．英語名ではギリシャ語の接頭語（表 C・3）を用い，二番目の元素の名称は語尾を -ide に変える．

3. 化学式で最初に表記される元素の名称には"一"や接頭語 mono- をつけない．また一般に，二番目に表記される元素の名称では，"一"や mono- は省略される．英語名では，注意すべき例外として carbon monoxide があり，しばしば NO も nitrogen monoxide とよばれる．日本語名でも"一"は省略するが，CO のように別の組成の化合物（CO$_2$ など）が存在する場合には省略しない．

4. 以上の規則の注意すべき例外として CH$_4$(g)，NH$_3$(g)，H$_2$O(l) がある．それぞれの名称は，メタン, methane，アンモニア, ammonia，水, water である．

二元共有結合化合物の名称の例として，

$N_2O_5(g)$　　五酸化二窒素, dinitrogen pentoxide
$BN(s)$　　　窒化ホウ素, boron nitride
$ClO_2(g)$　　二酸化塩素, chlorine dioxide
$NO(g)$　　　酸化窒素（一酸化窒素）
　　　　　　　nitrogen oxide (nitrogen monoxide)
$AsH_3(g)$　　三水素化ヒ素, arsenic trihydride

C・3　無機酸の命名法

二元酸（10・3 節）

　二元酸は 2 種類の元素からなる酸であり，そのうちのひとつは必ず水素である．日本語名では，陰イオンの名称 "──化物イオン" の "──化" の部分の後に "水素酸" をつける．なお，HCl(aq) は塩化水素酸よりも，一般に塩酸ということが多い．英語名では，二元酸は陰イオンの名称に接頭語 hydro- をつけ，語尾を -ic に変えて acid をつけることによって命名する．

　二元酸の命名のいくつかの例を以下に示す．

　　$HF(aq)$　　フッ化水素酸, hydrofluoric acid
　　$H_2S(aq)$　　硫化水素酸, hydrosulfuric acid

オキソ酸（10・3 節）

　オキソ酸は，水素と酸素，および他の元素から構成される酸である．オキソ酸は，その酸が由来する陰イオンの名称に基づいて命名される．日本語名では，陰イオンの名称 "──酸イオン" から "イオン" を除去すれば，その陰イオンを与える酸の名称となる．英語名では，陰イオンの名称が -ite で終わるときには，相当する酸の名称の語尾は -ous acid となる．陰イオンの名称が -ate で終わるときには，相当する酸の名称の語尾は -ic acid となる．

　オキソ酸の命名のいくつかの例を以下に示す．

　　$HNO_2(aq)$　　亜硝酸, nitrous acid
　　$HNO_3(aq)$　　硝酸, nitric acid
　　$HClO_4(aq)$　　過塩素酸, perchloric acid
　　$HC_2H_3O_2(aq)$　　酢酸, acetic acid
　　　　　　　〔ふつう $CH_3COOH(aq)$ と書く〕

　多くの無機酸は，水溶液として存在する場合だけ酸として命名される．たとえば，HCl(g) は塩化水素, hydrogen chloride であり，HCl(aq) は塩酸, hydrochloric acid となる．

索　引

あ，い

IUPAC　19
アインシュタイン
　　　　　(Albert Einstein)　70
亜　鉛　197, 235
アキシアル　141
アクチノイド　55, 98
アジ化ナトリウム　194
亜硝酸イオン　125
アセチレン　125, 179
アセトアルデヒド　125
圧縮率　243
圧　力　243
圧力計　243
ア　ト　5
アニオン　40, 104
アボガドロ(Amedeo Avogadro)
　　　　　209, 242, 250
アボガドロ数　209
アボガドロ定数　209
アボガドロの法則　250
アラニン　153
アルカリ金属　48
アルカリ性　48
アルカリ土類金属　49
アルゴン　53
α粒子　35
アルミニウム　225, 235
アレニウス(Svante Arrhenius)　101
アンモニア　143, 173, 217, 252
アンモニア水　231
アンモニウムイオン　119, 141, 172

硫　黄　206, 222
イオン　39
イオン化エネルギー　60, 78
イオン化傾向　197
イオン化合物　101
イオン化列　197
イオン結合　103, 134
イオン電荷　105
イオン半径　108
異核二原子分子　165
イソプロピルアルコール　152, 213
一塩基酸　190
一酸化炭素　180, 221

一酸化窒素　128
一酸化二窒素　33
陰イオン　40, 104
　　——の命名法　41
陰極線　34
陰極線管　35

う〜お

ウーレンベック
　　　　　(George Uhlenbeck)　86
運動エネルギー　9, 260
運動量　71

栄養学カロリー(Cal)　A11
液　体　24, 242
エクアトリアル　141
SI 単位　5, A9
s オービタル　84
sp オービタル　168, 179
sp^2 オービタル　169, 176
sp^3 オービタル　171
sp^3d オービタル　175
sp^3d^2 オービタル　175
s ブロック元素　98
エタナール　125
エタノール　213
エタン　121, 172
エタン酸　192
エチレン　123, 176
エチン　125, 179
X 線　64
X 線回折　72
エテン　123, 176
エネルギー　9
　　——の量子化　71
エネルギー準位　74
エネルギー状態　74
エネルギー保存の法則　10
f ブロック元素　98
塩　202
塩化亜鉛　169
塩化アンモニウム　185
塩化銀　199
塩化水銀(II)　232
塩化スズ(IV)　227
塩化スルフリル　131
塩化チオニル　147

塩化ナトリウム　43
塩化物　49
塩化ホスホリル　130
塩　基　189
塩　酸　191, 202
炎色反応　76
延　性　22
塩　素　43, 49, 198
塩素酸カリウム　193, 219
円筒対称　85

黄銅鉱　223
オキソアニオン　187
　　——の命名法　187
オキソクロロアニオン　187
オキソクロロ酸　191
オキソ酸　191
　　——の命名法　191, A14
オキソニウムイオン　190
オクテット則　104, 117
重　さ　6
折れ線形　143
オングストローム(Å)　A11
音　速　263
温　度　6, A9
温度計　6

か

ガイガー(Hans Geiger)　36
外　殻　105
解離度　234
化学式　32
化学式単位　208
科学的方法　2
化学反応式　44
化学量論　212
化学量論係数　217
化学量論単位変換因子　218
核間距離　160
核間軸　159
確率密度　82
化合体積の法則　249
化合物　21, 31
化合物命名法　31
過酸化水素　174
華氏温度目盛　7
可視光　64

---

*　A のついたページ数は付録のページを示す．

索引

加重平均 40
過剰試剤 224, 237
可視領域 66
価　数 40
苛性ソーダ 47
仮　説 2
ガソリン 215
傾　き 247, A6
カチオン 40, 104
活性金属 196
価電子 64, 95, 115
カニッツァロ
　　　　(Stanislao Cannizzaro) 256
過マンガン酸カリウム 188
カリウム 48
ガリウム 54
カルシウム 49
カルボン 154
カルボン酸 192
カロリー(cal) A11
還　元 204
還元剤 205
完全気体 251
完全なイオン反応式 201
乾燥剤 195
γ　線 35, 64
乾　留 121

き

気　圧 244
気圧計 244
気　化 243
ギ　ガ 5
幾何異性体 153
貴ガス 53
ギガパスカル(GPa) 245
ギ　酸 192
希　釈 231
輝線スペクトル 66
気　体 24, 242
気体温度計 249
気体定数 251, A11
気体分子運動論 260
基底状態 74
基底状態波動関数 157
輝銅鉱 223
軌道保存の原理 170
希土類元素 57
揮発性 26, 184
逆対数 A3
吸湿性 195
吸収スペクトル 76
球対称 83
球棒分子模型 138
キュリー夫妻
　　　　(Marie Curie, Pierre Curie) 35
凝　縮 26
鏡像異性体 153
強電解質 232
共　鳴 126

共鳴安定化 128
共鳴エネルギー 126
共鳴構造 126
共鳴混成体 126
共有結合 116, 158
共有結合化合物 102, 116
局在化共有結合 167
局在化結合オービタル 167
極性共有結合 133
極性分子 136
許容誤差 230
キラル 153
ギレスピー(Ronald J. Gillespie) 139
キ　ロ 5
キログラム(kg) 6
キロワット時(kW h) 11
金 197
均　一 25
金　属 22, 56

く～こ

空間充填分子模型 138
空　気 255, 256
クジャク石 223
屈曲形 143
グッゲンハイム
　　　　(E. A. Guggenheim) 18
グッゲンハイム表記法 18
クッシュ(Polykarp Kusch) 260
駆動力 199
組立単位 7, A9
グラハム(Thomas Graham) 264
グラハムの噴散の法則 264
グリシン 154
クロム酸銀 237
クロロホルム 120
クーロン(C) 35
クーロン(Charles-Augustin de
　　　　Coulomb) 111
クーロンの法則 111

形式電荷 121
形状量子数 83
ケイ素 55
ゲイ・リュサック
　　　　(Joseph Louis Gay-Lussac) 249
ゲイ・リュサックの気体反応の法則 249
結合エネルギー 124
結合距離 117, 124
結合次数 163
結合性オービタル 159
結合反応 183
結合モーメント 152
結晶学的半径 99, 109
結晶格子 243
ゲラッハ(Walther Gerlach) 91
ゲーリケ(Otto von Guericke) 245
ケルビン(K) 7, 247
ケルビン温度目盛 7, 247
ケルビン卿(Lord Kelvin) 247
原　子 23

原子オービタル 82
原子価殻電子対反発理論 139
原子価殻の拡張 129
原子核 36
原子核模型 36
原子構成粒子 34
原子質量単位 30, 207
原子質量比 30
原子性物質 208
原子説 29
原子発光スペクトル 66
原子半径 99
原子番号 37
原子分光学 67
原子量 30, 207
元　素 21
元素記号 23
厳密な数値 14

光学異性体 153
光　子 70
格子エネルギー 113
構造異性体 152
構造化学 139
構造式 31
光　速 65
光電効果 69
五塩化リン 118, 227
国際純正・応用化学連合 19
国際標準化機構 230
黒体放射 68
五酸化二ヨウ素 221
ゴーズミット(Samuel Goudsmit) 86
固　体 24, 242
古典物理学 68
五フッ化臭素 150
固有電子スピン 86
孤立電子対 116
混合気体 256
混合物 25
混成オービタル 167
根平均二乗速さ 262

さ

最適直線 A8
酢　酸 192
酸 190
三塩基酸 190
酸塩基反応 202
酸　化 204
酸化アルミニウム 184, 189
酸化還元反応 204
三角錐形 143
酸化剤 205
酸化水銀(II) 193
酸化鉄(III) 184, 204
酸化ナトリウム 185
三酸化硫黄 131, 185
三重結合 124, 179
酸性水素原子 190

索　引

酸性プロトン　190
酸　素　44, 165, 193, 219, 259
3d 遷移金属系列　96
三フッ化塩素　149
三フッ化ホウ素　129, 140, 169
三方両錐形　141
三ヨウ化物イオン　149
三ヨウ化リン　222

し

シアン化水素　180
四塩化ケイ素　118
紫外線　64
視　覚　179
四角錐形　150
しきい振動数　69
示強性　8
式　量　208
磁気量子数　85
σ オービタル　159
σ 結合　169
σ 結合骨格　177
1,2-ジクロロエテン　178
ジクロロメタン　152
次　元　8
次元解析法　16
仕事率　11
四酸化二窒素　225
シス　178
指　数　8
指数表記法　4, A1
シス-トランス異性　178
自然対数　A3
シーソー形　148
実験式　212
実質収量　226
実質分子量　255
質　量　6, A9
質量　37
質量パーセント　27, 212, 216
質量パーセント濃度　231
質量分析計　39
質量保存の法則　4
ジメチルエーテル　215
弱電解質　232
シャルル（Jacques Charles）　247
シャルルの法則　247
臭化カリウム　231
臭化物　49
周　期　50
周期表　51, 54
周期律　51
重金属　233
シュウ酸　191, 239
シュウ酸鉛（Ⅱ）　237
重　水　38
重水素　38
重水素化アンモニア　220
臭　素　23, 49, 199, 221, 235
収　束　A6
ジュウテリウム　38

18 外殻電子配置　106
18 電子則　106
収　率　226
重力加速度　9
縮尺模型　23
縮　重　84
縮　退　84
シュテルン（Otto Stern）　91
主要族元素　53
主量子数　82
ジュール（J）　9, A10
ジュール（James Prescott Joule）　9
シュレーディンガー
　　　　　　　（Erwin Schrödinger）　80, 82
シュレーディンガー方程式　82
蒸気圧　259
硝酸銀　196
硝酸銅（Ⅱ）　197
常磁性　165
状態方程式　251
衝突頻度　265
蒸　発　26, 243
正味のイオン反応式　201
常用対数　A3
蒸　留　26
シラン　140
示量性　8
真空ライン　257
真　数　A3
振動数　65

す〜そ

水　銀　22, 244
水銀柱ミリメートル（mmHg）　244
水酸化ナトリウム　46, 202
水酸化物イオン　189
水　素　44, 57
水素イオン　190
水素化ベリリウム　167
水素分子イオン　159
水溶液　26
水和水　194
水和物　194
　　──の命名法　A13
スピン量子数　87
正確さ　12
制限試剤　224, 226, 237
正四面体形　138
正四面体結合角　138
生成物　44
静電エネルギー　111
静電気力　103
正八面体形　142
正方形　150
精密さ　12
精　錬　198
赤外線　64
セシウム　52
セッコウ　195
摂氏温度目盛　7

絶対温度目盛　247
絶対零度　247
切　片　247, A6
節　面　84
セルシウス度目盛　7
セレン酸アンモニウム　231
全　圧　257
遷移金属　56
　　──イオン　107
　　──イオンの命名法　107, A12
センチ　5
双極子モーメント　135, 151
族　52
組成式　212
ソニックブーム　263

た　行

第一イオン化エネルギー　60
第一電子親和力　111
第一励起状態　94
対角線関係　58
大気圧　244
対　数　A2
体　積　5
ダイヤモンドアンビル　246
多塩基酸　190
多原子イオン　186
　　──の命名法　186, A12
多原子分子　135, 166
ダルトン（Da）　30
単一交換反応　196
単位変換因子　16
炭化水素　121, 215
単結合　123
炭　酸　203
炭酸イオン　147
炭酸カルシウム　193, 241
炭酸水素ナトリウム　203
炭酸ナトリウム　185
炭酸ナトリウム十水和物　195
弾性的　262
単　体　21, 31
チオ硫酸ナトリウム五水和物　195
置換反応　196
チタン　195
窒化マグネシウム　213
中性原子　37
中性子　37
中和反応　202, 238
超ウラン元素　98
直線形　140
直線分子　135
沈　殿　199
沈殿反応　199

釣り合いのとれた化学反応式　45
釣り合いをとるための係数　45, 217

d オービタル　86

T字形　148
定常状態　74
定性的　2
デイビソン
　　　(Clinton Joseph Davisson)　72
定比例の法則　27
dブロック元素　98
定量的　2
滴定　238
鉄　196
テルミット反応　225
電荷　35
電解質　232
電気陰性度　132
電気伝導率　234
電気量　35
電子　35
電子移動反応　204
電子回折　72
電子殻　62, 90
電子基底状態　91
電子供与体　205
電子顕微鏡　72
電子構造　60
電子受容体　205
電子親和力　110
電磁スペクトル　66
電磁波　64
電子配置　60, 92
電子不足化合物　129
電磁放射理論　65
展性　22
天然存在比　39
点表示図　83
天秤　6
電離真空計　245

銅　196
同位体　37
統一原子質量単位(u)　30
等核二原子分子　159
等電子的　41, 92, 109
ド・ブローイ (Louis de Broglie)　71
ドブローイ波長　71
トムソン, J. J.
　　　(Joseph John Thomson)　34
トムソン, G. P.
　　　(George Paget Thomson)　72
トランス　178
トリチェリ
　　　(Evangelista Torricelli)　244
トル(Torr)　244
ドルトン(John Dalton)　29
ドルトンの分圧の法則　257
トロイオンス(troy oz)　18

な行

内殻　63
内遷移金属　98
内部遷移金属　56, 98

ナイホルム(Ronald S. Nyholm)　139
長さ　5, A9
ナトリウム　43
ナノ　5

二塩基酸　190
二元化合物　32
　　──の命名法　32, A12
二元酸　191
　　──の命名法　A14
二原子分子　23
二酸化硫黄　127, 184
二酸化塩素　128
二酸化炭素　124, 203, 241
二酸化窒素　129, 256
二次方程式の解の公式　A5
二重結合　124, 176
二重交換反応　199
ニトログリセリン　128
二フッ化キセノン　130
二フッ化酸素　117
ニュートン(N)　245, A10

ネオン　53
熱分解反応　194
熱放射　68
熱力学温度目盛　7, 247
燃焼反応　184
燃焼分析　216

濃度　229

は行

配位子　144
πオービタル　161
π結合　177
焙焼　198
倍数比例の法則　28
ハイゼンベルク
　　　(Werner Heisenberg)　80
ハイポ　195
パウリ(Wolfgang Pauli)　86, 89
パウリの排他原理　89
パスカル(Pa)　245, A10
パーセント誤差　12
八隅説　104, 117
波長　65
発光スペクトル　66
波動関数　82
バール(bar)　245
バルマー(Johann Balmer)　66
バルマー系列　75
ハロゲン　49, 198
ハロゲン化物　49
ハロゲン間化合物　148
半金属　55, 56
反結合性オービタル　159
反磁性　165
半導体　55
反応式　44

反応物　44
反復操作　A5

pオービタル　85
光解離　165
非共有電子対　116, 173
非局在化　126, 181
非金属　22, 56
非結合オービタル　173
ピコ　5
ヒ素　53
非電解質　232
ヒドラジン　120, 225
ヒドロニウムイオン　122, 146, 190
pブロック元素　98
ビュレット　238
標準温度圧力　251, 253
標準重力加速度　10
標準状態　251

ファン・デル・ワールス(Johannes
　　　van der Waals)　267
ファンデルワールス定数　267
ファンデルワールスの式　267
ファント・ホッフ(Jacobus H.
　　　van't Hoff)　138
VSEPR理論　139
フェムト　5
不確定性原理　80
不活性ガス　53
不均一　25
副殻　90
腐食　184
不確かさ　13
フタル酸ジn-ブチル　244
不対電子　90, 108
フッ化物　49
フッ化ベリリウム　169
物質量　208, 212, A9
フッ素　198
部分イオン性　134
部分電荷　134
不飽和溶液　229
プランク(Max Planck)　59, 68
プランク定数　69
プリーストリ(Joseph Priestley)　193
2-プロパノール　152, 213
プロパン　219
分圧　257
分解反応　193
噴霧　263
分子　23, 31
分子オービタル　157
分子軌道理論　159
分子結晶　116
分子式　215
分子性物質　208
分子量　34, 208
分析化学　67
分銅　6
フントの規則　93
分別蒸留　27
分留　27

索　引

平均運動エネルギー　262
平均自由行程　264
平均分子量　255
平衡イオン対距離　110
平面形　137
平面三角形　140
平面分子　128
ヘクトパスカル(hPa)　245
ベクトル　135
ベクレル(Antoine-Henri Becquerel)　35
β粒子　35
ペニシリン　154
ヘリウム　53
ヘルツ(Hz)　65
ベンゼン　127, 180

ボーア(Niels Bohr)　59, 73
ボイル(Robert Boyle)　246
ボイルの法則　246
方位量子数　83
傍観イオン　201
ホウ砂　195
放射性　35
放射線　35
放射能　35
ホウ素　55
法　則　2
放電現象　34
飽和溶液　229
ホスゲン　147
ホスフィン　119
ポテンシャルエネルギー　9
ポーリング(Linus Pauling)　132, 156
ボルツマン(Ludwig Boltzmann)　261
ホルムアルデヒド　125, 146, 177

ま　行

マイクロ　5
マイクロ波　64
マクスウェル(James Clerk Maxwell)　65, 261
マクスウェル-ボルツマン分布　261
マグネシウム　49
マースデン(Ernest Marsden)　36

ミクロン(μ)　A11
水　143, 173
密　度　7, 255
ミョウバン　195
ミリ　5
ミリバール(mbar)　245
ミリモル(mmol)　238

無極性結合　133
無極性分子　136, 151
無水塩　194

メ　ガ　5
メスフラスコ　230
メタナール　125, 146, 177
メタノール　121, 174, 226
メタロイド　55
メタン　121, 170
メタン酸　192
メートル(m)　5
メートル法単位系　5, A9
メニスカス　238
メンデレーエフ(Dmitri Ivanovich Mendeleev)　43, 50

木　精　121
モーラー(M)　230
モル(mol)　208
モル気体定数　251
モル質量　208
モル体積　251
モル伝導率　234
モル濃度　229
モル分率　257

や　行

有機化合物　58, 121, 216
有機酸　192
有効数字　13

陽イオン　40, 104
　──の命名法　41
溶　液　25, 228
溶　解　25
溶解性の規則　199
溶解度　229
ヨウ化水銀(I)　236
ヨウ化物　49
陽　子　37
溶　質　26, 228
ヨウ素　49, 198
溶　媒　26, 228
溶媒和　185, 229
4配位　139
四フッ化硫黄　148
四フッ化キセノン　150
四フッ化炭素　253
四ホウ酸ナトリウム十水和物　195

ら～わ

ライマン系列　76
ラザフォード(Ernest Rutherford)　35
ラジオ波　64
ラジカル　128
ラボアジェ(Antoine-Laurent Lavoisier)　4, 216

ランタノイド　55, 97

理想気体　251
理想気体の式　251
理想気体の法則　251
理想性からのずれ　266
リチウム　48
立体異性体　137, 152, 178
立体数　145
立体特異的　154
リットル(L)　5, A10
リトマス試験紙　192
リービッヒ(Justus von Liebig)　216
硫化カドミウム　201, 224, 238
硫化カルシウム　27, 225
硫化水素　203
硫化ナトリウム　204
硫化鉛　28
硫化ニッケル(II)　236
硫　酸　222
硫酸アルミニウムカリウム十二水和物　195
硫酸カルシウム二水和物　195
硫酸銅(II)五水和物　194
硫酸バリウム　236
硫酸マグネシウム　185
硫酸マグネシウム七水和物　195
リュードベリ(Johannes Rydberg)　67
リュードベリ定数　67
リュードベリ-バルマーの式　67
量　子　68
量子化学　159
量子数　82
量子論　71
理　論　2
理論収量　226
リン　53
リン化ナトリウム　221

ルイス(Gilbert Newton Lewis)　64, 115
ルイス記号　64
ルイス構造　116
ルビジウム　52
ル・ベル(Joseph Le Bel)　138

励起状態　74, 94
レーザー　65
レチナール　179
レドックス反応　204
錬金術　3
連続近似法　A5
連続スペクトル　66

沪　過　26
六フッ化硫黄　221
ロドプシン　179
ローブ　161

ワット(W)　11

掲載図出典

以下に示す写真以外は ⓒChip Clark またはパブリックドメインの状態にある写真である。

1 章

図1·3：ⓒSPL/Photo Researchers, Inc./amanaimages；図1·5(左)：ⓒRichard Megna, FUNDAMENTAL PHOTO-GRAPHS, NYC；(右上)：ⓒRichard Megna, FUNDAMENTAL PHOTO-GRAPHS, NYC；(右下)：ⓒRichard Megna, FUNDAMENTAL PHOTO-GRAPHS, NYC

2 章

図2·11：ⓒLarry Stepanowicz, FUNDAMENTAL PHOTOGRAPHS, NYC；図2·15：The Cavendish Laboratory, University of Cambridge による．

3 章

図3·6：Alexander Boden, Boden Books Pty Ltd., Fitzroy & Chapel Sts., Marrickville NsN 2204 Australia による．；図3·7：ⓒJoel Gordon Photography；図3·13：ⓒKenneth Edward/Photo Researchers, Inc./amanaimages

4 章

章頭写真：ⓒAIP Emilio Segre Visual Archives, Margrethe Bohr Collection；図4·11：Dr. Richard Zare, Stanford University 提供．；図4·16：Wabash Instrument Co. 提供．；図4·19：ⓒAIP Emilio Segre Visual Archives, W. F. Meggers Gallery of Nobel Laureates；図4·20：ⓒSPL/Photo Researchers, Inc./amanaimages；図4·21 ⓒDavid Scharf/Photo Researchers, Inc./amanaimages；図4·22：ⓒEducation Development Center, Newton, MA；図4·27：ⓒJoel Gordon Photography

5 章

章頭写真：ⓒWolfgang Pfaundler, Innsbruck, Austria, AIP Emilio Segre Visual Archives 提供．；図5·1：ⓒAIP Emilio Segre Visual Archives；91 ページ：ⓒNiels Bohr Archive P006；図5·12：ⓒFrancis Simon, AIP Emilio Segre Visual Archives 提供．

6 章

章頭写真：ⓒElliot and Fry, AIP Emilio Segre Visual Archives 提供．；図6·10：ⓒAIP Emilio Segre Visual Archives, E. Scott Barr Collection.

7 章

章頭写真：ⓒLawrence Berkeley National Laboratory/Photo Researchers, Inc./amanaimages

8 章

図8·3：Museum Boerhaave Leiden による．；図8·22(b)：Argonne National Laboratory 提供．

9 章

章頭写真：ⓒTom Hollyman/Photo Researchers, Inc./amanaimages；図9·12：ⓒCharles D. Winters/Photo Researchers, Inc./amanaimages

10 章

図10·1：ⓒAndrew Lambert Photography/Photo Researchers, Inc./amanaimages；図10·2, 図10·3：ⓒJoel Gordon Photography；図10·9, 図10·10：ⓒRichard Megna, FUNDAMENTAL PHOTO-GRAPHS, NYC；図10·11：ⓒCheryl Power/Photo Researchers, Inc./amanaimages；図10·13：ⓒCC Studio/Photo Researchers, Inc./amanaimages；図10·14：ⓒRichard Megna, FUNDAMENTAL PHOTOGRAPHS, NYC；図10·15：ⓒJeff J. Daly, FUNDAMENTAL PHOTOGRAPHS, NYC；図10·16：ⓒJoel Gordon Photography；図10·21：ⓒRichard Megna, FUNDAMENTAL PHOTO-GRAPHS, NYC

11 章

図11·4：ⓒBibliotheque Nationale de France；図11·8：ⓒDennis Harding, Chevron Corp.；図11·10：ⓒRichard Megna, FUNDAMENTAL PHOTO-GRAPHS, NYC；図11·11：JPL/NASA 提供．

12 章

230 ページ：ⓒRichard Megna, FUNDA-MENTAL PHOTOGRAPHS, NYC；図12·7：ⓒRichard Megna, FUNDAMENTAL PHOTOGRAPHS, NYC；図12·10：ⓒRichard Megna, FUNDAMENTAL PHOTOGRAPHS, NYC.

13 章

章頭写真：ⓒSPL/Photo Researchers, Inc./amanaimages；図13·4：ⓒNational Maritime Museum, Greenwich, England；図13·5 (左上)：istockphoto, www.istockphoto.com 提供．；(右上)：ⓒRichard Megna, FUNDAMENTAL PHOTOGRAPHS, NYC；(下)：Kurt J. Lesker Company 提供．；図13·6(左)：Science Source/Photo Researchers, Inc./amanaimages；(右)：ⓒPhoto Deutsches Museum；図13·7：ⓒThe Royal Society；図13·10(左)：Sheila Terry/Photo Researchers, Inc./amanaimages；(右)：Library of Congress/SPL/Photo Researchers, Inc./amanaimages；図13·15：ⓒScience Source/Photo Researchers, Inc./amanaimages；図13·18：ⓒRichard Megna, FUNDAMENTAL PHOTO-GRAPHS, NYC；図13·19：ⓒTravis Amos；図13·24：ⓒTrinity College Library, Cambridge University, AIP Emilio Segre Visual Archives 提供．；図13·25：ⓒAIP Emilio Segre Visual Archives, Segre Collection；263 ページ：istockphoto, www.istockphoto.com 提供．；図13·32：SPL/Photo Researchers, Inc./amanaimages

付録 B

図B·1：ⓒBIPM, BIPM Library による．

村　田　　滋
むらた　しげる

　1956 年　長野県に生まれる
　1979 年　東京大学理学部 卒
　1981 年　東京大学大学院理学系研究科修士課程（化学専攻）修了
　現　東京大学大学院総合文化研究科 教授
　専攻　有機光化学，有機反応化学
　理 学 博 士

第 1 版 第 1 刷 2015 年 4 月 1 日 発行

マッカーリ 一般化学（上）
原著第 4 版

Ⓒ 2015

訳　者　　村　田　　滋
発行者　　小　澤　美奈子
発　行　　株式会社 東京化学同人
　　　　東京都文京区千石3丁目36-7(〒112-0011)
　　　　電話 03-3946-5311・FAX 03-3946-5317
　　　　URL: http://www.tkd-pbl.com/

印　刷　　美研プリンティング株式会社
製　本　　株式会社 松　岳　社

ISBN 978-4-8079-0868-4
Printed in Japan
無断転載および複製物（コピー，電子
データなど）の配布，配信を禁じます．

物 理 定 数

定 数	記 号	数 値
原子質量定数 （統一原子質量単位）	m_u	$1.660\,538\,782 \times 10^{-27}$ kg 1 u
アボガドロ定数	N_A	$6.022\,141\,79 \times 10^{23}$ mol^{-1}
ボーア半径	a_0	$5.291\,772\,085\,9 \times 10^{-11}$ m
ボルツマン定数	k, k_B	$1.380\,650\,4 \times 10^{-23}$ J K^{-1}
電気素量	e	$1.602\,176\,487 \times 10^{-19}$ C
ファラデー定数	F	$9.648\,533\,99 \times 10^{4}$ C mol^{-1}
気体定数	R	$8.314\,472$ J K^{-1} mol^{-1} $0.083\,1447$ L bar mol^{-1} K^{-1} $0.082\,0575$ L atm mol^{-1} K^{-1}
電子の質量	m_e	$9.109\,382\,15 \times 10^{-31}$ kg $5.485\,799\,10 \times 10^{-4}$ u
中性子の質量	m_n	$1.674\,927\,211 \times 10^{-27}$ kg $1.008\,664\,916$ u
陽子の質量	m_p	$1.672\,621\,637 \times 10^{-27}$ kg $1.007\,276\,467$ u
プランク定数	h	$6.626\,068\,96 \times 10^{-34}$ J s
真空中の光速度	c	$2.997\,924\,58 \times 10^{8}$ m s^{-1}

SI 接 頭 語

接頭語	記号	倍数	接頭語	記号	倍数
ペタ peta-	P	10^{15}	デシ deci-	d	10^{-1}
テラ tera-	T	10^{12}	センチ centi-	c	10^{-2}
ギガ giga-	G	10^{9}	ミリ milli-	m	10^{-3}
メガ mega-	M	10^{6}	マイクロ micro-	μ	10^{-6}
キロ kilo-	k	10^{3}	ナノ nano-	n	10^{-9}
ヘクト hecto-	h	10^{2}	ピコ pico-	p	10^{-12}
デカ deca-	da	10^{1}	フェムト femto-	f	10^{-15}
			アト atto-	a	10^{-18}